中文版

# 轻松玩转 PS Photoshop CC技术实例教程

曹茂鹏　等编著

精通 软件操作
高手 活学活用
全能 职场选手

专门为零基础渴望自学成才在职场出人头地的你设计的书

机械工业出版社
CHINA MACHINE PRESS

本书共15章，第1～6章讲述Photoshop CC的基础知识和基本操作方法。第7～15章全面而系统地介绍Photoshop CC的数码照片修饰、调色、特殊效果滤镜、文字、矢量绘图、特征样式、通道、网页图形以及自动处理文件等核心功能的使用方法，并合理地搭配了大量实用有趣的案例。

本书综合案例部分将通过6个项目案例，让读者了解设计实战的基本流程以及制作技巧。通过完整案例的练习，读者可以实现掌握技术更全面、水平提升速度更快的目的。相关内容读者可从本书网络资源包中获取。

本书技术实用，讲解清晰，不仅可以作为Photoshop初级、中级读者学习使用，也可以作为大中专院校相关专业及Photoshop培训机构的教材，更适合平面设计和摄影行业的从业人员使用。

**图书在版编目（CIP）数据**

轻松玩转PS：Photoshop CC技术实例教程 / 曹茂鹏等编著 . -- 北京：机械工业出版社，2015.9

ISBN 978-7-111-51377-3

Ⅰ . ①轻… Ⅱ . ①曹… Ⅲ . ①图象处理软件 Ⅳ . ① TP391.41

中国版本图书馆CIP数据核字（2015）第206451号

机械工业出版社（北京市百万庄大街22号 邮政编码100037）

策划编辑：刘志刚　　责任编辑：刘志刚

封面设计：张　静　　责任校对：白秀君　　责任印制：李　洋

保定市中画美凯印刷有限公司印刷

2016年9月第1版 · 第1次印刷

184mm × 260mm · 33.5印张 · 913千字

标准书号：ISBN 978-7-111-51377-3

定价：99.00元

凡购本书，如有缺页、倒页、脱页，由本社发行部调换

电话服务

服务咨询热线：（010）88361066

读者购书热线：（010）68326294

（010）88379203

网 络 服 务

机 工 官 网：www.cmpbook.com

机 工 官 博：weibo.com/cmp1952

教育服务网：www.cmpedu.com

金 书 网：www.golden-book.com

# 前 言

Adobe Photoshop 是由美国 Adobe（奥多比）公司推出的专业设计制图工具。Photoshop 作为目前最热门的制图软件之一，被广泛地使用在图像处理、平面设计、插图创作、网站设计、卡通设计、影视包装等诸多领域。基于 Photoshop CC 的强大功能，作者编写了本书，希望能为读者学习 Photoshop CC 提供帮助。

读者可登陆网站www.jigongjianzhu.com，下载包括本书实例的文件以及素材文件，以及本书相关实例的视频教学录像，供读者使用。书中案例使用 Photoshop CC 版本进行制作和编写，故建议读者使用 Photoshop CC 版本进行学习和操作。如果使用低版本软件，则可能会在打开源文件时产生部分错误，而且书中介绍的部分知识点可能与低版本中的功能并不相同。

本书由优图视觉策划，主要由曹茂鹏和瞿颖健编写。参与本书编写和整理的还有艾飞、曹爱德、曹明、曹诗雅、曹玮、曹元钢、曹子龙、崔英迪、丁仁雯、董辅川、高歌、韩雷、鞠闯、李化、李进、李路、马啸、马扬、瞿吉业、瞿学严、瞿玉珍、孙丹、孙芳、孙雅娜、王萍、王铁成、杨建超、杨力、杨宗香、于燕香、张建霞和张玉华等同志。

由于时间仓促，加之作者水平有限，书中难免存在错误和不妥之处，敬请广大读者批评指正。

编　者

# 目 录

## 第 4 章 100% 抠图秘籍



## 第 5 章 蒙版与画面融合



## 第 6 章 神奇的绘图工具

## 第 7 章 数码照片修饰不求人



## 第 8 章 调色技术大揭秘

## 第 9 章 制作特殊效果的滤镜



## 第 10 章 文字的编辑与应用

## 第 11 章 不一样的绘图模式——矢量绘图



## 第 12 章 图层样式



## 第 13 章 通道的高级操作



## 第 14 章 网页图形的编辑与输出



## 第 15 章 自动处理文件

# 第 1 章
# Photoshop 基础知识

Photoshop 是 Adobe 公司推出的一款专业的图像处理软件，其强大的图形、图像处理功能受到平面设计工作者的喜爱。作为一款强大的图像处理软件，它具有功能强大、设计人性化、插件丰富和兼容性好等特点。Photoshop 被广泛应用于平面设计、数码照片处理、三维特效、网页设计和影视制作等领域。

学习要点：

本章主要讲解一些简单、好玩、易懂的知识点，如认识 Photoshop 界面、定义工作区、学习辅助工具、新建文件、打开文件等基础操作。最后，通过一个简单的案例，学习制作一个完整作品的完整流程。

佳作欣赏

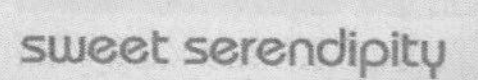

# 1.1 初识 Adobe Photoshop CC

2013 年，Adobe 公司推出了 Photoshop 的全新的版本 Photoshop CC。Photoshop CC 采用全新的安装和付费方式，并推出了几大新功能。在本节中，就来好好认识一下 Photoshop CC 吧！

## 1.1.1 你的新伙伴——Photoshop CC

Photoshop CC 的全称为 Photoshop Creative Cloud，Creative Cloud 的意思是“具有创造性的云”，即采用“云”功能。既然采用 Creative Cloud 命名该版本，则说明“云”功能是新版本最大的特色。除去“云”功能和 Photoshop CC 中所包涵的功能外，Photoshop CC 新增了相机防抖动功能、Camera RAW 功能改进、图像提升采样、属性面板改进和 Behance 集成等。用户可以轻松构建 3D 效果，使图像处理更加自然真实。图 1-1 所示为 Photoshop CC 的启动界面。

图 1-1

**你问我答:** Adobe Photoshop CC的系统要求?

Adobe Photoshop CC 仍然支持主流的 Windows 以及 Mac OS 操作平台。Adobe 推荐使用 64 位计算机硬件及操作系统，尤其是 Windows 7 64-bit 或 Mac OS X 10.6.x 和 10.7.x。但是，PhotoshopCC 不再支持 Windows XP。此外，在安装前，用户必须连接网络并完成注册，然后才能启用软件、验证会员并获得线上服务。

## 1.1.2 Photoshop 能够做什么

作为 Adobe 公司旗下最出名的图像处理软件，Photoshop 的应用领域非常广泛，覆盖平面设计、数字出版、网络传媒、视觉媒体、数字绘画和先锋艺术创作等领域。

**1. 平面设计**

平面设计师应用最多的软件莫过于 Photoshop 了，因为平面设计中 Photoshop 可应用的领域非常广阔，无论是书籍装帧、招贴海报、杂志封面，还是 LOGO 设计、VI 设计或包装设计，都可以使用 Photoshop 制作或进行辅助处理。平面设计作品如图 1-2 ~ 图 1-5 所示。

图 1-2

图 1-3

图 1-4

图 1-5

### 2. 插画设计

绘制插画也是 Photoshop 比较具有代表性的功能。插画艺术与传统的绘画艺术是一宗之亲，插画艺术的许多表现技法都是从绘画艺术借鉴而来。Photoshop 中强大的绘图工具以及丰富的色彩可以让插画师绘制出美轮美奂的作品，如图 1-6 ~ 图 1-8 所示。

图 1-6

图 1-7

图 1-8

### 3. 数码照片后期处理

Photoshop 在数码照片后期处理中发挥了极大的作用。它不仅可以针对局部的瑕疵去处理，还可以针对色彩和场景进行调整与合成。数码照片后期处理主要应用于商业片的编辑、创意广告的合成和婚纱写真照片的制作，如图 1-9 ~ 图 1-11 所示。

图 1-9

图 1-10

图 1-11

#### 4. 网页设计

网络已经是现代人不可分割的一部分，当网络在向人们传递信息的同时，还必须具有自己独特的吸引力。在网页中，很多的元素都是使用 Photoshop 进行制作的，如按钮和漂亮的图片。因此，Photoshop 也是美化网页必不可少的工具，设计效果如图 1-12 ～图 1-14 所示。

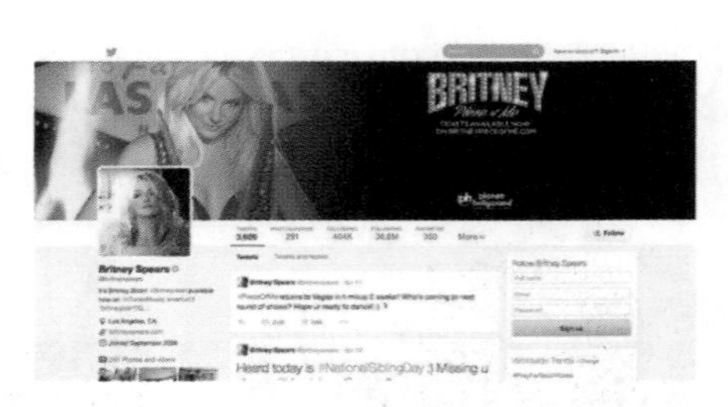


图 1-12

图 1-13

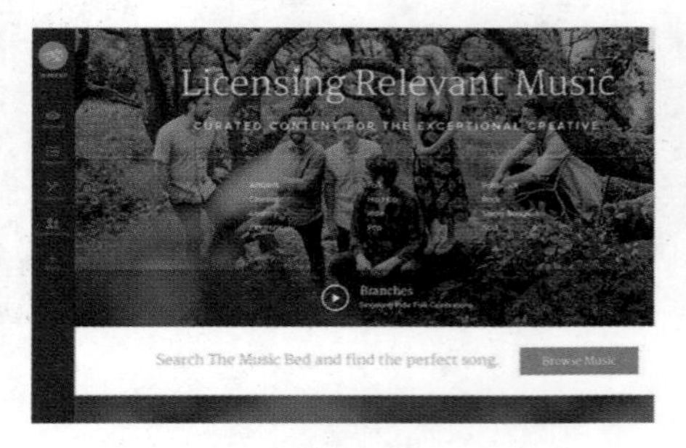


图 1-14

#### 5.UI 设计

UI 是 User Interface 的简写，即界面设计。UI 设计更深层次的含义是指用户与界面之间的交互关系。也就是说，界面不仅要美观、新颖，还要符合操作逻辑，让操作变得舒适、简单、自由，设计效果如图 1-15 ～图 1-17 所示。

图 1-15

图 1-16

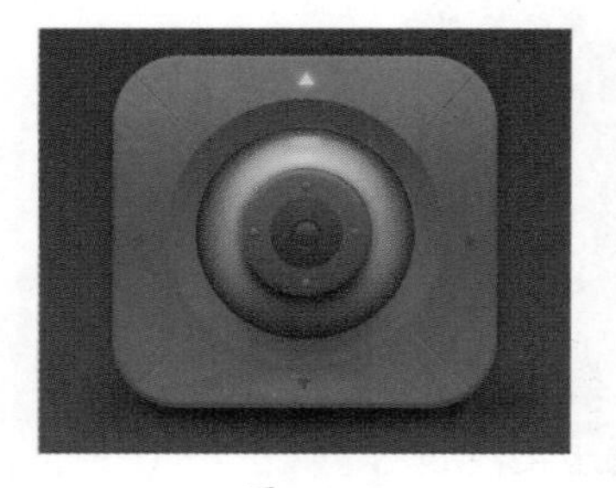

图 1-17

**6. 三维设计**

三维设计比较常见的几种形态有室内外效果图、三维动画电影、广告包装、游戏制作和 CG 插画设计等。其中，Photoshop 主要用来绘制和编辑三维模型表面的贴图，另外还可以对静态的效果图或 CG 插画进行后期修饰，设计效果如图 1-18 和图 1-19 所示。

图 1-18

图 1-19

### 1.1.3　轻松安装 Photoshop CC

在 Photoshop CC 之前的版本中，购买软件都会采用光盘的形式进行安装。但是从 Photoshop CC 这个版本开始，Adobe 不再发布任何物质性的软件。也就是说，Adobe 将通过互联网支付和下载。Photoshop CC 采用按月和按年两种收费方式，也可以订阅 Adobe 的全套产品。在下载 Photoshop CC 之前，首先需要安装 Adobe Creative Cloud，Adobe Creative Cloud 是一种基于订阅的服务。图 1-20 所示的为 Adobe Creative Cloud 图标，图 1-21 所示为 Creative Cloud 的下载界面。

图 1-20

图 1-21

下面讲解如何安装 Photoshop CC。

（1）打开 Adobe 的官方网站“www.adobe.com”，单击导航栏中“Products”（产品）按钮，然后选择“Adobe Creative Cloud”选项，如图 1-22 所示。然后，在打开的页面中选择产品的使用方式，单击“Join”按钮为进行购买；单击“Try”按钮为免费试用，试用期为 30 天。这里单击“Try”按钮，如图 1-23 所示。

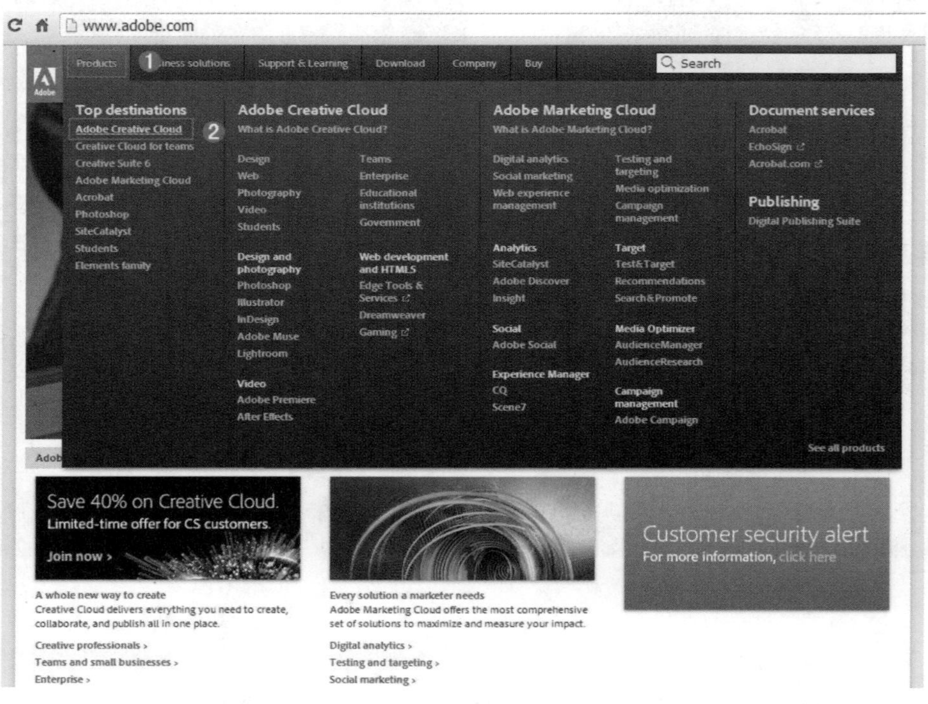


图 1-22

图 1-23

（2）在打开的页面中单击 Creative Cloud 右侧的“下载”按钮，如图 1-24 所示。在打开的窗口中继续单击“下载”按钮，如图 1-25 所示。

图 1-24

图 1-25

（3）接着将弹出一个登录界面，这里需要用户登录 Adobe ID，如果没有也可以免费注册一个，如图 1-26 所示。登录 Adobe ID 后即可开始下载并安装 Creative Cloud。启动 Creative Cloud 即可看见 Adobe 的各类软件，可以直接选择安装或试用软件，也可以更新已有软件。单击相应的按钮后即可自动完成软件的安装，如图 1-27 所示。

图 1-26

图 1-27

## 1.1.4 启动与退出 Photoshop CC

正确安装 Photoshop CC 后，双击桌面的 Adobe Photoshop CC 快捷方式即可启动软件；也可以选中图标，单击鼠标右键，在弹出的快捷菜单中单击“打开”命名，启动软件，如图 1-28 和图 1-29 所示。

图 1-28

图 1-29

若要退出 Photoshop CC，可以像退出其他应用程序那样单击右上角的关闭按钮；执行“文件 > 退出”命令也可以退出 Photoshop CC，如图 1-30 所示。使用退出快捷键 <Ctrl+Q> 同样可以快速退出。

图 1-30

## 1.2　玩转 Photoshop 的工作区

启动了 Photoshop CC 就等于进入了一个全新的世界，千万不要被眼花缭乱的工具、命令和面板所迷惑而想要退缩。其实它们都是“纸老虎”，接下来一起认识 Photoshop 的工作区。图 1-31 ~ 图 1-34 所示为使用 Photoshop 制作的优秀平面设计作品。

图 1-31

图 1-32

图 1-33

图 1-34

### 1.2.1 人性化的工作界面

前面简单地介绍了一下 UI 设计，其实 Photoshop CC 的工作界面也属于 UI 设计，它采用了扁平化的设计风格，整个界面给人一种简约、整齐的感觉。启动 Photoshop CC，其工作界面由菜单栏、标题栏、文档窗口、工具箱、选项栏、状态栏以及多个面板组成，如图 1-35 所示。

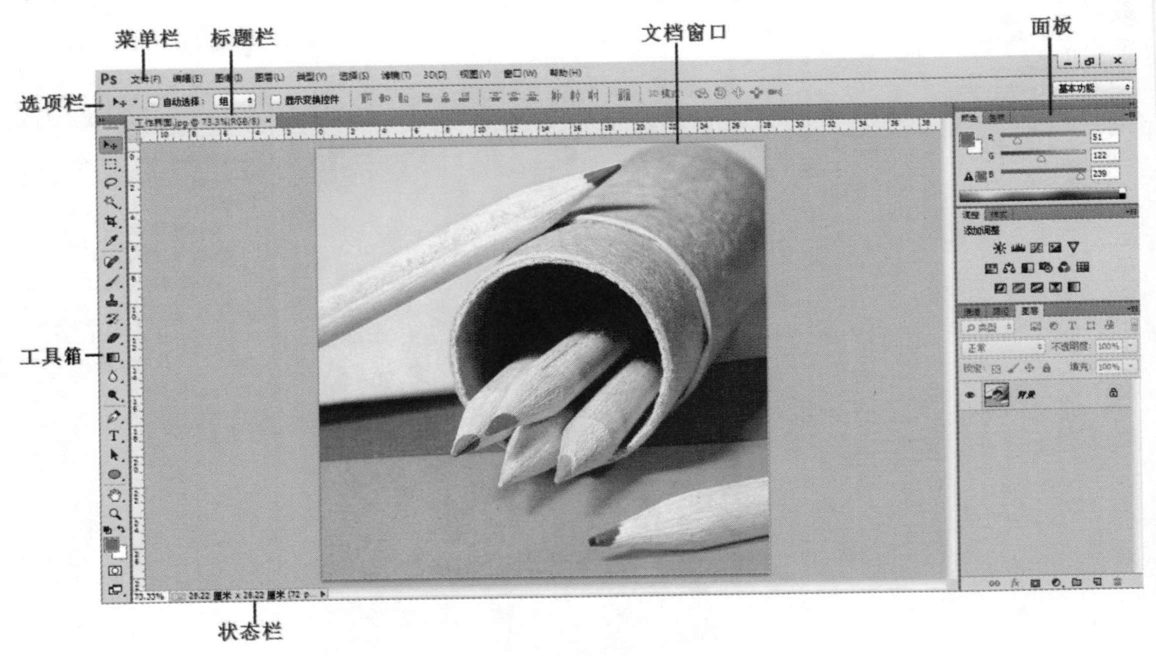


图 1-35

菜单栏：Photoshop CC Extended 的菜单栏中包含 11 组主菜单，分别是文件、编辑、图像、图层、类型、选择、滤镜、3D、视图、窗口和帮助。单击相应的主菜单即可打开相对应的子菜单。

标题栏：打开一个文件后，Photoshop 会自动创建一个标题栏。在标题栏中会显示这个文件的名称、格式、窗口缩放比例以及颜色模式等信息。

文档窗口：文档窗口是显示打开图像的地方。

工具箱："工具箱"中集合了 Photoshop CC 中的大部分工具。"工具箱"可以折叠显示或展开显示。单击"工具箱"顶部的折叠图标，可以将其折叠为双栏；单击按钮即可还原回展开的单栏模式。

选项栏：选项栏主要用来设置工具的参数选项，不同工具的选项栏也不同。

状态栏：状态栏位于工作界面的最底部，可以显示当前文档的大小、文档尺寸、当前工具和窗口缩放比例等信息，单击状态栏中的三角形图标，可以设置要显示的内容。

面板：面板主要用来配合图像的编辑、对操作进行控制以及设置参数等。每个面板的右上角都有一个图标，单击该图标可以打开该面板的菜单选项。如果需要打开某一个面板，则可以单击菜单栏中的"窗口"菜单按钮，在展开的菜单中单击即可打开该面板。

**小技巧：**为工作界面更换颜色

在首次打开 Photoshop CC 时，整个界面是黑色色调的，给人的感觉还是很炫酷的。如果不喜欢黑色，则可以将界面颜色更改为灰色色调。执行"编辑 > 首选项 > 界面"命令，或使用快捷键 <Ctrl+K> 打开"首选项"对话框，在"界面"选项中的"颜色方案"中选择自己喜欢的颜色，然后单击“确定”按钮，即可更换界面颜色，如图 1-36 所示。

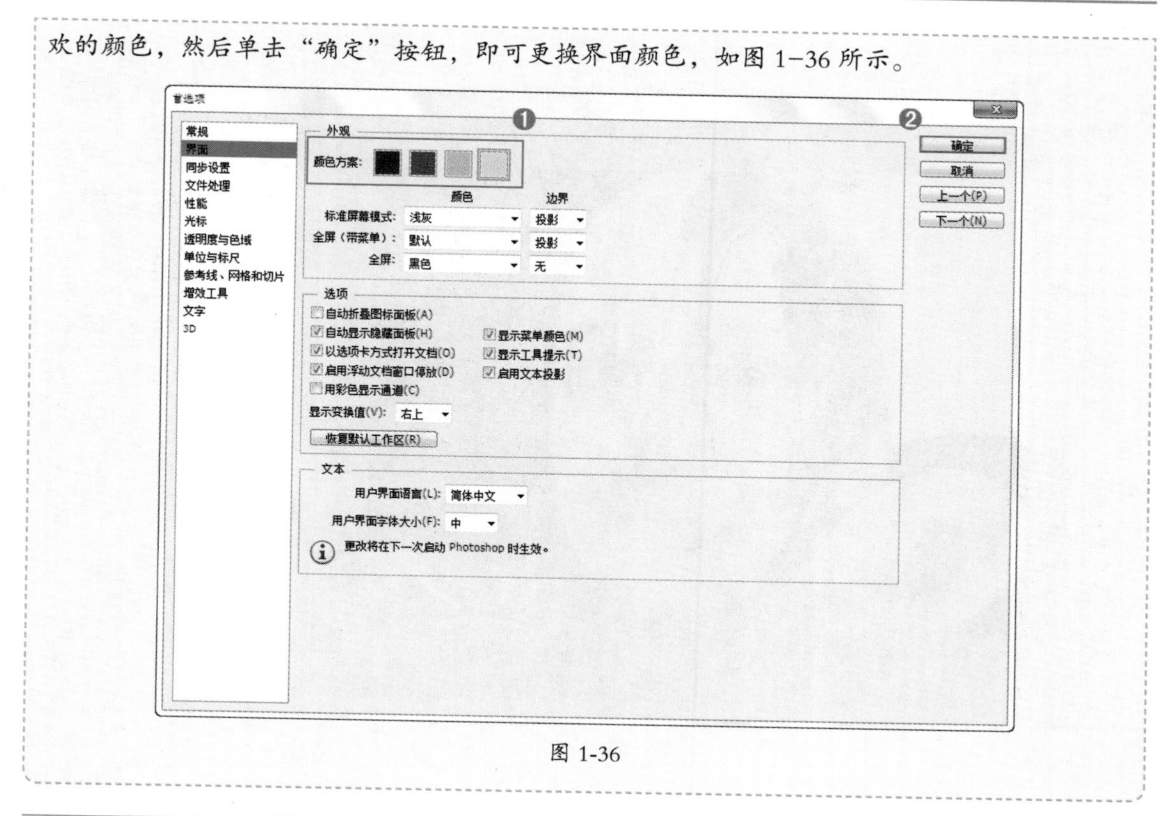


图 1-36

## 1.2.2　轻松搞定工作区

Photoshop 的应用涵盖了整个设计界，平面设计师、UI 设计师、影视后期处理、环境设计师和网页设计师，都要学习 Photoshop。正因如此，Photoshop 提供了符合各类人群的工作区布局。

（1）执行“窗口 > 工作区”菜单命令，在子菜单中可以切换工作区类型。在菜单中提供了基本功能区、新增功能工作区、3D 工作区、动感工作区、绘画工作区、摄影工作区和排版规则工作区，如图 1-37 所示。在初次打开 Photoshop CC 时，软件默认为“基本功能”工作区，在“基本功能”工作区中，包括了一些很常用的面板，例如“颜色”面板、“调整”面板和“图层”面板等，如图 1-38 所示。

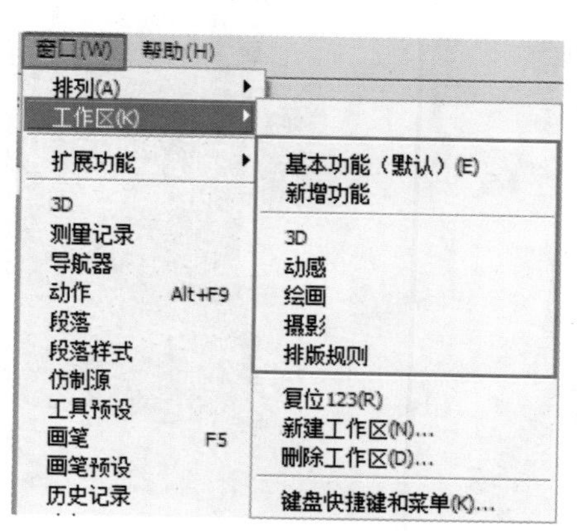


图 1-37

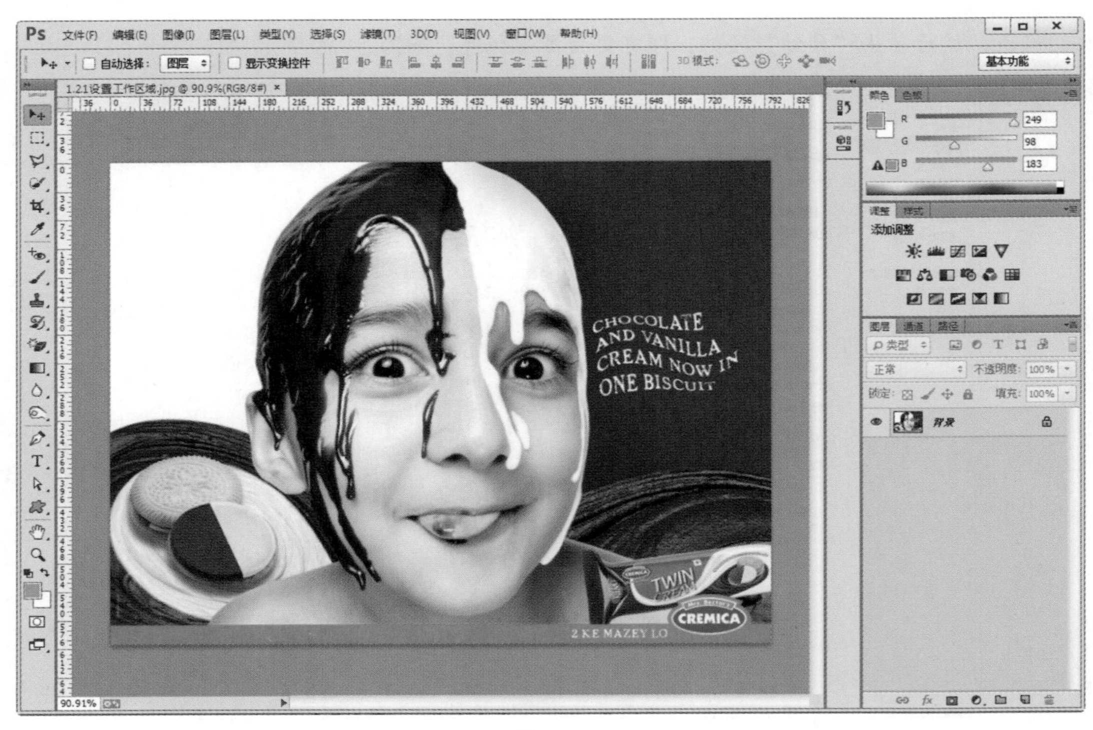


图 1-38

（2）若用户使用 Photoshop 主要用来绘制插画，则可以执行“窗口 > 工作区 > 绘画”菜单命令，切换到“绘画”工作区，如图 1-39 所示。在“绘画”工作区中，有“画笔”面板和“颜色”面板等绘制插画常用的工具，这也是 Photoshop 人性化的地方。

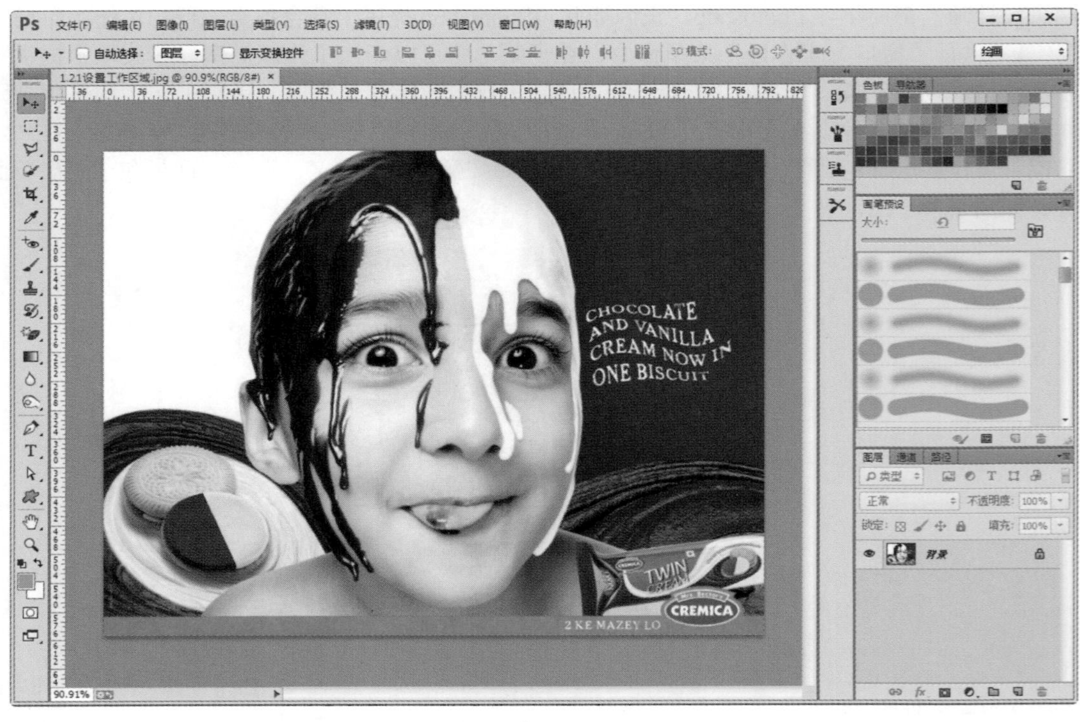


图 1-39

（3）如果在 Photoshop 预设中没有一款符合自己的工作区，那也不要沮丧，因为可以自己动手，自定义一款符合自己使用习惯的工作区。将需要的面板保留在界面中，将不需要的面板关闭。然后执行“窗口 > 工作区 > 新建工作区”菜单命令，然后在弹出的“新建工作区”对话框中为工作区设置一个名称，接着单击“存储”按钮，即可存储当前工作区，如图 1-40 和图 1-41 所示。

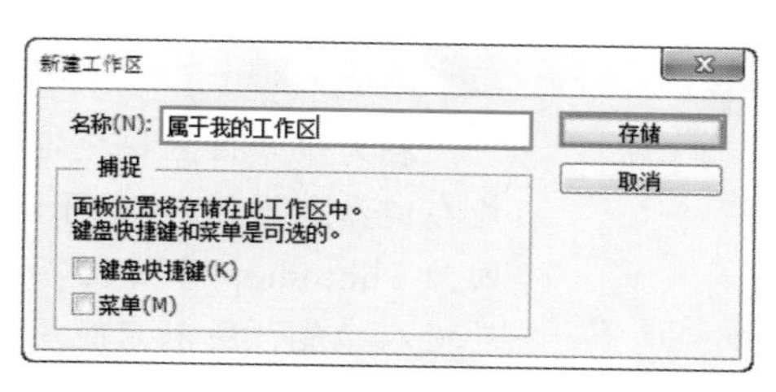


图 1-40

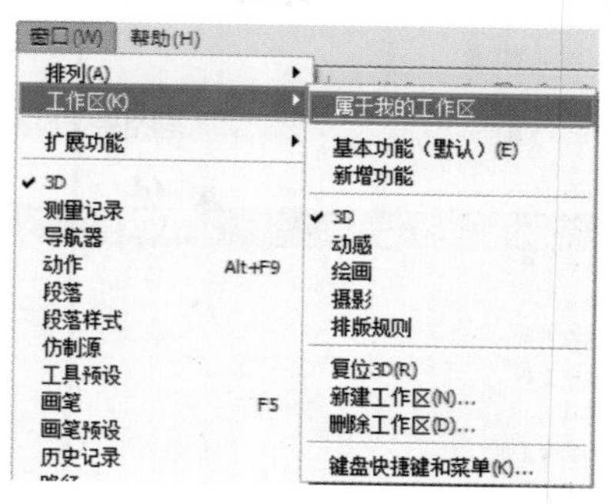


图 1-41

**小技巧：** 删除不需要的工作区

执行“窗口 > 工作区”菜单命令，在子菜单下可以选择前面自定义的工作区。想要删除自定义的工作区其实很简单，只需执行“窗口 > 工作区 > 删除工作区”菜单命令即可。

## 1.2.3　自定义快捷键

在 Photoshop 中，工具和部分命令都有默认的快捷键，使用快捷键可以提高工作效率。在 Photoshop 中也可以不使用默认的快捷键，而根据自己的使用习惯自定义快捷键。接下来以“移动工具”为例来学习如何设置工具的快捷键，具体步骤如下。

（1）默认情况下，“移动工具”的快捷键为“V”，将鼠标光标放在“移动工具”的上面就会显示其默认的快捷键，如图 1-42 所示。

（2）更改其快捷键。执行“编辑 > 键盘快捷键”菜单命令，打开“键盘快捷键和菜单”窗口。然后，选择“键盘快捷键”选项卡，然后设置“组”为“Photoshop 默认值”，如图 1-43 所示。

（3）设置“快捷键用于”。单击该选项的倒三角按钮，在下拉菜单中有 3 个选项，分别是“应用程序菜单”“面板菜单”和“工具”，选择“应用程序菜单”可以设置菜单的快捷键；选择“面板菜单”可以设置面板的菜单；选择“工具”可以设置工具箱中的工具的快捷键。这里选择“工具”选项，如图 1-44 所示。

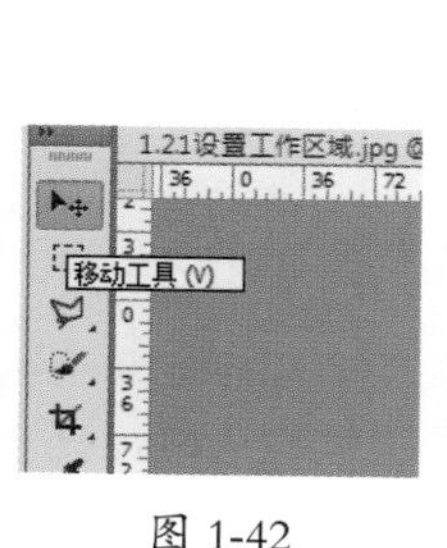


图 1-42

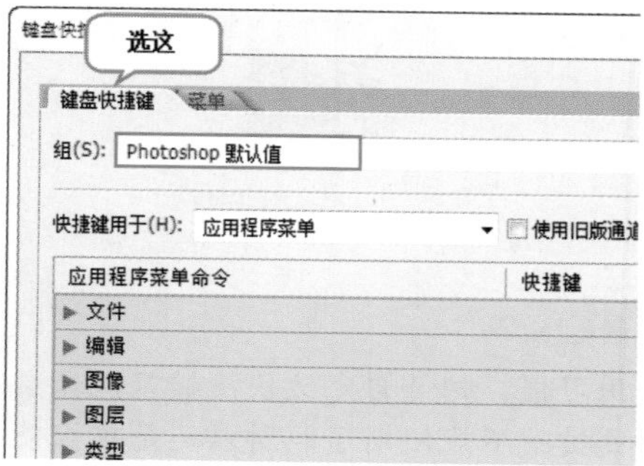

图 1-43

图 1-44

（4）选择“移动工具”选项，可以看到“快捷键”被选中，这就表示可以进行更改了，如图 1-45 所示。在这里将快捷键更改为“N”，单击“确定”按钮，如图 1-46 所示。

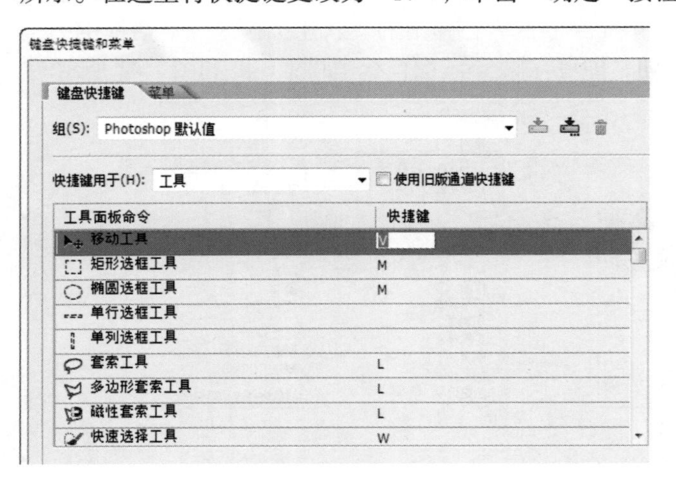


图 1-45

> **小技巧：为什么设置菜单命令快捷键时不能手动输入**
>
> 在为命令设置快捷键时，只能在键盘上操作，不能手动输入。因为 Photoshop 目前还不支持手动输入功能，所以只能用键盘操作来设置快捷键。

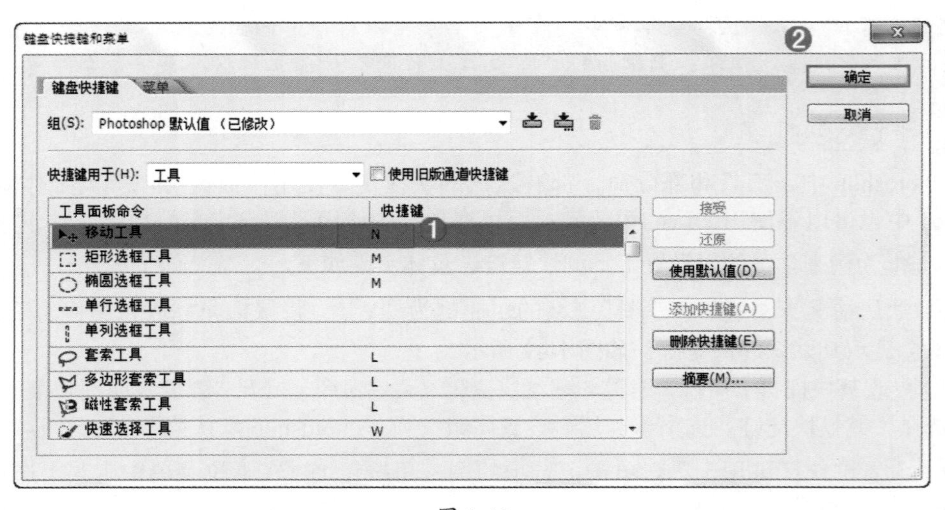


图 1-46

（5）此时可以查看更改快捷键的结果了。将鼠标光标移动到工具箱中的“移动工具”附近，可以看到“移动工具”的快捷键被更改为了“N”，如图 1-47 所示。

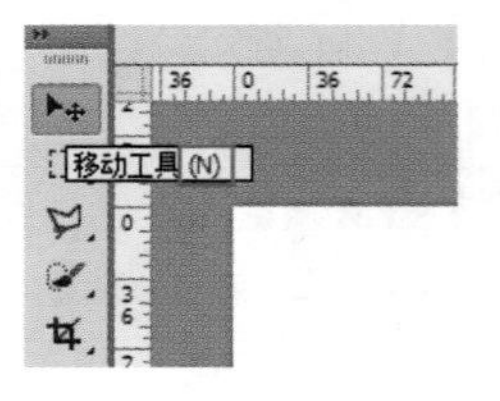


图 1-47

> **你问我答：快捷键到底需不需要自定义？**
>
> 自定义的快捷键确实符合自己的使用习惯，但是自定义快捷键只能保留在所定义的计算机中，一旦更换计算机，这些自定义的快捷键就不能使用了。所以还是建议使用软件默认的快捷键，记忆快捷键是一项使用软件的基本技能，也是提高工作效率的重要手段。在记忆快捷键时，不需要死记硬背，只需要稍加留心、多使用几次就可以记住了。

## 1.3　换一种方式看图像——设置文档窗口的查看方式

在 Photoshop 中可以通过调整图像的缩放级别、多种图像的排列形式、多种屏幕模式、使用导航器查看图像、使用“抓手工具”查看图像等方法查看图像窗口。打开多个文件时，选择合理的方式查看图像窗口可以更好地对图像进行编辑，如图 1-48 和图 1-49 所示。

图 1-48

图 1-49

### 1.3.1　工具速查——使用“缩放工具”更改图像的缩放级别

放大镜可以放大书上的文字，从而看清楚文字，进行阅读。在 Photoshop 中有一个工具和放大镜有异曲同工之妙，那就是“缩放工具”。

“缩放工具”位于工具箱的最下方，使用“缩放工具”不仅可以放大图像，还可以缩小图像。使用“缩放工具”放大或缩小图像时，图像的真实大小是不会跟着发生改变的。因为使用“缩放工具”放大或缩小图像，只是改变了图像在屏幕上的显示比例，并没有改变图像的大小比例，两者有着本质的区别。

下面学习使用“缩放工具”进行图像的缩放，具体步骤如下。

（1）打开一张素材图片，使用快捷键<Ctrl+0(零)>或单击控制栏中的“适合屏幕”按钮 适合屏幕 ，可以自动调整图像的显示比例，如图 1-50 所示。

图 1-50

（2）单击工具箱中的“缩放工具” ，单击控制栏中的“放大”按钮 ，将光标移动到画面中，可以看到光标为 状，如图 1-51 所示。单击鼠标左键即可放大画面，如图 1-52 所示。

图 1-51

图 1-52

（3）也可以按住鼠标左键向右上角或右下角拖动，同样可以自由放大图像，如图 1-53 所示。

图 1-53

（4）如果要缩放图像可以单击控制栏中的“缩小”按钮 ，然后在画面中单击即可缩放图像，如图 1-54 所示；也可按住鼠标向画面的左上角或左下角拖动，自由缩放图像如图 1-55 所示。

图 1-54

**小技巧：** 按住 <Alt> 键，在“放大”和“缩小”工具之间直接切换。

单击工具箱中的“缩放工具” ，在“放大”工具的状态下，按住 <Alt> 键可以切换到“缩小”工具；相反，在“缩小”工具的状态下，按住 <Alt> 键可以切换到“放大”工具。

图 1-55

缩放工具参数详解

- 调整窗口大小以满屏显示：在缩放窗口的同时自动调整窗口的大小。
- 缩放所有窗口：同时缩放所有打开的文档窗口。
- 细微缩放：勾选该复选框后，在画面中单击并向左侧或右侧拖曳鼠标，能够以平滑的方式快速放大或缩小窗口。
- 实际像素：单击该按钮，图像将以实际像素的比例进行显示；也可以双击“缩放工具”来实现相同的操作。
- 填充屏幕：单击该按钮，可以在整个屏幕范围内最大化显示完整的图像。
- 打印尺寸：单击该按钮，可以按照实际的打印尺寸来显示图像。

**小技巧：** 放大或缩小画面显示比例的快捷方式

按 <Ctrl++> 快捷键可以放大窗口的显示比例；按 <Ctrl+ － > 快捷键可以缩小窗口的显示比例；按 <Ctrl+1> 快捷键可以使图像按照实际的像素比例显示。

## 1.3.2 工具速查——使用“抓手工具”移动图像显示区域

当画面中的图像显示比例过大时，窗口不能将画面中所有内容显示出来，这时就可以使用“抓手工具”来平移画面，以查看画面的局部。“抓手工具” 位于工具箱的底部，“抓手工具”按钮上有一个小手图标。

（1）打开一张图片，然后将图像放大，如图 1-56 所示。

图 1-56

（2）单击工具箱中的“抓手工具”，按住鼠标左键进行拖动，即可移动图像显示区域，如图 1-57 所示。

图 1-57

（3）虽然“抓手工具”的快捷键为 <H>，但是按住空格键可以快速切换到抓手状态。例如，这里选择“移动工具”，按住空格键即可切换到抓手状态，如图 1-58 所示。

图 1-58

（4）在控制栏中还有几个按钮，与“缩放工具”选项栏的一样，其用法也与“缩放工具”相同。

**小技巧：** 其他查看图像显示区域的方法

方法 1：

当图像显示比例大于窗口时，在窗口右侧和下侧会出现滚动条，拖动滚动条即可查看图像的其他区域，如图 1–59 所示。

图 1-59

方法 2：

在“导航器”面板中，通过滑动鼠标可以查看图像的某个区域。

执行“窗口 > 导航器”菜单命令，可以打开“导航器”面板，如果要在“导航器”面板中移动画面，则可以将光标放置在缩览图上，当光标变成“抓手”形状时（只有图像的缩放比例大于全屏显示比例时，才会出现“抓手”图标），拖动鼠标即可移动图像画面，如图 1–60 和图 1–61 所示。在“缩放数值”输入框中输入缩放数值，然后按 <Enter> 键即可确认操作。也可以通过调整滑块来调整画面大小。

图 1-60

图 1-61

## 1.3.3 更改图像窗口排列方式

当在 Photoshop CC 中打开多个文档时，用户可以选择文档的排列方式。执行“窗口 > 排列”菜单命令，在子菜单下可以选择一个合适的排列方式，如图 1-62 所示。图 1-63 所示为“双联水平”排列方式，如图 1-64 所示为“层叠”排列方式。

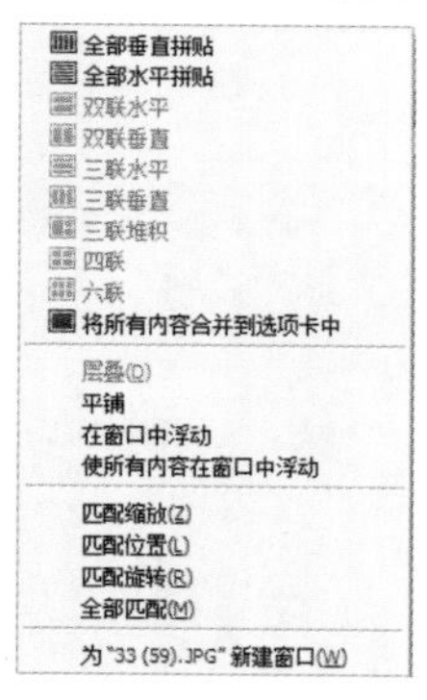


图 1-62

图 1-63

图 1-64

## 1.3.4 不一样的屏幕模式

不少Photoshop高手在“玩”Photoshop时，他们的操作界面只有制作的图像，没有工具箱和控制栏，甚至没有面板，那么他们是怎么做的呢？其实很简单，单击“屏幕模式”按钮，在弹出的菜单中可以选择屏幕模式，其中包括“标准屏幕模式”“带有菜单栏的全屏模式”和“全屏模式”3种，如图1-65所示。

（1）打开一张图片，默认情况下的屏幕模式为“标准屏幕模式”，如图1-66所示。

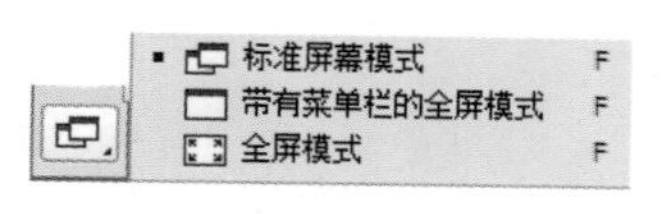


图 1-65

图 1-66

（2）单击“带有菜单栏的全屏模式”，即可切换到该模式。在该模式下，整个界面会充满计算机屏幕，而工具箱和面板都为浮动状态，如图1-67所示。

图 1-67

（3）继续单击“全屏模式”按钮，将弹出“信息”对话框。单击“全屏”按钮，如图 1-68 所示，即可切换到“全屏模式”，如图 1-69 所示。

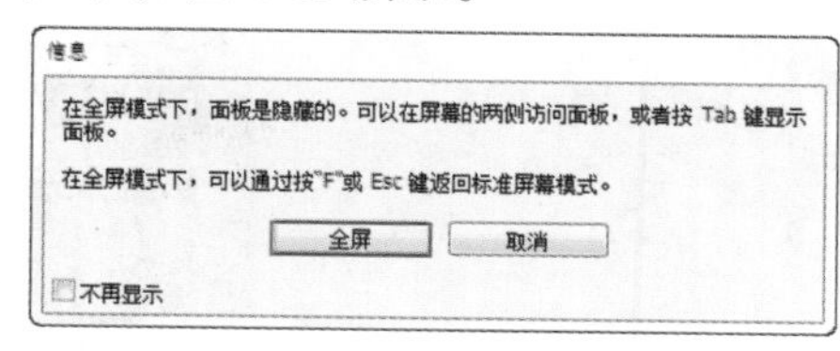


图 1-68

图 1-69

（4）如果要退出全屏模式，则可以按 <Esc> 键。如果按 <Tab> 键，则将切换到带有面板的全屏模式。

## 1.4　制图好帮手——Photoshop 中的辅助工具

正所谓无规矩不成方圆，要使制作的图像标准就得依靠 Photoshop 中的辅助工具。Photoshop 中的辅助工具包括标尺、参考线、网格和注释工具等，借助这些辅助工具可以进行参考、对齐和对位等操作。图 1-70 ~ 图 1-73 所示为会使用到辅助工具的优秀设计作品欣赏。

图 1-70

图 1-71

图 1-72

图 1-73

## 1.4.1 度量好帮手——标尺

标尺位于窗口的左侧或顶端，可以在使用的时候调用处理，不使用的时候可以将其隐藏。在实际工作中，标尺经常用来定位图像或元素位置，从而让用户更精确地处理图像。

（1）启用标尺。打开一张图片，执行“视图 > 标尺”菜单命令或按 <Ctrl+R> 快捷键，此时可以看到窗口顶部和左侧会出现标尺，如图 1-74 所示。

（2）调整标尺圆点的位置。标尺的原点位于窗口的左上方，用户可以修改原点的位置。将光标放置在原点上，然后使用鼠标左键拖动原点，画面中会显示出十字线，如图 1-75 所示。释放鼠标左键后，释放处便成了原点的新位置，且此时的原点数字也会发生变化，如图 1-76 所示。

图 1-74

图 1-75

图 1-76

## 1.4.2 标尺的好兄弟——参考线

“参考线”又名“辅助线”。参考线可以准确对齐或放置对象，用户可以根据工作需要，在窗口中建立多条参考线。参考线是一种辅助工具，所以不能用于打印和输出。此外，对参考线也可以进行编辑，如对添加的参考线进行移动、锁定和清除等操作。

（1）之所以说“参考线”是标尺的好兄弟，是因为在一般情况下，都是先将“标尺”调出后再建立“参考线”。首先需要调出标尺，然后将光标移动至水平标尺处，按住鼠标左键向下拖动，松开鼠标后即可建立一条水平参考线，如图 1-77 所示。将光标放置在左侧的垂直标尺上，然后使用鼠标左键向右拖动即可拖出垂直参考线，如图 1-78 所示。

图 1-77

图 1-78

**小技巧：** 建立参考线的小技巧

在创建和移动参考线时，按住 <Shift> 键可以使参考线与标尺刻度对齐；按住 <Ctrl> 键可以将参考线放置在画布中的任意位置，并且可以让参考线不与标尺刻度对齐。

（2）如果要移动参考线，则可以在“工具箱”中单击“移动工具”按钮，然后将光标放置在参考线上，当光标变成分隔符状态时，单击鼠标左键并拖动即可移动参考线，如图 1-79 所示。如果使用“移动工具”将参考线拖动出画布之外，则可以删除这条参考线。

图 1-79

**你问我答：参考线怎么动不了？**

参考线动不了是因为它被锁定了。执行“视图 > 参考线 > 锁定”菜单命令，可以看到该命令前有个对号标志，表示该命令是被使用的。执行该命令，即可解锁参考线。也可以使用快捷键 <Ctrl+Alt+> 来锁定或解锁参考线。

## 1.4.3 人性化的参考线——智能参考线

智能参考线是一种在需要时显示，不需要时隐藏的参考线。它可以帮助用户对齐形状、切片和选区。启用智能参考线后，当绘制形状、创建选区或切片时，智能参考线会自动出现在画布中。执行“视图 > 显示 > 智能参考线”菜单命令，可以启用智能参考线，粉色线条即为智能参考线。图 1-80 所示为在移动某一图层时智能参考线的状态。

图 1-80

## 1.4.4 辅助工具家族中的一员——网格

在设计字体和标志时，网格是必不可少的辅助工具。执行“视图 > 显示 > 网格”菜单命令，就可以在画布中显示出网格，如图 1-81 所示。

图 1-81

**小技巧：**对齐网格的技巧

在进行创建选区或移动图像等操作时若要对齐网格，则可以执行“视图 > 对齐到 > 网格”菜单命令，启用对齐功能。在执行该命令时，可以看到在“对齐到”子菜单中还包含“参考线”“图层”“切片”和“文档边界”4 个选项，执行相应的命令可以帮助用户精确地进行对齐，如图 1-82 所示。

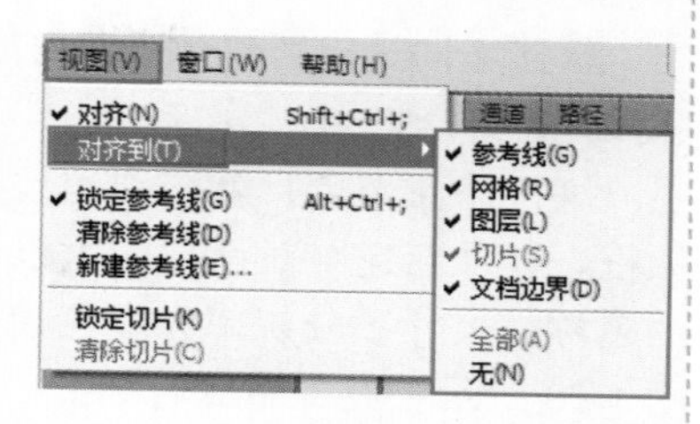


图 1-82

**你问我答：**设置“额外内容”的显示与隐藏

Photoshop 中的辅助工具都可以进行显示隐藏的控制，执行“视图 > 显示额外内容”菜单命令（使该选项处于勾选状态），然后再执行“视图 > 显示”菜单命令，可以在画布中显示出图层边缘、选区边缘、目标路径、网格、参考线、数量、智能参考线和切片等额外内容。

### 1.4.5　为软件“减负”

软件中也会存在一些缓存和垃圾，若不及时清理，会让软件的运行速度减慢。执行“编辑 > 清理”菜单命令下的子命令，可以清理由于 Photoshop 制图过程中产生的还原操作、历史记录、剪贴板以及视频高速缓存，如图 1-83 所示。在执行“清理”命令时，系统会弹出一个警告对话框，提醒用户该操作会将缓冲区中存储的记录从内存中永久清除，无法还原，如图 1-84 所示。

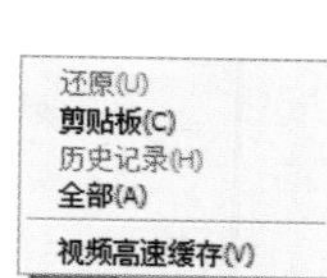


图 1-83

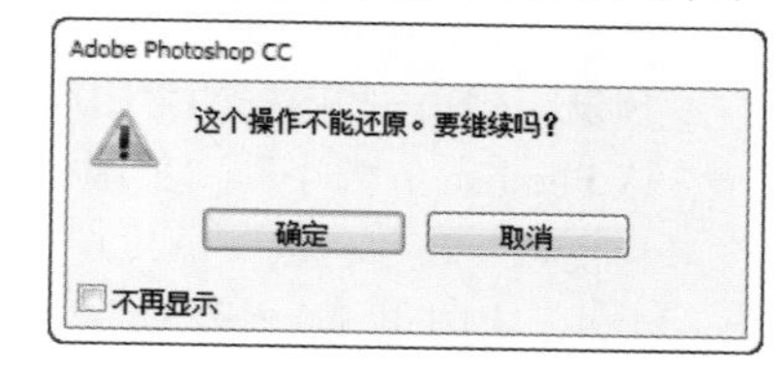


图 1-84

## 1.5　整装出发——文件的基本操作

在认识了 Photoshop 后，可以整理好思绪开始跨进“使用”Photoshop 这一扇门中。在这一小节中将主要进行一些文件的最基本的操作学习，如新建文件、打开文件、置入文件和复制文件等。图 1-85 ~ 图 1-88 所示为优秀的商业海报欣赏。

图 1-85

图 1-86

图 1-87

图 1-88

### 1.5.1 新建文件有讲究

新建文件是指新建一个空白的文件，执行“文件 > 新建”菜单命令或按 <Ctrl+N> 快捷键，如图 1-89 所示。

执行完命令后，就会弹出“新建”对话框。在“新建”对话框中可以设置文件的名称、尺寸、分辨率和颜色模式等，如图 1-90 所示。设置完成后单击“确定”按钮即可创建新文件。

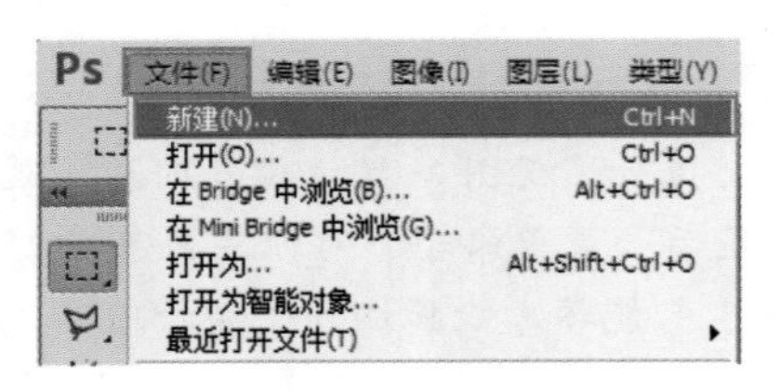


图 1-89

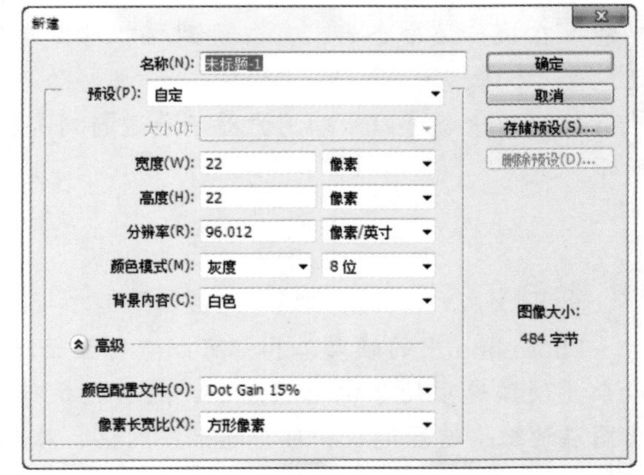


图 1-90

#### “新建对话框”参数详解

- 名称：设置文件的名称，默认情况下的文件名为“未标题 – 1”。如果在新建文件时没有对文件进行命名，则可以通过执行“文件 > 储存为”菜单命令对文件名称进行修改。
- 预设：选择一些内置的常用尺寸，单击下拉列表框即可进行选择。预设列表中包含了“剪贴板”“默认 Photoshop 大小”“美国标准纸张”“国际标准纸张”“照片”“Web”“移动设备”“胶片和视频”和“自定”，共 9 个选项。
- 大小：用于设置预设类型的大小，当设置“预设”为“美国标准纸张”“国际标准纸张”“照片”“Web”“移动设备”或“胶片和视频”时，“大小”选项才可用，以“国际标准纸张”预设为例。
- 宽度 / 高度：设置文件的宽度和高度，其单位有“像素”“英寸”“厘米”“毫米”“点”“派卡”和“列”，共 7 种。
- 分辨率：用来设置文件的分辨率大小，其单位有“像素 / 英寸”和“像素 / 厘米”两种。
- 颜色模式：设置文件的颜色模式以及相应的颜色深度。
- 背景内容：设置文件的背景内容，有“白色”“背景色”和“透明”，共 3 个选项。
- 颜色配置文件：用于设置新建文件的颜色配置。
- 像素长宽比：用于设置单个像素的长宽比例。通常情况下保持默认的“方形像素”即可，如果需要应用于视频文件，则需要进行相应的更改。

**你问我答：** 如何将“新建”对话框中的设置进行存储?

完成设置后，可以单击“存储预设”按钮 存储预设(S)... ，将这些设置存储到预设列表中。

**小技巧：** 关于新建文件的小知识

创建新文件时，文档的宽度和高度需要与实际印刷的尺寸相同。而在不同情况下，对分辨率需要进行不同的设置。通常来说，图像的分辨率越高，印刷出来的质量就越好，但也不是任何时候都需要将分辨率设置为较高的数值。

以下为常见的分辨率设置：一般印刷品分辨率为 150 ~ 300dpi，高档画册分辨率为 350dpi

以上，大幅的喷绘广告 1m 以内分辨率为 70 ~ 100dpi，巨幅喷绘分辨率为 25dpi，多媒体显示图象为 72dpi。一定要切记，分辨率的数值并不是一成不变的，需要根据实际情况进行设置。

## 1.5.2 灵活的打开文件方式

要将文件在 Photoshop 中打开，有很多种方法，一些方法需要通过“打开”面板，一些方法只需直接拖动。接下来就一起学习打开文件的多种方法吧！

**方法 1：**

执行“文件 > 打开”菜单命令，然后在弹出的对话框中选择需要打开的文件，接着单击“打开”按钮或双击文件即可在 Photoshop 中打开该文件，如图 1-91 和图 1-92 所示。

图 1-91

图 1-92

**方法 2：**

双击软件界面中的空白区域，可以弹出“打开”窗口，如图 1-93 所示。

图 1-93

**方法 3：**

可以将文件拖动到软件中。选择需要在 Photoshop 中打开的文件，然后按住鼠标左键并拖动至 Photoshop 中，松开鼠标，即可将其在 Photoshop 中打开，如图 1-94 所示。

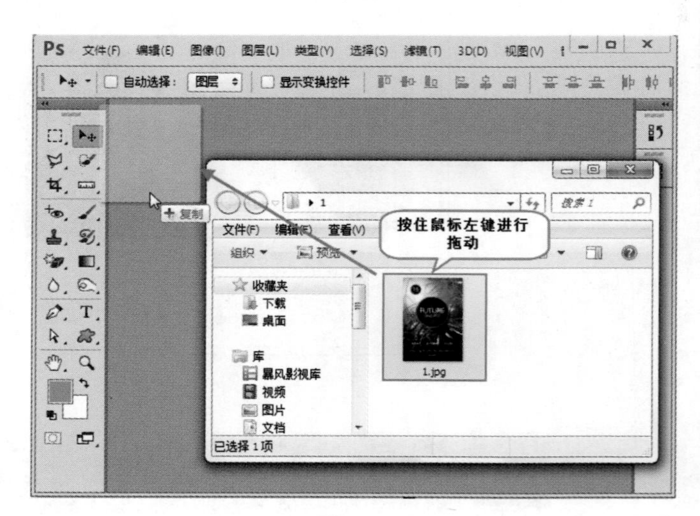


图 1-94

**小技巧：** 打开最近使用过的文件

Photoshop 可以记录最近使用过的 10 个文件，执行“文件 > 最近打开文件”菜单命令，在其下拉菜单中单击文件名即可将其在 Photoshop 中打开，执行底部的“清除最近”命令可以删除历史打开记录。

**你问我答：** 为什么在打开文件时找不到所需要文件？

如果发生这种现象，可能有两个原因。第 1 个原因是 Photoshop 不支持这个文件格式；第 2 个原因是“文件类型”没有设置正确，如设置“文件类型”为 JPG 格式，那么在“打开”对话框中就只能显示这种格式的图像文件，这时可以设置“文件类型”为“所有格式”则可以查看相应的文件（前提是计算机中存在该文件）。

### 1.5.3 置入文件

新建文件或打开文件后，若想将其他图片在这个文件中打开，该怎么操作呢？方法很简单，那就是通过“置入”命令，将其置入到文件中。执行“文件 > 置入”菜单命令，可以将 JPEG、EPS、PDF 和 AI 等格式的文件作为矢量对象制作到 Photoshop 文件中。

执行“文件 > 置入”菜单命令，然后在弹出的“置入”对话框中选择好需要置入文件即可将其置入到 Photoshop 中，如图 1-95 所示。在置入的文件时，置入的文件将自动放置在画布的中间，同时文件会保持其原始长宽比。但是，如果置入的文件比当前编辑的图像大，那么该文件将被重新调整为与画布相同大小的尺寸。

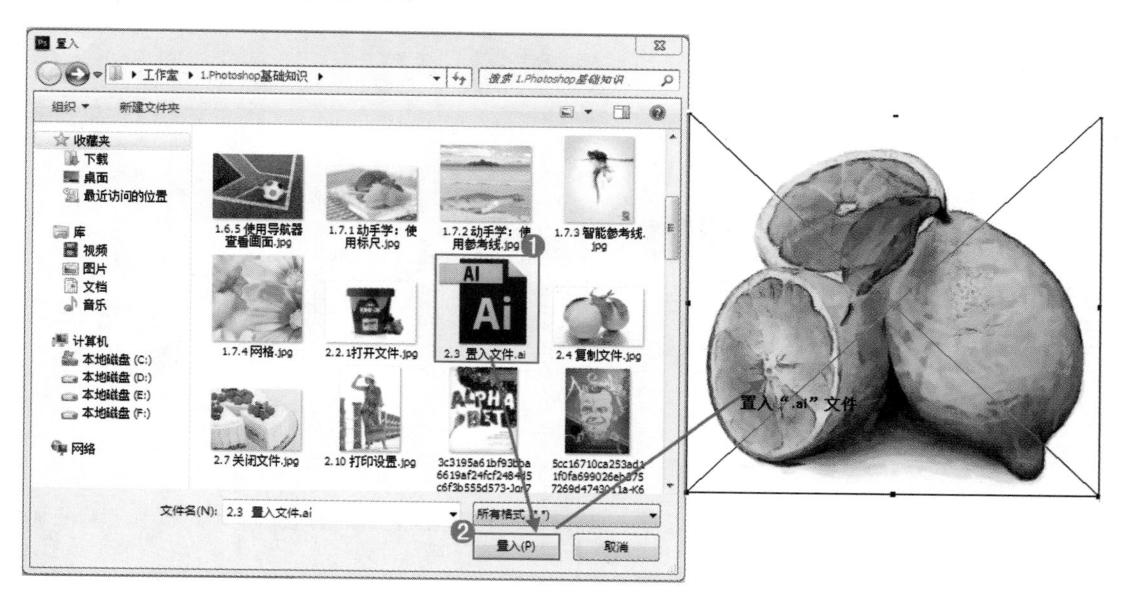


图 1-95

> **小技巧：编辑“置入”后的智能对象**
>
> 置入文件后，可以对作为智能对象的图像进行缩放、定位、斜切、旋转或变形操作，且不会降低图像的质量。操作完成后可以将智能对象“栅格化”以减少硬件设备负担，即执行“图层 > 栅格化 > 智能对象”菜单命令即可。

### 1.5.4 复制文件

使用“复制”菜单命令可以将当前文件复制一份出来，复制的文件将作为一个副本文件单独存在。在 Photoshop 中，执行“图像 > 复制”菜单命令，在弹出的“复制图像”对话框中设置文件名称，如图 1-96 和图 1-97 所示。

文件(F)
编辑(E)
图像(I)
图层(L)
类型(Y)
选择(S)
滤镜(T)
3D(D)
视图(V)
窗口(W)
帮助(H)
自动选择：
2.4 复制文件.jpg
模式(M)
调整(J)
自动色调(N) Shift+Ctrl+L
自动对比度(U) Alt+Shift+Ctrl+L
自动颜色(O) Shift+Ctrl+B
图像大小(I)… Alt+Ctrl+I
画布大小(S)… Alt+Ctrl+C
图像旋转(G)
裁剪(P)
裁切(R)…
显示全部(V)
复制(D)…
应用图像(Y)…
计算(C)…
变量(B)
应用数据组(L)…
陷印(T)…
分析(A)
复制图像
复制：2.4 复制文件.jpg
为(A)：2.4 复制文件 拷贝
仅复制合并的图层(M)
确定
取消
3D 模式：
8.33%
64.35 厘米 x 42.74 厘米 (300…

图 1-96

文件(F)
编辑(E)
图像(I)
图层(L)
类型(Y)
选择(S)
滤镜(T)
3D(D)
视图(V)
窗口(W)
帮助(H)
自动选择：
组
显示变换控件
3D 模式：
2.4 复制文件 拷贝 @ 8.33%(RGB/8#)
2.4 复制文件.jpg @ 8.33%(RGB/8#)
8.33%
64.35 厘米 x 42.74 厘米 (300…

图 1-97

## 1.5.5 及时保存是个好习惯

文件进行编辑后，就需要进行保存。及时保存文件是一个好习惯，这样可以避免一些突发情况，如断电和软件崩溃等。

存储文件分为“存储”和“存储为”两种不同的方式。若该文件是首次进行保存，则可以执行“文件 > 储存”菜单命令或按 <Ctrl+S> 快捷键，以对文件进行保存。在之后的保存中，继续执行该命令，软件会自动以原有的图像格式和名称进行保存，如图 1-98 所示。

如果在储存一个新建的文件时，执行“文件 > 储存”菜单命令，则会弹出“另存为”对话框。“储存为”命令可以将文件保存到另一个位置或使用另一文件名进行保存。也可以执行“文件 > 存储为”菜单命令或按 <Shift+Ctrl+S> 快捷键打开“另存为”对话框，如图 1-99 所示。

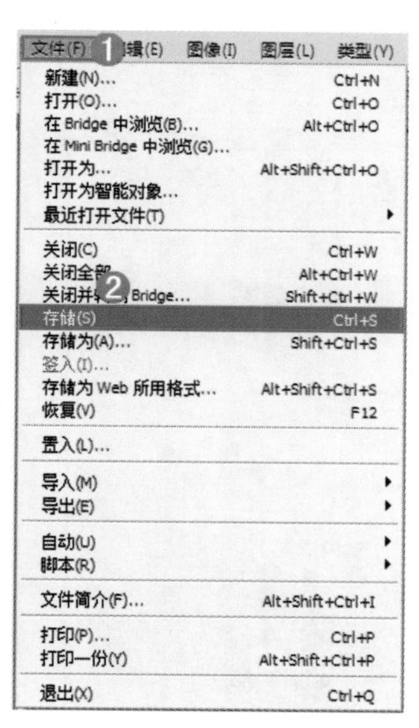


图 1-98

图 1-99

## 1.5.6 短暂的告别——关闭文件

当不再需要使用某个图像文件时可以将其关闭。在关闭前，需要进行保存，然后在关闭。Photoshop 中提供了多种关闭文件的方法。

**方法 1：**

执行“文件 > 关闭”菜单命令，或按 <Ctrl+W> 快捷键，如图 1-100 所示。

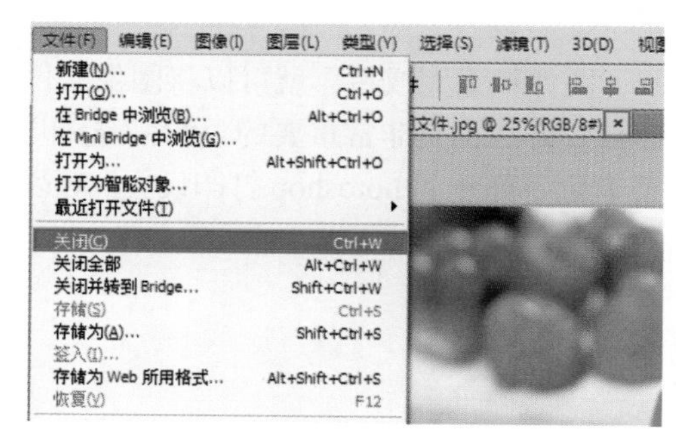


图 1-100

**方法 2：**

单击文档窗口右上角的“关闭”按钮☒，可以关闭当前处于激活状态的文件。使用这种方法关闭文件时，其他文件将不受任何影响，如图 1-101 所示。

**方法 3：**

执行“文件 > 关闭全部”菜单命令或按 <Alt+Ctrl+W> 快捷键可以关闭所有的文件。

**方法 4：**

执行“文件 > 关闭并转到 Bridge”菜单命令，可以关闭当前处于激活状态的文件，然后转到“Bridge”中。

图 1-101

**方法 5：**

执行“文件 > 退出”菜单命令或单击程序窗口右上角的“关闭”按钮，可以关闭所有的文件并退出 Photoshop，如图 1-102 所示。

图 1-102

## 1.5.7 将完成的作品打印出来——打印设置

图像校正完成后，就可以将图像文件打印输出了。为了获得良好的打印效果，掌握正确的打印设置方法也是非常重要的。使用“打印”命令可以对文件印刷参数进行设置。执行“文件 > 打印”菜单命令打开“Photoshop 打印设置”对话框，在该对话框中可以预览打印作业的效果，如图 1-103 所示。

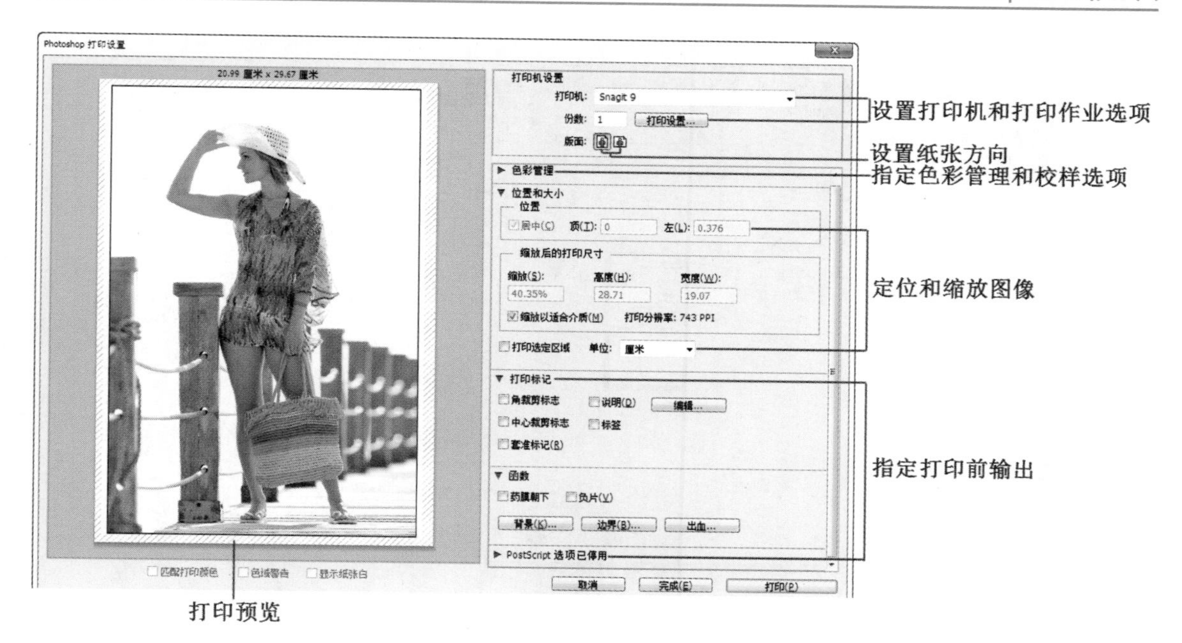


图 1-103

"Photoshop 打印设置"对话框参数详解

- 打印机：在下拉列表框中可以选择打印机。
- 份数：设置要打印的份数。
- 打印设置：单击该按钮，可以打开一个属性对话框。在该对话框中可以设置纸张的方向、页面的打印顺序和打印页数。
- 版面：单击"横向打印纸张"按钮或"纵向打印纸张"按钮可将纸张方向设置为纵向或横向。
- 位置：勾选"居中"复选框，可以将图像定位于可打印区域的中心；取消勾选"居中"复选框，可以在"顶"和"左"输入框中输入数值来定位图像，也可以在预览区域中移动图像进行自由定位，从而打印部分图像。
- 缩放后的打印尺寸：如果勾选"缩放以适合介质"复选框，则可以自动缩放图像到适合纸张的可打印区域；如果取消勾选"缩放以适合介质"复选框，则可以在"缩放"选项中输入图像的缩放比例，或在"高度"和"宽度"选项中设置图像的尺寸。
- 打印选定区域：勾选该复选框，可以启用对话框中的裁剪控制功能，以调整定界框移动或缩放图像。

### 1. 页面设置

在"打印机设置"区域内单击"打印设置"按钮 打印设置... ，然后在弹出的"文档属性"对话框中设置"布局"和"纸张 / 质量"选项卡中的选项，如图 1-104 所示。

### 2. 色彩管理

如果要对色彩图像进行打印，则需要对图像进行打印，需要对图像进行分色处理。在"Photoshop 打印设置"对话框中的右侧打开"色彩管理"栏，即可在其中进行相应的设置，如图 1-105 所示。

"颜色处理"参数详解

- 在"颜色处理"下拉列表框中可以选择打印颜色的处理方式。选择"打印机管理颜色"选项，可以将文档颜色数转换为适合打印机的颜色数目；选择"Photoshop 管理颜色"选项，Photoshop 会选择一种适合打印机的颜色数目转换；选择"分色"选项，则单独打印文档中的每一个通道，用于在印刷机上印刷分色版和专色版。

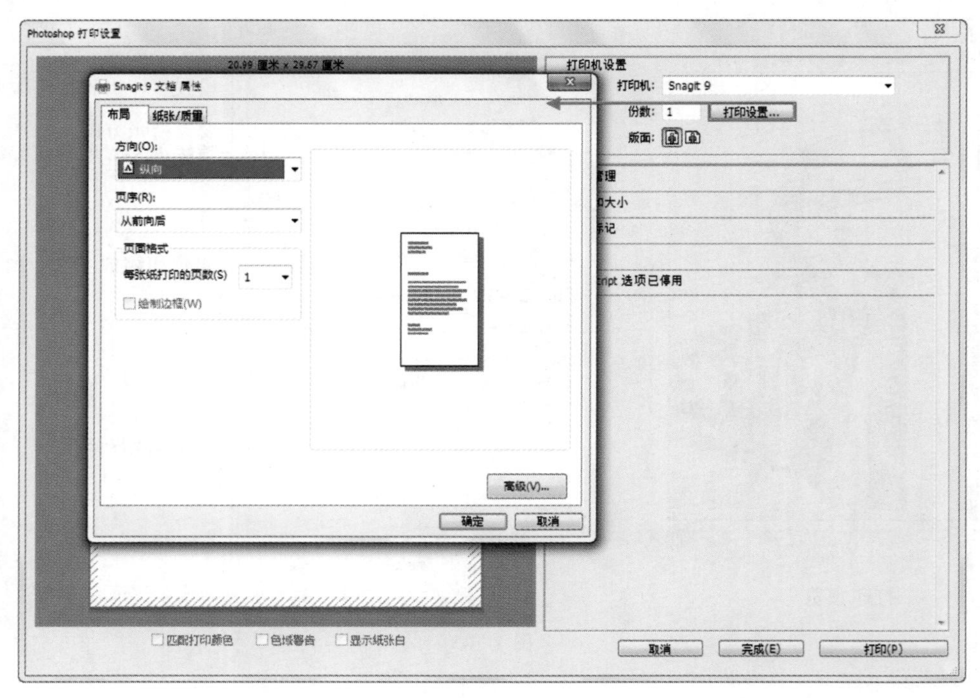

图 1-104

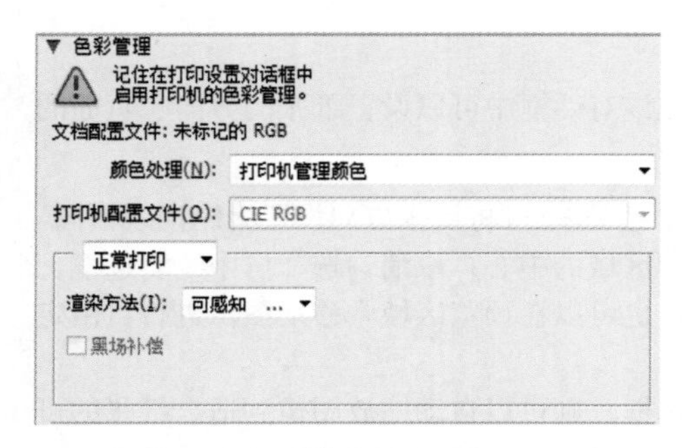

图 1-105

> **小技巧**：印刷小常识
>
> 在一般情况下，打印机的色彩空间要小于图像的色彩空间。因此，通常会造成某些颜色无法重现的情况，而所选的渲染方法将尝试补偿这些色域外的颜色。

**3. 调整打印位置和大小**

“Photoshop 打印设置”对话框中的“位置和大小”栏用于设置图像在纸张中的位置和打印尺寸，如图 1-106 所示。

**4. 打印标记**

“打印标记”栏用于设置在图像周围添加各种打印标记，如图 1-107 所示。

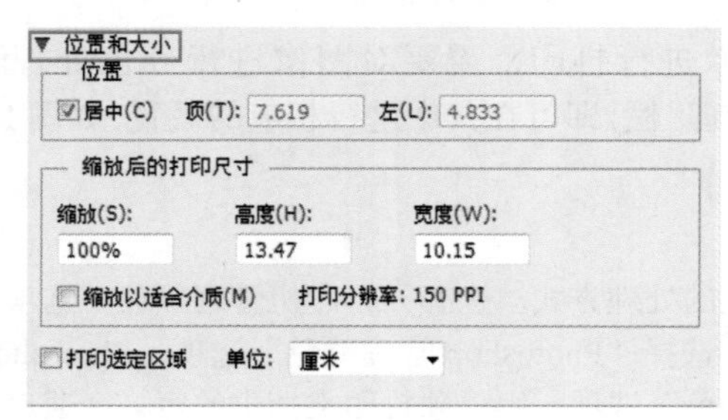

图 1-106

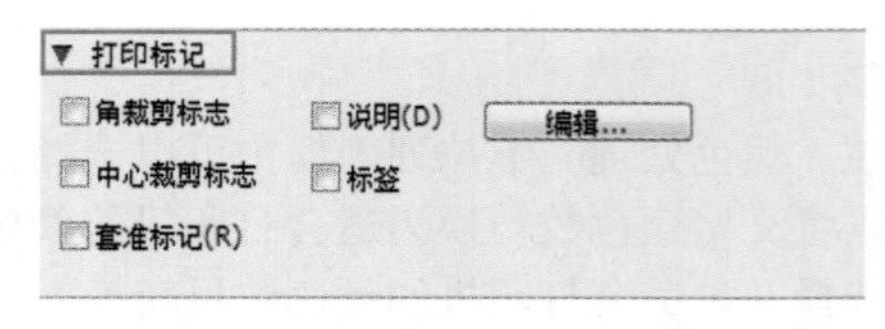

图 1-107

"打印标记"栏参数详解

- 角裁剪标志：在要裁剪页面的位置打印裁剪标记，可以在角上打印裁剪标记。
- 说明：打印在"文件简介"对话框中输入的任何说明文本（最多 300 个字符）。
- 中心裁剪标志：在要裁剪页面的位置打印裁切标记，可以在每条边的中心打印裁切标记。
- 标签：在图像上方打印文件名。如果打印分色，则将分色名称作为标签的一部分进行打印。
- 套准标记：在图像上打印套准标记（包括靶心和星形靶）。这些标记主要用于对齐 PostScript 打印机上的分色。

**5. 设置函数**

如果要使图像直接从 Photoshop 中进行商业印刷，则可使用函数进行输出设置。通常这些参数由专业人员进行指定，如图 1-108 所示。

图 1-108

"函数"栏参数详解

- 药膜朝下：使文字在药膜朝下（即胶片或像纸上的感光层背对）时可读。正常情况下，打印在纸上的图像是药膜朝上打印的，感光层正对时文字可读。打印在胶片上的图像通常采用药膜朝下的方式打印。
- 负片：打印整个输出（包括所有蒙版和任何背景色）的反相版本。
- 背景：选择要在页面上的图像区域外打印的背景色。
- 边界：在图像周围打印一个黑色边框。
- 出血：在图像内而不是在图像外打印裁剪标记。

## 1.6　应用实战——自己动手制作一个完整的案例

通过对这一章的学习，我们已经对 Photoshop CC 有了初步的了解，接下来就自己动手制作一个完整的案例，具体步骤如下。

（1）启动 Photoshop，执行"文件 > 打开"菜单命令，在"打开"对话框中选择背景素材"1.jpg"，如图 1-109 所示。然后单击"打开"按钮，将背景素材在软件中打开，如图 1-110 所示。

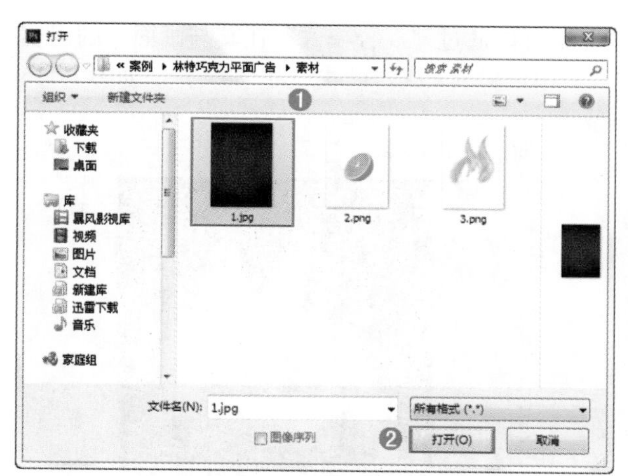


图 1-109

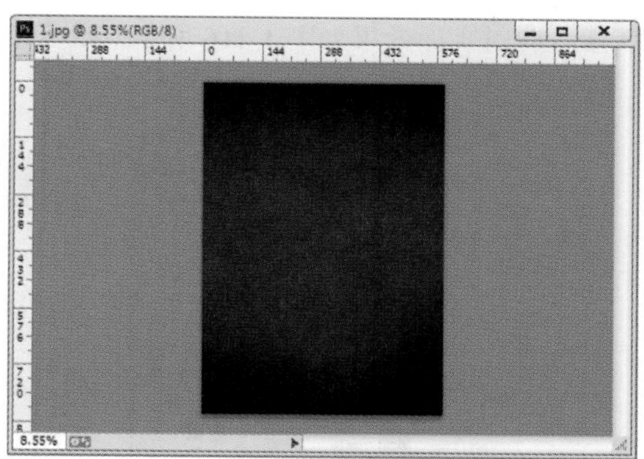


图 1-110

（2）将橙子素材置入画面中。执行“文件 > 置入”菜单命令，在“置入”对话框中选择橙子素材“2.png”，如图 1-111 所示。然后单击“置入”按钮，将橙子置入到画面中，如图 1-112 所示。

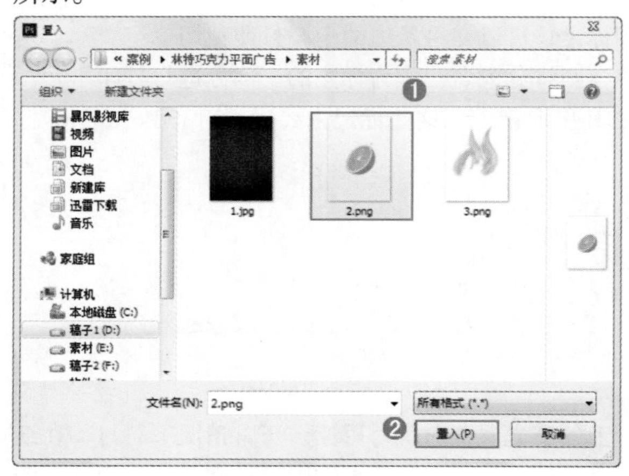

图 1-111

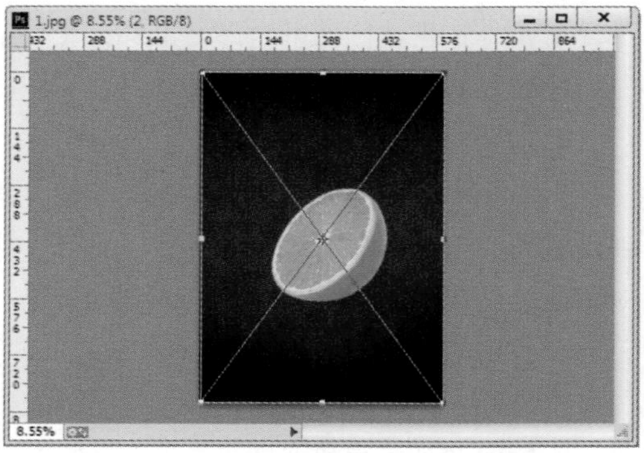

图 1-112

（3）此时置入到画面中的“橙子”为智能对象。在“橙子”的上方带有定界框。单击键盘上的 <Enter> 键即可确定操作，如图 1-113 所示。使用同样的方法将光效素材“3.png”置入到画面中，如图 1-114 所示。

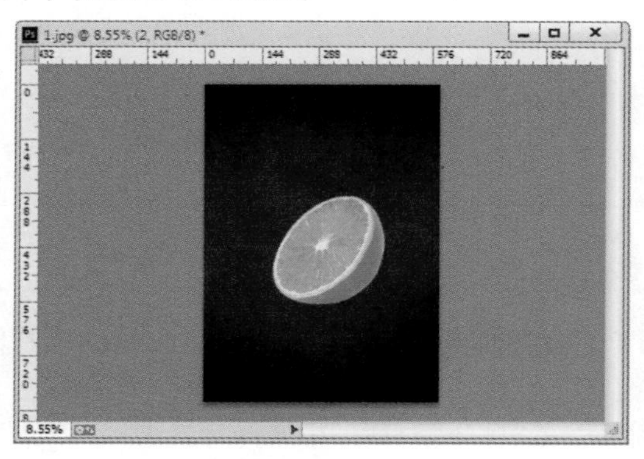

图 1-113

图 1-114

（4）此时可以看到光效似乎有些生硬。接下来可以通过“混合模式”让其与画面中的内容更好地融合在一起。选择“光效”图层，在图层面板中设置其“混合模式”为“强光”，如图 1-115 所示。此时画面效果如图 1-116 所示。

图 1-115

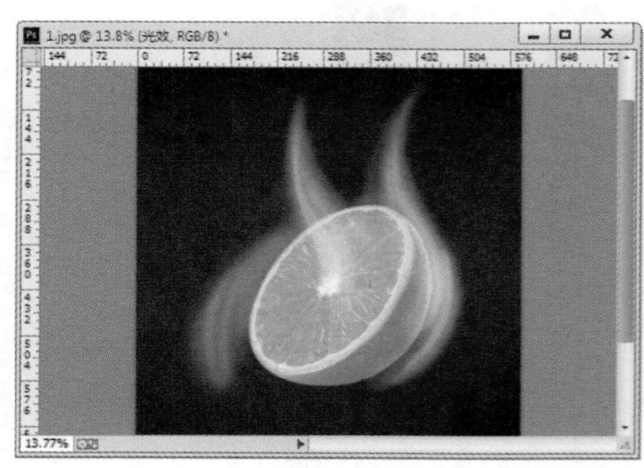

图 1-116

（5）接着在画面中输入文字，一个完整的案例就制作完成了，效果如图 1-117 所示。

（6）最后保存文件。执行“文件 > 存储为”菜单命令，如图 1-118 所示。在弹出的“另存为”对话框中设置合适的名称，然后单击“保存”按钮，如图 1-119 所示，即可完成本案例的操作。

Intimate Lighting
16.67%

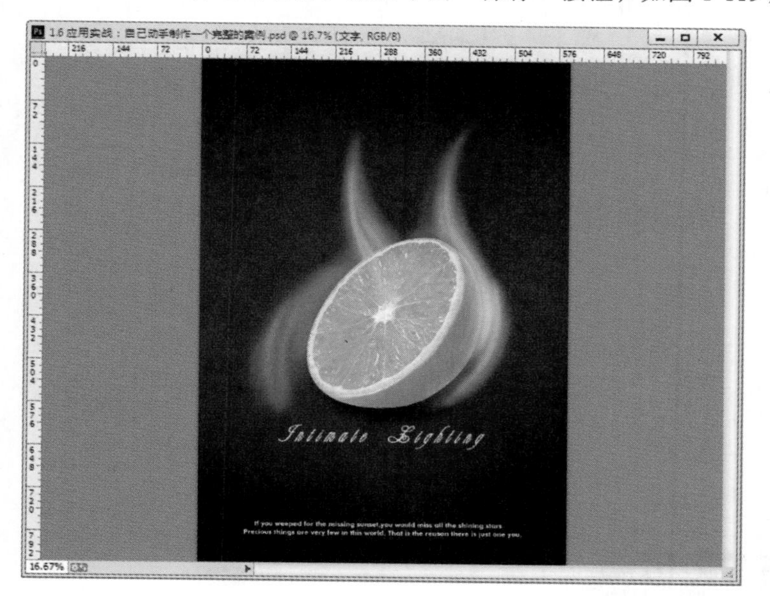

图 1-117

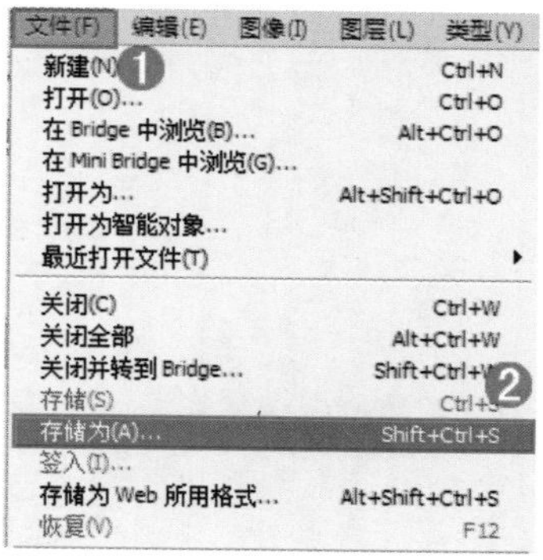

文件(F)
编辑(E)
图像(I)
图层(L)
类型(Y)
新建(N)... Ctrl+N
打开(O)... Ctrl+O
在 Bridge 中浏览(B)... Alt+Ctrl+O
在 Mini Bridge 中浏览(G)...
打开为... Alt+Shift+Ctrl+O
打开为智能对象...
最近打开文件(T)
关闭(C) Ctrl+W
关闭全部 Alt+Ctrl+W
关闭并转到 Bridge... Shift+Ctrl+W
存储(S) Ctrl+S
存储为(A)... Shift+Ctrl+S
签入(I)...
存储为 Web 所用格式... Alt+Shift+Ctrl+S
恢复(V) F12

图 1-118

另存为
桌面
搜索 桌面
组织
新建文件夹
收藏夹
下载
桌面
库
视频
图片
文档
迅雷下载
音乐
计算机
库
an
计算机
网络
文件名(N): 自己动手制作一个完整的案例
保存类型(T): Photoshop (*.PSD;*.PDD)
存储选项
存储: 作为副本(Y)
注释(N)
Alpha 通道(E)
专色(P)
图层(L)
颜色: 使用校样设置(O): Japan Color 2001 Coated
ICC 配置文件(C): sRGB IEC61966-2.1
其它: 缩览图(T)
隐藏文件夹
保存(S)
取消

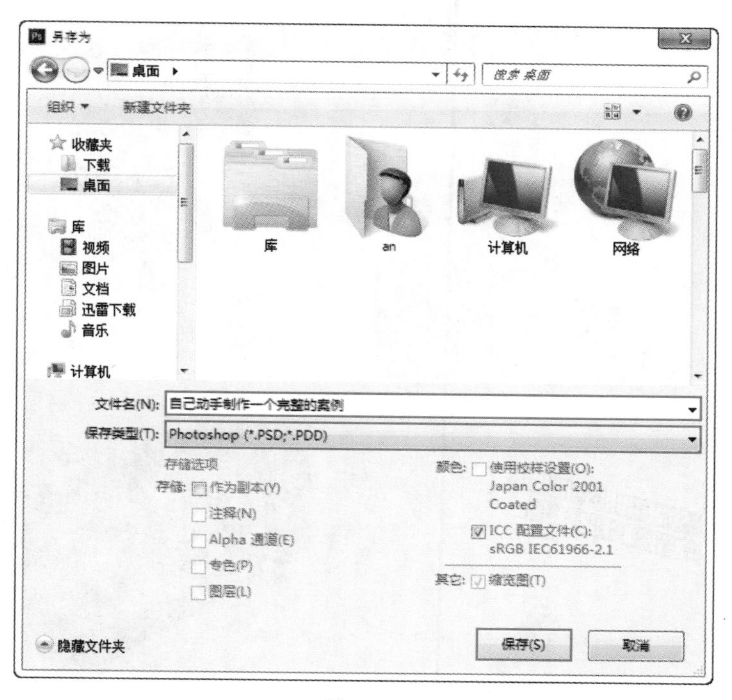

图 1-119

# 第 2 章
# 学习 Photoshop 的基本操作

在上一章中我们已经学习了一些简单的操作，并成功完成了一个完整案例的制作。在本章中将继续学习关于 Photoshop 的基础操作。怎么样，准备好迎接新的挑战了吗？

学习要点：

在本章中，主要学习 Photoshop 的基础操作，可以在以后的学习和练习中打下基础。本章将主要介绍调整图像大小、修改画布、图层、图像的变换、历史记录面板和对齐图层等操作和知识。

佳作欣赏

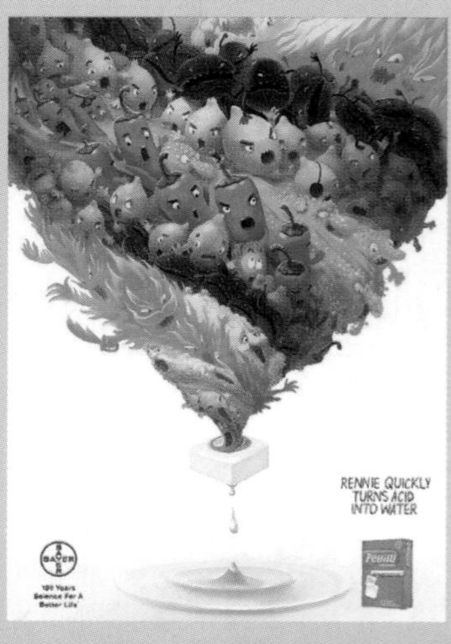

## 2.1 调整图像大小非难事

在 Photoshop 中打开一张图片，若要是觉得其尺寸太大了，该怎么办呢？“图像大小”命令可以帮助用户任意更改图像的大小。在调整大小时，当输入的宽度值和高度值比原有数值小时，则原有图像会自动缩小，同时所占用的内存也会减少；当输入的宽度值和高度值比原数据大时，图像就会放大，但是其所占用的内存也会变大。图 2-1 和图 2-2 所示的是像素尺寸分别为 600 像素 ×600 像素与 200 像素 ×200 像素的同一图片的对比效果。

图 2-1

图 2-2

**1. 打开“图像大小”对话框**

首先需要打开一张图片，如图 2-3 所示。执行“图像 > 图像大小”菜单命令，或使用其快捷键 <Alt+Ctrl+I>，调出“图像大小”对话框，如图 2-4 所示。在“图像大小”对话框中可以查看图像的大小、尺寸和分辨率等信息。

图 2-3

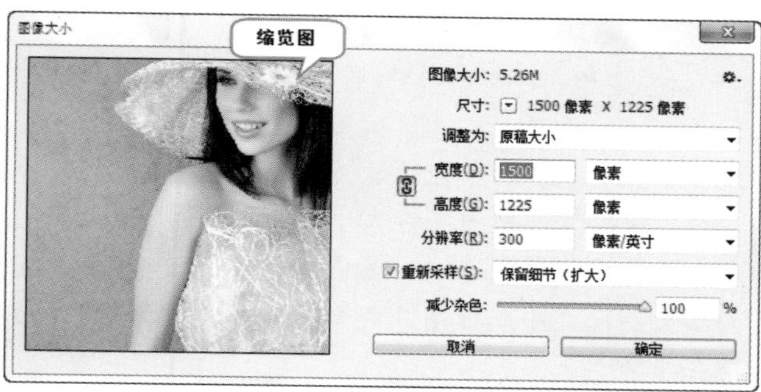


图 2-4

**2. 查看图像大小和尺寸**

在右侧的“图像大小”选项中可以看到现在图像的大小，在“尺寸”选项中可以看到现在图像的尺寸。单击倒三角按钮，可以在下拉菜单中设置单位，如图 2-5 所示。

**3. 调整为预设大小**

在“调整为”选项中可以调整为预设的大小。单击“调整为”选项后的倒三角按钮，在下拉菜单中可以选择预设的大小，如图 2-6 所示。

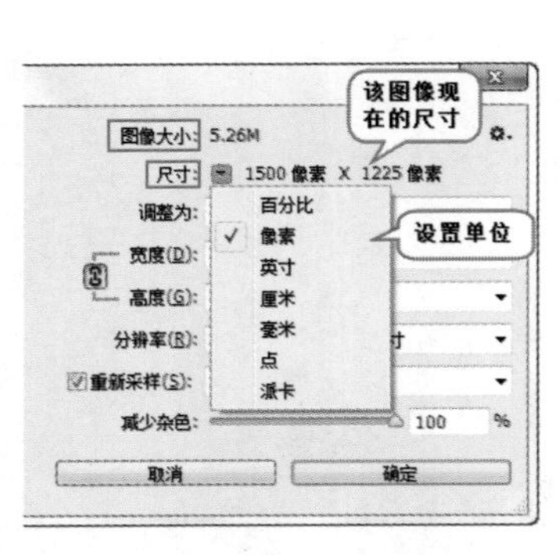


图 2-5

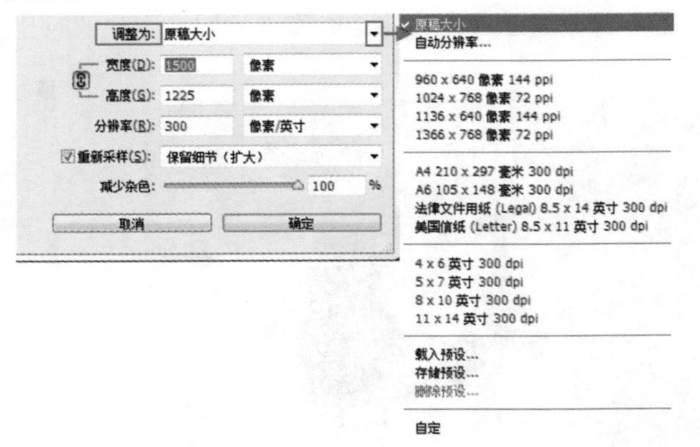


图 2-6

**4. 调整图像的高度和宽度**

“宽度”和“高度”是两个显然易见的参数设置，就是用来设置图像的“宽度”和“高度”的数值。在设置参数数值时，只需要查看在“宽度”和“高度”参数右侧的链条按钮是否被选中即可。第一种情况，当链条按钮被选中时，图像就被限定了长宽比。在修改图像的宽度或高度时，保持宽度和高度的比例不变。例如，这里将“宽度”设置为 2000 像素，那么“高度”就自动更改为 1633 像素，如图 2-7 所示。第二种情况，如果链条按钮没有被选中，则在修改“宽度”参数时，“高度”参数不会改变，这样会导致图像变形，在缩览图中就可以观察到，如图 2-8 所示。

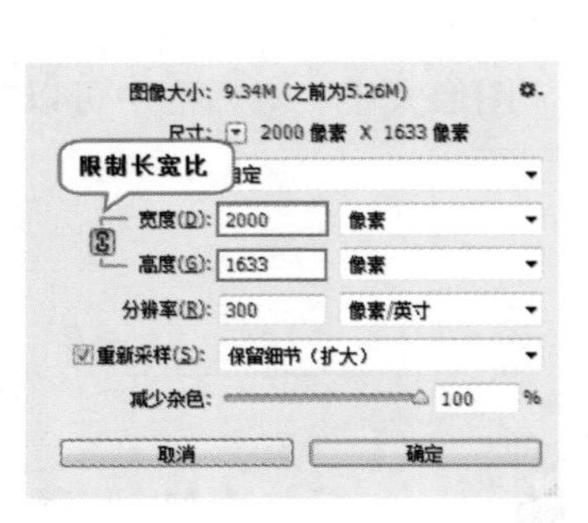


图 2-7

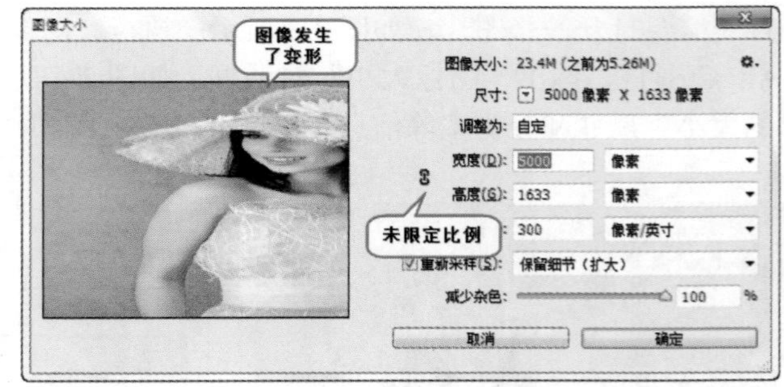


图 2-8

> **小技巧：** 更改图像大小的小知识
>
> 当缩小图像大小时，就会减少像素数量，此时图像虽然变小了，但是画面质量不会降低；而增大图像大小或提高分辨率时，则会增加新的像素数量，这时图像尺寸虽然增大了，但是画质会下降。

**5. 修改图像的分辨率**

在“分辨率”选项中可以更改图像的分辨率。

**你问我答：**提高分辨率可以让图像变得清晰吗?

提高图像的分辨率可以增加图像的细节，使文件大小增大。但是如果一张图像过于模糊，则提高其分辨率也无法让其变得清晰。这是因为 Photoshop 是在其原始数据的基础上进行调整，但无法生成新的原始数据。

## 2.2　轻松修改图像画布

新建文件后，若对画布大小不满意，并不需要重新建立文件，可以在“画布大小”对话框中进行修改。“画布”是文档窗口中的工作区。

### 2.2.1　使用命令调整“画布大小”

使用“画布大小”对话框可以调整画布大小，在“画布”窗口中可以看到当前图像的大小，在对话框中可以设置画布的宽度、高度、定位和扩展颜色。

**1. 打开“画布大小”对话框**

打开一张图片，如图 2-9 所示。执行“图像 > 画布大小”菜单命令，或使用快捷键 <Alt+Ctrl+C> 打开“画布大小”对话框，如图 2-10 所示。

图 2-9

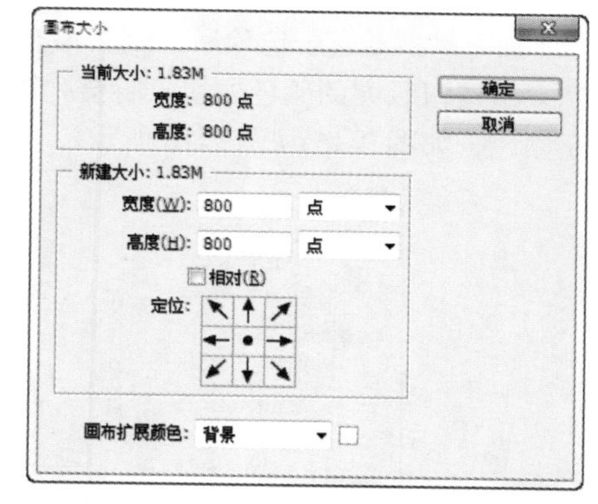


图 2-10

**2. 更改画布大小**

在“画布大小”对话框中找到“新建大小”选项组，在此可以增加“宽度”和“高度”的数值，如图 2-11 所示。设置完成后，单击“确定”按钮，此时画面效果如图 2-12 所示。若减小“宽度”和“高度”的数值，则图像会被裁切一部分。

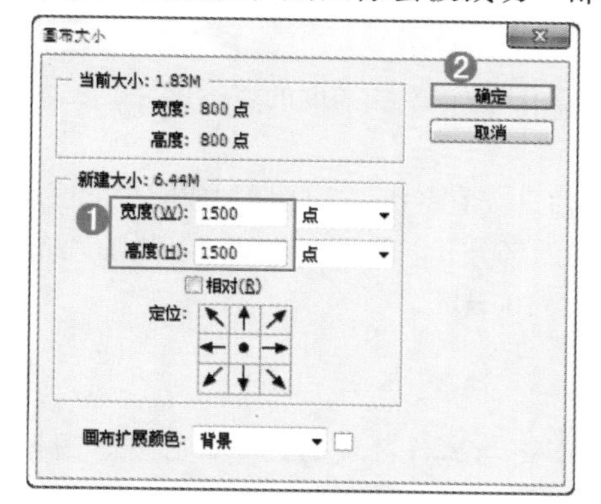


图 2-11

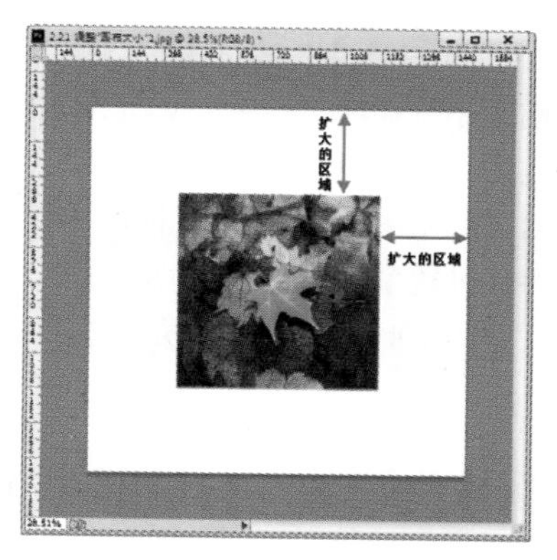


图 2-12

**3. 对裁切部分进行定位**

“定位”选项用于设置当前图像在新画布上的位置。例如，只想扩大画布右下角的宽度和高度，则单击“定位”选项中的左上角箭头“↖”，继续设置“宽度”和“高度”为 850 点，设置完成后单击“确定”按钮，如图 2-13 所示，此时的画面效果如图 2-14 所示。

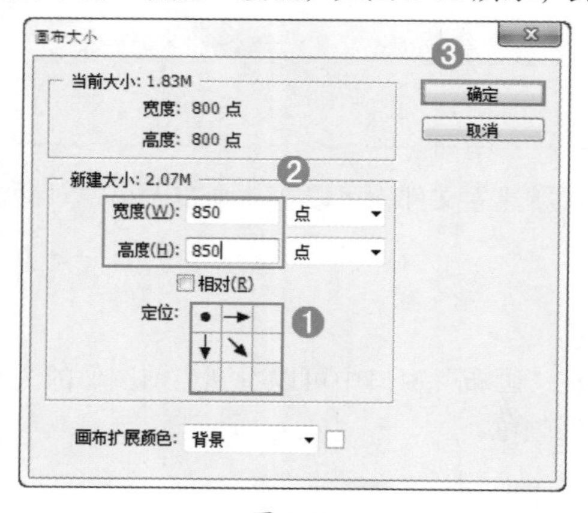


图 2-13

图 2-14

**4. 设置画布扩展颜色**

单击“画布扩展颜色”选项后的倒三角按钮，可以在下拉列表框中指定填充新画布的颜色。若单击倒三角按钮后方的颜色方块，将会弹出“拾色器”对话框。在该对话框中可以自定义一个背景填充颜色，如图 2-15 和图 2-16 所示。

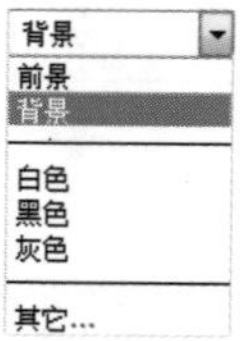

图 2-15

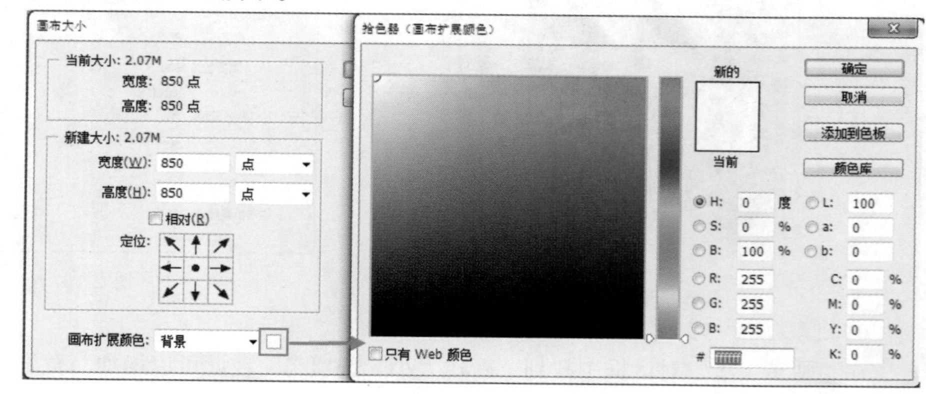


图 2-16

### “画布大小”对话框参数详解

- “当前大小”选项组：显示文档的实际大小，以及图像的宽度和高度的实际尺寸。
- “新建大小”选项组：修改画布尺寸后的大小。
- “相对”复选框：勾选此复选框后，“宽度”和“高度”数值将代表实际增加或减少的区域的大小，而不再代表整个文档的大小，注意要与上文讲解的的区分开。输入正值就表示增加画布，如设置“宽度”为 10cm，那么画布就在宽度方向上增加了 10cm。

**你问我答：** 画布大小和图像大小有区别吗？

画布大小与图像大小有着本质的区别。画布大小是指工作区域的大小，它包含图像和空白区域；图像大小是指图像的“像素有多少”。

## 2.2.2 工具速查——使用“裁剪工具”快速调整画布大小

Photoshop CC 中的“裁剪工具”，可以任意更改画布的大小，使用起来简单方便。

（1）打开素材图片，如图 2-17 所示。单击工具箱中的“裁剪工具”或使用快捷键 <C>，则在图像的周围出现裁切框，如图 2-18 所示。

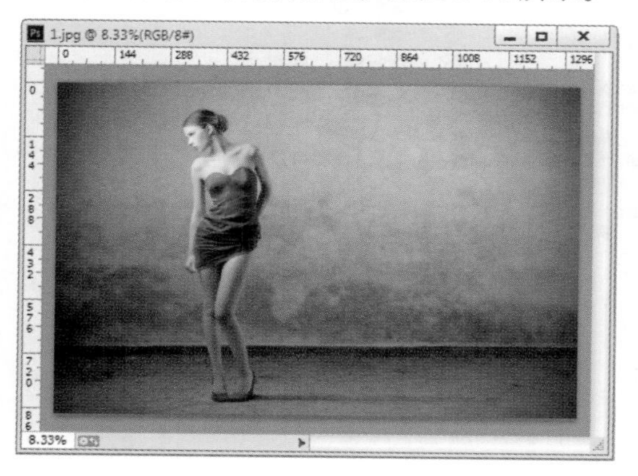


图 2-17

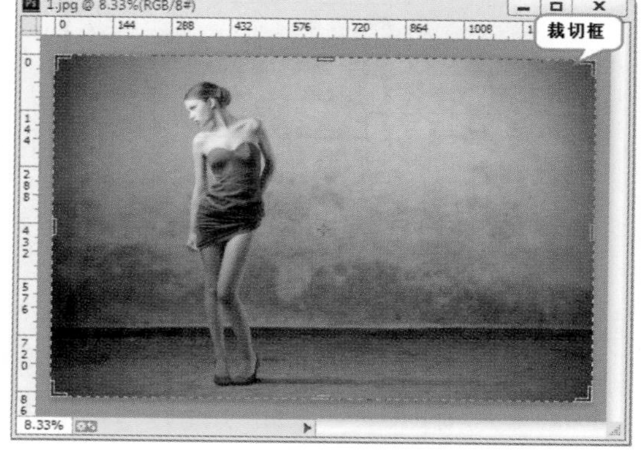


图 2-18

（2）将光标移动到裁切框的左侧，按住鼠标左键向右拖动，如图 2-19 所示。在画面中灰色的区域就是将要被裁切的区域。还可以在需要保留的位置按住鼠标左键拖动进行绘制，如图 2-20 所示。

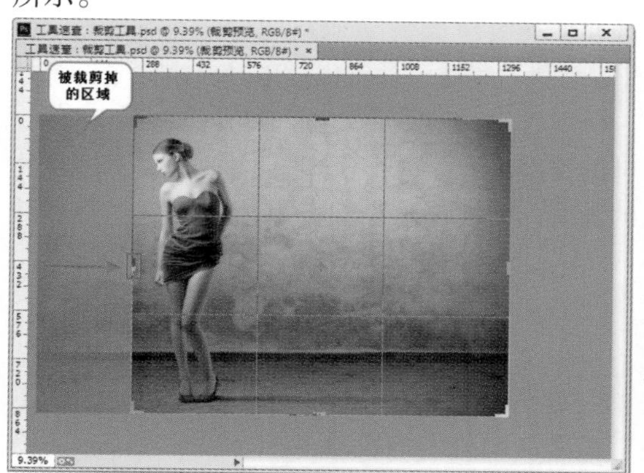


图 2-19

图 2-20

（3）确定裁剪区域后，可以按住 <Enter> 键，双击鼠标左键，或在选项栏中单击“提交当前裁剪操作”按钮✓，完成裁剪操作。最后置入文字素材，完成本案例的制作，效果如图 2-21 所示。

图 2-21

### 裁剪工具参数讲解

在“裁剪工具”的选项栏中可以设置裁剪工具的约束比例、旋转、拉直和视图显示等，如图 2-22 所示。

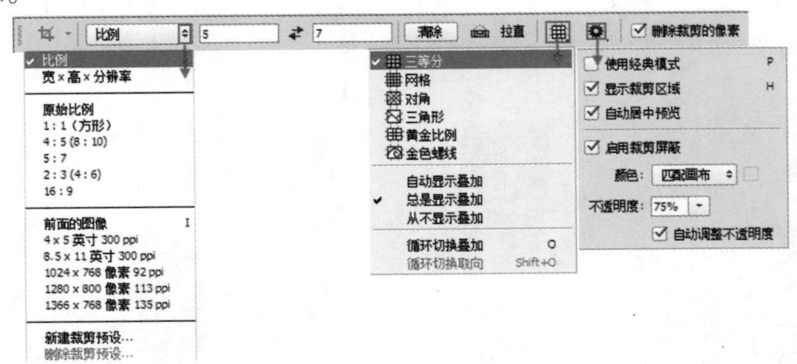


图 2-22

- 约束方式 不受约束 ：在下拉列表框中可以选择多种裁切的约束比例。
- 约束比例 × ：在这里可以输入自定义的约束比例数值。
- 旋转：单击旋转按钮，将光标定位到裁切框以外的区域单击并拖动光标即可旋转裁切框。
- 拉直：通过在图像上画一条直线来拉直图像。
- 视图：在下拉列表框中可以选择裁剪的参考线的方式，如“三等分”“网格”“对角”“三角形”“黄金比例”“金色螺线”，也可以设置参考线的叠加显示方式。
- 设置其他裁切选项：在这里可以对裁切的其他参数进行设置，如可以使用经典模式或设置裁剪屏蔽的颜色和透明度等参数。
- 删除裁剪的像素：确定是否保留或删除裁剪框外部的像素数据。如果不勾选此复选框，则多余的区域可以处于隐藏状态。如果想要还原裁切之前的画面，则只需再次选择“裁剪工具”，然后随意操作即可看到原文档。

## 2.2.3 工具速查——透视裁剪工具

“透视裁剪工具”是“裁剪工具”的延伸，使用“透视裁剪工具”可以在裁切的图像上制作出带有透视感的裁剪框，在应用裁剪后可以使图像带有明显的透视感。

（1）打开一张图片，如图 2-23 所示。继续单击工具箱中的“透视裁剪工具”，按住鼠标左键在画面中进行绘制，松开鼠标即可绘制出透视网格，如图 2-24 所示。

图 2-23

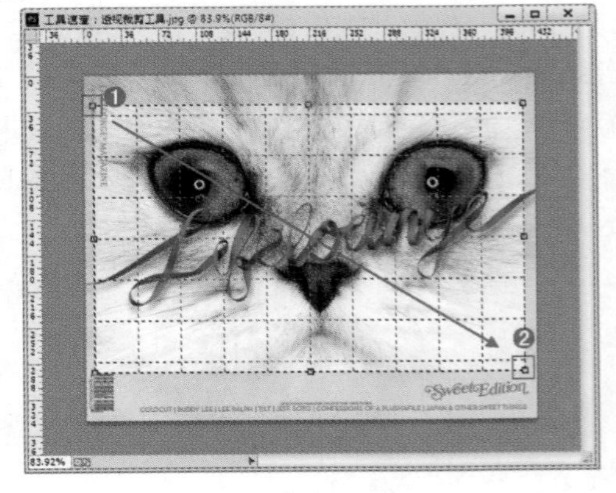

图 2-24

（2）调整控制点。将鼠标光标移动到左下角的控制点处，按住鼠标左键把控制点向下拖动，如图 2-25 所示。双击鼠标左键，或按 <Enter> 键，确定操作，效果如图 2-26 所示。

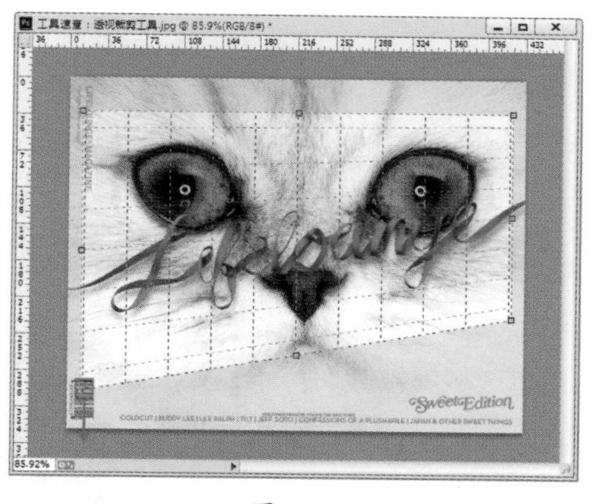

图 2-25

图 2-26

（3）还有另一种方式创建裁切区域。使用 <Ctrl+Z> 快捷键撤销操作。在画面中单击，然后将光标移动到下一个位置即可看到拉出来一条线，如图 2-27 所示。单击鼠标左键确定控制点的位置，然后将光标移动至下一个位置，再单击鼠标，如图 2-28 所示。

图 2-27

图 2-28

（4）继续确定下一个控制点的位置，如图 2-29 所示。按 <Enter> 键确定操作，效果如图 2-30 所示。

图 2-29

图 2-30

小技巧：

若觉得透视定界框的位置不合理，则可以按 <Esc> 键退出。

### 2.2.4 通过像素裁切画面空白区域

裁切的方法还有一种是通过像素进行裁切的，主要是将画面的空白区域和透明区域进行裁切，具体步骤如下。

（1）打开一张图片，如图 2-31 所示。可以看到人物右侧有大面积的空白，此时可以使用“裁切”命令，对空白区域进行裁切。

（2）执行“图像 > 裁切”菜单命令，在打开“裁切”对话框，选中“左上角像素颜色”单选按钮，然后单击“确定”按钮，如图 2-32 所示。此时画面中的白色区域就被裁切掉了，效果如图 2-33 所示。

图 2-31

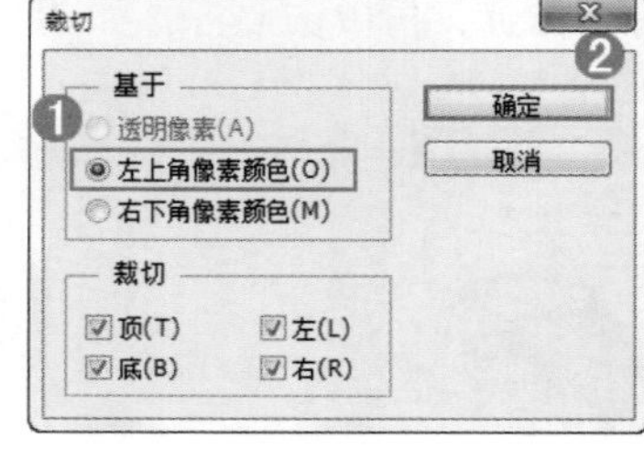


图 2-32

图 2-33

“裁切”对话框参数详解

- 透明像素：可以裁剪掉图像边缘的透明区域，只将非透明像素区域的最小图像保留下来。该单选按钮只有图像中存在透明区域时才可用。
- 左上角像素颜色：从图像中删除左上角像素颜色的区域。
- 右下角像素颜色：从图像中删除右下角像素颜色的区域。
- 顶 / 底 / 左 / 右：设置修正图像区域的方式。

### 2.2.5 画布的 360° 大旋转

将图像旋转可以使画布进行 360° 的大旋转，不仅可以旋转任意角度，而且还可以旋转 180° 或进行“水平”和“垂直”翻转等操作。

（1）打开一张图片，如图 2-34 所示。

（2）执行“图像 > 图像旋转”菜单命令，在该菜单下提供了 6 种旋转画布的命令，包含“180 度”“90 度（顺时针）”“90 度（逆时针）”“任意角度”“水平翻转画布”和“垂直翻转画布”，如图 2-35 所示。例如，执行“90 度（顺时针）”命令，图像就被顺时针旋转了 90°，如图 2-36 所示。

图 2-34

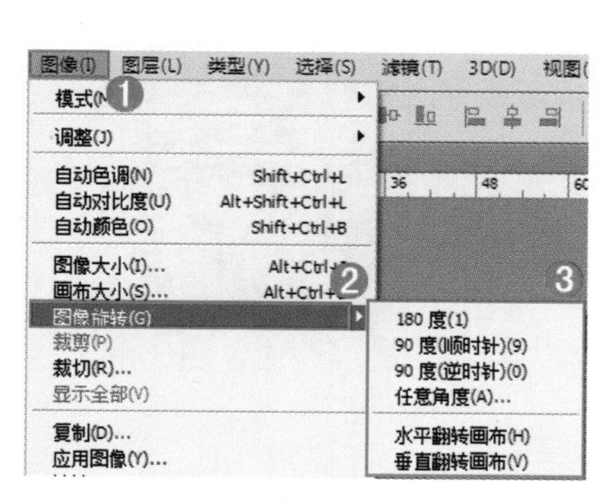


图 2-35

图 2-36

（3）还可将画布进行任意的旋转。执行“任意角度”命令，在弹出的“旋转画布”对话框中设置“角度”为 80，选中“度（顺时针）”单选按钮，然后单击“确定”按钮，如图 2-37 所示，画板效果如图 2-38 所示。

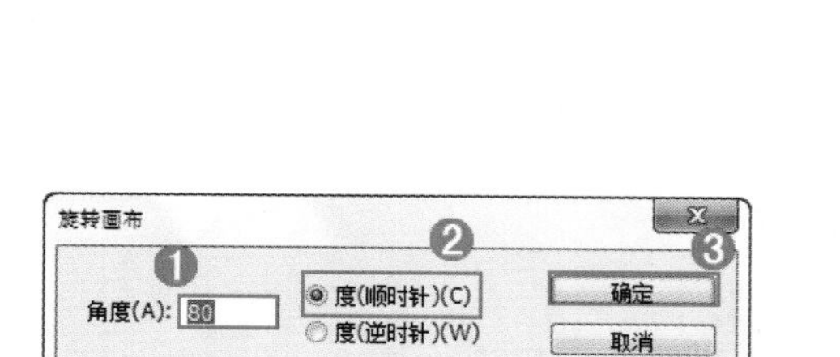


图 2-37

图 2-38

**你问我答：**“图像旋转”与“变换”有什么不同？

使用“图像旋转”命令旋转的是整个画布的内容，如果要将图层中的内容进行旋转，则需要执行“编辑 > 变换”菜单命令；如果要将选区进行变换，则需要执行“选择 > 变换选区”菜单命令。

## 2.3　非凡的图层——图层的基础知识

图层是 Photoshop 的核心技术之一，是图像编辑中最基本的元素。在 Photoshop 中，图层及图层面板都是较为常用的。在图层面板中，可以进行新建图层、删除图层、调整图层顺序、隐藏与显示图层等基本操作。在后面的学习中还将学习图层的高级操作。这里还要多说一句，每次进行编辑之前，都要考虑是否新建图层，只有新建图层，才能消除以后对画面进行修改的隐患。

图层的原理其实非常简单，就像分别在多个透明的玻璃上绘画一样，每层“玻璃”都可以进行独立的编辑，而不会影响其他“玻璃”中的内容，“玻璃”和“玻璃”之间可以随意地调整堆叠方式，将所有“玻璃”叠放在一起则显现出图像的最终效果，如图 2-39 所示。

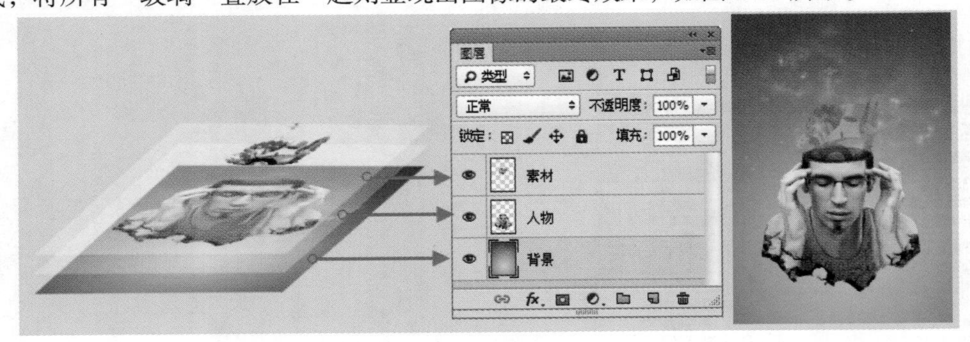


图 2-39

默认情况下，图层面板是打开的。若找不到图层面板，则可以执行“窗口 > 图层”菜单命令打开“图层”面板。“图层”面板用于进行图层的新建、删除、编辑和管理等操作。也就是说，Photoshop 中关于图层的大部分操作都需要在“图层”面板中进行，如图 2-40 所示。另外，利用菜单栏中的“图层”菜单也可以对图层进行编辑，如图 2-41 所示。

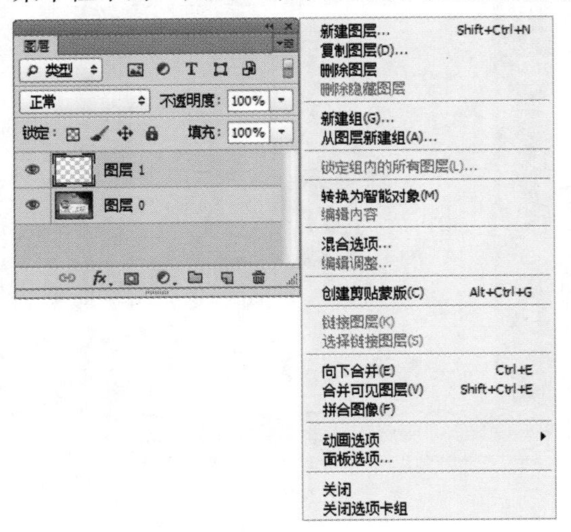


图 2-40

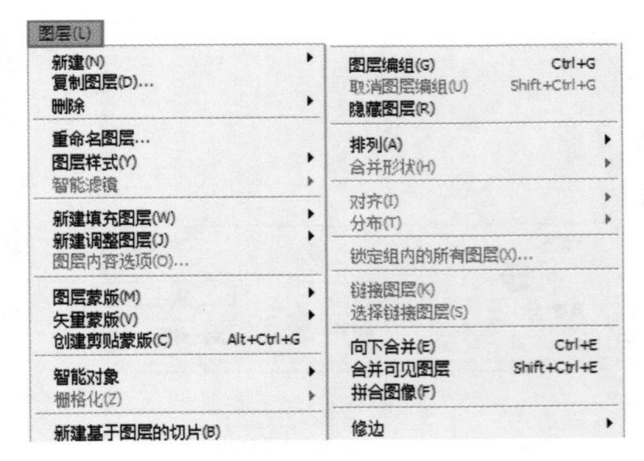


图 2-41

## 2.3.1 轻轻一点就可以选择图层

想要针对某个对象进行操作就必须要选中该对象所在的图层，在“图层”面板中，可以选择某个图层，也可选择多个图层。

**1. 打开文件**

打开提供的素材，该文件是制作了一个音乐播放器，如图 2-42 所示。该文件分为 3 个图层，如图 2-43 所示。

图 2-42

图 2-43

**2. 选择单个图层**

若想移动前景按钮的位置，则需要先选择“前景按钮”图层，然后单击“前景按钮”图层，即可选中该图层。选中的图层呈现为淡蓝色，如图 2-44 所示。继续使用“移动工具”在画面中进行移动，即可发现“前景按钮”图层中的内容被移动了，效果如图 2-45 所示。

图 2-44

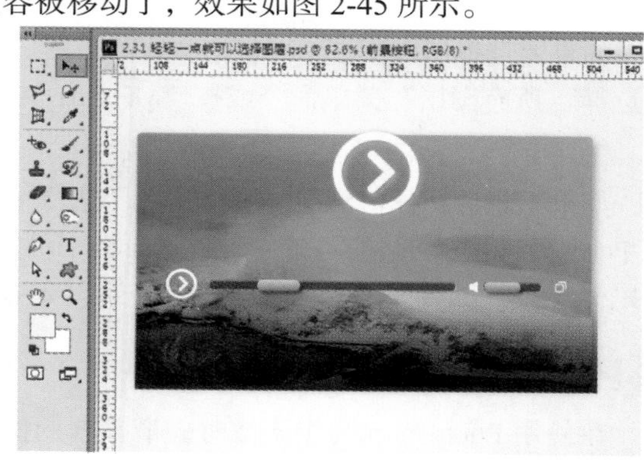

图 2-45

**3. 选择多个连续图层和非连续图层**

如果要选择多个连续的图层，则可以先选择位于连续顶端的图层，然后按住 <Shift> 键单击位于连续底端的图层，即可选择这些连续的图层，如图 2-46 所示。按 <Ctrl> 键可以选择多个非连续的图层，如图 2-47 所示。

图 2-46

图 2-47

**你问我答：** 为什么按住 <Ctrl> 键加选图层时得到了选区？

如果使用 <Ctrl> 键选择连续的多个图层，则只能单击其他图层的名称，绝对不能单击图层缩略图，否则会载入图层的选区。

**4. 在画布中选择相应图层**

当画布中包含很多相互重叠图层，难以在“图层”面板中辨别某一图层时，可以在使用“移动工具”状态下右键单击目标图像的位置，在显示出的当前重叠图层列表中选择需要的图层，如图 2-48 所示。

**小技巧：**

在使用其他工具状态下可以按住 <Ctrl> 键暂时切换到“移动工具”状态下，并单击鼠标右键同样可以显示当前位置重叠的图层列表。

图 2-48

**5. 选择连接图层**

如果要选择链接的图层，则可以先选择一个链接图层，然后执行“图层 > 选择链接图层”菜单命令即可。

**6. 选择除背景以外的所有图层**

如果要选择所有图层（不包括“背景”图层），则可以执行“选择 > 所有图层”菜单命令或按 <Alt+Ctrl+A> 快捷键。

**7. 不选择任何图层**

如果不想选择任何图层，则可执行“选择 > 取消选择图层”菜单命令。另外，也可以在“图层”面板中最下面的空白处单击鼠标左键，也可取消选择所有图层，如图 2-49 所示。

图 2-49

## 2.3.2 多种方法新建图层

在使用 Photoshop 制作图像时，最基本的操作就是新建图层。当新建文件或直接打开一张图片时，“图层”面板中都会出现“背景”图层。为了避免不同对象直接的相互影响，这就需要新建图层。

首先，新建文件或直接使用 Photoshop 打开一张图片，此时“图层”面板的状态如图 2-50 所示。

图 2-50

**1. 新建普通图层**

在“图层”面板底部单击“创建新图层”按钮，即可在当前图层的上一层新建一个图层，如图 2-51 所示。

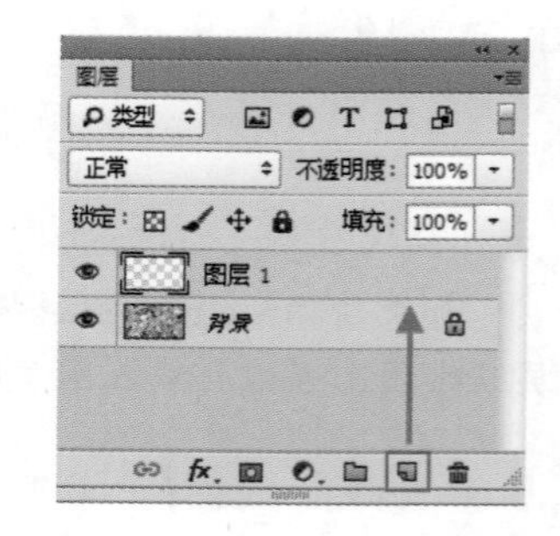

图 2-51

> **小技巧：** 在当前图层的下一层新建图层
>
> 如果要在当前图层的下一层新建一个图层，则可以按住 <Ctrl> 键并单击“创建新图层”按钮。“背景”图层永远处于“图层”面板的最下方，即使按住 <Ctrl> 键也不能在“背景”图层下方新建图层。

**2. 新建填充图层**

如果需要新建填充图层，则可以执行“图层 > 新建填充图层”菜单命令，然后在子菜单中选择需要创建的填充图层的类型，如图 2-52 所示。

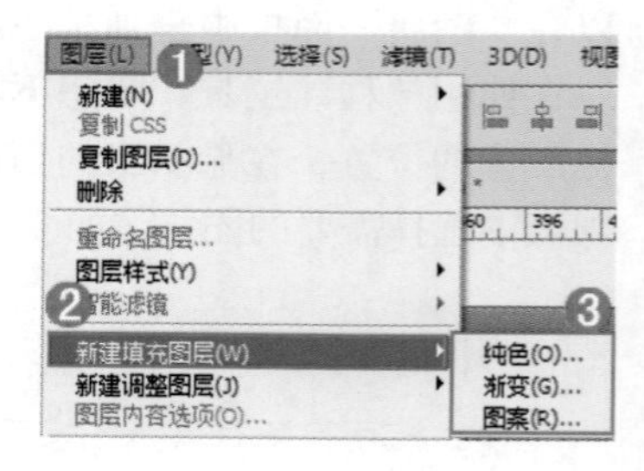


图 2-52

**3. 新建调整图层**

如果需要创建新的调整图层，则可以执行“图层 > 新建调整图层”命令，然后在子菜单中选择需要创建的调整图层的类型，如图 2-53 所示。另外，单击“图层”面板下面的“创建新的填充或调整图层”按钮，在弹出的菜单中也可以创建填充或调整图层，如图 2-54 所示。

图 2-53

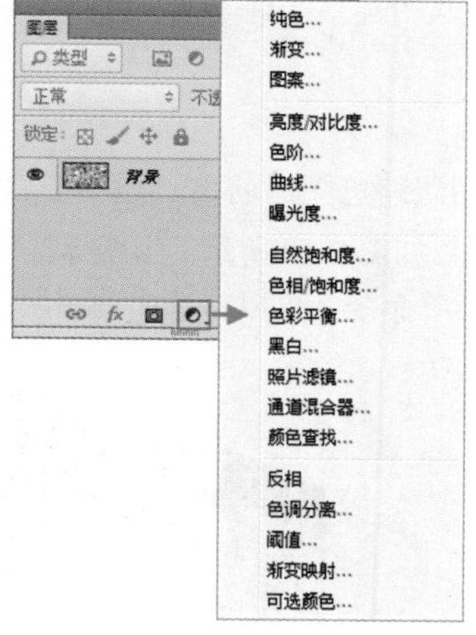


图 2-54

**你问我答：调整图层的作用是什么？**

在 Photoshop 中，有很多调色的命令。使用这些调色命令进行色彩调整后，在可操作性上就有了很大的局限性。也就是说，使用这个命令对图像进行调整时，图像实际上是会改变的。如果新建一个调整图层进行调色，那么若不满意还可重新调整，而被调整的图层没有发生实质性的改变。

## 2.3.3　为图层创造一个双胞胎兄弟——复制图层

在制作过程中，经常需要将图层进行复制。其实，复制图层有很多方式，这里讲解两种常用的复制图层的方法。

**方法 1：**

将需要复制的图层拖动到“创建新图层”按钮上，如图 2-55 所示，即可复制出该图层的副本，其结果如图 2-56 所示。

**方法 2：**

选择需要进行复制的图层，然后直接按 <Ctrl+J> 快捷键即可复制出所选图层，如图 2-57 所示。

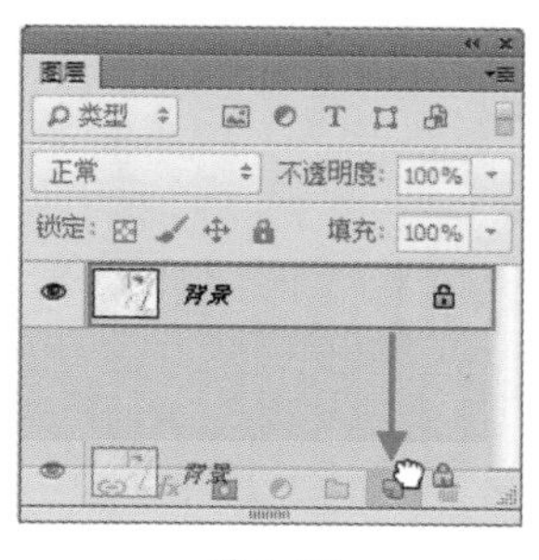


图 2-55

图 2-56

图 2-57

## 2.3.4　删除不需要的图层

垃圾桶是丢弃垃圾的地方，在 Photoshop 中所有带垃圾桶图案的按钮都是代表“删除”的意思，当然“图层”面板中也不例外。

要将图层进行删除，可以选中相应的图层，然后将其拖动到“删除图层”按钮 上即可删除图层，如图 2-58 所示。

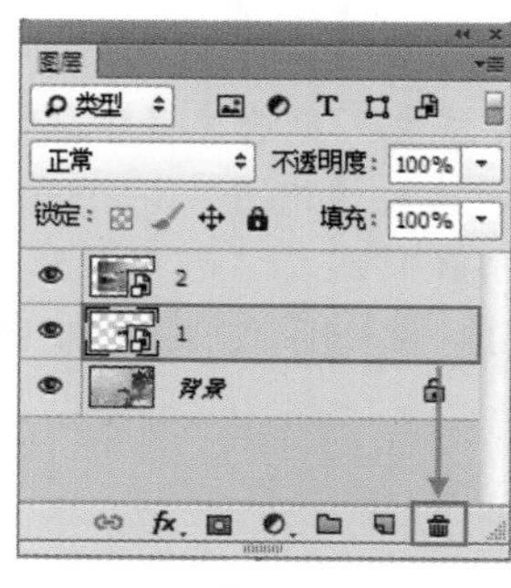


图 2-58

**小技巧：** 删除隐藏图层

执行“图层 > 删除图层 > 隐藏图层”菜单命令，可以删除所有隐藏的图层。

### 2.3.5 图层的显示与隐藏

图层的显示或隐藏按钮位于图层缩览图的前面，是一个“眼睛”图标，如图 2-59 所示。当图标显示为 时，该图层为可见。如图 2-60 所示。当图标 出现时，该图层为隐藏，如图 2-61 所示。执行“图层 > 隐藏图层”菜单命令，可以将选中的图层隐藏起来。

图 2-59

图 2-60

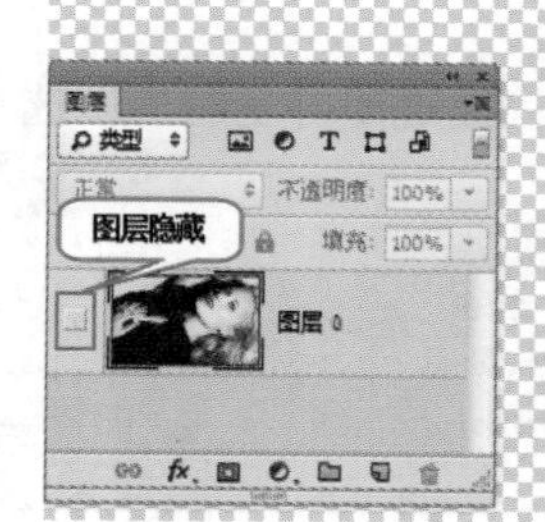


图 2-61

**你问我答：** 是否有快捷的操作可以快速隐藏多个图层？

将光标放在一个图层的眼睛图标上，然后按住鼠标左键垂直向上或垂直向下拖动光标，可以快速隐藏多个相邻的图层，这种方法也可以快速显示隐藏的图层，如图 2-62 所示。

如果文档中存在两个或两个以上的图层，则按住 <Alt> 键并单击眼睛图标，可以快速隐藏除该图层以外的所有图层，按住 <Alt> 键并再次单击眼睛图标，可以显示被隐藏的图层。

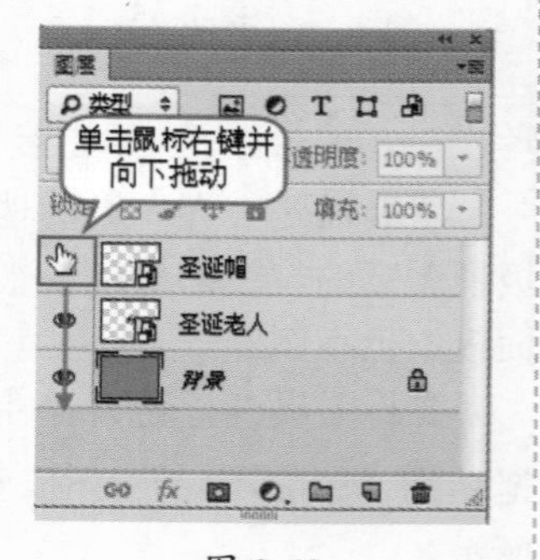


图 2-62

## 2.3.6　调整图层的排列顺序

在“图层”面板中，所有的图层都是按照一定的顺序进行排列的。图层顺序的排列决定着图层中所包含的对象在画面中的显示。随着图层顺序的调整，画面中的内容也会发生相应的变化。

（1）打开文件，如图 2-63 所示。此文件中包含 3 个图层，如图 2-64 所示。

图 2-63

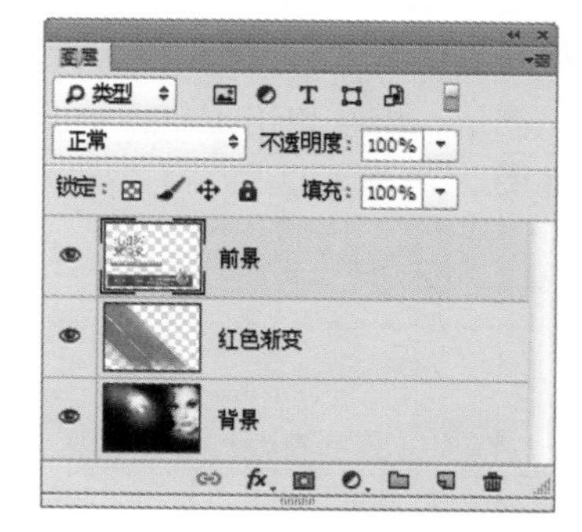


图 2-64

（2）选择“红色渐变”图层，按住鼠标左键将其拖动至“背景”图层的下方，如图 2-65 所示。松开鼠标，即可移动图层，如图 2-66 所示。此时画面效果如图 2-67 所示。

图 2-65

图 2-66

图 2-67

（3）也可通过命令移动图层。选择一个图层，然后执行“图层 > 排列”菜单命令下的子命令，可以调整图层的排列顺序，如图 2-68 所示。

图 2-68

### “排列”命令的子命令详解

- 置为顶层：将所选图层调整到最顶层，快捷键为 <Shift+Ctrl+]>。
- 前移一层 / 后移一层：将所选图层向上或向下移动一个堆叠顺序，快捷键分别为 <Ctrl+]> 和 <Ctrl+[>。
- 置为底层：将所选图层调整到最底层，快捷键为 <Shift+Ctrl+[>。
- 反向：在“图层”面板中选择多个图层，执行该命令后可以反转所选图层的排列顺序。

**你问我答：** 在图层组中的图层，调整位置后会怎样?

如果所选图层位于图层组中，则当执行“前移一层”“后移一层”和“反向”命令时，与图层不在图层组中没有区别，但是执行“置为顶层”和“置为底层”命令时，所选图层将被调整到当前图层组的最顶层或最底层。

## 2.3.7 移动图层中的内容

移动图层中的内容主要使用“移动工具”，使用该工具可以在文档中移动图层和选区中的图像，也可以将其他文档中的图像拖动到当前文档。

**1. 移动图层中的对象**

打开提供的素材，该文件中包含两个图层，如图 2-69 所示。这里要移动“文字”图层中的内容。选择该图层，继续单击工具箱中的“移动工具”，然后按住鼠标进行拖动即可移动该图层中的内容，如图 2-70 所示。

图 2-69

图 2-70

**2. 移动选区中的内容**

使用“矩形选框工具”绘制一个选区，然后单击工具箱中的“移动工具”，将光标移动至选区中，此时光标变为状，如图 2-71 所示。然后，按住鼠标左键进行拖动，即可移动选区中的内容，效果如图 2-72 所示。

图 2-71

图 2-72

## 2.3.8 好玩的剪切、复制与粘贴

在平时进行计算机操作时，剪切、复制与粘贴就是经常使用的操作。其实，Photoshop 与 Windows 下的剪切、复制和粘贴命令相同。不仅如此，在 Photoshop 中，还可以对图像进行原位置粘贴和合并复制等特殊操作。

### 1. 复制与粘贴

打开一张图片，使用“矩形选区”工具绘制一个矩形选区，如图 2-73 所示。执行“编辑 > 拷贝”菜单命令或使用快捷键 <Ctrl+C>，将选区中的内容复制到剪切板中（此时画面中没有任何变化），然后执行“编辑 > 粘贴”菜单命令或使用快捷键 <Ctrl+V>，将剪贴板中的内容粘贴到当前文件中。虽然此时看不到画面中存在变化，但是“图层”面板中生成了“图层 1”图层，如图 2-74 所示。选择“图层 1”，使用“移动工具”移动即可观察到刚刚复制的内容，效果如图 2-75 所示。

图 2-73

图 2-74

图 2-75

### 2. 剪切

选择“背景”图层，绘制一个选区，执行“编辑 > 剪切”菜单命令或使用快捷键 <Ctrl+X>，可以观察到选区中的内容消失了，也就是被剪切掉了，如图 2-76 所示。执行“编辑 > 粘贴”菜单命令，选区中的内容被粘贴到画面中，效果如图 2-77 所示。

图 2-76

图 2-77

### 3. 合并复制

当文档中包含很多图层时，执行“选择 > 全选”菜单命令或使用快捷键 <Ctrl+A> 全选当前图像，然后执行“编辑 > 合并拷贝”菜单命令或按快捷键 <Ctrl+Shift+C>，将所有可见图层复制并合并到剪切板中。最后，按 <Ctrl+V> 快捷键可以将合并复制的图像粘贴到当前文档中。

## 2.4 清除图像

在“编辑”菜单下有一个“清除”命令，使用该命令可以删除选区中的图像。当选中的图层为包含选区状态下的普通图层，那么执行“编辑 > 清除”菜单命令，可以清除选区中的图像，如图 2-78 所示。当选中图层为“背景”图层时，则被清除的区域将填充背景色，如图 2-79 所示。

图 2-78

图 2-79

## 2.5 图形大变身——图形的变换

既然 Photoshop 是一款位图处理图像，那就难免需要涉及对图像进行变换操作。在 Photoshop 中，变换是非常灵活的操作，Photoshop 为用户提供了多种方法和多样选择。

在“编辑”菜单下，可以看到“变换”命令、“自由变换”命令、“内容识别比例”命令和“操控变形”命令，使用这些命令都可以改变图像的形状，如图 2-80 所示。执行“编辑 > 变换”菜单命令，可以看到其子菜单中包含了多种变换方式，如图 2-81 所示。使用“变换”命令可以对图层、路径、矢量图形、选区中的图像、矢量蒙版和 Alpha 通道进行变换操作。

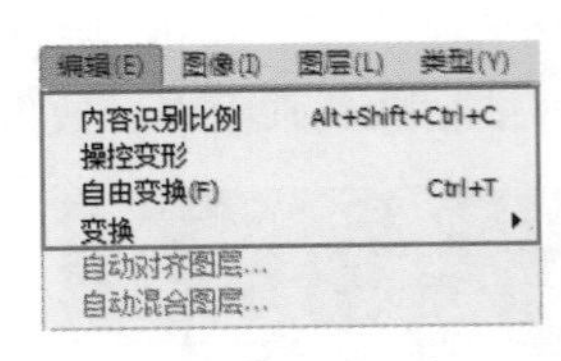


图 2-80

再次(A) Shift+Ctrl+T
缩放(S)
旋转(R)
斜切(K)
扭曲(D)
透视(P)
变形(W)
旋转 180 度(1)
旋转 90 度(顺时针)(9)
旋转 90 度(逆时针)(0)
水平翻转(H)
垂直翻转(V)

图 2-81

在执行“自由变换”或“变换”操作时，当前对象的周围会出现一个用于变换定界框，定界框的中间有一个中心点，四周还有控制点。在默认情况下，中心点位于变换对象的中心，用于定义对象的变换中心，拖动中心点可以移动其位置；而控制点主要用来变换图像，如图 2-82 所示。

图 2-82

## 2.5.1 图像大变身——缩放

图像的缩放是指在图像原有大小基础上将图像放大或缩小，使用“缩放”命令可以相对于变换对象的中心点对图像进行缩放。选择需要变换的对象，执行“编辑 > 变换 > 缩放”菜单命令，调出定界框。然后，将光标移动至定界框中的任意控制点，当光标变为 ⤢ 状时，按住鼠标进行拖动即可进行缩放，如图 2-83 所示。

图 2-83

**小技巧：** 缩放小技巧

在缩放时，按住 <Shift> 键，可以等比例缩放图像，如图 2–84 所示；按住 <Alt> 键可以中心缩放，如图 2–85 所示；如果按住 <Shift+Alt> 快捷键，则可以以中心点为基准，等比例缩放图像，如图 2–86 所示。

图 2-84

图 2-85

图 2-86

## 2.5.2 图像大变身——旋转

使用“旋转”命令可以围绕中心点转动变换对象。执行“编辑 > 变换 > 旋转”菜单命令，调出定界框。将光标移动至任意一个控制点附近，光标变为 ↰ 状时。然后，按住鼠标左键拖动即可旋转任意角度，如图 2-87 和图 2-88 所示。

图 2-87

图 2-88

## 2.5.3 图像大变身——斜切

“斜切”是一种在任意方向、垂直方向或水平方向上倾斜的变换方式。选择需要变换的对象，然后执行“编辑 > 变换 > 斜切”菜单命令，调出定界框后将光标放置在中间的控制点处，光标变为 ↔ 状，然后按住鼠标左键向左或向右拖动，即可进行斜切操作，如图 2-89 所示。也可以将光标移动到 4 个控制点附近，按住鼠标左键进行拖动也可进行斜切操作，如图 2-90 所示。

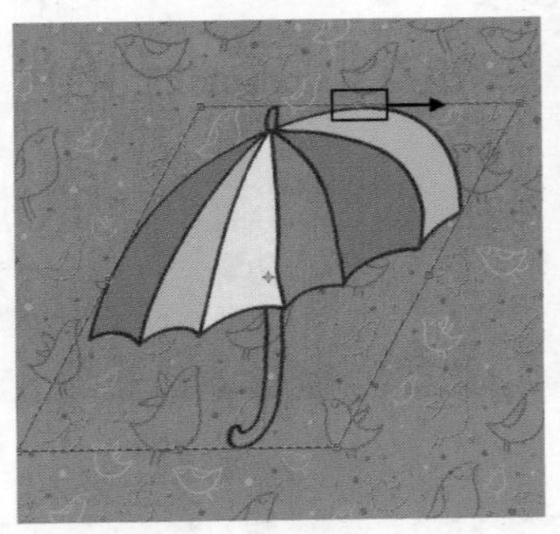
图 2-89

图 2-90

## 2.5.4 图像大变身——扭曲

使用“扭曲”命令可以在各个方向上伸展变换对象。选择需要“扭曲”的对象，然后执行“编辑 > 变换 > 扭曲”菜单命令，拖动控制点即可进行扭曲，如图 2-91 所示。如果在拖动时按住 <Shift> 键，则可以在垂直或水平方向上扭曲图像，如图 2-92 所示。

图 2-91

图 2-92

## 2.5.5 图像大变身——透视

“透视”一词来自绘画，是指在二维空间中表现出三维的空间关系。使用 Photoshop 制作包装和书籍等效果图时经常会用到。选择需要“透视”对象，执行“编辑 > 变换 > 透视”菜单命令，拖动定界框 4 个角上的控制点，即可在水平或垂直方向上对图像应用透视。图 2-93 和图 2-94 所示分别为应用水平透视和应用垂直透视的效果对比。

图 2-93

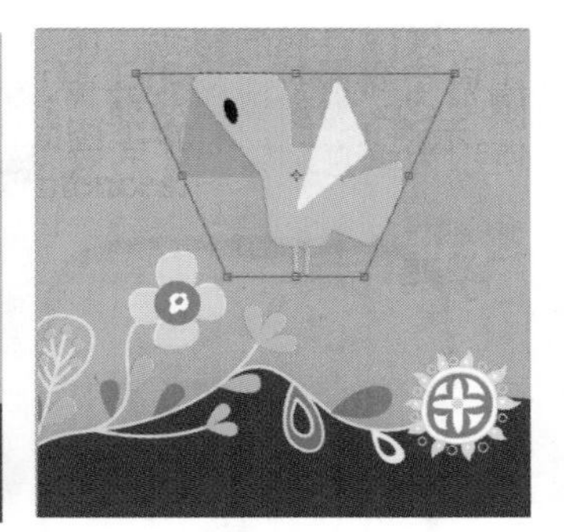

图 2-94

## 2.5.6 图像大变身——变形

使用“变形”命令，可以将图形变换为任意形状，也可以对图像进行局部调整。选择需要“变形”的对象，执行“编辑 > 变换 > 变形”菜单命令，将会出现变形网格和控制点，图 2-95 中，箭头所指的都是可以拖动的。拖动变形网格中的控制点，可以更改图像的局部形状，如图 2-96 所示。如果想更改图像 4 个角的控制点，则可以通过方向线进行图像的调整，如图 2-97 所示。

图 2-95

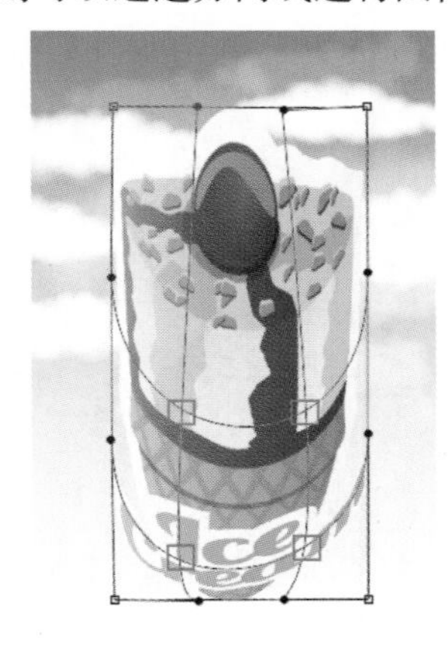

图 2-96

图 2-97

## 2.5.7 图像大变身——旋转 180 度 / 旋转 90 度（顺时针）/ 旋转 90 度（逆时针）

这是 3 个非常简单的命令，图 2-98 所示为原图，执行“旋转 180 度”命令，可以将图像旋转 180°，如图 2-99 所示；执行“旋转 90 度（顺时针）”命令可以将图像顺时针旋转 90°，如图 2-100 所示；执行“旋转 90 度（逆时针）”命令可以将图像逆时针旋转 90°，如图 2-101 所示。

图 2-98

图 2-99

图 2-100

图 2-101

## 2.5.8 图像大变身——水平 / 垂直翻转

执行“水平翻转”命令可以将图像在水平方向上进行翻转。图 2-102 所示为原图，图 2-103 所示为“水平翻转”效果；执行“垂直翻转”命令可以将图像在垂直方向上进行翻转，图 2-104 所示为垂直翻转图像的效果。

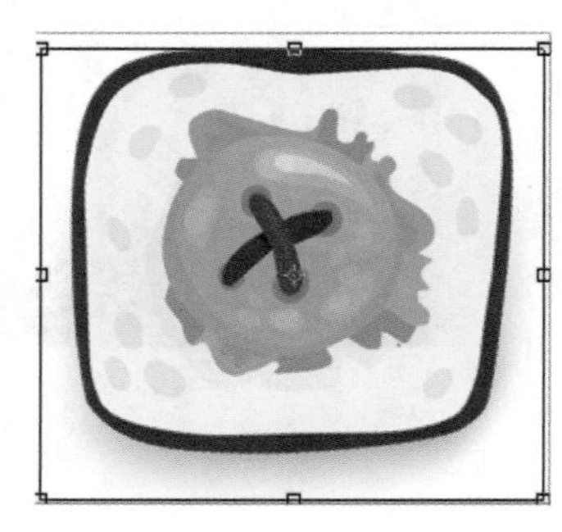

图 2-102　　图 2-103　　图 2-104

## 2.5.9 图像大变身——自由变换

“自由变换”是操作中最常用的变换方式之一，其快捷键为 <Ctrl+T>。选择需要变换的对象或选区，执行“自由变换”命令，或按 <Ctrl+T> 快捷键调出定界框，即可进行变换。

“自由变换”命令可以在一个连续的操作中应用旋转、缩放、斜切、扭曲、透视和变形，只需单击鼠标右键，即可在弹出的快捷菜单中选择某项操作，具体操作方法与“变换”菜单下的各项命令操作方法相同，如图 2-105 所示。

图 2-105

## 2.5.10 变换并复制图像

对图像进行变换以后，通过执行“编辑 > 变换 > 再次”菜单命令可以边变换边复制。使用这一命令可以提高工作效率，还可以提高制图的精准度。

（1）选中需要变换的对象，按 <Ctrl+Alt+T> 快捷键进入自由变换并复制状态，这里先将其缩放，随着缩放我们可以看到缩放的对象被复制了一份，如图 2-106 所示。缩放操作完成后，再将其进行旋转，接着按 <Enter> 键确认操作，如图 2-107 所示。通过这一系列的操作，就设定了一个变换规律，同时 Photoshop 会生成一个新的图层。

（2）设定好变换规律后，就可以按照这个规律继续变换并复制图像。然后连续按 <Shift+Ctrl+Alt+T> 快捷键，直到达到要求为止，如图 2-108 所示。

图 2-106

图 2-107

图 2-108

## 2.6　神奇的缩放工具——内容识别比例

在本节中，将讲解一个神奇的缩放命令。使用该命令可以在不更改重要可视内容（例如人物、建筑、动物等）的情况下缩放图像大小，这个命令就是“内容识别比例”命令。

（1）常规缩放在调整图像大小时会统一影响所有像素，而“内容识别比例”命令主要影响没有重要可视内容区域中的像素。打开一张图片，如图 2-109 所示。此时该图片为“背景”图层，需要将其转换为普通图层才能使用“内容识别比例”命令进行缩放。将光标移动到“背景”图层的名称处，按住 <Alt> 键并双击将“背景”图层转换为普通图层，如图 2-110 所示。

图 2-109

图 2-110

（2）执行“编辑 > 内容识别比例”菜单命令，画面中随即显示出定界框。然后将光标移动至定界框的左侧，进行缩放。缩放时不要太快，要慢慢移动，可以看到图像被缩放了，但是画面中的小猫并没有变形，如图 2-111 所示。这就是“内容识别比例”命令的魅力。

图 2-111

"内容识别比例"命令选项栏参数详解

执行"内容识别比例"命令，调出该命令的选项栏，如图 2-112 所示。

图 2-112

- "参考点位置"图标：单击其他的灰色方块，可以指定缩放图像时要围绕的固定点。在默认情况下，参考点位于图像的中心。
- "使用参考点相对定位"按钮：单击该按钮，可以指定相对于当前参考点位置的新参考点位置。
- X/Y：设置参考点的水平和垂直位置。
- W/H：设置图像按原始大小进行缩放的百分比。
- 数量：设置内容识别缩放与常规缩放的比例。在一般情况下，都应将该值设置为 100%。
- 保护：选择要保护的区域的"Alpha"通道。如果要在缩放图像时保留特定的区域，则"内容识别比例"命令允许在调整大小的过程中使用 Alpha 通道来保护内容。
- "保护肤色"按钮：激活该按钮后，在缩放图像时，可以保护人物的肤色区域。

**小技巧**

"内容识别比例"命令适用于处理图层和选区，图像可以是 RGB、CMYK、Lab 和灰度颜色模式以及所有位深度。注意，"内容识别比例"命令不适用于处理调整图层、图层蒙版、各个通道、智能对象、3D 图层、视频图层、图层组，或同时处理多个图层。

## 2.7 能够随意扭曲的操控变形

操控变形功能提供了一个种可视性网格，使用户可以随意地扭曲对象，还可保证其他区域不发生变化。此功能通常用于更改人物的发型、动作和物体的形态等。下面通过更改人物的动作，学习如何使用操控变形。

（1）打开背景素材，如图 2-113 所示。将人物素材置入画面中，如图 2-114 所示。

（2）选择人物图层，执行"编辑 > 操控变形"菜单命令，可以看到人物的身上布满了网格。将光标移动到人物的腰部，单击鼠标左键即可添加一个"图钉"，如图 2-115 所示。然后，继续在人物身上添加"图钉"，并进行拖动，以改变人物的动作，如图 2-116 所示。

图 2-113

图 2-114

图 2-115

图 2-116

（3）按 <Enter> 键，确定操作，效果如图 2-117 所示。

图 2-117

**小技巧：** 操控变形小知识

除了图像图层、形状图层和文字图层外，还可以对图层蒙版和矢量蒙版应用操控变形。如果要以非破坏性的方式变形图像，则需要将图像转换为智能对象。

#### “操控变形”选项栏参数详解

图 2-118 所示为“操控变形”选项栏。

图 2-118

- 模式：有“刚性”“正常”和“扭曲”3 种模式。选择“刚性”模式时，变形效果比较精确，但是过渡效果不是很柔和；选择“正常”模式时，变形效果比较准确，过渡也比较柔和；选择“扭曲”模式时，可以在变形的同时创建透视效果。
- 浓度：有“较少点”“正常”和“较多点”3 个选项。选择“较少点”选项时，网格点数量就比较少，同时可添加的图钉数量也较少，并且图钉之间需要间隔较大的距离；选择“正常”选项时，网格点数量比较适中；选择“较多点”选项时，网格点非常细密，当然，可添加的图钉数量也更多。
- 扩展：用来设置变形效果的衰减范围。设置较大的像素值后，变形网格的范围也会相应地向外扩展，变形之后，图像的边缘会变得更加平滑；设置较小的像素值后（可以设置为负值），图像的边缘变化效果会变得很生硬。
- 显示网格：控制是否在变形图像上显示变形网格。
- 图钉深度：选择一个图钉以后，单击“将图钉前移”按钮，可以将图钉向上层移动一个堆叠顺序；单击“将图钉后移”按钮，可以将图钉向下层移动一个堆叠顺序。
- 旋转：有“自动”和“固定”两个选项。选择“自动”选项时，当拖动图钉变形图像时，系统会自动对图像进行旋转处理（按住 <Alt> 键，将光标放置在图钉范围之外即可显示出旋转变形框）；如果要设定精确的旋转角度，则可以选择“固定”选项，然后在其后的输入框中输入旋转度数即可。

## 2.8 操作失误了该怎么办——撤销 / 返回 / 恢复文件

绘画时，画的不满意，可以用橡皮擦掉，或在原有的基础上进行覆盖。那么，当使用 Photoshop 进行制图时，要是出现错误了该怎么办呢？带着这个问题，本节学习文件的撤销、返回、恢复等操作。图 2-119 ～图 2-122 所示为创意文字海报。

图 2-119

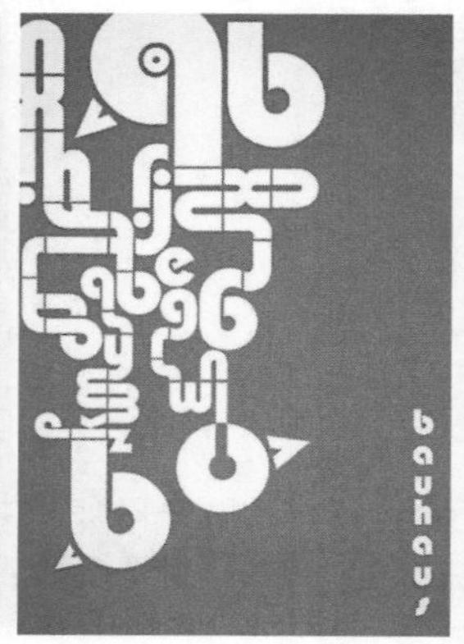


图 2-120

图 2-121

图 2-122

### 2.8.1 还原与重做

当有错误操作后，执行“编辑 > 还原”菜单命令或使用快捷键 <Ctrl+Z>，可以撤销最近的一次操作，将其还原到上一步操作状态，如图 2-123 所示；如果想要取消还原操作，则可以执行“编辑 > 重做”菜单命令，如图 2-124 所示。

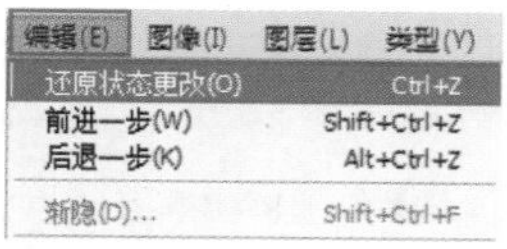

图 2-123 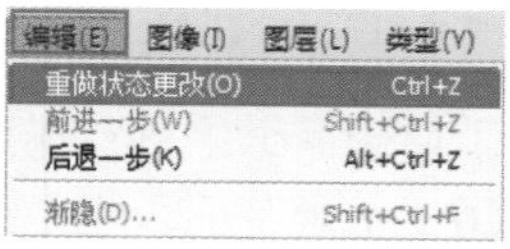　　图 2-124

### 2.8.2　前进一步与后退一步

如果想要退后许多步，则使用快捷键 <Ctrl+Z> 就不管用了。在“编辑”菜单下，有“前进一步”与“后退一步”命令，这两个命令用于多次撤销和还原操作。

如果要退后很多步，则可以执行“编辑 > 后退一步”菜单命令，或连续使用快捷键 <Alt+Ctrl+Z> 来逐步撤销操作；如果要取消还原的操作，则可以连续执行“编辑 > 前进一步”菜单命令，或连续按快捷键 <Shift+Ctrl+Z> 来逐步恢复被撤销的操作，如图 2-125 所示。

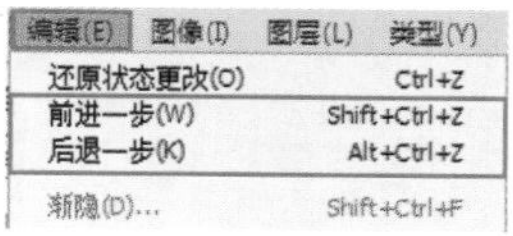

图 2-125

### 2.8.3　恢复

执行“文件 > 恢复”菜单命令，可以直接将文件恢复到最后一次保存时的状态，或返回刚打开文件时的状态。

**你问我答：**空白文件可以执行“文件 > 恢复”菜单命令吗？

“恢复”命令只能针对已有图像的操作进行恢复，如果是新建的空白文件，则“恢复”命令将不可用。

## 2.9　能够回到过去的历史记录

在 Photoshop 中有一种方法可以让操作“穿越”回去，然后进行修改，从而“改写历史”。在本节中，主要讲解“历史记录”面板、“历史记录画笔工具”和“历史记录艺术画笔工具”。通过学习这些知识，让我们的操作可以“穿越”回过去。图 2-126 ~ 图 2-129 所示为创意汽车主题的海报欣赏。

图 2-126

图 2-127

图 2-128

图 2-129

## 2.9.1 好用的纠错工具——使用“历史记录”面板还原操作

在上一节中讲解了使用命令来进行还原和后退等操作，其实“历史记录”面板也是一个不错的纠错工具，使用“历史记录”面板可以使操作恢复到某一步的状态，同时也可以再次返回当前的操作状态。执行“窗口 > 历史记录”菜单命令，打开“历史记录”面板，如图 2-130 所示。

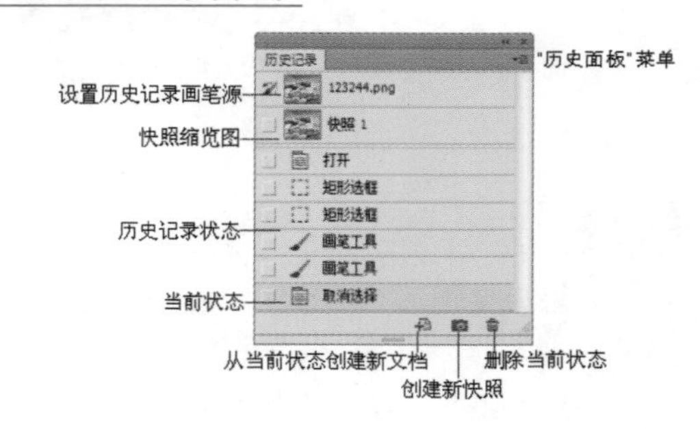


图 2-130

“历史记录”面板参数讲解：

- “设置历史记录画笔的源”图标：使用历史记录画笔时，该图标所在的位置代表历史记录画笔的源图像。
- 快照缩览图：被记录为快照的图像状态。
- 历史记录状态：Photoshop 记录的每一步操作的状态。
- “从当前状态创建新文档”按钮：以当前操作步骤中图像的状态创建一个新文档。
- “创建新快照”按钮：以当前图像的状态创建一个新快照。
- “删除当前状态”按钮：选择一个历史记录后，单击该按钮可以将记录以及后面的记录删除掉。

（1）打开一张图片，发现这张图片有些偏色，如图 2-131 所示。通过调整，改变了图像偏色，如图 2-132 所示。这些调整图像偏色的步骤在“历史记录”面板中就会被记录下来，如图 2-133 所示。

图 2-131

图 2-132

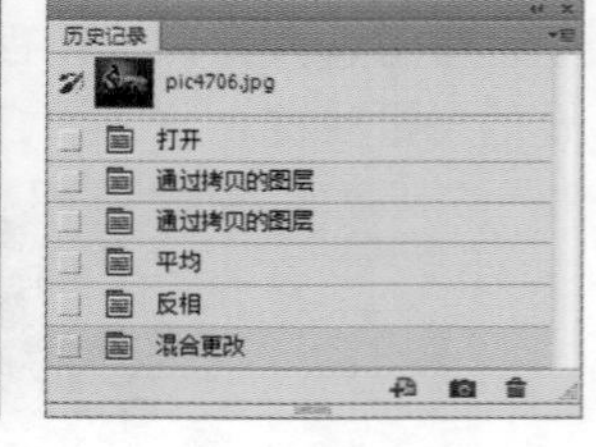


图 2-133

（2）在“历史记录”面板中单击某一项步骤即可使文档恢复到所选步骤的状态。例如，这里想回到“平均”这一步，则在“历史记录”面板中单击“平均”，如图 2-134 所示，此时画面的效果如图 2-135 所示。

图 2-134

图 2-135

（3）默认情况下，“历史记录”面板可以记录 20 步操作，超过限定数量的操作将不能返回。通过创建“快照”可以在图像编辑的任何状态创建副本，也就是说，可以随时返回到快照所记录的状态。在“历史记录”面板中选择需要创建快照的状态，然后单击“创建新快照”按钮，此时 Photoshop 会自动为其命名，如图 2-136 和图 2-137 所示。

图 2-136

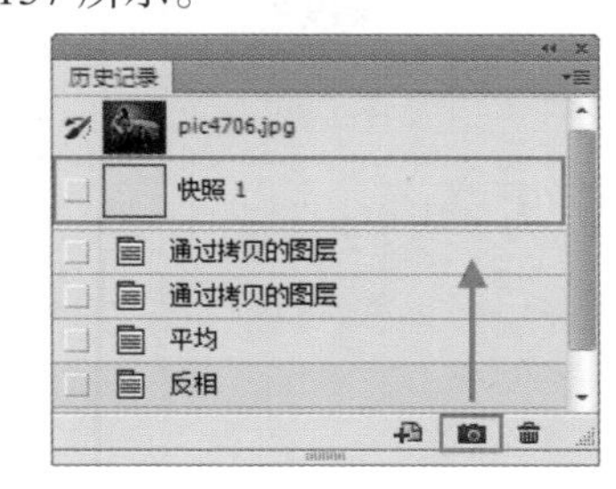


图 2-137

**小技巧：** 在“历史记录”面板中记录更多的动作

执行“编辑 > 首选项 > 性能”菜单命令，然后在弹出的“首选项”对话框中增大“历史记录状态”的数值，如图 2-138 所示。但是，如果将“历史记录状态”的数值设置得过大，则会占用很多的系统内存。

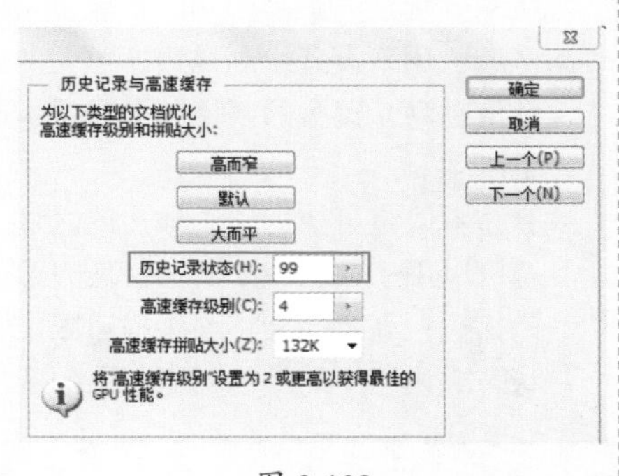


图 2-138

**你问我答：** 当文件再次打开后，历史记录和快照都不见了？

历史记录和快照都是暂时保存在内存中的，关闭软件后，这些内容就会自动被删除。

### 2.9.2 神奇的历史记录画笔工具

“历史记录画笔工具”是一种特殊的画笔工具，主要用于恢复图像中原来的某个状态。首先，打开一张图片，如图 2-139 所示。然后，为其执行“去色”命令，如图 2-140 所示，接着使用“历史记录画笔工具”在人物嘴唇的部分进行涂抹，即可还原人物嘴唇原本的色彩，如图 2-141 所示。

图 2-139

图 2-140

图 2-141

### 2.9.3 艺术范十足的历史记录艺术画笔工具

为什么说“历史记录艺术画笔工具”是艺术范十足的呢？是因为使用这个工具可以将标记的历史记录状态或快照用作源数据对图像进行修改。不过，在实际工具的使用中频率并不高，因为它属于任意涂抹工具，很难有规整的绘画效果，但它提供了一种全新的创作思维方式，可以创作出一些独特的效果。

#### “历史记录艺术画笔工具”工具选项栏部分参数详解

图 2-142 所示为“历史记录艺术画笔工具”工具选项栏。

图 2-142

- 样式：选择一个选项来控制绘画描边的形状，包括“绷紧短”“绷紧中”“绷紧卷曲”和“绷紧长”等，图 2-143 和图 2-144 所示分别是“绷紧短”和“绷紧卷曲”效果。
- 区域：用来设置绘画描边所覆盖的区域。数值越高，覆盖的区域越大，描边的数量也越多。
- 容差：限定可应用绘画描边的区域。低容差可以用于在图像中的任何地方绘制无数条描边；高容差会将绘画描边限定在与原状态或快照中的颜色明显不同的区域。

图 2-143

图 2-144

## 2.10 图层排排队——对齐与分布图层

在图像绘制过程中，有时需要将多个图层依据某种形式进行对齐或分布，以使画面显示得更加整齐有序。使用“移动工具”，可以将图层或图层的内容与图层组对齐。图 2-145 ~ 图 2-148 所示为使用了对齐与分布图层的设计欣赏。

图 2-145

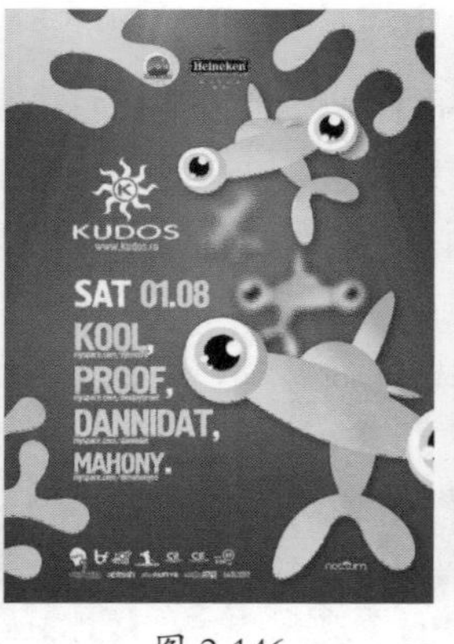


图 2-146

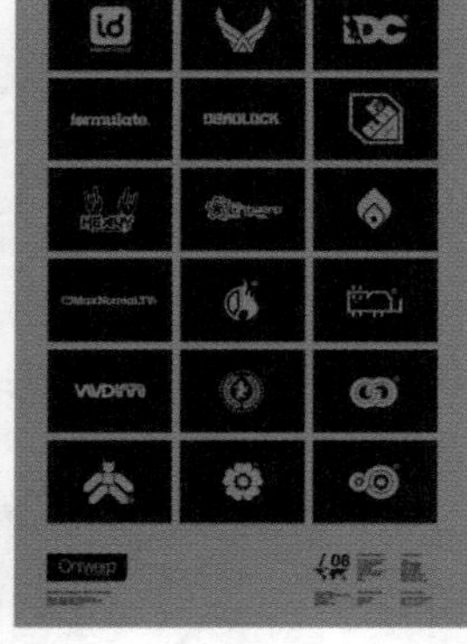

图 2-147

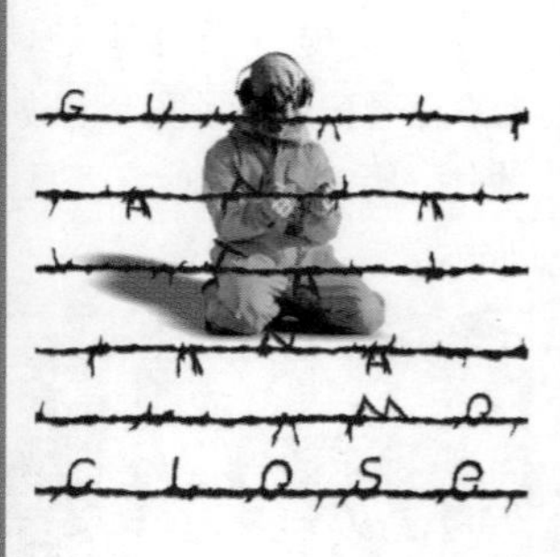

图 2-148

### 2.10.1　使用“对齐”命令制作井然有序的效果

“对齐”命令可以将多个图层进行整齐的排列，制作出秩序井然的画面效果，如图 2-149 ~ 图 2-151 所示。

图 2-149　　图 2-150　　图 2-151

（1）打开相应的文件，该文件中包含了包括“背景”图层的 6 个图层，如图 2-152 和图 2-153 所示。

图 2-152

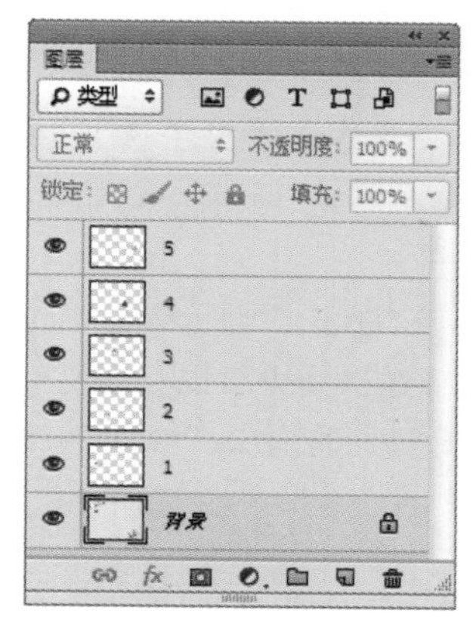


图 2-153

（2）通过“对齐”命令，将图层 1~ 图层 5 中的内容进行对齐。选择图层 1~ 图层 5，此时，控制栏中的对齐按钮被激活。这里单击“垂直居中分布”按钮，可以看到选中的对象垂直居中分布，如图 2-154 所示。在进行图层的对齐时，还可执行“图层 > 对齐”菜单命令下的子命令进行对齐，如图 2-155 所示。

图 2-154

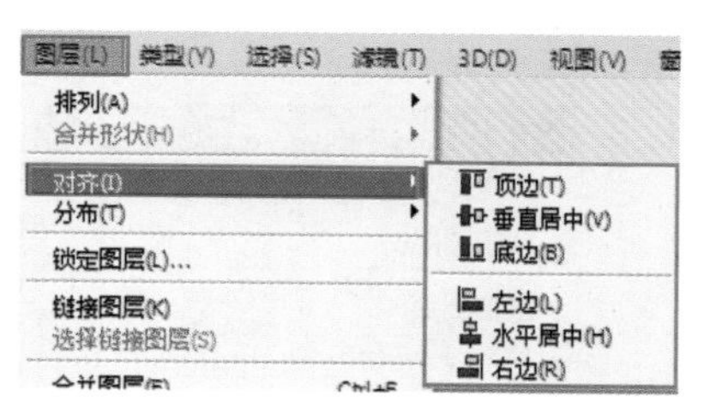


图 2-155

## 2.10.2 如何以某个图层为基准来对齐图层

（1）如果要以某个图层为基准进行对齐，则首先将这些图层加选，然后单击“连接图层”按钮将其进行链接，如图 2-156 所示。

（2）选择需要对齐的图层，然后执行“图层 > 对齐”菜单命令下的子命令即可。图 2-157 所示的是执行“底边”命令后的对齐效果。

图 2-156

图 2-157

## 2.10.3 将图层与选区对齐

（1）在操作中可以将图层对象与选区进行对齐。在画面中绘制选区，如图 2-158 所示。然后，选择需要对齐的图层，如图 2-159 所示。

图 2-158

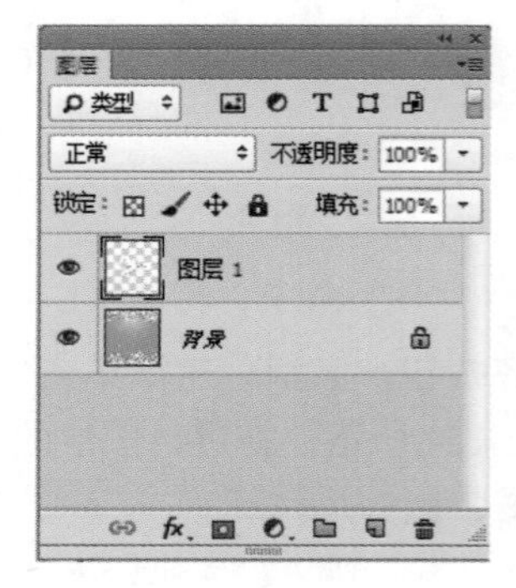


图 2-159

（2）执行“图层 > 将图层与选区对齐”菜单命令，在子菜单中即可选择一种对齐方法，如图 2-160 所示，则所选图层就会以所选的方法进行对齐，如图 2-161 所示。

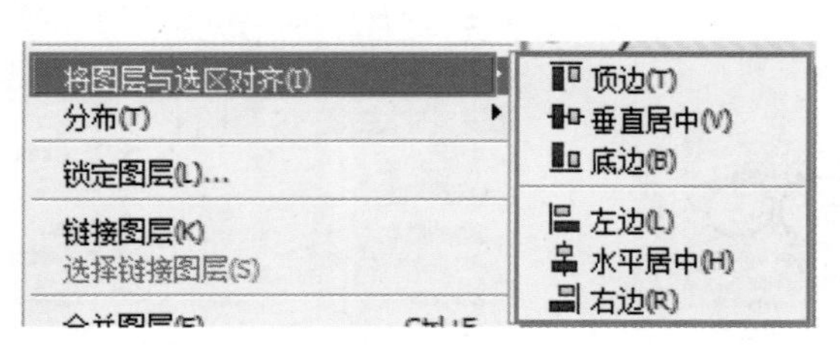


图 2-160

图 2-161

## 2.10.4　分布图层

在 Photoshop 中可以使用“分布”命令对多个图层的分布方式进行调整，这样可以制作出秩序井然的画面效果。

当一个文档中包含多个图层（至少为 3 个图层，且“背景”图层除外）时，执行“图层 > 分布”菜单命令下的子命令可以将这些图层按照一定的规律均匀分布，如图 2-162 所示。在使用“移动工具”状态下，选项栏中有一排分布按钮分别与“图层 > 分布”菜单下的子命令相对应，分布按钮如图 2-163 所示。

图 2-162

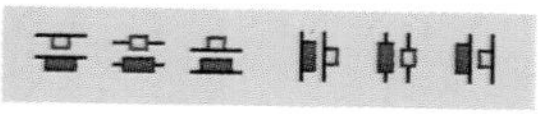

图 2-163

# 第 3 章
# 探索选区的奥秘

学习要点：

本章将主要围绕选区的创建与编辑方法做讲解。“选区”说的直白些就是所要选择的区域。在 Photoshop 中提供了多种绘制选区的工具，如接下来要学习的矩形选框工具、椭圆选框工具和套索工具等，也提供了多种可以快速得到选区的方法。在创建好选区后还可对其进行编辑，如变换选区、编辑选区边缘等。你做好准备了吗？那让我们一起来探索选区的奥秘吧！

佳作欣赏

# 3.1 好玩的选区——选区的简单操作

"选区"是指在 Photoshop 画面中选择的区域，选区创建完成后，可以准确地在图像中进行编辑。例如，要更改照片中人物裙子的颜色，首先要得到人物裙子的选区，如图 3-1 所示。得到选区后再进行填色和更改混合模式等操作，如图 3-2 所示。

图 3-1

图 3-2

## 3.1.1 掌握选区的基本操作

"选区"又称为蚂蚁线，因为代表选区的线很像蚂蚁走路的样子，因此而得名。虽然选区非常重要，但是选区是非实质性的对象，无法进行打印、输出。本节将讲解一些选区的基本操作。

**1. 移动选区**

移动选区的方法与移动图层中内容的方法有点像，但是移动选区需要在使用"选区工具"下才能进行，如图 3-3 所示。并且，选区的运算模式需要处于"新选区"模式下。

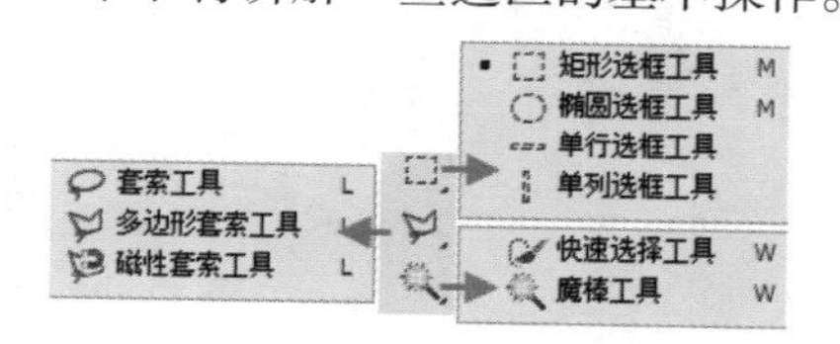


图 3-3

先绘制一个选区，如图 3-4 所示。将光标放置在选区内，当光标变为形状时，拖动光标即可移动选区，如图 3-5 所示。

图 3-4

图 3-5

**小技巧：** 在创建选区时移动选区

在创建选区时，在松开鼠标左键前按住空格键并拖动光标，即可轻松移动选区。

**2. 选择全部**

“全选”命令，顾名思义，用于选择画面的全部范围，“全选”命令常用于复制整个文档中的图像。打开素材，执行“选择 > 全部”菜单命令或按 <Ctrl+A> 快捷键，可以选择当前文档边界内的所有图像，如图 3-6 所示。

图 3-6

**3. 选择反向选区**

选区的反相选择就是将现有的选区反相选择，从而选择图像中没有被选中的部分。例如，这里得到画面中车的选区，如图 3-7 所示。然后，执行“选择 > 选择反向”菜单命令或按 <Shift+Ctrl+I> 快捷键，可以得到反向的选区，也就是选择图像中没有被选中的部分，如图 3-8 所示。

图 3-7

图 3-8

**4. 取消选择与重新选择**

选区中的内容编辑完成后，就要取消当前选区的选择。执行“选择 > 取消选择”菜单命令或按 <Ctrl+D> 快捷键，可以取消选区选中状态，如图 3-9 和图 3-10 所示。

如果要恢复被取消的选区，则可以执行“选择 > 重新选择”菜单命令。

图 3-9

图 3-10

## 3.1.2　变换选区

选区的变换与图像的变换有异曲同工之妙。得到选区后执行“选择 > 变换选区”菜单命令，或在画面中单击鼠标右键，在弹出的快捷菜单中执行“变换选区”命令，如图 3-11 所示。选区周围出现定界框，再次单击鼠标右键即可在弹出的快捷菜单中选择需要进行的操作，如图 3-12 所示。

图 3-11

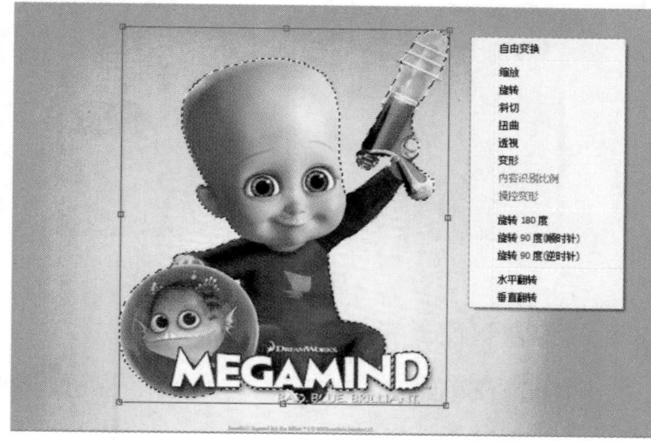


图 3-12

## 3.1.3　选区运算——加、减、交叉

Photoshop 中的选区可以进行相关的运算，如在原有选区上添加选区或减小选区，还可得到两个选区交集的地方。通过这些简单的运算，可以得到一个新的选区。

**1. 绘制选区**

首先使用“椭圆工具” 绘制一个圆形选区，如图 3-13 所示。

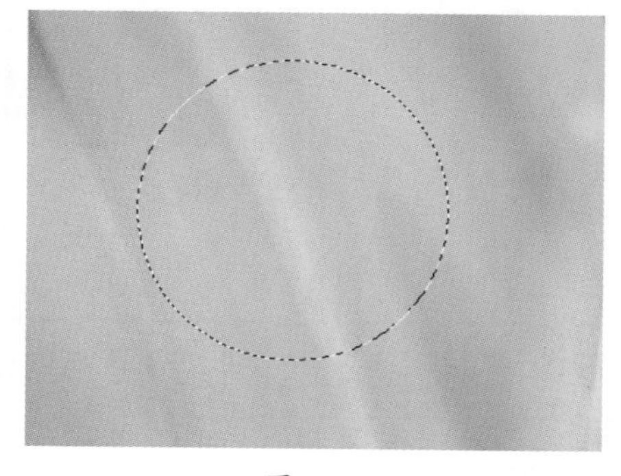

图 3-13

**2. 添加选区**

单击选项栏中的“添加到选区”按钮 ，然后在刚刚绘制的正圆边缘绘制一个正圆选区，如图 3-14 所示。绘制完成后，可以看到刚刚绘制的选区和之前绘制的选区组合成了一个新的选区，如图 3-15 所示。

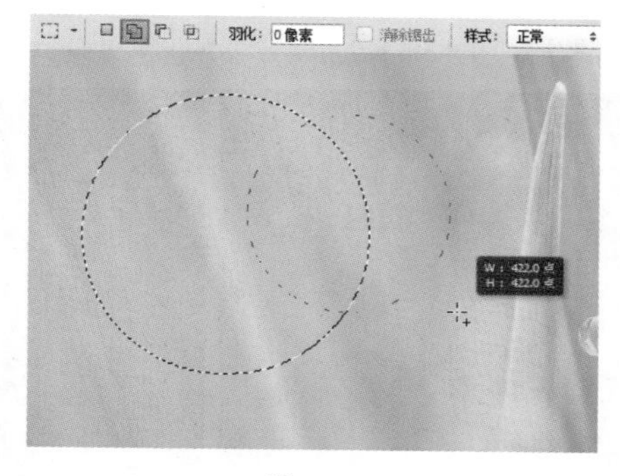


图 3-14

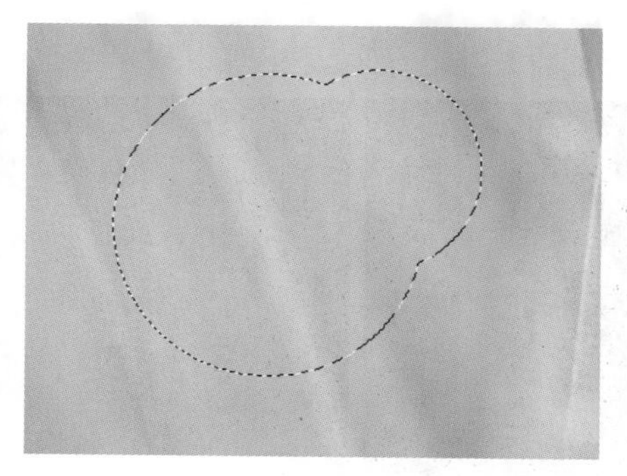

图 3-15

**3. 减去选区**

减去选区是指在现有选区的基础上减少选区的面积。使用快捷键 <Ctrl+Z> 取消上一步操作。

单击选项栏中的“相减”按钮，然后在相应位置绘制一个圆形选区，如图 3-16 所示。松开鼠标后即可发现原有选区被减掉了一部分，如图 3-17 所示。

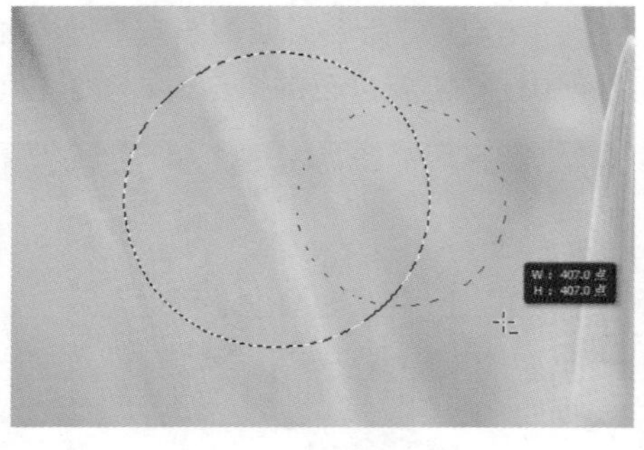


图 3-16

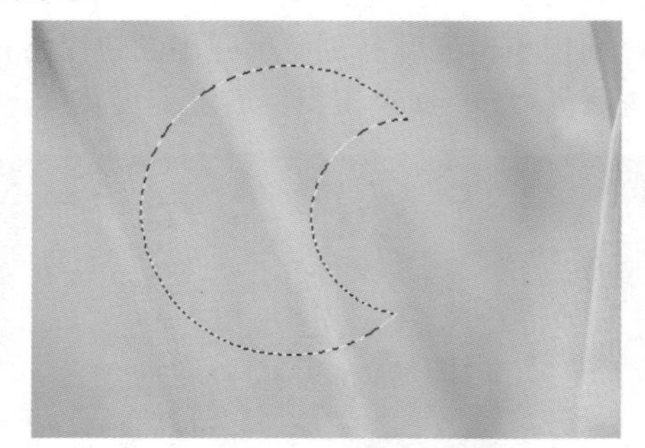

图 3-17

**4. 与选区交叉**

同样，在单击选项栏中的“交叉”按钮的前提下，使用同样的方法绘制两个圆形选区，就能得到一个与选区交叉的新选区，如图 3-18 和图 3-19 所示。

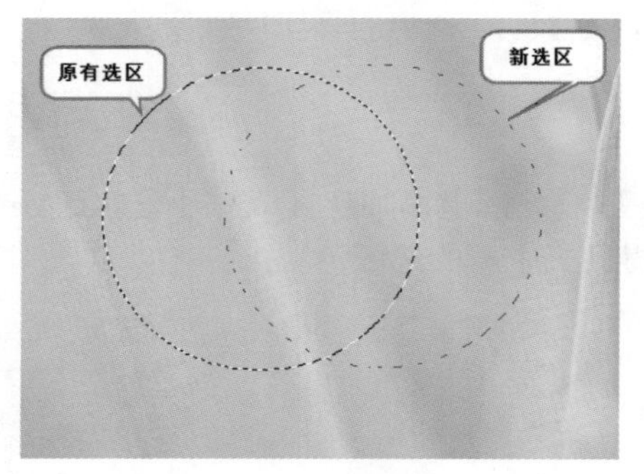


图 3-18

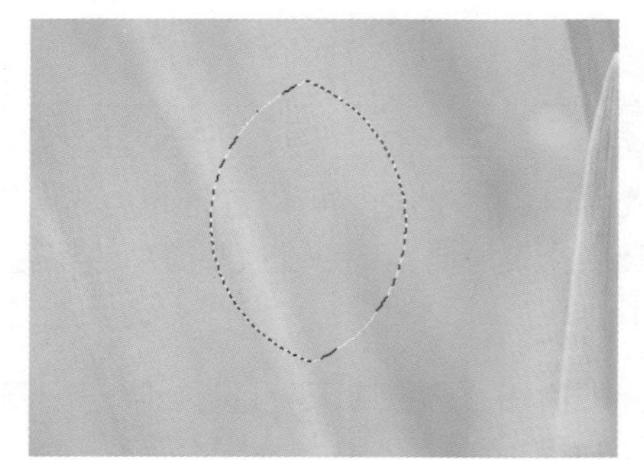

图 3-19

## 3.2 轻轻松松绘制简单选区

在Photoshop中创建选区的方法有很多种，选区分为规则的选区和不规则的选区两种。使用“矩形选框工具”“椭圆选框工具”“单行 \ 单列”工具可以迅速绘制一个规则的选区。使用“套索工具”和“多边形套索工具”可以绘制不规则选区。图 3-20~ 图 3-23 所示为优秀的设计作品。

图 3-20

图 3-21

图 3-22

图 3-23

## 3.2.1 工具速查——矩形选框工具

“矩形选框工具” 是常用的绘制选区的工具，通常用来绘制矩形选区与正方形选区。“矩形选框工具”的使用方法很简单，在画面中按住鼠标左键并向右下拖动光标即可绘制一个矩形选区，按住 <Shift> 键则可创建正方形选区，如图 3-24 和图 3-25 所示。

图 3-24

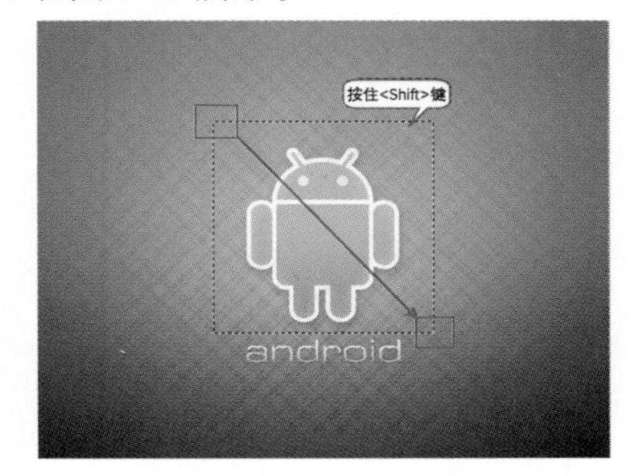


图 3-25

### “矩形选框工具”选项栏参数详解

“矩形选框工具”的选项栏如图 3-26 所示。

图 3-26

- 羽化：主要用来设置选区边缘的虚化程度。羽化值越大，虚化范围越宽；羽化值越小，虚化范围越窄。以图 3-27 和图 3-28 所示的图像边缘锐利程度模拟羽化数值分别为 0 像素与 20 像素时的边界效果。

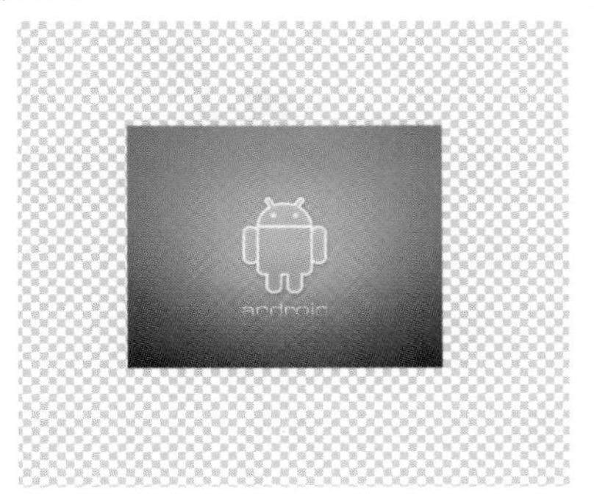

图 3-27

图 3-28

- 消除锯齿：“矩形选框工具”选项栏中的“消除锯齿”复选框是不可用的，因为矩形选框没有不平滑效果，只有在使用“椭圆选框工具”时，“消除锯齿”复选框才可用。
- 样式：用来设置矩形选区的创建方法。当选择“正常”选项时，可以创建任意大小的矩形选区；当选择“固定比例”选项时，可以在右侧的“宽度”和“高度”输入框中输入数值，以创建固定比例的选区，如设置“宽度”为 1、“高度”为 2，那么创建出来的矩形选区的高度就是宽度的两倍；当选择“固定大小”选项时，可以在右侧的“宽度”和“高度”输入框中输入数值，然后单击鼠标左键即可创建一个固定大小的选区（单击“高度和宽度互换”按钮可以切换“宽度”和“高度”的数值）。
- 调整边缘：与执行“选择 > 调整边缘”菜单命令相同，单击该按钮可以打开“调整边缘”对话框，在该对话框中可以对选区进行平滑和羽化等处理。

### 3.2.2 工具速查——椭圆选框工具

“椭圆选框工具” 主要用来制作椭圆选区和正圆选区，它的使用方法与“矩形选框工具”相同。在画面中按住鼠标左键并向右下拖动光标即可绘制一个椭圆形选区，如图 3-29 所示。按住 <Shift> 键则可创建正圆选区，如图 3-30 所示。

图 3-29

图 3-30

**小技巧：**减少椭圆选区的锯齿

与矩形选区不同，椭圆选区会在选区的边缘呈现锯齿状。为了减少锯齿，可以在选项栏中勾选“消除锯齿”复选框。勾选“消除锯齿”复选框后，可以制作柔化边缘像素与背景像素之间的颜色过渡效果，以使选区边缘变得平滑。图 3−31 所示是未勾选“消除锯齿”复选框时的图像边缘效果，图 3−32 所示是勾选了“消除锯齿”复选框时的图像边缘效果。由于“消除锯齿”只影响边缘像素，因此不会丢失细节，在剪切、复制和粘贴选区图像时非常有用。

图 3-31

图 3-32

### 3.2.3 工具速查——单行 / 单列选框工具

“单行选框工具” 和“单列选框工具” 主要用来创建高度或宽度为 1 像素的选区，常用来制作网格效果。打开素材，首先单击工具箱中的“单行选框工具”，在画面中合适的位置按住鼠标左键即可绘制一个宽度为 1 像素的选区，如图 3-33 所示。“单列选框工具”的使用也是同样的方法，效果如图 3-34 所示。

图 3-33

图 3-34

### 3.2.4　工具速查——套索工具

套索工具是一种基本绘制选区的工具，使用套索工具可以非常自由地绘制出形状不规则的选区。打开素材，在工具箱中单击“套索工具”，然后在图像上单击鼠标左键，确定起点位置，接着拖动光标绘制选区，如图 3-35 所示，结束绘制时松开鼠标左键，选区会自动闭合并变为如图 3-36 所示的效果。如果在绘制中途松开鼠标左键，则 Photoshop 会在该点与起点之间建立一条直线以封闭选区。

图 3-35

图 3-36

> **小技巧：**从“套索工具”切换到“多边形套索工具”
>
> 当使用“套索工具”绘制选区时，如果在绘制过程中按住 <Alt> 键，则松开鼠标左键后（不松开 <Alt> 键），Photoshop 会自动切换到“多边形套索工具”。

### 3.2.5　工具速查——多边形套索工具

“多边形套索工具”一般用于创建不规则形状的多边形选区，如三角形、梯形和五角星等。“多边形套索工具”和“套索工具”的使用方法很相似，单击工具箱中的“多边形套索工具”，在画面中单击确定起点，拖动光标向其他位置移动并多次单击，以确定选区转折的位置。最后，需要将光标定位到起点处，如图 3-37 所示。单击完成路径的绘制，效果如图 3-38 所示。

图 3-37

图 3-38

> **小技巧：**多边形套索工具小知识
>
> 在使用“多边形套索工具”绘制选区时，然后按住 <Shift> 键，可以在水平方向、垂直方向或 45° 方向上绘制直线。另外，按 <Delete> 键可以删除最近绘制的直线。

### 3.2.6 工具速查——文字蒙版工具制作文字选区

“文字蒙版工具”是一个综合性的工具，它既包含了文字工具，也包含了蒙版和选区的功能。使用该工具可以创建文字选区。“文字蒙版”工具包含“横排文字蒙版工具”和“直排文字蒙版工具”两种。这两种文字蒙版的使用方法相同，下面以“横排文字蒙版工具”为例讲解蒙版工具。

**1. 创建文字选区**

单击工具箱中的“横排文字蒙版工具”，然后在画面中的合适位置单击，在单击的位置会出现闪烁的光标，而且整个画面呈现出半透明的红色。随即在画面中输入文字，如图 3-39 所示。文字输入完成后单击选项栏中的“提交当前编辑”按钮，文字将以选区的形式出现，如图 3-40 所示。在文字选区中，可以填充前景色、背景色和渐变色等，如图 3-41 所示。

图 3-39

图 3-40

图 3-41

**2. 对文字蒙版进行移动和变换**

在使用文字蒙版工具输入文字时，当鼠标移动到文字以外区域时，光标会变为移动状态，这时单击并拖动鼠标可以移动文字蒙版的位置，如图 3-42 所示。按住 <Ctrl> 键，文字蒙版四周会出现类似自由变换的界定框，此时可以对该文字蒙版进行移动、旋转、缩放和斜切等操作，如图 3-43 所示。

图 3-42

图 3-43

## 3.3 使用绘图的方式制作选区——快速蒙版

说到绘图，大家一定想到的就是使用画笔画画，在 Photoshop 中确实有强大的绘图功能。但是本节并不讲解画笔工具，而是讲解通过绘图的方式来制作选区——快速蒙版。

快速蒙版主要用来创建选区，抠取图像，它还可以将任何选区作为蒙版进行编辑。在快速蒙版状态下，可以使用各种绘画工具和滤镜对选区进行细致的处理。例如，如果要将图中的前景对象抠选出来，则可以进入快速蒙版状态，然后使用“画笔工具”在“快速蒙版”中的背景部分上进行绘制（绘制出的选区为红色状态），绘制完成后按 <Q> 键退出快速蒙版状态，Photoshop 会自动创建选区，这时就可以删除背景，也可以为前景对象重新添加背景。图 3-44~ 图 3-47 所示分别为原始素材、绘制快速蒙版、得到选区、删除并更换背景效果。

图 3-44

图 3-45

图 3-46

图 3-47

当在快速蒙版模式中工作时，“通道”面板中出现一个临时的快速蒙版通道，如图 3-48 所示。但是，所有的蒙版编辑都是在图像窗口中完成的，如图 3-49 所示。

## 3.3.1　快速蒙版的建立与退出

之所以被称为“快速蒙版”，因为它是一种非常简便的蒙版工具。它可以快速建立蒙版，也可以快速编辑蒙版。单击工具箱底部的“以快速蒙版模式编辑”按钮或按 <Q> 键，可以进入快速蒙版编辑模式，如图 3-50 所示。此时，在“通道”面板中可以观察到一个快速蒙版通道，如图 3-51 所示。单击“以标准模式编辑”按钮可以退出快速蒙版，如图 3-52 所示。

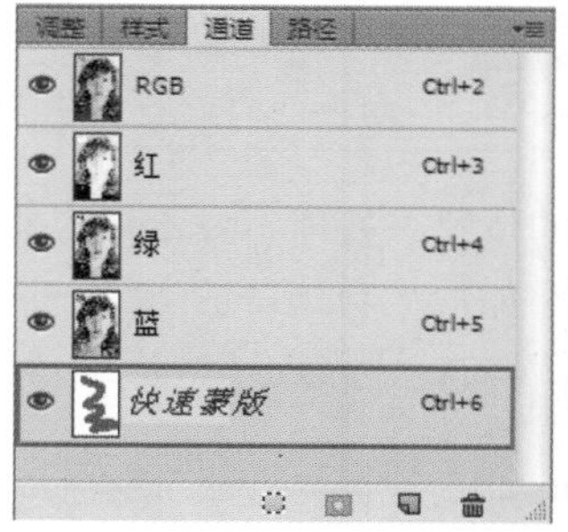


图 3-48

图 3-49

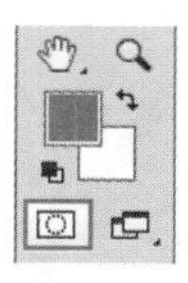

图 3-50

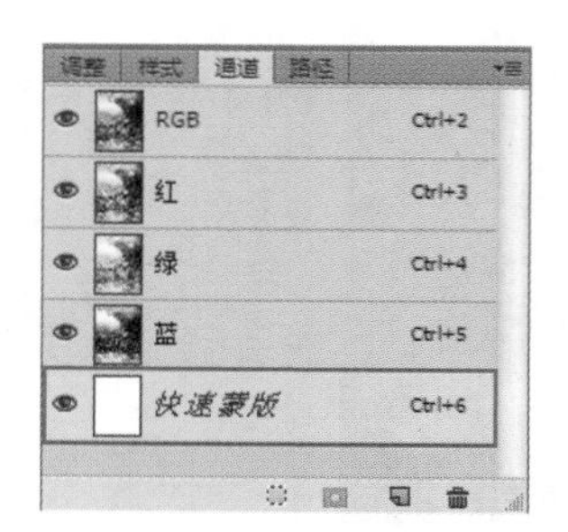


图 3-51

图 3-52

### 3.3.2 编辑快速蒙版

**1．编辑快速蒙版**

进入快速蒙版编辑模式后，可以使用绘画工具（如“画笔工具” ）在图像上进行绘制，绘制区域将以红色显示出来，如图 3-53 所示。红色的区域表示未选中的区域，非红色区域表示选中的区域。绘制完成后，在工具箱中单击“以标准模式编辑”按钮 或按 <Q> 键退出快速蒙版编辑模式，可以得到想要的选区，如图 3-54 所示。

图 3-53

图 3-54

**2．为快速蒙版添加滤镜**

在快速蒙版模式下，还可以使用滤镜来编辑蒙版。执行“滤镜 > 风格化 > 拼贴”菜单命令，图 3-55 所示的是对快速蒙版应用“拼贴”滤镜以后的效果。按 <Q> 键退出快速蒙版编辑模式后，可以得到具有拼贴效果的选区，如图 3-56 所示。

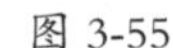

图 3-55

图 3-56

## 3.4 不可忽视的选区边缘——编辑选区边缘

选区边缘是比较难处理的位置，处理不好不仅容易出现不准确的情况，而且还可能留下难缠的锯齿。在本节中，主要讲解如何编辑选区的边缘。选区的编辑包括调整选区边缘、创建边界选区、平滑选区、扩展与收缩选区、羽化选区、扩大选区和选区相似等。图 3-57~ 图 3-60 所示为进行了选区边缘编辑的设计作品欣赏。

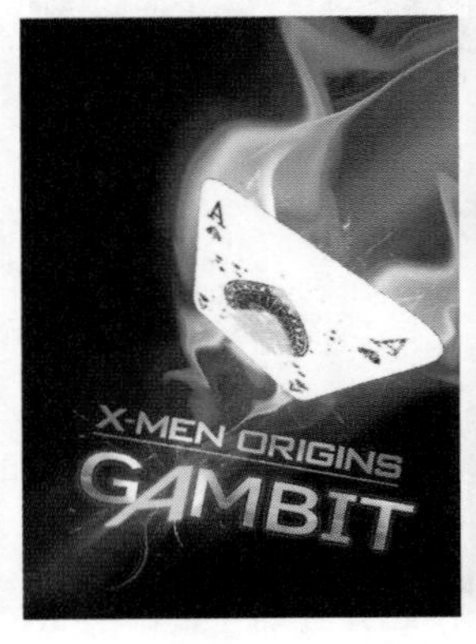


图 3-57

图 3-58

图 3-59

图 3-60

## 3.4.1 调整边缘

在讲解"矩形选框工具"选项栏时，简单认识了一下"调整边缘"按钮。我们知道，使用"调整边缘"命令可以对选区的半径、平滑度、羽化、对比度、边缘位置等属性进行调整，从而提高选区边缘的品质，并且可以在不同的背景下查看选区。下面将系统地学习"调整边缘"对话框中各选项的使用方式。

### 1. 打开"调整边缘"对话框

"调整边缘"按钮位于控制栏中，只有在画面中存在选区的情况下该按钮才会启用。在画面中创建选区，然后在选项栏中单击"调整边缘"按钮 调整边缘... ，如图3-61所示，打开"调整边缘"对话框，如图3-62所示。

图 3-61

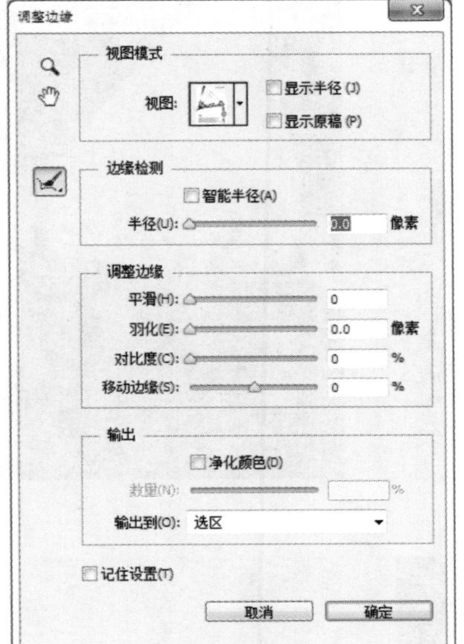


图 3-62

> **小技巧：其他打开"调整边缘"对话框的方式**
>
> 执行"选择>调整边缘"菜单命令（快捷键为<Alt+Ctrl+R>）即可打开"调整边缘"对话框。

### 2. "视图模式"选项组

在"视图模式"选项组中提供了多种可以选择的显示模式，这是为了方便查看选区的调整结果，如图3-63所示。

#### "视图模式"选项组参数详解

在下拉列表框中可以选择不同的显示效果。使用"闪烁虚线"可以查看具有闪烁的虚线边界的标准选区。如果当前选区包含羽化效果，那么闪烁虚线边界将围绕被选中50%以上的像素，如图3-64所示。使用"叠加"可以在快速蒙版模式下查看选区效果，如图3-65所示。使用"黑底"

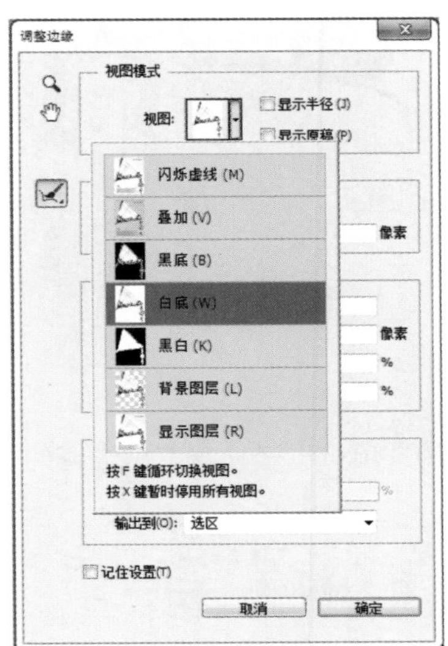


图 3-63

图 3-64

可以在黑色的背景下查看选区，如 3-66 所示。使用“白底”可以在白色的背景下查看选区，如图 3-67 所示。使用“黑白”可以在黑白模式下查看选区，如图 3-68 所示。使用“背景图层”可以查看被选区蒙版的图层，如图 3-69 所示。使用“显示图层”可以在未使用蒙版的状态下查看整个图层，如图 3-70 所示。

- 显示半径：显示以半径定义的调整区域。
- 显示原稿：可以查看原始选区。
- “缩放工具”：使用该工具可以缩放图像，与工具箱中的“缩放工具”的使用方法相同。
- “抓手工具”：使用该工具可以调整图像的显示位置，与工具箱中的“抓手工具”的使用方法相同。

图 3-65

图 3-66

图 3-67

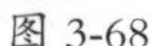

图 3-68

图 3-69

图 3-70

### 3. “边缘检测”选项组

使用“边缘检测”选项组中的选项可以轻松地抠出细密的毛发，如图 3-71 所示。

图 3-71

“边缘检测”选项组参数详解

- “调整半径工具” / “抹除调整工具” ：使用这两个工具可以精确调整发生边缘调整的边界区域。制作头发或毛皮选区时可以使用“调整半径工具”来柔化区域，以增加选区内的细节。
- 智能半径：自动调整边界区域中发现的硬边缘和柔化边缘的半径。
- 半径：确定发生边缘调整的选区边界的大小。对于锐边，可以使用较小的半径；对于较柔和的边缘，可以使用较大的半径。

**4. “调整边缘”选项组**

“调整边缘”选项组主要用来对选区进行平滑、羽化和扩展等处理，如图 3-72 所示。

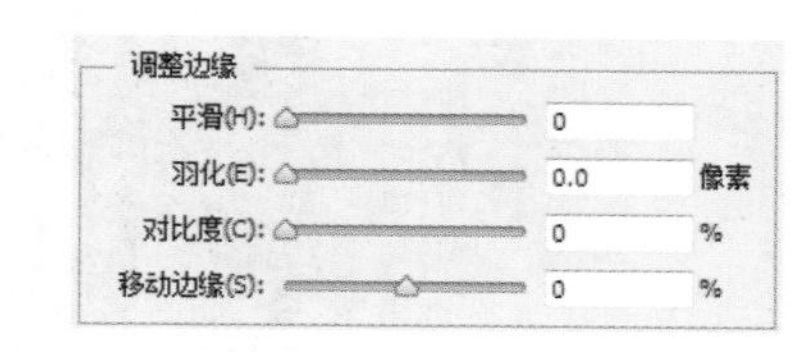


图 3-72

“调整边缘”选项组参数详解

- 平滑：减少选区边界中的不规则区域，以创建较平滑的轮廓。
- 羽化：模糊选区与周围像素之间的过渡效果。
- 对比度：锐化选区边缘并消除模糊的不协调感。在通常情况下，配合“智能半径”复选框调整出来的选区效果会更好。
- 移动边缘：当设置为负值时，可以向内收缩选区边界；当设置为正值时，可以向外扩展选区边界。

**5. “输出”选项组**

“输出”选项组主要用来消除选区边缘的杂色以及设置选区的输出方式，如图 3-73 所示。

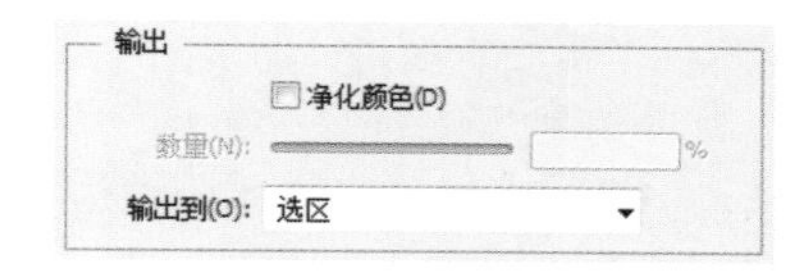


图 3-73

“输出”选项组参数详解

- 净化颜色：将彩色杂边替换为附近完全选中的像素颜色。颜色替换的强度与选区边缘的羽化程度是成正比的。
- 数量：更改净化彩色杂边的替换程度。
- 输出到：设置选区的输出方式。

## 3.4.2 玩转调整边缘——提取细密的发丝选区

本小节主要讲解使用“调整边缘”对话框来扣取细密的发丝，具体步骤如下。

（1）背景素材“1.jpg”在 Photoshop 中打开，如图 3-74 所示。然后将人物素材置入到画面中，并将其转换为普通图层，如图 3-75 所示。

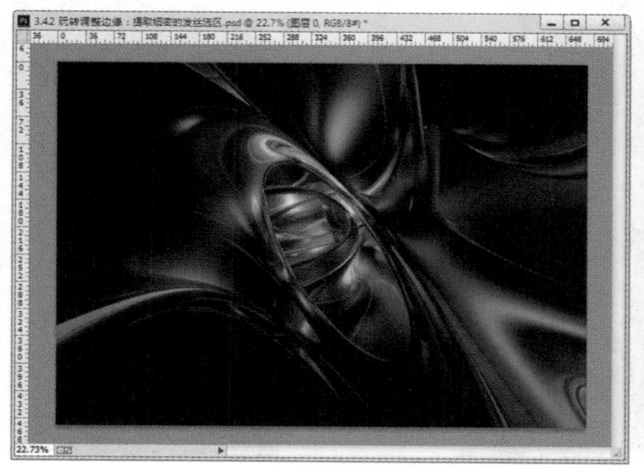

图 3-74

图 3-75

（2）抠图。单击工具中的“魔棒工具”按钮，然后在选项栏中设置“容差”为 10，并取消勾选“连续”复选框，接着在背景上单击，选中背景区域，如图 3-76 所示。

图 3-76

（3）执行“选择 > 调整边缘”菜单命令，打开“调整边缘”对话框，然后设置“视图模式”为“黑白”模式，如图 3-77 所示。此时在画布中可以观察到很多头发都被选中了，如图 3-78 所示。

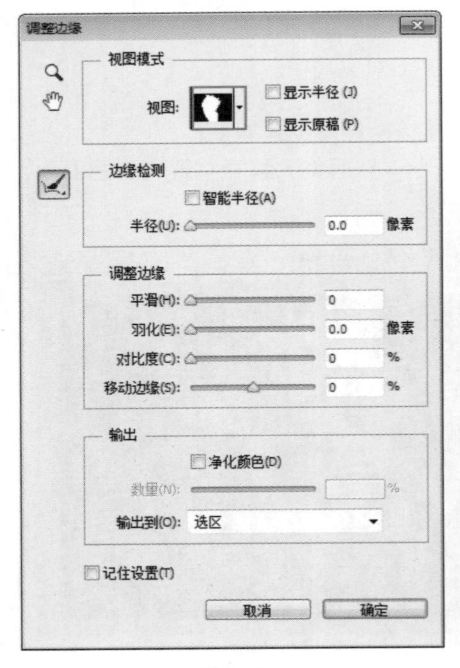


图 3-77

图 3-78

（4）在“调整边缘”对话框中勾选“智能半径”复选框，然后设置“半径”为 10 像素，如图 3-79 所示，效果如图 3-80 所示。完成后单击“确定”按钮，如图 3-81 所示

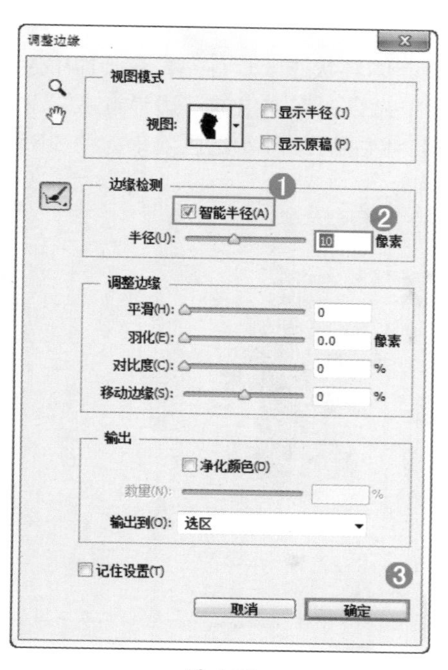


图 3-79

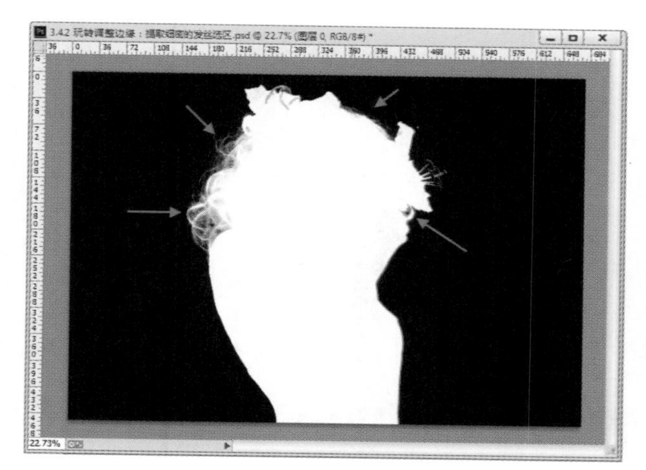

图 3-80

图 3-81

（5）使用快捷键 <Ctrl+Shift+I> 将选区反相选择。然后按 <Delete> 键删除背景，再按快捷键 <Ctrl+D> 取消选择，如图 3-82 所示。至此，本案例制作完成。

图 3-82

### 3.4.3 使用“边界”命令创建一个环状选区

使用“边界”命令可以在现有选区的内部或外部拓展得到新的环状选区。首先，在画面中绘制选区，如图 3-83 所示。然后执行“选择 > 修改 > 边界”菜单命令，在弹出的“边界选区”对话框中设置“宽度”为 100 像素，最后单击“确定”按钮，如图 3-84 所示。环状选区效果如图 3-85 所示。

图 3-83

图 3-84

图 3-85

### 3.4.4 让选区变得平滑——“平滑”命令

使用“平滑”命令可以将选区变得平滑。首先绘制选区，然后执行“选择 > 修改 > 平滑”菜单命令，图 3-86 和图 3-87 所示分别为设置“取样半径”为 10 像素和 100 像素时的选区效果。

图 3-86

图 3-87

## 3.4.5 将选区进行放大——扩展选区

在绘制完选区后想将选区进行放大，此时需要使用“拓展”命令。首先，在画面中绘制选区，如图 3-88 所示，然后执行“选择 > 修改 > 扩展”菜单命令，在弹出的“拓展选区”对话框中设置合适的“扩展量”，最后单击“确定”按钮。如图 3-89 所示。此时画面中选区的状态如图 3-90 所示。

图 3-88

图 3-89

图 3-90

## 3.4.6 将选区缩小——收缩选区

学习完了放大选区，接下来学习缩小选区。首先，在画面中绘制选区，如图 3-91 所示。然后执行“选择 > 修改 > 收缩”菜单命令，在弹出的“收缩选区”对话框中设置“收缩量”为 100 像素，设置完成后单击“确定”按钮，如图 3-92 所示。此时画面中选区的效果如图 3-93 所示。

图 3-91

图 3-92

图 3-93

## 3.4.7 让选区边缘像羽毛一样轻盈——羽化选区

说到羽毛，我们能联想到的是柔软、轻盈、透明。“羽化”后的选区也和羽毛一样，带有透明和边缘模糊的感觉。在画面中绘制选区，如图 3-94 所示，然后执行“选择 > 修改 > 羽化”菜单命令或按 <Shift+F6> 快捷键，在弹出的“羽化选区”对话框中定义选区的“羽化半径”，定义好后单击“确定”按钮。接着将选区反相选择，按 <Delete> 键将选区中的内容删除，此时画面效果如图 3-95 所示。

图 3-94

图 3-95

**你问我答：**为什么会弹出“羽化选区”信息提示框？

当设置的“羽化”数值过大，以至于任何像素被选择的范围都不大于 50%，Photoshop 会弹出一个警告信息提示框，提醒用户羽化后的选区将不可见，但是选区仍然存在，如图 3-96 所示。

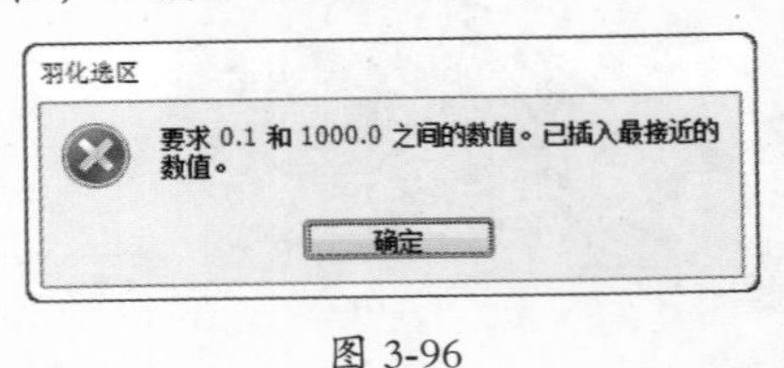


图 3-96

### 3.4.8 基于颜色扩大选区

学习了如何扩大选区后，本小节将学习基于色彩扩大选区。“扩大选取”命令是基于“魔棒工具”选项栏中指定的“容差”范围来决定选区的扩展范围。例如，在图中只选择了一部分背景区域，如图 3-97 所示。执行“选择 > 扩大选取”菜单命令，这时 Photoshop 会查找并选择那些与当前选区中像素色调相近的像素，从而扩大选择区域，如图 3-98 所示。

图 3-97

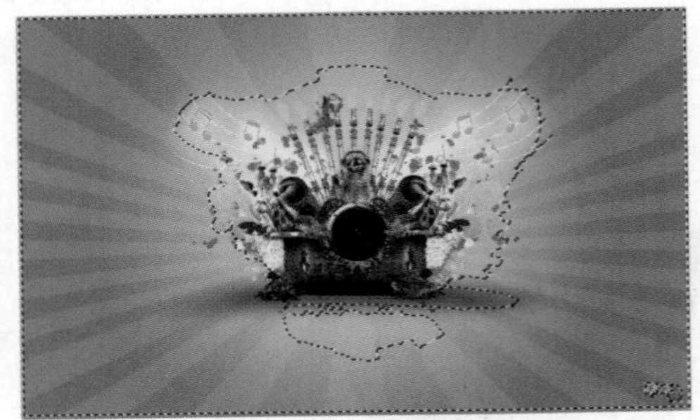

图 3-98

### 3.4.9 基于颜色选取相似选区

“选取相似”命令与“扩大选取”命令相似，都是基于“魔棒工具”选项栏中指定的“容差”范围来决定选区的扩展范围。例如，使用“魔棒工具”在画面中合适的位置单击鼠标，重复单击得到选区，然后执行“选择 > 选取相似”菜单命令，这时 Photoshop 同样会查找并选择那些与当前选区中像素色调相近的像素，从而扩大选择区域，如图 3-99 和图 3-100 所示。

图 3-99

图 3-100

**你问我答：**“扩大选取”和“选取相似”有什么差别?

“扩大选取”和“选取相似”这两个命令的最大共同之处就在于它们都是扩大选区区域。但是“扩大选取”命令只针对当前图像中连续的区域，非连续的区域不会被选择；而“选取相似”命令针对的是整张图像，意思就是说，该命令可以选择整张图像中处于“容差”范围内的所有像素。

如果执行一次“扩大选取”和“选取相似”命令不能达到预期的效果，则可以多执行几次这两个命令来扩大选区范围。

## 3.5　百变“填充”



本节将介绍多种填充工具，这些工具既可以填充选区范围内的对象，也可以填充整个画面，甚至可以只填充画面中颜色接近的区域。而且填充的内容也非常广泛，不仅可以填充纯色，还可以填充图案、渐变，甚至是历史记录等。图 3-101~ 图 3-104 所示为可以使用到填充功能制作的优秀设计作品。

图 3-101

图 3-102

图 3-103

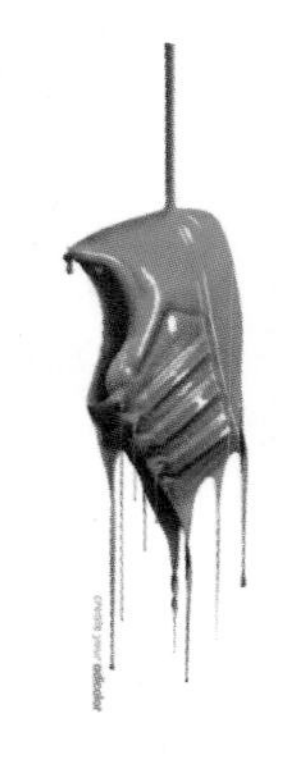

图 3-104

### 3.5.1　“填充”命令

有时绘制一处选区，需要将选区内的部分填充为一种颜色，该怎么操作呢？带着这个问题让我们一起来学习使用“填充”命令，为选区填充颜色或图案。

**1. 打开“填充”对话框**

打开一张图片，然后使用“椭圆选框工具”在画面中合适的位置绘制选区，如图 3-105 所示。接着执行“编辑 > 填充”菜单命令或按 <Shift+F5> 快捷键，打开“填充”对话框，如图 3-106 所示。“填充”命令可以在当前图层或选区内填充颜色或图案，同时也可以设置填充时的不透明度和混合模式。需要注意的是，文字图层和被隐藏的图层不能使用“填充”命令。

**2. 设置“填充”时使用的内容**

单击“使用”下拉列表框的倒三角按钮，在下拉列表框中可以选择设置填充的内容，此列表中包含前景色、背景色、颜色、内容识别、图案、历史记录、黑色、50% 灰色和白色等选项，如图 3-107 所示。例如，想将前景色填充选区，则可以先设置好合适的前景色，然后执行“编辑 > 填充”菜单命令，在打开的“填充”对话框中设置“使用”为“前景色”，然后单击“确定”按钮，前景色即可填充完成，如图 3-108 所示。

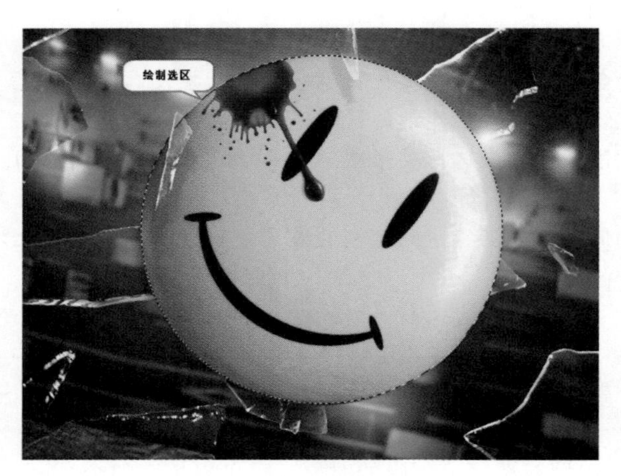

绘制选区

图 3-105

填充
内容
使用(U): 前景色
自定图案:
混合
模式(M): 正常
不透明度(O): 100 %
保留透明区域(P)
确定
取消

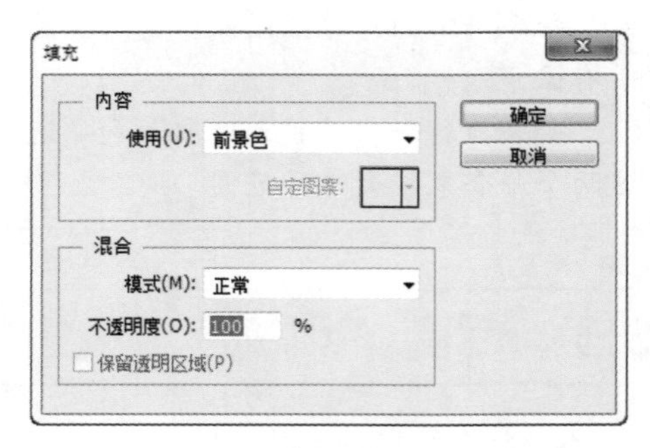

图 3-106

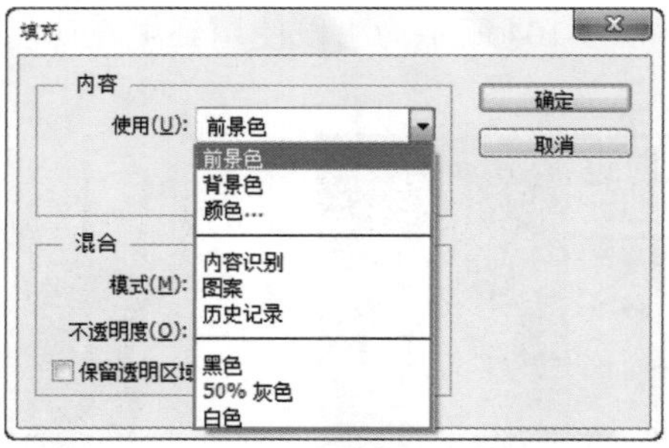

填充
内容
使用(U): 前景色
前景色
背景色
颜色...
内容识别
图案
历史记录
黑色
50% 灰色
白色
混合
模式(M):
不透明度(O):
保留透明区域
确定
取消

图 3-107

**小技巧：填充前 / 背景色的快捷键**

填充前景色的快捷键为 <Alt+Delete>；填充背景色的快捷键为 <Ctrl+Delete>。

3.5.1 填充命令.psd @ 66.7% (图层 1, RGB/8#) *
前景色填充完成
先设置前景色
设置完成后单击“确定”
在“填充”对话框中，设置“使用”为“前景色”
填充
内容
使用(U): 前景色
确定
取消
模式(M): 正常
不透明度(O): 100 %
保留透明区域(P)

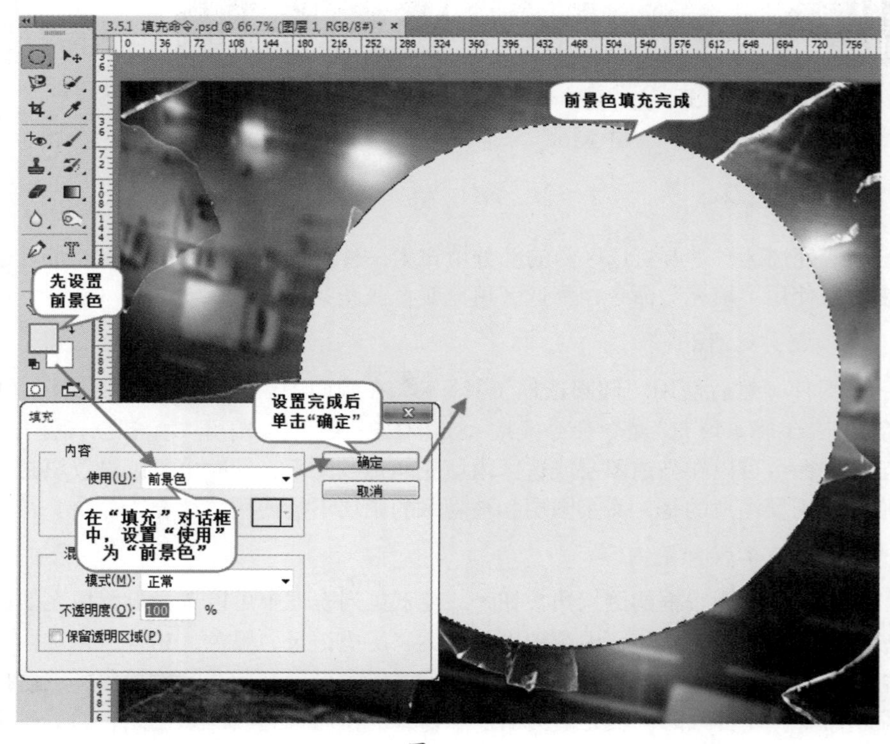

图 3-108

**3．设置填充的混合模式**

通过设置“模式”选项来设置填充的混合模式。例如，这里设置“模式”为“叠加”，如图 3-109 所示，效果如图 3-110 所示。

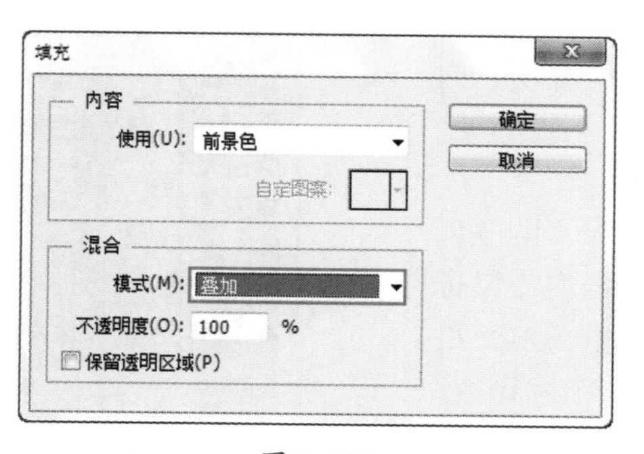


图 3-109

图 3-110



**4．设置填充的不透明度**

通过设置“不透明度”选项来设置填充的不透明度。例如，这里将“不透明度”的参数设置为 50%，如图 3-111 所示，效果如图 3-112 所示。

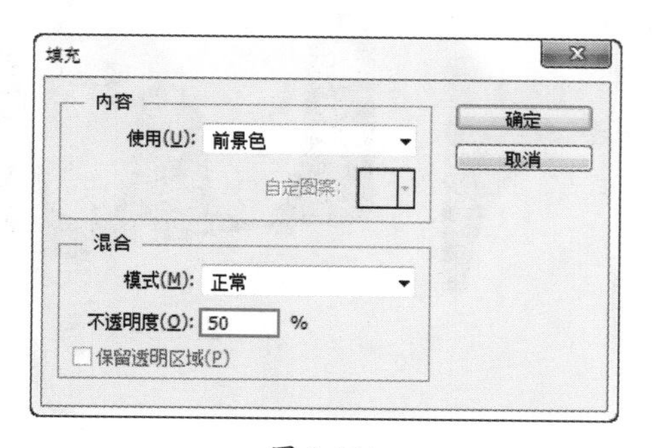


图 3-111

图 3-112

**5．保留透明区域**

在“填充”对话框中勾选“保留透明区域”复选框后，只填充图层中包含像素的区域，而透明区域不会被填充。

## 3.5.2　工具速查——油漆桶工具

油漆桶里盛满了漂亮颜色的油漆，刷子刷到哪里，哪里就换了色彩。在 Photoshop 中也有一个“油漆桶”，它就是“油漆桶工具”。使用“油漆桶工具”可以在图像中填充前景色或图案，使用方法具体如下。

（1）打开素材，如图 3-113 所示。下面将该海报中红色的部分使用“油漆桶工具”填充图案。首先，得到背景为红色部分的选区，如图 3-114 所示。

图 3-113

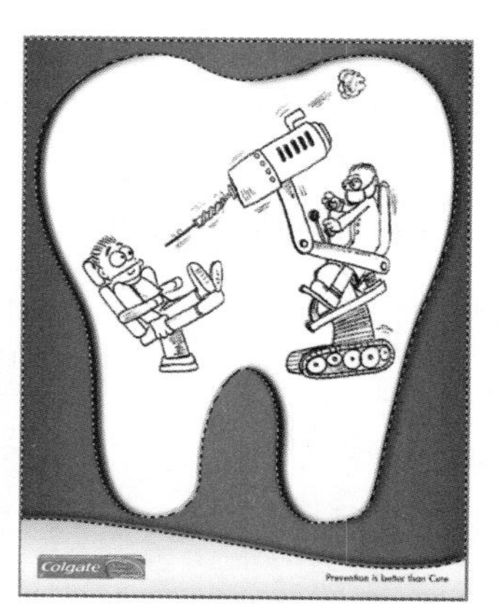


图 3-114

（2）选择工具箱中的“油漆桶工具”，然后设置填充的模式。在 Photoshop 中提供了两种填充模式，即“前景”和“图案”。这里选择“图案”模式，接着在“图案选区器”中选择一个合适图案，如图 3-115 所示。

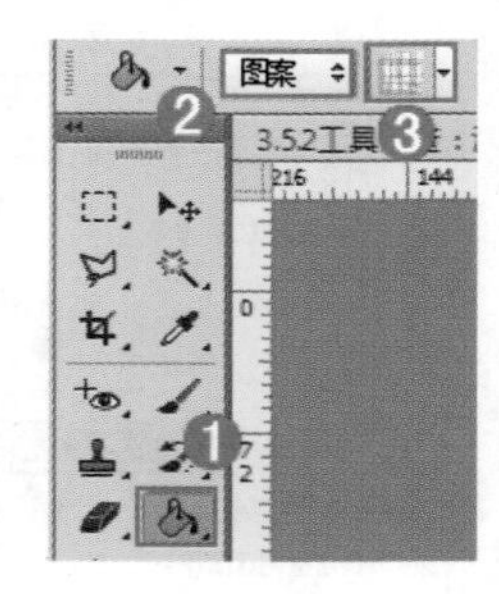


图 3-115

（3）设置填充图案的“模式”和“不透明度”。“模式”用来设置填充内容的混合模式，“不透明度”用来设置填充内容的不透明度。这里设置“模式”为“正片叠底”，“不透明度”为 100%。如图 3-116 所示。

（4）设置“容差”。容差用于定义必须填充的像素的颜色的相似程度。设置较低的“容差”值会填充颜色范围内与鼠标单击处像素非常相似的像素；设置较高的“容差”值会填充更大范围的像素。这里设置“容差”为 60，然后勾选“消除锯齿”和“连续的”复选框，如图 3-117 所示。设置完成后，使用“油漆桶工具”在选区中单击，即可将图案填充到选区中，效果如图 3-118 所示。

图 3-116

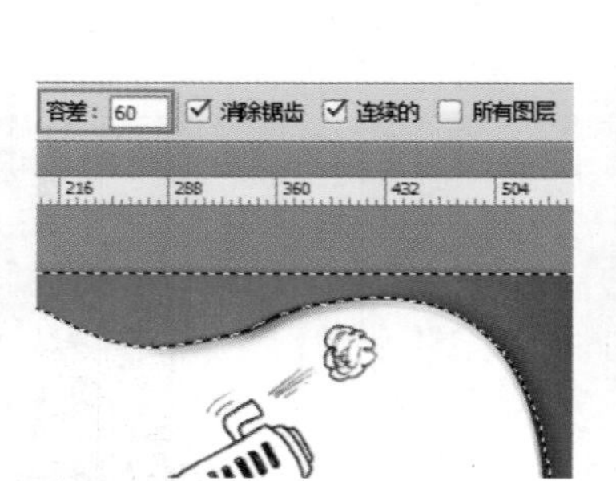


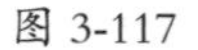

图 3-117

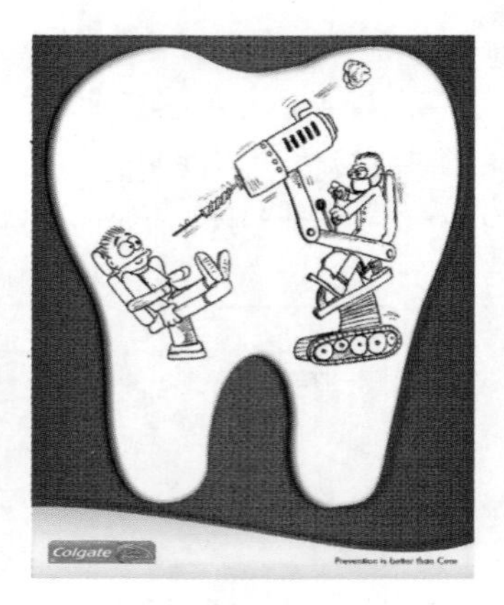

图 3-118

“油漆桶工具”选项栏参数讲解

- 消除锯齿：平滑填充选区的边缘。
- 连续的：勾选该复选框后，只填充图像中处于连续范围内的区域；取消勾选则可以填充图像中的所有相似像素。
- 所有图层：勾选该复选框后，可以对所有可见图层中的合并颜色数据填充像素；取消勾选则仅填充当前选择的图层。

**小技巧：** 自定义图案

在 Photoshop 中可以将打开的图像文件定义为图案，也可以将选区中的图像定义为图案。选择一个图案或选区中的图像后，执行“编辑 > 定义图案”菜单命令，即可将其定义为预设图案，如图 3-119 所示。

图 3-119

### 3.5.3　工具速查——渐变工具

“渐变”的意思是指颜色逐渐地发生变化，它是一种由多种颜色组合而成的混合色。渐变色不仅存在于平面设计中，在生活中，我们也可以接触很多渐变色。例如，渐变色的裙子，渐变色的指甲，渐变色的餐具。渐变色之所以有如此之大的魅力，是因为它可以在一个物体或一个面中存在多种颜色，且过度柔和。图 3-120 和图 3-121 所示为渐变色的器皿和渐变色的裙子。

图 3-120

图 3-121

**1. 认识渐变工具的选项栏**

“渐变工具”和“油漆桶工具”在一个工具选项栏中，因为它们都是填色工具。选择工具箱中的“渐变工具”，其选项栏如图 3-122 所示。

图 3-122

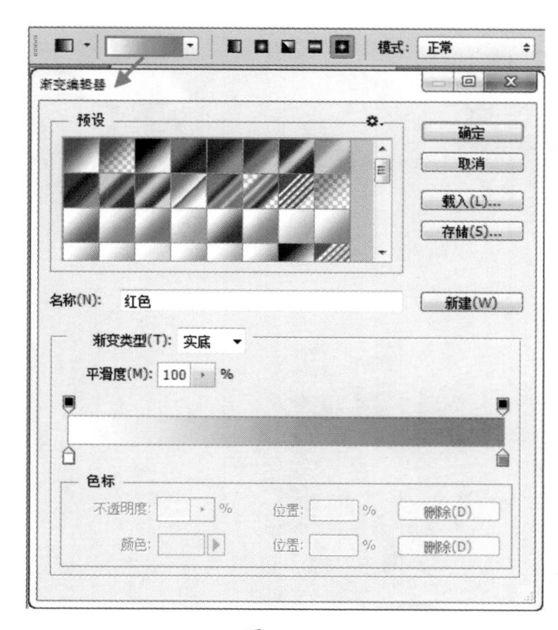


图 3-123

**“渐变工具”的选项栏参数详解**

- 渐变颜色条：渐变色条分为两部分，前半部分是当前颜色的缩览图，单击该部分可以弹出“渐变编辑器”窗口（后面章节中将介绍），如图 3-123 所示。渐变色条的后半部分是一个倒三角按钮，单击会弹出“渐变拾色器”，在该面板中有 Photoshop 预设的渐变颜色，如图 3-124 所示。

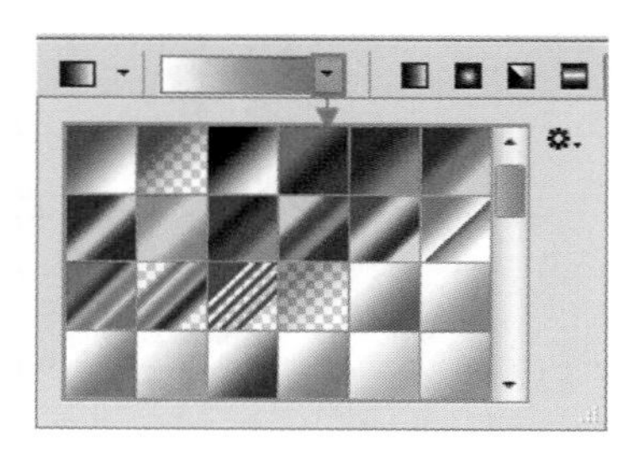

图 3-124

**小技巧：** 载入预设渐变

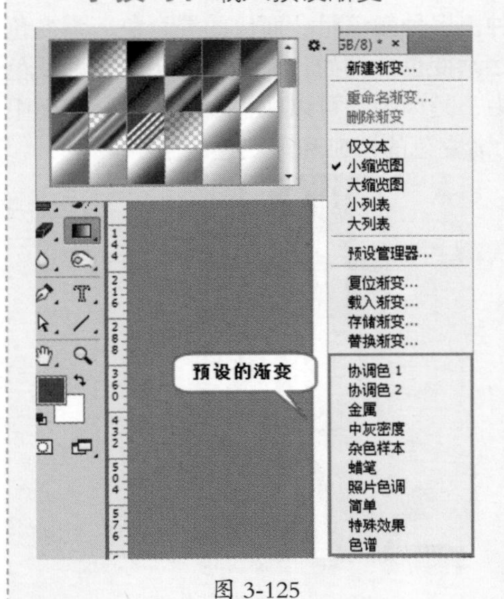


图 3-125

在“渐变拾色器”的右侧有一个齿轮按钮，单击此齿轮按钮会显示其菜单，在菜单的下半部是 Photoshop 预设的渐变样式，如图 3-125 所示。选择相应的渐变，在弹出的对话框中单击“确定”按钮可以将现有的渐变样式替换为原来的渐变样式；单击“追加”按钮可以将现有的渐变样式添加到“渐变拾色器”中，原来的渐变样式没有变化，如图 3-126 所示。

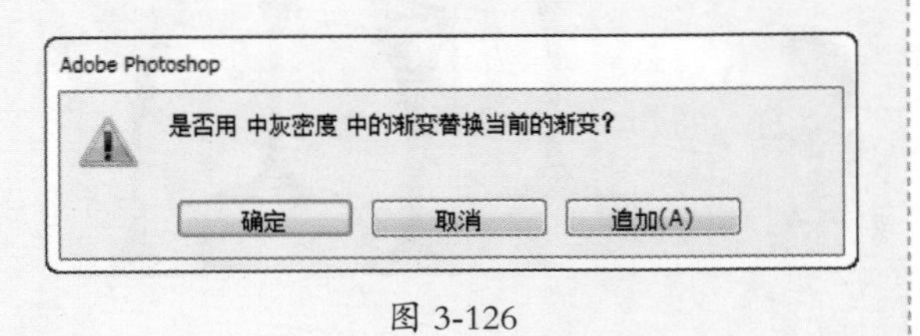


图 3-126

- 渐变类型：Photoshop 中为用户提供了 5 中渐变类型。激活“线性渐变”按钮，可以以直线方式创建从起点到终点的渐变，如图 3-127 所示；激活“径向渐变”按钮，可以以圆形方式创建从起点到终点的渐变，如图 3-128 所示；激活“角度渐变”按钮，可以创建围绕起点以逆时针扫描方式的渐变，如图 3-129 所示；激活“对称渐变”按钮，可以使用均衡的线性渐变在起点的任意一侧创建渐变，如图 3-130 所示；激活“菱形渐变”按钮，可以以菱形方式从起点向外产生渐变，终点定义菱形的一个角，如图 3-131 所示。

图 3-127

图 3-128

图 3-129

图 3-130

图 3-131

- 模式：用来设置应用渐变时的混合模式。
- 不透明度：用来设置渐变色的不透明度。
- 反向：转换渐变中的颜色顺序，得到反方向的渐变结果。图 3-132 和图 3-133 所示分别为正常渐变和反向渐变效果。
- 仿色：勾选该复选框时，可以使渐变效果更加平滑，主要用于防止打印时出现条带化现象，但在计算机屏幕上并不能明显地体现出来。
- 透明区域：勾选该复选框时，可以创建包含透明像素的渐变，如图 3-134 所示。

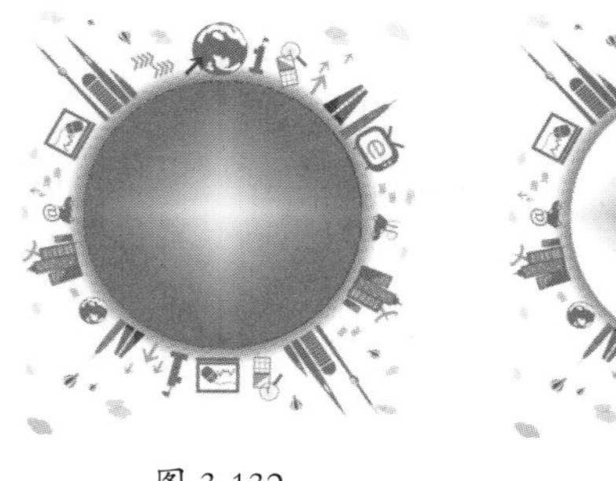

图 3-132

图 3-133

图 3-134

> **小技巧：**“渐变工具”不能用于位图或索引颜色图像
>
> 需要特别注意的是，“渐变工具”不能用于位图或索引颜色图像。在切换颜色模式时，有些方式观察不到任何渐变效果，此时就需要将图像再切换到可用模式下进行操作。

**2. “渐变编辑器”的使用**

虽然在预设中有很多种类的渐变样式，但是有一些渐变样式还是需要自己动手去编辑。这时，就需要使用“渐变编辑器”。

单击工具箱中的“渐变工具”，继续单击选项栏中的渐变色条，即可弹出“渐变编辑器”窗口，如图 3-135 所示。

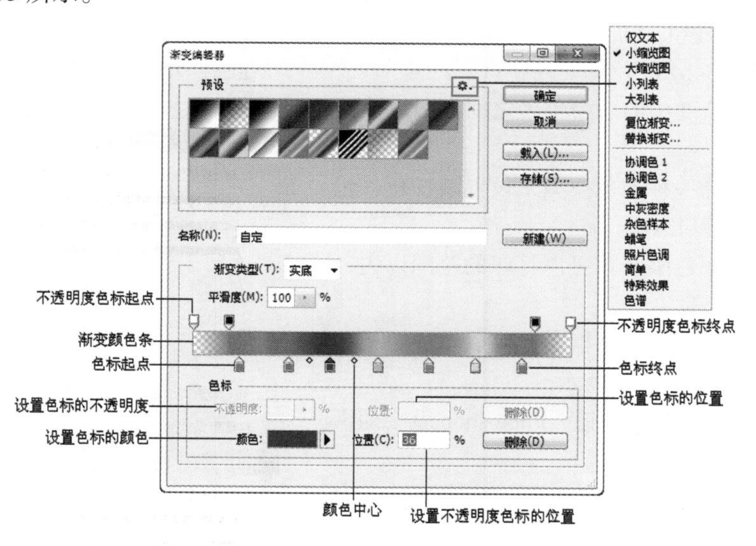


图 3-135

渐变分为“实底”和“杂色”两种，两种渐变的编辑方式是不同的。

### 实底渐变参数讲解

设置“渐变类型”为“实底”时，实底渐变是默认的渐变色，如图 3-136 所示。

- 平滑度：设置渐变色的平滑程度。
- 不透明度色标：拖动不透明度色标可以移动其位置。在“色标”选项组下可以精确设置色标的不透明度和位置，如图 3-137 所示。
- 不透明度中点：用来设置当前不透明度色标的中心点位置，也可以在“色标”选项组下进行设置，如图 3-138 所示。

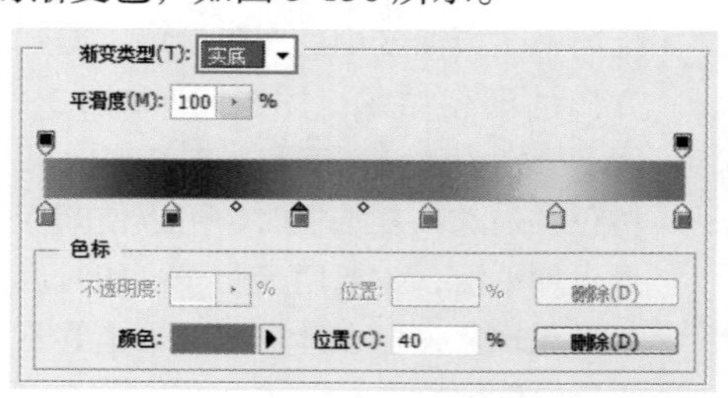


图 3-136

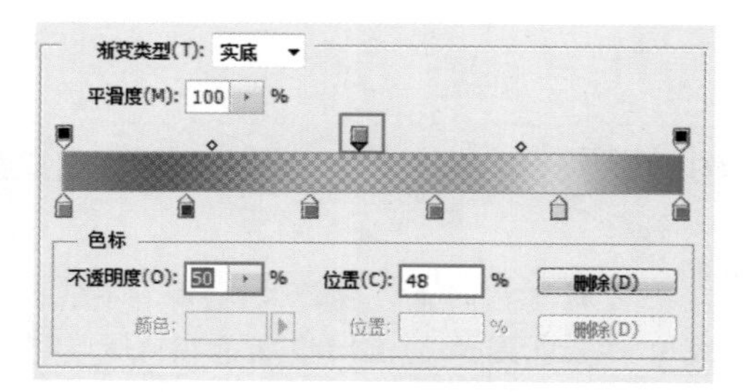


图 3-137

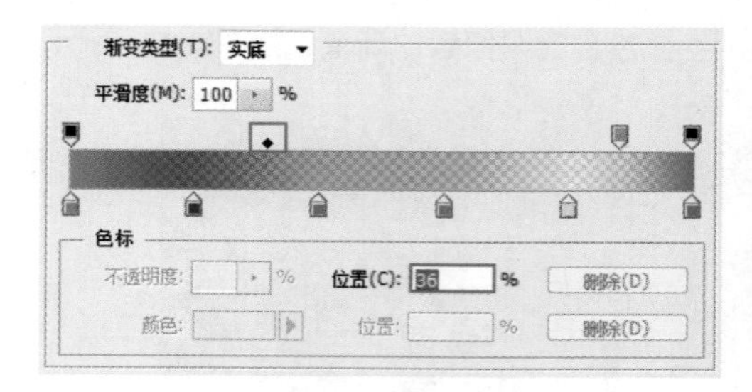


图 3-138

- 色标：拖动色标可以移动其位置。在“色标”选项组下可以精确设置色标的颜色和位置，如图 3-139 所示。将光标放置渐变颜色条的下方，当光标变为状时，单击即可添加色标。
- 删除：删除不透明度色标或色标。

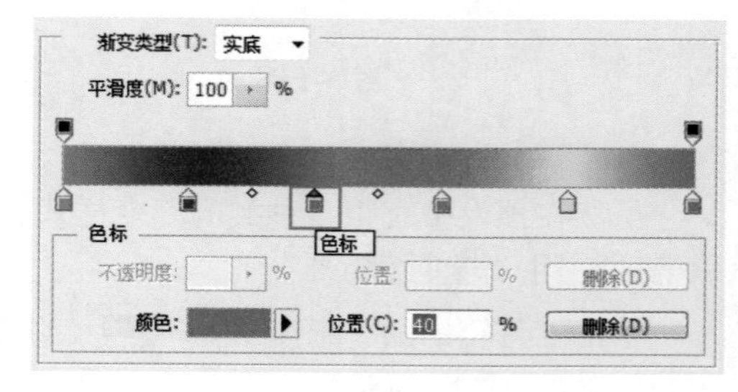


图 3-139

### 杂色渐变参数讲解

设置“渐变类型”为“杂色”时，杂色渐变包含了在指定范围内随机分布的颜色，其颜色变化效果更加丰富，如图 3-140 所示。

- 粗糙度：控制渐变中的两个色带之间逐渐过渡的方式。
- 颜色模型：选择一种颜色模型来设置渐变色，包含 RGB、HSB 和 LAB。
- 限制颜色：将颜色限制在可以打印的范围以内，以防止颜色过于饱和。
- 增加透明度：勾选该复选框后，可以增加随机颜色的透明度，如图 3-141 所示。
- 随机化：每单击一次该按钮，Photoshop 就会随机生成一个新的渐变色。

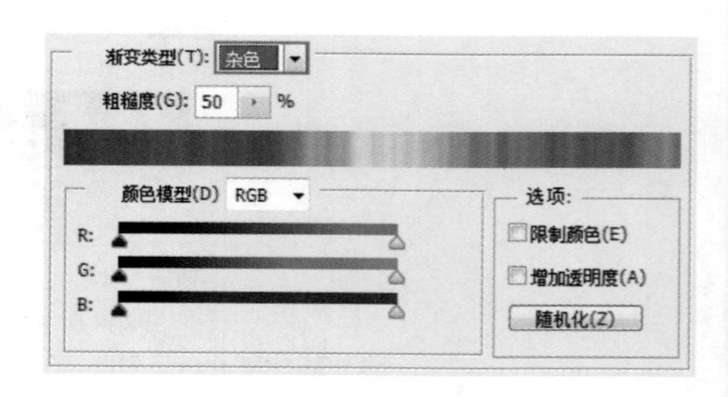


图 3-140

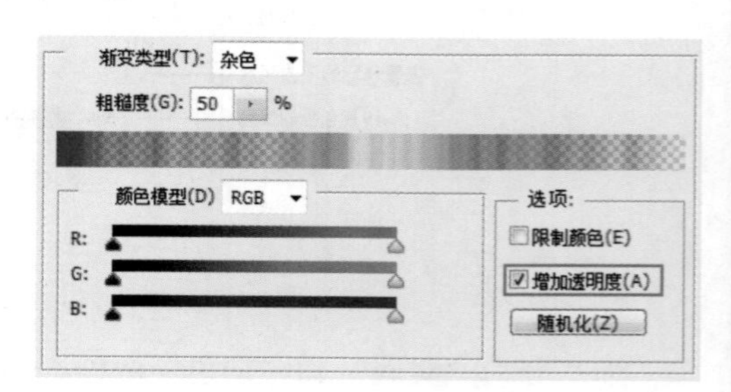


图 3-141

> **小技巧：“载入”和“保存”按钮**
>
> 单击“载入”按钮 载入(L)... 可以载入外部的渐变资源；单击“存储”按钮 存储(S)... 可以将当前选择的渐变存储起来，以备以后调用。

## 3.5.4 玩转杂色渐变——制作简约卡片

杂色渐变颜色丰富、变化多样，在上一节中已经学习了如何编辑杂色渐变。本小节将使用渐变工具为名片填充杂色渐变，具体步骤如下。

（1）单击工具箱中的渐变工具按钮，单击选项栏中的渐变色条，打开“渐变编辑器”窗口设置“渐变类型”为“杂色”，如图 3-142 所示。然后，多次单击“随机化”按钮，随着每次单击都会随机生成一组杂色的渐变效果，接着可以适当调整 R/G/B 的滑块，得到合适的渐变效果后单击“确定”按钮，如图 3-143 所示。

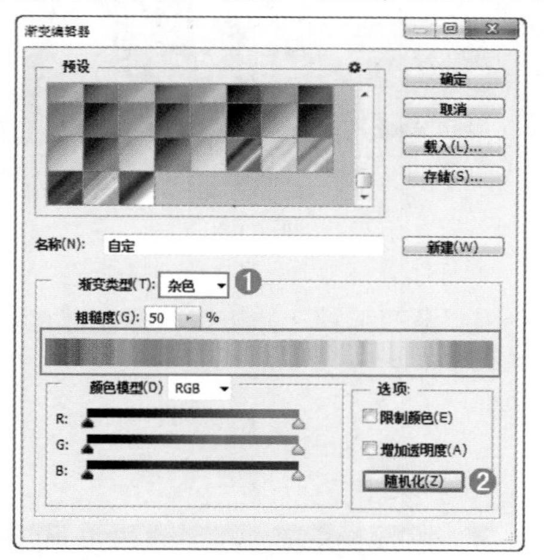


图 3-142

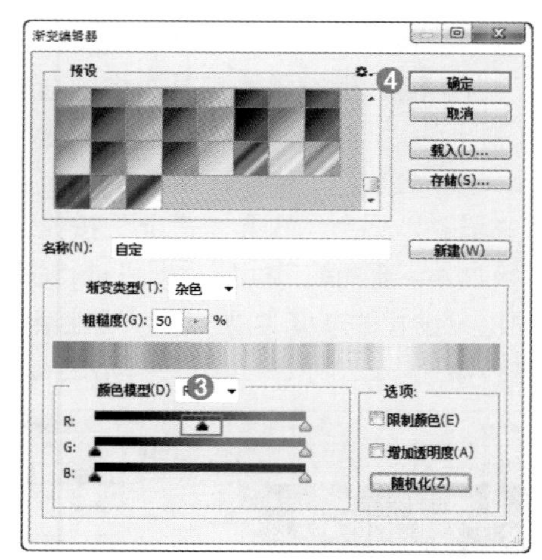


图 3-143

（2）设置“渐变类型”为“线性渐变”，然后在画面中自右下到左上拖动鼠标进行填充，如图 3-144 所示，得到一个非常漂亮的杂色效果渐变，效果如图 3-145 所示。

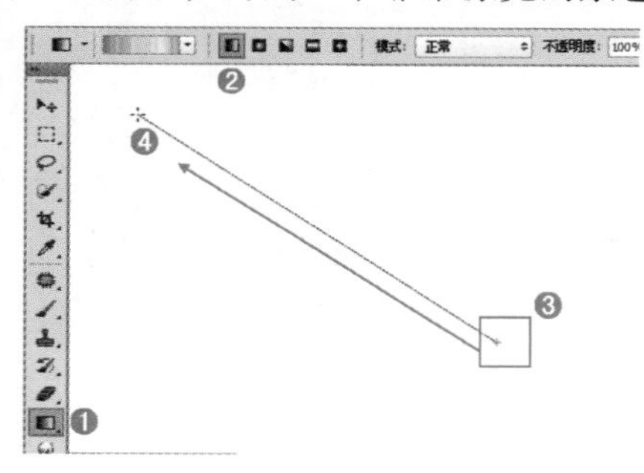


图 3-144

图 3-145

（3）最后可以在画面中输入一些文字作为装饰，如图 3-146 所示。复制出一张名片，并为其赋予阴影效果，如图 3-147 所示。至此，本案例制作完成。

图 3-146

图 3-147

## 3.5.5 玩转渐变填充——为黑白照片添色彩

图 3-148

在上一个案例中练习了编辑杂色渐变并制作名片，在本案例中主要讲解编辑一个实底渐变，然后设置图像的混合模式，以为图像添加色彩，具体步骤如下。

（1）打开人物素材“1.jpg”，如图 3-148 所示。

（2）编辑渐变。单击工具箱中的“渐变工具”按钮▣，继续单击工具箱中的渐变色条，在弹出的“渐变编辑器”窗口中设置“渐变类型”为“实底”，然后编辑一个多彩的渐变。编辑完成后，单击“确定”按钮。如图 3-149 所示。渐变编辑完成后即可进行填充。新建图层，设置“渐变类型”为“线性渐变”。然后使用“渐变工具”并按住鼠标左键在画面中拖动进行填充。松开鼠标，渐变填充完成，效果如图 3-150 所示。

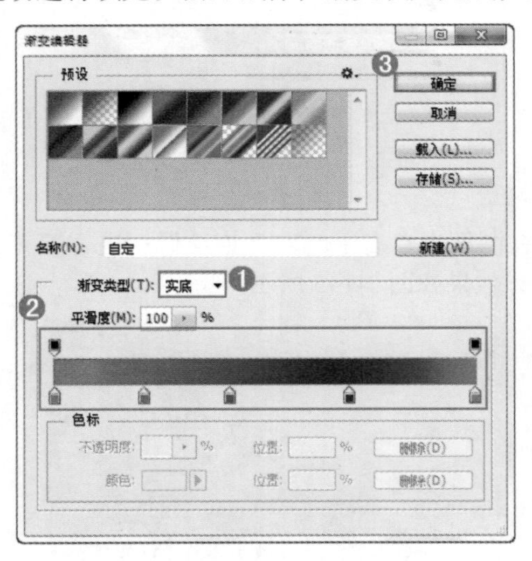


图 3-149

图 3-150

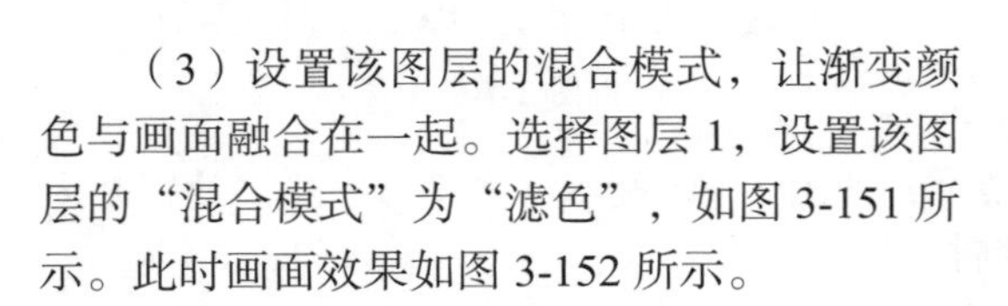

（3）设置该图层的混合模式，让渐变颜色与画面融合在一起。选择图层 1，设置该图层的“混合模式”为“滤色”，如图 3-151 所示。此时画面效果如图 3-152 所示。

图 3-151

图 3-152

（4）通过图层蒙版将人物脸上的颜色进行还原。选择图层 1，执行“图层 > 图层蒙版 > 显示全部”菜单命令，为该图层添加图层蒙版，如图 3-153 所示。然后使用灰色的柔角画面在人物脸上和胳膊上进行涂抹，如图 3-154 所示。

（5）最后导入文字素材“2.png”，放置在画面的合适位置。至此，本案例制作完成，效果如图 3-155 所示。

图 3-153

图 3-154

图 3-155

## 3.6　描边选区

在上一节中学习了如何为选区进行填充，本节将学习为选区进行描边。描边可以让被描边的对象更加凸出。图 3-156~ 图 3-159 所示为使用到描边进行制作的设计作品。

图 3-156

图 3-157

图 3-158

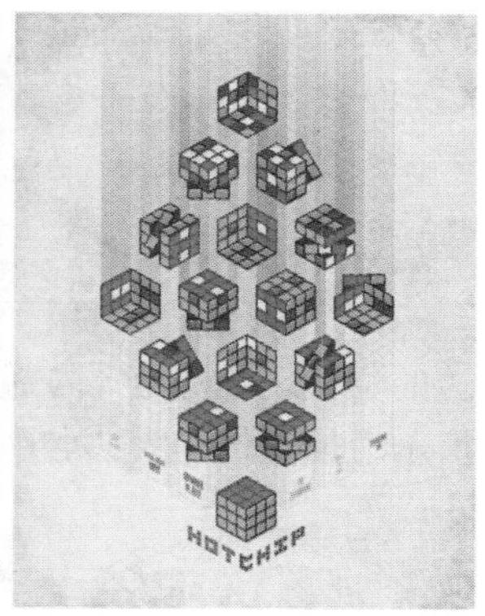


图 3-159

### 3.6.1　好玩的描边命令

描边可以让被描边的对象更加突出，在制作中经常要对对象进行描边。本小节主要讲解“描边”命令。使用“描边”命令可以在选区、路径或图层周围创建彩色或花纹的边框效果。

**1. 打开“描边”对话框**

打开相应的素材文件，在该文件中有两个图层。按住 <Ctrl> 键并单击“添加描边”图层的缩览图，得到该图层的选区，如图 3-160 和图 3-161 所示。执行“编辑 > 描边”菜单命令或按 <Alt+E+S> 快捷键，打开“描边”对话框，如图 3-162 所示。

图 3-160

图 3-161

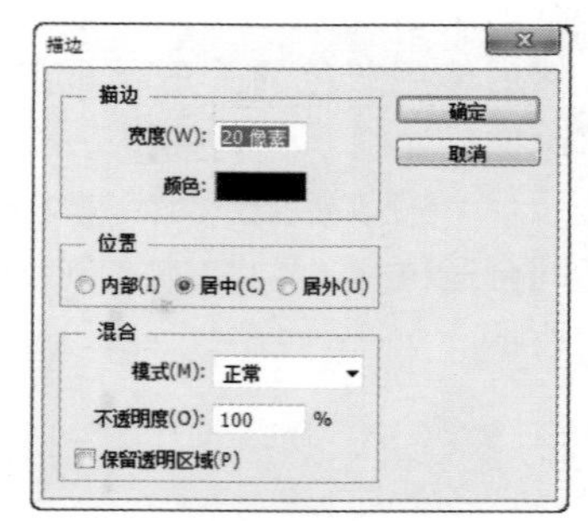


图 3-162

**2. 设置描边宽度和描边颜色**

“描边”对话框中的“宽度”选项用于设置描边的宽度。这里设置“宽度”为 20 像素。“颜色”选项用于设置描边的颜色。单击“颜色”选项后的颜色块，会弹出“拾色器”对话框，在该对话框中选择一种合适的颜色，最后单击“确定”按钮，描边颜色选择完成，如图 3-163 所示。

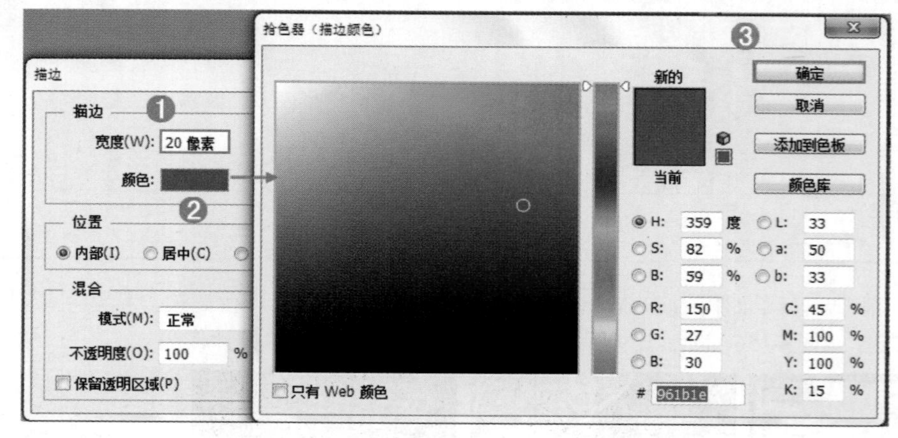


图 3-163

**3. 设置描边位置**

“位置”选项组用于设置描边对于选区的位置。在“位置”选项组中，为用户提供了 3 种描边的位置，分别是“内部”“居中”和“居外”。图 3-164 所示为描边位置为“内部”，图 3-165 所示为描边位置为“居中”，图 3-166 所示为描边位置为“居外”。

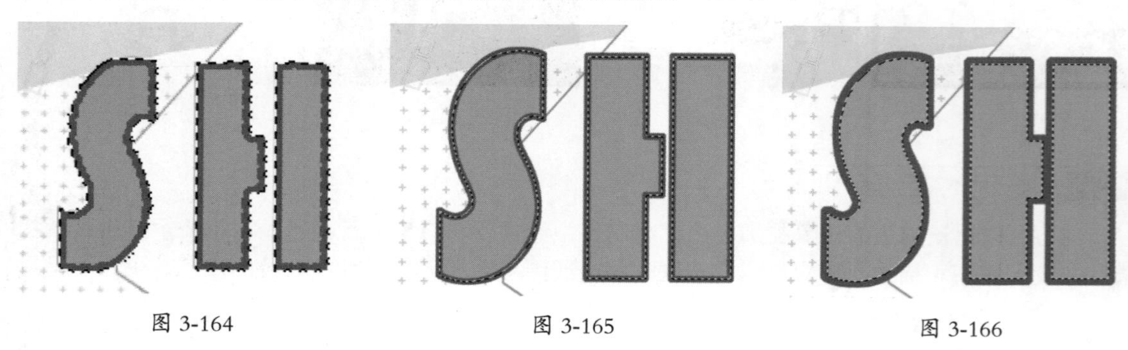

图 3-164　　图 3-165　　图 3-166

**4. 设置“混合”选项组**

“混合”选项组中的选项用于设置描边颜色的混合模式和不透明度。在“模式”下拉列表框中，单击倒三角按钮▾可以在下拉列表框中选择相应的混合模式。“不透明度”选项用于设置描边的不透明度。当勾选“保留透明区域”复选框时，则只对包含像素的区域进行描边，透明像素的部分不描边，如图 3-167 所示。

图 3-167

> **小技巧：“描边”命令小知识**
>
> 在有选区的状态下使用“描边”命令可以沿选区边缘进行描边，在没有选区的状态下使用“描边”命令可以沿画面边缘进行描边。

## 3.6.2 玩转描边——制作简约图形海报

“描边”命令是一个很好用的技巧，因为它不仅可以为选区进行描边，而且还可以直接设置描边的混合模式和不同明度。本案例就是通过为选区进行描边来制作海报，具体步骤如下。

（1）执行“文件 > 新建”菜单命令，在“新建”对话框中设置“大小”为 A4，然后单击“确定”按钮，如图 3-168 所示。

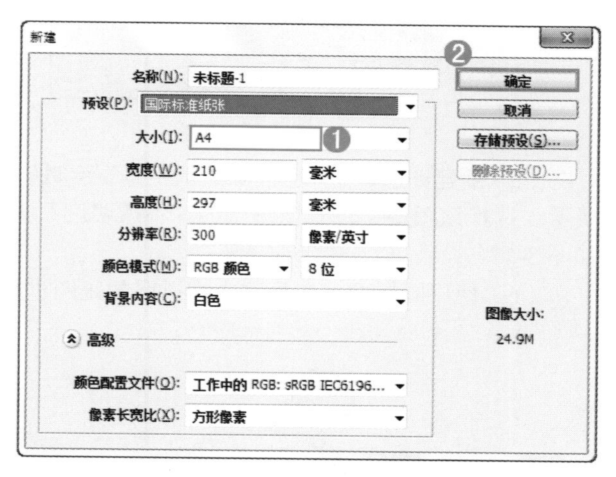


图 3-168

（2）制作渐变色的背景。单击工具箱中的“渐变工具”，继续单击选项栏中的渐变色条，在弹出的“渐变编辑器”窗口中编辑一个绿色系的渐变，如图 3-169 所示。渐变编辑完成后，设置该渐变的类型为“径向渐变”，然后在画面中进行拖动填充，如图 3-170 所示。

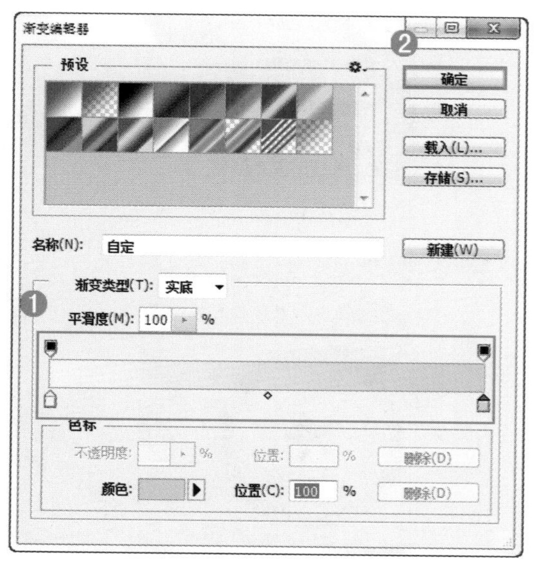


图 3-169

图 3-170

（3）将果核素材“1.png”置入画面中，如图 3-171 所示，然后绘制正圆选区。新建图层，单击工具箱中的“椭圆选框工具”，在果核附近绘制一个正圆选区，如图 3-172 所示。

图 3-171

图 3-172

（4）使用描边选区制作一个圆环。执行“编辑 > 描边”菜单命令，在“描边”对话框中设置“宽度”为 80 像素，颜色为绿色，“位置”为“居外”，“不透明度”为 70%，具体设置如图 3-173 所示。设置完成后单击“确定”按钮，效果如图 3-174 所示。

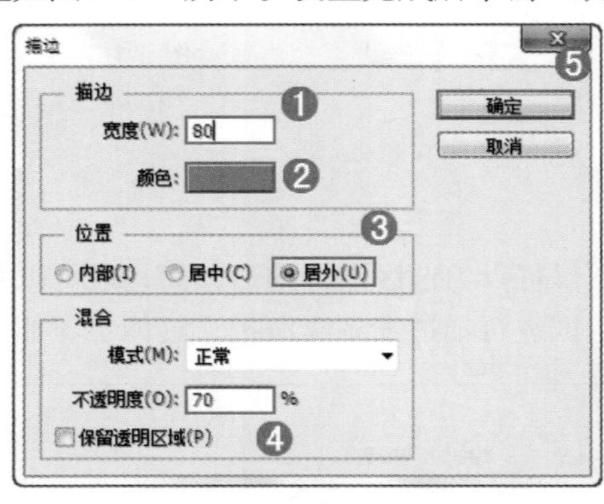


图 3-173

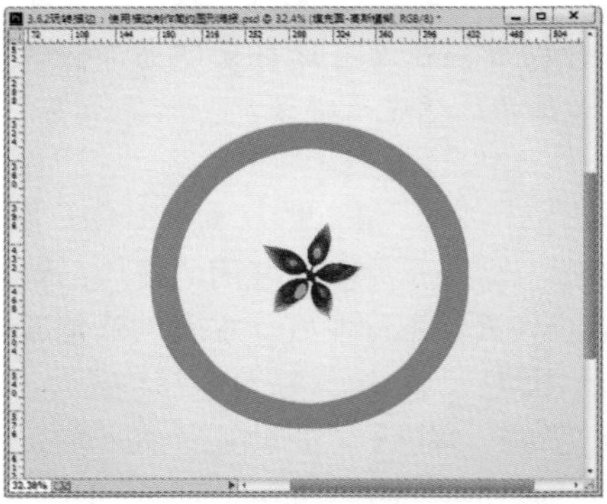

图 3-174

（5）新建图层，使用“椭圆选框工具”绘制一个正圆选区，然后将其填充为绿色，如图 3-175 所示。选择该图层，设置该图层的“不透明度”为 50%，如图 3-176 所示。此时，该正圆的效果如图 3-177 所示。

（6）使用同样的方法为这个半透明的正圆进行描边，效果如图 3-178 所示。

图 3-175

图 3-176

图 3-177

图 3-178

（7）制作一个被模糊的圆形。新建图层，在相应的位置绘制一个绿色的小圆，如图3-179所示。选择这个小圆的图层，执行“滤镜 > 模糊 > 高斯模糊”菜单命令，在弹出的“高斯模糊”对话框中设置“半径”为15像素，如图3-180所示。设置完成后单击“确定”按钮，小圆效果如图3-181所示。

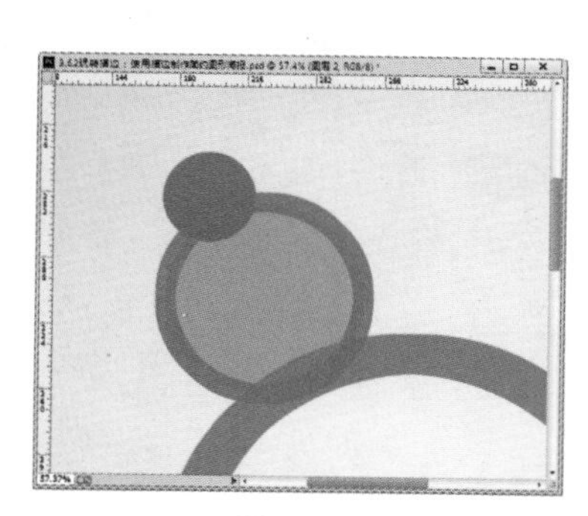

图 3-179

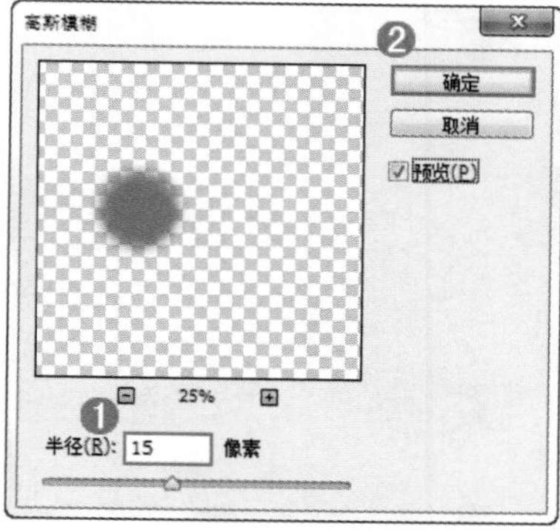


图 3-180

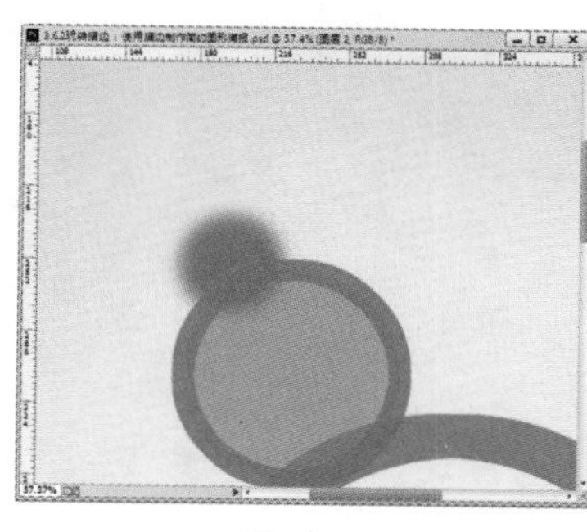

图 3-181

（8）将该小圆的“不透明度”设置为60%，效果如图3-182所示。使用同样的方法制作其他圆形装饰部分，效果如图3-183所示。

（9）最后在相应位置输入文字，至此，本案例制作完成，最终效果如图3-184所示。

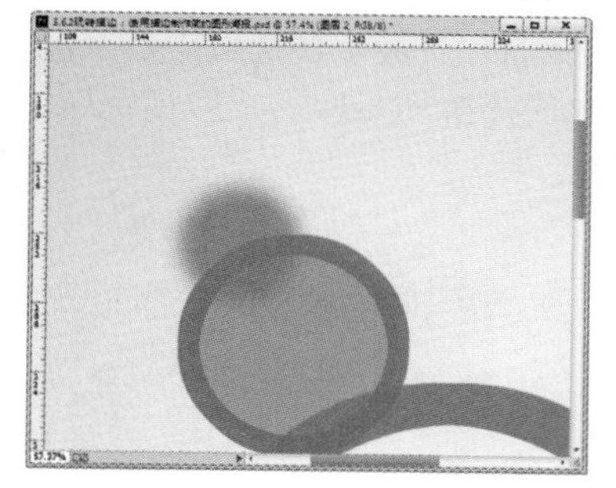

图 3-182

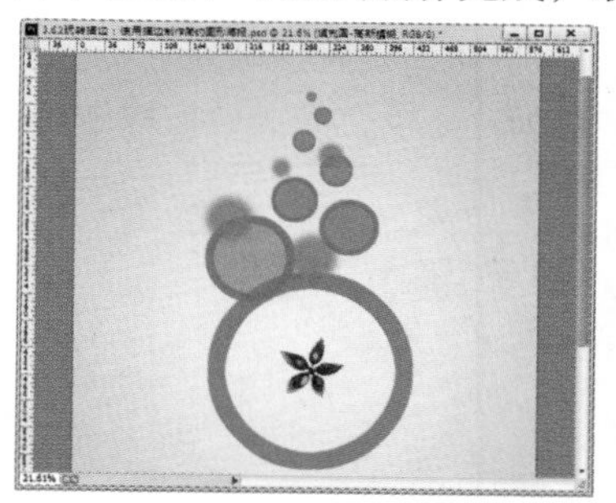

图 3-183

图 3-184

## 3.7　选区实战——制作创意婴儿海报

通过对本章的学习，有没有觉得自己的技术又上了一层楼？现在来共同回忆一下，这一章都学习了哪些内容。本章主要是围绕选区进行学习，学习了选区的基础操作、绘制选区、调整选区边缘、填充选区和描边选区等。在本案例中，主要针对本章所学制作创意婴儿海报，具体步骤如下。

### 1. 制作背景部分

（1）新建一个A4大小的文件，然后为其填充渐变颜色。单击工具箱中的“渐变工具”，继续单击选项栏中的“渐变色条”，在弹出的“渐变编辑器”窗口中编辑一个蓝色系的渐变，如图3-185所示。渐变编辑完成后，设置该渐变的

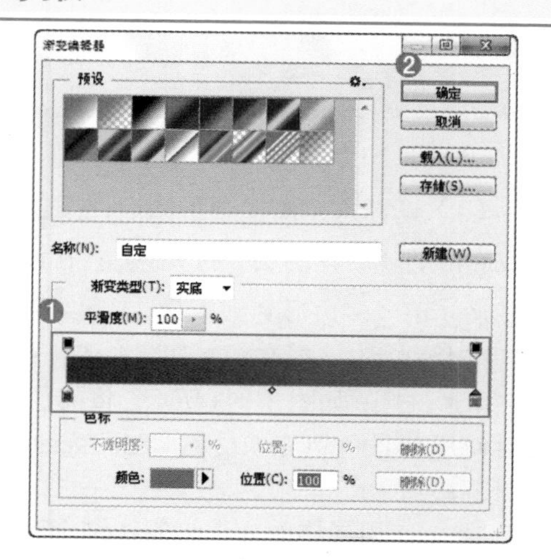


图 3-185

类型为“线性渐变”，然后在画面中拖动进行填充，效果如图 3-186 所示。

（2）执行“文件 > 置入”菜单命令，将天空素材“1.jpg”置入画面中，如图 3-187 所示。选择“天空素材”图层，设置该图层的“混合模式”为“滤色”，如图 3-188 所示。此时画面效果如图 3-189 所示。

图 3-186

图 3-187

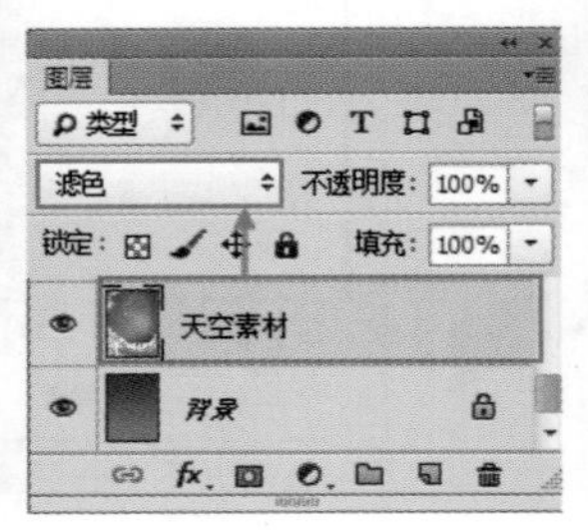


图 3-188

图 3-189

（3）制作一个黄色系的正圆。新建图层，单击工具箱中的“椭圆选框工具”。在相应位置绘制一个正圆选区，如图 3-190 所示。接下来编辑渐变并对其填充。单击工具箱中的“渐变工具”，继续单击“渐变色条”，在弹出的“渐变编辑器”窗口中编辑一个黄色系的渐变，如图 3-191 所示。渐变编辑完成后单击“确定”按钮，设置该渐变的类型为“径向”，最后在选区中合适的位置进行拖动填充，效果如图 3-192 所示。填充完成后按取消选区的快捷键 <Ctrl+D>，取消选区。

图 3-190

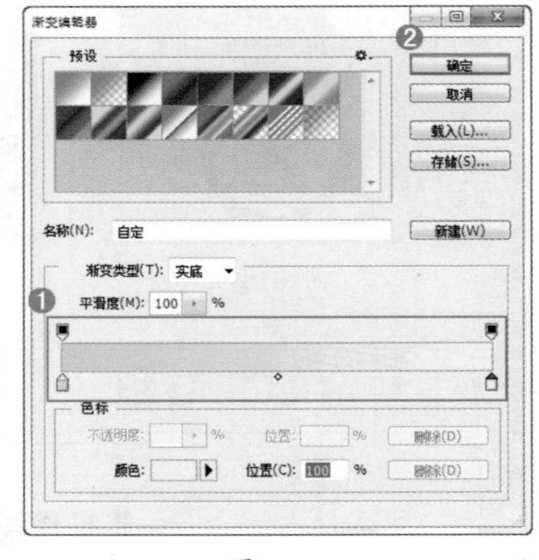


图 3-191

图 3-192

（4）选择这个渐变圆形图层，按住 <Ctrl> 键并单击“图层”面板底部的“新建图层”按钮，在该图层的下一层新建图层。接下来使用“多边形套索工具”绘制一个三角形的选区。单击工具箱中的“对变形套餐工具”按钮，在画面中的相应位置绘制一个三角形选区，如图 3-193 所示。将前景色设置为稍深一点的黄色，然后使用前景色填充快捷键 <Alt+Delete> 进行前景色填充，效果如图 3-194 所示。

图 3-193

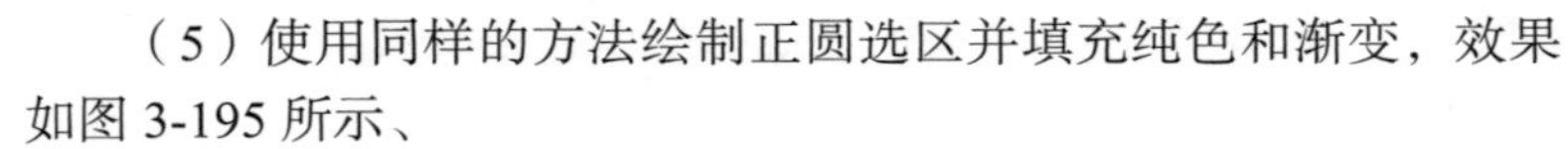

（5）使用同样的方法绘制正圆选区并填充纯色和渐变，效果如图 3-195 所示、

图 3-194

图 3-195

**2. 制作主体部分**

（1）制作箭头。在本案例中，箭头是使用“多边形套索工具”绘制的选区，然后为其填充颜色。新建图层，使用“多边形套索工具”绘制一个箭头选区，如图 3-196 所示。将前景色设置为青色，然后使用填充前景色快捷键 <Alt+Delete> 进行填充，效果如图 3-197 所示。

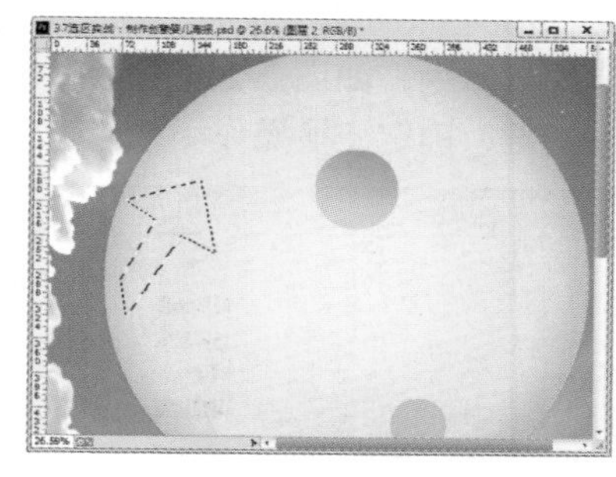

图 3-196

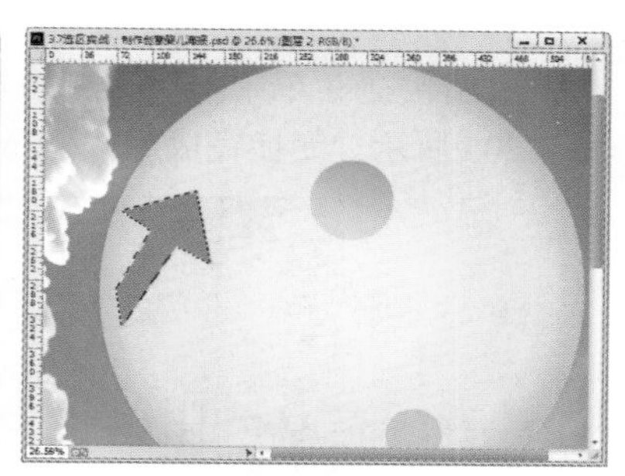

图 3-197

（2）制作箭头的转折处。在箭头图层的下一层新建图层。使用“多边形套餐工具”绘制一个三角形选区并填充淡青色，如图 3-198 所示。使用同样的方法制作右侧的箭头装饰，效果如图 3-199 所示。

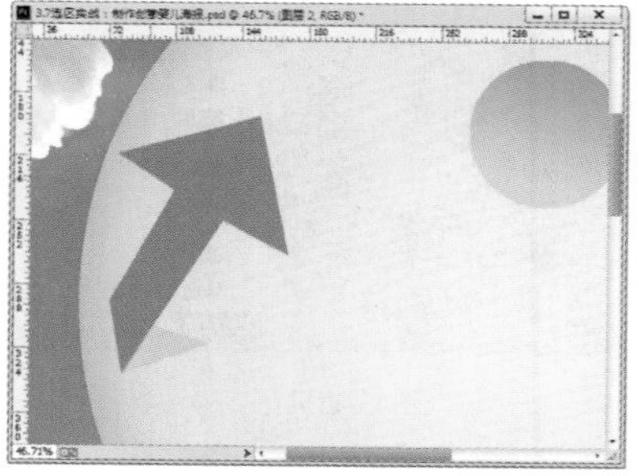

图 3-198

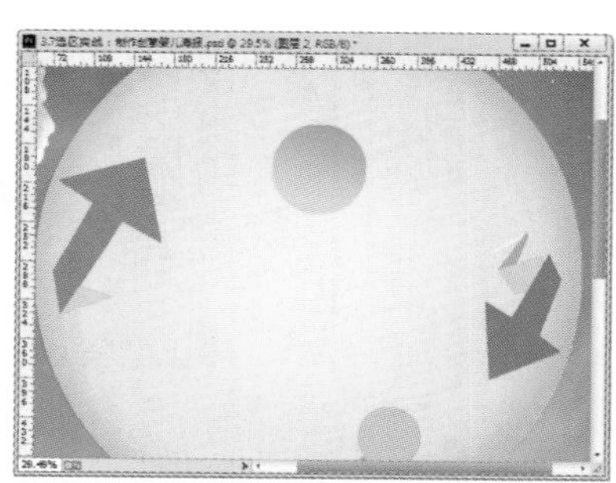

图 3-199

（3）导入文字素材“2.png”，放置在画面中的合适位置，效果如图 3-200 所示。

（4）制作婴儿部分。将婴儿素材“3.png”导入到画面中，放置在合适位置，效果如图 3-201 所示。

（5）制作婴儿投影的部分。投影部分是通过将婴儿的选区进行变换，然后填充颜色并设置其不透明度得到的。首先需要得到婴儿的

图 3-200

图 3-201

选区，然后按住 <Ctrl> 键并单击婴儿图层的缩览图，得到婴儿的选区，如图 3-202 和图 3-203 所示。

图 3-202

图 3-203

（6）变换选区。单击工具箱中的“矩形选框工具”等选区类工具，然后在画面中单击鼠标右键，在弹出的快捷菜单中执行“变换选区”命令，如图 3-204 所示。接着将选区进行纵向压缩，如图 3-205 所示。变换完成后按 <Enter> 键，确定变换操作。

图 3-204

图 3-205

（7）影子的边缘通常都是虚化的，这里进行羽化选区。使用快捷键 <Ctrl+F6> 打开“羽化选区”对话框，这里设置“羽化半径”为 10 像素，如图 3-206 所示。设置完成后单击“确定”按钮，此时选区如图 3-207 所示。

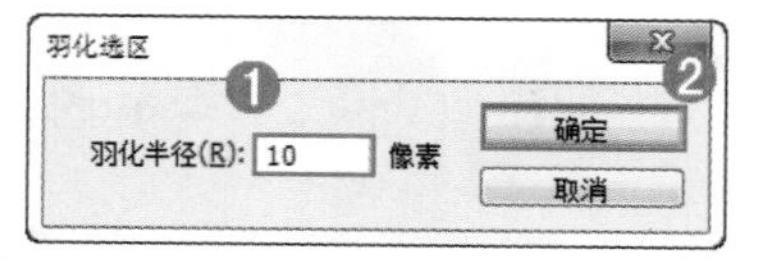


图 3-206

图 3-207

（8）在婴儿图层的下一层新建图层，然后将选区填充为黑色，投影效果如图 3-208 所示。此时这个投影颜色太过生硬，因此将其不透明度降低到 40%，至此，本案例制作完成，最终效果如图 3-209 所示。

图 3-208

图 3-209

# 第 4 章 100% 抠图秘籍

相信大家小时候都玩过贴纸吧？把卡通贴纸从一整张的贴纸中揭下来，然后贴在笔记本或课本的扉页上。其实“抠图”也是一样的原理，是指将画面中的一部分从画面中分离的过程。当然，分离出的部分也有可能被贴到其他画面中。“抠图”是每个 Photoshop 用户的基本技能，本章将全方位地讲解“抠图”的方法，真心是“抠图”秘籍啊！

学习要点：

本章主要学习抠图的方法，简单的抠图方法包括使用磁性套索、魔棒工具、快速选择和“色彩范围”命令等，还会讲解一些常用的进阶抠图技法，如钢笔抠图和通道抠图。

佳作欣赏

## 4.1 初识抠图

“抠图”是指将画面中的一部分从画面中分离的过程，也被称为“去背”。“抠图”的主要目的是为了将抠出的内容与其他图像进行合成，这在图像编辑和创意设计中是很常见的任务。例如，想要使用图 4-1 所示的美女制作一个平面广告，但是当前的美女处在一个蓝色的背景中，与预期效果相差甚远，所以就需要去除美女的背景，或说需要将美女从淡蓝色的背景中分离出来，这时就需要进行“抠图”操作，如图 4-2 所示。然后，将美女拖动到所需的背景中，最后达到合成效果，如图 4-3 所示。

图 4-1

图 4-2

图 4-3

**你问我答：**“抠图”需要哪些操作?

“抠图”作为 Photoshop 最常进行的操作之一，并非是单一的工具或命令操作。想要进行抠图几乎可以使用 Photoshop 的大部分工具命令，如擦除工具、修饰绘制工具、选区工具、选区编辑命令、蒙版技术、通道技术、图层操作、调色技术和滤镜等。虽然看起来抠图操作纷繁复杂，但实际上大部分工具命令都是用于辅助用户进行更快捷、更容易的抠图，而制作“选区”才是抠图真正的核心所在。

### 4.1.1 密不可分的抠图与选区

选区的使用会贯穿整个抠图操作，它们的关系就像人与影子一样，如影随行，密不可分。通常“抠图”主要有以下两种方式：“去除背景”和“提取主体”。“去除背景”就是将画面中不需要的部分进行去除，只保留需要的部分。而“提取主体”则是制作出需要保留部分的选区，然后将它复制/剪切出来，如图 4-4~图 4-7 所示。

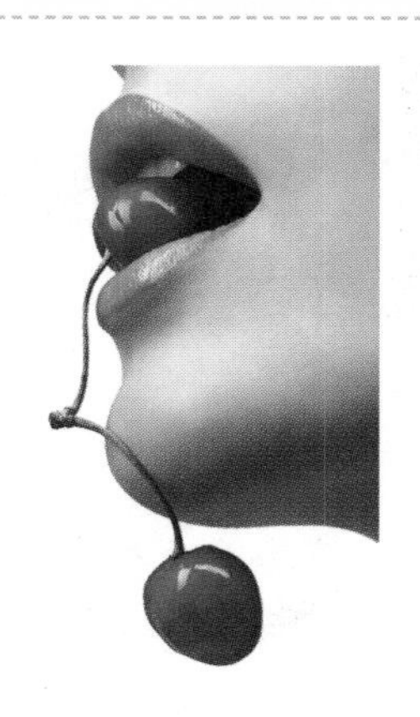

图 4-4

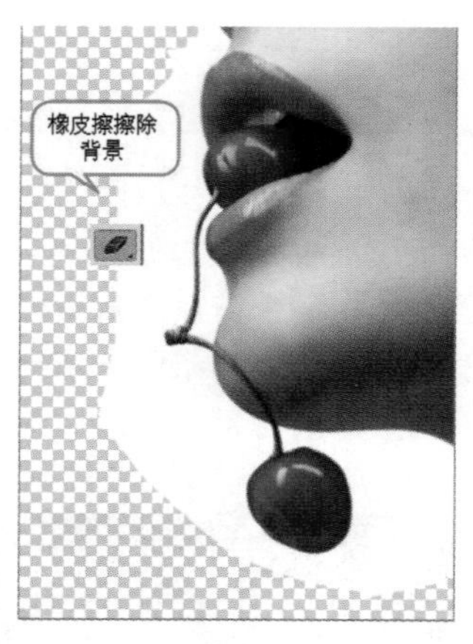

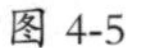

图 4-5

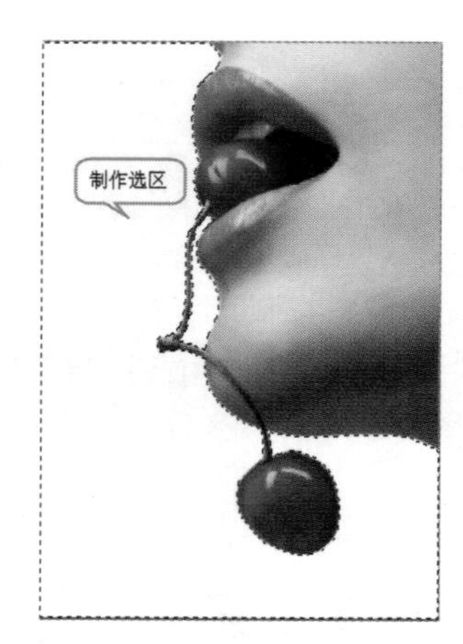


图 4-6

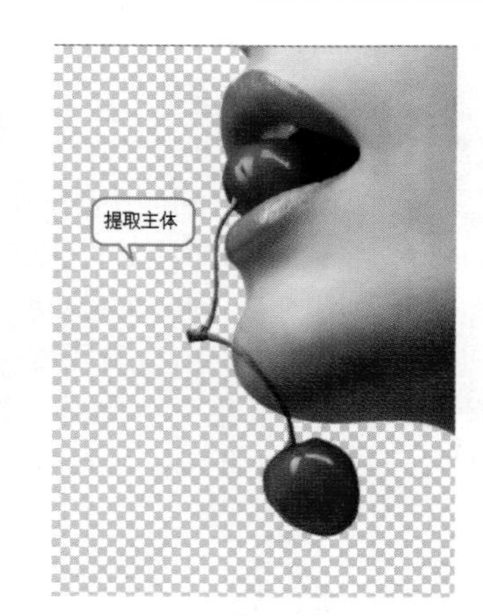


图 4-7

## 4.1.2 保存透明背景素材

抠完的图片是可以反复使用的，可以把抠完的照片另存为 PSD、TIFF 以及 PNG 等格式。而 PNG 是常用的保存透明背景素材的格式，因为它相对 PSD 和 TIFF 而言，所占的内存较小且画质较好。

（1）打开一张图片，如图 4-8 所示。因为“背景”图层在编辑时有所局限，所以将“背景”图层转换为普通图层，即按住 <Alt> 键在“图层”面板中双击即可将其装换为普通图层，如图 4-9 所示。

图 4-8

图 4-9

（2）使用“橡皮擦工具”在不需要保留的地方涂抹进行擦除，随着涂抹，“橡皮擦工具”会将画面中的像素擦除，随即露出了灰色的“棋盘格”，这在 Photoshop 中代表着透明。继续进行涂抹，保留画面中盘子的部分，如图 4-10 和图 4-11 所示。

图 4-10

图 4-11

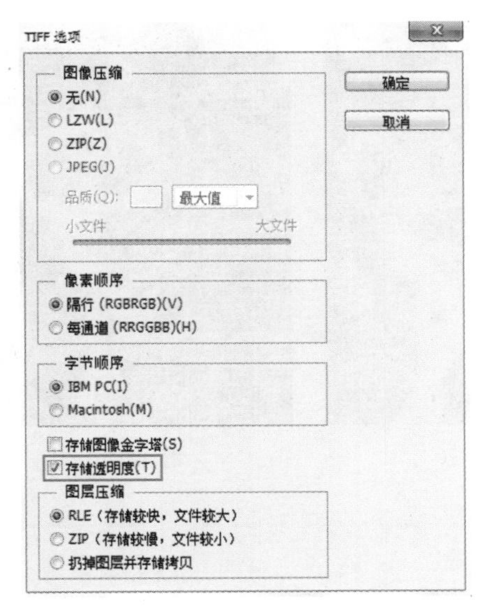


图 4-12

（3）保存透明背景素材。如果将透明背景素材保存为 TIFF 格式，那么将弹出“TIFF 选项”对话框，在这里需要勾选“存储透明度”复选框才能够保留图像的透明区域，如图 4-12 所示。如果将透明背景素材保存为 PNG 格式，那么将弹出“PNG 选项”对话框，在这里设置合适的压缩和交错参数即可，如图 4-13 所示。

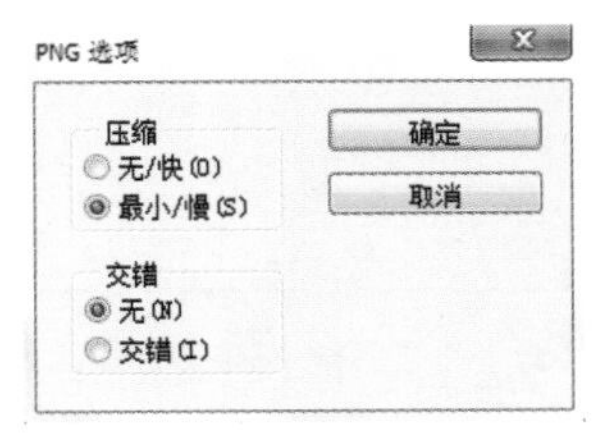


图 4-13

## 4.1.3　从抠图到合成的基本流程

在上一小节中，我们学习了如何将抠完的图保存为透明格式。在这一小节中，我们来了解从抠图到合成的基本流程。图 4-14~ 图 4-17 所示为经过合成的商业海报作品欣赏。

图 4-14

图 4-15

图 4-16

图 4-17

（1）选择抠图的对象。将图中的人物作为抠图的对象，如图 4-18 所示。然后将人物从背景中“抠”出来，如图 4-19 所示。

图 4-18

图 4-19

（2）将透明背景的人物置入或粘贴到其他场景中，如图 4-20 所示。此时可以发现人物与场景的色调不协调，因此可以对人物进行调色，效果如图 4-21 所示，至此，一个简单的合成就制作完成了。

图 4-20

图 4-21

## 4.2 学会分析图像特征

在 Photoshop 中有很多抠图的方法，不同的工具或命令适用于不同的情况，有时要多种方法配合使用才能成功将图像“抠”出来。例如，抠人像时，经常是先使用“钢笔工具”将身体部分“抠”出来，然后再使用“通道”进行头发部分的抠图。图 4-22~ 图 4-25 所示为需要使用多种方法进行抠图的设计作品。

图 4-22

图 4-23

图 4-24

图 4-25

### 4.2.1 根据边缘复杂程度进行抠图

在抠图时，边缘平滑、清晰的对象是非常有利于抠图的，如圆形、方形和多边形等。图 4-26 中所示的圆形的盘子就适合使用“椭圆选框工具” 沿着盘子边缘绘制圆形选区，然后将选区反选，删除多余的像素，盘子就被“抠”出来了。图 4-27 所示的椅子因为边缘转角明显，所以比较适合使用“多边形套工具” 进行抠图。

图 4-26

图 4-27

但是很多情况下，要抠取的对象边缘没有那么规则，而是一些边缘复杂且非羽化的选区，如图 4-28 和图 4-29 所示。这些对象就无法使用套索和选框工具进行抠图，这时需要使用“钢笔工具”进行抠图。

图 4-28

图 4-29

### 4.2.2 根据颜色与明度差异进行抠图

在每一个彩色照片中都有颜色和明度的差异，正因为如此，Photoshop 提供了多种基于色彩进行抠图的工具。在图 4-30 和图 4-31 中，可以通过颜色的明度来获取主体物的选区。图 4-32 所示的为黑白照片，对于这种颜色差异或明度差异都较低的图像，则可以通过复制图层并提高色彩的差异，然后提取选区。

图 4-30

图 4-31

图 4-32

### 4.2.3 根据是否包含羽化选区进行抠图

抠图时，抠毛发等边缘虚化的对象是很让人头痛的，如图 4-33~ 图 4-35 所示。这些边缘异常复杂且可能包含羽化效果的对象，使用“钢笔工具”仔细绘制显然不是理智的做法。这时就需要应用通道抠图法，通过调整通道的灰度图像来制作复杂、精细的选区。

图 4-33

图 4-34

图 4-35

### 4.2.4 根据透明 / 半透明对象进行抠图

在抠图中还有一个难点，就是扣取透明或半透明的对象，如云朵、婚纱、光效、冰块和玻璃等。例如，将冰块从原图中扣出来，放置到其他的颜色背景中进行合成，如图 4-36 所示。如果使用“钢笔工具” 进行抠取并合成，则冰块的环境色还是原图中的颜色，并没有呈现出冰块本身该有的透明效果，如图 4-37 所示。

此时可以利用灰度图像与选区的关系，利用通道抠图配合图层蒙版进行抠取，最终效果如图 4-38 所示。

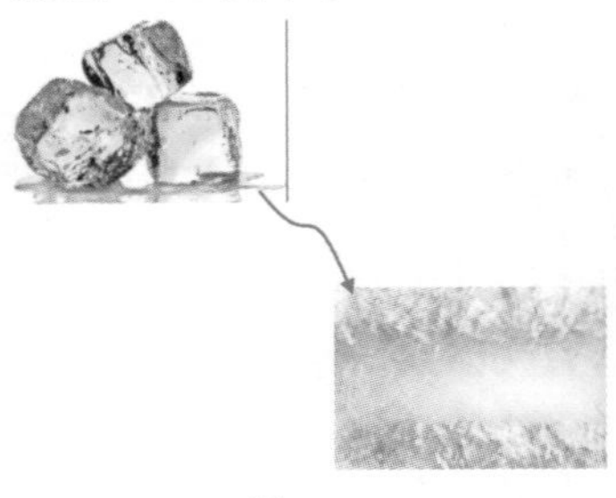

图 4-36

图 4-37

图 4-38

## 4.3 基于颜色差异制作选区并抠图

在上一节中，我们学会了分析图像的特征来选择相应的抠图方式，在本节中，将讲解针对对象和背景之间的色调差异比较明显的图像的抠图方法。针对这样的图像进行抠图主要使用“魔棒工具” 、“快速选择工具” 、“磁性套索工具” 和“色彩范围”命令。例如，在图 4-39 中，使用“快速选择工具”得到主体物选区，然后进行抠图，如图 4-40 所示。

图 4-39

图 4-40

### 4.3.1 工具速查——磁性套索工具

“磁性套索工具” 是套索家族中的一员，它能够以颜色上的差异自动识别对象的边界，特别适用于快速选择与背景对比强烈且边缘复杂的对象，如图 4-41 和图 4-42 所示。

图 4-41

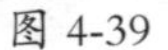

图 4-42

（1）打开一张图片，单击工具箱中的“磁性套索工具”按钮，然后在图像的边缘处单击鼠标左键，确定起点如图 4-43 所示。接着沿着人像边缘移动光标，此时 Photoshop 会生成很多锚点，如图 4-44 所示。当勾画到起点处时按 <Enter> 键闭合选区，得到画面中主体物的选区，如图 4-45 所示。

图 4-43

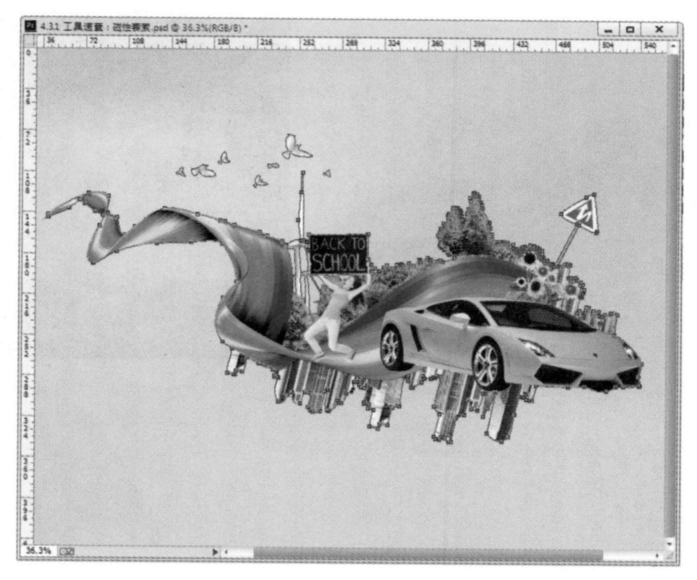


图 4-44

**小技巧：**如何删除锚点

如果在勾画过程中生成的锚点位置远离了对象，则可以按 <Delete> 键删除最近生成的一个锚点，然后继续绘制。

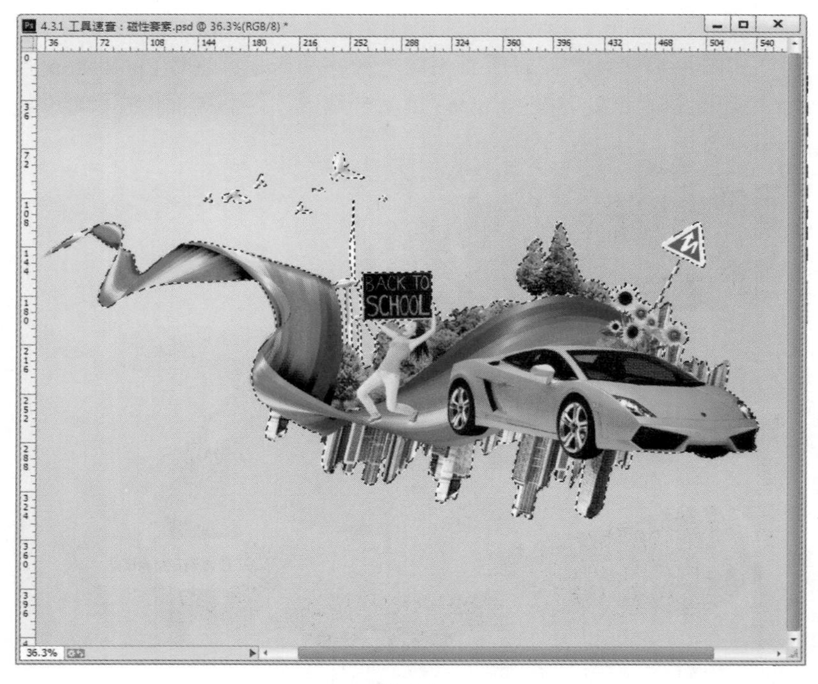


图 4-45

（2）单击鼠标右键，在弹出的快捷菜单中执行“选择反向”命令，如图 4-46 所示。按快捷键 <Delete> 删除，再按 <Ctrl+D> 快捷键取消选择，将抠取下来的素材拖动到背景素材中，如图 4-47 所示。

图 4-46

图 4-47

**小技巧：“磁性套索工具”参数详解**

当勾画完比较复杂的边界时，还可以按住 <Alt> 键切换到“多边形套索工具”，以勾选转角比较强烈的边缘。

### “磁性套索工具”选项栏的部分参数详解

“磁性套索工具”的选项栏如图 4-48 所示。

羽化: 0 像素　消除锯齿　宽度: 10 像素　对比度: 10%　频率: 57　调整边缘...

图 4-48

- 宽度:“宽度”值决定了以光标中心为基准,光标周围有多少个像素能够被“磁性套索工具”检测到,如果对象的边缘比较清晰，则可以设置较大的值；如果对象的边缘比较模糊，则可以设置较小的值。图 4-49 和图 4-50 所示分别为“宽度”值为 20 和 200 时检测到的边缘。

图 4-49

图 4-50

> **小技巧:** 磁性套索工具小知识
>
> 在使用“磁性套索工具”勾画选区时，按住 <Caps Lock> 键，光标会变成⊙形状，圆形的大小就是该工具能够检测到的边缘宽度。另外，按 < ↑ > 键和 < ↓ > 键可以调整检测宽度。

- 对比度: 该选项主要用来设置“磁性套索工具”感应图像边缘的灵敏度。如果对象的边缘比较清晰，则可以将该值设置得高一些；如果对象的边缘比较模糊，则可以将该值设置得低一些。
- 频率：在使用“磁性套索工具”勾画选区时，Photoshop 会生成很多锚点，“频率”选项就是用于设置锚点的数量。数值越高，生成的锚点越多，捕捉到的边缘越准确，但是可能造成选区不够平滑。图 4-51 和图 4-52 所示分别是“频率”为 10 和 100 时生成的锚点。

图 4-51

图 4-52

- “钢笔压力”按钮：如果计算机配有数位板和压感笔，则可以激活该按钮，Photoshop 会根据压感笔的压力自动调节“磁性套索工具”的检测范围。

## 4.3.2 工具速查——快速选择工具

“快速选择工具”顾名思义就是快速选择选区的工具，使用该工具可以利用颜色的差异迅速地绘制出选区，而且可以自动寻找并沿着图像的边缘来描绘边界。接下来通过一个小案例，练习使用“快速选择工具”。

（1）把背景素材“1.jpg”在 Photoshop 中打开，如图 4-53 所示。然后将人物素材“2.png”置入该文档中，如图 4-54 所示。

图 4-53

图 4-54

（2）进行抠图。单击工具箱中的“快速选择工具”按钮，然后设置笔尖大小，单击选项栏中的“画笔选取器”，在下拉菜单中设置合适的笔尖大小、硬度、间距等参数。这里将笔尖大小设置为 600 像素，如图 4-55 所示。然后，在画面中人物白色背景处按住鼠标左键进行拖动，随着拖动可以得到白色部分的选区，如图 4-56 所示。

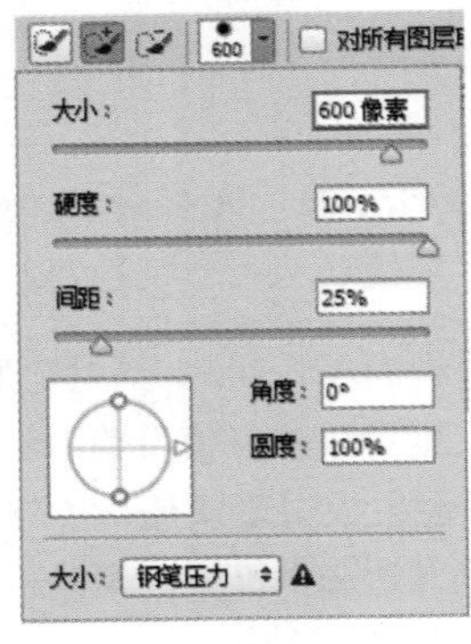


图 4-55

图 4-56

**小技巧：** 快速调整笔尖大小

在英文输入法的状态下，可以按 <]> 键和 <[> 键可以增大或减小画笔的大小。

（3）如果想要删除选中的人物，则可单击选项栏中的“从选区中减去”按钮，然后在在不希望被选中的部分拖动鼠标，将选区从原有选区中减去，如图 4-57 所示。得到人物白色背景后，使用反相选择快捷键 <Ctrl+Shift+I> 将选区反选，得到人物的选区。得到人物选区后新建图层，将选区填充为黑色，这样人物剪影就制作好了，效果如图 4-58 所示。

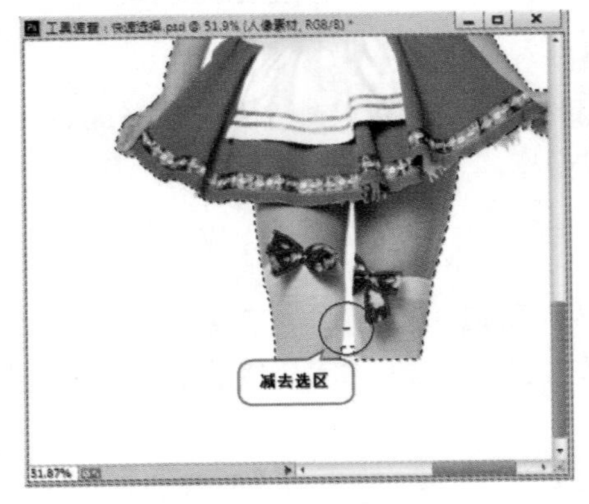


图 4-57

图 4-58

（4）复制裙子的部分。将“人物剪影”图层隐藏，然后选择“人物”图层。使用“快速选择工具”得到人物裙子的选区，如图 4-59 所示。得到裙子选区后，使用 <Ctrl+J> 快捷键将选区复制到独立图层。然后，将“人物”图层隐藏，将“人物剪影”图层显示，并把裙子图层移动到“人物剪影”图层的上一层。此时画面效果如图 4-60 所示。

图 4-59

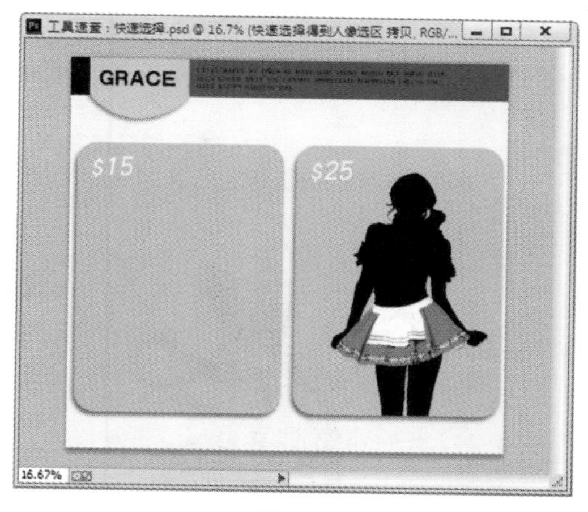


图 4-60

（5）使用同样的方法制作另一侧，完成效果如图 4-61 所示。

在使用“快速选择工具”得到选区时，如果勾选选项栏中的“对所有图层取样”复选框，则 Photoshop 会根据所有的图层建立选区范围，而不仅是只针对当前图层。如果勾选选项栏中的“自动增强”复选框，则可以降低选区范围边界的粗糙度与区块感。

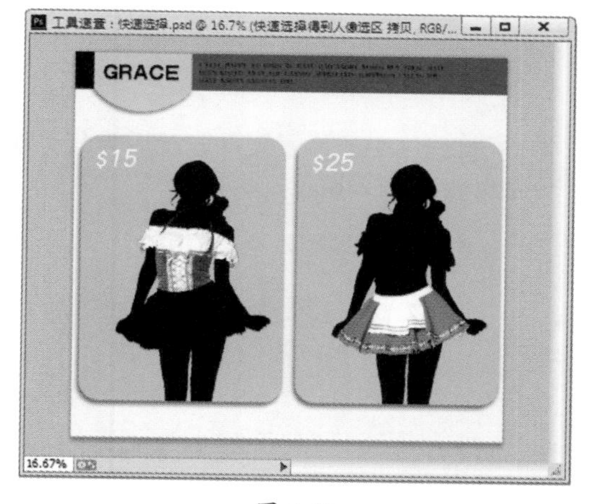


图 4-61

### 4.3.3　工具速查——魔棒工具

“魔棒工具” 的操作很简单，它在实际操作中使用的频率是非常高的。其特点是可以对颜色较为单一的图像进行快速选取，具体方法如下。

（1）打开图片，如图 4-62 所示。下面使用“魔棒工具”将白色背景部分抠出来，为它换一个漂亮的背景。

图 4-62

（2）单击工具箱中的“魔棒工具”按钮，在选项栏中设置选区模式为“添加到选区”，设置“容差”为 10，勾选“消除锯齿”和“连续”复选框，如图 4-63 所示。然后，在白色背景处单击，得到白色背景的选区，如图 4-64 所示。接着在瓶子装饰部分空白处单击，得到此处的选区，如图 4-65 所示。

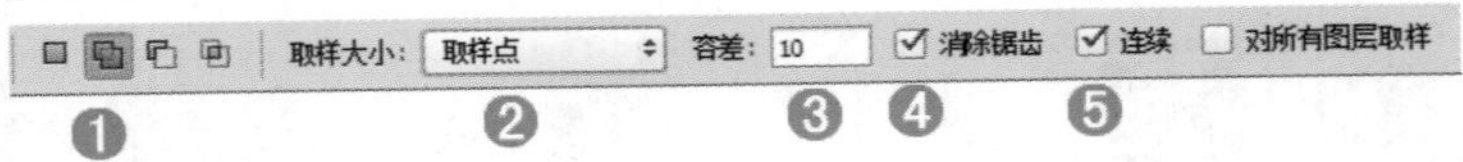


图 4-63

图 4-64

图 4-65

（3）将选区中的像素删除，然后为其更换背景，完成效果如图 4-66 所示。

图 4-66

“魔棒工具”选项栏部分参数详解

单击工具箱中的“魔棒工具”，在选项栏中可以设置选区的运算方式、取样大小、容差值等参数，其选项栏如图 4-67 所示。

图 4-67

- 取样大小：用来设置魔棒工具的取样范围。选择“取样点”选项可以只对光标所在位置的像素进行取样；选择“3 × 3 平均”选项可以对光标所在位置 3 个像素区域内的平均颜色进行取样；其他选项以此类推。
- 容差：决定所选像素之间的相似性或差异性，取值范围为 0~255。数值越低，对像素的相似程度的要求越高，所选的颜色范围就越小果；数值越高，对像素的相似程度的要求越低，所选的颜色范围就越广。图 4-68 和图 4-69 所示分别为“容差”是 30 和 60 时的选区效果。
- 连续：当勾选该复选框时，只选择颜色连接的区域；取消勾选时，可以选择与所选像素颜色接近的所有区域，当然也包含没有连接的区域。图 4-70 和图 4-71 所示分别为勾选连续和取消连续的效果。

- 对所有图层取样：如果文档中包含多个图层，则当勾选该复选框时，可以选择所有可见图层上颜色相近的区域；取消勾选时，仅选择当前图层上颜色相近的区域。

图 4-68

图 4-69

图 4-70

图 4-71

### 4.3.4　使用“色彩范围”命令

“色彩范围”命令是根据图像的颜色范围创建选区，它与“魔棒工具”比较相似。但是“色彩范围”命令提供了更多的控制选项，因此该命令的选择精度也要高一些。下面通过“色彩范围”命令进行抠图，然后制作一个合成效果，具体步骤如下。

（1）打开素材图片，如图 4-72 所示。下面使用“色彩范围”命令将树从背景中抠出来。

（2）选择“树”图层，执行“选择 > 色彩范围”菜单命令，弹出“色彩范围”对话框，设置“颜色容差”为 68。“颜色容差”选项用于控制颜色的选择范围，数值越高，包含的颜色越广；数值越低，包含的颜色越窄。设置完成后将光标移动到画面中，光标变为 状，然后在树叶上单击，彩色在“色彩范围”对话框中的选区预览图就会发生变化。在这个缩览图中，白色的部分为选区，黑色为非选区，如图 4-73 所示。

图 4-72

图 4-73

（3）如果想把这两颗树抠出来，则刚才单击选中的内容是远远不够的，此时需要扩大选中范围。单击“色彩范围”对话框中的“添加到取样”按钮。然后将光标移动到画面中，光标变为状，然后在树木的其他位置单击鼠标左键，此时可以在选区预览图中发现，白色的区域边大了。这也就是说，选区的范围变大了，如图 4-74 所示。

图 4-74

（4）在选区预览图中，如果发现除了树以外的内容也变为了白色，如图 4-75 所示，则可以单击“从取样中减去”按钮，然后在画面中的相应位置单击即可将其从取样中减去，如图 4-76 所示。

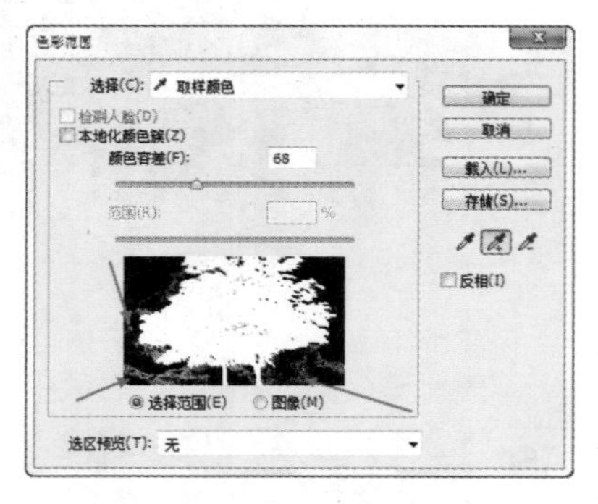


图 4-75

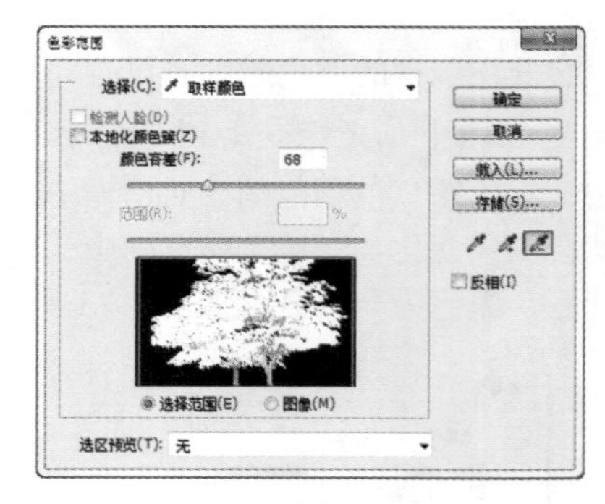


图 4-76

（5）调整完成后，单击“确定”按钮，得到树的选区，如图 4-77 所示，然后就可以为树更换背景，添加装饰元。至此，一个漂亮的合成就制作完成了，效果如图 4-78 所示。

图 4-77

图 4-78

## "色彩范围"对话框参数详解

- 选择：用来设置选区的创建方式。选择"取样颜色"选项时，光标会变成形状，将光标放置在画布中的图像上，或在"色彩范围"对话框中的预览图像上单击，可以对颜色进行取样；选择"红色""黄色""绿色""青色"等选项时，可以选择图像总特定的颜色；选择"高光""中间调"和"阴影"选项时，可以选择图像中特定的色调；选择"肤色"选项时，会自动检测皮肤区域；选择"溢色"选项时，可以选择图像中出现的溢色，如图 4-79 所示。
- 本地化颜色簇：勾选"本地化颜色簇"复选框后，拖动范围滑块可以控制要包含在蒙版中的颜色与取样点的最大和最小距离，如图 4-80 所示。

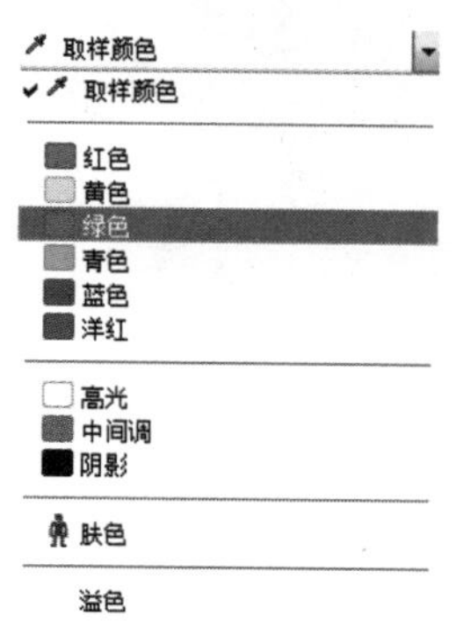


图 4-79

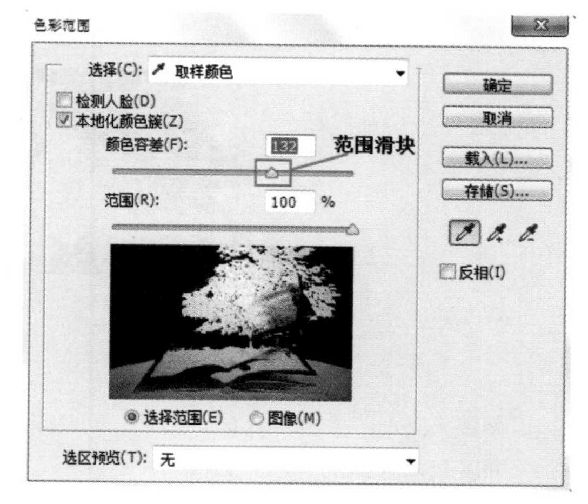


图 4-80

- 选区预览图：选区预览图下面包含"选择范围"和"图像"两个单选按钮。当选中"选择范围"单选按钮时，预览区域中的白色代表被选择的区域，黑色代表未选择的区域，灰色代表被部分选择的区域（即有羽化效果的区域）；当选中"图像"单选按钮时，预览区内会显示彩色图像。图 4-81 和图 4-82 所示分别为选中"选择范围"和"图像"单选按钮时的效果对比。

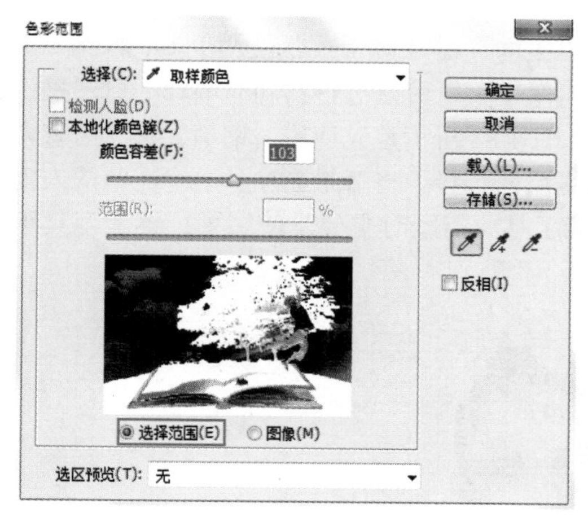


图 4-81

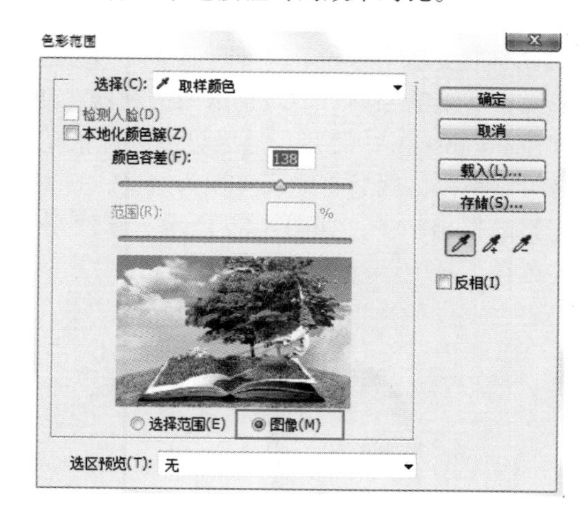


图 4-82

- 选区预览：用来设置文档窗口中选区的预览方式。选择"无"选项时，表示不在窗口中显示选区，如图 4-83 所示；选择"灰度"选项时，可以按照选区在灰度通道中的外观来显示选区，如图 4-84 所示；选择"黑色杂边"选项时，可以在未选择的区域上覆盖一层黑色，如图 4-85 所示；选择"白色杂边"选项时，可以在未选择的区域上覆盖一层白色，如图 4-86 所示；选择"快速蒙版"选项时，可以显示选区在快速蒙版状态下的效果，如图 4-87 所示。

图 4-83

图 4-84

图 4-85

图 4-86

图 4-87

- 存储 / 载入：单击“存储”按钮，可以将当前的设置状态保存为选区预设；单击“载入”按钮，可以载入存储的选区预设文件。
- 反相：将选区进行反转，也就是说创建选区后，相当于执行了“选择 > 反向”菜单命令。

## 4.4　使用钢笔进行精确抠图

对于很多新手来说，“钢笔工具”还是很陌生的，但是对于经常使用 Photoshop 的老用户来说，“钢笔工具”绝对是抠图的利器。使用“钢笔工具”可以进行精确而细致的抠图操作，而且在 Photoshop 中路径与选区可以进行相互转换。图 4-88 所示是先使用“钢笔工具”沿着人物边缘绘制路径，然后将路径转换为选区，接着将选区反向选择。将背景删除，一个完整的人物就被完整的抠出来了，如图 4-89 所示。在使用“钢笔工具”抠图时主要是使用了“钢笔工具组”和“选择工具组”，如图 4-90 所示。

图 4-88

图 4-89

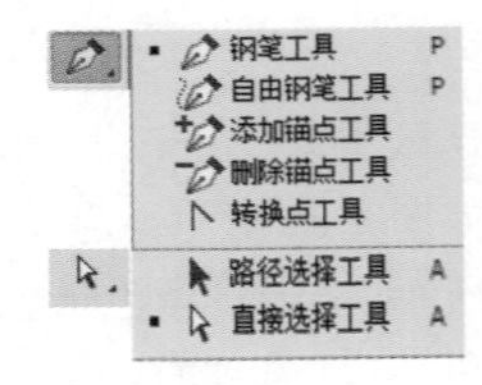


图 4-90

## 4.4.1 抠图时需要使用的绘图模式

我们都知道“钢笔工具”可以绘制 3 种类型的对象，即“形状”“路径”和“像素”，而在进行钢笔抠图时只需要绘制出可以转化为选区的路径即可，因此需要将绘制模式设置为“路径”。图 4-91 和图 4-92 所示为路径对象。

图 4-91

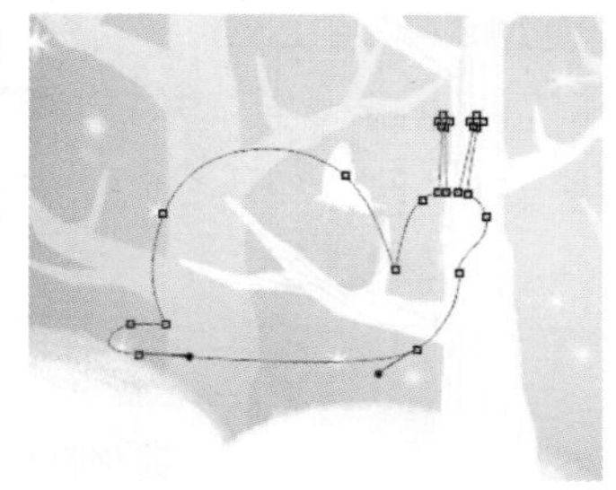

图 4-92

路径是一种轮廓，虽然路径不包含像素，但是可以使用颜色填充或描边路径。单击工具箱中的“钢笔工具”，然后在选项栏中单击“路径”选项[路径]，此时进行绘制可以创建工作路径，如图 4-93 所示。

路径 建立：选区… 蒙版 形状

图 4-93

- [选区…]：单击该按钮可以将当前路径转换为选区。
- [蒙版]：单击该按钮可以以当前路径为所选图层创建矢量蒙版。
- [形状]：单击该按钮可以将当前路径转换为形状。
- 路径操作：设置路径的运算方式。
- 路径对齐方式：使用“路径选择工具”选择两个以上的路径后，在路径对齐方式下拉列表框中选择相应模式可以对路径进行对齐与分布的设置。
- 路径排列方式：调整路径堆叠顺序。

## 4.4.2 工具速查——钢笔工具

“钢笔工具”的使用方法灵活、多变，深受广大用户的喜欢，是最基本和常用的路径绘制工具之一。使用“钢笔工具”不仅可以绘制直线，而且还可以绘制任意弧度的曲线。

**1. 确定起始锚点位置**

选择“钢笔工具”，在使用“钢笔工具”进行绘制之前应该先设定其“绘制模式”，这里单击选项栏中的“路径”按钮，设置绘制模式为“路径”。然后将光标移动画面中，光标变为状，单击鼠标左键建立起点，如图 4-94 所示。

**2. 按住 <Shift> 键绘制路径**

然后，按住 <Shift> 键将光标移动到下一处，单击创建一个锚点，两个锚点会连动一条水平的直线路径，如图 4-95 所示。继续按住 <Shift> 键向右下移动，绘制 45° 倍数的斜线，如图 4-96 所示。

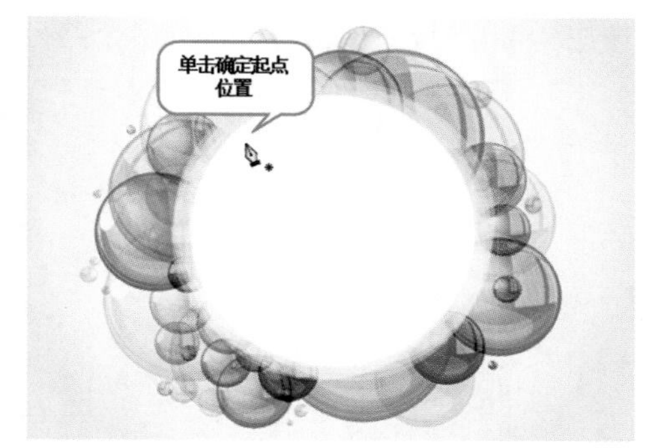


图 4-94

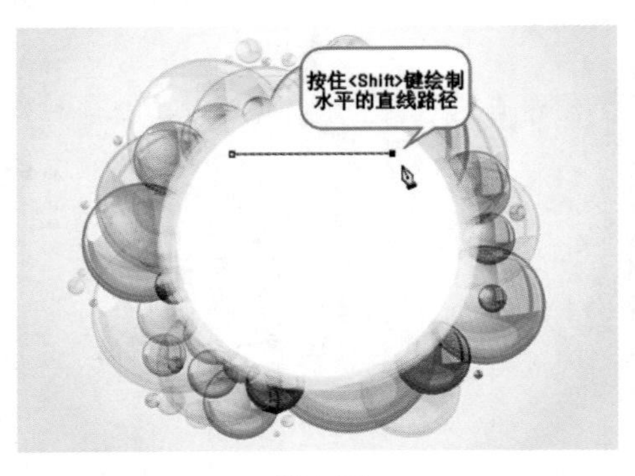

图 4-95

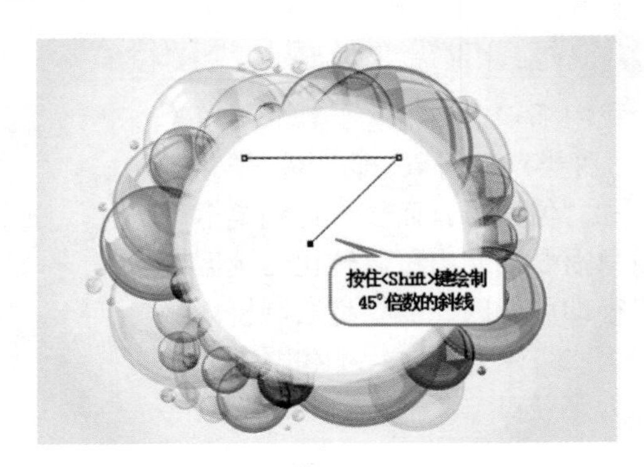


图 4-96

**3. 结束路径绘制**

要结束一段开放式路径的绘制，可以按住 <Ctrl> 键并在画面中的空白处单击，或按 <Esc> 键也可以结束路径的绘制。

**4. 闭合路径**

要闭合一段路径，可以将光标移动到起点位置上，当光标变为形状时，单击鼠标左键闭合路径，效果如图 4-97 所示。

**5. 绘制曲线路径**

绘制曲线路径可以在按住鼠标左键的同时拖动光标位置，即可创建一个平滑点，如图 4-98 所示。

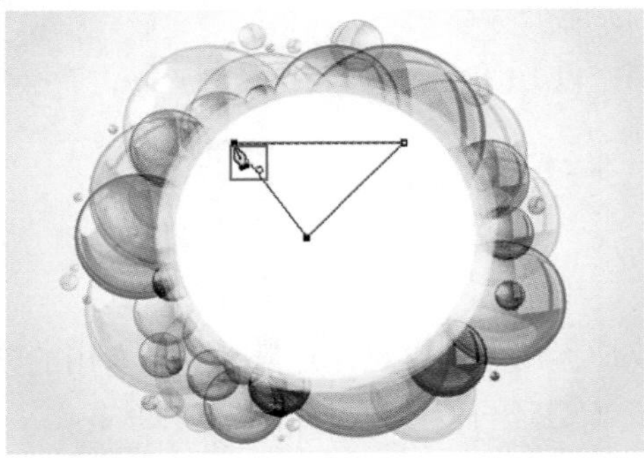
图 4-97

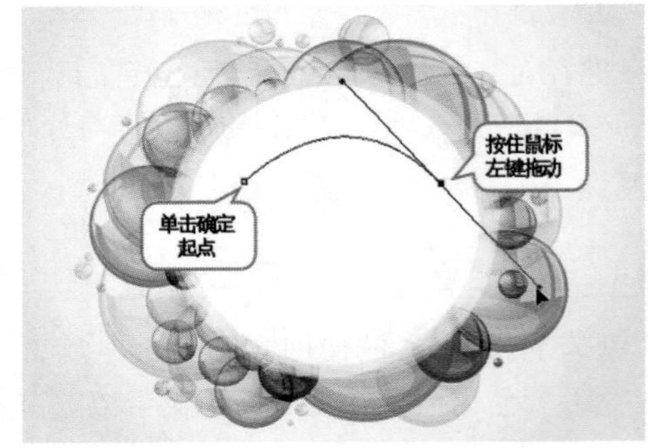


图 4-98

## 4.4.3 调整路径形态

（1）使用“路径选择工具”单击路径上的任意位置即可选择单个的路径，如图 4-99 所示。按住 <Shift> 键并单击可以选择多个路径，如图 4-100 所示。

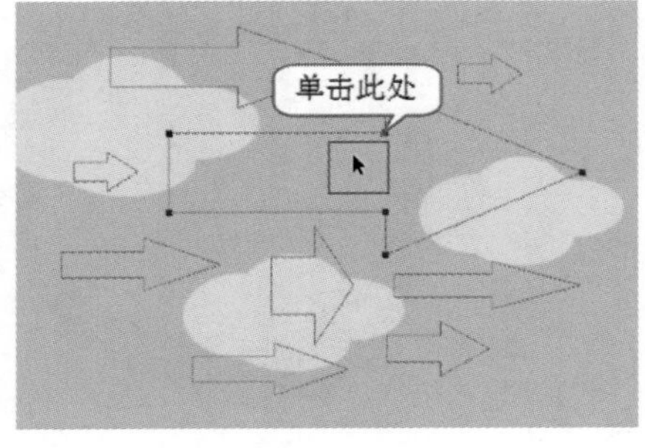


图 4-99

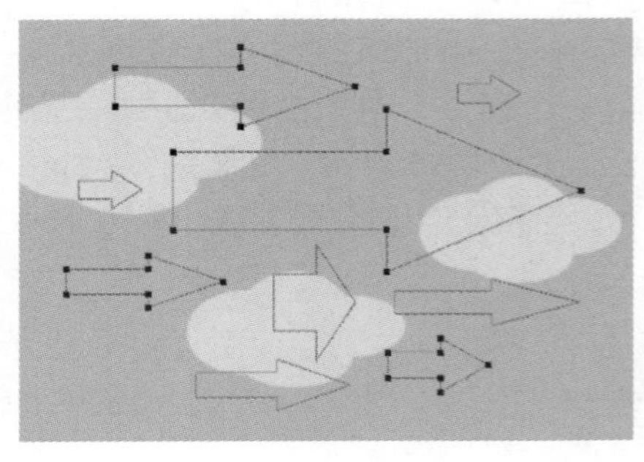
图 4-100

（2）直接选择工具”主要用来选择路径上的单个或多个锚点，可以移动锚点和调整方向线。单击可以选中其中某一个锚点，如图 4-101 所示。按住鼠标拖动该点即可移动锚点位置，从而调整路径形态，如图 4-102 所示。

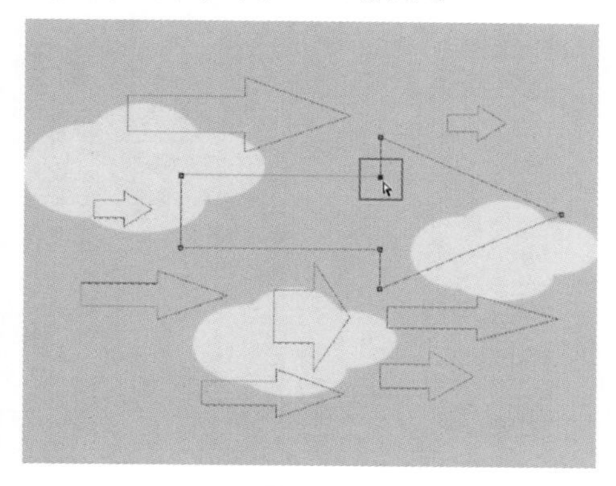

图 4-101

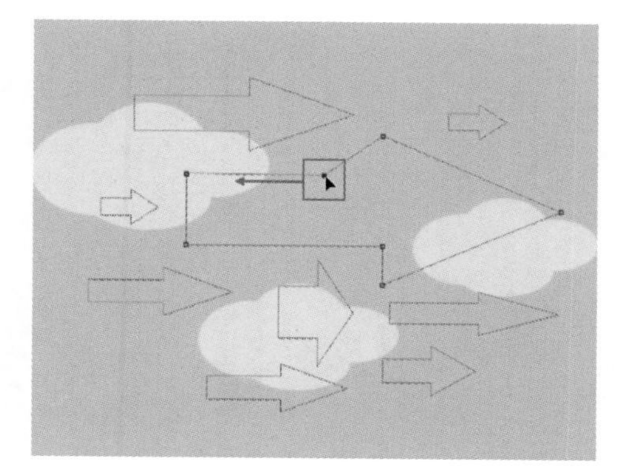

图 4-102

（3）使用“添加锚点工具”可以直接在路径上添加锚点。单击“添加锚点工具”按钮，在路径上单击即可添加新的锚点；或在使用“钢笔工具”的状态下，将光标放在路径上，光标变成形状，如图 4-103 所示，在路径上单击也可添加一个锚点，如图 4-104 所示。

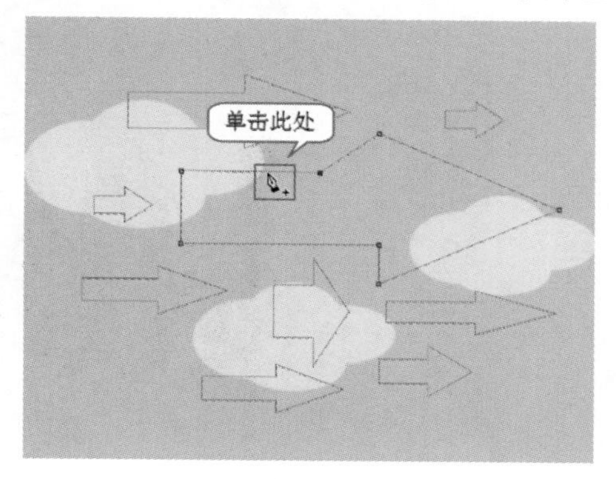


图 4-103

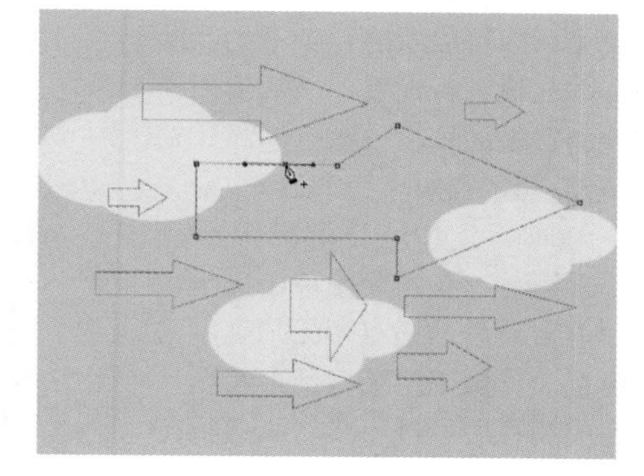

图 4-104

（4）使用“删除锚点工具”可以删除路径上的锚点。单击工具箱中的“删除锚点工具”按钮，将光标放在锚点上，单击鼠标左键即可删除锚点，如图 4-105 所示；或在使用“钢笔工具”的状态下直接将光标移动到锚点上，光标也会变为形状，如图 4-106 所示。

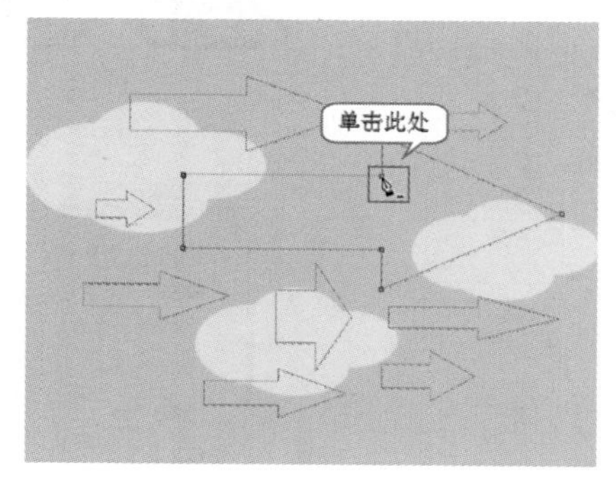


图 4-105

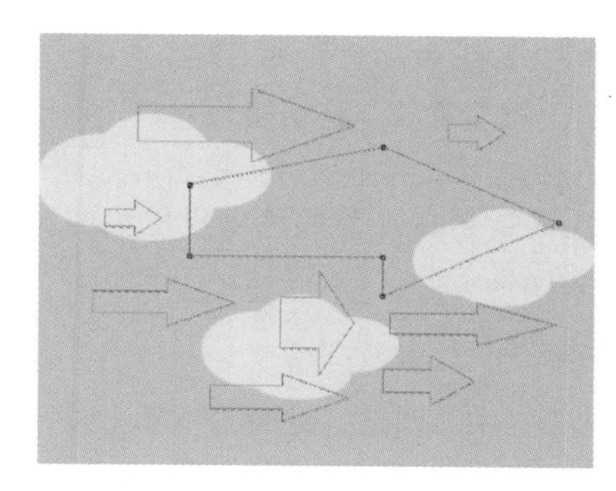

图 4-106

（5）“转换为点工具” 主要用来转换锚点的类型。使用“转换为点工具”在角点上单击，可以将角点转换为平滑点，如图 4-107 所示在角点上单击并拖动即可调整平滑点的形状。如图 4-108 所示，如果使用“转换为点工具”在平滑点上单击，则可将平滑点转换为角点。

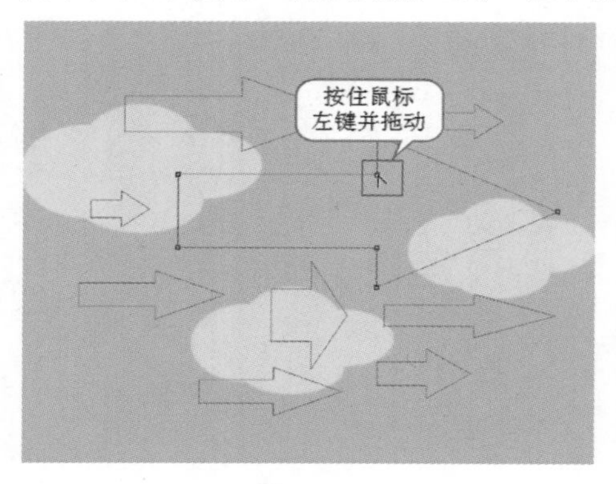


图 4-107

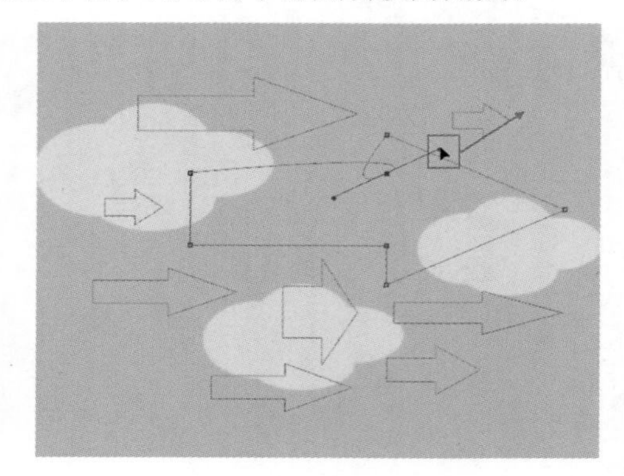

图 4-108

## 4.4.4 工具速查——自由钢笔工具

单击工具箱中的“自由钢笔工具” ，在选项栏中单击 图标，在下拉菜单中可以对磁性钢笔的“曲线拟合”数值进行设置，该数值用于控制绘制路径的精度，数值越高，路径越精确；数值越小，路径越平滑，如图 4-109 所示。使用“自由钢笔工具”绘图非常简单，在画面中单击并拖动光标即可自动添加锚点，无须确定锚点的位置，就像用铅笔在纸上绘图一样，完成路径后可进一步对其进行调整，效果如图 4-110 所示。

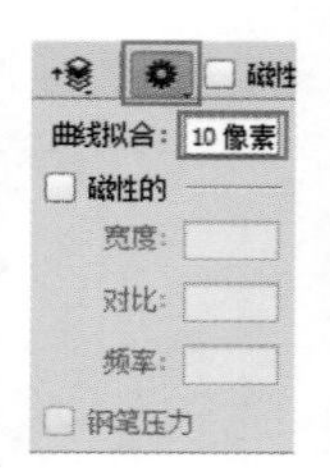


图 4-109

图 4-110

## 4.4.5 绘制“磁性”路径

使用“磁性钢笔工具” 工具能够自动捕捉颜色差异的边缘以快速绘制路径，常用于抠图操作。单击工具箱中的“自由钢笔工具” 按钮，在选项栏中勾选“磁性的”复选框，此时“自由钢笔工具”将切换为“磁性钢笔工具” 。设置完毕后，在画面中主体物边缘单击并沿轮廓拖动光标，可以看到磁性钢笔会自动为颜色差异较大的区域创建路径，如图 4-111 所示。

图 4-111

### “磁性钢笔工具”参数详解

在选项栏中，勾选“磁性的”复选框后，单击 按钮，在下拉面板中可以对磁性钢笔的参数进行设置，如图 4-112 所示。

曲线拟合：2 像素
磁性的
宽度：10 像素
对比：10%
频率：57
钢笔压力

图 4-112

- 宽度：用于设置“磁性钢笔工具”所能捕捉的距离。
- 对比：该数值用于控制图像边缘的对比度。
- 频率：该数值决定添加锚点的密度。

## 4.4.6　将路径转换为选区

路径绘制完成后，可以将其转换为选区，然后在进行编辑。那么如何将路径转换为选区呢？带着这个疑问来一起学习将路径转换为选区的多种方法。

**方法 1：**

闭合路径绘制完成后，可以在路径上单击鼠标右键，弹出的快捷菜单如图 4-113 所示。然后，在弹出的快捷菜单中执行“建立选区”命令，如图 4-114 所示。也可以使用快捷键 <Ctrl+Enter> 将路径转换为选区。

图 4-113

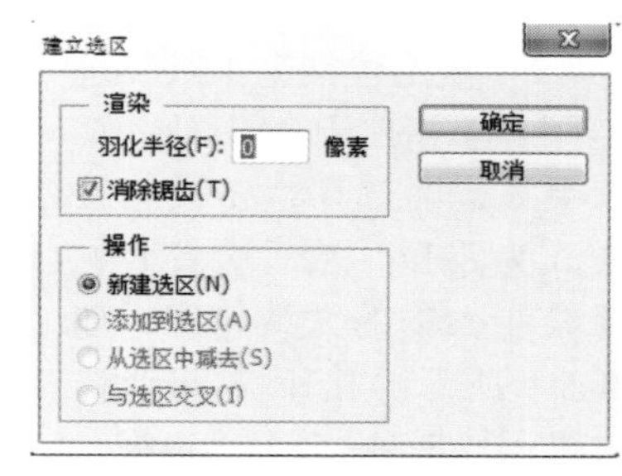


图 4-114

**方法 2：**

在“路径”面板中将路径转换为选区，执行“窗口 > 路径”菜单命令，打开“路径”面板。然后，按住 <Ctrl> 键并在“路径”面板中单击路径的缩略图；或单击“将路径作为选区载入”按钮，如图 4-115 和图 4-116 所示。

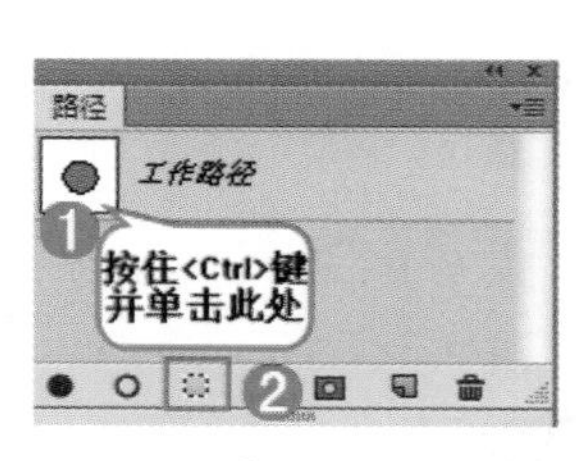


图 4-115

图 4-116

## 4.4.7 玩转钢笔抠图——制作粉色的梦幻人像

学习了“钢笔工具”的使用方法，可能你的操作还不够熟练。别着急，下面通过人像进行抠图，来练习“钢笔工具”的使用方法，具体步骤如下。

（1）将背景图片“1.jpg”在 Photoshop 中打开，如图 4-117 所示。然后将人物素材“2.jpg”置入画面中，并在该图层上单击鼠标右键，在弹出的快捷菜单执行“栅格化智能图层”命令，完成效果如图 4-118 所示。

图 4-117

图 4-118

（2）使用“钢笔工具”进行抠图。单击工具箱中的“钢笔工具”，在选项栏中设置绘制模式为路径。然后沿着人物边缘绘制人物的大致轮廓，如图 4-119 所示。接下来调整锚点位置，让路径贴合人物边缘。单击工具箱中的“直接选择工具”，然后选择一个锚点，选中的锚点为黑色，然后将锚点向人物边缘移动，如图 4-120 所示。

图 4-119

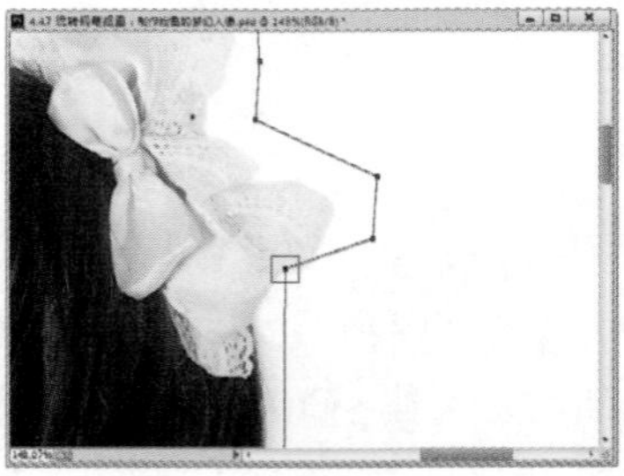

图 4-120

（3）继续移动锚点，当需要曲线路径时，单击工具箱中的“转换点工具”，选中需要转换为平滑点的锚点，使用“转换点工具”并按住鼠标左键拖动锚点，让路径贴合人物边缘。此时角点转换为平滑点，如图 4-121 所示。

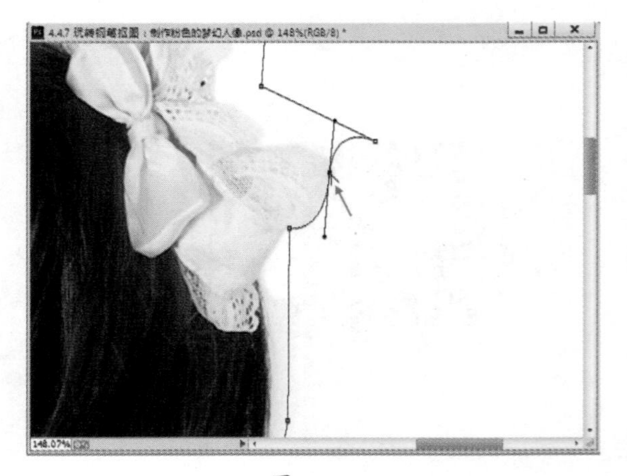


图 4-121

（4）继续使用“直接选择工具”调整锚点的位置。当遇到锚点调整完后，整个路径形状发生很大变化的情况，可以在适当的位置添加锚点。单击工具箱中的“添加锚点工具”按钮，然后将光标移动到需要添加锚点的路径处，单击鼠标左键添加锚点，如图 4-122 所示。在平滑路径上添加的锚点，也会为平滑点，但使用“转换点工具”可以将其转换为角点。接着使用“直接选择工具”继续调整锚点位置，如图 4-123 所示。

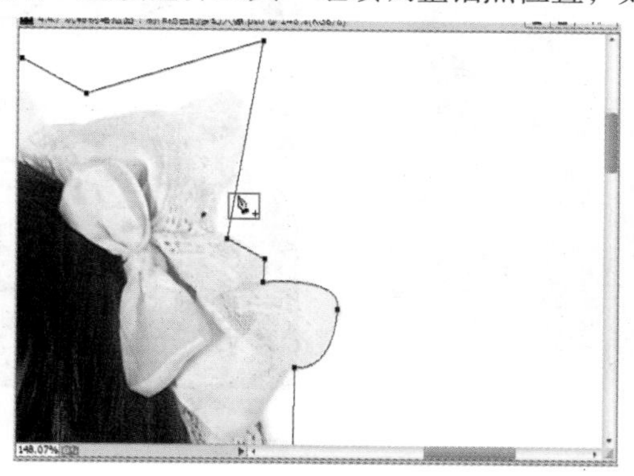

图 4-122

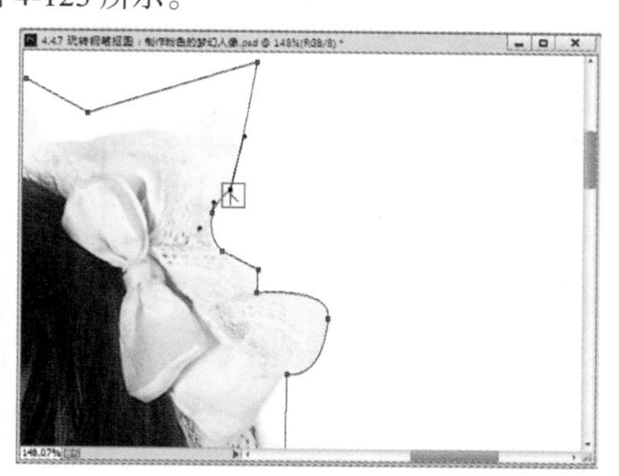

图 4-123



（5）继续调整锚点位置，得到人物形状的路径，如图 4-124 所示。得到路径后按 <Ctrl+Enter> 快捷键得到选区，如图 4-125 所示。

图 4-124

图 4-125

（6）使用快捷键 <Ctrl+Shift+I> 将选区反选，然后按 <Delete> 键将选区中的内容删除，如图 4-126 所示。最后导入装饰素材，至此，本案例制作完成，最终效果如图 4-127 所示。

图 4-126

图 4-127

# 4.5 通道抠图

通道是 Photoshop 的核心功能，虽然没有通过菜单表现出来，但是它所表现的存储颜色信息和选择范围的功能是非常强大的。使用通道进行抠图，是利用通道为黑白的这一特性，通过使用“亮度 / 对比度”“曲线”“色阶”等调整命令，以及画笔、加深、减淡等工具对通道的黑白关系进行调整，可以从通道中得到选区。通道抠图法常用于抠选毛发、云朵、烟雾和半透明的婚纱等对象。例如，长发美女就需要使用通道抠图法来抠取人物头发，如图 4-128 所示，然后可以进行合成，合成效果如图 4-129 所示。

图 4-128

图 4-129

## 4.5.1 认识通道

**1. 通道的概念和作用**

通道是用于存储图像颜色信息和选区信息等不同类型信息的灰度图像，主要用来保存和编辑选区。

**2. 通道的类型**

图像颜色、格式的不同决定了通道的数量和模式，这些在“通道”面板中可以直观地看到。图 4-130 所示为在 Photoshop 中涉及的通道。

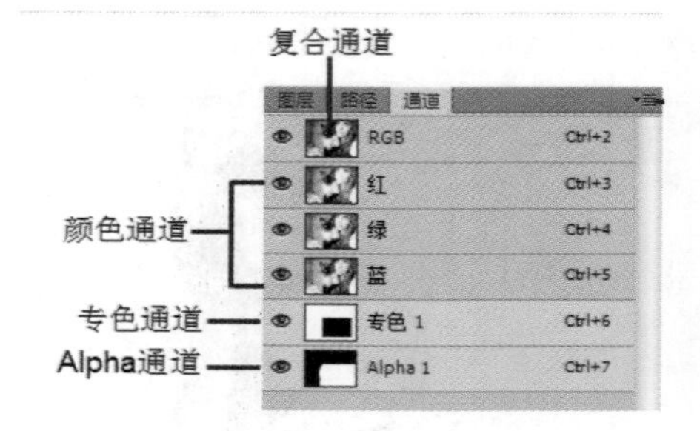


图 4-130

通道的类型详解

- 复合通道：复合通道不包含任何信息，实际上它只是同时预览并编辑所有颜色通道的一个快捷方式。它通常被用来在单独编辑完一个或多个颜色通道后使“通道”面板返回其默认状态。对于不同模式的图像，其通道的数量是不一样的。在 Photoshop 中，通道涉及 3 个模式。对于一个 RGB 图像，有 RGB、红、绿、蓝四个通道，如图 4-131 所示。对于一个 CMYK 图像，有 CMYK、青色、洋红、黄色、黑色五个通道，如图 4-132 所示。对于一个 Lab 模式的图像，有 Lab、明度、a、b 四个通道，如图 4-133 所示。

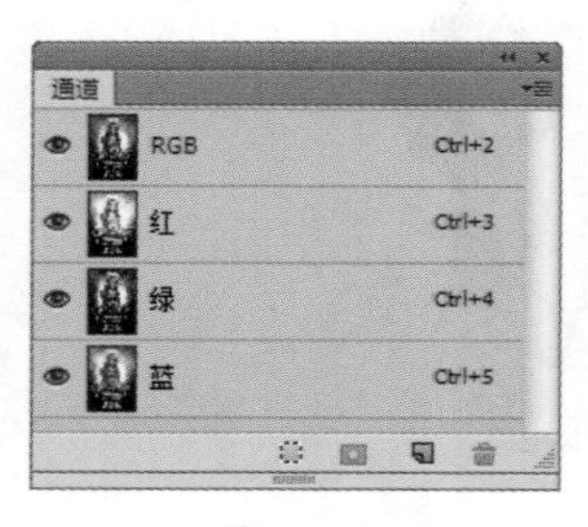


图 4-131

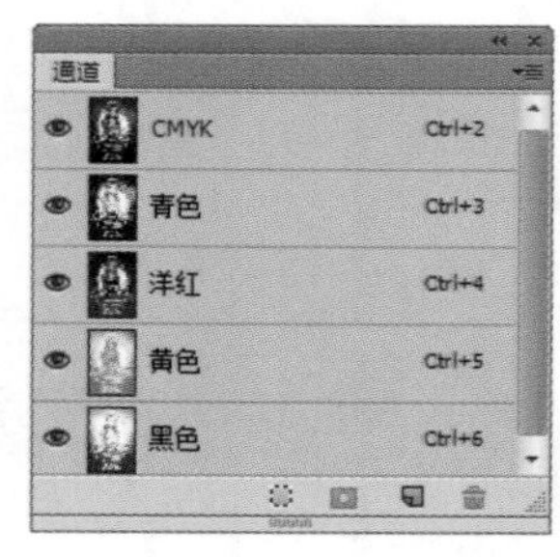


图 4-132

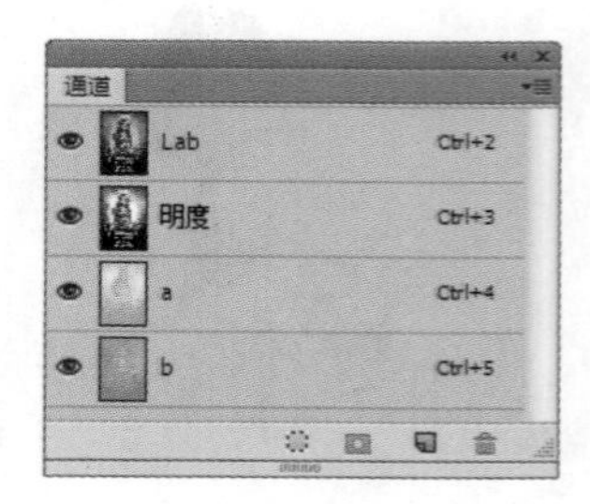


图 4-133

- 颜色通道：编辑图像实际上就是在编辑颜色通道。这些通道把图像分解成一个或多个色彩成分，图像的模式决定了颜色通道的数量，RGB 模式有 3 个颜色通道，CMYK 图像有 4 个颜色通道，灰度图只有一个颜色通道，它们包含了所有将被打印或显示的颜色。
- 专色通道：专色通道是一种特殊的颜色通道，在印刷时每种专色都要求有专用的印版，而专色通道可指定用于专以油墨印刷的附加印版。在一个图像中，最多可以有 56 个专色通道。
- Alpha 通道：Alpha 通道是指特别的通道。有时，它特指透明信息，但通常的意思是"非彩色"通道。Alpha 通道最基本的用处在于保存选区范围，并不会影响图像的显示和印刷效果。
- 临时通道：临时通道是在"通道"面板中暂时存在的通道，当为图像创建了图层蒙版或进入蒙版时就会在"通道"面板中会自动生成临时通道，在未选择创建了图层蒙版的图层或删除蒙版、退出快速蒙版的情况下，"通道"面板中的临时通道会自动消失。

## 4.5.2 认识"通道"面板

"通道"面板主要用于创建、存储、编辑和管理通道。执行"窗口 > 通道"菜单命令可以打开"通道"面板，打开任意一张图像，在"通道"面板中均能看到 Photoshop 自动为这张图像创建颜色信息通道，如图 4-134 所示。

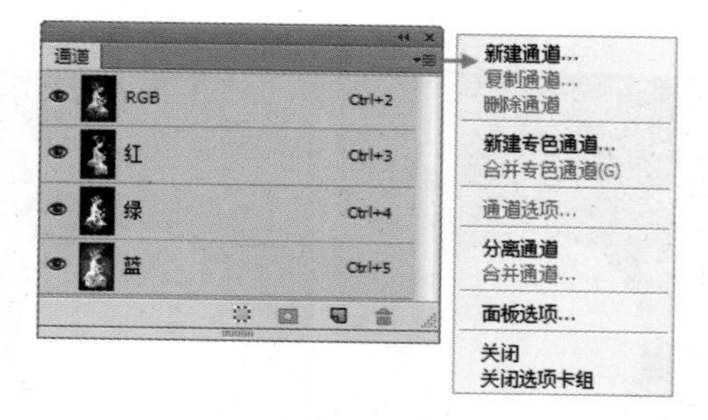


图 4-134

**小技巧：通道操作技巧**

（1）在"通道"面板中单击即可选中某一通道，而且在每个通道后面有对应的"Ctrl+ 数字"格式的快捷键提示。

（2）在"通道"面板中按住 <Shift> 键并进行单击可以一次性选择多个颜色通道，或多个 Alpha 通道和专色通道。但是颜色通道不能与另外两种通道共同处于被选状态。

（3）如果"通道"面板中包含多通道，则除了默认的颜色通道的顺序是不能进行调整的以外，其他通道可以像调整图层位置一样调整通道的排列位置。

（4）要重命名 Alpha 通道或专色通道，可以在"通道"面板中双击该通道的名称，激活输入框，然后输入新名称即可。默认的颜色通道的名称是不能重命名的。

（5）想要复制通道可以在通道上单击鼠标右键，然后在弹出的快捷菜单中执行"复制通道"命令即可。

### "通道"面板参数详解

- 将通道作为选区载入：单击该按钮可以载入所选通道图像的选区。
- 将选区存储为通道：如果图像中有选区，则单击该按钮，可以将选区中的内容存储到通道中。
- 创建新通道：单击该按钮，可以新建一个 Alpha 通道。
- 删除当前通道：将通道拖动到该按钮上，可以删除选择的通道。

## 4.5.3 使用 Alpha 通道

Alpha 通道是一个 8 位的灰度通道，该通道用 256 级灰度来记录图像中的透明度信息，主要用于定义透明、不透明和半透明区域。在 Alpha 通道中，黑色处于未选中的状态，白色处于完全选择状态，灰色则表示部分被选择状态（即羽化区域），如图 4-135 和图 4-136 所示。使用白色涂抹 Alpha 通道可以扩大选区范围；使用黑色涂抹则收缩选区；使用灰色涂抹可以增加羽化范围。

图 4-135

图 4-136

**1. 新建 Alpha 通道**

如果要新建 Alpha 通道，则可以在“通道”面板下方单击“创建新通道”按钮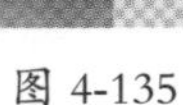，如图 4-137 所示。创建好的通道如图 4-138 所示。

**2. 使用画笔和滤镜编辑 Alpha 通道**

Alpha 通道可以使用大多数绘制修饰工具进行创建，也可以使用命令、滤镜等进行编辑，如图 4-139 和图 4-140 所示。

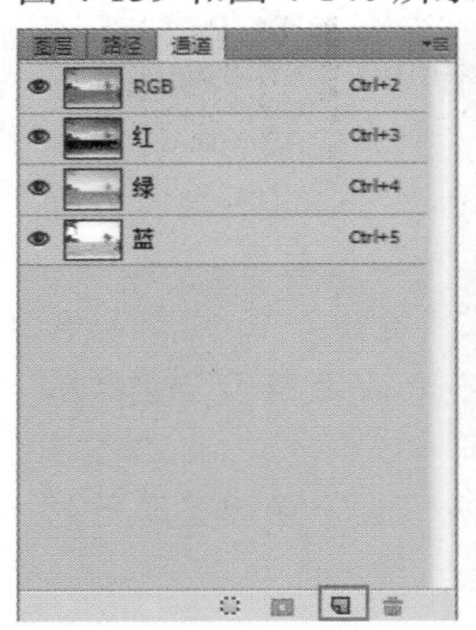


图 4-137

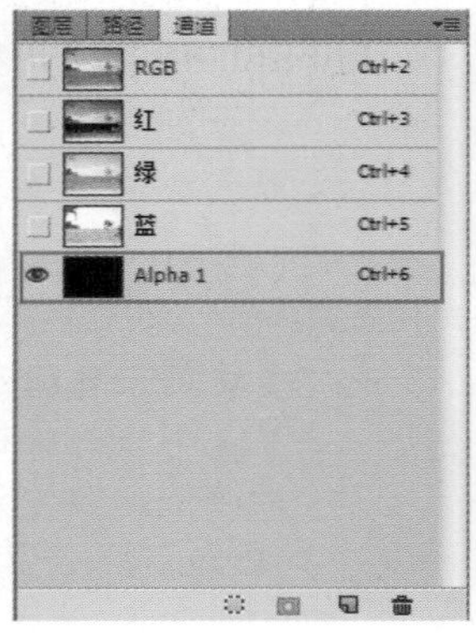


图 4-138

图 4-139

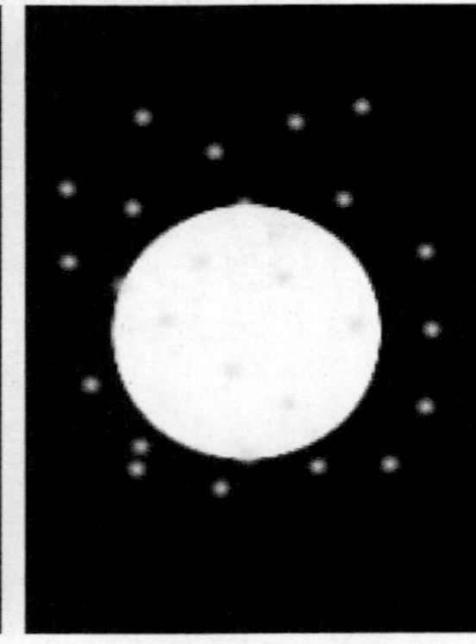

图 4-140

小技巧：

默认情况下，编辑 Alpha 通道时文档窗口中只显示通道中图像，如图 4-141 所示。为了能够更精确地编辑 Alpha 通道，可以将复合通道显示出来。在复合通道前单击使👁图标显示出来，此时蒙版的白色区域将变为透明，黑色区域为半透明的红色，类似于快速蒙版的状态，如图 4-142 所示。

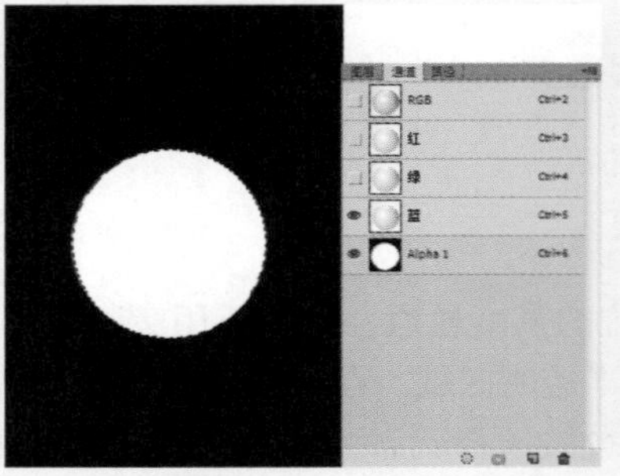

图 4-141

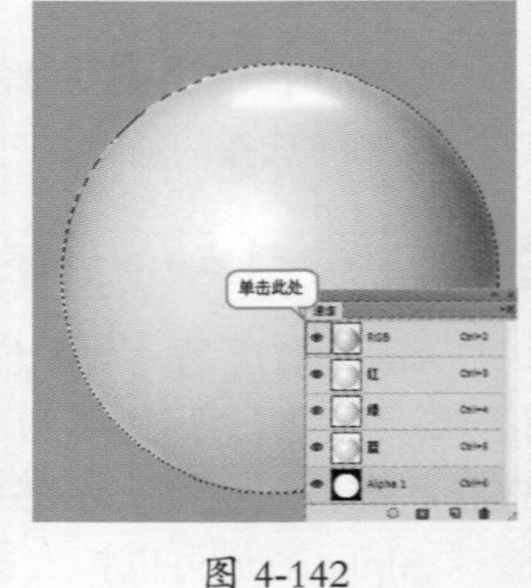


图 4-142

### 3. 在有选区的状态下编辑 Alpha 通道

在包含选区的情况下，如图 4-143 所示，在“通道”面板下单击“将选区存储为通道”按钮 ，可以创建一个 Alpha1 通道，同时选区会存储到通道中，这就是 Alpha 通道的第 1 个功能，即存储选区，如图 4-144 所示。

图 4-143

图 4-144

将选区转化为 Alpha 通道后，单独显示 Alpha 通道可以看到一个黑白图像，如图 4-145 所示。这时可以对该黑白图像进行编辑，从而达到编辑选区的目的，如图 4-146 所示。

图 4-145

图 4-146

### 4. 在 Alpha 通道中载入选区

在“通道”面板下单击“将通道作为选区载入”按钮 ，或按住 <Ctrl> 键并单击 Alpha 通道缩略图，即可载入之前储存的 Alpha1 通道的选区，如图 4-147 所示。

图 4-147

### 4.5.4 通道抠图的基本流程

想要将人像从背景中分离出来，如图 4-148 所示，由于人像的身体部分可以直接使用“钢笔工具”进行精确抠图，如图 4-149 所示，因此可以单独复制出人像头部，将抠图以外的图层隐藏，效果如图 4-150 所示。

图 4-148

图 4-149

图 4-150

下面将利用通道抠图提取头发部分，具体步骤如下：

（1）进入“通道”面板，逐一观察并选择主体物与背景黑白对比最强烈的通道。此时观察到“蓝”通道黑白对比比较明显，如图 4-151 所示。

（2）复制主体物与背景之间黑白反差最强烈的通道。按住鼠标左键将“蓝”通道拖动到“新建通道”按钮上，复制蓝色通道，如图 4-152 所示。

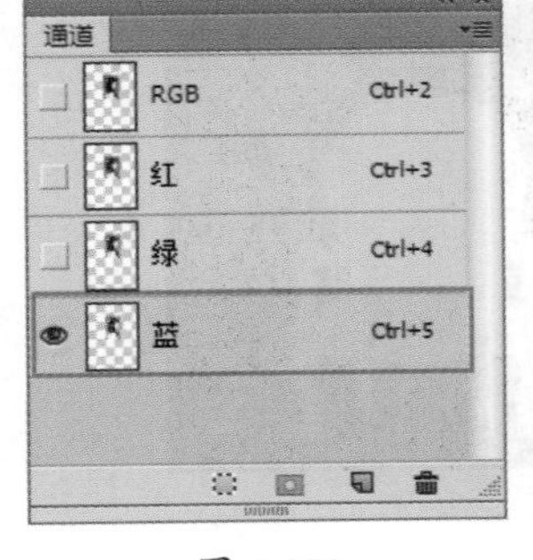


图 4-151

图 4-152

（3）增强复制出通道的黑白对比。例如，这里可以使用曲线命令，使头发和背景部分的黑白差异变大，直至头发边缘处变为黑色，而背景变为白色，如图 4-153 所示。

（4）调整完毕后载入复制出的通道选区。按住 <Ctrl> 键并单击蓝色通道载入选区，然后按 <Ctrl+Shift+I> 快捷键反向选择得到头发部分选区，如图 4-154 所示。

图 4-153

图 4-154

（5）单击 RGB 复合通道并返回“图层”面板，将选区以内的部分复制出来。选中复制的“人物头部”图层，并使用复制和粘贴命令，这时头发部分被抠出来，如图 4-155 所示，显示出身体部分，此时完整的人像出现了，如图 4-156 所示。最后添加背景素材，观察最终效果，如图 4-157 所示。

图 4-155　　图 4-156

图 4-157



## 4.6　抠图实战——使用多种抠图工具制作冷饮海报

在本章中，主要学习了抠图的相关知识。当面对一张图像抠图时，我们首先应该想到的是这张图适合使用哪种方法抠图。在本案例中我们将结合本章所学，使用多种方式抠图来制作冷饮海报，具体步骤如下。

（1）打开背景素材“1.jpg”，如图 4-158 所示。执行“文件 > 置入”菜单命令将所需文字素材置入画面中，放置到画面的上方，并在该图层上单击鼠标右键，在弹出的快捷菜单中执行“栅格化智能图层”命令，完成效果如图 4-159 所示。

图 4-158

图 4-159

（2）使用“快速选择工具”进行抠图，单击工具箱中的“快速选择”工具，将笔尖调整到合适大小，然后在文字周围进行涂抹得到该处的选区，如图 4-160 所示。得到选区后按 <Delete> 键删除选区部分，效果如图 4-161 所示。

图 4-160

图 4-161

（3）置入冰淇淋素材“2jpg”，在该图层上单击鼠标右键，在弹出的快捷菜单执行“栅格化智能图层”命令，单击工具箱中的“磁性套索工具”，然后在冰淇淋周围单击确定起始锚点位置，然后围绕冰淇淋拖动鼠标，如图 4-162 所示。当绘制到起始锚点处时，单击鼠标左键闭合选区，然后使用“选区反选”快捷键 <Ctrl+Shift+I> 进行反选，按 <Delete> 键删除选区部分，效果如图 4-163 所示。

图 4-162

图 4-163

（4）置入所需素材“3jpg”，如图 4-164 所示。单击工具箱中的“魔棒工具”，设置容差值为 35，在紫色区域中单击鼠标左键得到该处的选区，如图 4-165 所示。得到选区后单击 <Delete> 键删除所选区域，将素材调整到画面下方的合适位置，效果如图 4-166 所示。

（5）最后可以给冰淇淋的杯子添加一个投影，以使其画面感更强，最终效果如图 4-167 所示。

图 4-164

图 4-165

图 4-166

图 4-167

# 第 5 章 蒙版与画面融合

蒙版功能是 Photoshop 的主要功能，在 Photoshop 中有 4 种蒙版，除了之前学习过的“快速蒙版”，还有“剪贴蒙版”“图层蒙版”和“矢量蒙版”3 种蒙版。这 3 种蒙版虽然名字、用法不尽相同。但是，但是它们的主要用途都是将画面中的部分进行隐藏，然后与整体的画面进行融合。本章将主要讲解 3 种蒙版的使用方法，以及和图层的混合模式。学会了蒙版技术和图层的混合模式，你就离合成高手又进了一步！

学习要点：

在本章中，先学习剪贴蒙版、图层蒙版和矢量蒙版的知识，在学习这些知识期间还需要通过几个相关的案例来进行练习。而后学习图层的混合模式和对齐图层的知识。

佳作欣赏

## 5.1 使用剪贴蒙版控制图像局部显隐

剪贴蒙版是蒙版家族中的主要成员，也是最常用的蒙版之一。“剪贴蒙版”的制作原理是通过使用处于下方图层的形状来限制上方图层的显示状态，也就是说，基底图层用于限定最终图像的形状，而顶图层则用于限定最终图像显示的颜色图案。图 5-1~ 图 5-4 所示为使用到剪贴蒙版制作的优秀设计作品欣赏。

图 5-1

图 5-2

图 5-3

图 5-4

### 5.1.1 剪贴蒙版的奥秘

剪贴蒙版主要由两个部分组成，即“基底图层”和“内容图层”。“基底图层”位于整个剪贴蒙版的最底层，且只有一个。“内容图层”位于剪贴蒙版的上方，可以有很多个。图 5-5 和图 5-6 所示为剪贴蒙版的原理图，效果如图 5-7 所示。

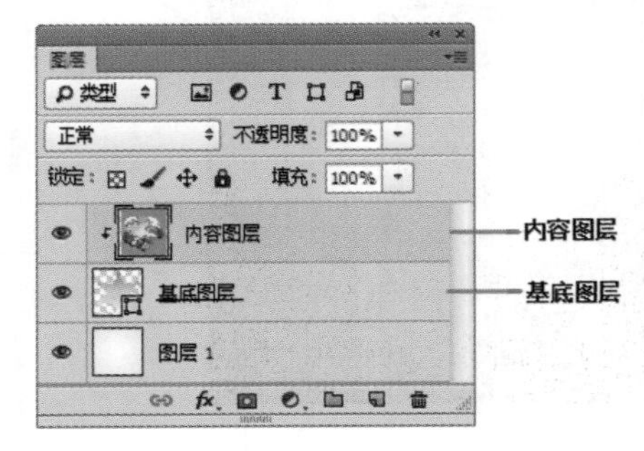


图 5-5

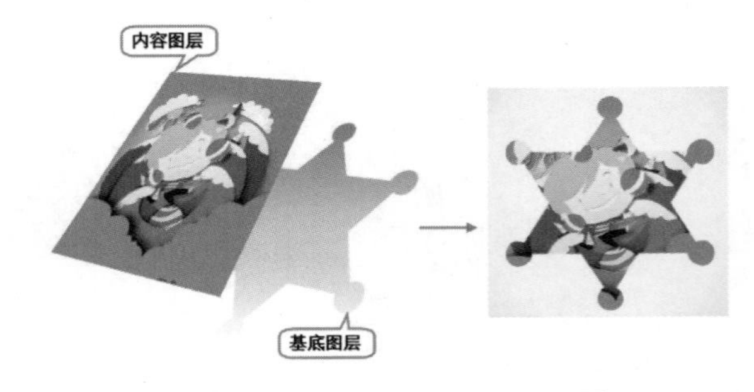


图 5-6　　图 5-7

“基底图层”决定了位于其上面的图像的显示范围。如果对“基底图层”进行移动和变换等操作，那么上面的图像也会随之受到影响，如图 5-8 所示。“基底图层”在“图层”面板中有个明显特征，那就是在该图层的名称下方有“下画线”，如图 5-9 所示。

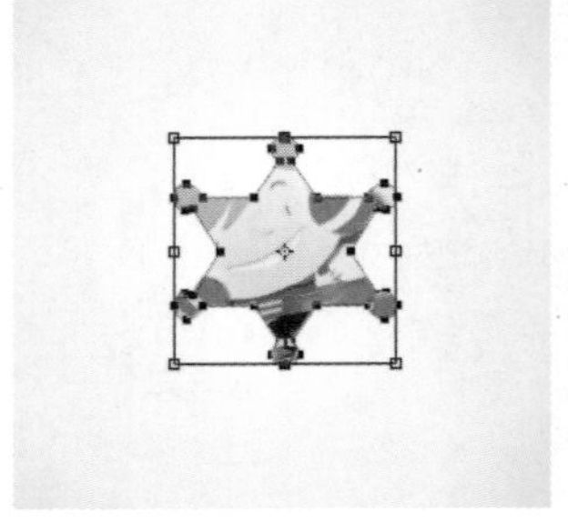

图 5-8

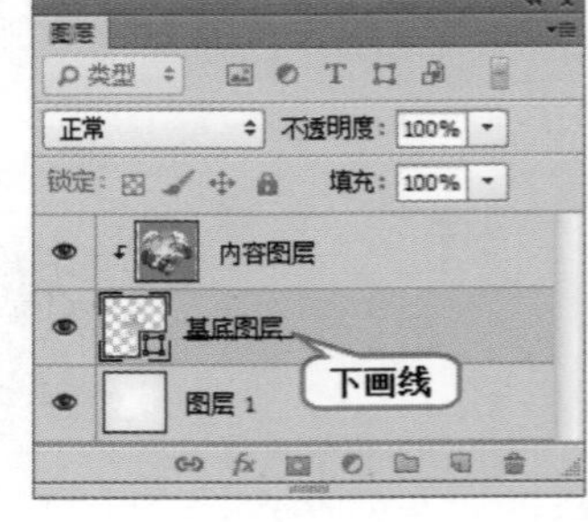


图 5-9

“内容图层”可以是一个或多个。对“内容图层”的操作不会影响基底图层，但是当对其进行移动和变换等操作时，其显示范围也会随之改变。需要注意的是，剪贴蒙版虽然可以应用在多个图层中，但是这些图层不能是隔开的，必须是相邻的图层，效果如图 5-10 所示。

图 5-10

> **小技巧：**剪贴蒙版小知识
>
> 剪贴蒙版的“内容图层”不仅可以是普通的像素图层，还可以是“调整图层”“形状图层”“填充图层”等。

## 5.1.2　使用剪贴蒙版

学习了剪贴蒙版的原理，也认识了基底图层和内容图层，下面就来学习使用剪贴蒙版吧！

（1）打开素材“1.psd”，这些内容用于作为背景部分，如图 5-11 所示。

（2）绘制“基底图层”。选择工具箱中的“多变行工具” ，使用该工具可以绘制一个带有橘色系渐变的多边形，如图 5-12 所示。这里可以将该图层命名为“基底图层”，如图 5-13 所示。

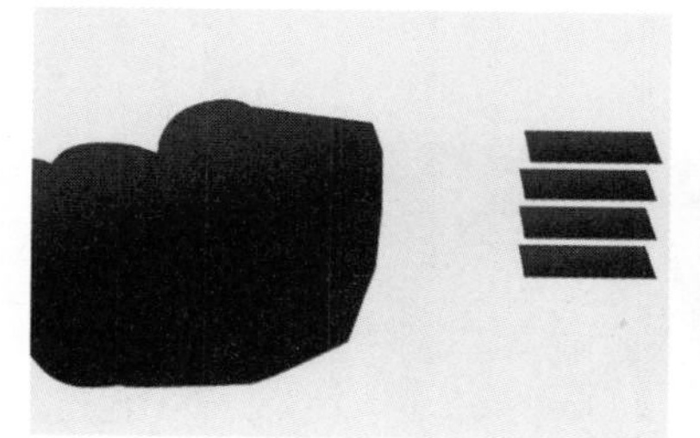

图 5-11

图 5-12

图 5-13

（3）“基底图层”绘制完成后，导入“内容图层”，并将“内容图层”放置在多边形的上方，如图 5-14 所示。

（4）选择内容图层，执行“图层 > 创建剪贴蒙版”菜单命令或按 <Alt+Ctrl+G> 快捷键，可以将“内容图层”和“基底图层”创建为一个剪贴蒙版。创建剪贴蒙版后，“内容图层”就只显示“基底图层”的区域，如图 5-15 所示。也可以在“内容图层”的名称上单击鼠标右键，然后在弹出的快捷菜单中执行“创建剪贴蒙版”命令，如图 5-16 所示。

图 5-14

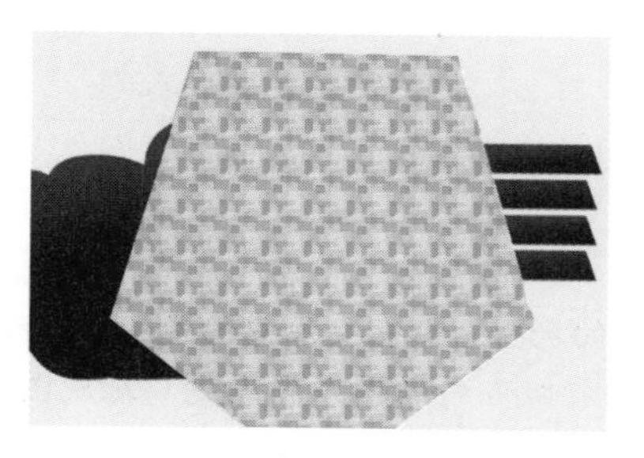

图 5-15

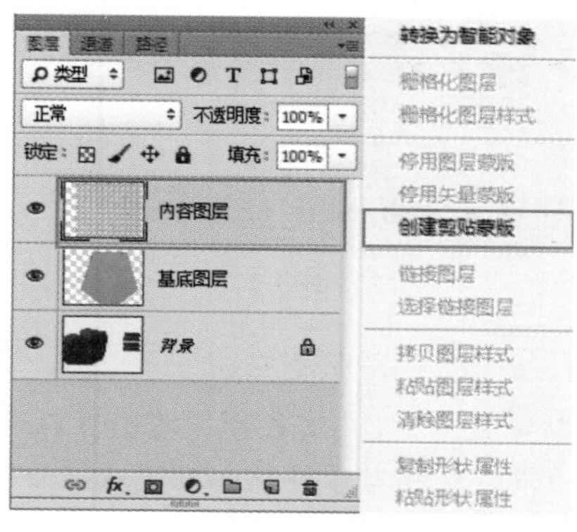


图 5-16

（5）编辑“内容图层”。剪贴蒙版同样具有普通属性，如可以为图层设置“不透明度”“混合模式”“图层样式”等。但是为“内容图层”设置“混合模式”和“不透明度”时其效果只有与基底图层混合效果发生变化，不会影响剪贴蒙版中的其他图层。例如，这里设置该图层的“混合模式”为“柔光”，如图 5-17 所示。

（6）编辑“基底图层”。为该图层添加描边、投影图层样式，此时画面效果如图 5-18 所示。

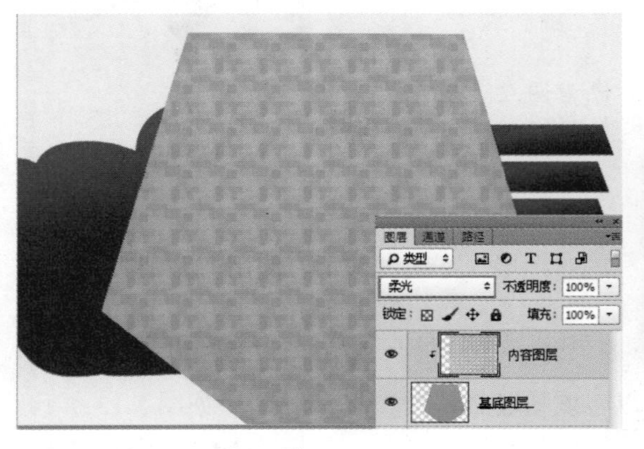


图 5-17

图 5-18

（7）最后置入前景素材“2.jpg”，放置在相应位置，最终效果如图 5-19 所示。

（8）想要释放剪贴蒙版，可以在“内容图层”的名称上单击鼠标右键，然后在弹出的快捷菜单中执行“释放剪贴蒙版”命令，如图 5-20 所示，即可释放剪贴蒙版。释放剪贴蒙版后，“内容图层”就不再受“基底图层”的控制，如图 5-21 所示。

图 5-19

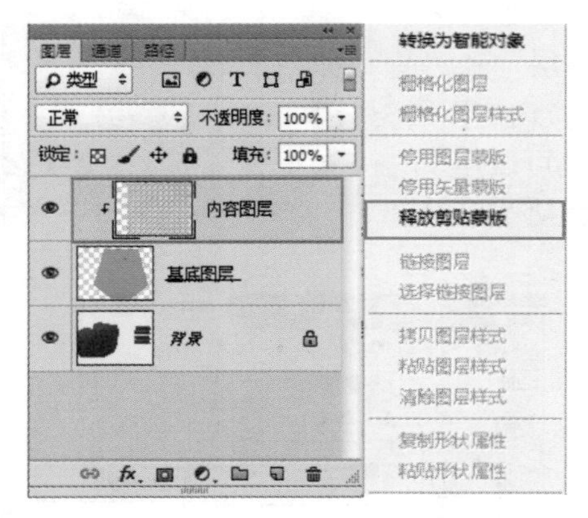


图 5-20

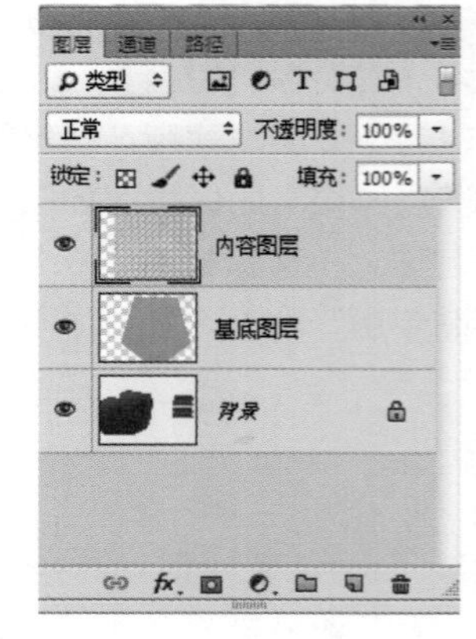


图 5-21

**小技巧：剪贴蒙版小知识**

在剪贴蒙版中，“内容图层”之间可以进行顺序的调整，但需要注意的是，一旦移动到“基底图层”的下方就相当于释放剪贴蒙版。如果将剪贴蒙版以外的图层拖动到“基底图层”上方，则可将其加入到剪贴蒙版组中。

# 5.2　合成画面好帮手——图层蒙版

图层蒙版是比较常用的合成技术，通常会利用蒙版遮盖部分图像，只保留画面所需要的内容。这种隐藏而非删除的编辑方式是一种非常方便的非破坏性编辑方式。图 5-22~ 图 5-25 所示为会使用到图层蒙版制作的优秀设计作品。

图 5-22

图 5-23

图 5-24

图 5-25

## 5.2.1　图层蒙版的工作原理

图层蒙版是一种非破坏性的抠图方式。在 Photoshop 中，蒙版是将不同的灰度色值转化为不同的透明度，并作用于其所在的图层，使图层不同部位的透明度产生相应的变化。图层蒙版是位图工具，通过使用画笔工具和填充命令等来处理蒙版的黑白关系，从而控制图像的显示和隐藏。在蒙版中显示黑色为完全透明，白色为完全不透明。下面就一起来学习图层蒙版的工作原理吧！

（1）打开素材文件，在该文件中有两个图层。“图层 1”为图层的最顶端，所以在画面中只能看到“图层 1”中的内容，如图 5-26 所示。然后为图层添加图层蒙版。选择“图层 1”，单击“图层”面板底部的“添加图层蒙版”按钮，为该图层添加图层蒙版，如图 5-27 所示。

图 5-26

图 5-27

（2）为图层添加的蒙版正常情况下为白色。按照图层蒙版“黑透、白不透”的工作原理，此时文档窗口中将完全显示“图层 1”的内容，如图 5-28 所示。

（3）如果要全部显示“背景”图层的内容，则可以选择“图层 1”的蒙版，然后用黑色填充蒙版，如图 5-29 所示。

图 5-28

图 5-29

（4）如果以半透明方式来显示当前图像，则可以用灰色填充“图层 1”的蒙版，如图 5-30 所示。

（5）总结一句话，在蒙版中黑色代表透明，灰色代表半透明，白色代表不透明，效果如图 5-31 所示。

图 5-30

图 5-31

**小技巧：** 图层蒙版小知识

除了可以在图层蒙版中填充颜色以外，还可以在图层蒙版中填充渐变、使用不同的画笔工具来编辑蒙版，还可以在图层蒙版中应用各种滤镜。

### 5.2.2 创建图层蒙版

创建剪贴蒙版的方法很简单，在“图层”面板底部有个“创建图层蒙版”按钮，单击该按钮即可快速为该图层添加图层蒙版，也可以基于选区为图层添加图层蒙版，具体创建方法如下。

（1）打开背景素材，如图 5-32 所示。导入“计算机壁纸”素材，为了能准确地绘制出计算机壁纸，设置“不透明度”为 60，放置在相应位置，如图 5-33 所示。

图 5-32

图 5-33

（2）基于选区为图层添加图层蒙版。基于当前选区为图层添加图层蒙版，选区以外的图像将被蒙版隐藏。使用“矩形工具”在“计算机壁纸”图层中绘制与屏幕大小相同的矩形，单击“图层”面板底部的“创建图层蒙版”按钮，为该图层添加图层蒙版，如图 5-34 所示。图层蒙版添加完成后将该图层的“不透明度”设置为 100%，如图 5-35 所示。

（3）置入素材“3.png”放置在相应位置，如图 5-36 所示。

图 5-34

图 5-35

图 5-36

（4）置入第二个素材“4.png”，放在相应位置，如图 5-37 所示。然后使用图层蒙版制作出飞马从电视里跑出来的样子。选择飞马图层，单击“创建图层蒙版”按钮为该图层添加图层蒙版。然后选择该蒙版，使用黑色的画笔在画面中的相应位置进行涂抹，最后将其在蒙版中进行隐藏，如图 5-38 和图 5-39 所示。至此，本案例完成。

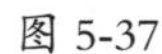

图 5-37

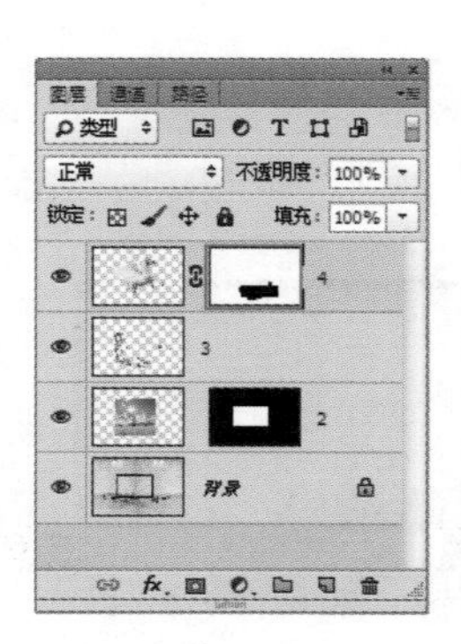


图 5-38

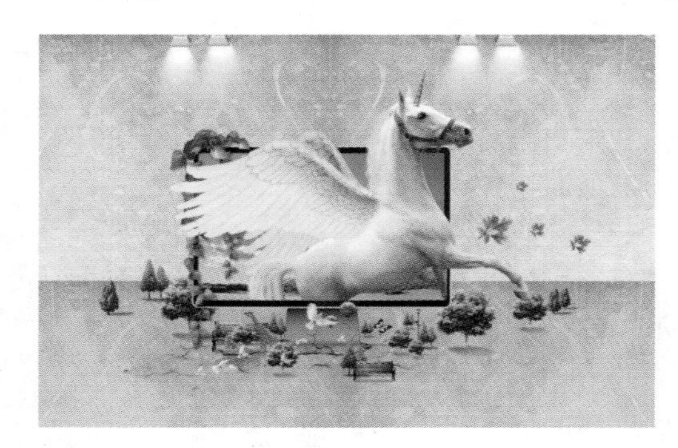

图 5-39

## 5.2.3 编辑图层蒙版

我们知道了图层蒙版的原理，也学习了创建图层蒙版的方法。那么在编辑过程中，要想删除不需要的蒙版，或暂时停用蒙版该怎么操作呢？本小节将讲解如何编辑图层蒙版。

**1. 应用图层蒙版**

应用图层蒙版是指将图像中对应蒙版中的黑色区域删除，将白色区域保留下来，而灰色区域将呈现透明效果，并且删除图层蒙版。在图层蒙版缩略图上单击鼠标右键，在弹出的快捷菜单中执行“应用图层蒙版”命令，如图 5-40 所示，可以将蒙版应用在当前图层中。应用图层蒙版后，蒙版效果将应用到图像上，如图 5-41 所示。

**2. 停用与启用图层蒙版**

执行“图层 > 图层蒙版 > 停用”菜单命令，即可停用图层蒙版。在停用的图层蒙版的上方有一个红色交叉线 ×，如图 5-42 所示；也可以在蒙版的上方单击鼠标右键，在弹出快捷菜单中执行“停用图层蒙版”命令，以停用蒙版，如图 5-43 所示。

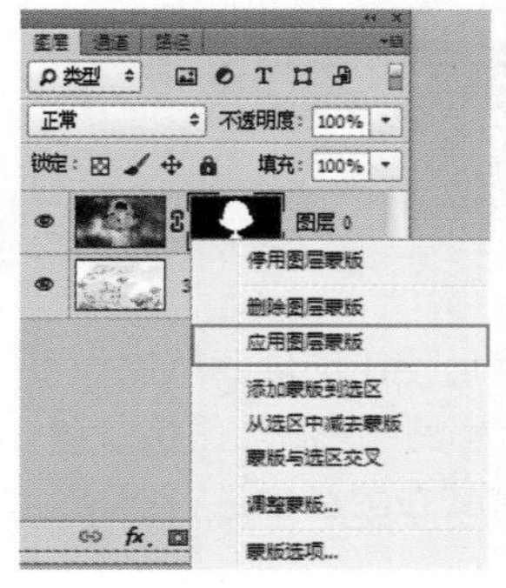


图 5-40

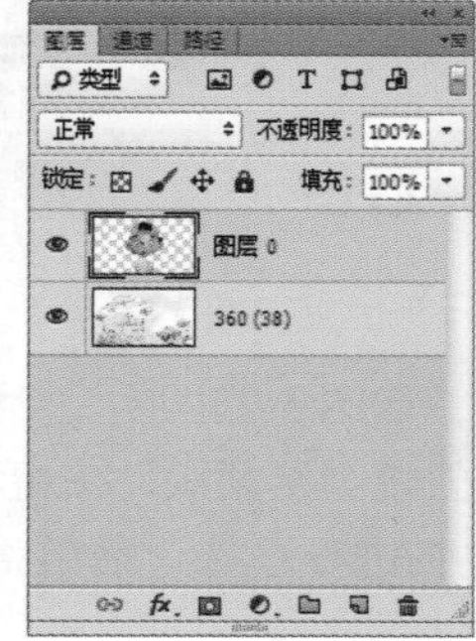


图 5-41

图 5-42

图 5-43

**小技巧：**配合快捷键停用蒙版

选择需要停用的图层蒙版，按住 <Shift> 键并单击该蒙版，即可快速将该蒙版停用。如果想启用蒙版，继续按住 <Shift> 键并单击该蒙版，即可快速启用蒙版。

### 3. 启用图层蒙版

在停用图层蒙版后，如果要重新启用图层蒙版，则可以执行“图层 > 图层蒙版 > 启用”菜单命令，或在蒙版缩略图上单击鼠标右键，然后在弹出的快捷菜单中执行“启用图层蒙版”命令，如图 5-44 和图 5-45 所示。

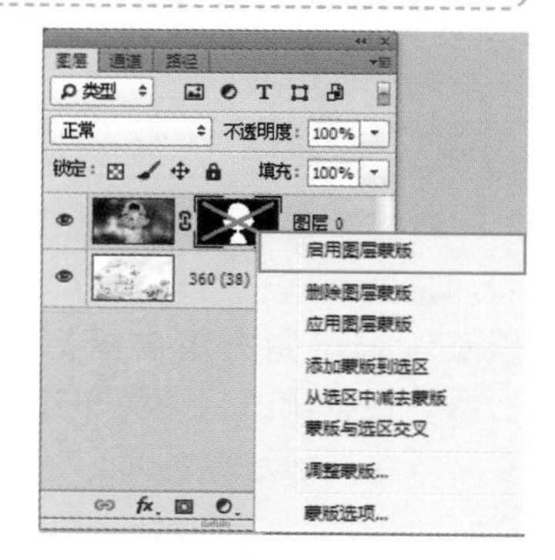


图 5-44

### 4. 删除图层蒙版

如果要删除图层蒙版，则可以选中图层，执行“图层 > 图层蒙版 > 删除”菜单命令，如图 5-46 所示；或在蒙版缩略图上单击鼠标右键，然后在弹出的快捷菜单中执行“删除图层蒙版”命令，如图 5-47 所示。

图 5-45

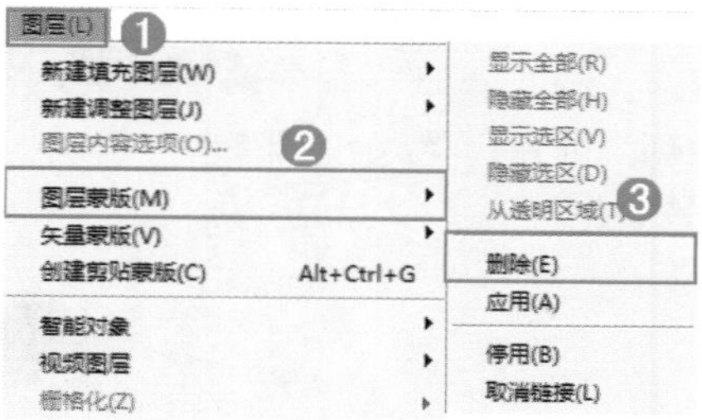

图 5-46

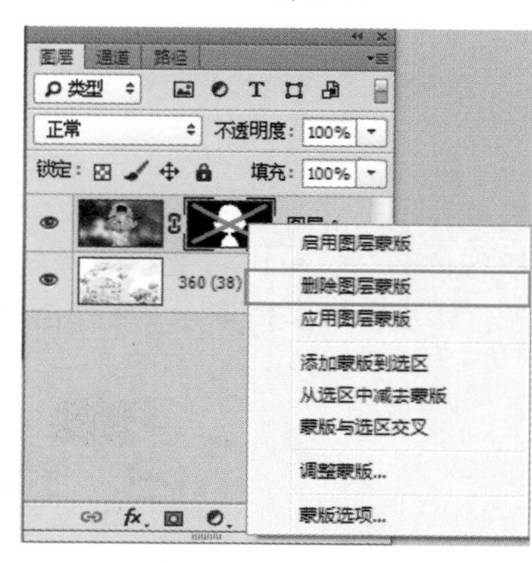


图 5-47

### 5. 转移图层蒙版

可以转移图层蒙版给其他图层，单击选中要转移的图层蒙版缩略图并将蒙版拖动到其他图层上，如图 5-48 所示。松开鼠标后即可将该图层的蒙版转移到其他图层上，如图 5-49 所示。

如果将一个图层的蒙版缩略图拖动到另外一个图层的蒙版缩略图上，则可以替换该图层的蒙版，如图 5-50 和图 5-51 所示。

图 5-48

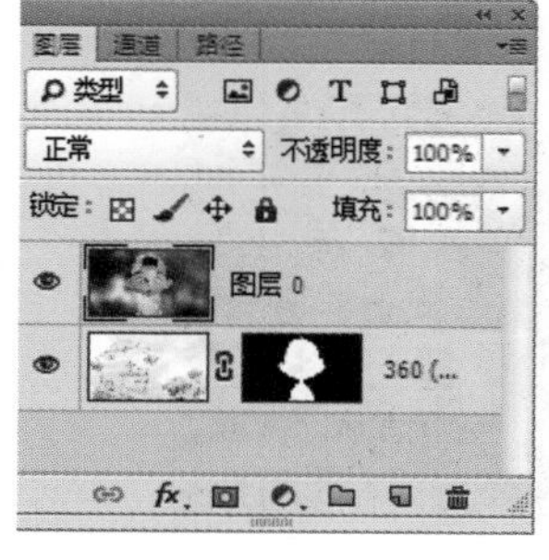


图 5-49

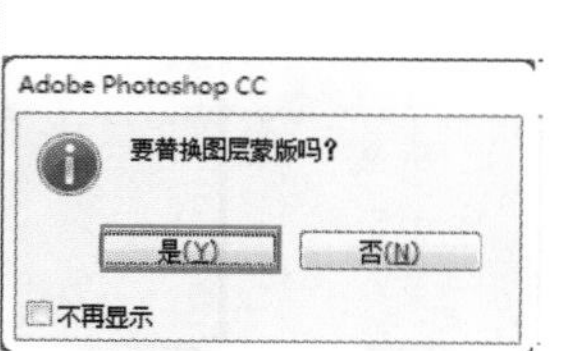


图 5-50

图 5-51

**6. 复制图层蒙版**

如果要将一个图层的蒙版复制到另一个图层上，则可以按住 <Alt> 键并将蒙版缩略图拖动到另一个图层上，如图 5-52 和图 5-53 所示。

图 5-52

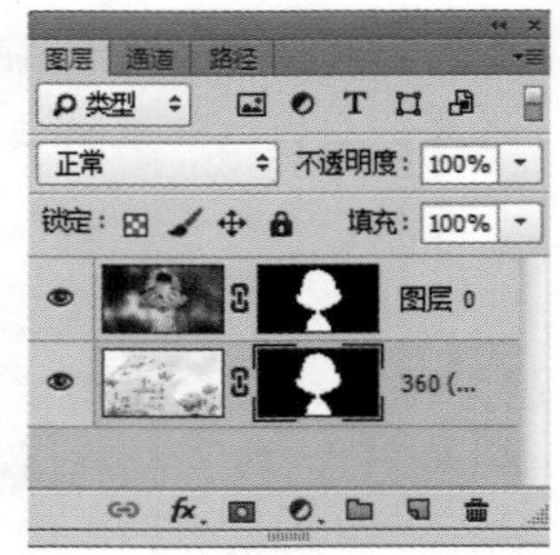


图 5-53

## 5.2.4 蒙版与选区的运算

我们学习过选区的运算，其实在图层蒙版和选区之间也可以进行相应的运算。在图层蒙版缩略图上单击鼠标右键，如图 5-54 所示。在弹出的快捷菜单中可以看到 3 个关于蒙版与选区运算的命令，如图 5-55 所示。

图 5-54

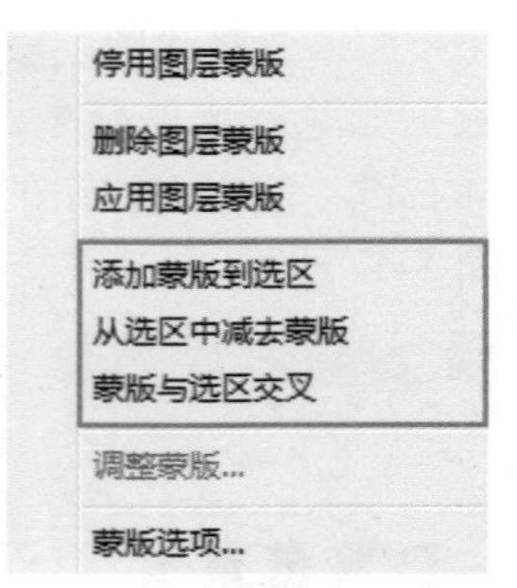


图 5-55

> **技巧提示：**
> 按住 <Ctrl> 键并单击蒙版的缩略图，可以载入蒙版的选区。

以“添加蒙版到选区”命令为例，如果当前图像中存在选区，如图 5-56 所示，则执行该命令，可以将蒙版的选区添加到当前选区中，如图 5-57 所示。其他命令也是如此。

图 5-56

图 5-57

## 5.2.5 玩转图层蒙版——制作做旧效果的老照片

本案例主要通过使用怀旧素材，利用曲线、渐变映射和照片滤镜来改变照片的色调与亮度，使照片带有老照片特有的黄色调，从而流露出旧时光感，具体步骤如下。

（1）打开背景素材图片“1.jpg”，如图 5-58 所示，导入照片素材“2.jpg”，在该图层上单击鼠标右键，在弹出的快捷菜单中执行“栅格化智能图层”命令，并将其放在画面中间，如图 5-59 所示。

图 5-58

图 5-59

（2）使照片的边角隐藏。单击“添加图层蒙版”按钮，为照片添加图层蒙版，使用“画笔工具”，在选项栏中选择圆形柔角的画笔，设置合适的笔尖大小，选中图层蒙版，设置前景色为黑色，在照片的四角涂抹，使其隐藏，如图 5-60 所示，画面效果如图 5-61 所示。

图 5-60

图 5-61

> **小技巧：** 涂抹蒙版时的小技巧
>
> 在涂抹时可以降低画笔的不透明度，以制作渐隐的效果。

（3）将照片变成黑白色调。执行“图层 > 新建调整图层 > 渐变映射”菜单命令，在“渐变映射”窗口中编辑一个灰色至白色的渐变，如图 5-62 和图 5-63 所示。

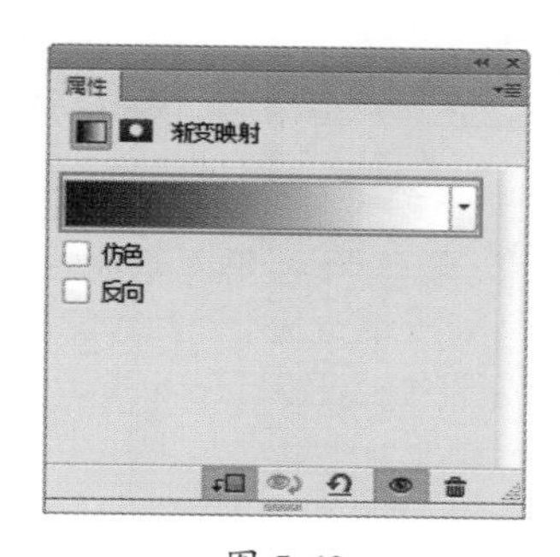


图 5-62

图 5-63

（4）此时可以看到画面整体都变黑白色了，现在只需使渐变映射对照片起作用就行了，这时可以为“渐变映射”调整图层创建剪贴蒙版。选中“渐变映射”调整图层，单击鼠标右键，在弹出的快捷菜单中执行“创建剪贴蒙版”命令，如图 5-64 所示。此时画面效果如图 5-65 所示。

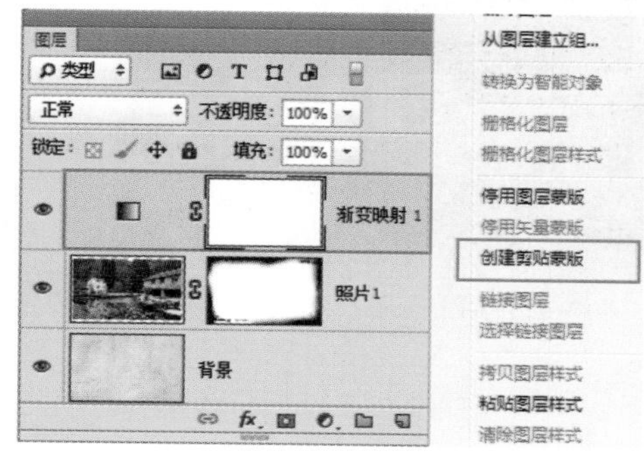


图 5-64

图 5-65

（5）调整画面的亮度。执行“图层 > 新建调整图层 > 曲线”菜单命令，在“属性”面板中，在曲线上部建立一个控制点，向上拖动控制点使画面变亮。单击“曲线”窗口下面的“将此调整剪贴到此图层”按钮，以只对照片起作用，如图 5-66 所示。此时画面效果如图 5-67 所示。

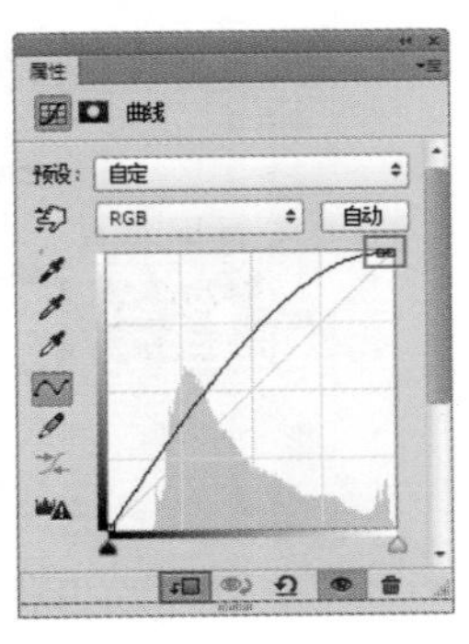


图 5-66

图 5-67

（6）继续执行“图层 > 新建调整图层 > 照片滤镜”菜单命令，选中“颜色”单选按钮，设置颜色为橘黄色，“浓度”数值为 40%，勾选“保留明度”复选框，单击“将此调整剪贴到此图层”按钮，如图 5-68 所示。此时照片就带有了一种黄旧色调，效果如图 5-69 所示。

图 5-68

图 5-69

（7）置入素材“3.jpg”，在“图层”面板中设置素材的混合模式为“柔光”，“不透明度”为 65%，如图 5-70 所示。此时照片就出现了划痕的效果。最终效果如图 5-71 所示。

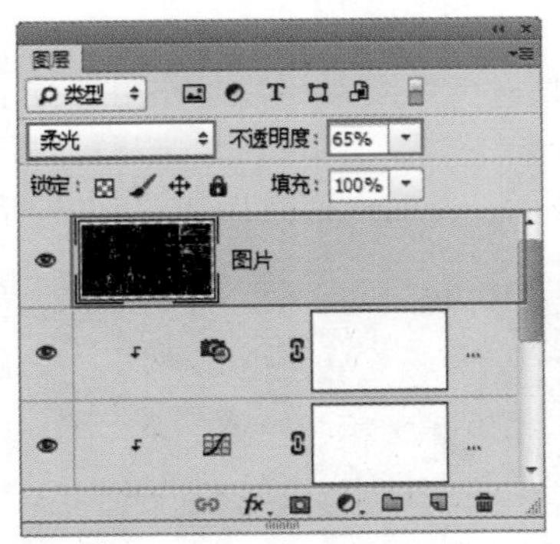


图 5-70

图 5-71

## 5.3　可任意放大或缩小的蒙版——矢量蒙版

矢量蒙版，也叫作“路径蒙版”，是可以任意放大或缩小的蒙版。通常“矢量蒙版”是通过路径和矢量形状来控制图像的显示区域。并且矢量蒙版可以调整路径节点，从而制作出精确的蒙版区域。图 5-72~ 图 5-75 所示为好玩的文字设计作品欣赏。

图 5-72

图 5-73

图 5-74

图 5-75

### 5.3.1　创建矢量蒙版

图 5-76 所示为一个包含两个图层的文档，下面就以这个文档为例来讲解如何创建矢量蒙版，“图层”面板如图 5-77 所示。

（1）使用“椭圆工具” 绘制一个路径，如图 5-78 所示。然后，执行“图层 > 矢量蒙版 > 当前路径”菜单命令，如图 5-79 所示，可以基于当前路径为图层创建一个矢量蒙版，如图 5-80 所示。

图 5-76

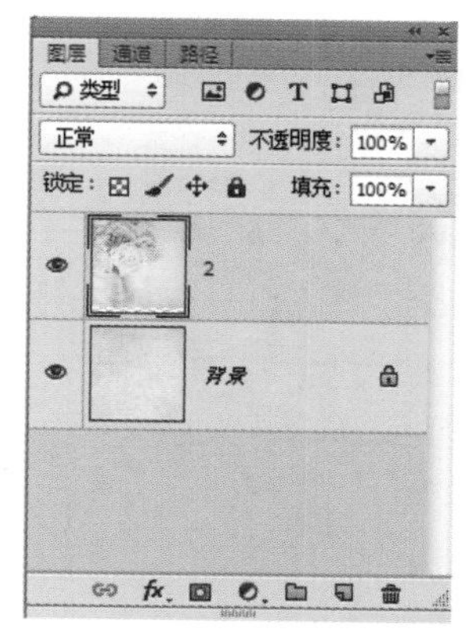


图 5-77

图 5-78

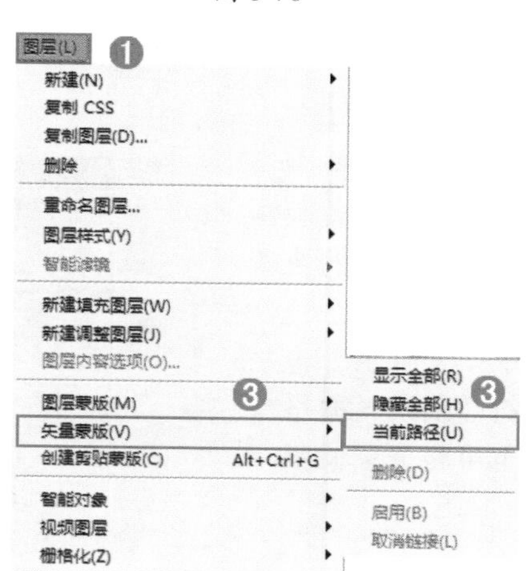


图 5-79

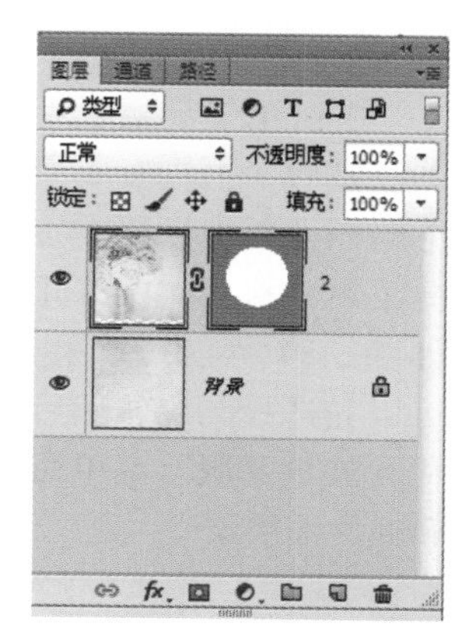


图 5-80

**小技巧：** 矢量蒙版的小知识

按住 <Ctrl> 键并在“图层”面板下单击“创建图层蒙版”按钮，也可以为图层添加矢量蒙版。创建矢量蒙版后，可以继续使用“钢笔工具”或“形状工具”在矢量蒙版中绘制形状，如图 5-81~ 图 5-83 所示。

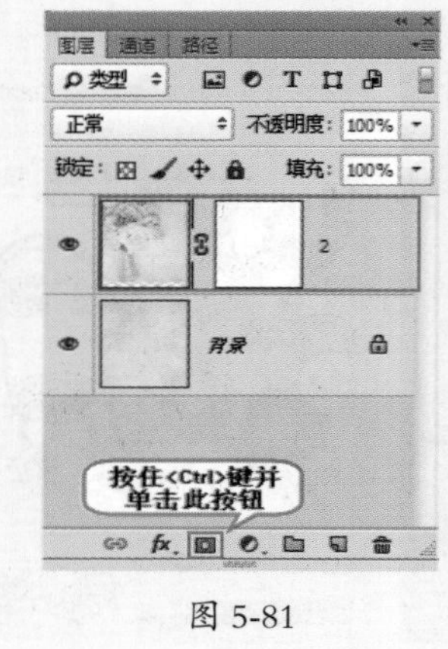


图 5-81

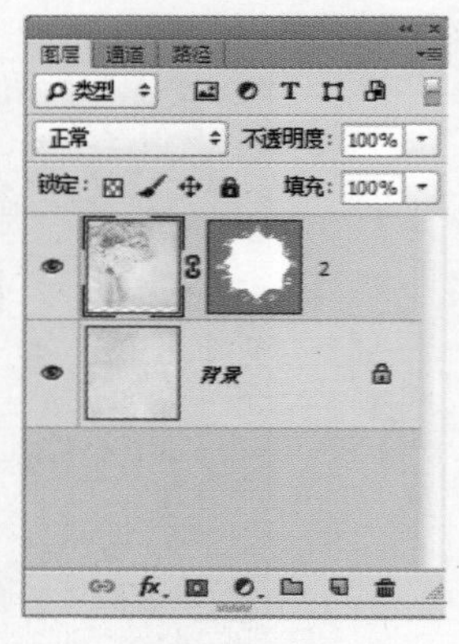


图 5-82

图 5-83

（2）对该矢量蒙版执行“添加图层样式”里的“内阴影”命令，如图 5-84 所示。此时画面效果如图 5-85 所示。

（3）最后导入“前景素材”，画面最终效果如图 5-86 所示。

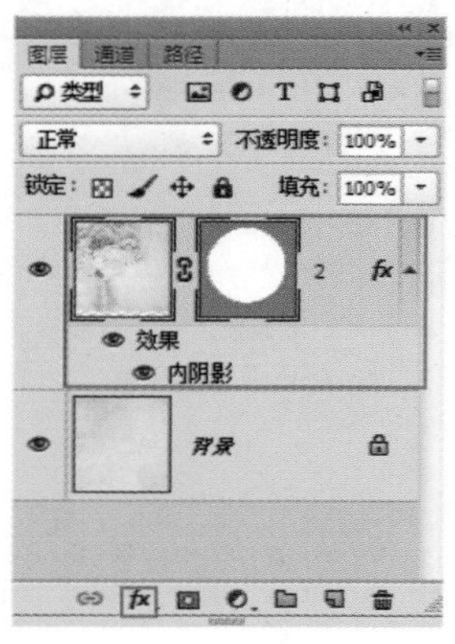


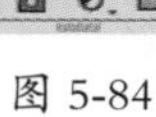

图 5-84

图 5-85

图 5-86

## 5.3.2 将矢量蒙版转换为图层蒙版

栅格化矢量蒙版后，蒙版就会转换为图层蒙版，不再有矢量形状存在。在蒙版缩略图上单击鼠标右键，然后在弹出的快捷菜单中执行“栅格化矢量蒙版”命令，如图 5-87 所示，效果如图 5-88 所示。也可以先选择图层，然后执行“图层 > 栅格化 > 矢量蒙版”菜单命令也可将矢量蒙版转换为图层蒙版。

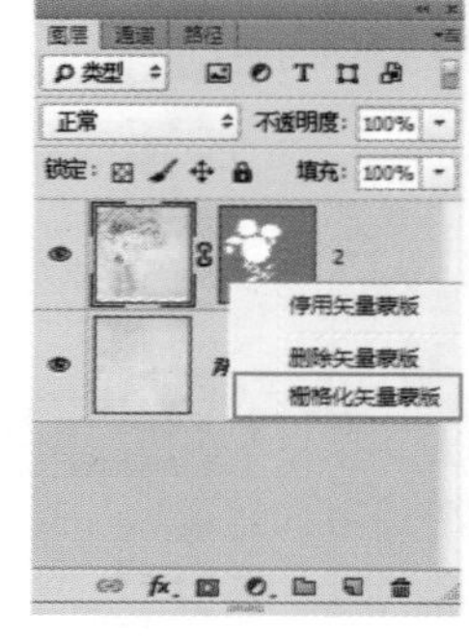


图 5-87

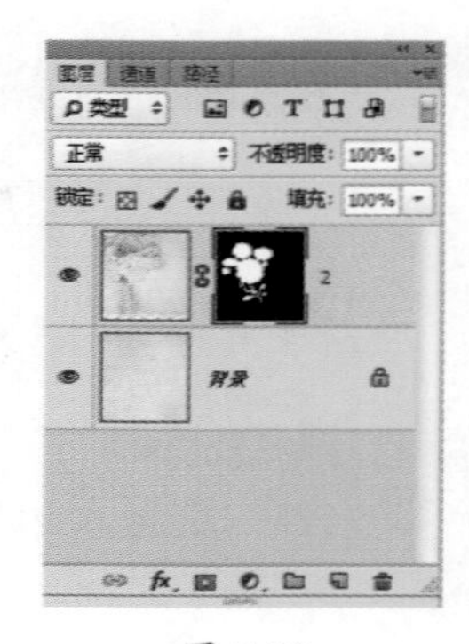


图 5-88

## 5.3.3　链接 / 取消链接矢量蒙版

在图层缩览图和矢量蒙版之间有一个锁链形状的图标，如图 5-89 所示，此图标代表此时矢量蒙版与图像处于链接状态。当移动或变换图层时，矢量蒙版也会跟着发生变化。

如果不想在变换图层或矢量蒙版时影响对方，则可以单击链接图标以取消链接。如果要恢复链接，则可以在取消链接的地方单击鼠标左键，或执行“图层 > 矢量蒙版 > 链接”菜单命令，如图 5-90 所示。

图 5-89

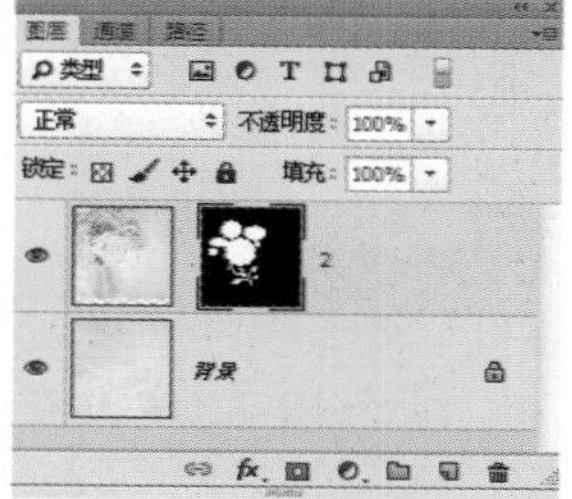


图 5-90

## 5.3.4　玩转矢量蒙版——制作婚纱画册版式

在本案例中，主要对上一小节所学习的内容进行练习，主要利用矢量蒙版和矩形工具来完成制作，具体步骤如下。

（1）打开背景素材“1.jpg”，如图 5-91 所示，再导入人物素材“2.jpg”，如图 5-92 所示。

图 5-91

图 5-92

（2）选择工具箱中的“矩形工具”，在控制栏中设置区绘制模式为“路径”，然后在两个照片上绘制矩形路径，如图 5-93 所示。执行“图层 > 矢量蒙版 > 当前路径”菜单命令，如图 5-94 所示。

图 5-93

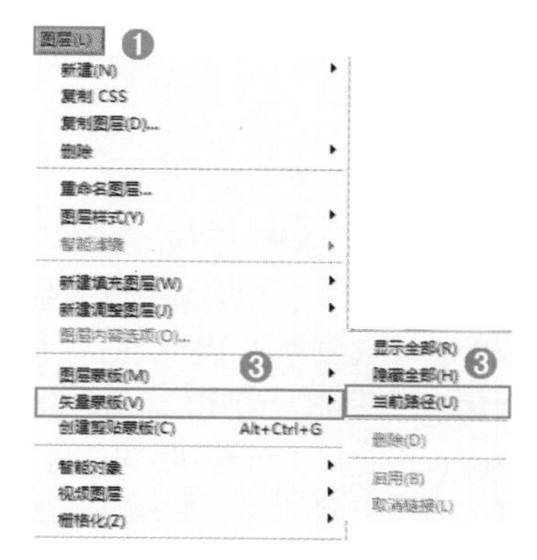


图 5-94

（3）此时的画面效果如图 5-95 所示。最后导入前景素材，最终画面效果如图 5-96 所示。

图 5-95

图 5-96

## 5.4 使用“属性”面板调整蒙版

“属性”面板的功能和工具选项栏相似，当执行某些命令时就会在“属性”面板中显示相关的选项，对于蒙版也是一样的，而且在该面板中还可以建立和取消图层蒙版和矢量蒙版。这里可以对所选图层的图层蒙版和矢量蒙版的不透明度和羽化进行调整。执行“窗口 > 属性”菜单命令，打开“属性”面板，如图 5-97 所示。

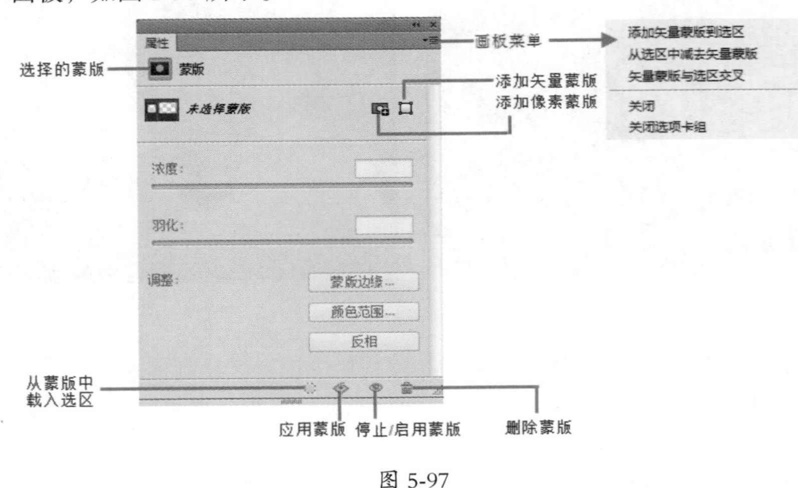


图 5-97

“属性”面板参数讲解：

- 选择的蒙版：显示了当前在“图层”面板中选择的蒙版。
- 添加像素蒙版 / 添加矢量蒙版：单击“添加像素蒙版”按钮，可以为当前图层添加一个像素蒙版；单击“添加矢量蒙版”按钮，可以为当前图层添加一个矢量蒙版。
- 浓度：该选项类似于图层的“不透明度”，用于控制蒙版的不透明度，即蒙版遮盖图像的强度。
- 羽化：用来控制蒙版边缘的柔化程度。数值越大，蒙版边缘越柔和；数值越小，蒙版边缘越生硬。
- 蒙版边缘：单击该按钮，可以打开“调整蒙版”对话框。在该对话框中，可以修改蒙版边缘，也可以使用不同的背景来查看蒙版，其使用方法与“调整边缘”对话框相同。
- 颜色范围：单击该按钮，可以打开“色彩范围”对话框。在该对话框中可以通过修改“颜色容差”来修改蒙版的边缘范围。

- 反相：单击该按钮，可以反转蒙版的遮盖区域，即蒙版中黑色部分会变成白色，而白色部分会变成黑色。
- 从蒙版中载入选区 ：单击该按钮，可以从蒙版中生成选区。另外，按住 <Ctrl> 键并单击蒙版的缩略图，也可以载入蒙版的选区。
- 应用蒙版 ：单击该按钮可将蒙版应用到图像中，同时删除蒙版以及被蒙版遮盖的区域。
- 停用 / 启用蒙版 ：单击该按钮，可以停用或重新启用蒙版。停用蒙版后，在“属性”面板的缩览图和“图层”面板的蒙版缩略图中都会出现一个红色的交叉线 ×。
- 删除蒙版 ：单击该按钮，可以删除当前选择的蒙版。

## 5.5　图层的融合

图层的融合是指图层之间通过设置一定的混合模式产生的画面效果。在使用 Photoshop 对图像文件进行编辑时，可以灵活运用各种图层的混合模式。混合模式决定了像素的混合方式，可用来合成图像、制作选区和特殊效果。图 5-98~ 图 5-101 所示为可以使用到混合模式制作的作品欣赏。

图 5-98

图 5-99

图 5-100

图 5-101

### 5.5.1　使用图层“不透明度”混合图层

“不透明度”是指透光的程度，通常在“图层”面板中对图层的透明度进行调整。不透明度数值越高，图层越不透明；不透明度越低，图层越透明。当数值为 100% 时为完全不透明，如图 5-102 所示；当数值为 50% 时为半透明，如图 5-103 所示；当数值为 0% 时为完全透明，如图 5-104 所示。

图 5-102

图 5-103

图 5-104

**1. 调整图层的“不透明度”**

“不透明度”选项控制着整个图层的透明属性，包括图层中的形状、像素以及图层样式。下述文档中包含一个“背景”图层和一个图层“1”，图层“1”包含两种图层样式，如图 5-105 所示，效果如图 5-106 所示。

如果将“不透明度”调整为 50%，可以观察到整个主体以及图层样式都变为半透明的效果，如图 5-107 所示，效果如图 5-108 所示。

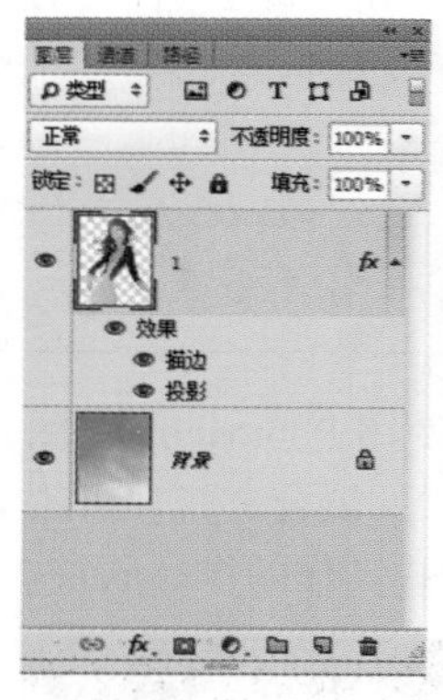

图 5-105

图 5-106

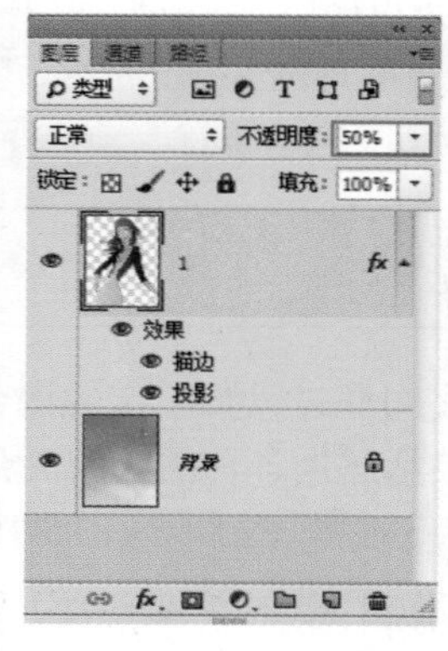

图 5-107

图 5-108

> **小技巧：** 调整“不透明度”选项的快捷键
>
> 按键盘上的数字键即可快速修改图层的“不透明度”，如按一下 <5> 键，“不透明度”会变为 50%，如果按两次 <5> 键，则“不透明度”会变为 55%。

**2. 调整图层的填充**

“填充”不透明度只影响图层中绘制的像素和形状的不透明度，与“不透明度”选项不同，填充不透明度对附加的图层样式效果没有影响。将“填充”数值调整为 50%，可以观察到主体部分变为半透明效果，而样式效果则没有发生任何变化，如图 5-109 所示，效果如图 5-110 所示。

将“填充”数值调整为 0%，可以观察到主体部分变为透明效果，而样式效果则没有发生任何变化，如图 5-111 所示，效果如图 5-112 所示。

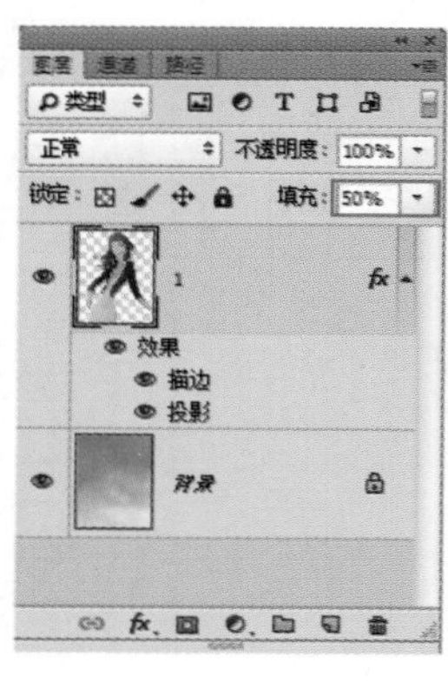

图 5-109

图 5-110

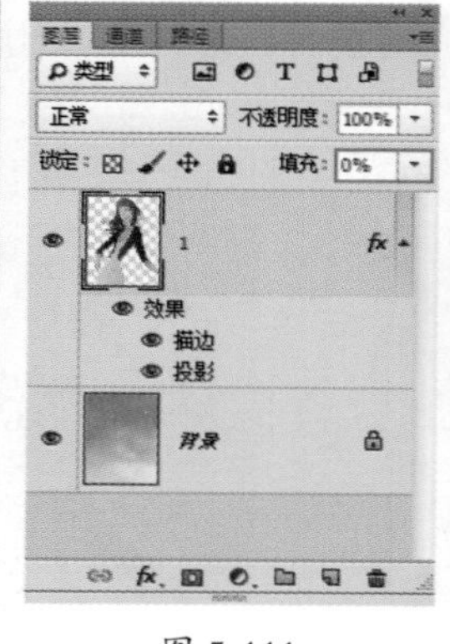

图 5-111

图 5-112

## 5.5.2 颜色叠加下的多彩世界——使用混合模式混合图层

在之前的章节中，我们学习过设置填充的描边的混合模式。其实，图层的混合模式是 Photoshop 的中的一项重要功能。设置混合模式的方法不仅在“填充”和“描边”面板中，还存在于“图层”面板中。图层混合模式是与其下图层的色彩叠加方式。经过混合的图像画面的样子换了，但是实质上图像的原始内容并没有发生改变。图 5-113~ 图 5-116 所示为一些使用到混合模式制作的作品欣赏。

图 5-113

图 5-114

图 5-115

图 5-116

在“图层”面板中选择一个除“背景”图层以外的图层，单击面板顶部的按钮 ≑，在弹出的下拉列表框中可以选择一种混合模式。图层的“混合模式”分为 6 组，共 27 种，如图 5-117 所示。

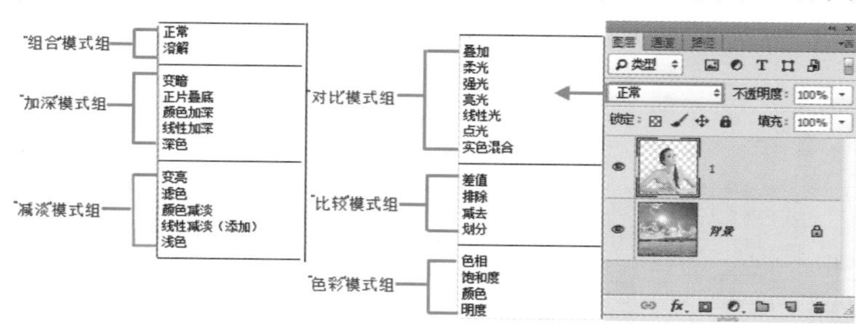


图 5-117

### 1. “组合”模式组

“组合”模式组中的混合模式需要降低图层的“不透明度”或“填充”数值才能起作用，这两个参数的数值越低，越能看到下面的图像。

正常：这种模式是 Photoshop 默认的模式。“图层”面板中包含两个图层，如图 5-118 所示。在正常情况下，即“不透明度”为 100%，如图 5-119 所示。上层图像将完全遮盖住下层图像，只有降低“不透明度”的数值以后才能与下层图像相混合。图 5-120 所示是将“不透明度”设置为 70% 时的混合效果。

图 5-118

图 5-119

图 5-120

溶解：在“不透明度”和“填充”数值为 100% 时，该模式不会与下层图像相混合，只有这两个数值中的任何一个低于 100% 时才能产生效果，使透明度区域上的像素离散，如图 5-121 所示。

图 5-121

### 2. “加深”模式组

“加深”模式组中的混合模式可以使图像变暗。在混合过程中，当前图层的白色像素会被下层较暗的像素替代。

变暗：比较每个通道中的颜色信息，并选择基色或混合色中较暗的颜色作为结果色，同时替换比混合色亮的像素，而比混合色暗的像素保持不变，效果如图 5-122 所示。

正片叠底：任何颜色与黑色混合产生黑色，任何颜色与白色混合保持不变，效果如图 5-123 所示。

颜色加深：通过增加上下层图像之间的对比度来使像素变暗，与白色混合后不产生变化，效果如图 5-124 所示。

图 5-122

图 5-123

图 5-124

线性加深：通过减小亮度使像素变暗，与白色混合不产生变化，效果如图 5-125 所示。

深色：通过比较两个图像的所有通道的数值的总和，然后显示数值较小的颜色，效果如图 5-126 所示。

图 5-125

图 5-126

### 3. “减淡”模式组

“减淡”模式组与加深模式组产生的混合效果完全相反，它们可以使图像变亮。在混合过程中，图像中的黑色像素会被较亮的像素替换，而任何比黑色亮的像素都可能提亮下层图像。

变亮：比较每个通道中的颜色信息，并选择基色或混合色中较亮的颜色作为结果色，同时替换比混合色暗的像素，而比混合色亮的像素保持不变，效果如图 5-127 所示。

滤色：与黑色混合时颜色保持不变，与白色混合时产生白色，效果如图 5-128 所示。

颜色减淡：通过减小上下层图像之间的对比度来提亮底层图像的像素，效果如图 5-129 所示。

图 5-127

图 5-128

图 5-129

线性减淡（添加）：与“线性加深”模式产生的效果相反，可以通过提高亮度来减淡颜色，效果如图 5-130 所示。

浅色：通过比较两个图像的所有通道的数值的总和，然后显示数值较大的颜色，效果如图 5-131 所示。

图 5-130

图 5-131



**4.“对比”模式组**

“对比”模式组中的混合模式可以加强图像的差异。在混合时，50% 的灰色会完全消失，任何亮度值高于 50% 灰色的像素都可能提亮下层的图像，亮度值低于 50% 灰色的像素则可能使下层图像变暗。

叠加：对颜色进行过滤并提亮上层图像，具体取决于底层颜色，同时保留底层图像的明暗对比，效果如图 5-132 所示。

柔光：使颜色变暗或变亮，具体取决于当前图像的颜色。如果上层图像比 50% 灰色亮，则图像变亮；如果上层图像比 50% 灰色暗，则图像变暗，效果如图 5-133 所示。

强光：对颜色进行过滤，具体取决于当前图像的颜色。如果上层图像比 50% 灰色亮，则图像变亮；如果上层图像比 50% 灰色暗，则图像变暗，效果如图 5-134 所示。

图 5-132

图 5-133

图 5-134

亮光：通过增加或减小对比度来加深或减淡颜色，具体取决于上层图像的颜色。如果上层图像比 50% 灰色亮，则图像变亮；如果上层图像比 50% 灰色暗，则图像变暗，效果如图 5-135 所示。

线性光：通过减小或增加亮度来加深或减淡颜色，具体取决于上层图像的颜色。如果上层图像比 50% 灰色亮，则图像变亮；如果上层图像比 50% 灰色暗，则图像变暗，效果如图 5-136 所示。

点光：根据上层图像的颜色来替换颜色。如果上层图像比 50% 灰色亮，则替换比较暗的像素；如果上层图像比 50% 灰色暗，则替换较亮的像素，效果如图 5-137 所示。

图 5-135

图 5-136

图 5-137

实色混合：将上层图像的 RGB 通道值添加到底层图像的 RGB 值中。如果上层图像比 50% 灰色亮，则使底层图像变亮；如果上层图像比 50% 灰色暗，则使底层图像变暗，效果如图 5-138 所示。

**5. “比较”模式组**

“比较”模式组中的混合模式可以比较当前图像与下层图像，将相同的区域显示为黑色，不同的区域显示为灰色或彩色。如果当前图层中包含白色，那么白色区域会使下层图像反相，而黑色不会对下层图像产生影响。

差值：上层图像与白色混合，将反转底层图像的颜色，与黑色混合则不产生变化，效果如图 5-139 所示。

排除：创建一种与“差值”模式相似，但对比度更低的混合效果，效果如图 5-140 所示。

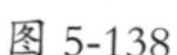

图 5-138

图 5-139

图 5-140

减去：从目标通道中相应的像素上减去源通道中的像素值，效果如图 5-141 所示。

划分：比较每个通道中的颜色信息，然后从底层图像中划分上层图像，效果如图 5-142 所示。

**6. “色彩”模式组**

使用“色彩”模式组中的混合模式时，Photoshop 会将色彩分为色相、饱和度和亮度 3 种成份，然后再将其中的一种或两种应用在混合后的图像中。

色相: 用底层图像的明亮度和饱和度以及上层图像的色相来创建结果色，效果如图 5-143 所示。

图 5-141

图 5-142

图 5-143

饱和度：用底层图像的明亮度和色相以及上层图像的饱和度来创建结果色（在饱和度为 0 的灰度区域应用该模式不会产生任何变化），效果如图 5-144 所示。

颜色：用底层图像的明亮度以及上层图像的色相和饱和度来创建结果色，这样可以保留图像中的灰阶，对于为单色图像上色或给彩色图像着色非常有用，效果如图 5-145 所示。

明度: 用底层图像的色相和饱和度以及上层图像的明亮度来创建结果色，效果如图 5-146 所示。

图 5-144

图 5-145

图 5-146

### 5.5.3　玩转混合模式——制作粉头发芭比

在本案例中需要把人物头发的颜色更改为粉色。在制作时，需要在新图层中使用画笔绘制出粉色的头发轮廓。然后设置图层的混合模式，最后制作漂亮的头发。这个案例还是比较简单的，但是在绘制头发轮廓时需要小心仔细，具体步骤如下。

（1）执行“文件 > 打开”菜单命令，打开原图，如图 5-147 所示。单击“图层”面板下方的“新建图层”按钮，选中新建“图层 1”。单击工具箱中的“画笔工具”，在选项栏中选择圆形柔角的画笔，设置合适的大小，将前景色设为粉色，在人物头发部分涂抹。画面效如图 5-148 所示。

图 5-147

图 5-148

（2）选中“图层 1”图层，在“图层”面板中设置该图层的混合模式为“柔光”，如图 5-149 所示。画面效果如图 5-150 所示。

（3）此时可以看到人物的头发已经变成了粉色。为了使人物头发颜色更加鲜艳、明亮，可以通过复制图层的方法使头发的颜色加深。选中“图层 1”图层，单击鼠标右键，在弹出的快捷菜单中执行“复制图层”命令，得到“1 副本”图层。选中该图层，在“图层”面板中设置图层的“不透明度”为 50%。此时的“图层”面板如图 5-151 所示，画面最终效果如图 5-152 所示。

图 5-149

图 5-150

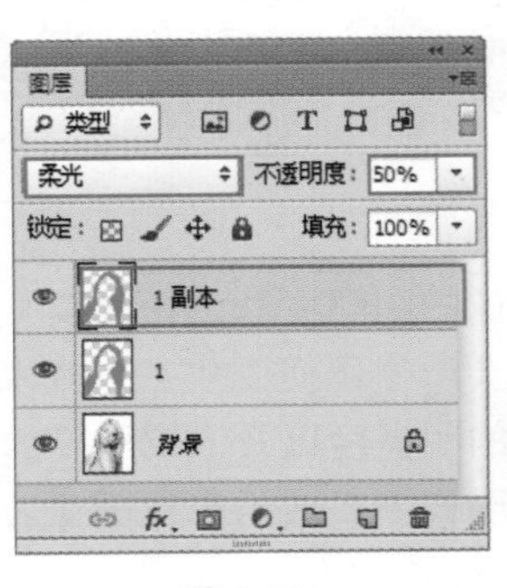


图 5-151

图 5-152

## 5.5.4 玩转混合模式——时尚杂志封面设计

本案例主要通过使用“钢笔工具”绘制颜色块，然后调整图层的混合模式，制作时尚潮流的封面，具体步骤如下。

（1）打开人物素材图像“1.jpg”，如图 5-153 所示。执行“图层 > 新建调整图层 > 黑白”菜单命令，将人物变成黑白色，如图 5-154 所示。

（2）选中“黑白”调整图层的图层蒙版，使用黑色画笔在人物的眼珠部分涂抹，如图 5-155 所示，使其显示出色彩，效果如图 5-156 所示。

图 5-153

图 5-154

图 5-155

图 5-156

（3）单击“横排文字工具”按钮，在选项栏中设置合适的字体及字体大小，颜色为黑色。在画面中输入“Y”，使文字大小与海报上下顶端对齐，如图 5-157 所示。使用“钢笔工具”，在选项栏中设置“绘制模式”为形状，“颜色”为粉色，“描边”为“无”，沿着“Y”左右两侧绘制形状，如图 5-158 所示。

（4）在“图层”面板中设置“形状 1”和“形状 2”图层的混合模式为正片叠底，如图 5-159 所示。此时画面效果如图 5-160 所示。

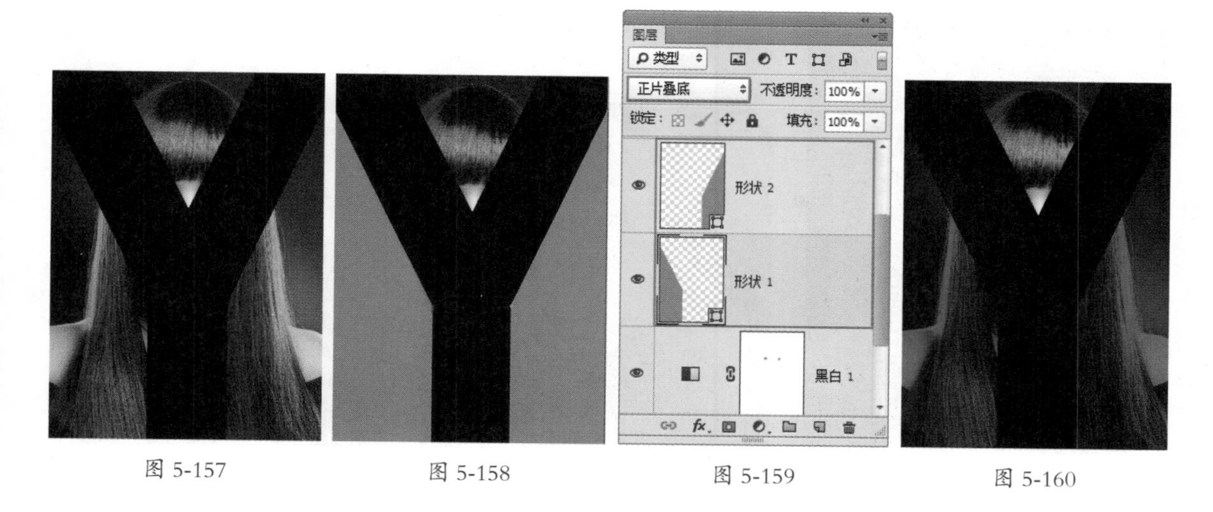


图 5-157　　图 5-158　　图 5-159　　图 5-160

（5）使用同样的方法制作蓝色的部分，效果如图 5-161 所示。制作完成后在“图层”面板中将“Y”图层隐藏。画面效果如图 5-162 所示。

（6）最后使用“横排文字工具”  为封面输入文字，使封面更加完整、丰富。最终效果如图 5-163 所示。

图 5-161

图 5-162

图 5-163

## 5.5.5　高级蒙版——混合颜色带

其实，混合颜色带并不神秘，它就是一个高级蒙版，其独特之处在于它既能隐藏当前图层中的图像，也可以让下面图层中的图像穿透到当前图层中显示出来，或同时隐藏当前图层和下面图层中的部分图像。

混合颜色带调用容易、设置简单，但不能单独编辑，由于它是由色阶大小来控制蒙版的，因此非常适用于处理明暗变化非常大、边缘非常复杂的图像合成，常用来混合云彩、光效、火焰、烟花、闪电等半透明素材，如图 5-164~ 图 5-166 所示。在混合颜色带中进行设置是隐藏像素而不是删除像素。重新打开“图层样式”对话框后，将滑块拖回到原来的起始位置，即可将隐藏的像素显示出来。

图 5-164

图 5-165

图 5-166

（1）打开背景素材“1.jpg”，如图 5-167 所示，再导入光斑素材“2.jpg”，如图 5-168 所示。

图 5-167

图 5-168

（2）选择光斑图层，执行“图层 > 图层样式 > 混合选项”菜单命令，在弹出的“图层样式”对话框中设置“混合模式”为“滤色”，然后按住 <Alt> 键并拖动“本图层”的黑色滑块，如图 5-169 所示。设置完成后单击“确定”按钮，效果如图 5-170 所示。

（3）导入素材“3.png”，如图 5-171 所示。

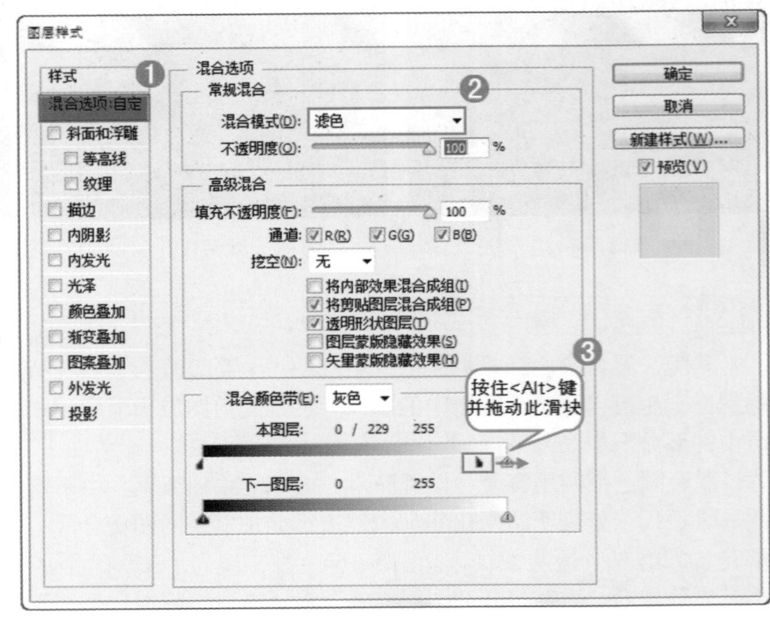


图 5-169

图 5-170

图 5-171

（4）导入素材“光晕 .jpg”，如图 5-172 所示。设置“光晕”图层的混合模式为“滤色”，如图 5-173 所示。画面最终效果如图 5-174 所示。

图 5-172

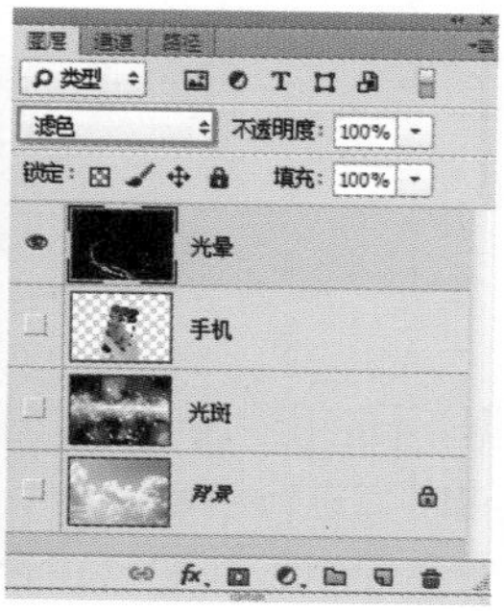

图 5-173

图 5-174

“混合颜色带”选项组参数详解

在“混合颜色带”选项组中可以切换通道，如图 5-175 所示。

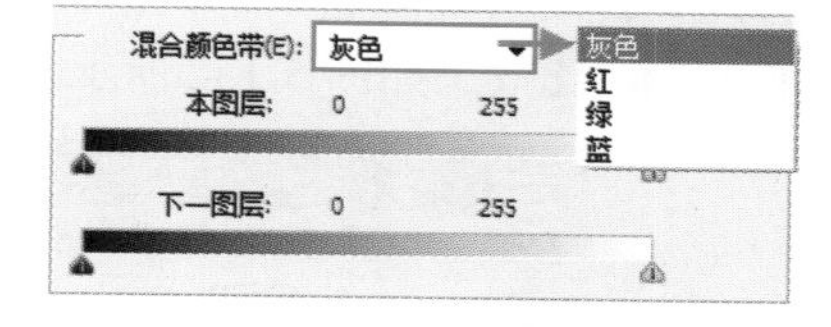


图 5-175

- 混合颜色带：在此下拉列表框中可以选择控制混合效果的颜色通道。选择“灰色”选项，表示使用全部颜色通道控制混合效果，也可以选择一个颜色通道来控制混合。
- 本图层：“本图层”是指当前正在处理的图层，拖动本图层中的滑块，可以隐藏当前图层中的像素，显示下面图层中的内容。例如，将左侧的黑色滑块移向右侧时，当前图层中所有比该滑块所在位置暗的像素都会被隐藏；将右侧的白色滑块移向左侧时，当前图层中所有比该滑块所在位置亮的像素都会被隐藏，如图 5-176 和图 5-177 所示。

图 5-176

图 5-177

- 下一图层：“下一图层”是指当前图层下面的一个图层，拖动下一图层中的滑块，可以使下面图层中的像素穿透当前图层显示出来。例如，将左侧的黑色滑块移向右侧时，可以显示下面图层中较暗的像素；将右侧的白色滑块移向左侧时，可以显示下面图层中较亮的像素，如图 5-178 和图 5-179 所示。

图 5-178

图 5-179

## 5.5.6 自动对齐图层

利用“自动对齐图层”命令可根据不同图层中的相似内容对图层做自动对齐处理，通过一个指定的参考图层将其他图层与该图层的内容进行自动匹配。使用“自动对齐图层”命令可以制作全景图，将拍摄的多张图像导入到同一文件中，并摆放在合适位置。在“图层”面板中选择两个或两个以上的图层，如图 5-180 所示，然后执行“编辑 > 自动对齐图层”菜单命令，打开“自动对齐图层”对话框，如图 5-181 所示。对比效果如图 5-182 所示。

图 5-180

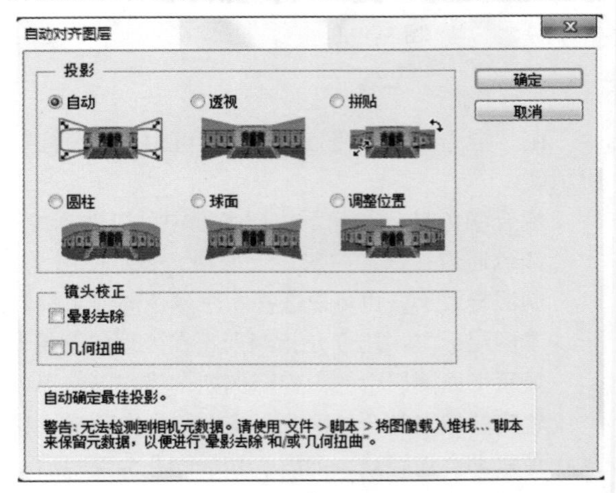


图 5-181

图 5-182

（1）打开 4 张素材文件，然后按照顺序将素材分别拖动到 Photoshop 中，如图 5-183 和图 5-184 所示。

图 5-183

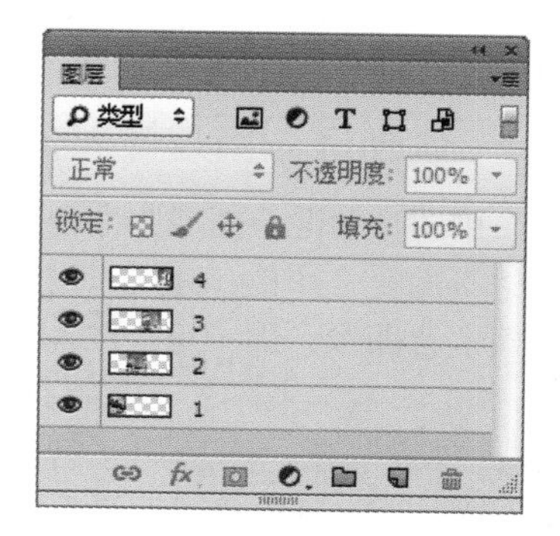


图 5-184

（2）在“图层”面板中将图层加选，如图 5-185 所示。执行“编辑 > 自动对齐图层”菜单命令，弹出“自动对齐图层”对话框，选中“自动”单选按钮，然后单击“确定”按钮，如图 5-186 所示。

（3）最终画面效果如图 5-187 所示。

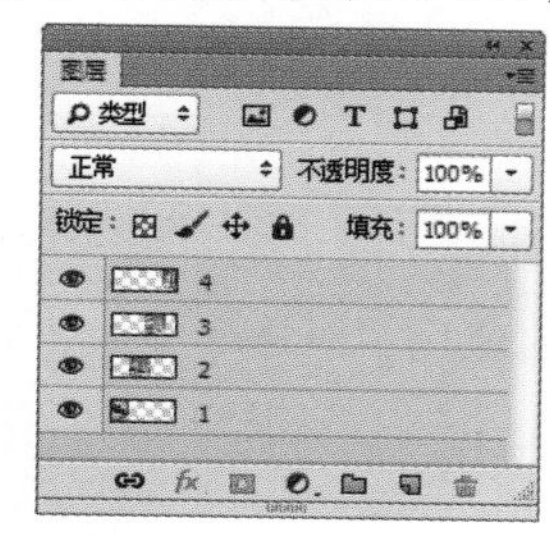


图 5-185

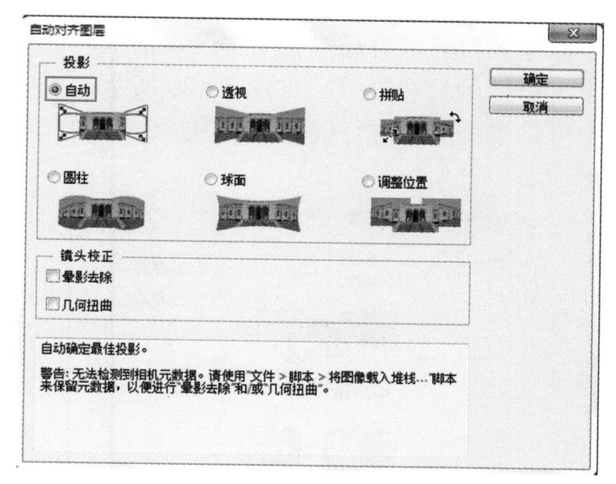


图 5-186

图 5-187

## “自动对齐”图层对话框参数详解

- “自动”：通过分析源图像并应用“透视”或“圆柱”版面。
- 透视：通过将源图像中的一张图像指定为参考图像来创建一致的复合图像，然后变换其他图像，以匹配图层的重叠内容。
- 圆柱：通过在展开的圆柱上显示各个图像来减少在“透视”版面中会出现的“领结”扭曲，同时图层的重叠内容仍然相互匹配。
- 球面：将图像与宽视角对齐（垂直和水平）。指定某个源图像（默认情况下是中间图像）作为参考图像后，对其他图像执行球面变换，以匹配重叠的内容。
- 拼贴：对齐图层并匹配重叠内容，且不更改图像中对象的形状（如圆形将仍然保持为圆形）。

- 调整位置：对齐图层并匹配重叠内容，但不会变换（伸展或斜切）任何源图层。
- 晕影去除：对导致图像边缘（尤其是角落）比图像中心暗的镜头缺陷进行补偿。
- 几何扭曲：补偿桶形、枕形或鱼眼失真。

### 5.5.7 自动混合图层

使用“自动混合图层”命令可以混合同一场景中具有不同焦点区域的多幅图像，以获取具有扩展景深的复合图像；还可以采用类似方法，通过混合同一场景中具有不同照明条件的多幅图像来创建复合图像；除了组合同一场景中的图像外，还可以将图像缝合成一个全景图。

“自动混合图层”功能仅适用于RGB或灰度图像，不适用于智能对象、视频图层、3D图层或“背景”图层。选择两个或两个以上的图层，如图5-188所示。然后执行“编辑 > 自动混合图层”菜单命令，打开“自动混合图层”对话框，设置合适的混合方式，如图5-189所示，即可将多个图层进行混合，效果如图5-190所示。

图 5-188

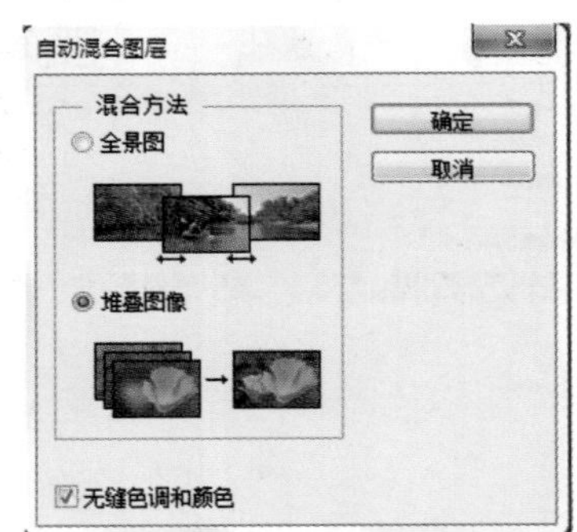


图 5-189

图 5-190

“自动混合图层”对话框的“混合方法”选项组参数讲解

- 全景图：将重叠的图层混合成全景图。
- 堆叠图像：混合每个相应区域中的最佳细节，该单选按钮适用于已对齐的图层。

## 5.6 合成实战——炫动青春创意广告设计

对于合成相信大家已经不陌生，在本案例中，主要讲解一个炫动的海报的制作方法。在本案例中，先制作背景，然后导入素材，通过图层蒙版进行抠图，最后为人物添加图层样式，具体步骤如下。

（1）新建A4大小的文件，然后为“背景”图层填充渐变。单击工具箱中的“渐变工具”，接着单击选项栏中的渐变色条，在弹出的“渐变编辑器”窗口中编辑一个浅灰色的渐变，单击“确定”按钮，如图5-191所示。然后设置“渐变类型”为“线性渐变”，继续在画面中进行拖动填充，效果如图5-192所示。

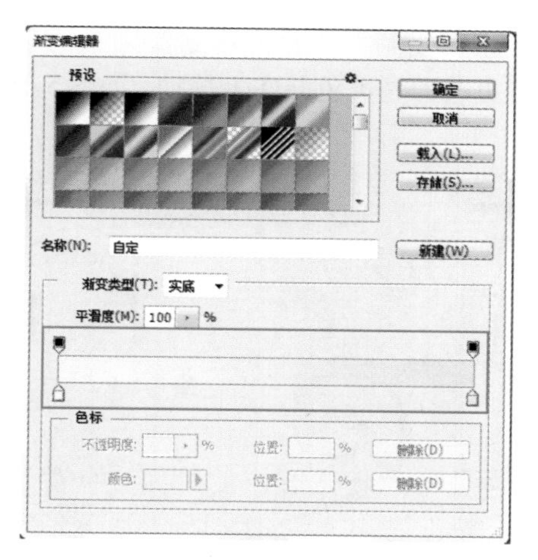


图 5-191

图 5-192

（2）导入装饰素材，放置在相应位置，如图 5-193 所示。

图 5-193

（3）使用“钢笔工具”绘制祥云图案。选择工具箱中的“钢笔工具”，然后在选项栏中设置绘制模式为“形状”，设置“填充”为橘黄色，“描边”为浅灰色，描边宽度为 0.5 点，然后在画面中的相应位置绘制祥云形状，如图 5-194 所示。

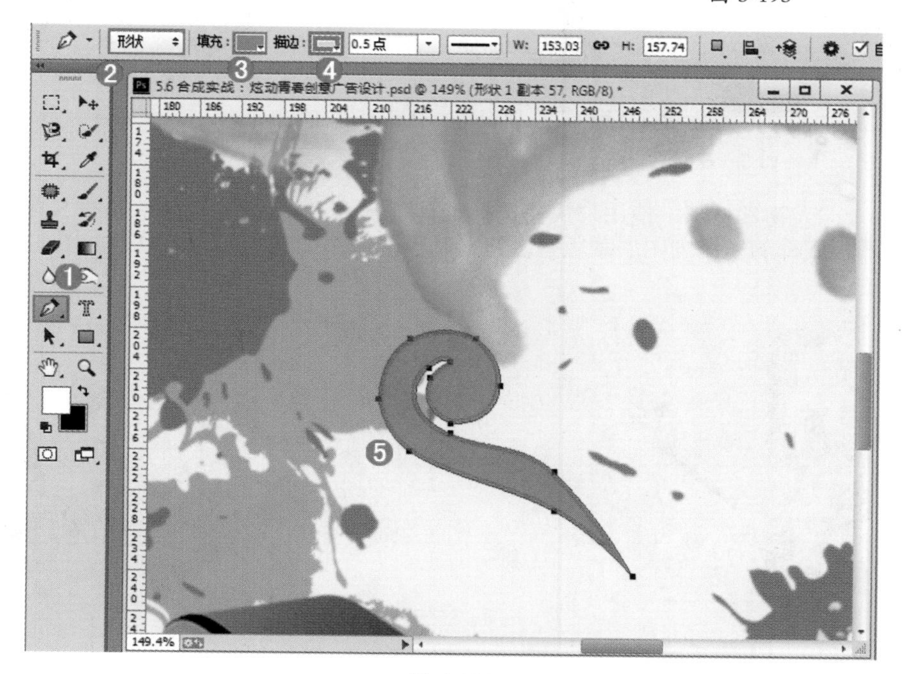


图 5-194

（4）将祥云制作出立体效果。将刚刚绘制的祥云形状进行复制，然后将其更改颜色并向上移动，如图 5-195 所示。将祥云形状复制一层，将其“填充”更改为亮黄色并向上移动，如图 5-196 所示。这样一组立体祥云效果就制作完成了。

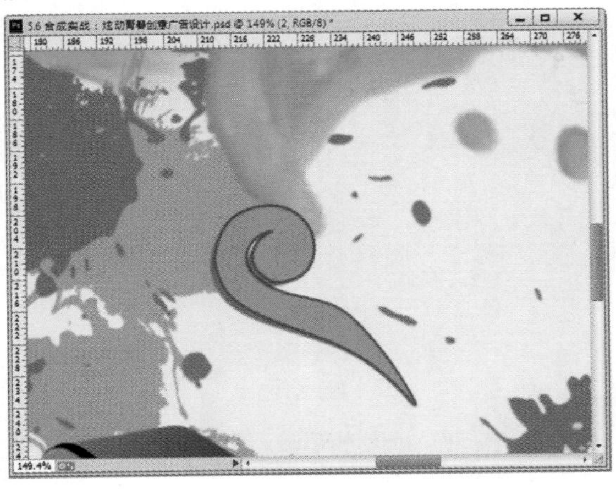

图 5-195

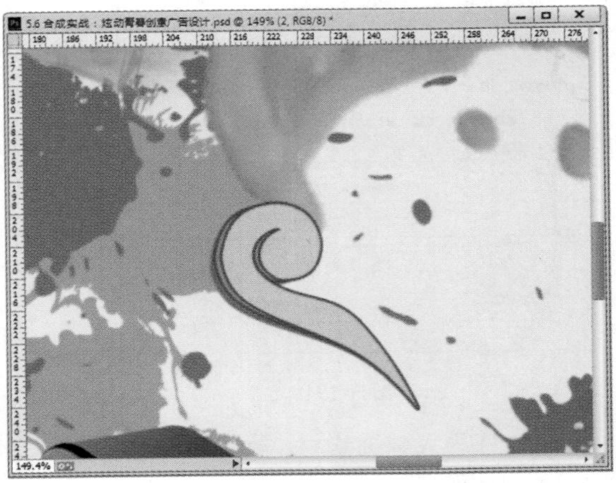

图 5-196

（5）将这组祥云进行连接，然后进行复制并旋转，效果如图 5-197 所示。使用同样的方法制作白色的祥云，效果如图 5-198 所示。

图 5-197

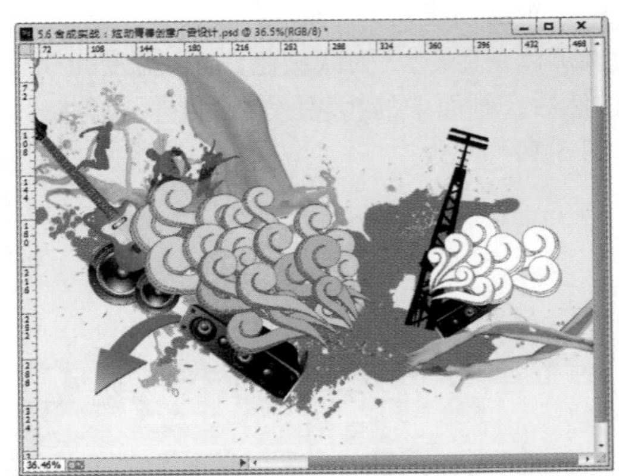

图 5-198

（6）导入“人物素材”，使用“快速选择工具”得到人物的选区，如图 5-199 所示。单击“图层”面板底部的“添加图层蒙版”按钮，基于选区添加蒙版，画面效果如图 5-200 所示。

图 5-199

图 5-200

（7）最后对人物添加“外发光”的图层样式。选择人物图层，执行“图层 > 图层样式 > 外发光”菜单命令，在弹出的“图层样式”对话框中设置外发光的“混合模式”为“正常”，“不透明度”为 75%，颜色为白色到透明的渐变，“方法”为“柔和”，“扩展”为 5%，“大小”为 35 像素，具体设置如图 5-201 所示。最后效果如图 5-202 所示。

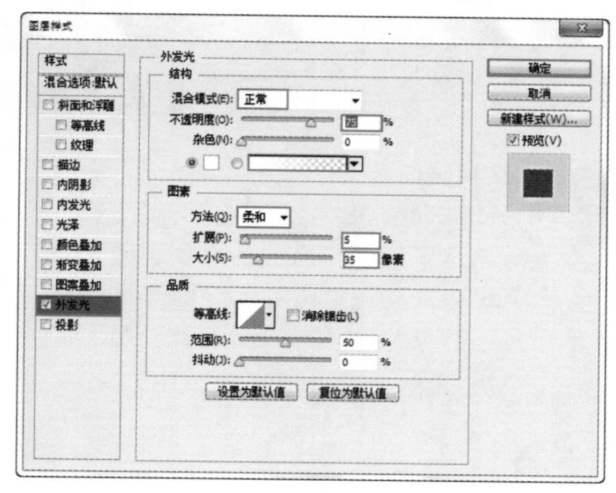


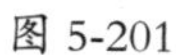
图 5-201

图 5-202

# 第 6 章
# 神奇的绘图工具

Photoshop 有着神奇的绘图工具和高级填充工具，使用这些工具可以为图像填充丰富的颜色或图案效果。其中，“画笔工具”是绘图工具中最为常用的工具。使用“画笔工具”可以快速地绘制出带有艺术效果的笔触图像，极大地丰富了设计作品的艺术表现手法。在 Photoshop 中还提供了“铅笔工具”和“颜色替换画笔工具”两种其他绘图工具。在 Photoshop CS5 版本后，还添加了“混合器画笔工具”，这个工具的神奇之处可以让画面呈现出变换丰富的油彩效果。

学习要点：

在本章中首先讲解颜色设置的多种方法，然后学习“画笔工具”和“画笔”面板的使用。此外，还将介绍其他绘制图工具的使用方法，如“铅笔工具”“颜色替换画笔工具”和“混合器画笔工具”等。

佳作欣赏

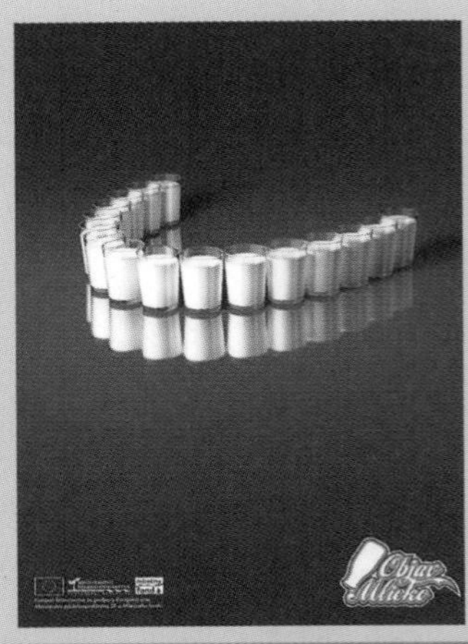

# 6.1 高级的颜色设置方法

我们生活在一个五彩斑斓的世界里，每一种物品、每一种生物都有颜色。在 Photoshop 中，使用绘制工具绘制图像时也需要先设置颜色。在 Photoshop 中有很多种选取颜色的方法，在本节中将学习颜色的设置。图 6-1~ 图 6-4 所示为色彩协调的平面设计作品欣赏。

图 6-1

图 6-2

图 6-3

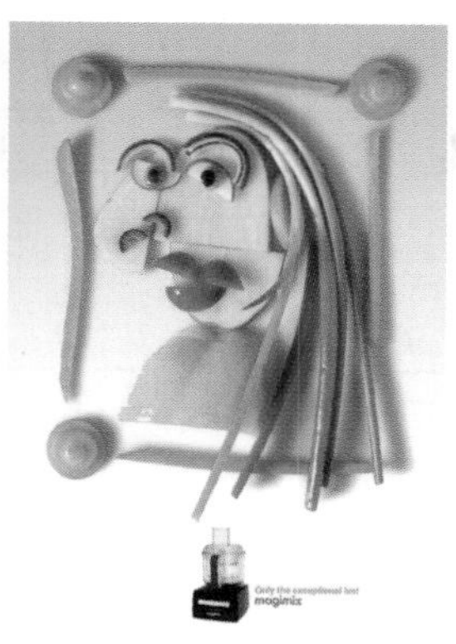

图 6-4

## 6.1.1 工具速查：前景色与背景色

在工具箱的底部，有两个颜色的色块。默认情况下，前面的色块为“前景色”，后面的色块为“背景色”，如图 6-5 所示。通常，前景色决定了使用绘画工具绘制线条，以及使用文字工具创建文字时的颜色；背景色决定了使用橡皮擦工具擦除图像时，被擦除区域所呈现的颜色。此外，当增加画布大小时，新增的画布也以背景色填充。

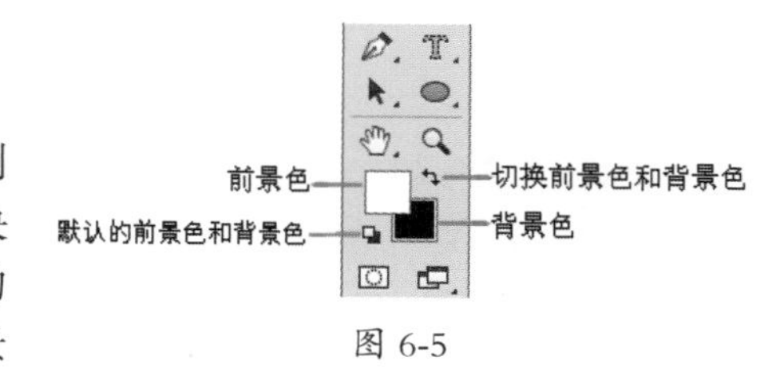


图 6-5

### “前景色”与“背景色”参数详解

- 前景色：单击前景色图标，可以在弹出的“拾色器”对话框中选取一种颜色作为前景色。
- 背景色：单击背景色图标，可以在弹出的“拾色器”对话框中选取一种颜色作为背景色。
- 切换前景色和背景色：单击图标可以切换所设置的前景色和背景色（快捷键为 <X> 键），如图 6-6 所示。
- 默认前景色和背景色：单击图标可以恢复默认的前景色和背景色（快捷键为 <D> 键），如图 6-7 所示。

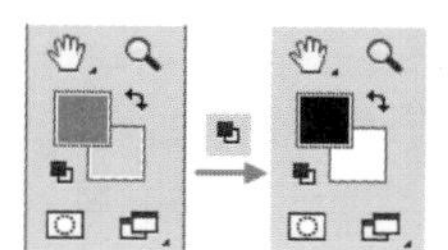

图 6-6

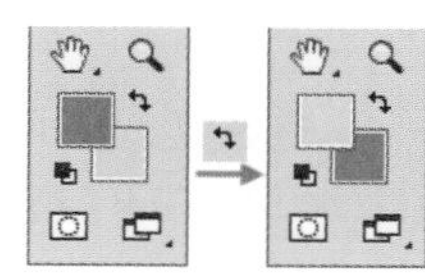

图 6-7

除此之外，在“颜色”面板和“色板”面板中都可以进行颜色的设置，执行“窗口 > 颜色”菜单命令，打开“颜色”面板。在“颜色”面板中可以单击前 / 背景色图标，然后在弹出的“拾色器”对话框中进行设置，如图 6-8 所示。执行“窗口 > 色板”菜单命令，打开“色板”面板，“色板”面板在默认情况下包含一些系统预设的颜色，单击相应的颜色即可将其设置为前景色，如图 6-9 所示。

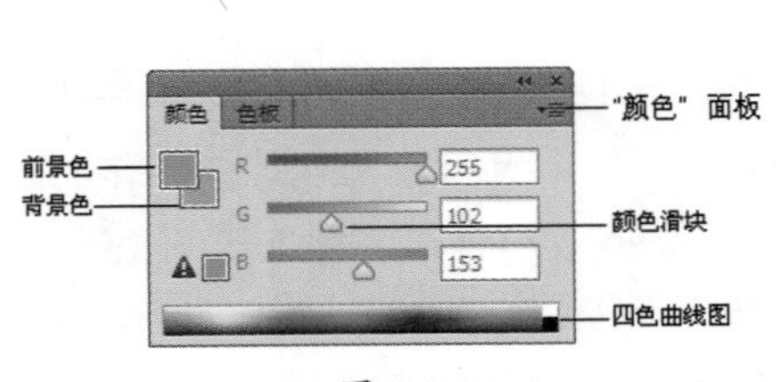


图 6-8

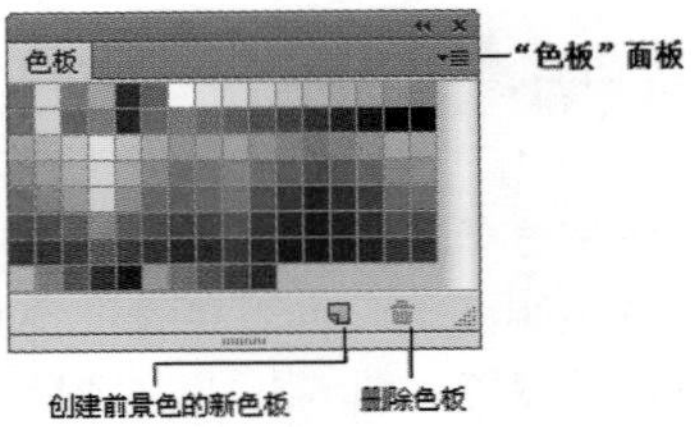

图 6-9

## 6.1.2 学习拾色器的使用

虽然在“颜色”面板和“色板”面板中可以进行颜色的设置，但是这并不是颜色设置最常用的方法。在 Photoshop 中最常用也是最好用的颜色设置方法是使用“拾色器”进行颜色的设置。在拾色器中，可以选择用 HSB、RGB、Lab 和 CMYK 四种颜色模式来指定颜色，如图 6-10 所示。

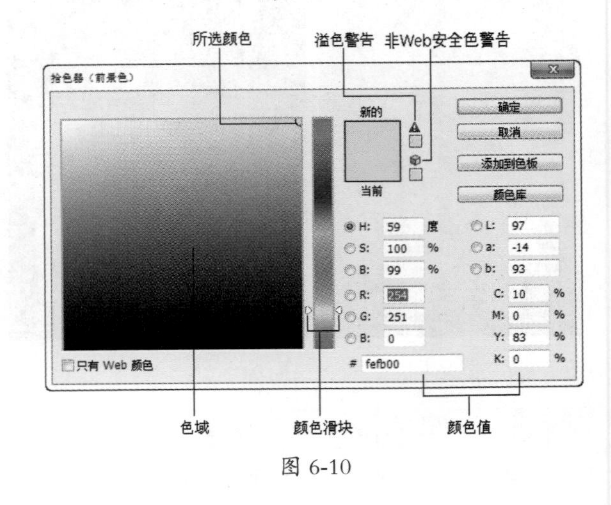


图 6-10

### “拾色器”对话框参数详解

- 色域 / 所选颜色：在色域中拖动鼠标可以改变当前拾取的颜色。
- 新的 / 当前：“新的”颜色块中显示的是当前所设置的颜色；“当前”颜色块中显示的是上一次使用过的颜色。
- 溢色警告 ▲：由于 HSB、RGB 以及 Lab 颜色模式中的一些颜色在 CMYK 印刷模式中没有等同的颜色，因此无法准确印刷出来，这些颜色就是常说的“溢色”。出现警告以后，可以单击警告图标下面的小颜色块，将颜色替换为 CMYK 颜色中与其最接近的颜色。
- 非 Web 安全色警告：这个警告图标表示当前所设置的颜色不能在网络上准确显示出来。单击警告图标下面的小颜色块，可以将颜色替换为与其最接近的 Web 安全颜色。
- 颜色滑块：拖动颜色滑块可以更改当前可选的颜色范围。在使用色域和颜色滑块调整颜色时，对应的颜色数值会发生相应的变化。
- 颜色值：显示当前所设置颜色的数值，可以通过输入数值来设置精确的颜色。
- 只有 Web 颜色：勾选该复选框后，只在色域中显示 Web 安全色，如图 6-11 所示。
- 添加到色板：单击该按钮，可以将当前所设置的颜色添加到“色板”面板中。
- 颜色库：单击该按钮，可以打开“颜色库”对话框。

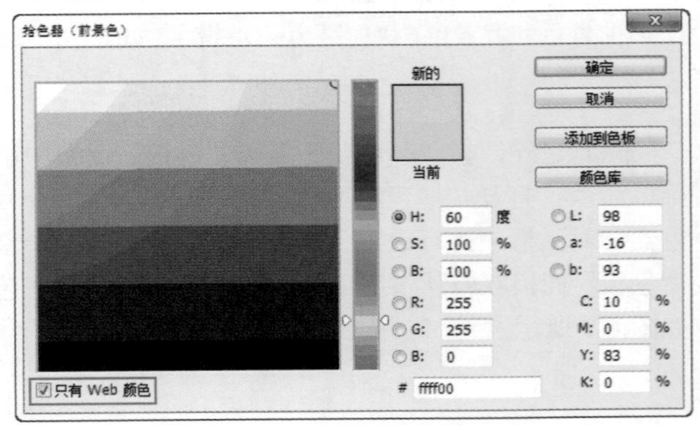


图 6-11

**小技巧：**认识颜色库

“颜色库”对话框中提供了多种内置的色库供用户进行选择，如图 6-12 所示。下面简单介绍一下这些内置色库。

ANPA 颜色：通常应用于报纸。

DIC 颜色参考：通常在日本用于印刷项目。

FOCOLTONE 色系：由 763 种 CMYK 颜色组成，通过显示补偿颜色的压印。FOCOLTONE 色系有助于避免印前陷印和对齐问题。

HKS 色系：这套色系主要应用在欧洲，通常用于印刷项目。每种颜色都有指定的 CMYK 颜色。可以从 HKS E（适用于连续静物）、HKS K（适用于光面艺术纸）、HKS N（适用于天然纸）和 HKS Z（适用于新闻纸）中选择。

PANTONE 色系：这套色系用于专色重现，可以渲染 1114 种颜色。PANTONE 颜色参考和样本簿会印在涂层、无涂层和哑面纸样上，以确保精确地显示印刷结果并更好地进行印刷控制。可在 CMYK 下印刷 PANTONE 纯色。

TOYO COLOR FINDER 色系：由基于日本最常用的印刷油墨的 1000 多种颜色组成。

TRUMATCH 色系：提供了可预测的 CMYK 颜色。这种颜色可以与 2000 多种可实现的、计算机生成的颜色相匹配。

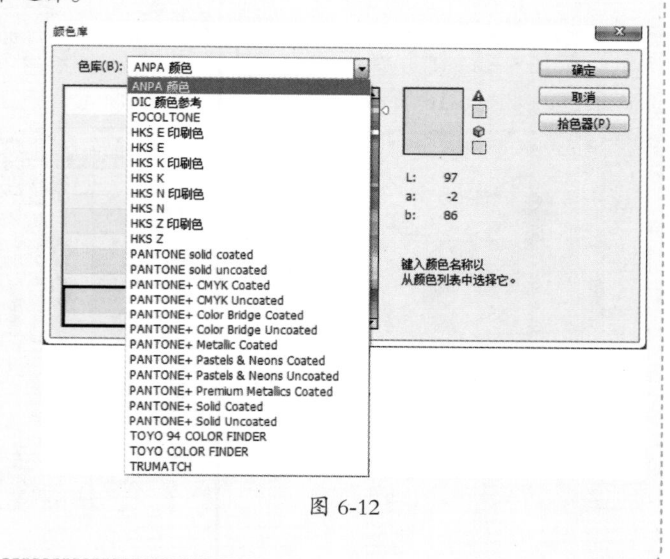


图 6-12

## 6.1.3　工具速查——吸管工具

Photoshop 中的“吸管工具” 可用于拾取图像中某位置的颜色，一般用于取前景色后使用该颜色填充某选区，或取色使用绘图工具（如“画笔工具”和“铅笔工具”等）来绘制图形。

### 1. 设置取样大小

单击工具箱中的“吸管工具”按钮，在选项栏中设置“取样大小”参数。该参数用于设置吸管取样范围的大小，单击取样点按钮，在下拉菜单中选取取样的范围。例如，选择“3×3 平均”选项时，可以选择所在位置 3 个像素区域以内的平均颜色。其他选项以此类推，如图 6-13 所示。

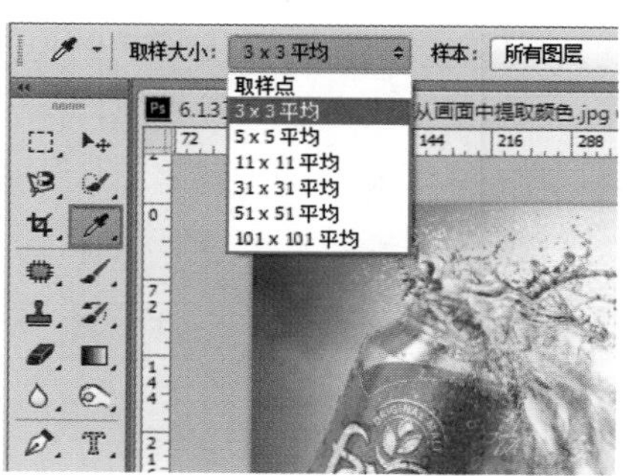


图 6-13

### 2. 设置取样的样本

“样本”选项用于设置选择颜色的样本。单击“样本”选项后的按钮，在下拉菜单中有 5 个选项，如图 6-14 所示。

图 6-14

### 3. “显示取样环”的使用方法

在选项栏中还有一个“显示取样环”复选框，该复选框用于控制取样环的显示与隐藏。勾选该复选框，然后将光标移动到画面中，单击鼠标左键，即可吸取画面中的颜色。在取样环的内侧的颜色就是刚刚选择的颜色，然后可以看到前景色变为了该颜色，如图 6-15 所示。按住 <Alt> 键并在画面中单击即可拾取背景色，如图 6-16 所示。

图 6-15

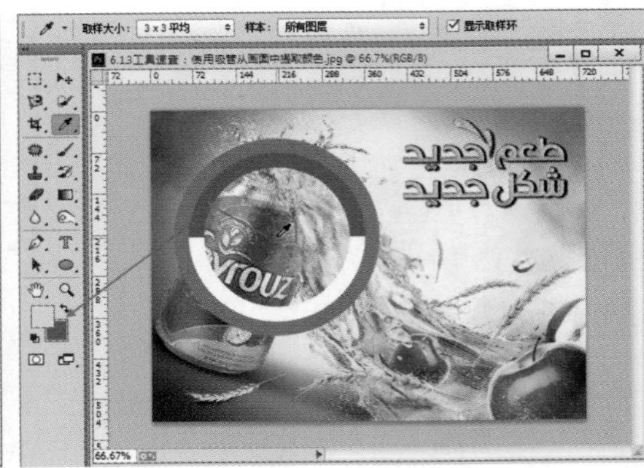

图 6-16

> **小技巧：**吸管工具使用技巧
>
> （1）如果在使用绘画工具时需要暂时使用“吸管工具”拾取前景色，则可以按住 <Alt> 键将当前工具切换为“吸管工具”，松开 <Alt> 键后即可恢复到之前使用的工具。
>
> （2）使用“吸管工具”采集颜色时，按住鼠标左键并将光标拖动出画布之外，可以采集 Photoshop 的界面和界面以外的颜色信息。

## 6.1.4 工具速查——画笔工具

“画笔工具” 应用非常广泛，使用“画笔工具”可以使用前景色绘制出各种线条，同时也可以利用它来修改通道和蒙版。“画笔工具”使用起来并不难，在学习使用“画笔工具”之前，先认识一下“画笔工具”选项栏。单击工具箱中的“画笔工具” ，其选项栏如图 6-17 所示。

图 6-17

### 1. 设置画笔笔尖的样式、笔尖大小和画笔的硬度

在“画笔预设”选取器中可以设置画笔笔尖的样式、笔尖大小和画笔的硬度。单击倒三角形图标▾，可以打开“画笔预设”选取器，在此处可以选择笔尖，设置画笔的大小和硬度，如图 6-18 所示。

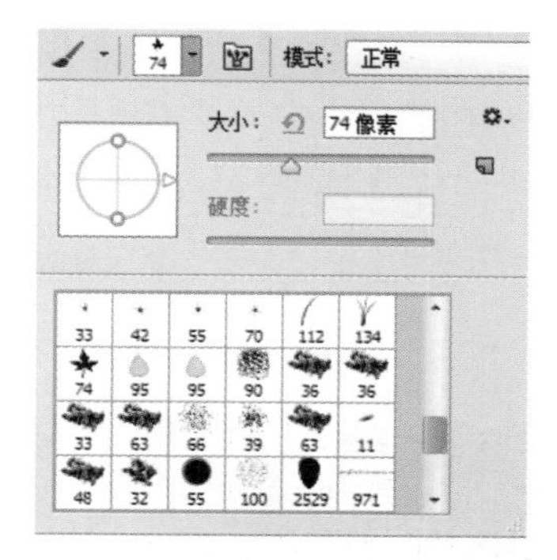


图 6-18

### 2. 设置画笔的混合模式

在控制栏中的“模式”选项中可以设置绘画颜色与下面现有像素的混合方法，图 6-19 和图 6-20 所示分别是使用“溶解”模式和“划分”模式绘制的笔迹效果。

图 6-19

图 6-20

**3．设置画笔的不透明度**

在选项栏中的“不透明度”选项中可以设置画笔绘制出来的颜色的不透明度。数值越大，笔迹的不透明度越高，如图 6-21 所示；数值越小，笔迹的不透明度越低，如图 6-22 所示。

图 6-21

图 6-22

**小技巧：**设置“不透明度”选项的快捷键

在使用“画笔工具”绘画时，可以按数字键 0~9 来快速调整画笔的“不透明度”，数字 1 代表 10% 的“不透明度”，数值 9 则代表 90% 的“不透明度”，0 代表 100% 的“不透明度”。

**4．设置画笔的流量**

“流量”选项可以设置当将光标移到某个区域上方时应用颜色的速率，它相当于画笔颜色的“浓度”，“浓度”越高，颜色越深；“浓度”越低，颜色越浅。图 6-23 所示的是“流量”为 80% 时的效果，图 6-24 所示的是“流量”40% 时的效果。

图 6-23

图 6-24

**小技巧：**设置“流量”选项的快捷键

“流量”也有自己的快捷键，按 <Shift+0~9> 快捷键即可快速设置“流量”选项。

**5．启用喷枪模式**

单击“启用喷枪模式”按钮，可以启用喷枪功能。Photoshop 会根据鼠标左键的单击程度来确定画笔笔迹的填充数量。例如，关闭喷枪功能时，每单击一次会绘制一个笔迹，如图 6-25 所示。而启用喷枪功能以后，按住鼠标左键不放，即可持续绘制笔迹，如图 6-26 所示。

图 6-25

图 6-26

> **小技巧：“绘图板压力控制大小”按钮**
>
> 单击“绘图板压力控制大小”按钮，即可使用压感笔压力覆盖“画笔”面板中的“不透明度”和“大小”设置。

## 6.2　使用“画笔”面板

在 Photoshop 中为了设置用户想要表现的笔触，可以应用“画笔”面板。在“画笔”面板中可以调整画笔的大小和旋转的角度，而且连笔触的深浅程度等均可调整。图 6-27~ 图 6-30 所示为会使用到“画笔工具”制作的作品欣赏。

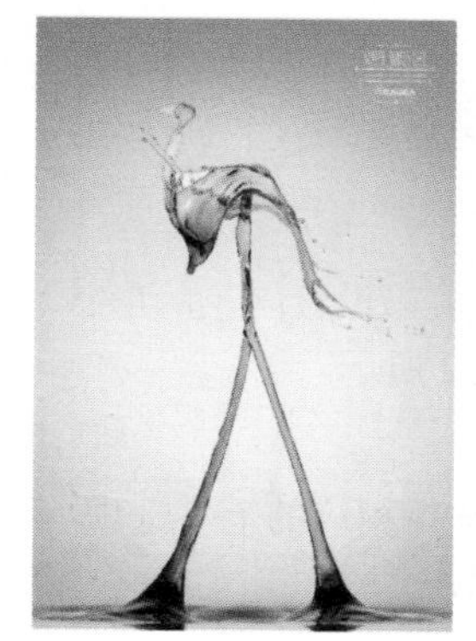

图 6-27

图 6-28

图 6-29

图 6-30

### 6.2.1　全方位认识“画笔”面板

“画笔”面板和“画笔工具”是好搭档，通过在“画笔”面板中设置画笔的笔尖形状、画笔的动态和画笔的笔尖大小等参数，然后使用画笔进行绘制。执行“窗口 > 画笔”菜单命令，或使用快捷键 <F5> 均可打开“画笔”面板，如图 6-31 所示。

**“画笔”面板参数讲解**

- 画笔预设：单击该按钮，可以打开“画笔预设”面板。
- 画笔设置：单击这些画笔设置选项，可以切换到与该选项相对应的内容。
- 启用/关闭复选框：处于勾选状态的复选框代表启用状态；处于未勾选状态的复选框代表关闭状态。

- 锁定/未锁定：图标代表该选项处于锁定状态；图标代表该选项处于未锁定状态。锁定与解锁操作可以相互切换。
- 选中的画笔笔尖：处于选中状态的画笔笔尖。
- 画笔笔尖形状：显示 Photoshop 提供的预设画笔笔尖。
- 面板菜单：单击图标，可以打开“画笔”面板的菜单。
- 画笔选项参数：用来设置画笔的相关参数。
- 画笔描边预览：选择一个画笔后，可以在预览框中预览该画笔的外观形状。
- 切换硬毛刷画笔预览：使用毛刷笔尖时，在画布中实时显示笔尖的样式。
- 打开预设管理器：打开“预设管理器”对话框。
- 创建新画笔：将当前设置的画笔保存为一个新的预设画笔。

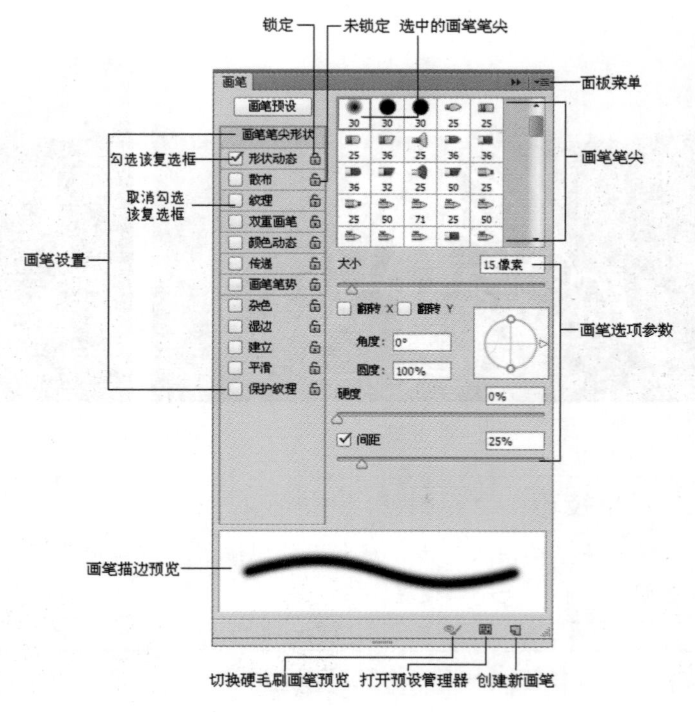


图 6-31

> **小技巧：** 打开“画笔”面板的其他两种方法
>
> 在工具箱中单击“画笔工具”按钮，然后在选项栏中单击“切换画笔面板”按钮；也可以在“画笔预设”面板中单击“切换画笔面板”按钮。

## 6.2.2 画笔笔尖形状设置

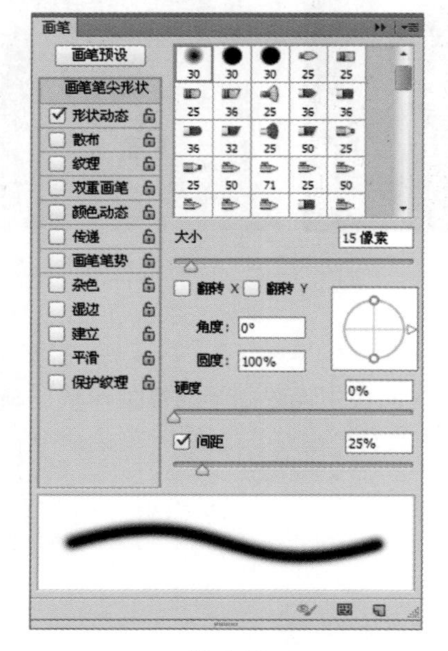


图 6-32

在“画笔笔尖形状”选项面板中可以设置画笔的形状、大小、硬度和间距等属性，如图 6-32 所示。

### 1. 选择笔尖

在“画笔”面板的右上方可以选择相应的笔尖选项，如图 6-33 所示。

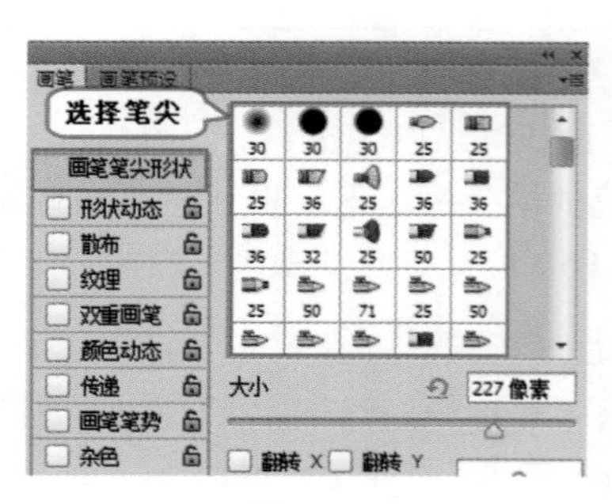


图 6-33

**2. 设置笔尖大小**

“大小”选项用于控制画笔的大小，可以直接输入像素值，如图 6-34 所示，也可以通过拖动“大小”中的滑块来设置画笔大小，如图 6-34 所示。

**3. 设置笔尖翻转 X/Y**

勾选“翻转 X/Y”复选框可以将画笔笔尖在其 x 轴或 y 轴上进行翻转，如图 6-35 和图 6-36 所示。

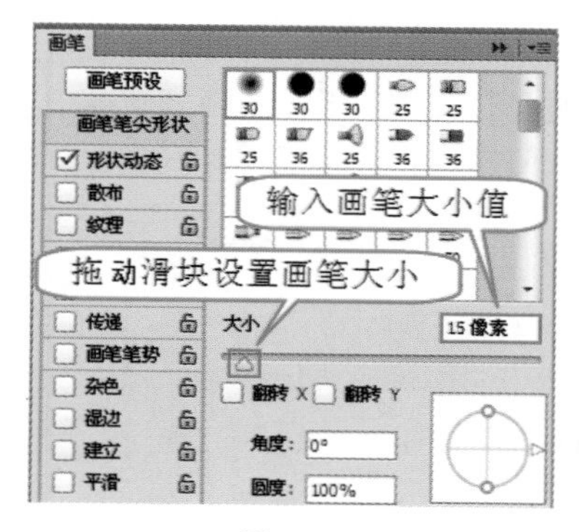


图 6-34

图 6-35

图 6-36

**4. 设置笔尖旋转角度**

在“角度”选项中输入相应的角度可以指定笔尖或样本画笔的长轴在水平方向上旋转的角度，如图 6-37 所示。

**5. 设置笔尖圆点**

“圆度”选项用于设置画笔短轴和长轴之间的比率。当“圆度”值为 100% 时，表示圆形画笔；当“圆度”值为 0% 时，表示线性画笔，如图 6-38 所示；介于 0%~100% 之间的“圆度”值，表示椭圆画笔（呈“压扁”状态），如图 6-39 所示

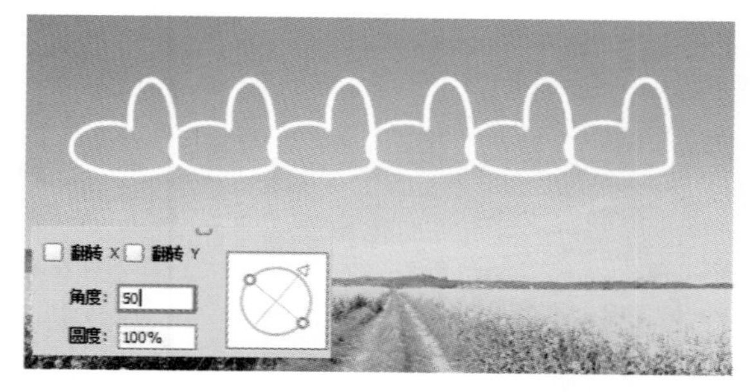


图 6-37

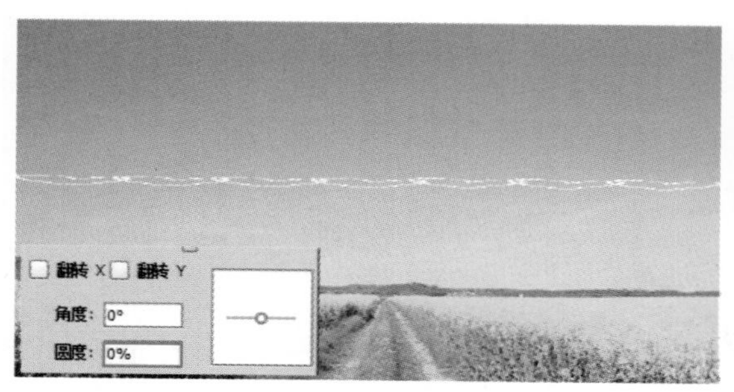


图 6-38

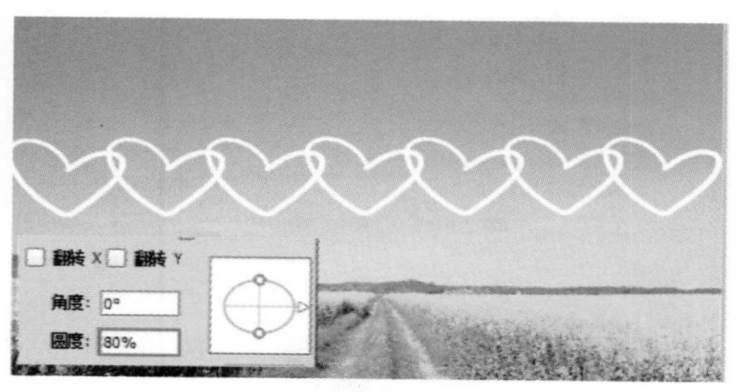


图 6-39

**6．设置笔尖硬度**

“硬度”选项用于控制画笔硬度中心的大小。数值越小，画笔的柔和度越高，效果如图 6-40 所示；数值越大，画笔的柔和度越低，效果如图 6-41 所示。

图 6-40

图 6-41

**7．设置画笔笔尖间距**

“间距”复选框用于控制描边中两个画笔笔迹之间的距离。数值越高，笔迹之间的间距越大，对比效果如图 6-42 和图 6-43 所示。

图 6-42

图 6-43

## 6.2.3 形状动态

“画笔”面板中的“形状动态”选项用于决定画笔的大小、圆度等产生随机变化的效果。“形状动态”面板如图 6-44 所示。图 6-45 所示为未设置“形状动态”的绘制效果，如图 6-46 所示为设置了“形状动态”的绘制效果。

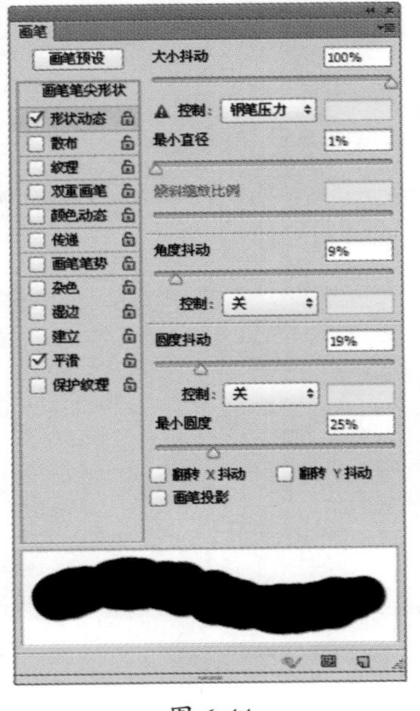


图 6-44

图 6-45

图 6-46

**1．设置大小抖动 / 控制**

“大小抖动”选项用于指定描边中画笔笔迹大小的改变方式。数值越高，图像轮廓越不规则，对比效果如图 6-47 和图 6-48 所示。

图 6-47

图 6-48

**2．设置笔尖的控制方式**

“控制”选项用于设置“大小抖动”的方式，其中“关”选项表示不控制画笔笔迹的大小变换，如图 6-49 所示；“渐隐”选项是按照指定数量的步长在初始直径和最小直径之间渐隐画笔笔迹的大小，使笔迹产生逐渐淡出的效果，如图 6-50 所示；如果计算机配置有绘图板，则可以选择“钢笔压力”“钢笔斜度”“光笔轮”或“旋转”选项，然后根据钢笔的压力、斜度、钢笔位置或旋转角度来改变初始直径和最小直径之间的画笔笔迹大小。

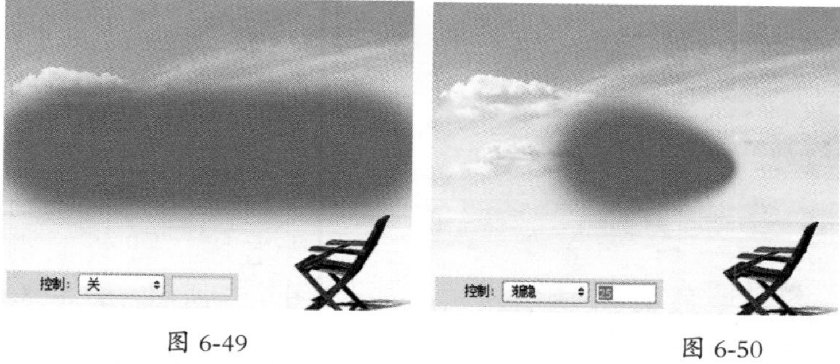


图 6-49　　图 6-50

**3．设置画笔的最小直径**

“最小直径”选项用于控制画笔最小直径的大小。当启用“大小抖动”选项后，通过该选项可以设置画笔笔迹缩放的最小缩放百分比。数值越高，笔尖的的直径变化越小，效果对比如图 6-51 和图 6-52 所示。

图 6-51

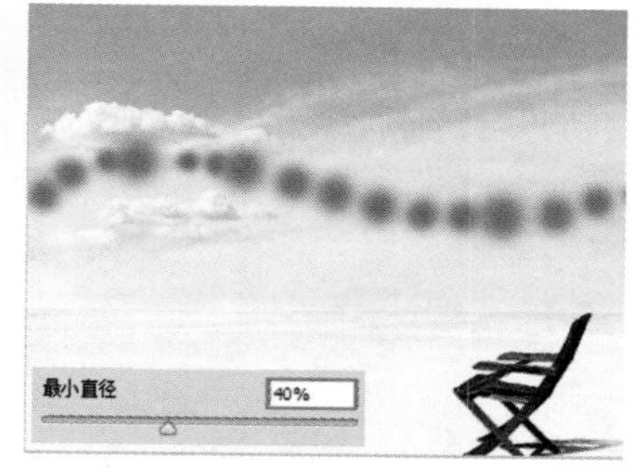


图 6-52

**4．设置画笔角度抖动 / 控制选项**

“角度抖动 / 控制”选项用于设置画笔笔迹的角度，如果要设置“角度抖动”的方式，则可以在下面的“控制”下拉列表框中进行选择，效果对比如图 6-53 和图 6-54 所示。

图 6-53

图 6-54

你问我答：“倾斜缩放比例”为什么不能启用？

当“大小抖动”设置为“钢笔斜度”选项时，即可启用，该选项用来设置在旋转前应用于画笔高度的比例因子。

**5. 设置画笔圆度抖动 / 控制 / 最小圆度选项**

这些选项用于设置画笔笔迹的圆度在描边中的变化方式。如果要设置“圆度抖动”的方式，则可以在下面的“控制”下拉列表框中进行选择。另外，“最小圆度”选项可以用来设置画笔笔迹的最小圆度，效果如图 6-55 和图 6-56 所示。

图 6-55

图 6-56

**6. “翻转 X/Y 抖动”复选框**

勾选“翻转 X/Y 抖动”复选框可以将画笔笔尖在其 x 轴或 y 轴上进行翻转。

## 6.2.4 散布

在“散布”选项中可以设置画笔笔迹，使画笔笔迹沿着绘制的线条扩散。“散布”面板如图 6-57 所示。图 6-58 和图 6-59 所示为调整了散布数值后的效果。

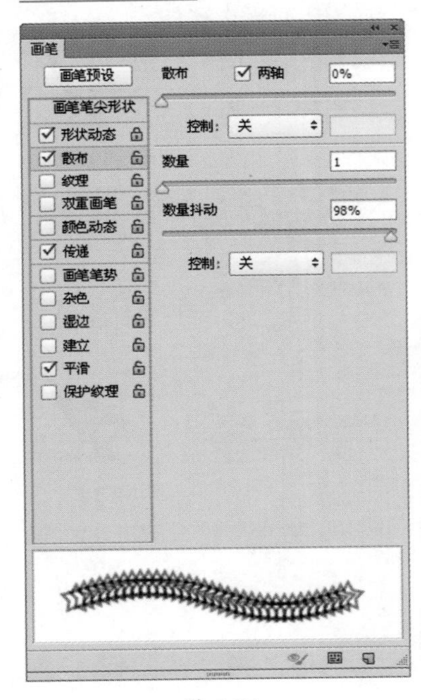


图 6-57

图 6-58

图 6-59

**1. 设置散布 / 两轴 / 控制选项**

“散布”选项用于指定画笔笔迹在描边中的分散程度，该值越高，分散的范围越广。当勾选“两轴”复选框时，画笔笔迹将以中心点为基准，向两侧分散，勾选此复选框与取消勾选的效果对比如图 6-60 和图 6-61 所示。如果要设置画笔笔迹的分散方式，则可以在下面的“控制”下拉列表框中进行选择。

图 6-60

图 6-61

### 2. 控制画笔笔迹数量

“数量”选项可以指定在每个间距间隔应用的画笔笔迹数量。数值越高，笔迹重复的数量越大，效果对比如图 6-62 和图 6-63 所示。

图 6-62

图 6-63

### 3.“数量抖动 / 控制”选项

“数量抖动 / 控制”选项用于指定画笔笔迹的数量如何针对各种间距间隔产生变化。如果要设置“数量抖动”的方式，则可以在下面的“控制”下拉列表框中进行选择，效果对比如图 6-64 和图 6-65 所示。

图 6-64

图 6-65

## 6.2.5 纹理

在“画笔”面板中可以制作带有纹理的画笔效果，我们可以在“纹理”面板中进行设置。使用“纹理”选项可以绘制出带有纹理质感的笔触。例如，在带纹理的画布上绘制效果等，如图 6-66 所示。图 6-67 和图 6-68 所示为调整了纹理数值后的效果。

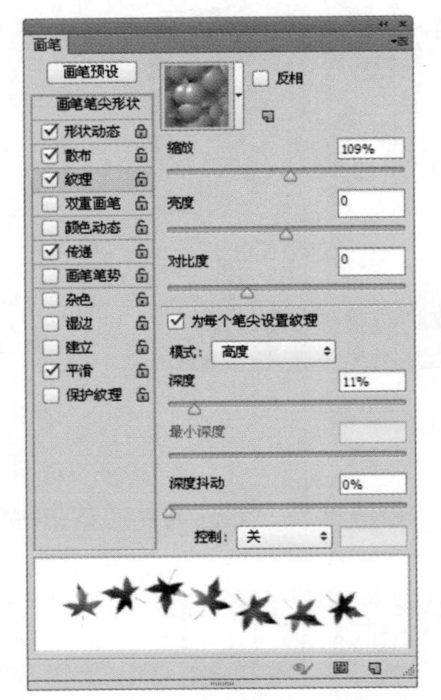


图 6-66

图 6-67

图 6-68

### 1. 为画笔设置纹理

单击图案缩览图右侧的倒三角图标，可以在弹出的“图案”拾色器中选择一个图案，并将其设置为纹理。如果勾选“反相”复选框，则可以基于图案中的色调来反转纹理中的亮点和暗点，效果对比如图 6-69 和图 6-70 所示。

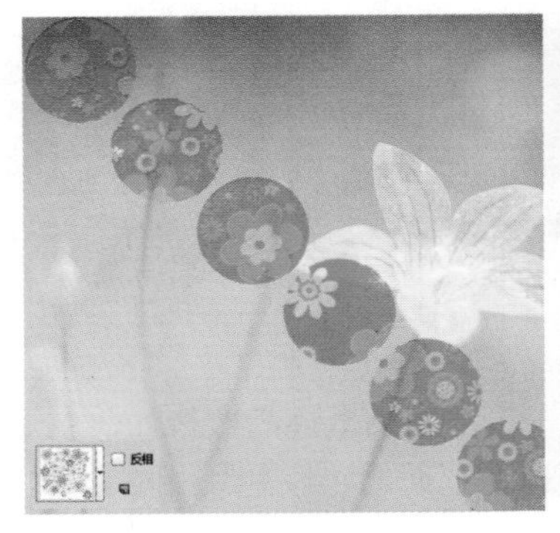


图 6-69

图 6-70

### 2. 缩放图案

通过更改“缩放”参数来调整图案的缩放比例。数值越小，纹理越多，效果对比如图 6-71 和图 6-72 所示。

图 6-71

图 6-72

### 3. 为每个笔尖设置纹理

勾选“为每个笔尖设置纹理”复选框，可以将选定的纹理单独应用于画笔描边中的每个画笔笔迹，而不是作为整体应用于画笔描边。如果取消勾选“为每个笔尖设置纹理”复选框，则下面的“深度抖动”选项将不可用。

### 4. 设置笔尖的混合模式

在“模式”选项中可以针对组合画笔和图案的混合模式进行设置，即“正片叠底”和“减去”模式，如图 6-73 和图 6-74 所示。

图 6-73

图 6-74

### 5. 设置画笔的油彩渗入纹理的深度

“深度”选项可以设置油彩渗入纹理的深度。数值越大，渗入的深度越大，效果对比如图 6-75 和图 6-76 所示。

图 6-75

图 6-76

### 6. “最小深度”选项

当“深度抖动”下面的“控制”选项设置为“渐隐”“钢笔压力”“钢笔斜度”或“光笔轮”选项，且勾选了“为每个笔尖设置纹理”复选框时，“最小深度”选项用来设置油彩可渗入纹理的最小深度。

### 7. “深度抖动 / 控制”选项

当勾选“为每个笔尖设置纹理”复选框时，“深度抖动”选项用来设置深度的改变方式。然后还需要指定如何控制画笔笔迹的深度变化，可以从下面的“控制”下拉列表框中进行选择。效果对比如图 6-77 所示和图 6-78 所示。

图 6-77

图 6-78

## 6.2.6 双重画笔

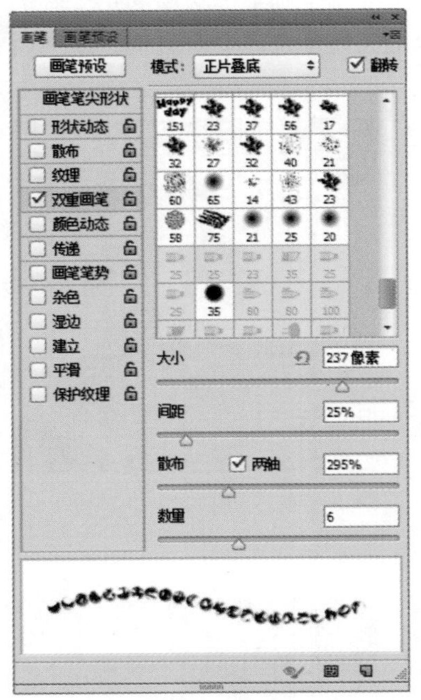


图 6-79

“双重画笔”选项用于绘制画笔笔迹呈现出两种画笔混合的效果。首先，设置“画笔笔尖形状”主画笔参数属性，然后启用“双重画笔”选项，并从“双重画笔”选项中选择另外一个笔尖（即双重画笔）。其参数非常简单，大多与其他选项中的参数相同，如图 6-79 所示。最顶部的“模式”是指选择从主画笔和双重画笔组合画笔笔迹时要使用的混合模式。效果对比如图 6-80 和图 6-81 所示。

图 6-80

图 6-81

## 6.2.7 颜色动态

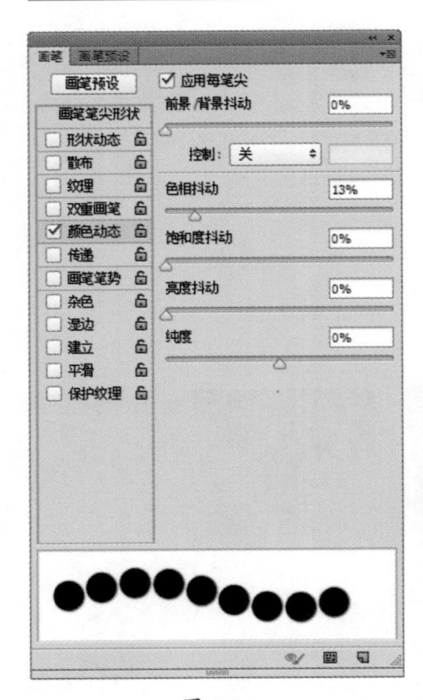


图 6-82

“颜色动态”选项用于在绘制过程中，使画笔笔迹呈现出多种颜色的变换，这些颜色的变换可以是有规律的，也是可以是没有规律的。图 6-82 所示的为“颜色动态”画板，图 6-83 和图 6-84 所示为调整了颜色动态数值后的效果。

图 6-83

图 6-84

**1. 利用前景色和背景色设置画笔颜色**

“前景 \ 背景抖动”选项用于指定前景色和背景色之间的色彩变化方式。数值越小，变化后的颜色越接近前景色；数值越大，变化后的颜色越接近背景色。如果要指定如何控制画笔笔迹的颜色变化，则可以在下面的“控制”下拉列表框中进行选择，效果如图 6-85 所示。

图 6-85

**2. 设置画笔的颜色抖动**

在“色相抖动”选项中可以设置颜色变化范围。数值越小，颜色越接近前景色，如图 6-86 所示；数值越高，色相变化越丰富，如图 6-87 所示。

图 6-86

图 6-87

**3. 设置画笔的颜色饱和度抖动**

在“饱和度抖动”选项中可以设置颜色的饱和度变化范围。数值越小，饱和度越接近前景色；数值越高，色彩的饱和度越高，效果对比如图 6-88 和图 6-89 所示。

图 6-88

图 6-89

#### 4. 设置画笔的颜色亮度抖动

“亮度抖动”选项用于设置颜色的亮度变化范围。数值越小，亮度越接近前景色；数值越高，颜色的亮度值越大，效果对比如图 6-90 和图 6-91 所示。

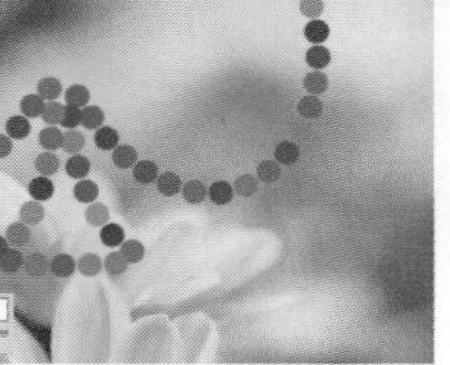

图 6-90

图 6-91

#### 5. 设置画笔的颜色纯度

“纯度”选项用于设置颜色的纯度。数值越小，笔迹的颜色越接近于黑白色，如图 6-92 所示；数值越高，颜色的饱和度越高，如图 6-93 所示。

图 6-92

图 6-93

### 6.2.8 传递

“传递”选项可以通过调整不透明度、流量、湿度、混合等数值控制油彩在描边路线中的改变方式，“传递”面板如图 6-94 所示。图 6-95 和图 6-96 所示为调整了传递数值后的效果。

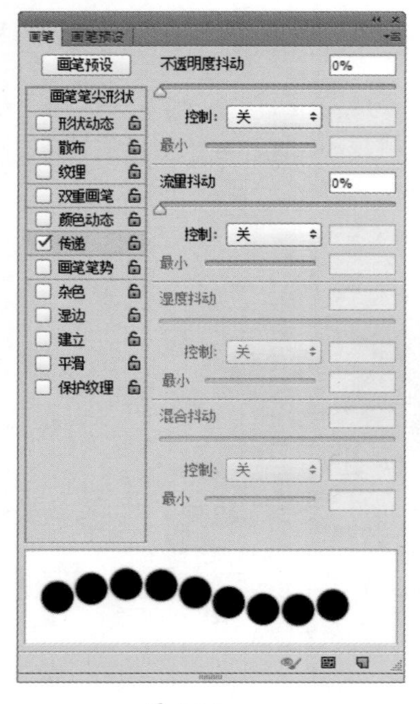


图 6-94

图 6-95

图 6-96

“传递”面板参数讲解

- 不透明度抖动 / 控制：指定画笔描边中油彩不透明度的变化方式，最高值是选项栏中指定的不透明度值。如果要指定如何控制画笔笔迹的不透明度变化，则可以从下面的“控制”下拉列表框中进行选择。
- 流量抖动 / 控制：用于设置画笔笔迹中油彩流量的变化程度。如果要指定如何控制画笔笔迹的流量变化，则可以从下面的“控制”下拉列表框中进行选择。
- 湿度抖动 / 控制：用于控制画笔笔迹中油彩湿度的变化程度。如果要指定如何控制画笔笔迹的湿度变化，则可以从下面的“控制”下拉列表框中进行选择。
- 混合抖动 / 控制：用于控制画笔笔迹中油彩混合的变化程度。如果要指定如何控制画笔笔迹的混合变化，则可以从下面的“控制”下拉列表框中进行选择。

## 6.2.9　画笔笔势

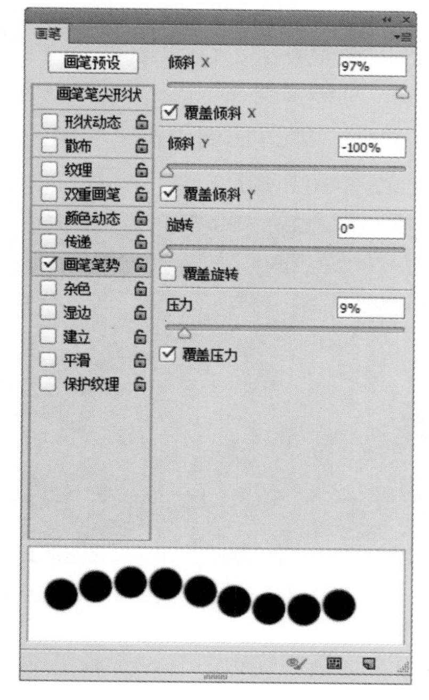


图 6-97

“画笔笔势”选项用于调整毛刷画笔笔尖和侵蚀画笔笔尖的角度，其面板如图 6-97 所示。

“画笔笔势”面板参数讲解

- 覆盖倾斜 X/ 覆盖倾斜 Y：使笔尖沿 x 轴或 y 轴倾斜。
- 覆盖旋转：设置笔尖旋转效果。
- 覆盖压力：压力数值越高绘制速度越快，线条效果越粗犷。

## 6.2.10　其他选项

“画笔”面板中还有“杂色”“湿边”“建立”“平滑”和“保护纹理”5 个选项，如图 6-98 所示。这些选项不能调整参数，如果要启用其中某个选项，则将其勾选即可。

图 6-98

其他选项参数详解

- 杂色：为个别画笔笔尖增加额外的随机性，如图 6-99 和图 6-100 所示分别是关闭与开启“杂色”选项时的笔迹效果。当使用柔边画笔时，该选项效果最明显。

图 6-99

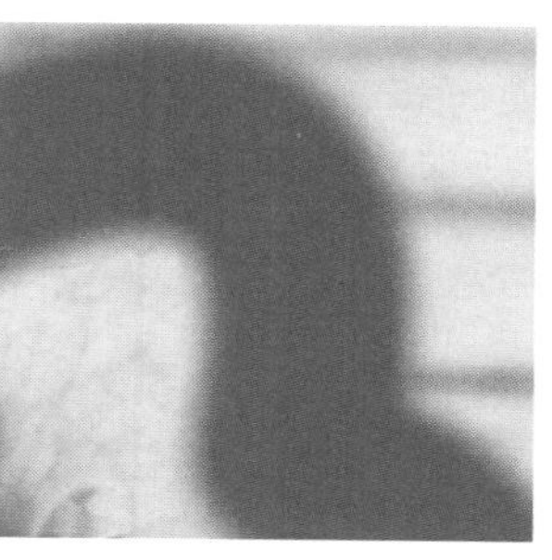

图 6-100

- 湿边：沿画笔描边的边缘增大油彩量，从而创建出水彩效果，图 6-101 所示是关闭与开启“湿边”选项时的笔迹效果。
- 建立：模拟传统的喷枪技术，根据鼠标按键的单击程度确定画笔线条的填充数量。
- 平滑：在画笔描边中生成更加平滑的曲线。当使用压感笔进行快速绘画时，该选项最有效。
- 保护纹理：将相同图案和缩放比例应用于具有纹理的所有画笔预设。启用该选项后，在使用多个纹理画笔绘画时，可以模拟出一致的画布纹理。

图 6-101

## 6.2.11 玩转画笔动态——制作新年主题计算机壁纸

在这一章中，学习了“画笔”面板的使用，也学习了画笔动态的设置方法。在本案例中，将通过对画笔动态的设置，对路径进行描边，从而制作新年主题壁纸，具体步骤如下。

（1）打开背景素材“1.jpg”，如图 6-102 所示。使用“文字工具” T 在画面中输入文字，并得到文字的路径，然后将文字图层隐藏，只限制文字的路径，如图 6-103 所示。

图 6-102

图 6-103

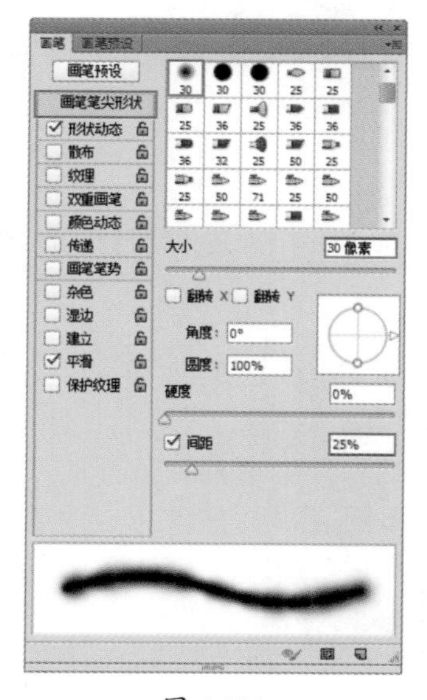


图 6-104

（2）通过描边路径为文字进行描边。先设置画笔动态，将前景色设置为淡青色，然后选择工具箱中的“画笔工具”，然后按快捷键 <F5> 调出“画笔”面板。然后在“画笔笔尖形状”选项中选择一个柔角画笔，然后设置“大小”为 30 像素，“间距”为 25%，如图 6-104 所示。勾选“形状动态”复选框，设置“大小抖动”选项为 100%，参数设置如图 6-105 所示。

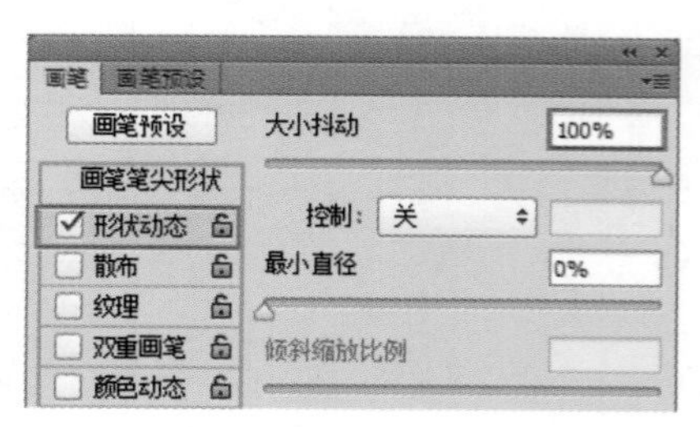


图 6-105

（3）设置完成后使用“路径选择”工具选择路径，然后单击鼠标右键，在弹出的快捷菜单中执行“描边路径”命令，在弹出的“描边路径”对话框中设置“工具”为“画笔”，勾选“模拟压力”复选框，参数设置如图 6-106 所示。设置完成后，单击“确定”按钮，效果如图 6-107 所示。

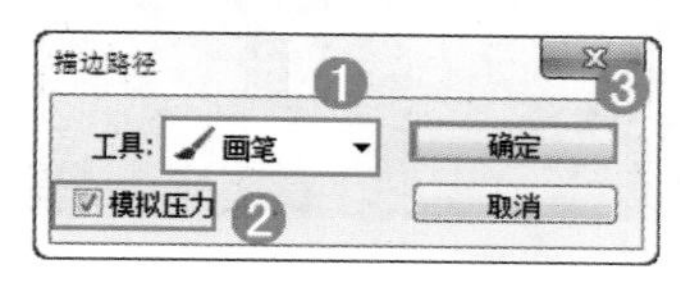


图 6-106

图 6-107

（4）添加“外发光”图层样式。选择该图层，执行“图层 > 图层样式 > 外发光”菜单命令，在“图层样式”对话框中设置“混合模式”为“正常”，“不透明度”为 45%，“杂色”为 0%，颜色为青色，“方法”为“柔和”，“扩展”为 11%，“大小”为 13 像素，如图 6-108 所示。设置完成后单击“确定”按钮，效果如图 6-109 所示。

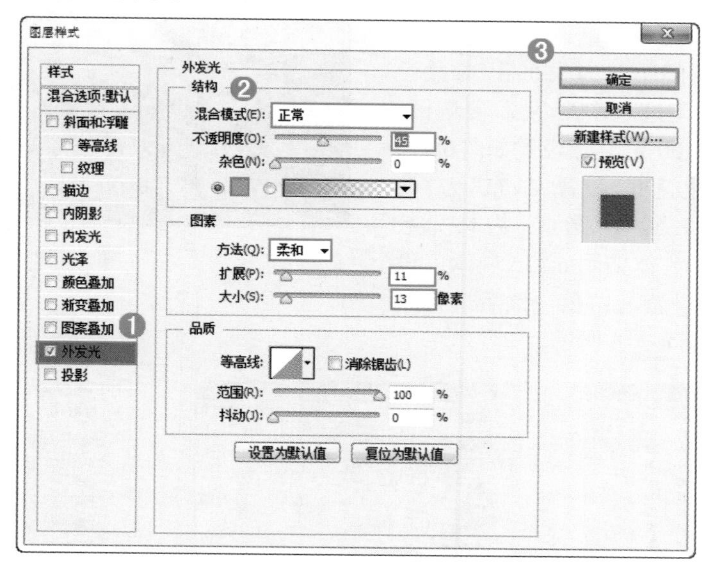


图 6-108

图 6-109

（5）设置该图层的混合模式为“颜色减淡”，如图 6-110 所示。此时，文字效果如图 6-111 所示。

图 6-110

图 6-111

（6）继续为该路径描一圈稍细的白色描边，效果如图 6-112 所示，主体文字就制作完成了。

图 6-112

（7）为文字添加波点装饰。先设置画笔选项，调出“画笔”面板，在“画笔笔尖形状”选项中选择一个硬角画笔，然后设置“大小”为 17 像素，“间距”为 150%，参数设置如图 6-113 所示。勾选“形状动态”复选框，设置“大小抖动”为 100%，参数设置如图 6-114 所示。勾选“散布”复选框，设置“散布”为“两轴”，参数为 1000%，设置“数量”为 1，“数量抖动”为 100%，具体如图 6-115 所示。设置完成后将前景色设置为白色，然后进行路径的描边，效果如图 6-116 所示。

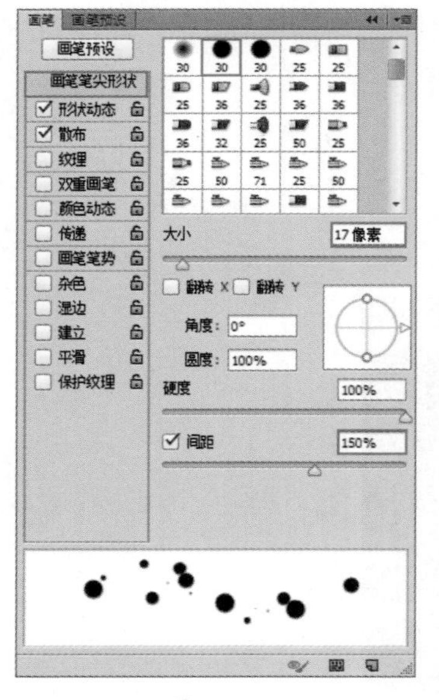


图 6-113

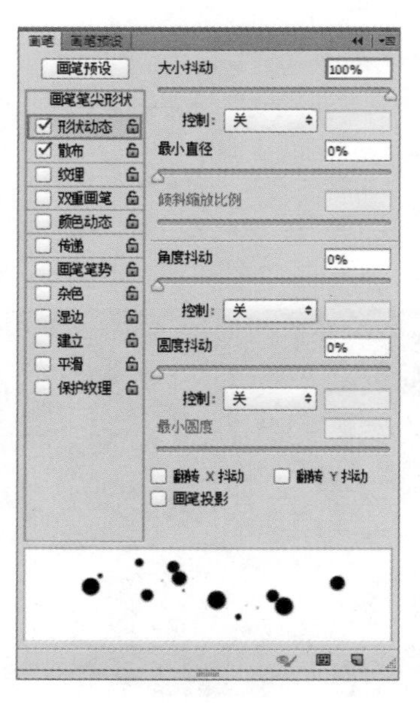


图 6-114

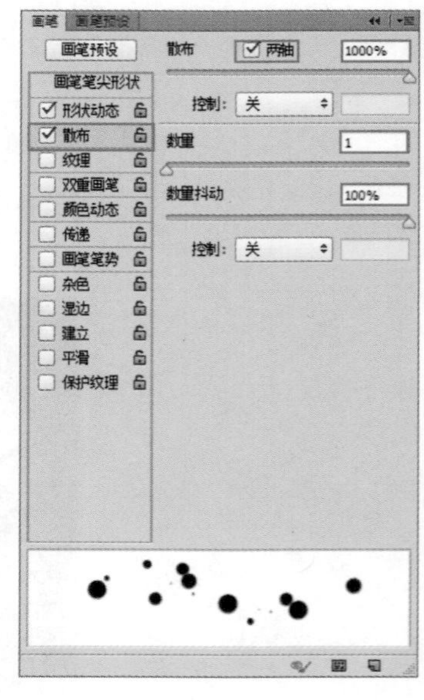


图 6-115

图 6-116

（8）为白色的波点添加外发光效果。选择该图层，执行“图层 > 图层样式 > 外发光”菜单命令，在“图层样式”对话框中设置“混合模式”为“正常”，“不透明度”为 20%，“杂色”为 0%，颜色为白色，“方法”为“柔和”，“扩展”为 20%，“大小”为 20 像素，如图 6-117 所示。设置完成后单击“确定”按钮，效果如图 6-118 所示。

（9）使用同样的方法制作更多的波点装饰，最终效果如图 6-119 所示。

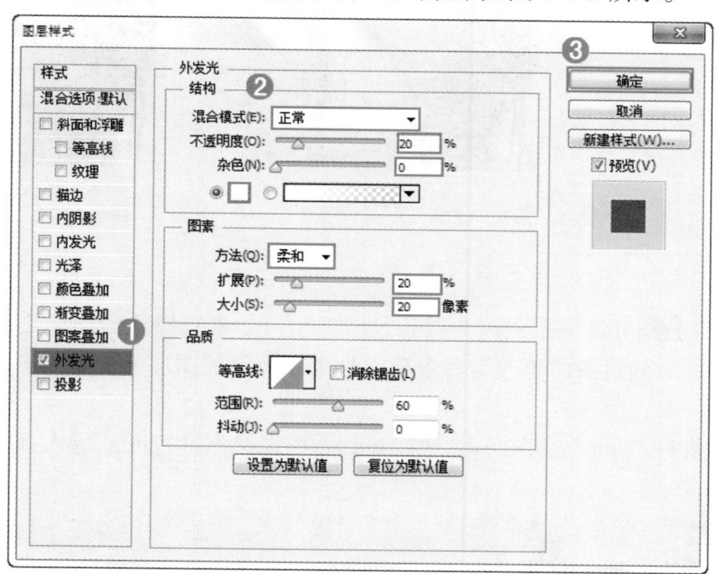


图 6-117

图 6-118

图 6-119

## 6.3 图像擦除工具

在 Photoshop 中有 3 种擦除工具，使用“橡皮擦工具”可将像素更改为背景色或透明，如图 6-120 所示；“背景橡皮擦工具”可以在拖动时将图层上的像素抹成透明状态，如图 6-121 所示；而“魔术橡皮擦工具”可以更改相似的像素，如图 6-122 所示。

图 6-120

图 6-121

图 6-122

### 6.3.1 工具速查——橡皮擦工具

“橡皮擦工具”可将像素更改为背景色或透明。如果被擦除的图层是“背景”图层或已锁定的图层，则被擦除的对象将更改为背景色；如果被擦除的图层是普通图层，则擦除的地方为透明。

（1）打开背景素材“1.jpg”，如图 6-123 所示。然后将人像素材“2.jpg”导入到画面中，如图 6-124 所示。

图 6-123

图 6-124

（2）选择该人物素材，单击工具箱中的“橡皮擦工具”，在“画笔”面板中选择柔角画笔，然后设置笔尖大小为 500 像素，继续设置“模式”为“画笔”，“不透明度”为 100%，“流量”为 100%，设置完成后在人物边缘处按住鼠标左键进行涂抹，利用画笔笔尖的柔角制作边缘虚化的效果，如图 6-125 所示。继续擦除，效果如图 6-126 所示。

图 6-125

图 6-126

### "橡皮擦工具"参数详解

单击工具箱中的"橡皮擦工具"按钮，其选项栏如图 6-127 所示。

- 模式：选择橡皮檫的种类。选择"画笔"选项时，可以创建柔边擦除效果；选择"铅笔"选项时，可以创建硬边擦除效果；选择"块"选项时，擦除的效果为块状。
- 不透明度：用于设置"橡皮擦工具"的擦除强度。当设置为 100% 时，可以完全擦除像素；当设置"模式"设置为"块"时，该选项将不可用。
- 流量：用于设置"橡皮擦工具"的涂抹速度，图 6-128 和图 6-129 所示分别为"流量"设置为 35% 和 100% 时的擦除效果。
- 抹到历史记录：勾选该复选框后，"橡皮擦工具"的作用相当于"历史记录画笔工具"。

图 6-127

图 6-128

图 6-129

## 6.3.2 工具速查——背景橡皮擦工具

"背景橡皮擦工具"是一种基于色彩差异的智能化擦除工具，其功能非常强大，除了可以使用它来擦除图像以外，最重要的是运用在抠图中。设置好背景色后，使用该工具可以在抹除背景的同时保留前景对象的边缘。

（1）图 6-130 所示为原图，设置合适的工具大小后将光标定位到主体物与背景的交界区域，注意光标的十字星要位于背景上，如图 6-131 所示。

图 6-130

图 6-131

（2）按住鼠标左键并拖动即可智能地擦除背景，如图 6-132 所示。使用同样的方法继续擦除其他区域，擦除完毕后为其更换漂亮的背景，效果如图 6-133 所示。

图 6-132

图 6-133

“背景橡皮擦工具”参数详解

图 6-134 所示为“背景橡皮擦工具”的选项栏。

- 取样：用于设置取样的方式。激活“取样：连续”按钮，在拖动鼠标时可以连续对颜色进行取样，凡是出现在光标中心十字线以内的图像都将被擦除，如图 6-135 所示；激活“取样：一次”按钮，只擦除包含第 1 次单击处颜色的图像，如图 6-136 所示；激活“取样：背景色板”按钮，只擦除包含背景色的图像，如图 6-137 所示。

图 6-134

图 6-135

图 6-136

图 6-137

- 限制：设置擦除图像时的限制模式。选择“不连续”选项时，可以擦除出现在光标下任何位置的样本颜色；选择“连续”选项时，只擦除包含样本颜色且相互连接的区域；选择“查找边缘”选项时，可以擦除包含样本颜色的连接区域，同时更好地保留形状边缘的锐化程度。
- 容差：用于设置颜色的容差范围。
- 保护前景色：勾选该选项后，可以防止擦除与前景色匹配的区域。

## 6.3.3 工具速查——魔术橡皮擦工具

“魔术橡皮擦工具” 也是初学者常用的抠图工具，使用该工具在图像中单击时，可以将所有相似的像素更改为透明。

（1）打开背景素材“1.jpg”，如图 6-138 所示。将人物素材“2.jpg”导入到画面中，如图 6-139 所示。

图 6-138　　　　图 6-139

（2）使用“魔术橡皮擦工具”将人物从背景中抠出来。选择工具箱中的“魔术橡皮擦工具”，然后设置“容差”为 20 像素。勾选“消除锯齿”和“连续”复选框，取消勾选“对所有图层取样”复选框，设置“不透明度”为 100%，设置完成后在人物背景的天空处单击鼠标左键即可对此处进行擦除，效果如图 6-140 所示。继续使用“背景橡皮擦工具”进行擦除，完成效果如图 6-141 所示。

图 6-140

图 6-141

"魔术橡皮擦工具"参数详解

选择工具箱中的"魔术橡皮擦工具"，其选项栏如图 6-142 所示。

- 消除锯齿：可以使擦除区域的边缘变得平滑。
- 连续：勾选该复选框时，只擦除与单击点像素邻近的像素；取消勾选该复选框时，可以擦除图像中所有相似的像素。
- 不透明度：用于设置擦除的强度。当其值为 100% 时，将完全擦除像素；较低的值可以擦除部分像素。

图 6-142

## 6.4　其他绘画工具



在画笔工具组中还有 3 种工具，分别是"铅笔工具"、"颜色替换工具"和"混合器画笔工具"，使用"铅笔工具"可以绘制出硬边画笔的笔触；"颜色替换工具"可以替换图像中的特殊颜色；"混合器画笔工具"可以绘制出逼真的手绘效果。图 6-143~ 图 6-146 所示为优秀的设计作品。

图 6-143

图 6-144

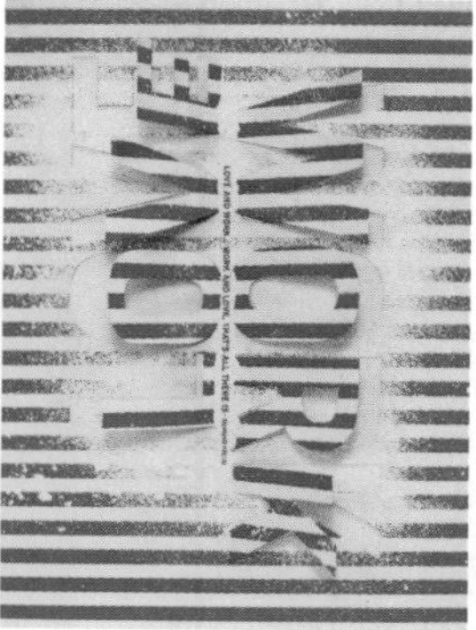

图 6-145

图 6-146

## 6.4.1 工具速查——铅笔工具

“铅笔工具”可以绘制出硬边画笔的笔触，所画出的曲线是硬直的、有棱角的。利用“铅笔工具”可以绘制一些非常漂亮的线状纹理，也可以绘制像素画，还可以绘制一些图形去应用到手机游戏中。其工作方式和画笔的使用方法相同，选择该工具，在绘制的区域按住鼠标左键并拖动即可进行绘制。图 6-147 和图 6-148 所示为使用“铅笔工具”绘制的像素画。

图 6-147

图 6-148

### “铅笔工具”参数详解

“铅笔工具”与“画笔工具”的使用方法非常相似，选择工具箱中的“铅笔工具”，其选项栏如图 6-149 所示。

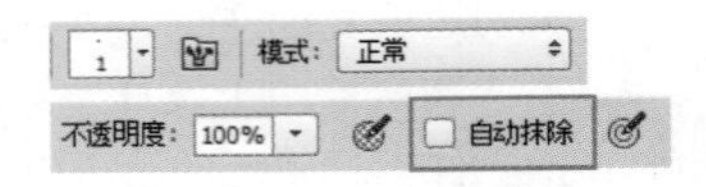


图 6-149

- 自动抹除：勾选该复选框后，如果将光标中心放置在包含前景色的区域上，则可以将该区域涂抹成背景色；如果将光标中心放置在不包含前景色的区域上，则可以将该区域涂抹成前景色。注意，“自动抹除”复选框只适用于原始图像，也就是只能在原始图像上才能绘制出设置的前景色和背景色。如果是在新建的图层中进行涂抹，则“自动抹除”复选框不起作用。

## 6.4.2 工具速查——颜色替换工具

“颜色替换工具”可以将选定的颜色替换为其他颜色，使用其为画面局部更换色彩非常方便。打开一张图片，如图 6-150 所示，接下来为人物头发更换颜色。

图 6-150

**1. 设置替换颜色的混合模式**

为了能让替换的颜色更好地融入被替换颜色的画面中，该工具提供了“色相”“饱和度”“颜色”和“明度”4 种混合模式。选择工具箱中的“颜色替换工具”，设置合适的笔尖大小。将前景色设置为红色，然后设“模式”为“颜色”，在人物头发处涂抹，可以发现被涂抹的地方变成了红色，如图 6-151 所示。

图 6-151

**2. 设置颜色的取样方式**

激活“取样：连续”按钮后，在拖动光标时，可以对颜色进行取样；激活“取样：一次”按钮后，只替换包含第 1 次单击的颜色区域中的目标颜色；激活“取样：背景色板”按钮后，只替换包含当前背景色的区域。这里设置取样方式为“连续”。

**3. 设置“限制”选项**

“限制”选项用于控制更改颜色的区域，在 Photoshop 中提供了“连续”“不连续”和“查找边缘”3 种方法。当选择“不连续”选项时，可以替换出现在光标下任何位置的样本颜色；当选择“连续”选项时，只替换与光标下的颜色接近的颜色；当选择“查找边缘”选项时，可以替换包含样本颜色的连接区域，同时保留形状边缘的锐化程度。这里设置“限制”为“连续”。

**4. 设置“容差”选项**

“容差”选项用于设置“颜色替换工具”的容差，这里设置为 30%。

**5. 设置“消除锯齿”复选框**

勾选“消除锯齿”复选框后，可以消除颜色替换区域的锯齿效果，从而使图像变得平滑。最后颜色替换的效果如图 6-152 所示。

图 6-152

### 6.4.3 工具速查——混合器画笔工具

“混合器画笔工具”可以像传统绘画过程中混合颜料一样地混合像素。使用“混合器画笔工具”可以让不懂绘画的人很容易地画出漂亮的画面，如果有美术功底的用户则更是如虎添翼。打开一张风景图片，如图 6-153 所示。

**1. 设置画笔笔尖**

单击选项栏中的倒三角按钮，在画笔选取器中选择合适的画笔，如图 6-154 所示。

图 6-153

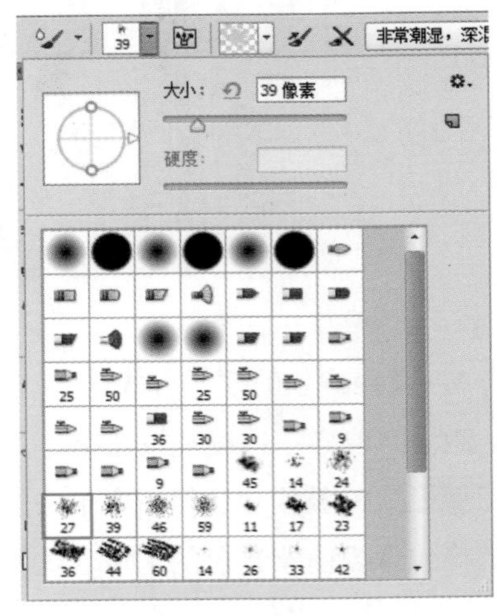


图 6-154

**2. 设置“混合”选项**

“混合”选项用于控制画笔从画布拾取的油彩量。在 Photoshop 中提供了 12 种预设的混合选项。如果调整选项栏中的“潮湿”“载入”“混合”和“流量”等参数，则该选项会设定为“自定”。这里设置选项为“非常潮湿，深混合”选项，如图 6-155 所示。设置完成后在画面中进行细致地涂抹，得到的油画效果如图 6-156 所示。

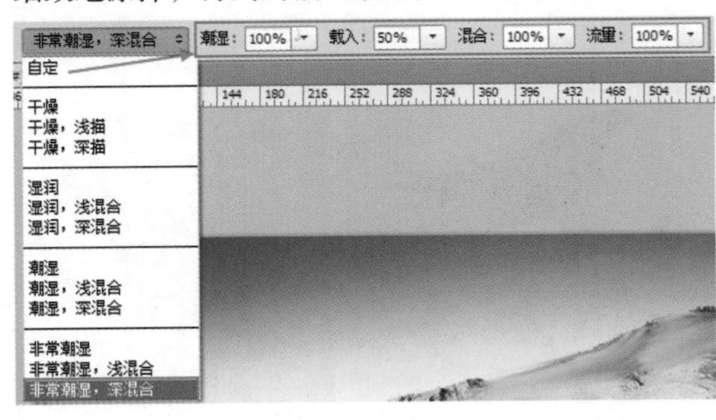


图 6-155

图 6-156

**“混合器画笔工具”参数详解**

- 潮湿：增大该选项数值时，会在涂抹过程中产生较长的绘画痕迹。
- 载入：指定储槽中载入的油彩量。当载入速率较低时，绘画描边干燥的速度会更快。
- 混合：控制画布油彩量与储槽油彩量的比例。当混合比例为 100% 时，所有油彩将从画布中拾取；当混合比例为 0% 时，所有油彩都来自储槽。
- 流量：控制混合画笔的流量大小。
- 对所有图层取样：拾取所有可见图层中的画布颜色。

## 6.5　管理画笔

通过对本章多种绘图工具的学习，可以发现，绘图工具很多是针对画笔笔尖、大小、模式等进行设置。在本节中主要讲解如何自定义画笔和将其他画笔资源载入到 Photoshop 中。图 6-157~图 6-160 所示为商业海报设计作品欣赏。

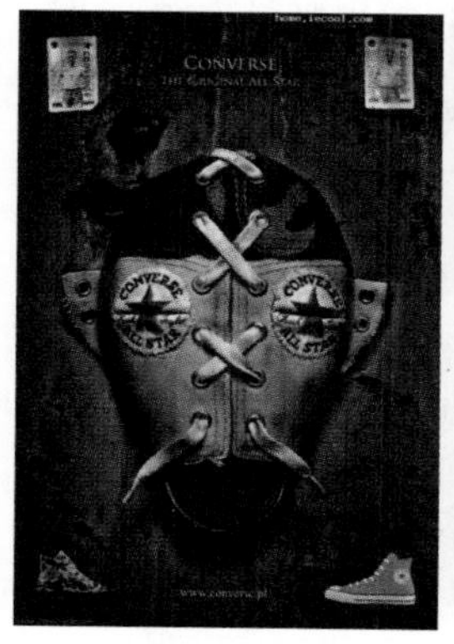


图 6-157

图 6-158

图 6-159

图 6-160

### 6.5.1　定义画笔预设

在使用画笔工具进行图像绘制的过程中，有些笔尖不能很好地满足用户要求，或有时自己想要将一些好的图片或形状定义为画笔，以便日后使用，这时就需要使用“定义画笔预设”来将其定义为画笔。

（1）选择一个打算作为笔尖的图案，如图 6-161 所示。然后执行“编辑 > 定义画笔预设”菜单命令，在弹出的“画笔名称”对话框中为笔刷样式取一个名字，如图 6-162 所示。

（2）选择工具箱中的“画笔工具”，在“画笔预设”管理器的底部可以找到刚刚新定义的画笔，如图 6-163 所示。选择该画笔，即可在画面中进行绘制，如图 6-164 所示。

图 6-161

图 6-162

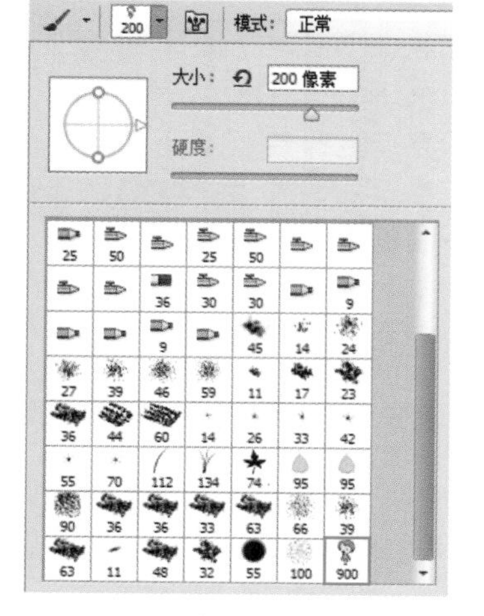


图 6-163

图 6-164

**小技巧：快速打开“画笔预设”管理器**

选择“画笔工具”后，在画布中单击鼠标右键，也可打开“画笔预设”管理器。

## 6.5.2 使用其他画笔资源

在 Photoshop 中为用户提供了多种预设的画笔笔尖，其中包括“混合画笔”“基本画笔”“书法画笔”等。也许这些画笔仍不能满足用户的需求，那用户还可从网络上下载各式的笔刷，然后载入到 Photoshop 中进行使用。本小节将学习使用预设和外挂的画笔资源。

在“画笔预设”窗口、选项栏中的“画笔选取器”和“预设管理器”的“画笔”选项中都可以进行画笔的载入，这些编辑方法大同小异。这里以使用“画笔预设”窗口编辑画笔为例，讲解其他画笔资源的编辑方法。

### 1. 载入预设笔刷

打开“画笔预设”窗口，单击面板菜单按钮，在菜单中包含一组系统预设的画笔库，如图 6-165 所示。执行这些命令时，Photoshop 会弹出一个提示对话框，如图 6-166 所示。如果单击“确定”按钮，则载入的画笔将替换当前的画笔；如果单击“追加”按钮，则载入的画笔将追加到当前画笔的后面。

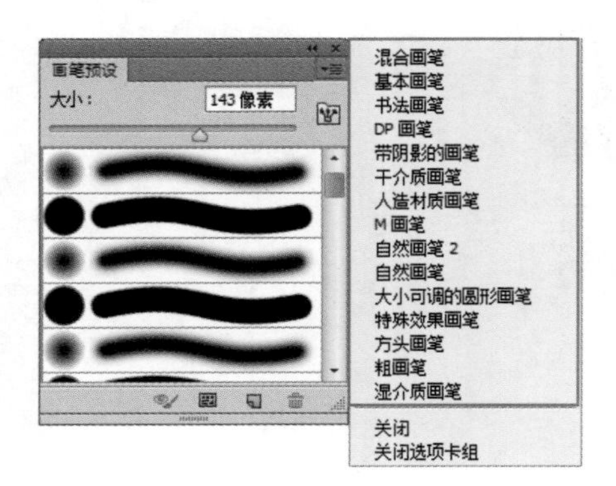


图 6-165

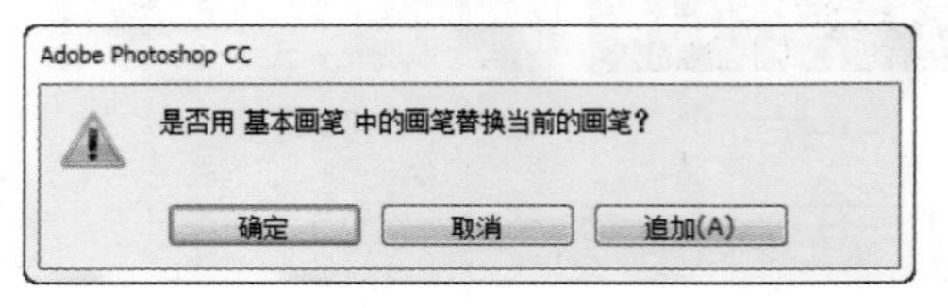


图 6-166

### 2. 载入外挂笔刷

在“画笔预设”面板菜单中执行“载入画笔”命令，然后在打开的“载入”对话框中找到笔刷的位置，单击选择相应的笔刷，单击“载入”按钮，如图 6-167 所示，即可将外挂笔刷载入到 Photoshop 中，如图 6-168 所示。

图 6-167

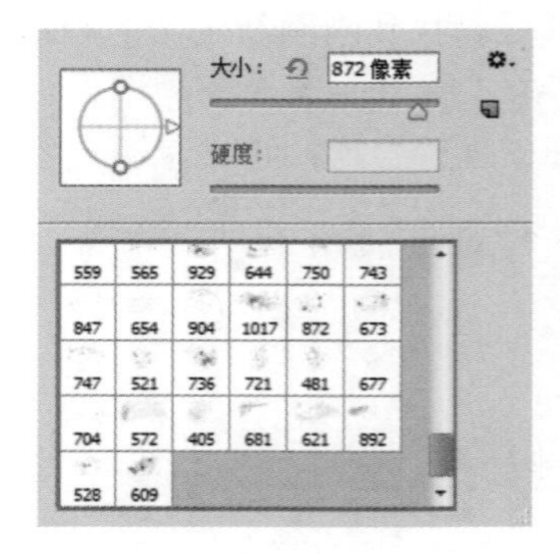


图 6-168

### 3. 存储画笔

在“画笔预设”面板菜单中执行“存储画笔”命令，可以将“画笔预设”面板中的画笔保存为一个画笔库，如图 6-169 所示。

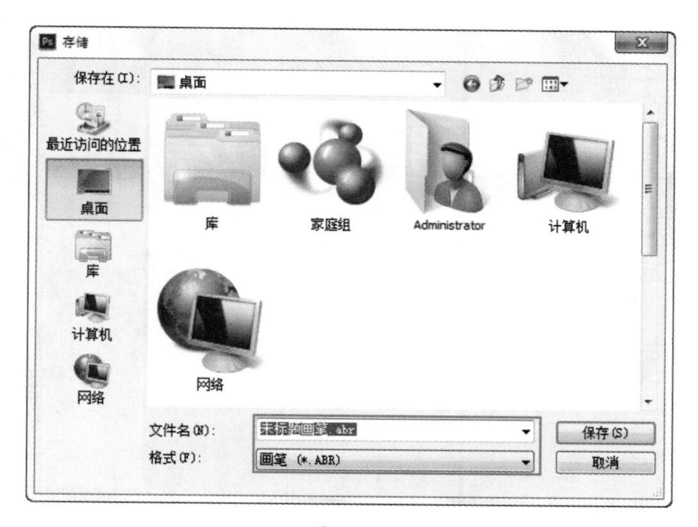


图 6-169

**4. 替换画笔**

在“画笔预设”面板菜单中执行“替换画笔”命令，可以从弹出的“载入”对话框中选择一个外部画笔库来替换面板中的画笔。

**5. 复位画笔**

进行了添加或删除画笔操作后，在“画笔预设”面板菜单中执行“复位画笔”命令，可以将面板恢复到默认的画笔状态。

# 第 7 章 数码照片修饰不求人

在这个科技发达的社会，相机和手机都可以用来拍照，我们每个人都是拍照达人。“咔嚓、咔嚓”，把生活中的点点滴滴记录下来。“哎呀，画面中不和谐的物体入镜了，该怎么办呢？”那就好好学习本章的知识，让自己变身为修图达人，修饰数码照片不再求人！

学习要点：

在本章中，主要学习一些常用的数码照片修饰工具。修图工具虽然种类繁多，但是使用方法却很简单，都是一些简单实用的工具。例如，去除图像瑕疵的工具、图像润饰的工具，可以矫正照片畸变的方法，可以瘦身、增大眼睛的液化滤镜，还有可以制作景深效果的模糊滤镜等。

佳作欣赏

## 7.1 修饰数码照片小瑕疵不用愁

当我们拍摄照片时，照片中会有些斑斑点点的瑕疵让我们不满意。那么这些小瑕疵，该怎么修饰呢？在本节中，将学习几种轻松去除小面积瑕疵的工具，如图章工具、污点修复画笔、修复画笔、修补工具、内容感知移动工具和红眼工具。图 7-1~ 图 7-4 所示为优秀的的设计作品欣赏。

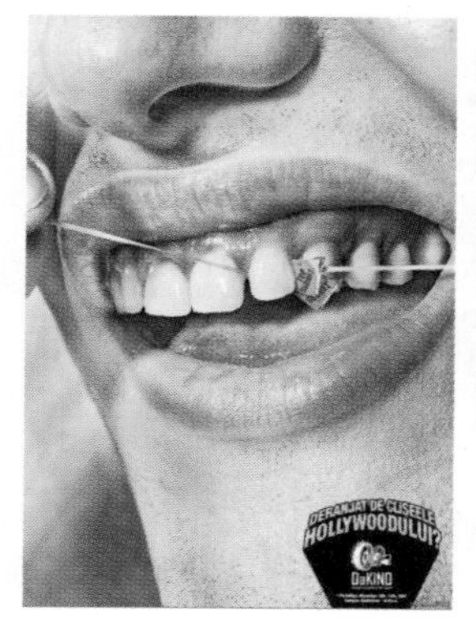


图 7-1

图 7-2

图 7-3

图 7-4

### 7.1.1 “仿制源”面板

在“仿制源”面板中，可以对仿制源的位置、大小和角度进行设置，还可以通过“显示叠加”复选框来控制复制的各种图像内容。另外，“仿制源”面板最多可以设置 5 个样本源，并且可以查看样本源的叠加，以便在特定位置进行仿制。执行“窗口 > 仿制源”菜单命令，即可打开“仿制源”面板，如图 7-5 所示。

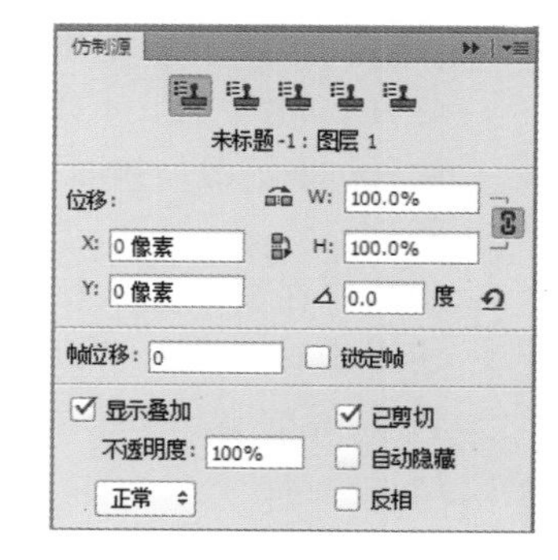


图 7-5

> **小技巧：“仿制源”面板小知识**
>
> 对于基于时间轴的动画，“仿制源”面板还可以用来设置样本源视频 / 动画帧与目标视频 / 动画帧之间的帧关系。

#### “仿制源”面板参数详解

- 仿制源：激活“仿制源”按钮后，按住 <Alt> 键的同时使用图章工具或图像修复工具在图像上单击，可以设置取样点，如图 7-6 所示。单击下一个“仿制源”按钮，还可以继续取样，如图 7-7 所示。

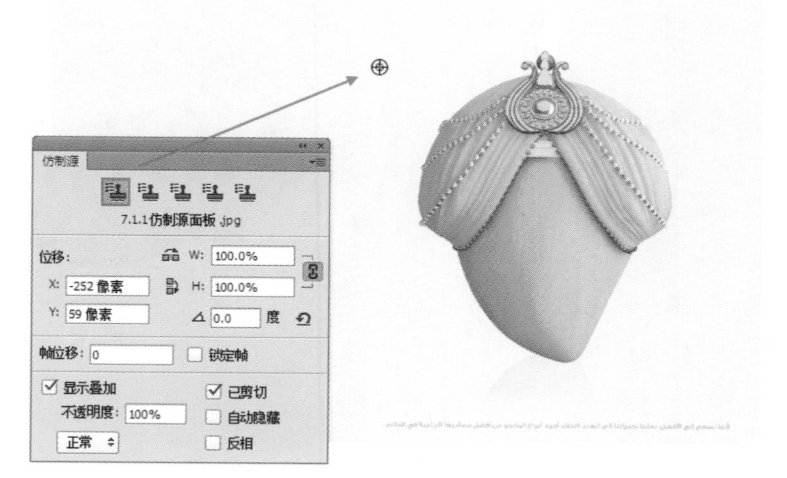


图 7-6

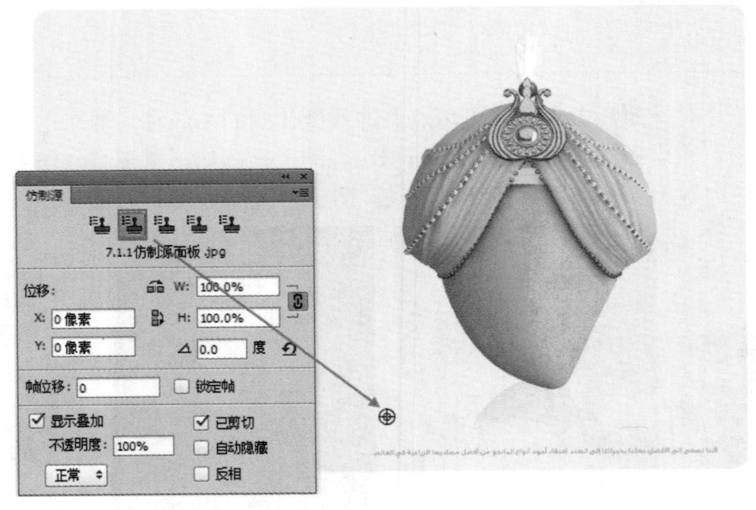


图 7-7

- 位移：指定 x 轴和 y 轴的像素位移，可以在相对于取样点的精确位置进行仿制。
- W/H：输入 W（宽度）或 H（高度）值，可以缩放所仿制的源，如图 7-8 所示。
- 旋转：在文本输入框中输入旋转角度，可以旋转仿制的源，如图 7-9 所示。

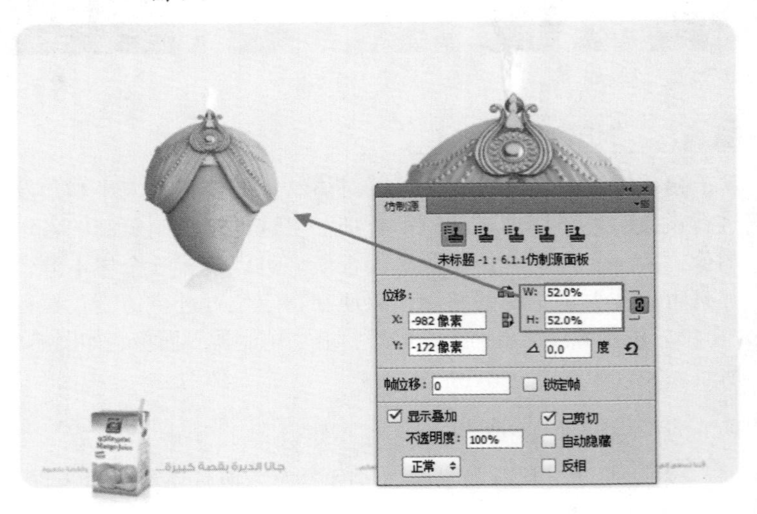


图 7-8

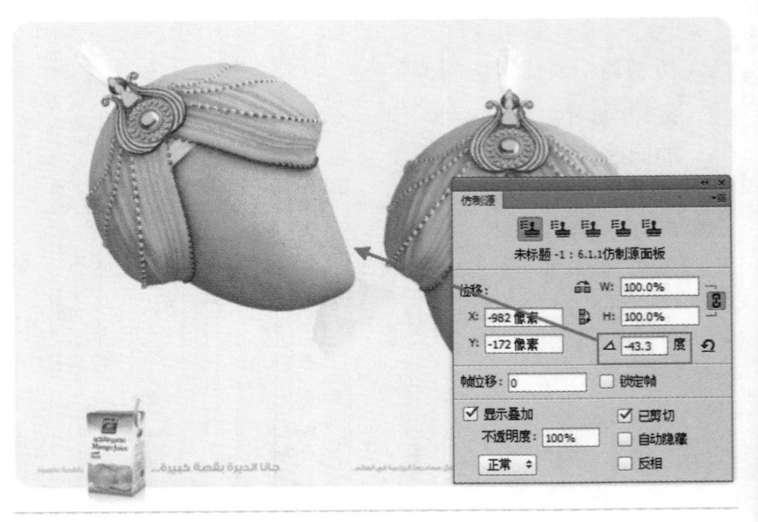


图 7-9

- 翻转：单击“水平翻转”按钮，可以水平翻转仿制源，如图 7-10 所示；单击“垂直翻转”按钮，可垂直翻转仿制源，如图 7-11 所示。
- “复位变换”按钮：将 W、H、角度值和翻转方向恢复到默认的状态。
- 帧位移 / 锁定帧：在“帧位移”中输入帧数，可以使用与初始取样的帧相关的特定帧进行仿制，输入正值时，要使用的帧在初始取样的帧之后；输入负值时，要使用的帧在初始取样的帧之前。如果勾选“锁定帧”复选框，则总是使用与初始取样的相同帧进行仿制。
- 显示叠加：勾选“显示叠加”复选框，并设置了叠加方式后，可以在使用图章工具或修复工具时，更好地查看叠加以及下面的图像，如图 7-12 所示。“不透明度”用于设置叠加图像的不透明度；勾选“自动隐藏”复选框可以在应用绘画描边时隐藏叠加；勾选“已剪切”复选框可以将叠加剪切到画笔大小；如果要设置叠加的外观，可以从下面的叠加下拉列表框中进行选择；勾选“反相”复选框可反相叠加中的颜色。

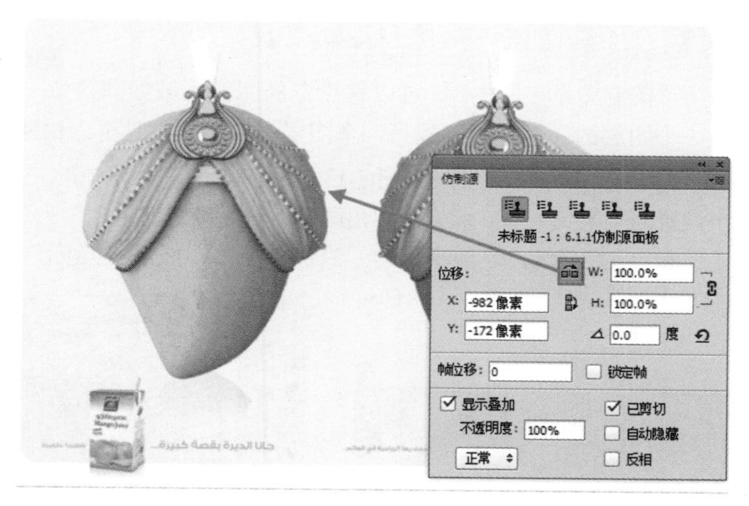


图 7-10

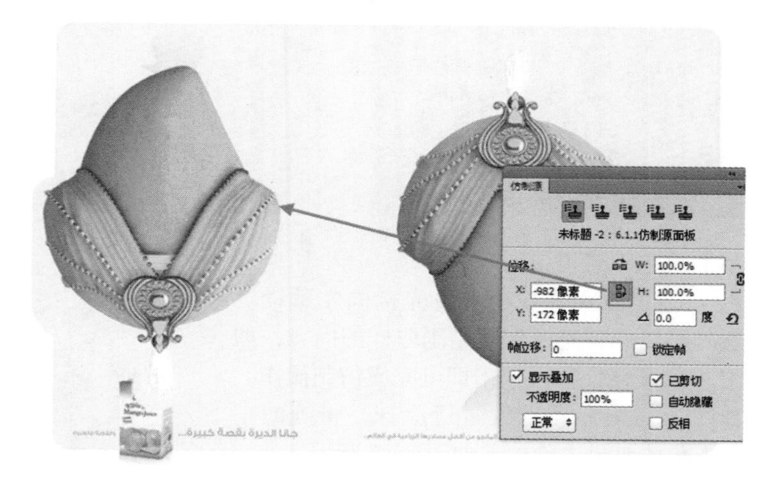


图 7-11

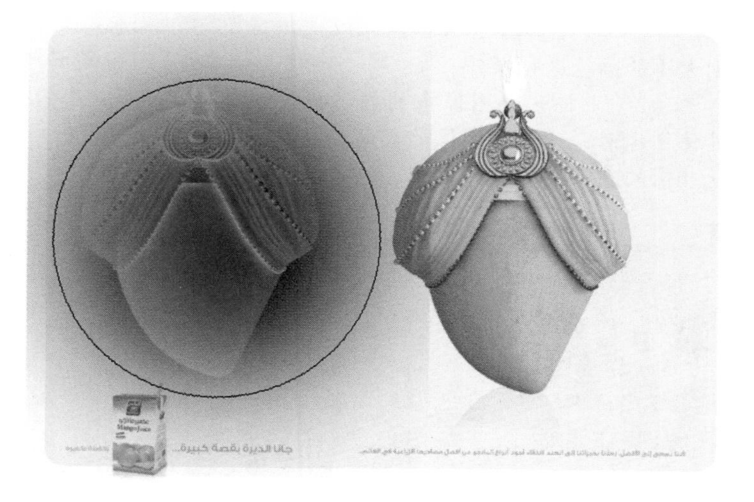

图 7-12

第7章

## 7.1.2 工具速查——仿制图章工具

“仿制图章工具”可以将指定的图像区域如同盖章一样，复制到指定的区域中，也可以将一个图层的一部分绘制到另一个图层。使用该工具可以快速地修饰画面中的缺陷。

（1）打开一张图片，如图 7-13 所示。单击工具箱中的“仿制图章工具”按钮，在选项栏中设置画笔笔尖为 900 像素的柔角画笔，然后设置“模式”为“柔和”。设置“不透明度”100%，“流量”为 100%，“样本”为“当前图层”，然后将光标移动到画面左下角的水果旁边，单击<Alt>键进行取样，如图 7-14 所示。

图 7-13

图 7-14

（2）取样完成后，将光标向左移动。这时可以看到光标中有刚刚取样的内容，如图 7-15 所示。再次单击即可完成仿制操作，如图 7-16 所示。继续进行涂抹，将画面中左下角的水果去除掉，如图 7-17 所示。

图 7-15

**小技巧：** “仿制图章工具”小知识

（1）“仿制图章工具”可以选用不同大小的画笔进行操作。

（2）当将一幅图像中的内容复制到其他图像时，这两幅图像的颜色模式必须是相同的。

图 7-16

图 7-17

“仿制图章工具”参数详解

选择工具箱中的“仿制图章工具”，其选项栏如图 7-18 所示。

图 7-18

- 切换“画笔”面板：打开或关闭“画笔”面板。
- 切换“仿制源”面板：打开或关闭“仿制源”面板。
- 对齐：勾选该复选框后，可以连续对像素进行取样，即使是释放鼠标以后，也不会丢失当前的取样点。
- 样本：从指定的图层中进行数据取样。

## 7.1.3 玩转仿制图章工具——去除画面中多余的人像

本案例需要利用仿制图章去除画面中多余的人物，然后为其添加渐变以达到更加真实的效果，具体步骤如下。

（1）打开“背景.jpg”图像，如图 7-19 所示，将其复制一层并命名为“去除人物”，本案例需要去除右侧的人像。

（2）选择工具选项栏中的“仿制图章工具”，按住 <Alt> 键在中间的背景区域进行单击采样，如图 7-20 所示。松开鼠标后将光标移动到右侧人像处，按住鼠标左键并拖动，即可去除部分人像，如图 7-21 所示。

图 7-19

图 7-20

图 7-21

（3）同样的方法，继续使用“仿制图章工具”在背景部分进行取样，并涂抹右侧人像被保留的区域，如图 7-22 所示。

（4）为了达到更加真实的效果，新建图层，设置“渐变”为从白色到透明，选择“径向渐变”，如图 7-23 所示。在画面中拖动鼠标，实现梦幻的效果，至此完成该案例，最终效果如图 7-24 所示。

图 7-22

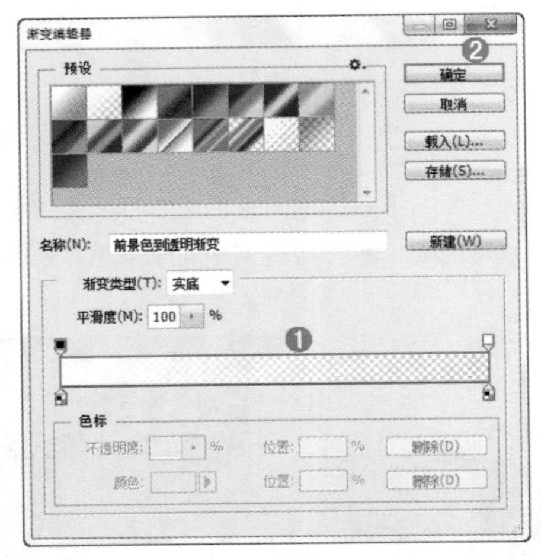


图 7-23

图 7-24

## 7.1.4 工具速查——图案图章工具

“图案图章工具”和“仿制图章工具”都作为图章工具，但是它们之间的功能却不相同。“图案图章工具”不是按住 <Alt> 键来采集周围图案，而是使用 Photoshop 中使用已定义好的图案来填充指定区域的一种工具。它主要用于设计无缝连接的图案，还可以通过“印象派效果”制作出抽象画的效果。

**1. 设置“对齐”选项**

选择工具箱中的“图案图章工具”，然后设置合适的笔尖大小，然后在“图案选取器”中选择合适的图案，勾选“对齐”复选框，在画面中按住鼠标左键进行涂抹，如图 7-25 所示。如果不勾选该复选框，则每次单击鼠标都重新应用图案，如图 7-26 所示。

图 7-25

**2. 设置“印象派效果”复选框**

勾选“印象派效果”复选框后，可以绘制出印象派效果的图案，如图 7-27 所示。

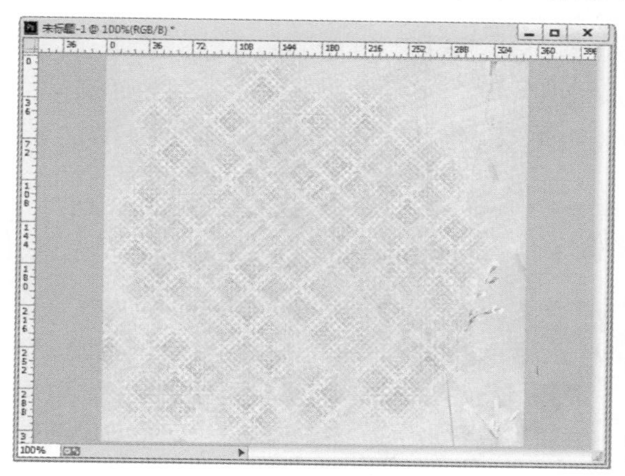

图 7-26

图 7-27

## 7.1.5 工具速查——污点修复画笔工具

“污点修复画笔工具” 可以迅速修补数码照片中的污点状瑕疵，该工具的工作原理是从图案中提取样本像素来涂抹要修改的地方，对需要修复的地方的四周提取样本，经过运算，使需要修复的地方与样本像素在纹理、亮度上保持一致。图 7-28 所示为使用“污点修复画笔工具”为人像祛斑的前后效果对比。

图 7-28

（1）打开一张带有瑕疵的图片。选择工具箱中的“污点修复画笔工具” ，将画笔笔尖调整到与人物脸上斑点合适的大小，然后设置其“模式”为“正常”，选中“内容识别”单选按钮，然后将光标移动到人物面部斑点处，如图 7-29 所示。然后单击鼠标左键，这个位置变为了半透明的黑色，如图 7-30 所示。

图 7-29

图 7-30

（2）松开鼠标，这个位置的斑点消失了，如图 7-31 所示。使用同样的方法为人物祛斑，效果如图 7-32 所示。

图 7-31

图 7-32

### "污点修复画笔工具"部分参数详解

图 7-33 所示为"污点修复画笔工具"的选项栏。

图 7-33

- 模式：用于设置修复图像时使用的混合模式。除"正常""正片叠底"等常用模式外，还有一个"替换"模式，这个该模式可以保留画笔描边的边缘处的杂色、胶片颗粒和纹理。
- 类型：用于设置修复的方法。选择"近似匹配"选项时，可以使用选区边缘周围的像素来查找要用作选定区域修补的图像区域；选择"创建纹理"选项时，可以使用选区中的所有像素创建一个用于修复该区域的纹理；选择"内容识别"选项时，可以使用选区周围的像素进行修复。

### 7.1.6 玩转污点修复画笔工具——使用污点修复画笔工具去除画面瑕疵

本案例主要通过使用“污点修复画笔工具”去除画面中的瑕疵，具体步骤如下。

（1）执行“文件 > 打开”菜单命令，打开人物素材“1.jpg”，可以看到原图人物面部有瑕疵，如图 7-34 所示。

（2）复制图层。选择工具箱中的“污点修复画笔工具”，在选项栏中设置“画笔”大小为 50，接着在画面中污点的部分进行涂抹，如图 7-35 所示。至此，此案例完成，画面效果如图 7-36 所示。

图 7-34

图 7-35

图 7-36

### 7.1.7 工具速查——修复画笔工具

“修复画笔工具”与“仿制图章工具”的使用方法有些相同，都是需要先按住 <Alt> 键进行取样。但是“修复画笔工具”还可以将样本像素的纹理、光照、透明度和阴影与所修复的像素进行匹配，从而使修复后的像素不留痕迹地融入图像的其余部分。

（1）打开素材文件，可以看到人像眼睛和嘴附近有很多细纹，如图 7-37 所示。选择工具箱中的“修复画笔工具”，在选项栏中设置适当的画笔大小，按住 <Alt> 键，对人物皮肤进行取样，如图 7-38 所示。

图 7-37

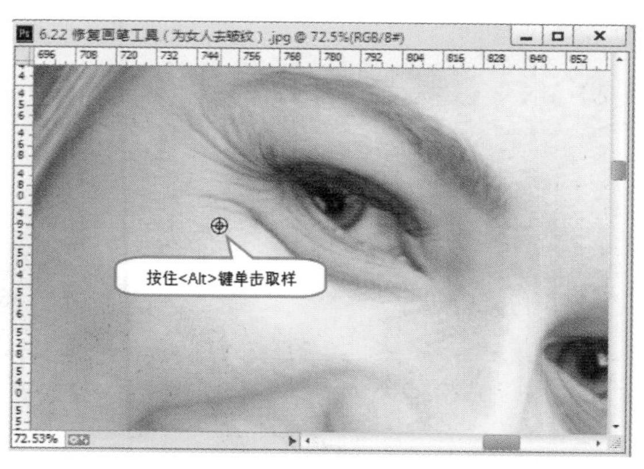


图 7-38

（2）取样完成后，在皱纹处进行涂抹，即可进行除皱，效果如图 7-39 所示。继续使用该工具为人面部进行除皱，完成效果如图 7-40 所示。

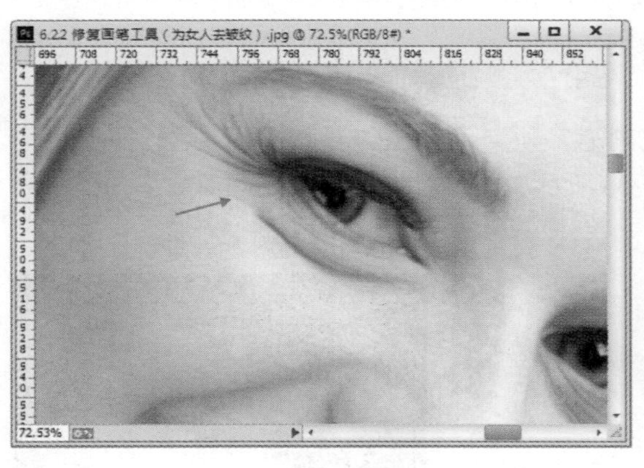

图 7-39

图 7-40

“修复画笔工具”部分参数详解

选择工具箱中的“修复画笔工具”，其选项栏如图 7-41 所示。

图 7-41

- 源：设置用于修复像素的源。选中“取样”单选按钮时，可以使用当前图像的像素来修复图像；选中“图案”单选按钮时，可以使用某个图案作为取样点。
- 对齐：勾选该复选框后，可以连续对像素进行取样，即使释放鼠标也不会丢失当前的取样点；取消勾选“对齐”复选框后，则会在每次停止并重新开始绘制时使用初始取样点中的样本像素。

## 7.1.8 工具速查——修补工具

“修补工具”可以利用样本或图案来修复所选图像区域中不理想的部分。在“修补工具”的工具选项栏中可以设置“源”“目标”“透明”和“使用图案”等参数。打开一张图片，选择工具箱中的“修补工具”，在选项栏中单击“新选区”按钮，选中“源”单选按钮，拖动鼠标绘制文字的选区，按住左键向下拖动，如图 7-42 所示。最后取消选中选区，效果如图 7-43 所示。

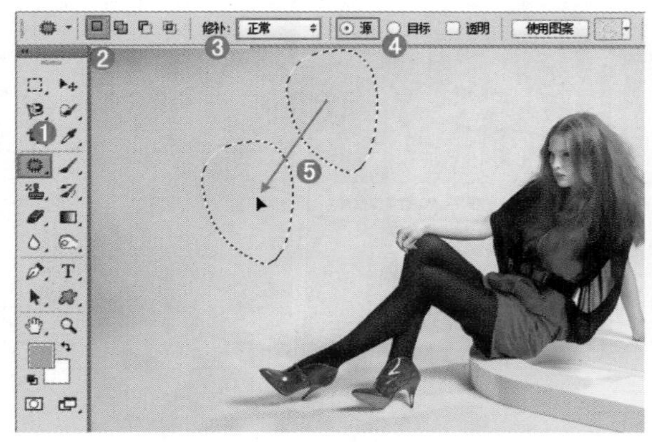


图 7-42

图 7-43

### “修补工具”部分参数详解

图 7-44 所示为“修补工具”的选项栏。

图 7-44

- 选区创建方式：激活“新选区”按钮，可以创建一个新选区（如果图像中存在选区，则原始选区将被新选区替代）；激活“添加到选区”按钮，可以在当前选区的基础上添加新的选区；激活“从选区减去”按钮，可以在原始选区中减去当前绘制的选区；激活“与选区交叉”按钮，可以得到原始选区与当前创建的选区相交的部分。

**小技巧：**选区运算的快捷方式

添加到选区的快捷键为 <Shift> 键；从选区减去的快捷键为 <Alt> 键；与选区交叉的快捷键为 <Alt+Shift> 组合键。

- 修补：修补方式有“正常”和“内容识别”两种。当修补方式为“正常”时，有“源”“目标”和“透明”3 个选项，如图 7-45 所示。选中“源”单选按钮时，将选区拖动到要修补的区域后，松开鼠标左键就会用当前选区中的图像修补原来选中的内容；选择“目标”单选按钮时，会将选中的图像复制到目标区域；勾选“透明”复选框后，可以使修补的图像与原始图像产生透明的叠加效果，该项适用于修补具有清晰分明的纯色背景或渐变背景。当选择“修补”为“内容识别”选项时，可以在“适应”选项中选择相应的修补选项，如图 7-46 所示。

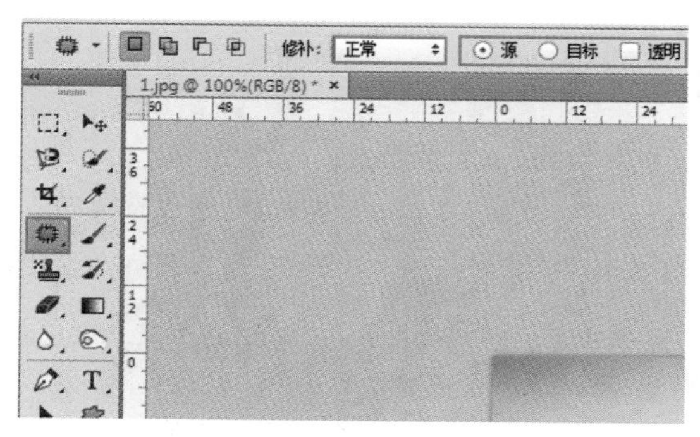


图 7-45

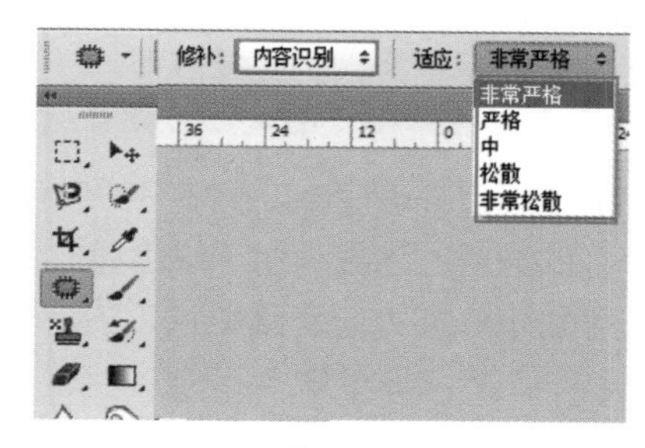


图 7-46

- 使用图案：使用“修补工具”创建选区后，单击“使用图案”按钮，可以使用图案修补选区内的图像，如图 7-47 和图 7-48 所示。

图 7-47

图 7-48

## 7.1.9 工具速查——内容感知移动工具

使用“内容感知移动工具”可以在无须复制图层或慢速精确地选择选区的情况下，快速地重构图像。

“内容感知移动工具”的选项栏与“修补工具”的选项栏用法相似，如图 7-49 所示。

图 7-49

打开一张图片，如图 7-50 所示。选择工具箱中的“内容感知移动工具”，在图像上绘制选区，并将选区中的内容移动到其他位置上，如图 7-51 所示。松开鼠标，所选的对象与四周的影物融合在一起，而原始的区域则会进行智能填充，如图 7-52 所示。

图 7-50

图 7-51

图 7-52

## 7.1.10 工具速查——红眼工具

在光效昏暗的环境中拍摄照片，很容易出现“红眼”现象。在 Photoshop 中，可以利用“红眼工具”轻轻一点为人物去除红眼。

（1）打开素材，如图 7-53 所示。选择工具箱中的“红眼工具”，在项目栏中设置“瞳孔大小”的数值，该选项用于设置瞳孔的大小，即眼睛暗色中心的大小。这里设置为 50%。

（2）设置“变暗量”参数，该选项用于设置瞳孔的暗度。这里设置“变暗”的值为 50%，在人像右眼处单击左键，可以看到右眼红色的瞳孔变为黑色，如图 7-54 和图 7-55 所示。

图 7-53

图 7-54

图 7-55

**你问我答：“红眼”产生原因和如何避免“红眼”**

“红眼”的原因是眼睛在暗处瞳孔放大，闪光灯照射后，瞳孔后面的血管反射红色的光线造成的。此外，眼睛没有正视相机也容易产生红眼，采用可以进行角度调整的高级闪光灯，在拍摄时闪光灯不要平行于镜头方向，而应与镜头成 30°，这样闪光时实际是产生环境光源，能够有效避免因瞳孔受到刺激而放大。最好不要在特别昏暗的地方采用闪光灯拍摄，开启红眼消除系统后要尽量保证拍摄对象都针对镜头。

为了避免出现“红眼”，除了可以在 Photoshop 中进行矫正外，还可以使用相机的红眼消除功能来消除红眼。

## 7.1.11 玩转红眼工具——使用红眼工具去除红眼

本案例主要通过使用“红眼工具”去除图层中人物瞳孔处的红光来矫正红眼问题，具体步骤如下。

（1）执行“文件>打开”菜单命令，打开人物素材“1.jpg”，可以看到原图人物有红眼，如图 7-56 和图 7-57 所示。

图 7-56

图 7-57

（2）复制背景图层，选择工具箱中的“红眼工具”，在选项栏中设置“瞳孔大小”为 50%，“变暗量”为 50%，在画面中红眼部分单击鼠标左键进行红眼修复，如图 7-58 所示。使用同样的方法，继续修复另外一只眼睛，如图 7-59 所示。

（3）至此，此案例完成，最终效果如图 7-60 所示。

图 7-58

图 7-59

图 7-60

## 7.2 图像润饰工具

使用图像的润饰工具，可以对图像的颜色和明度等进行修饰，还可以添加一些特殊的图像效果。图像润饰工具组包括两组 6 个工具，即“模糊工具”、“锐化工具”和“涂抹工具”可以对图像进行模糊、锐化和涂抹处理，如图 7-61 所示；“减淡工具”、“加深工具”和“海绵工具”可以对图像局部的明暗和饱和度等进行处理，如图 7-62 所示。

图 7-61

图 7-62

### 7.2.1 工具速查——模糊工具

“模糊工具”可柔化硬边缘或减少图像中的细节，对图像的局部区域进行模糊处理，其原理是降低相邻像素之间的反差，使图像的边界或区域变得柔和，可以制作模糊和梦幻的特殊效果。

（1）打开一张素材，如图 7-63 所示。

图 7-63

（2）选择工具箱中的“模糊工具”，设置合适的笔尖大小，然后设置其“模式”为“正常”，然后设置“强度”参数，该选项用于设置“模糊工具”的模糊强度，这里设置为 100%。设置完成后使用该工具在画面中进行涂抹。绘制的次数越多，该区域就越模糊，如图 7-64 所示。

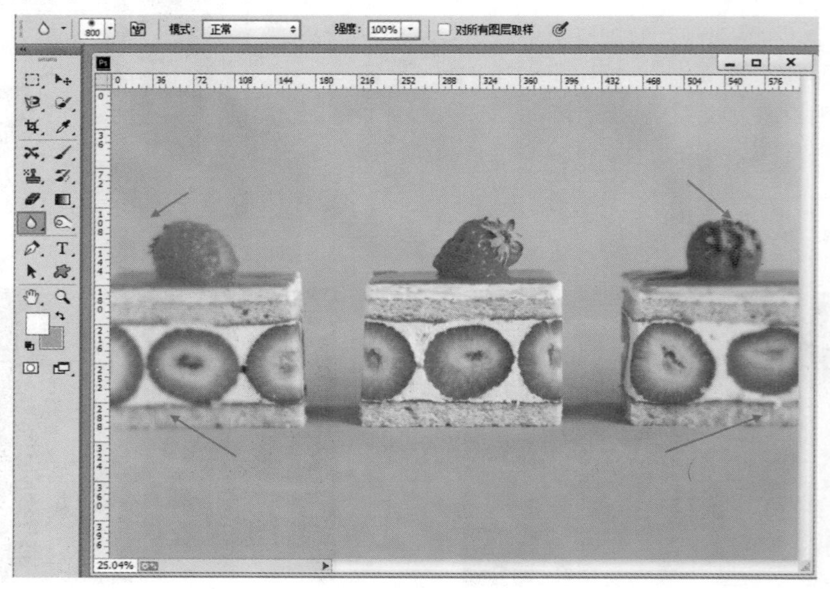


图 7-64

## 7.2.2　工具速查——锐化工具

“锐化工具”[icon]和“模糊工具”[icon]是两个相反的工具，使用“锐化工具”可以增强图像中相邻像素之间的对比，以提高图像的清晰度。在“锐化工具”的选项栏中设置参数后，还可以在锐化的基础上对图像进行加深和减淡处理。然而过度地进行锐化，会造成图像的失真。“锐化工具”与“模糊工具”的大部分选项相同。勾选“保护细节”复选框后，在进行锐化处理时，将对图像的细节进行保护，如图 7-65 所示。“锐化工具”使用对比效果如图 7-66 和图 7-67 所示。

图 7-65

图 7-66

图 7-67

## 7.2.3　工具速查——涂抹工具

“涂抹工具”[icon]以涂抹的方式对图像中的特定区域进行涂抹，随着鼠标的拖动，使笔触周围的像素随着鼠标的移动而相互融合，从而制作柔和、模糊、类似于模拟手指划过湿油漆时所产生的效果。

“涂抹工具”可以拾取鼠标单击处的颜色，并沿着拖曳的方向展开这种颜色，效果如图 7-68 和图 7-69 所示。

图 7-68

图 7-69

### "涂抹工具"参数详解

"涂抹工具"的选项栏如图 7-70 所示。

图 7-70

- 模式：用于设置"涂抹工具"的混合模式，包括"正常""变暗""变亮""色相""饱和度""颜色"和"明度"等选项。
- 强度：用于设置"涂抹工具"的涂抹强度。
- 手指绘画：勾选该复选框后，可以使用前景色进行涂抹绘制。

## 7.2.4 工具速查——减淡工具

"减淡工具"用于加亮图像的局部，与摄影上的暗室一样，可以改变特定区域的曝光度。使用"减淡工具"在某个区域上方绘制的次数越多，该区域就会变得越亮。打开一张颜色偏暗的图片，如图 7-71 所示，然后设置"范围"为"高光"，在人物皮肤处涂抹，随着涂抹可以看到人物皮肤变得更加白皙，如图 7-72 所示。继续涂抹，效果如图 7-73 所示。

图 7-71

图 7-72

图 7-73

### "减淡工具"部分参数详解

"减淡工具"的选项栏如图 7-74 所示。

- 范围：选择要修改的色调。选择"阴影"选项时，可以更改暗部区域，如图 7-75 所示；选择"中间调"选项时，可以更改灰色的中间范围，如图 7-76 所示；选择"高光"选项时，可以更改亮部区域，如图 7-77 所示。
- 曝光度：用于设置减淡的强度。
- 保护色调：可以保护图像的色调不受影响。

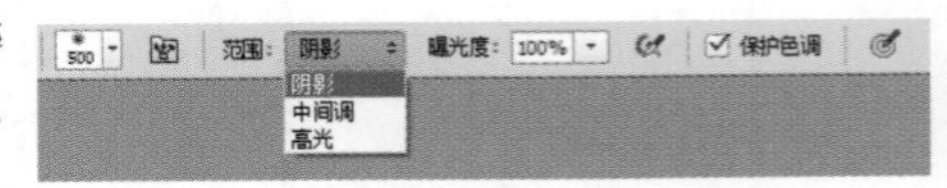


图 7-74

图 7-75

图 7-76

图 7-77

## 7.2.5　工具速查——加深工具

“加深工具” 的功能与“减淡工具”相反，它可以降低图像的亮度，通过加暗来校正图像的曝光度。使用“加深工具”在某个区域上方绘制的次数越多，该区域就会变得越暗。“加深工具”的选项栏与“减淡工具”的选项栏完全相同，如图 7-78 所示。图 7-79 和图 7-80 所示为使用“加深工具”对图像进行调整前后的效果对比。

图 7-78

图 7-79

图 7-80

## 7.2.6　工具速查——海绵工具

“海绵工具” 可以增加或降低图像中某个区域的饱和度。在灰度模式下，该工具通过使灰阶远离或靠近中间灰色来增加或降低对比度。图 7-81 和图 7-82 所示为使用“海绵工具”降低画面饱和度的前后效果对比。

图 7-81

图 7-82

### “海绵工具”参数详解

“海绵工具”的选项栏如图 7-83 所示。

图 7-83

- 模式：选择“加色”选项时，可以增加色彩的饱和度，如图 7-84 所示；选择“去色”选项时，可以降低色彩的饱和度，如图 7-85 所示。

图 7-84

图 7-85

- 流量：可以为“海绵工具”指定流量。数值越高，“海绵工具”的强度越大，效果越明显。图 7-86 和图 7-87 所示分别为“流量”为 30% 和 80% 时的涂抹效果。
- 自然饱和度：勾选该复选框后，可以在增加饱和度的同时防止因颜色过度饱和而产生溢色现象。

图 7-86

图 7-87

## 7.3 矫正数码照片畸变

在使用广角镜头和大变焦镜头拍摄照片时，都会产生明显的镜头畸变。镜头畸变实际上是光学透镜固有的透视失真的总称，即因为透视原因造成的失真，这种失真对于照片的成像质量是非常不利的，毕竟摄影的目的是为了再现，而非夸张。不过，现在 Photoshop CC 通过 3 个简单的命令即可轻松搞定数码照片的畸变现象。这 3 个滤镜分别是“自适应广角”滤镜、“镜头校正”滤镜和“消失点”滤镜。图 7-88~ 图 7-91 所示为一组矢量风格的海报设计欣赏。

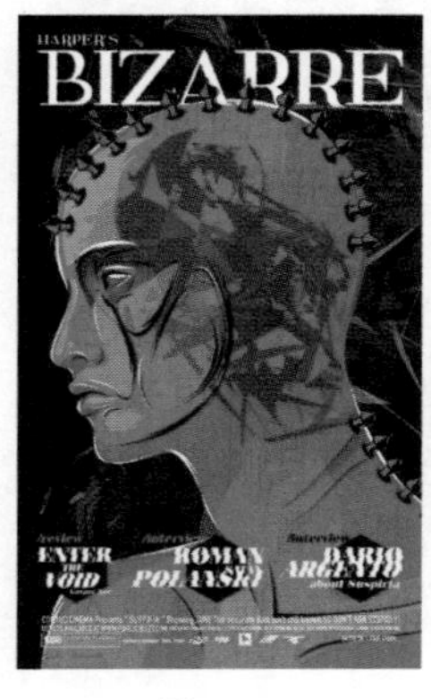


图 7-88

图 7-89

图 7-90

图 7-91

## 7.3.1 矫正广角畸变——“自适应广角”滤镜

“自适应广角”滤镜可以对广角、超广角及鱼眼效果进行变形校正。执行“滤镜 > 自适应广角”菜单命令，打开滤镜窗口。在“校正”下拉列表框中可以选择校正的类型，包含“鱼眼”“透视”“自动”和“完整球面”等选项，如图 7-92 所示。

图 7-92

### “自适应广角”滤镜参数详解

- 约束工具：单击图像或拖动端点可添加或编辑约束。按住 <Shift> 键并单击可添加水平 / 垂直约束。按住 <Alt> 键并单击可以删除约束。
- 多边形约束工具：单击图像或拖动端点可添加或编辑约束。按住 <Shift> 键并单击可以添加水平 / 垂直约束。按住 <Alt> 键并单击可以删除约束。
- 移动工具：拖动以在画布中移动内容。
- 抓手工具：放大窗口的显示比例后，可以使用该工具移动画面。
- 缩放工具：单击即可放大窗口的显示比例，按住 <Alt> 键并单击可以缩小显示比例。

## 7.3.2 修复镜头瑕疵——“镜头校正”滤镜

“镜头校正”滤镜可以快速修复常见的镜头瑕疵，也可以用来旋转图像，或修复由于相机在垂直或水平方向上倾斜而导致的图像透视错误现象。

执行“滤镜 > 镜头校正”菜单命令，打开“镜头校正”对话框（该滤镜只能处理 8 位 / 通道和 16 位 / 通道的图像），如图 7-93 所示。

图 7-93

## “镜头校正”滤镜参数讲解

- 移去扭曲工具：使用该工具可以校正镜头桶形失真或枕形失真。
- 拉直工具：绘制一条直线，以将图像拉直到新的横轴或纵轴。
- 移动网格工具：使用该工具可以移动网格，以将其与图像对齐。
- 抓手工具 / 缩放工具：这两个工具的使用方法与工具箱中的相应工具完全相同。
- 下面讲解“自定”面板中的参数选项，如图 7-94 所示。
- 几何扭曲：“移去扭曲”选项主要用来校正镜头桶形失真或枕形失真，如图 7-95 所示。当数值为正数时，图像将向外扭曲；当数值为负数时，图像将向中心扭曲，如图 7-96 所示。
- 色差：用于校正色边。在进行校正时，放大预览窗口的图像，可以清楚地查看色边校正情况。
- 晕影：校正由于镜头缺陷或镜头遮光处理不当而导致边缘较暗的图像。“数量”选项用于设置沿图像边缘变亮或变暗的程度，如图 7-97 所示；“中点”选项用来指定受“数量”数值影响的区域的宽度，如图 7-98 所示。
- 变换：“垂直透视”选项用于校正由于相机向上或向下倾斜而导致的图像透视错误；“水平透视”选项用于校正图像在水平方向上的透视效果；“角度”选项用于旋转图像，针对相机歪斜加以校正；“比例”选项用来控制镜头校正的比例。

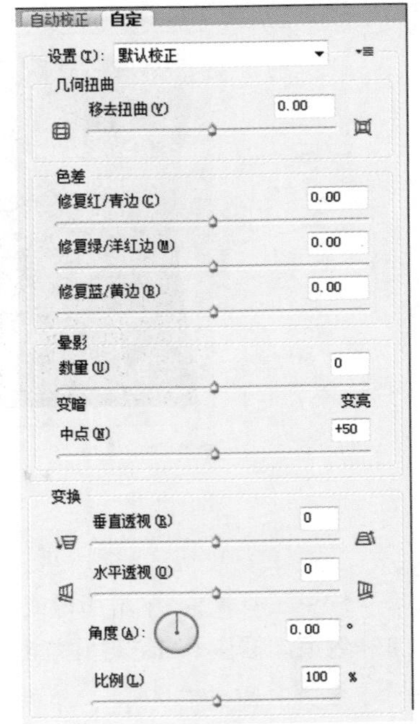


图 7-94

图 7-95

图 7-96

图 7-97

图 7-98

## 7.3.3 矫正透视问题——“消失点”滤镜

“消失点”滤镜的作用就是帮助用户对含有透视平面的图像进行透视图调节编辑。透视平面包括建筑物或任何矩形物体的侧面。要使用消失点，可先选定图像中的平面，然后运用绘画、克隆、复制或粘贴以及变换等编辑工作对其进行编辑，所有编辑都要体现在处理的平面的透视中。执行“滤镜 > 消失点”菜单命令，打开“消失点”对话框，如图 7-99 所示。在修饰、仿制、复制、粘贴或移去图像内容时，Photoshop 可以准确确定这些操作的方向。

图 7-99

### “消失点”滤镜参数详解

- 编辑平面工具：用于选择、编辑、移动平面的节点以及调整平面的大小，图 7-100 所示的是一个创建的透视平面，图 7-101 所示的是使用该工具修改过后的透视平面。

图 7-100

图 7-101

- 创建平面工具：用于定义透视平面的 4 个角节点。创建好 4 个角节点后，可以使用该工具对节点进行移动和缩放等操作。如果按住 <Ctrl> 键并拖动边节点，则可以拉出一个垂直平面。另外，如果节点的位置不正确，则可以按 <BackSpace> 键删除该节点。

> **小技巧：** 注意，如果要结束对角节点的创建，不能按 <Esc> 键，否则会直接关闭“消失点”对话框，这样所做的一切操作都将丢失。另外，删除节点也不能按 <Delete> 键（因不起任何作用），只能按 <BackSpace> 键。

- 选框工具：使用该工具可以在创建好的透视平面上绘制选区，以选中平面上的某个区域，如图 7-102 所示。建立选区后，将光标放置在选区内，按住 <Alt> 键并拖动选区，可以复制图像，如图 7-103 所示。如果按住 <Ctrl> 键并拖动选区，则可以用源图像填充该区域。

图 7-102

图 7-103

- 图章工具：使用该工具时，按住 <Alt> 键并在透视平面内单击，可以设置取样点，如图 7-104 所示，然后在其他区域内拖动鼠标即可进行仿制操作，图 7-105 所示的为设置取样点并仿制了图像的效果。

图 7-104

图 7-105

**小技巧：** 选择“图章工具”后，在对话框的顶部可以设置该工具修复图像的“模式”。如果要绘画的区域不需要与周围的颜色、光照和阴影混合，则可以选择“关”选项；如果要绘画的区域需要与周围的光照混合，同时又需要保留样本像素的颜色，则可以选择“明亮度”选项；如果要绘画的区域需要保留样本像素的纹理，同时又要与周围像素的颜色、光照和阴影混合，则可以选择“开”选项。

- 画笔工具：该工具主要用来在透视平面上绘制选定的颜色。
- 变换工具：该工具主要用来变换选区，其作用相当于“编辑 > 自由变换”菜单命令。图 7-106 所示是利用“选框工具”复制的图像，图 7-107 所示是利用“变换工具”对选区进行变换以后的效果。

图 7-106

图 7-107

- 吸管工具：可以使用该工具在图像上拾取颜色，以用作“画笔工具”的绘画颜色。
- 测量工具：使用该工具可以在透视平面中测量项目的距离和角度。
- 抓手工具：在预览窗口中移动图像。
- 缩放工具：在预览窗口中放大或缩小图像的视图。

其中，“抓手工具”和“缩放工具”的使用方法与工具箱中的相应工具完全相同。

## 7.4　了不起的“液化”滤镜

“液化”滤镜作为一个独立的滤镜，常用于数码照片修饰，如人像身型调整和面部结构调整等。使用“液化”滤镜，可以创建推、拉、旋转、扭曲和收缩等变形效果。执行“滤镜 > 液化”菜单命令，打开“液化”对话框，默认情况下“液化”对话框以简洁的基础模式显示，很多功能处于隐藏状态。勾选右侧面板中的“高级模式”复选框可以显示出完整的功能，如图 7-108 所示。“液化”滤镜的工作原理也很简单，编辑之前需要对画笔的笔尖大小和压力值进行设置，然后区分图像的处理区域，该操作称为“冻结”，液化命令对冻结的区域没有任何影响。还可以在操作完成后对“冻结”的区域进行“解冻”。

图 7-108

### 7.4.1　使用“液化”工具

在“液化”滤镜窗口的左侧排列着多种工具，其中包括变形工具、蒙版工具和视图平移缩放工具等。

**1．向前变形工具**

向前变形工具可以向前推动像素，如图 7-109 所示。

**2．重建工具**

重建工具用于恢复变形的图像。在变形区域单击或拖动鼠标进行涂抹时，可以使变形区域的图像恢复到原来的效果，如图 7-110 所示。

图 7-109

图 7-110

**3. 平滑工具**

使用“平滑工具”能够缓和因使用其他变形工具而对画面产生的变形问题。

**4. 顺时针旋转扭曲工具**

使用顺时针旋转扭曲工具拖动鼠标可以顺时针旋转像素；如果按住 <Alt> 键进行操作，则可逆时针旋转像素，使用效果如图 7-111 和图 7-112 所示。

图 7-111

图 7-112

**5. 褶皱工具**

褶皱工具可以使像素向画笔区域的中心移动，使图像产生内缩效果，如图 7-113 所示。

**6. 膨胀工具**

膨胀工具可以使像素向画笔区域中心以外的方向移动，使图像产生向外膨胀的效果，如图 7-114 所示。

图 7-113

图 7-114

**7. 左推工具**

当使用左推工具，向下拖动鼠标时，像素会向右移动，如图 7-115 所示；按住 <Alt> 键并向下拖动鼠标时，像素会向左移动，如图 7-116 所示。

图 7-115

图 7-116

**8. 冻结蒙版工具**

如果需要对某个区域进行处理，并且不希望操作影响到其他区域，则可以使用冻结蒙版工具绘制出冻结区域（该区域将受到保护而不会发生变形），如图 7-117 所示。例如，在面包上绘制出冻结区域，然后使用“向前变形工具”处理图像，被冻结起来的像素就不会发生变形，如图 7-118 所示。

**9. 解冻蒙版工具**

使用解冻蒙版工具在冻结区域涂抹，可以将其解冻，如图 7-119 所示。

**10. 抓手工具 / 缩放工具**

这两个工具的使用方法与工具箱中的相应工具完全相同。

图 7-117

图 7-118

图 7-119

## 7.4.2 设置“工具选项”参数

在“工具选项”选项组下，可以设置当前使用的工具的各种属性，如图 7-120 所示。

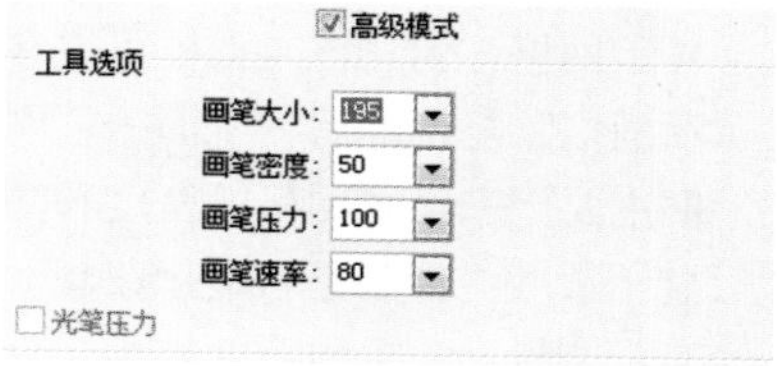

高级模式
工具选项
画笔大小：195
画笔密度：50
画笔压力：100
画笔速率：80
光笔压力

图 7-120

“工具选项”选项组参数详解

- 画笔大小：用来设置扭曲图像的画笔的大小。
- 画笔密度：控制画笔边缘的羽化范围。画笔中心产生的效果最强，边缘处最弱。
- 画笔压力：控制画笔在图像上产生扭曲的速度。
- 画笔速率：设置使工具（如“旋转扭曲工具”）在预览图像中保持静止时扭曲所应用的速度。
- 光笔压力：当计算机配有压感笔或数位板时，勾选该复选框可以通过压感笔的压力来控制工具。

## 7.4.3 重建画面效果

“重建选项”选项组下的参数主要用于设置重建方式，以及如何撤销所执行的操作，如图 7-121 所示。单击“重建”按钮，可以应用重建效果；单击“恢复全部”按钮，可以取消所有的扭曲效果。

图 7-121

## 7.4.4 设置“蒙版选项”参数

如果图像中包含选区或蒙版，则可以通过“蒙版选项”选项组来设置蒙版的保留方式，如图 7-122 所示。

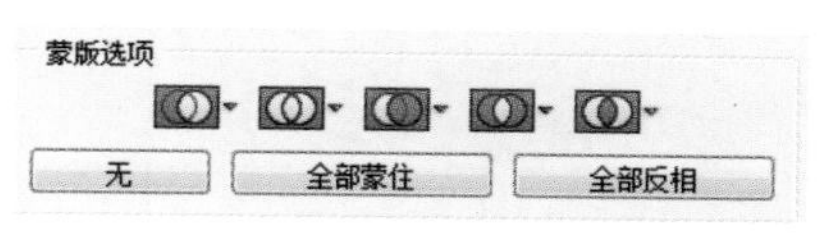


图 7-122

“蒙版选项”选项组参数详解

- 替换选区：显示原始图像中的选区、蒙版或透明度。
- 添加到选区：显示原始图像中的蒙版，以便可以使用“冻结蒙版工具”添加到选区。
- 从选区中减去：从当前的冻结区域中减去通道中的像素。
- 与选区交叉：只使用当前处于冻结状态的选定像素。
- 反相选区：使用选定像素，以使当前的冻结区域反相。
- 无：单击该按钮，可以使图像全部解冻。
- 全部蒙住：单击该按钮，可以使图像全部冻结。
- 全部反相：单击该按钮，可以使冻结区域和解冻区域反相。

## 7.4.5 设置“视图选项”参数

“视图选项”选项组主要用来显示或隐藏图像、网格和背景。另外，还可以设置网格大小和颜色、蒙版颜色、背景模式以及不透明度，如图 7-123 所示。

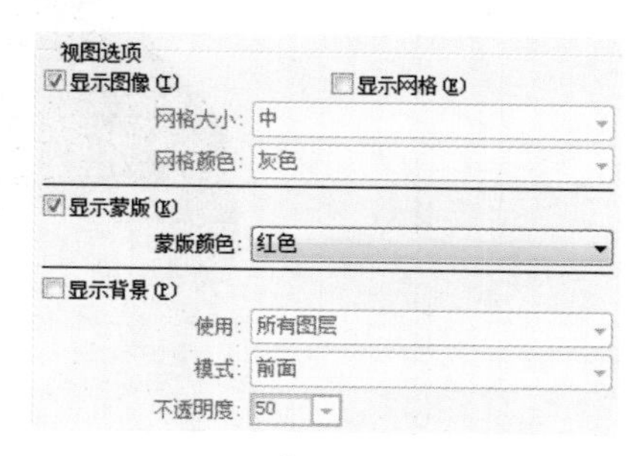


图 7-123

“视图选项”选项组参数详解

- 显示图像：控制是否在预览窗口中显示图像。
- 显示网格：勾选该复选框可以在预览窗口中显示网格，通过网格可以更好地查看扭曲。勾选“显示网格”复选框后，下面的“网格大小”复选框和“网格颜色”复选框才可以使用，这两个复选框主要用来设置网格的密度和颜色。
- 显示蒙版：控制是否显示蒙版。可以在下面的“蒙版颜色”下拉列表框中修改蒙版的颜色。
- 显示背景：如果当前文档中包含多个图层，则可以在“使用”下拉列表框中选择其他图层来作为查看背景；“模式”选项主要用于设置背景的查看方式；“不透明度”选项主要用于设置背景的不透明度。

## 7.4.6 玩转液化——液化功能打造完美曲线

本案例主要通过使用“液化”滤镜中的工具对画面进行变形，从而达到为人像瘦身的目的，具体步骤如下。

（1）打开人物素材“1.jpg”，可以看到原图微胖的人像。如图所示。复制一层背景，并对其执行“滤镜 > 液化”菜单命令，勾选“高级模式”复选框，使用“向前变形工具”，设置“画笔大小”数值为 150，由外向内地涂抹人物手臂，如图 7-124 所示。

图 7-124

（2）继续调整人像腿部的区域，如图 7-125 所示。调整“画笔大小”为 450，继续调整人像的腰部，如图 7-126 所示。

图 7-125

图 7-126

（3）对人像面部进行调整，设置“画笔大小”数值为 50，在人像脸部进行调整，以达到瘦脸的目的，如图 7-127 所示。最后，单击“确定”按钮完成液化操作。

图 7-127

## 7.5 “模糊”滤镜

执行“滤镜 > 模糊”菜单命令，在子菜单中可以看到“场景模糊”“光圈模糊”“移轴模糊”“表面模糊”“动感模糊”“方框模糊”“高斯模糊”“进一步模糊”“径向模糊”“镜头模糊”“模糊”“平均”“特殊模糊”和“形状模糊”14 个滤镜，如图 7-128 所示。使用这些滤镜可以对选区内或整个图像进行柔化和产生平滑过渡的效果；也可以使用这些滤镜去除图像中的杂色，使图像变得柔和；还可以使用其中一些滤镜修饰图像或为图像增加动感效果。

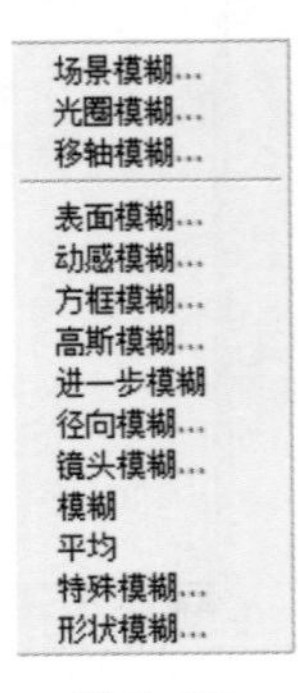


图 7-128

## 7.5.1 可以调节任意位置模糊的“场景模糊”滤镜

使用“场景模糊”滤镜可以使画面呈现出不同区域、不同模糊程度的效果。

（1）打开素材图片，如图 7-129 所示。

图 7-129

（2）执行“滤镜 > 模糊 > 场景模糊”菜单命令，打开“场景模糊”窗口。在画面的重心位置有一个默认的图钉，此时画面变得模糊了，如图 7-130 所示。选择该图钉，按住鼠标左键将该图钉移动到画面中人物脸部的位置。然后将窗口右侧的“模糊”选项设置为 0 像素，此时画面效果如图 7-131 所示。“模糊”选项用于设置模糊的强度。

图 7-130

图 7-131

（3）将光标移动到画面左下角，单击鼠标左键即可新建图钉。然后设置其“模糊”为 50 像素，如图 7-132 所示。设置完成后，单击“确定”按钮，景深效果就制作完成了，效果如图 7-133 所示。

图 7-132

图 7-133

**小技巧：**快速调整模糊强度

在图钉周围有个灰色圆环◎。按住鼠标左键顺时针拖动，可以增加“模糊”的强度，逆时针拖动可以增加“减少”的强度。

模糊效果参数详解

- 光源散景：用于控制光照亮度，数值越大，高光区域的亮度就越高。
- 散景颜色：通过调整数值控制散景区域颜色的程度。
- 光照范围：通过调整滑块，用色阶来控制散景的范围。

## 7.5.2　可以调整图像边缘模糊的“光圈模糊”滤镜

使用“光圈模糊”命令可将一个或多个焦点添加到图像中。我们可以根据不同的要求而对焦点的大小与形状、图像其余部分的模糊数量以及清晰区域与模糊区域之间的过渡效果进行相应的设置。

“光圈模糊”的参数与“场景模糊”相仿，但是用法却截然不同。打开一张素材，然后执行“滤镜 > 模糊 > 光圈模糊”菜单命令，在“模糊工具”窗口中可以看到光圈模糊的“模糊定界框”，如图 7-134 所示。

图 7-134

### 1. 调整模糊的大小

在“模糊定界框”的四周分别有 4 个圆形的控制点，拖动某个控制点可以调整“模糊定界框”的大小，从而更改模糊面积的大小。向外拖动可以放大模糊区域，向内拖动，可以缩小模糊区域，如图 7-135 所示。

图 7-135

### 2. 调整模糊的形状

在“模糊定界框”的右上角有一个菱形的控制点，拖动该控制点可以更改“模糊定界框”的形状，从而更改模糊的形状。向内拖动可以将“模糊定界框”更改为椭圆，如图 7-136 所示。向外拖动可以将“模糊定界框”更改为圆角矩形，如图 7-137 所示。

图 7-136

图 7-137

### 3. 调整模糊的边界

在“模糊定界框”的内侧有 4 个圆形控制点，用于控制模糊的边界。向定界框处拖动控制点，可以让模糊边缘变得清晰，如图 7-138 所示。若将控制点向中心的图钉处拖动，则可以让模糊的边界变得柔和，效果如图 7-139 所示。

图 7-138

图 7-139

## 7.5.3 可以制作移轴摄影效果的“移轴模糊”滤镜

移轴摄影，即移轴镜摄影，泛指利用移轴镜头创作的作品，所拍摄的照片效果就像缩微模型一样，非常特别。使用“移轴模糊”滤镜可以轻松地模拟“移轴摄影”的效果。打开一张素材图片，如图 7-140 所示。

**1. 打开“倾斜偏移”窗口**

执行“滤镜 > 模糊 > 移轴模糊”菜单命令，即可打开“移轴摄影”窗口，如图 7-141 所示。与“场景模糊”和“光圈模糊”相同，在中心位置有个图钉，该图钉用于控制模糊的程度，效果如图 7-141 所示。

图 7-140

**2. 调整模糊的范围**

在画面中可以看到两条实线，并在中间的位置有个白色的控制点，将光标放置在控制点附近，光标变为 ↕ 状，按住鼠标左键并拖动即可调整模糊的范围，如图 7-142 所示。

图 7-141

图 7-142

**小技巧：** 调整模糊范围小技巧

在调整模糊范围的过程中，拖动时会在不经意间将其旋转，因此可以在拖动时按住 <Shift> 键，这样就可以避免在拖动时旋转了。

**3. 旋转模糊的范围**

将光标放置在控制点附近，当光标变为 ↶ 状时，按住鼠标左键拖动即可旋转模糊的范围，效果如图 7-143 所示。

图 7-143

**4. 更改模糊范围**

拖动虚线即可更改模糊的范围，如图 7-144 所示。

图 7-144

## 7.5.4 能消除杂色和颗粒的“表面模糊”滤镜

“表面模糊”滤镜可以在保留边缘的同时模糊图像，可以用该滤镜创建特殊效果并消除杂色或颗粒。打开一张图片，如图 7-145 所示。然后执行“滤镜 > 模糊 > 表面模糊”菜单命令，打开“表面模糊”对话框，如图 7-146 所示。其中，“半径”选项用于设置模糊取样区域的大小；“阈值”选项用于控制相邻像素色调值与中心像素值相差多大时才能成为模糊的一部分。色调值差小于阈值的像素将被排除在模糊之外。

图 7-145

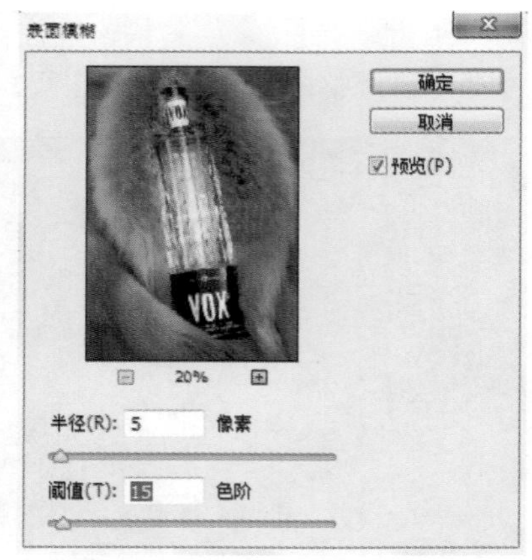


图 7-146

## 7.5.5 能让画面产生动感效果的“动感模糊”滤镜

“动感模糊”滤镜可以沿指定的方向（－360° ~360° ），以指定的距离（1~999）进行模糊，所产生的效果类似于在固定的曝光时间拍摄一个高速运动的对象。

（1）打开素材图片，如图 7-147 所示，可以看到模特衣服颜色较深与背景颜色相仿，导致模特不能从画面中突出。接下来可以通过“动感模糊”滤镜将背景变得模糊且具有动感效果，让模特从画面突出。首先使用“套索工具”围绕此人物绘制，以得到选区，如图 7-148 所示。

图 7-147

图 7-148

（2）为了让最后的模糊效果变得柔和，可以将选区羽化。使用快捷键 <Shift+F6> 打开“羽化选区”对话框，设置“羽化半径”为 25 像素，单击“确定”按钮，将选区羽化，如图 7-149 所示。然后使用选区反选快捷键 <Shift+Ctrl+I> 将选区反选，如图 7-150 所示。

图 7-149

图 7-150

（3）得到选区后，接下来将选区中的像素进行动感模糊。执行“滤镜 > 模糊 > 动感模糊”菜单命令，在打开的“动感模糊”对话框中设置“角度”为 0 度。“角度”选项用于设置模糊的方向。然后设置“距离”选项，该选项用于设置像素模糊的程度。这里设置“距离”为 70 像素，具体如图 7-151 所示。设置完成后单击“确定”按钮，画面效果如图 7-152 所示。

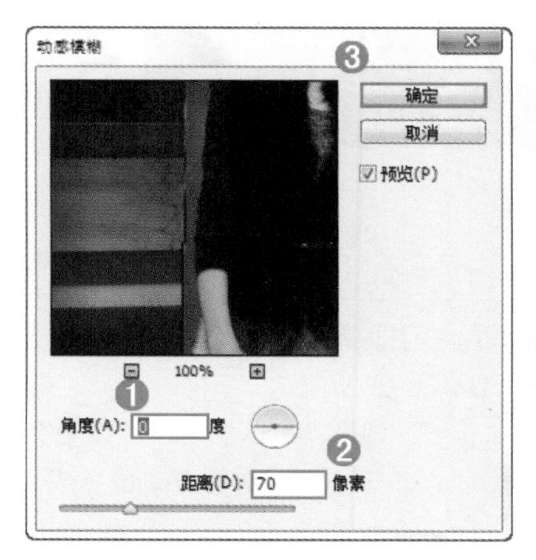


图 7-151

图 7-152

## 7.5.6　能够将像素模糊成方块的“方框模糊”滤镜

“方框模糊”滤镜可以基于相邻像素的平均颜色值来模糊图像，生成的模糊效果类似于方块模糊。绘制一个彩色的色块，如图 7-153 所示。执行“滤镜 > 模糊 > 方框模糊”菜单命令，在弹出的“方框模糊”对话框中设置“半径”参数，该参数用于计算指定像素平均值的区域大小，如图 7-154 所示。方框模糊效果如图 7-155 所示。

图 7-153

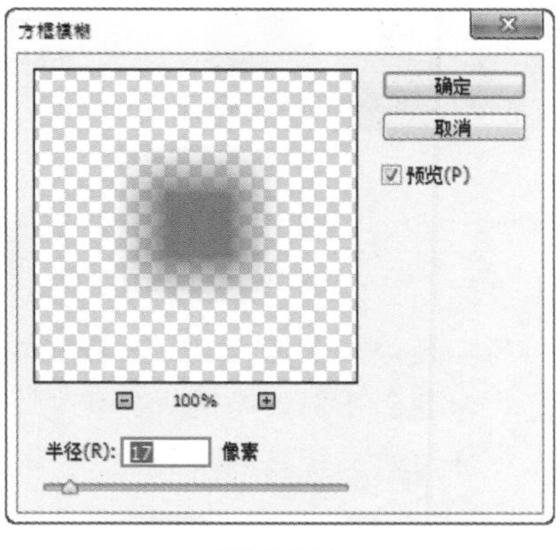


图 7-154

图 7-155

## 7.5.7 能让画面产生朦胧感的“高斯模糊”滤镜

“高斯模糊”是使用率较高的模糊滤镜，使用“高斯模糊”滤镜可以向图像中添加低频细节，使图像产生一种朦胧的模糊效果。打开一张素材图片，如图 7-156 所示。然后执行“滤镜 > 模糊 > 高斯模糊”菜单命令，在打开的“高斯模糊”对话框中设置“半径”选项，该选项用于计算指定像素平均值的区域大小，数值越大，产生的模糊效果越好，如图 7-157 所示。

图 7-156

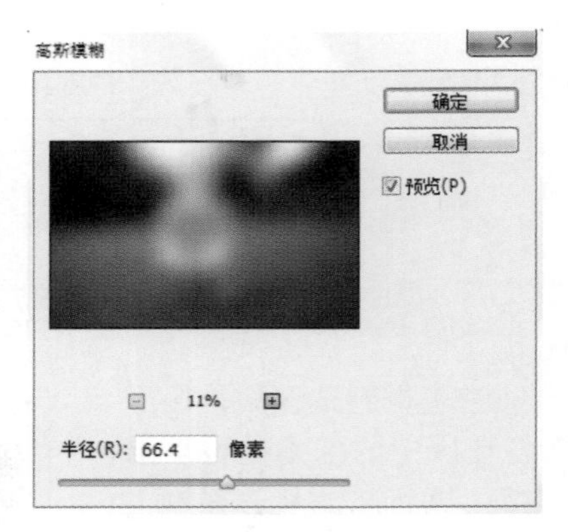


图 7-157

## 7.5.8 玩转高斯模糊——打造婴儿般肌肤

本案例所选取的人像素材是一类非常具有代表性的照片，主要利用磨皮技术、可选颜色和曲线调整打造光滑粉嫩的肌肤，具体步骤如下。

（1）打开人物素材文件”1.jpg”，如图 7-158 所示，可以看到人物的肤色有点偏黄且有些粗糙。

（2）先来使人物的皮肤看起来更加细腻，执行“滤镜 > 模糊 > 高斯模糊”菜单命令，设置“半径”为 4 像素，如图 7-159 所示。

图 7-158

图 7-159

**技术延伸**：使用“模糊”滤镜磨皮的技巧

在模糊磨皮技术中，通常使用高斯模糊或表面模糊。表面模糊不适合面部颜色差别较大的情况，使用高斯模糊则可以轻松解决由颜色差别大而造成尖锐感。而表面模糊则适合面部色块不明显的状态，相对而言，表面模糊得到的皮肤更加柔和。

（3）经过高斯模糊后可以看到人像面部皮肤明显细腻了很多，但是头发部分也被模糊了，所以仍然需要打开“历史记录”面板，标记“高斯模糊”操作，并返回上一步，如图 7-160 所示。选择“历史记录画笔工具”，返回人像图层中，对面部及其他皮肤部分进行绘制，如图 7-161 所示。

图 7-160

图 7-161

（4）创建新的“可选颜色”调整图层，在弹出的“可选颜色”面板中选中“红色”，设置“青色”数值为 – 39%，“洋红”数值为 – 29%，“黄色”数值为 – 62%，如图 7-162 所示。继续选择“颜色”为黄色，设置“黄色”数值为 – 29%，如图 7-163 所示。

图 7-162

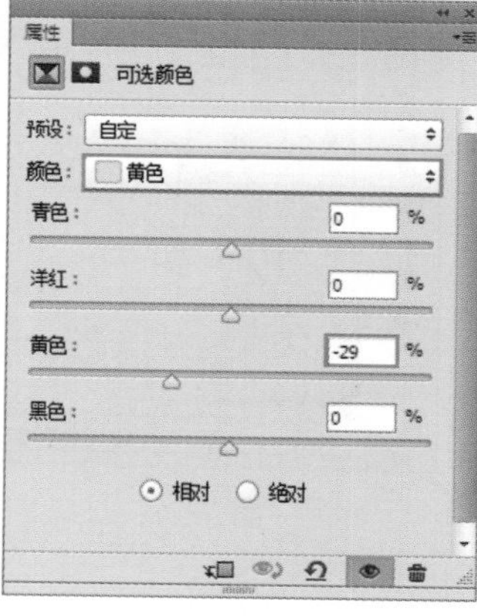


图 7-163

（5）调整颜色完成后人物的脸色变得红润了，如图 7-164 所示。但人物的发色及背景部分的颜色被改变了，此时选中“可选颜色”蒙版，使用黑色画笔在背景及人物的头发部分涂抹，使调整后的效果只对人物的肤色起作用，如图 7-165 所示，效果如图 7-166 所示。

图 7-164

图 7-165

图 7-166

（6）最后为人物整体提亮，执行“图层 > 新建调整图层 > 曲线”菜单命令，在曲线的中间建立两个控制点，向上拖动曲线，使人物的中间色调变亮，如图 7-167 所示。调整完成后的最终效果如图 7-168 所示。

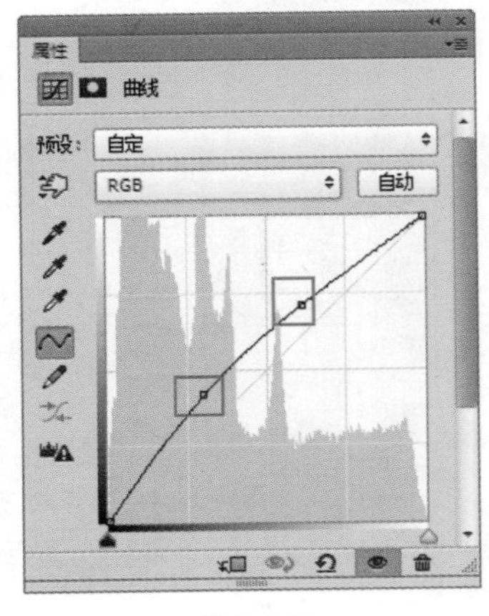


图 7-167

图 7-168

## 7.5.9 “模糊”滤镜和“进一步模糊”滤镜

“模糊”滤镜和“进一步模糊”滤镜是两种模糊效果并不明显的模糊滤镜。这两种模糊滤镜由于模糊效果比较微弱，因此主要用于在图像中有显著颜色变化的地方消除杂色。

### 1. 模糊”滤镜

“模糊”滤镜可以通过平衡已定义的线条和遮蔽区域清晰边缘旁边的像素来使图像变得柔和（该滤镜没有参数设置对话框）。图 7-169 所示为原始图像，图 7-170 所示为应用“模糊”滤镜后的效果。

图 7-169

图 7-170

**2. “进一步模糊”滤镜**

“进一步模糊”滤镜可以平衡已定义的线条和遮蔽区域清晰边缘旁边的像素，使变化显得柔和（该滤镜属于轻微模糊滤镜，并且没有参数设置对话框）。“进一步模糊”滤镜生成的效果比“模糊”滤镜强 3~4 倍。图 7-171 所示为原始图像，应用“进一步模糊”滤镜后的效果如图 7-172 所示。

图 7-171

图 7-172

## 7.5.10 可以将模糊效果旋转的“径向模糊”滤镜

“径向模糊”滤镜用于模拟缩放或旋转相机时所产生的模糊，产生的是一种柔化的模糊效果。打开一张图片，如图 7-173 所示。执行“滤镜 > 模糊 > 径向模糊”菜单命令，打开“径向模糊”对话框，如图 7-174 所示。应用“径向模糊”滤镜后的效果如图 7-175 所示。

图 7-173

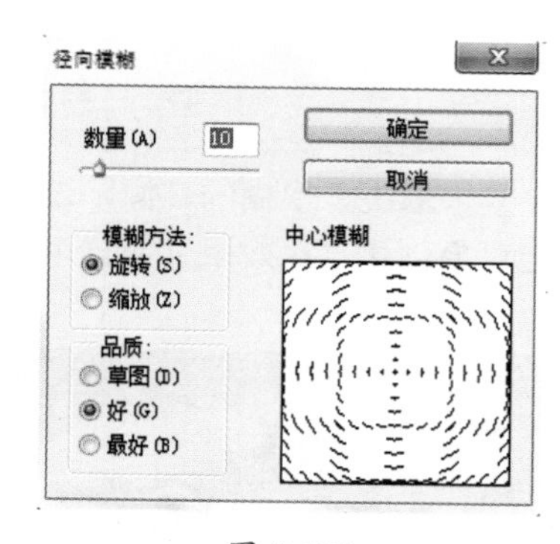


图 7-174

图 7-175

### “径向模糊”对话框参数详解

- 数量：用于设置模糊的强度。数值越高，模糊效果越明显。
- 模糊方法：选中“旋转”单选按钮时，图像可以沿同心圆环线产生旋转的模糊效果，如图 7-176 所示；选中“缩放”单选按钮时，可以从中心向外产生反射模糊效果，如图 7-177 所示。

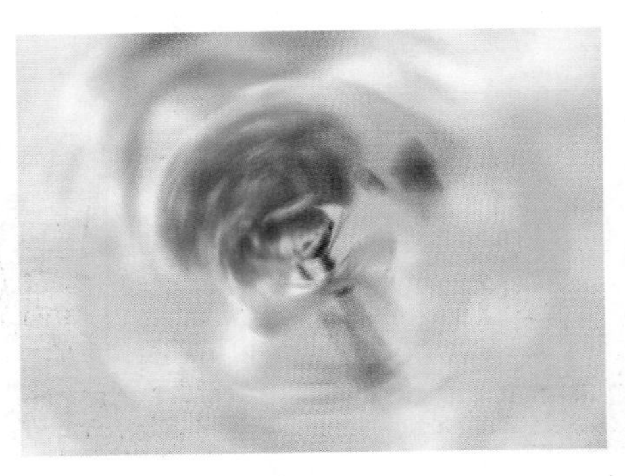

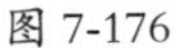

图 7-176

图 7-177

- 中心模糊：将光标放置在设置框中，使用鼠标左键拖动可以定位模糊的原点，原点位置不同，模糊中心也不同。图 7-178 和图 7-179 所示分别为不同原点的旋转模糊效果。

图 7-178

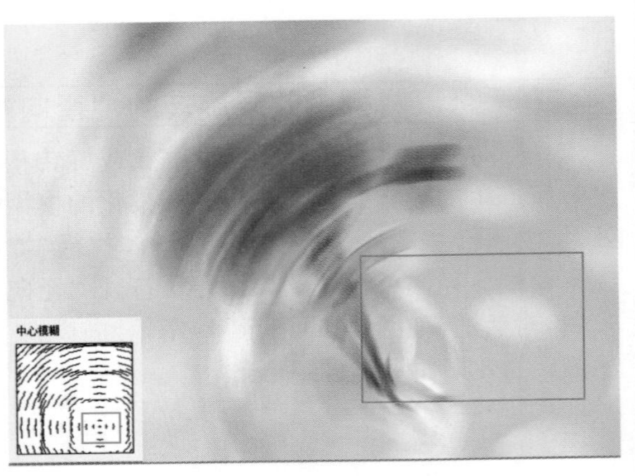


图 7-179

- 品质：用于设置模糊效果的质量。“草图”的处理速度较快，但会产生颗粒效果；“好”和“最好”的处理速度较慢，但是生成的效果比较平滑。

## 7.5.11 可以设置“源”的“镜头模糊”滤镜

“镜头模糊”滤镜可以向图像中添加模糊，模糊效果取决于模糊的“源”设置。如果图像中存在 Alpha 通道或图层蒙版，则可以为图像中的特定对象创建景深效果，使这个对象在焦点内，而使另外的区域变得模糊。

（1）打开素材图片，如图 7-180 所示。若要将画面中企鹅以外的部分变得模糊，则可以先将该图层复制一份，然后为其添加图层蒙版，最后将蒙版填充黑色并使用白色的画笔在企鹅的上方涂抹，如图 7-181 所示。

图 7-180

图 7-181

（2）选择该图层，执行“滤镜 > 模糊 > 镜头模糊”菜单命令，在打开的“镜头模糊”对话框中设置“源”为“图层蒙版”，然后设置其他模糊参数，具体如图 7-182 所示。设置完成后，单击“确定”按钮。最后将该图层的图层蒙版隐藏或删除，画面景深效果就制作完成了，效果如图 7-183 所示。

图 7-182

图 7-183

“镜头模糊”对话框部分参数详解

- 预览：用于设置预览模糊效果的方式。选择“更快”选项，可以提高预览速度；选择“更加准确”选项，可以查看模糊的最终效果，但生成的预览时间更长。
- 深度映射：从“源”下拉列表框中可以选择使用 Alpha 通道或图层蒙版来创建景深效果（前提是图像中存在 Alpha 通道或图层蒙版），其中通道或蒙版中的白色区域将被模糊，而黑色区域则保持原样；“模糊焦距”选项用于设置位于角点内的像素的深度；“反相”选项用于反转 Alpha 通道或图层蒙版。
- 光圈：该选项组用于设置模糊的显示方式。“形状”选项用于选择光圈的形状；“半径”选项用于设置模糊的数量；“叶片弯度”选项用于设置对光圈边缘进行平滑处理的程度；“旋转”选项用于旋转光圈。
- 镜面高光：该选项组用于设置镜面高光的范围。“亮度”选项用于设置高光的亮度；“阈值”选项用于设置亮度的停止点，比停止点值亮的所有像素都被视为镜面高光。
- 杂色：“数量”选项用于在图像中添加或减少杂色；“分布”选项用于设置杂色的分布方式，有“平均分布”和“高斯分布”两个单选按钮；如果勾选“单色”复选框，则添加的杂色为单一颜色。

## 7.5.12 能够平均像素的“平均”滤镜

“平均”滤镜可以查找图像或选区的平均颜色，并使用该颜色填充图像或选区，以创建平滑的外观效果。接下来通过“平均”滤镜，纠正画面偏色。

（1）打开人物素材，可以看到人物皮肤倾向于红色，如图 7-184 所示。将该人物图层复制一份，如图 7-185 所示。

图 7-184

图 7-185

（2）选择复制的图层，然后执行“滤镜 > 模糊 > 平均”菜单命令，可以将该图层进行平均，效果如图 7-186 所示。然后执行“图像 > 调整 > 反相”菜单命令，将其反相，效果如图 7-187 所示。

图 7-186

图 7-187

（3）设置该图层的混合模式为"叠加"，如图 7-188 所示。可以发现人物的皮肤变得白皙了，此时画面效果如图 7-189 所示。

图 7-188

图 7-189

## 7.5.13 不一样的模糊滤镜——"特殊模糊"滤镜

"特殊模糊"滤镜可以精确地模糊图像。打开一张素材图片，如图 7-190 所示。然后执行"滤镜 > 模糊 > 特殊模糊"菜单命令，打开"特殊模糊"对话框，如图 7-191 所示。

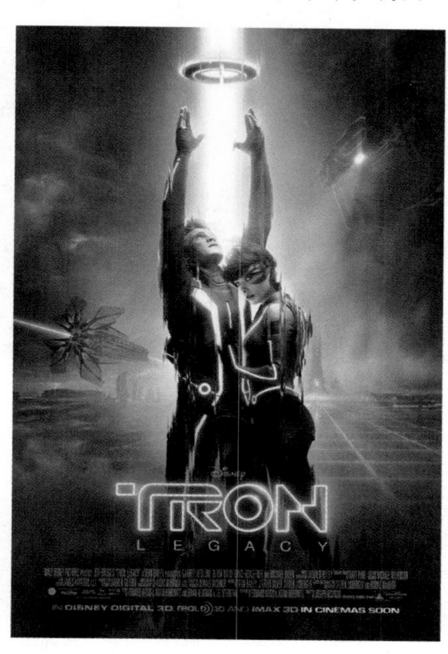

图 7-190

图 7-191

### "特殊模糊"对话框参数详解

- 半径：用于设置要应用模糊的范围。
- 阈值：用于设置像素具有多大差异后才会被模糊处理。
- 品质：设置模糊效果的质量，有"低""中等"和"高"3 个选项。
- 模式：选择"正常"选项，不会在图像中添加任何特殊效果，如图 7-192 所示；选择"仅限边缘"选项，将以黑色显示图像，以白色描绘出图像边缘像素亮度值变化强烈的区域，如图 7-193 所示；选择"叠加边缘"选项，将以白色描绘出图像边缘像素亮度值变化强烈的区域，如图 7-194 所示。

图 7-192

图 7-193

图 7-194

## 7.5.14 可以选择模糊形状的“形状模糊”滤镜

“形状模糊”滤镜可以用设置的形状来创建特殊的模糊效果。打开一张素材图片，如图 7-195 所示。执行“滤镜 > 模糊 > 形状模糊”菜单命令，在打开的“形状模糊”对话框中可以通过设置“半径”的参数来调整形状的大小。然后在下方“形状”列表中选择一个形状，如图 7-196 所示。设置完成后，单击“确定”按钮，画面效果如图 7-197 所示。

图 7-195

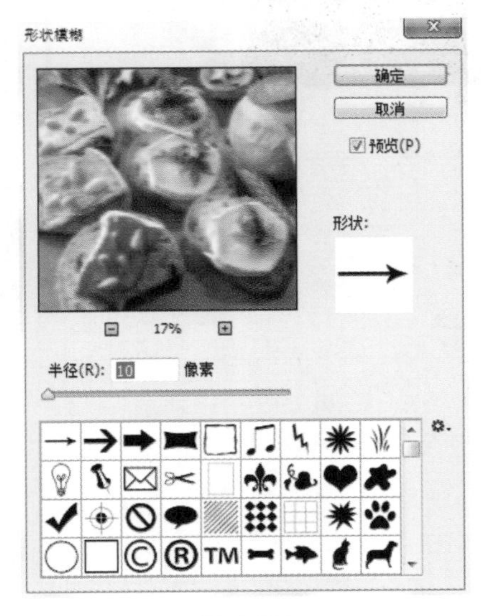


图 7-196

图 7-197

# 7.6 “锐化”滤镜

“锐化”滤镜组可以通过增强相邻像素之间的对比度来聚集模糊的图像，经过“锐化”处理的图像可以变得更加清晰，画面更加鲜明。“锐化”滤镜组包含5种滤镜，即“USM锐化”“进一步锐化”“锐化”“锐化边缘”和“智能锐化”。图7-198~图7-201所示为使用“锐化”滤镜的作品欣赏。

图7-198

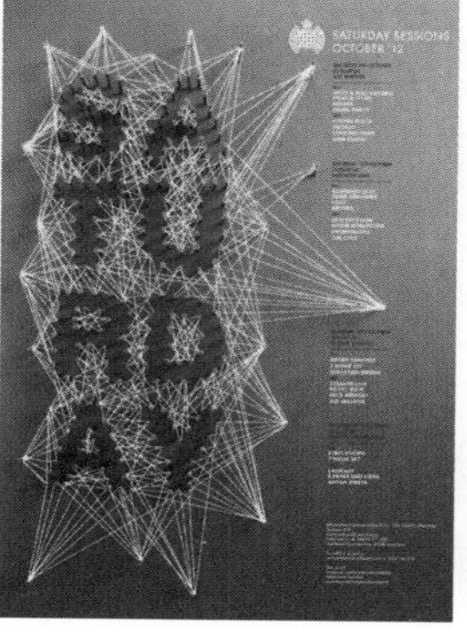


图7-199

图7-200

图7-201

## 7.6.1 USM锐化

“USM锐化”滤镜可以查找图像颜色发生明显变化的区域，然后将其锐化。打开一张素材，如图7-202所示。然后执行“滤镜>锐化>USM锐化”菜单命令，原始图像以及“USM锐化”对话框如图7-203所示。

图7-202

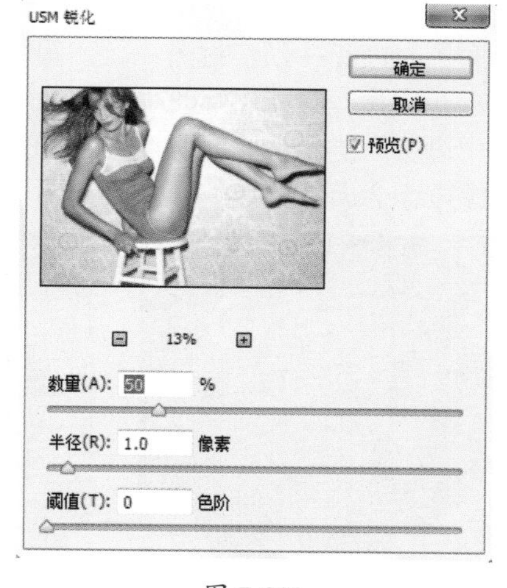


图7-203

“USM锐化”对话框参数详解

- 数量：用于设置锐化效果的精细程度。
- 半径：用于设置图像锐化的半径范围大小。
- 阈值：只有相邻像素之间的差值达到所设置的“阈值”数值时才会被锐化，该值越高，被锐化的像素就越少。

## 7.6.2 “锐化”滤镜和“进一步锐化”滤镜

使用“锐化”和“进一步锐化”滤镜可以增加画面中的像素之间的对比度，可以使画面变得清晰。

**1. “锐化”滤镜**

“锐化”滤镜可以通过增加像素之间的对比度使图像变得清晰，但锐化效果不是很明显（该滤镜没有参数设置对话框）。

**2. “进一步锐化”滤镜**

“进一步锐化”滤镜可以通过增加像素之间的对比度使图像变得清晰，应用一次“进一步锐化”滤镜，相当于应用了 3 次“锐化”滤镜。图 7-204 和图 7-205 所示为原始图像与应用两次“进一步锐化”滤镜后的效果。

图 7-204

图 7-205

## 7.6.3 能够锐化边缘的“锐化边缘”滤镜

“锐化边缘”滤镜只锐化图像的边缘，同时会保留图像整体的平滑度（该滤镜没有参数设置对话框）。打开一张素材图片，如图 7-206 所示。执行“滤镜 > 锐化 > 锐化边缘”菜单命令，可能执行一次命令效果并不明显，此时可以使用重复滤镜操作快捷键 <Ctrl+F> 为该图像多次添加“锐化边缘”滤镜，此时画面效果如图 7-207 所示。将图像放大后可以看到，若锐化过于强烈，则图像边缘会出现严重的噪点，如图 7-208 所示。

图 7-206

图 7-207

图 7-208

## 7.6.4 超好用的“智能锐化”滤镜

“智能锐化”滤镜可以对图像的锐化做出智能的调整，达到更好的锐化清晰效果。“智能锐化”滤镜的功能比较强大，它具有独特的锐化选项，可以设置锐化算法、控制阴影和高光区域的锐化量。打开一张图片，如图 7-209 所示。然后执行“滤镜 > 锐化 > 智能锐化”菜单命令，打开“智能锐化”对话框，如图 7-210 所示。

图 7-209

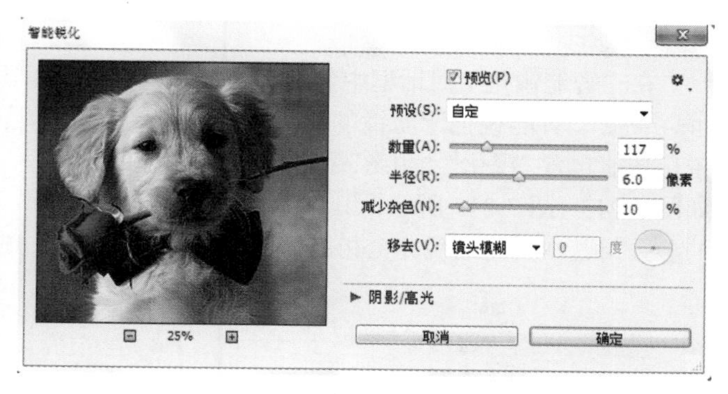


图 7-210

## "智能锐化"对话框基本选项参数详解

在"智能锐化"对话框中勾选"基本"复选框，可以设置"智能锐化"滤镜的基本锐化功能。

- 设置：单击"存储当前设置的备份"按钮，可以将当前设置的锐化参数存储为预设参数；单击"删除当前设置"按钮，可以删除当前选择的自定义锐化配置。
- 数量：用于设置锐化的精细程度。数值越高，越能强化边缘之间的对比度，图 7-211 与图 7-212 所示分别是设置"数量"为 100% 和 500% 时的锐化效果。

图 7-211

图 7-212

- 半径：用于设置受锐化影响的边缘像素的数量。数值越高，受影响的边缘就越宽，锐化的效果也越明显。图 7-213 和图 7-214 所示分别是"半径"为 3 像素和 6 像素时的锐化效果。

图 7-213

图 7-214

- 移去：选择锐化图像的算法。选择"高斯模糊"选项，可以使用"USM 锐化"滤镜的方法锐化图像；选择"镜头模糊"选项，可以查找图像中的边缘和细节，并对细节进行更加精细的锐化，以减少锐化的光晕；选择"动感模糊"选项，可以激活下面的"角度"选项，通过设置"角度"值来减少由于相机或对象移动而产生的模糊效果。
- 更加准确：勾选该复选框，可以使锐化效果更加精确。

### “智能锐化”对话框高级选项参数详解

在“智能锐化”对话框中勾选“高级”复选框，可以设置“智能锐化”滤镜的高级锐化功能。高级锐化功能包含“锐化”“阴影”和“高光”3 个选项卡，如图 7-215~ 图 7-217 所示，其中“锐化”选项卡中的参数与基本锐化选项完全相同。

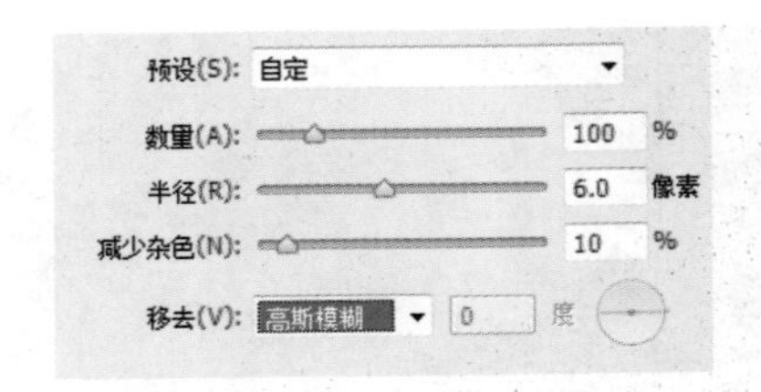


图 7-215

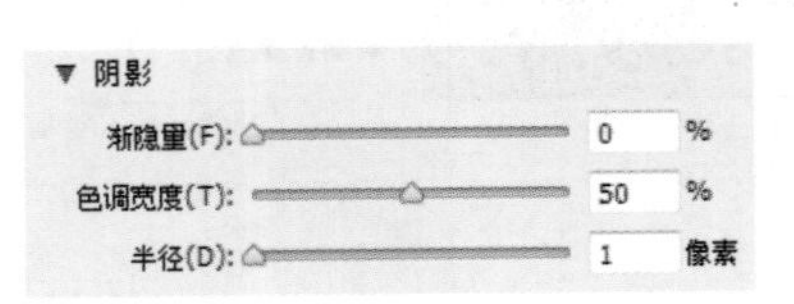


图 7-216

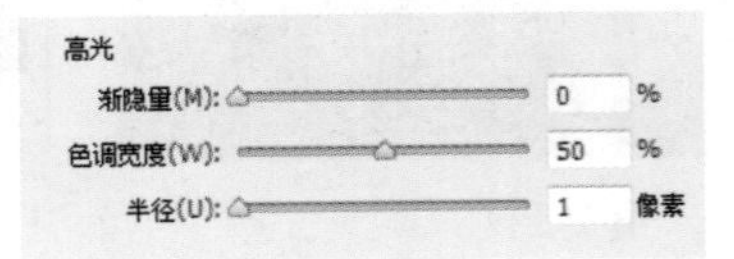


图 7-217

- 渐隐量：用于设置阴影或高光中的锐化程度。
- 色调宽度：用于设置阴影和高光中色调的修改范围。
- 半径：用于设置每个像素周围的区域的大小。

## 7.6.5 玩转智能滤镜——使用智能滤镜增强风景照片细节

本案例主要通过使用智能滤镜来增强风景照片细节，在进行参数设置时尤其需要注意半径和数量的比例，不同的参数会带来意外的效果，具体步骤如下。

（1）执行“文件 > 打开”菜单命令，打开素材“1.jpg”，如图 7-218 所示

（2）复制图层，执行“滤镜 > 转换为智能滤镜”菜单命令，再继续执行“滤镜 > 智能锐化”菜单命令，在弹出的“智能锐化”对话框中，设置“数量”为 85%，“半径”为 64.0 像素，“移去”为“高斯模糊”，如图 7-219 所示。设置完成后，单击“确定”按钮，画面效果如图 7-220 所示。至此，本案例制作完成。

图 7-218

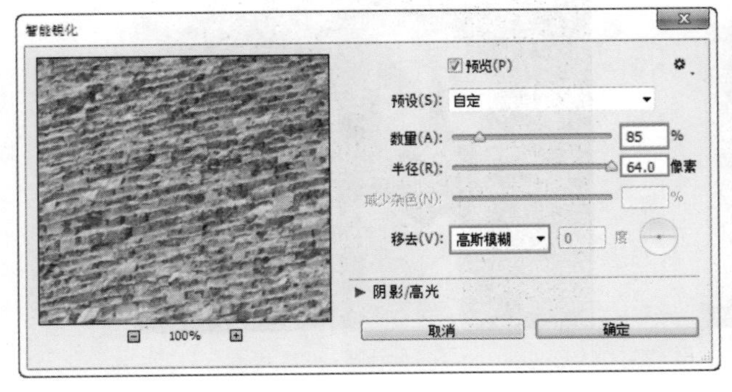


图 7-219

图 7-220

## 7.6.6　修补因相机抖动而产生的画面模糊的“防抖”滤镜

“防抖”滤镜用于修补因相机抖动而产生的画面模糊。图 7-221 所示为原图，图 7-222 所示为使用“防抖”滤镜修复后的图片。

图 7-221

图 7-222

打开一张素材图片，执行“滤镜 > 锐化 > 防抖”菜单命令，“防抖”功能能够挽救因相机抖动而造成的画面模糊。软件会分析相机在拍摄过程中的移动方向，然后应用一个反向补偿，消除模糊画面，如图 7-223 所示。

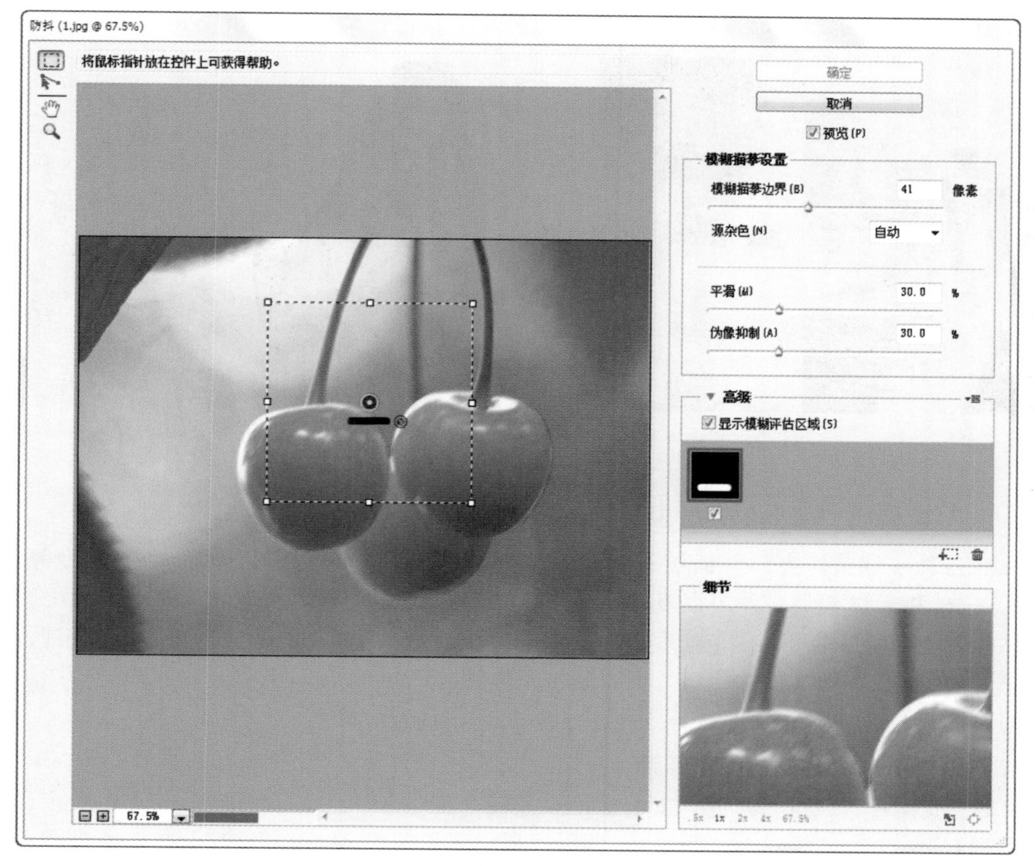


图 7-223

"防抖"对话框参数详解

- 模糊评估工具：使用该工具在需要锐化的位置进行绘制。
- 模糊方向工具：手动指定直接模糊描摹的方向和长度。
- 抓手工具：拖动图像在窗口中的位置。
- 缩放工具：用于放大或缩小图像显示的大小，按住 <Alt> 键可以切换为"缩小镜"
- 模糊描摹边界：用于指定模糊描摹边界的大小。
- 源杂色：指定源的杂色，有"自动""低""中"和"高"4 个选项。
- 平滑：用于平滑锐化导致的杂色。
- 伪像抑制：用于抑制较大的图像。

# 7.7 使用 Camera Raw 滤镜处理照片

Photoshop 中有一个专为摄影爱好者开发的功能，这就是 Camera Raw。在 Photoshop CC 之前的版本中，Camera Raw 作为单独的插件运行，但是在 Photoshop CC 中 Camera Raw 插件变成滤镜了，这样就方便了大多数的用户使用。可以说，Camera Raw 滤镜是 Photoshop CC 版的一大亮点。图 7-224~ 图 7-227 所示为可以用 Camera Raw 滤镜进行调色的时尚广告大片。

图 7-224

图 7-225

图 7-226

图 7-227

## 7.1.1 认识 Camera Raw 滤镜

Camera Raw 滤镜作为一个专为摄影师打造的滤镜，它可以实现修图、调色、校正畸变等功能。启动 Camera Raw 滤镜后，就可以发现这一点。Camera Raw 不但提供了导入和处理相机原始数据文件的功能，而且也可以用于处理 JEPG 和 TIFF 文件。由于 Camera Raw 是无损化处理，因此用它来处理 JPEG 图像文件的优势是很明显的。这也是 Camera Raw 受到越来越多的摄影师青睐的原因。

**1. 熟悉 Camera Raw 的操作界面**

打开一张图片，执行"滤镜 >Camera Raw 滤镜"菜单命令，在打开的 Camera Raw 窗口中可以观察到 Camera Raw 相对于 Photoshop 的操作界面要简洁得多，主要由工具栏、直方图、图像调整选项与图像窗口构成。在此可以对图像的白平衡、色调、饱和度进行调整，也可以对图像进行修饰、锐化、降噪、镜头矫正等操作。图 7-228 所示为 Camera Raw 的操作界面。

图 7-228

Camera Raw 的操作界面详解

- 工具栏：显示 Camera Raw 中的工具按钮，后面章节中将详细讲解。
- 直方图：显示了图像的直方图。
- 图像调整选项栏：选择需要使用的调整命令。
- Camera Raw 设置菜单：单击该按钮，可以打开“Camera Raw 设置”菜单，访问菜单中的命令。
- 调整窗口：调整命令的参数窗口，可以通过修改调整窗口的参数或移动滑块来调整图像。
- 缩放级别：可以从菜单中选取一个放大设置，或单击按钮缩放窗口的视图比例。

### 2. 认识 Camera Raw 的基本工具

Camera Raw 滤镜的工具在窗口的左上角，如图 7-229 所示。

- 缩放工具：单击可以放大窗口中的图像的显示比例，按住 <Alt> 键并单击则缩小图像的显示比例。如果要恢复到 100% 显示，则可双击该工具。
- 抓手工具：放大窗口后，可使用该工具在预览窗口中移动图像。
- 白平衡工具：使用该工具在白色或灰色的图像内容上单击，可以校正照片的白平衡。
- 颜色取样器工具：使用该工具在图像中单击，可以建立颜色取样点，窗口顶部会显示取样像素的颜色值，以便调整时观察颜色的变化情况。一个图像最多可以放置 9 个取样点。
- 目标调整工具：单击该工具，在打开的下拉列表框中选择一个选项，包括“参数曲线”“色相”“饱和度”和“明亮度”，然后在图像中单击并拖动鼠标即可应用调整。

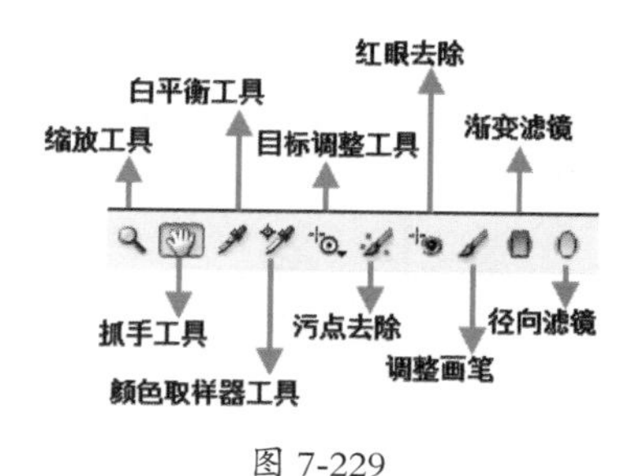


图 7-229

第 7 章

- 污点去除 ：可以使用另一区域中的样本修复图像中选中的区域。
- 红眼去除 ：与 Photoshop 中的“红眼工具”相同，可以去除红眼。
- 调整画笔 ：处理局部图像的曝光度、亮度、对比度、饱和度和清晰度等。
- 渐变滤镜 ：用于对图像进行局部处理。
- 径向滤镜 ：用于强调画面中主体影像的位置。

## 7.7.2 玩转 Camera Raw 滤镜——制作婴儿写真

在本案例中，首先对画面背景进行修饰，将画面多余的部分进行去除，然后对画面颜色进行调整，让整个画面呈现出一种清爽的蓝色，具体步骤如下。

（1）打开人物素材“1.jpg”，如图 7-230 所示。

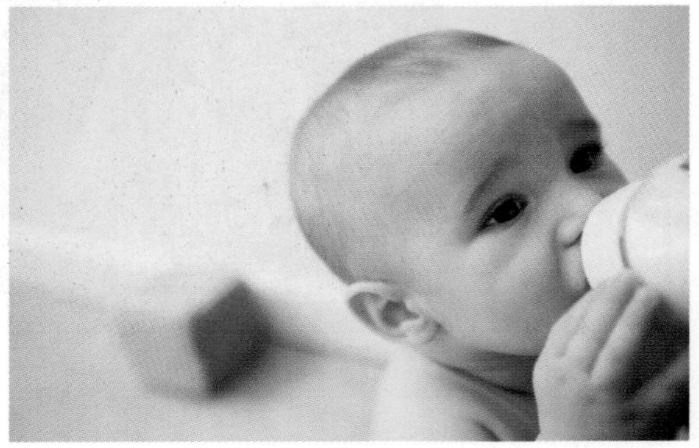

图 7-230

（2）执行“滤镜 >Camera Raw 滤镜”菜单命令，在打开的 Camera Raw 滤镜中单击工具栏中的“污点去除”按钮，然后设置“类型”为“修补”，“大小”为 30 像素，“不透明度”为 100，然后在画面中多余的部分处涂抹，涂抹完成后，松开鼠标，画面中自动生成仿制的区域，也许此时仿制区域并不能让你满意，可以拖动绿色的控制点，将仿制区域移动到合适位置，如图 7-231 所示。

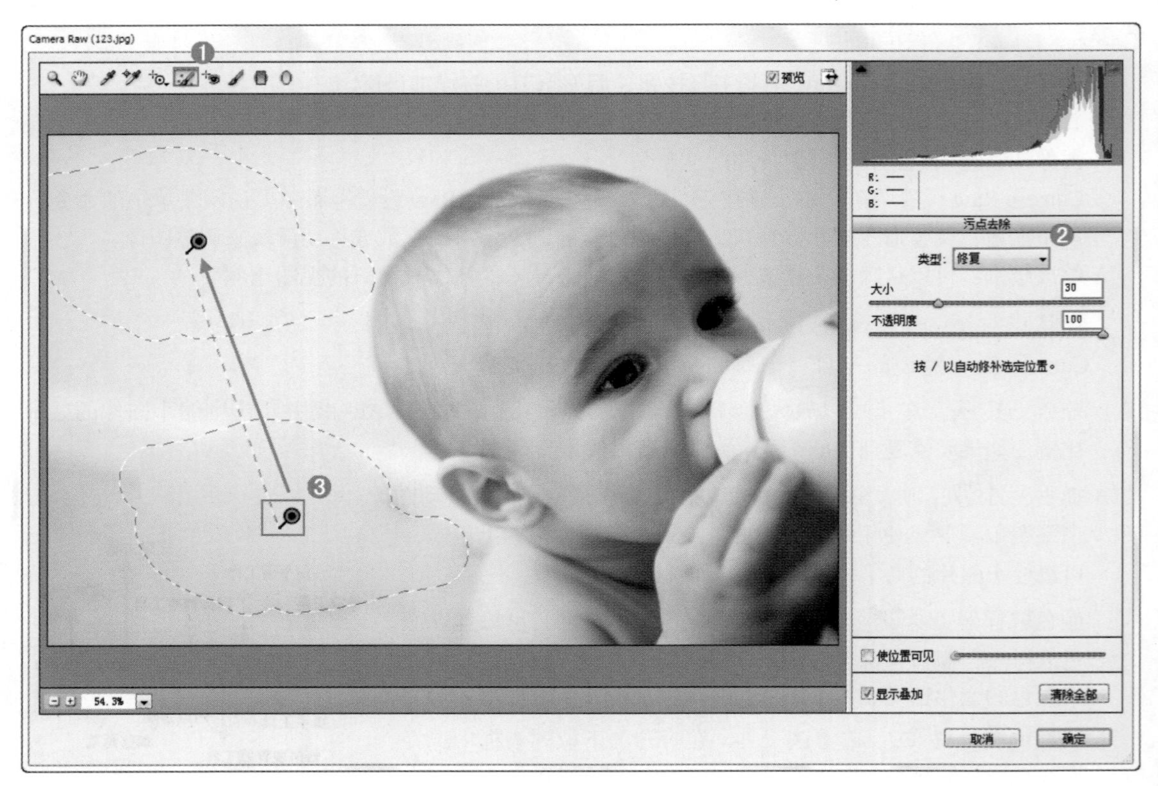


图 7-231

> **小技巧：**“污点去除”参数详解
>
> （1）类型：此选项用于设置污点去除的方式，有“仿制”和“修复”两种。它与“仿制图章工具”和“修补工具”的效果相对应。
>
> （2）大小：用于设置“污点去除”的笔尖大小。
>
> （3）不透明度：设置被仿制的区域的不透明度。

（3）调色。单击工具栏中的“渐变滤镜”按钮，然后按住鼠标左键从画面左上角向右上角拖动。默认情况下，左上角的颜色为暗色调，如图 7-232 所示。渐变滤镜制作完成后，为画面进行调色。“色温”为 80，“色温”为－20，“曝光”为 1.5，“对比度”为 0，“高光”为－50，“阴影”为－30，“清晰度”为 70，其他参数为 0，画面效果如图 7-233 所示。

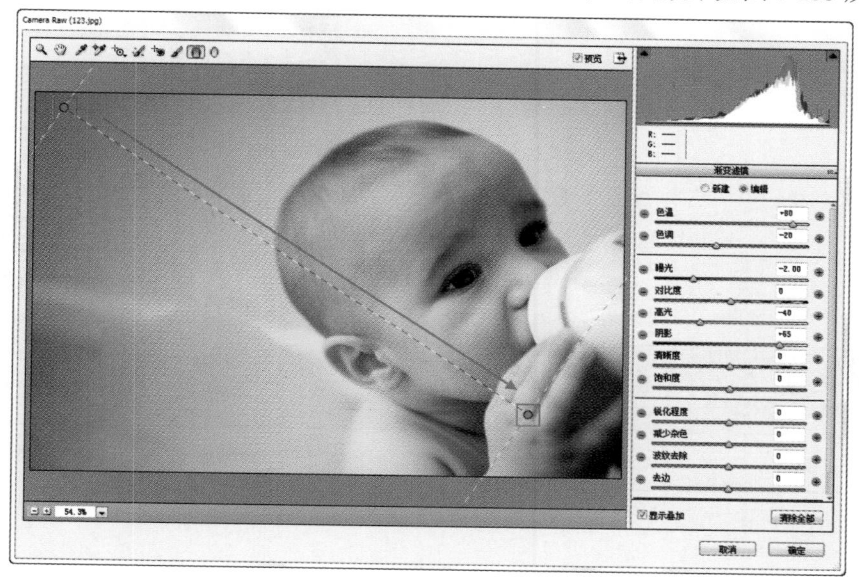


图 7-232

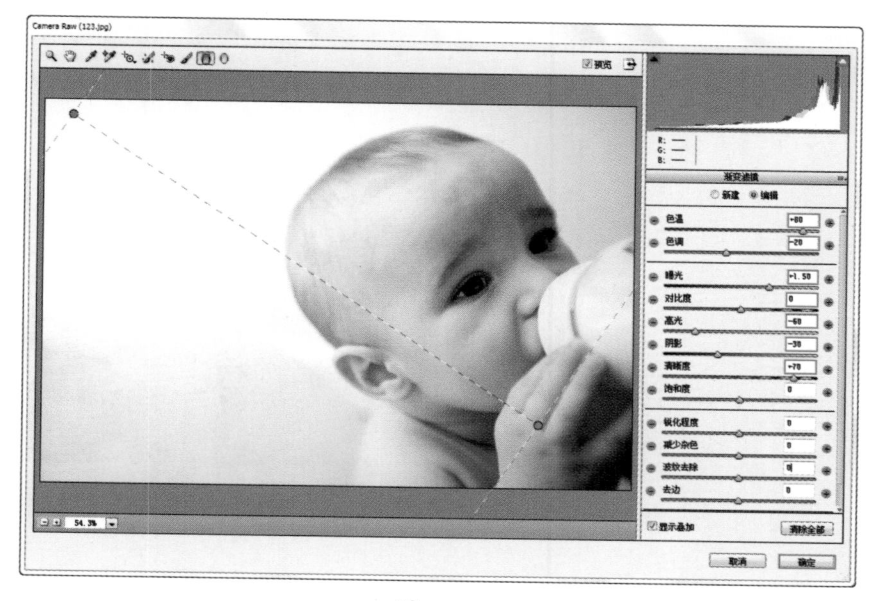


图 7-233

（4）为画面整体进行调色。单击图像调整选项栏中的“基本选项”按钮，设置“色温”为－15，“曝光”为0.5，“阴影”为－10，“自然饱和度”为35，其他参数为0，如图7-234所示。设置完成后单击“确定”按钮，画面效果如图7-235所示。至此，本案例制作完成。

图 7-234

图 7-235

# 第 8 章
# 调色技术大揭秘

在上一章我们学习了数码照片的修饰，也可以通过Camera Raw滤镜进行调色。在本章中，将主要学习为数码照片进行调色的方法。调色技术是 Photoshop 中的核心技术。在数码照片拍摄完成后，针对数码照片进行调色也是一个非常重要的环节。画面的色彩效果直接影响图像调整的展现，通过调整更改图像颜色模式，利用调整命令对图像色彩明暗、色相、饱和度等进行更改，完善图像色彩或展现出更具有艺术感的色彩，可以极大地提升图像的质量。现在科技如此发达，很多快速调色、为图片添加滤镜的软件能让数码照片变得具有色彩倾向。但是不要过分依赖那些软件，既然学习了 Photoshop，那就自己动手为照片调色，在练习中既能学习到技术、积累经验，又能提升自己的色彩感觉，是一举多得的。

学习要点：

在本章中，主要讲解 Photoshop 中的各类调色技术，在这之前需要先学习调色前的前期准备，然后再学习各种调色方法。但仅使用调色命令不一定能直接得到令人满意的效果，往往都是将多个调色命令配合使用来达到预期的效果。

佳作欣赏

# 8.1 调色前的准备工作

选择菜单栏中的“图像”菜单，在子菜单中包含 3 个快速调色命令，在“调整”子命令下也包含多个调色命令，如图 8-1 所示。

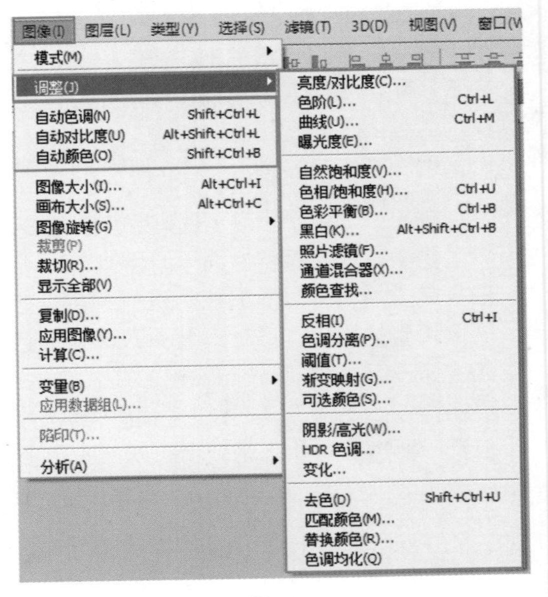


图 8-1

## 8.1.1 调色技术与颜色模式

人在不同场合会穿不同的衣服，去运动会穿运动装，去宴会穿礼服。那么在 Phhotoshop 中不同的“色彩模式”就如同不同的衣服，适合在不同的情况下使用。例如，处理数码照片时常用的 RGB 颜色模式，如图 8-2 所示；涉及需要印刷的产品时要使用 CMYK 颜色模式，如图 8-3 所示；而 Lab 颜色模式是色域最宽的色彩模式，也是最接近真实世界颜色的一种色彩模式，如图 8-4 所示。

如果想要更改图像的颜色模式，需要执行“图像 > 模式”菜单命令，在子菜单中即可选择图像的颜色模式，如图 8-5 所示。

图 8-2

图 8-3

图 8-4

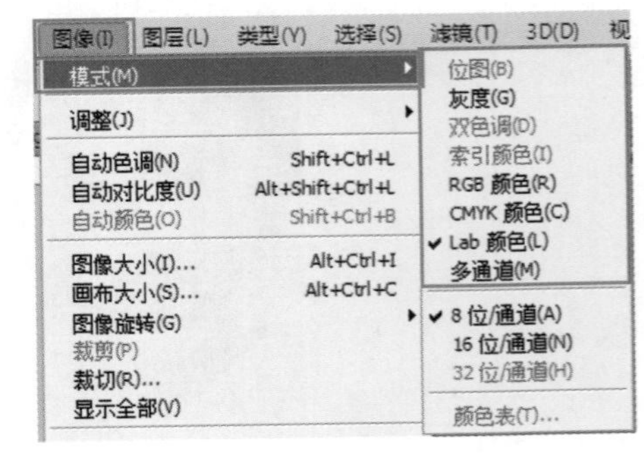


图 8-5

## 8.1.2 认识“信息”面板

在“信息”面板中可以快速准确地查看如光标所处的坐标、颜色信息、选区大小、定界框的大小和文档大小等信息。执行“窗口 > 信息”菜单命令，打开“信息”面板。在“信息”面板的菜单中执行“面板选项”命令，可以打开“信息面板选项”对话框。在该对话框中可以设置更多的颜色信息和状态信息，如图 8-6 所示。在调色过程中经常需要配合“颜色取样器”工具，在画面中设置取样点，并在“信息”面板中查看取样点的颜色数值，以判断画面是否存在偏色问题，如图 8-7 所示。

图 8-6

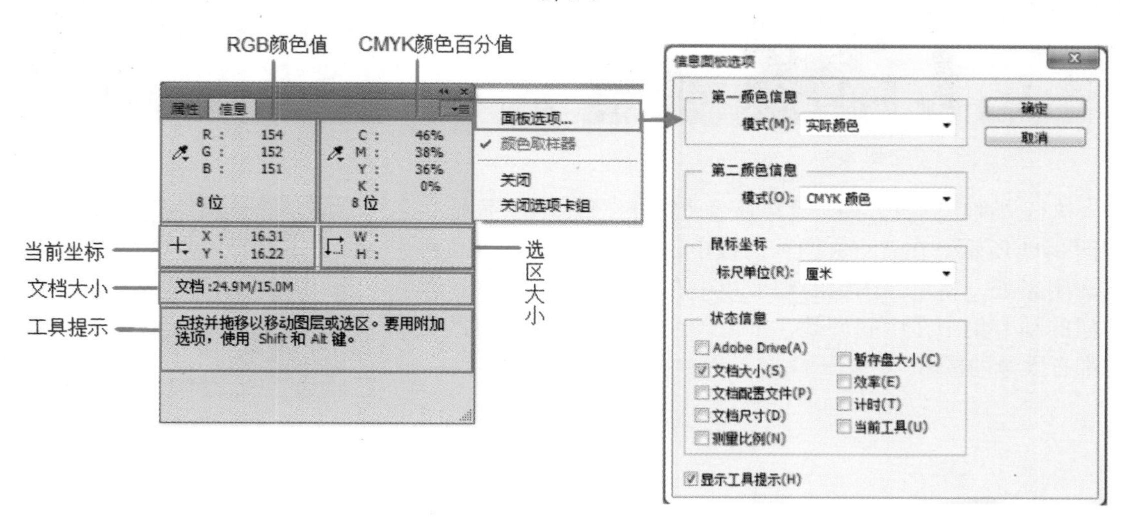


图 8-7

### “信息”面板参数详解：

- 第一颜色信息 / 第二颜色信息：设置第 1 个 / 第 2 个吸管显示的颜色信息。选择“实际颜色”选项，将显示图像当前颜色模式下的颜色值；选择“校样颜色”选项，将显示图像的输出颜色空间的颜色值；选择“灰度”“RGB 颜色”“Web 颜色”“HSB 颜色”“CMYK 颜色”和“Lab 颜色”选项，可以显示与之对应的颜色值；选择“油墨总量”选项，可以显示当前颜色所有 CMYK 油墨的总百分比；选择“不透明度”选项，可以显示当前图层的不透明度。
- 鼠标坐标：设置当前鼠标所处位置的度量单位。
- 状态信息：勾选相应的复选框，可以在“信息”面板中显示对应的状态信息。
- 显示工具提示：勾选该复选框后，可以显示当前工具的相关使用方法。

### 8.1.3 使用“直方图”分析图像

在学习 Camera Raw 滤镜时，简单认识了“直方图”。在本小节中，将主要讲解直方图的相关知识。“直方图”是用图形来表示图像的每个亮度级别的像素数量，展示像素在图像中的分布情况。通过直方图可以快速浏览图像色调范围或图像基本色调类型。而色调范围有助于确定相应的色调校正。图 8-8~ 图 8-10 所示的分别是曝光过度、曝光正常以及曝光不足的图像，在直方图中可以清晰地看出差别。

图 8-8

图 8-9

图 8-10

执行“窗口 > 直方图”菜单命令，打开“直方图”面板，如图 8-11 所示。在“直方图”面板中，低色调图像的细节集中在阴影处，高色调图像的细节集中在高光处，而平均色调图像的细节集中在中间调处，全色调范围的图像在所有区域中都有大量的像素。

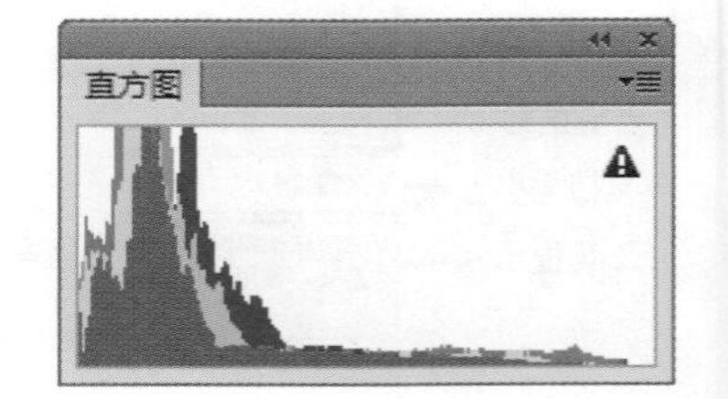


图 8-11

**小技巧：**直方图视图模式

打开“直方图”面板后，单击菜单按钮，在菜单中可以看到“紧凑视图”“拓展视图”和“全部通道视图”3 种视图模式，如图 8-12 所示。

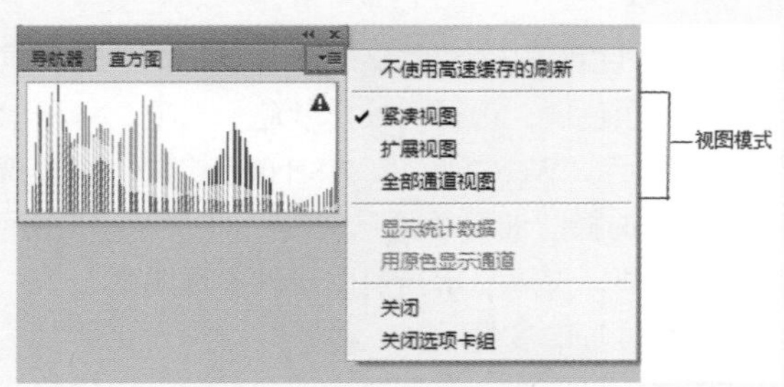


图 8-12

“紧凑视图”是默认的显示模式，显示不带控件或统计数据的直方图，该直方图代表整个图像，如图 8-13 所示。“扩展视图”显示有统计数据的直方图，如图 8-14 所示。“全部通道视图”是除了显示“扩展视图”的所有选项外，还显示各个通道的单个直方图，如图 8-15 所示。

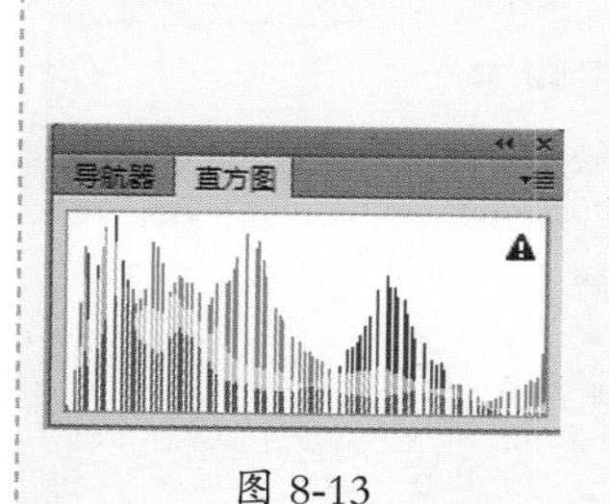

图 8-13

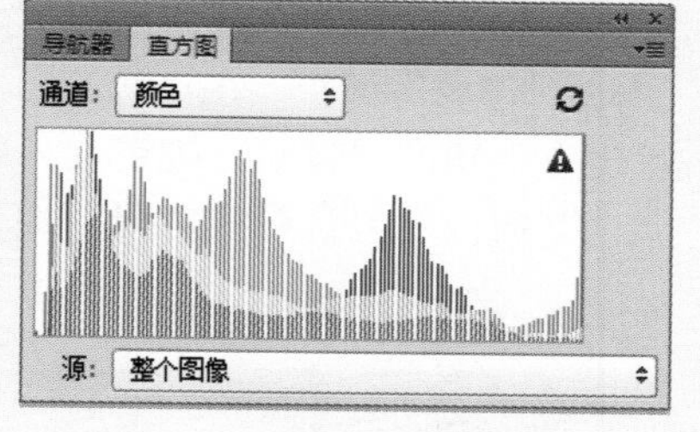

图 8-14

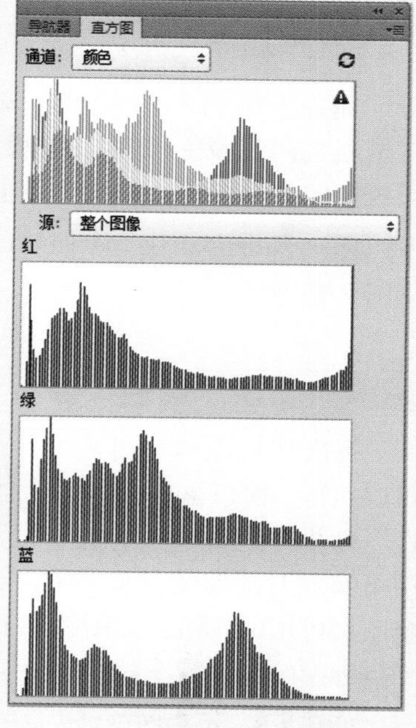

图 8-15

当“直方图”面板的视图方式为“扩展视图”时，可以看到“直方图”面板上显示的多种选项，如图 8-16 所示。

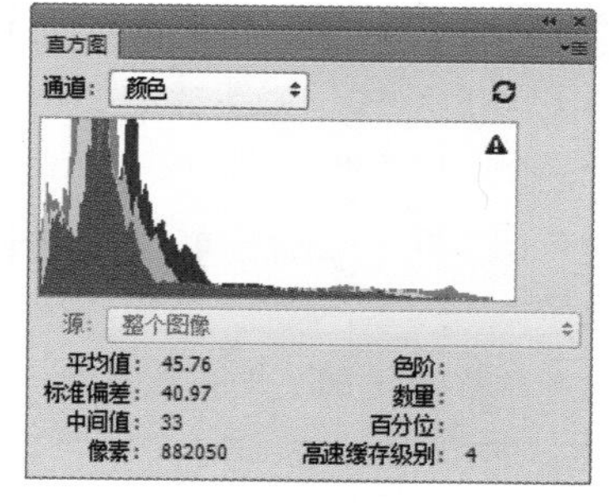

图 8-16

“扩展视图”下“直方图”面板参数详解

- 通道：包含 RGB、红、绿、蓝、明度和颜色 6 个通道。选择相应的通道后，在面板中就会显示该通道的直方图。
- 不使用高速缓存的刷新：单击该按钮，可以刷新直方图并显示当前状态下的最新统计数据。
- 源：可以选择当前文档中的整个图像、图层和复合图像，选择相应的图像或图层后，在面板中就会显示其直方图。
- 平均值：显示像素的平均亮度值（从 0~255 之间的平均亮度）。直方图的波峰偏左，表示该图偏暗；直方图的波峰偏右，表示该图偏亮。
- 标准偏差：这里显示出了亮度值的变化范围。数值越低，表示图像的亮度变化不明显；数值越高，表示图像的亮度变化越强烈。
- 中间值：这里显示了图像亮度值范围以内的中间值，图像的色调越亮，其中间值就越高。
- 像素：这里显示了用于计算直方图的像素总量。
- 色阶：显示当前光标下的波峰区域的亮度级别。
- 数量：显示当前光标下的亮度级别的像素总数。
- 百分比：显示当前光标所处的级别或该级别以下的像素累计数。
- 高速缓存级别：显示当前用于创建直方图的图像高速缓存的级别。

## 8.1.4 认识“调整”面板

执行“窗口 > 调整”菜单命令打开“调整”面板，如图 8-17 所示，该面板中包含了用于调整颜色和色调的工具。单击该面板中的某个按钮，如这里单击“曲线”按钮，随即会新建一个曲线调整图层，如图 8-18 所示。

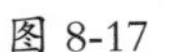

图 8-17

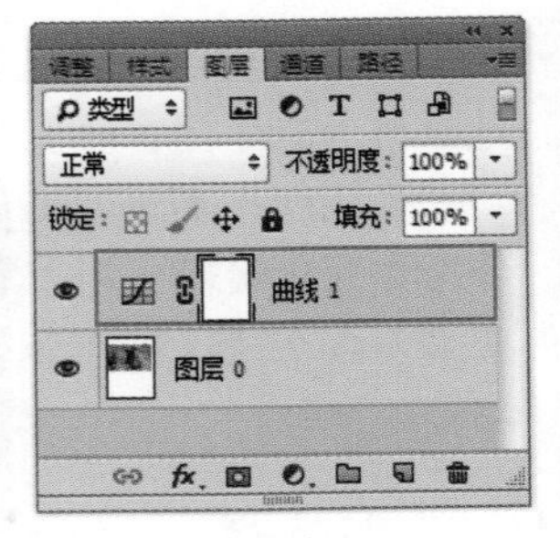


图 8-18

## 8.1.5 认识“属性”面板

每次在新建调整图层时，“属性”面板就会自动打开，也可以执行“窗口 > 属性”菜单命令，打开“属性”面板。在“属性”面板中进行参数的选项设置。单击右上角的“自动”按钮即可实现对图像的自动调整，在“属性”面板中包含一些对调整图层可用的按钮，如图 8-19 所示。

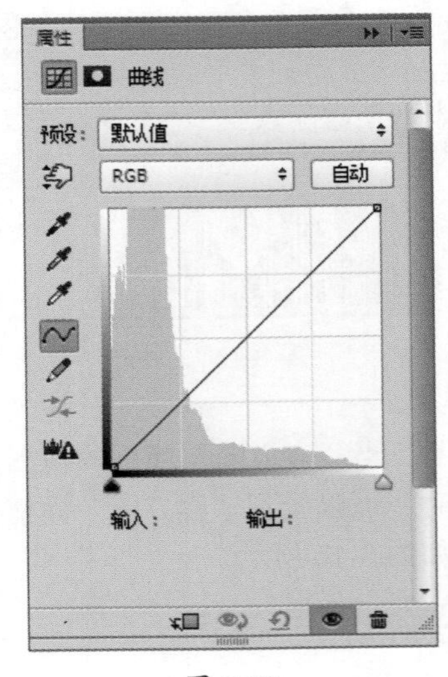


图 8-19

“属性”面板参数详解

- 蒙版：单击即可进入该调整图层蒙版的设置状态。
- 此调整影响下面的所有图层：单击该按钮可剪切到图层。
- 切换图层可见性：单击该按钮，可以隐藏或显示调整图层。
- 查看上一状态：单击该按钮，可以在文档窗口中查看图像的上一个调整效果，以比较两种不同的调整效果。
- 复位到调整默认值：单击该按钮，可以将调整参数恢复到默认值。
- 删除此调整图层：单击该按钮，可以删除当前调整图层。

## 8.1.6 可修改的调色方法——使用“调整图层”进行调色

“调整图层”是一种以图层形式出现的颜色调整命令。“调整图层”具有与普通图层一样的属性，如删除和切换显示隐藏，调整不透明度和混合模式，创建图层蒙版，剪切蒙版等操作。这种方式属于可修改方式，也就是说，如果对调色效果不满意，则还可以重新对调整图层的参数进行修改，直到满意为止。

**你问我答：** Photoshop 中调色的两种方法及这两种方法的不同之处?

在 Photoshop 中，图像色彩的调整共有两种方式，一种是直接执行“图像 > 调整”菜单命令下的调色命令，但这种方式属于不可修改方式，也就是说，一旦调整了图像了的色调，就不可以再重新修改调色命令的参数；另外一种方式就是使用调整图层，调整图层与调整命令相似，都可以对图像进行颜色的调整。不同的是，调整命令每次只能对一个图层进行操作，而调整图层会影响该图层下方的所有图层的效果，可以重复修改参数且不会破坏原图层。

### 1. 新建调整图层的 3 种方法

执行“图层 > 新建调整图层”菜单命令下的调整命令；或在“图层”面板下单击“创建新的填充或调整图层”按钮，然后在弹出的菜单中选择相应的调整命令，如图 8-20 所示；也可以在“调整”面板中单击调整图层图标，如图 8-21 所示。

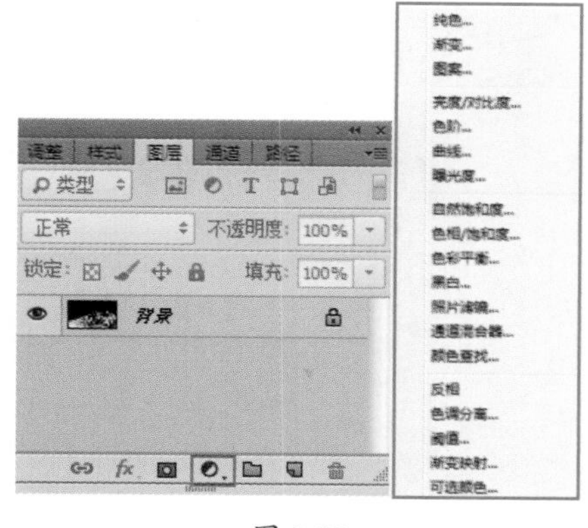

图 8-20

图 8-21

**你问我答：** 调整图层所增加的文件大小多吗?

因为调整图层包含的是调整数据而不是像素，所以增加的文件大小远小于标准像素图层。如果要处理的文件非常大，则可以将调整图层合并到像素图层中，以减小文件的大小。

**2. 使用“属性”面板重新编辑调色效果**

创建好调整图层后，在“图层”面板中单击调整图层的缩略图，如图 8-22 所示。在“属性”面板中可以显示其相关参数。如果要修改调整参数，则重新输入相应的数值即可，如图 8-23 所示。

**3. “调整图层”的其他属性**

调整图层也可以像普通图层一样，调整其不透明度和混合模式，创建图层蒙版和剪切蒙版等，如图 8-24 所示。

图 8-22

图 8-23

图 8-24

## 8.1.7 通道与调色

通道是 Photoshop 图像处理的一个重要概念，是一种高级的调色技术。使用通道可以保存图像的颜色信息，也可以存储蒙版。我们可以对一张图像的单个通道应用各种调色命令，从而达到调整图像中单种色调的目的。

根据图像颜色模式的不同，颜色通道的数量也不同。例如，RGB 模式的图像有 RGB、红、绿、蓝 4 个通道，如图 8-25 所示；CMYK 颜色模式的图像有 CMYK、青色、洋红、黄色、黑色 5 个通道，如图 8-26 所示；Lab 颜色模式的图像有 Lab、明度、a、b 四个通道，如图 8-27 所示；而位图和索引颜色模式的图像只有一个位图通道和一个索引通道，如图 8-28 和图 8-29 所示。

图 8-25

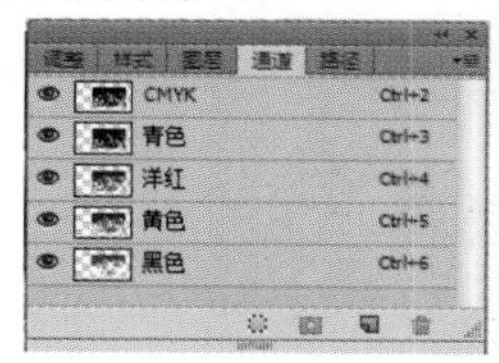

图 8-26

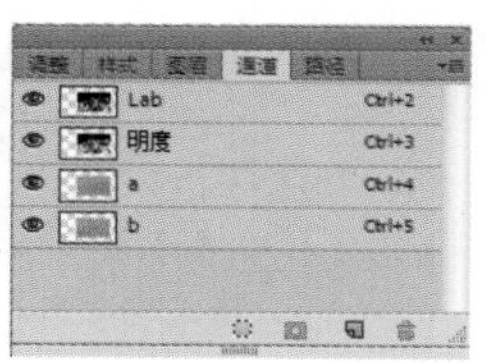

图 8-27

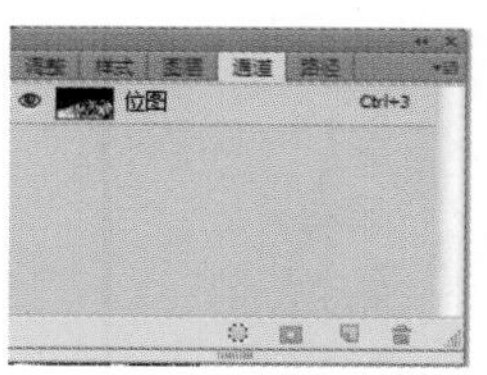

图 8-28

图 8-29

下面通过“曲线”命令来介绍如何使用通道调色。

（1）打开一张图像，如图 8-30 所示，打开“通道”面板，可以看到 4 个通道，分别是一个复合通道和红、绿、蓝 3 个通道，如图 8-31 所示。

图 8-30

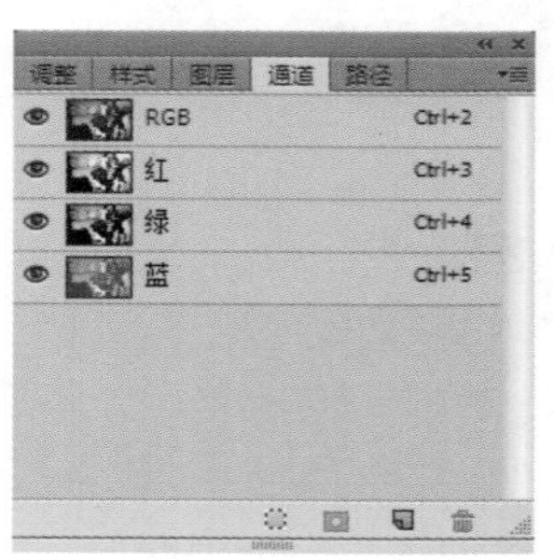


图 8-31

（2）单独选择“红”通道，按 <Ctrl+M> 快捷键打开“曲线”对话框，将曲线向上调节，可以增加图像中的红色，如图 8-32 所示；将曲线向下调节，则可以减少图像中的红色，如图 8-33 所示。

图 8-32

图 8-33

（3）单独选择“绿”通道，将曲线向上调节，可以增加图像中的绿色，如图 8-34 所示；将曲线向下调节，则可以减少图像中的绿色，如图 8-35 所示。

图 8-34

图 8-35

（4）单独选择“蓝”通道，将曲线向上调节，可以增加图像中的蓝色，如图 8-36 所示；将曲线向下调节，则可以减少图像中的蓝色，如图 8-37 所示。

图 8-36

图 8-37

## 8.2　可以自动调色的命令——自动调整色调 / 对比度 / 颜色

“自动色调”“自动对比度”和“自动颜色”命令不需要进行参数设置，主要用于校正数码相片出现的明显的偏色、对比过低、颜色暗淡等常见问题，如图 8-38 所示。

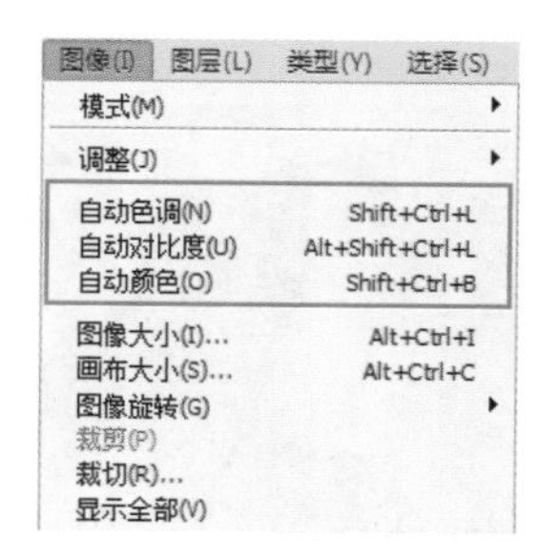


图 8-38

### 1. 自动色调

使用“自动色调”命令可以将图像的颜色和明暗一起调整。打开一张素材图片，如图 8-39 所示。可以看到图像颜色偏暗，执行“图像 > 自动色调”菜单命令，执行完命令后可以看到图像的整体色调变得明亮、鲜艳了，效果如图 8-40 所示。

图 8-39

图 8-40

### 2. 自动对比度

使用“自动对比度”命令可以在保持图像整体颜色不变的情况下，对图像的细节部分进行调节，主要可以使图像的高光更亮、阴影更深。打开一张素材图片，如图 8-41 所示，然后执行“图像 > 自动对比度”菜单命令，调色效果如图 8-42 所示。

图 8-41

图 8-42

**小技巧：**“自动对比度”小知识

在“曲线”对话框中单击“自动”按钮，可以实现与“自动对比度”命令相同的效果。

**3．自动颜色**

使用“自动颜色”命令可以对图像的颜色进行调整。打开一张素材图片，如图 8-43 所示。执行“调整 > 自动颜色”菜单命令，画面调色效果如图 8-44 所示。

图 8-43

图 8-44

## 8.3 校正图像“发灰”现象的亮度 / 对比度命令

“亮度 / 对比度”命令可以提高或降低图像的亮度和对比度，使用此命令可以快速校正图像“发灰”的问题。打开一张图片，如图 8-45 所示。执行“图像 > 调整 > 亮度 / 对比度”菜单命令，打开“亮度 / 对比度”对话框。“亮度”和“对比度”选项可以对图像的色调范围进行简单的调整，是非常常用的影调调整命令，如图 8-46 所示。对打开的“亮度 / 对比度”对话框中的选项进行设置，拖动选项滑块即可更改图像的亮度和对比度，设置的参数越大图像亮度越高，对比也就越强烈。

图 8-45

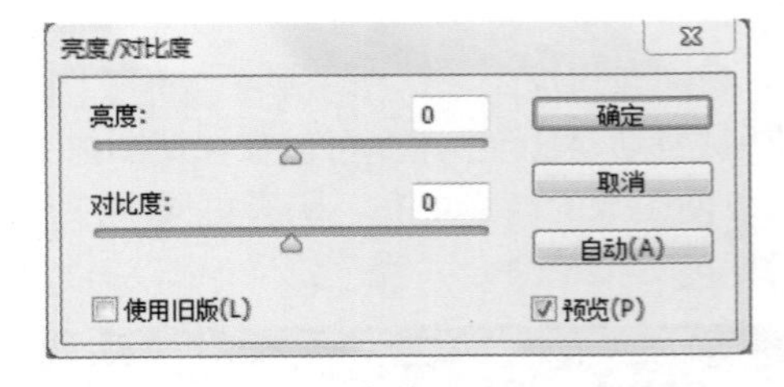


图 8-46

**1．调整“亮度”选项**

“亮度”选项用于设置图像的整体亮度。当数值为负值时，表示降低图像的亮度；数值为正值时，表示提高图像的亮度。这里将数值设置为 41，如图 8-47 所示，此时的画面效果如图 8-48 所示。

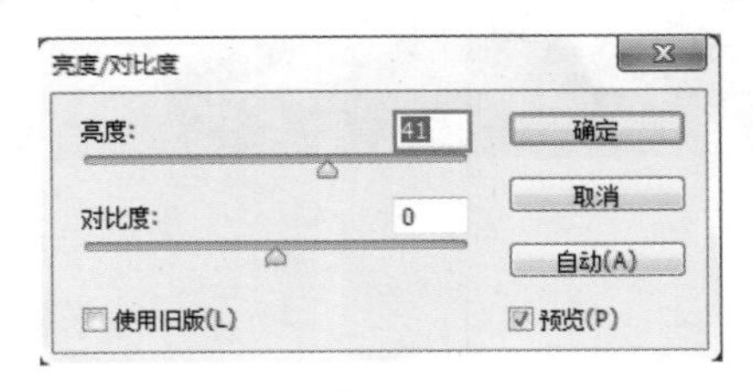


图 8-47

图 8-48

2. 调整“对比度”选项

“对比度选项用于设置图像亮度对比的强烈程度。这里将数值设置为 53，如图 8-49 所示，此时画面效果如图 8-50 所示。

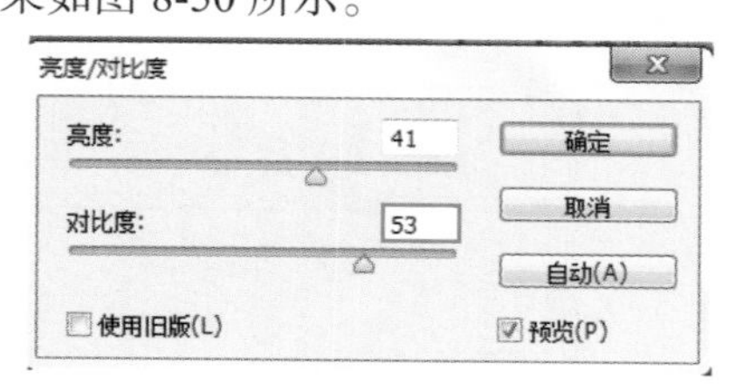


图 8-49

图 8-50

3. “自动”选项

在不改变亮度和对比度数值的情况下，单击“自动”按钮，Photoshop 会自动根据画面进行调整，如图 8-51 所示。

图 8-51

4. 调整画面整体色彩

调整完亮度和对比度后，为了达到更亮丽炫彩的效果，新建图层，选择一个柔角画笔，在图片人物的头发、手臂、小腿处选择不同色彩进行图画，如图 8-52 所示。然后设置该图层的混合模式为“滤色”，最终效果如图 8-53 所示。

图 8-52

图 8-53

**小技巧：复位参数**

“图像调整”菜单命令，在修改参数后如果需要还原成原始参数，则可以按住<Alt>键，此时对话框中的“取消”按钮会变为“复位”按钮，单击“复位”按钮即可还原原始参数。这种复位技巧在大多数面板中都适用，如图 8-54 所示。

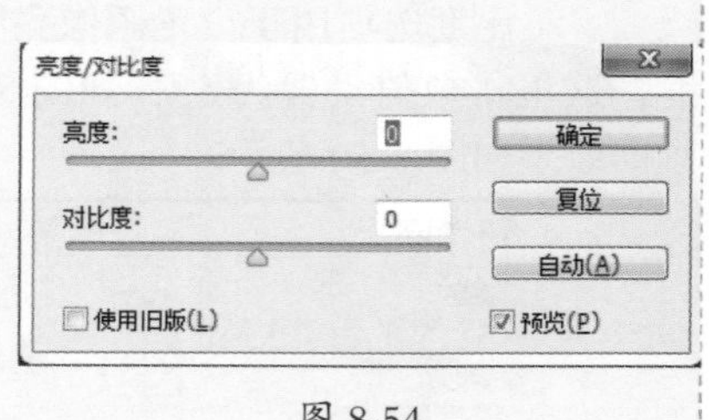


图 8-54

## 8.4 可以修改图像细节色调的“色阶”命令

“色阶”命令可以通过修改图像的阴影区、中间调和高光区的亮度水平来调整图像的色调范围和色彩平衡，还可以对各个通道进行调整，以调整图像明暗对比或色彩倾向。打开一张图片，如图 8-55 所示。执行“图像 > 调整 > 色阶”菜单命令，或按 <Ctrl+L> 快捷键，打开“色阶”对话框，如图 8-56 所示。

图 8-55

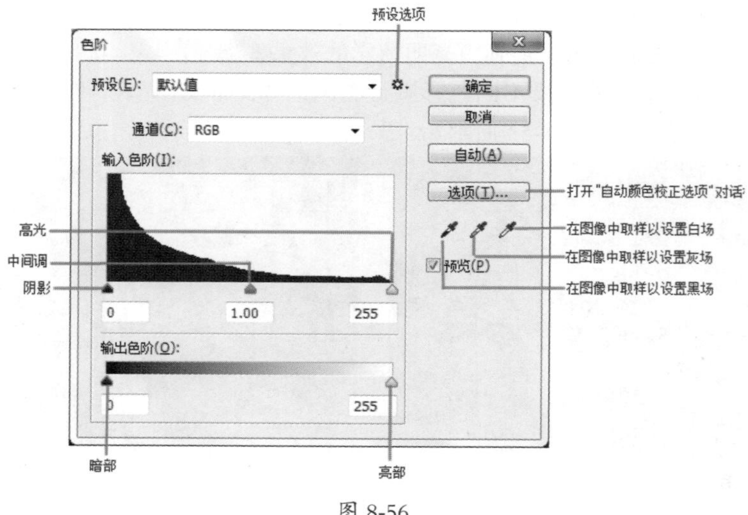


图 8-56

### 1．使用预设选项

单击预设后面的倒三角按钮▾，在下拉列表框中有 8 个预设选项，如图 8-57 所示。选择“中间调较亮”选项，画面效果如图 8-58 所示。

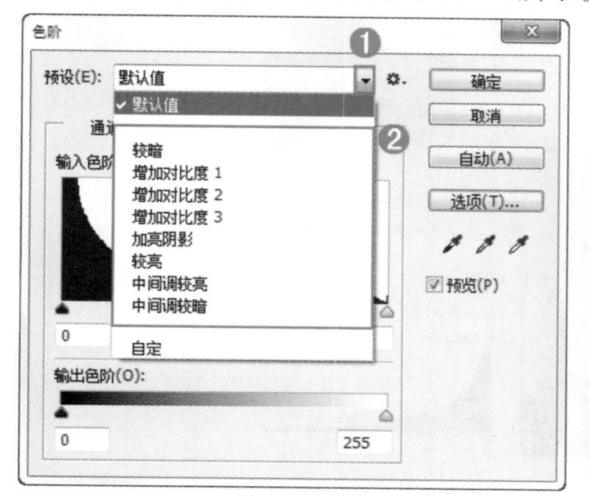


图 8-57

图 8-58

**小技巧：**将使用“色阶”面板中设置好的参数进行保存或载入

单击面板中的“预设选项”按钮⚙，可以执行“存储预设”命令，将参数存储到预设中，执行“载入预设”命令，可以载入一个外部的预设调整文件，如图 8-59 所示。

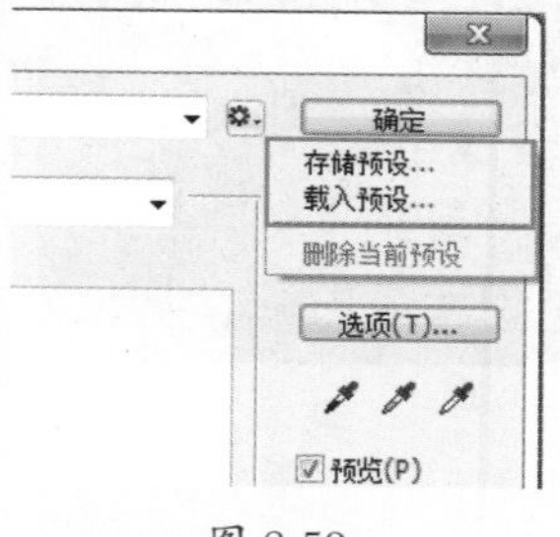


图 8-59

### 2．设置“通道”选项

在“通道”下拉列表框中可以选择一个通道来对图像进行调整，以校正图像的颜色，如图 8-60 所示。

图 8-60

**3．设置“输入色阶”选项**

“输入色阶”选项是通过拖动滑块来调整图像的阴影、中间调和高光，同时也可以直接在对应的输入框中输入数值。将滑块像左拖动，可以使图像变暗，如图 8-61 所示；将滑块向右拖动，可以使图像变亮，如图 8-62 所示。

图 8-61

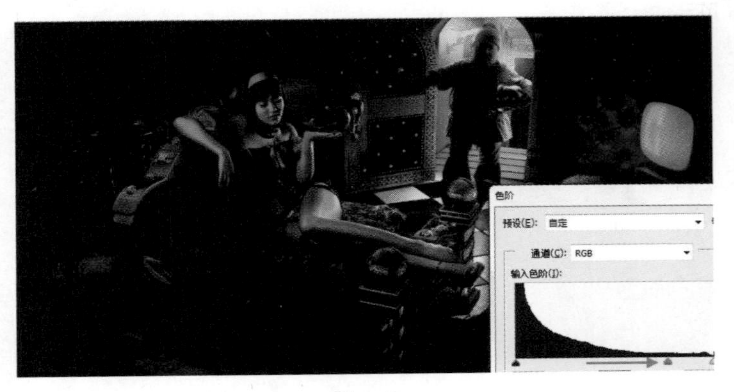


图 8-62

**4．设置“输出色阶”选项**

“输出色阶”选项可以设置图像的亮度范围，从而降低对比度，如图 8-63 所示。

图 8-63

# 8.5 “曲线”命令

与“色阶”命令类似，“曲线”命令也是应用广泛的调整命令。“色阶”命令只能调整亮部、中间灰度和暗部，而“曲线”命令则可以调整灰阶曲线中的任意一点。除此之外，使用“曲线”命令，还可以进行调色操作。图 8-64~ 图 8-67 所示为优秀的饮料海报设计，这些设计作品在制作过程中都会使用到很多调色命令。

图 8-64

图 8-65

图 8-66

图 8-67

## 8.5.1 使用“曲线”命令

**1. 使用“曲线”命令调整画面明暗**

（1）打开素材图片，如图 8-68 所示。执行“图像 > 调整 > 曲线”菜单命令，打开“曲线”对话框。然后将移动到面板中曲线的位置，然后在相应位置处按住鼠标左键添加控制点，然后将控制点向上拖动，让曲线突起，如图 8-69 所示。该操作可以提高画面的亮度，效果如图 8-70 所示。

图 8-68

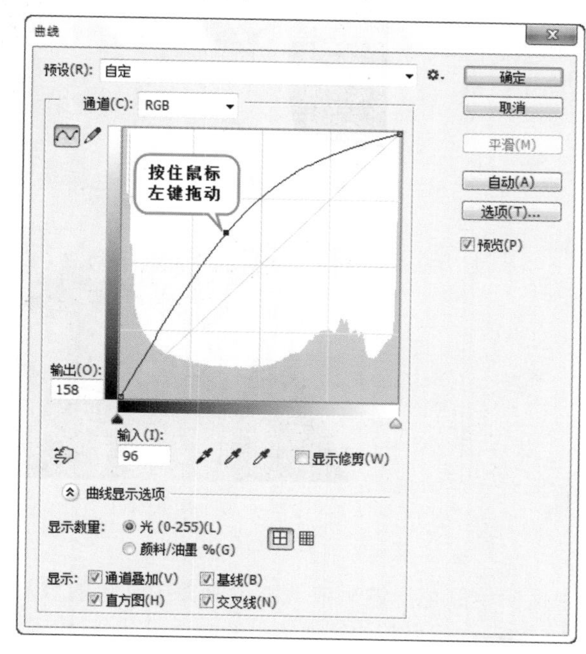


图 8-69

图 8-70

（2）若将曲线向下拖动，则可以压暗画面的亮度，如图 8-71 所示，画面效果如图 8-72 所示。

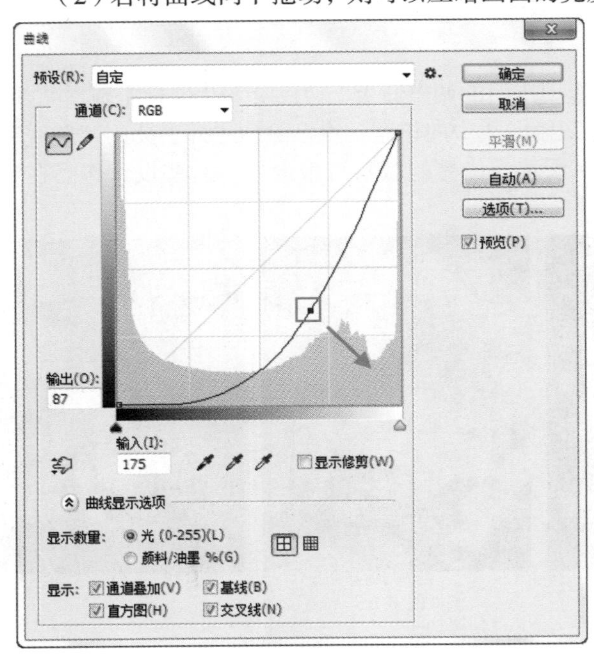


图 8-71

图 8-72

（3）若要将画面中的亮部更亮，暗部更暗，也就是增加画面的明暗对比度，则可以将曲线形状调整为“S”型，曲线形状如图 8-73 所示，画面效果如图 8-74 所示。

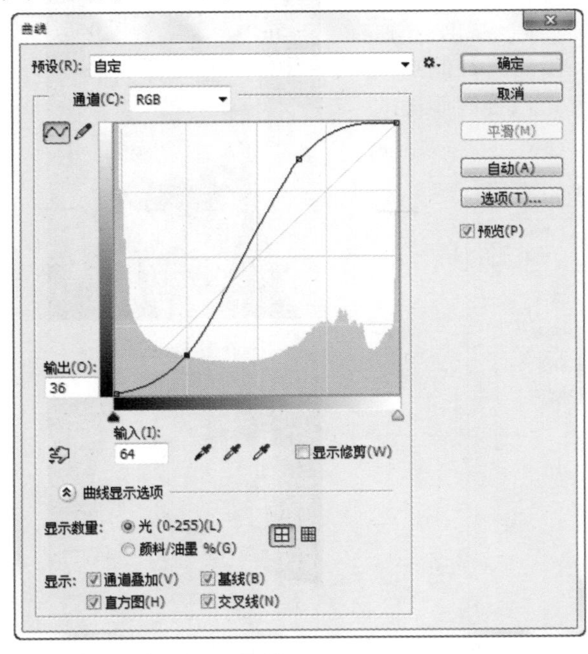


图 8-73

图 8-74

**2. 使用“曲线”命令调整画面颜色**

（1）该图像素材的原本颜色整体效果偏向于红色。这里应该减少画面中红色的数量才能让画面颜色得到校正。这里将“通道”设置为“红”，然后将“红通道”的曲线形状压暗，如图 8-75 所示。此时画面效果如图 8-76 所示。

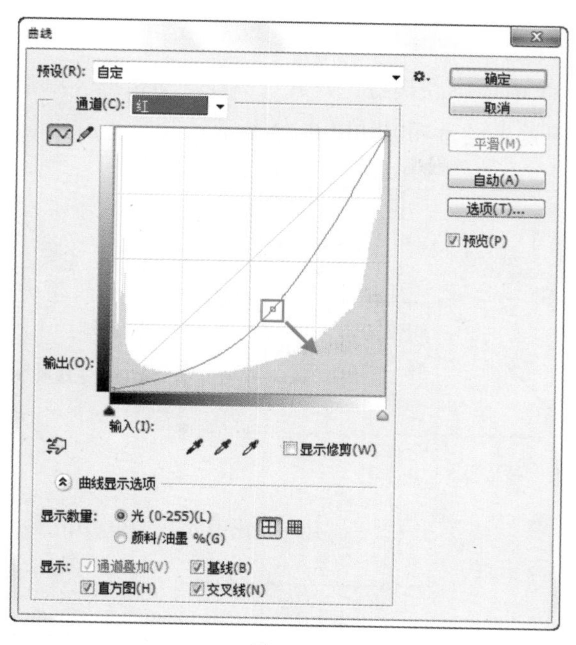


图 8-75

图 8-76

（2）若要让画面呈现出其他的色彩感，如要制作蓝紫色调，则可以在“蓝”通道中将曲线向上拖动，如图 8-77 所示，这样可以增加画面中的蓝色，从而更改画面中的颜色。此时画面效果如图 8-78 所示。

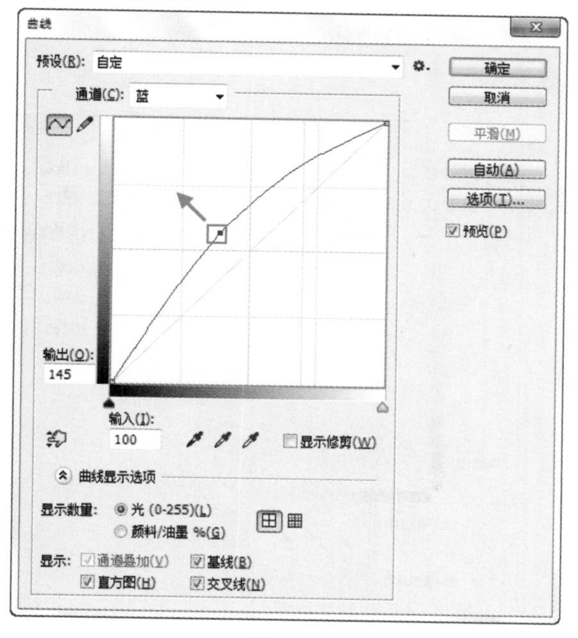


图 8-77

图 8-78



**小技巧：** 删除曲线上的控制点

若要删除曲线上的控制点，则可以选择这个控制点，按一下键盘上的 <Delete> 键或 <Backspace> 键即可将控制点删除。

### 8.5.2 “曲线”命令参数详解

执行“曲线 > 调整 > 曲线”菜单命令或按 <Ctrl+M> 快捷键，打开“曲线”对话框。单击对话框下方的“曲线显示选项”按钮，可以打开隐藏的选项，如图 8-79 所示。

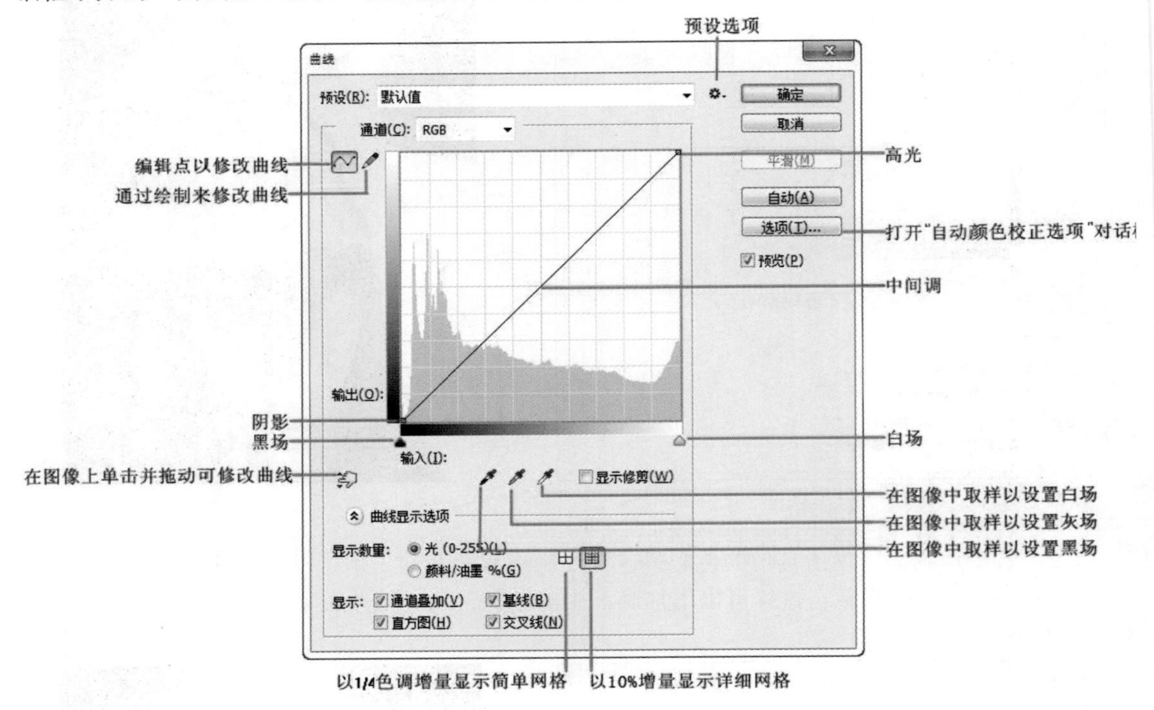


图 8-79

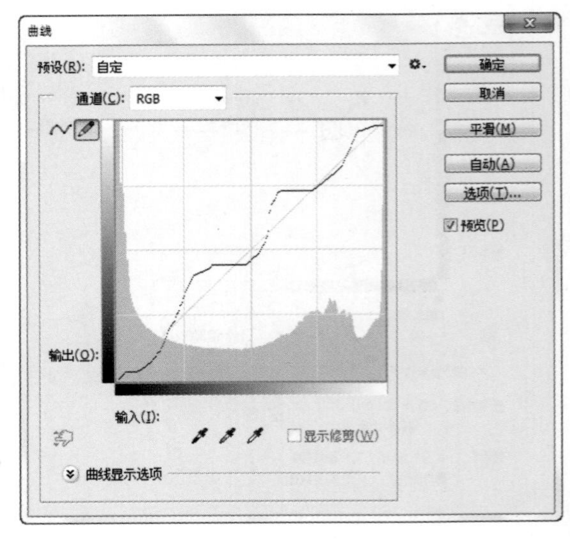


图 8-80

- 预设 / 预设选项：在“预设”下拉列表框中共有 9 种曲线预设效果，如图 8-80 所示；单击“预设选项”按钮，可以对当前设置的参数进行保存，或载入一个外部的预设调整文件。
- 通道：在“通道”下拉列表框中可以选择一个通道来对图像进行调整，以校正图像的颜色。
- 编辑点以修改曲线：使用该工具在曲线上单击，可以添加新的控制点，通过拖动控制点可以改变曲线的形状，从而达到调整图像的目的。
- 通过绘制来修改曲线：使用该工具可以以手绘的方式自由绘制出曲线，绘制好曲线后单击“编辑点以修改曲线”按钮，可以显示出曲线上的控制点，如图 8-81 所示。

图 8-81

- 平滑：使用“通过绘制来修改曲线”绘制出曲线后，单击“平滑”按钮，可以对曲线进行平滑处理。
- 在曲线上单击并拖动可修改曲线：选择该工具后，将光标放置在图像上，曲线上会出现一个圆圈，表示光标处的色调在曲线上的位置，如图 8-82 所示。在图像上中单击并拖动鼠标左键可以添加控制点，以调整图像的色调。
- 输入 / 输出：“输入”即“输入色阶“，显示的是调整前的像素值；“输出”即“输出色阶”，显示的是调整后的像素值。
- 自动：单击该按钮，可以对图像应用“自动色调”“自动对比度”或“自动颜色”校正。
- 选项：单击该按钮，可以打开“自动颜色校正选项”对话框。在该对话框中可以设置单色、每通道、深色和浅色的算法等。

图 8-82

- 显示数量：包含“光（0~255）”和“颜料 / 油墨 %”两种显示方式。
- 以 1/4 色调增量显示简单网格 / 以 10% 增量显示详细网格：单击“以 1/4 色调增量显示简单网格”按钮，可以以 1/4（即 25%）的增量来显示网格，这种网格比较简单；单击“以 10% 增量显示详细网格”按钮，可以以 10% 的增量来显示网格，这种网格更加精细。
- 通道叠加：勾选该复选框，可以在复合曲线上显示颜色通道。
- 基线：勾选该复选框，可以显示基线曲线值的对角线。
- 直方图：勾选该复选框，可在曲线上显示直方图以作为参考。
- 交叉线：勾选该复选框，可以显示用于确定点的精确位置的交叉线。

## 8.6　使用“曝光度”命令调整画面曝光度

“曝光度”命令用于调整图像的曝光效果。在处理数码照片时，经常会因为光线的过强或过暗使画面产生曝光过度或画面昏暗的效果。使用“曝光度”命令可以通过调整曝光度、位移、灰度系数 3 个参数来调整照片的对比反差，修复数码照片中常见的曝光过度与曝光不足等问题，保留画面的细节。图 8-83~ 图 8-85 所示为原图、曝光过度和曝光不足的情况。

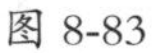

图 8-83

图 8-84

图 8-85

（1）打开素材图片，如图 8-86 所示，可以看到画面的曝光度不足。执行“图层 > 新建调整图层 > 曝光度”菜单命令，打开“曝光度”面板。

（2）调整“曝光度”选项，该选项用于设置画面的“曝光度”，向左拖动滑块，可以降低曝光效果；向右拖动滑块，可以增强曝光效果。这里向右拖动滑块，或直接设置数值为 2.1，如图 8-87 所示。

图 8-86

图 8-87

（3）设置“位移”和“灰度系数校正”选项。“位移”选项主要对阴影和中间调起作用，可以使其变暗，但对高光基本不会产生影响，这里设置“位移”为 0。“灰度系数校正”选项是使用一种乘方函数来调整图像灰度系数，可以增加或减少画面的灰度系数，这里设置“灰度系数校正”为 1，具体如图 8-88 所示。此时画面效果如图 8-89 所示。

图 8-88

图 8-89

## 8.7　自然饱和度

“自然饱和度”命令主要用于调整图像的颜色饱和度。当将一个色彩图像的饱和度降为 0 时，该图像就会变成一个灰色的图像；增加饱和度就会增加颜色的色彩度。当应用“自然饱和度”命令调整图像饱和度时，该命令会根据图像不同区域的饱和度状态进行不同的调整。与“色相 / 饱和度”命令相比，使用“自然饱和度”命令可以在增加图像饱和度的同时，有效地控制由于颜色过于饱和而出现的溢色现象，较适用于人像的调整。打开一张素材图片，如图 8-90 所示。然后执行“图像 > 调整 > 自然饱和度”菜单命令，打开“自然饱和度”对话框，如图 8-91 所示。

图 8-90

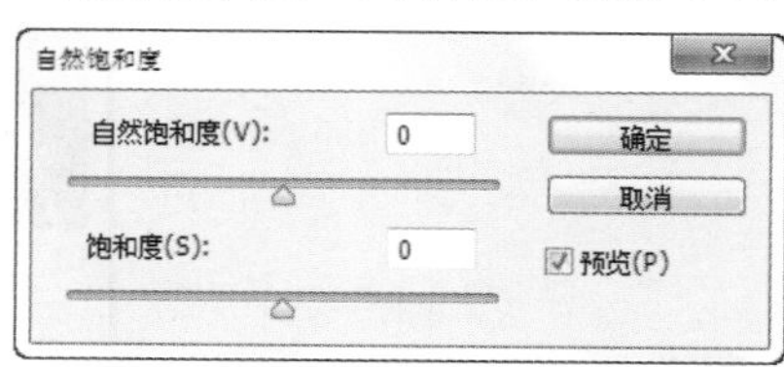


图 8-91

**1. 调整“自然饱和度”参数**

向左拖动滑块，可以降低颜色的饱和度，如图 8-92 所示；向右拖动滑块，可以增加颜色的饱和度，如图 8-93 所示。

图 8-92

图 8-93

**2. 调整“饱和度”参数**

向左拖动滑块，可以增加所有颜色的饱和度，如图 8-94 所示；向右拖动滑块，可以降低所有颜色的饱和度，如图 8-95 所示。

图 8-94

图 8-95

# 8.8 色相 / 饱和度

“色相 / 饱和度”命令可以改变图像像素的色相、饱和度和明度，或同时调整图像中的所有颜色。图 8-96 所示为使用“色相 / 饱和度”命令调色的效果对比。

图 8-96

## 8.8.1 使用“色相 / 饱和度”命令

使用“色相 / 饱和度”命令既可调整整个画面的色相、饱和度和明度，也可以单独调整单一颜色的色相、饱和度和明度数值，也可以为灰度图像上色或创建单色图像。打开素材图片，如图 8-97 所示。执行“图像 > 调整 > 色相 / 饱和度”菜单命令，或按 <Ctrl+U> 快捷键，打开“色相 / 饱和度”对话框，如图 8-98 所示。

图 8-97

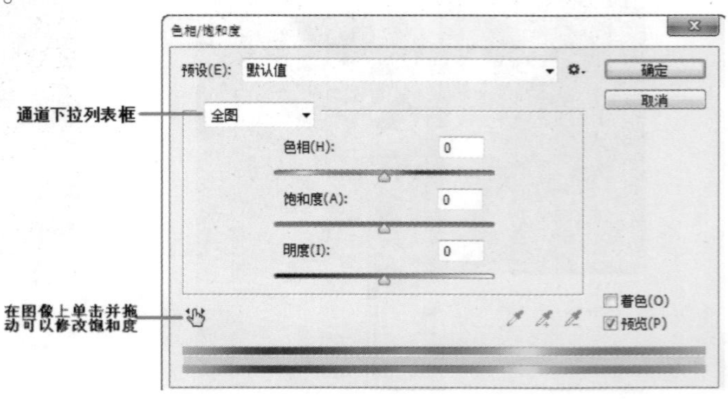


图 8-98

### 1. 更改画面的色相

色相是各类色彩的相貌称谓，拖动“色相”滑块，可以更改画面的的色相，也可以直接输入数值，如图 8-99 所示。调整后的效果如图 8-100 所示。

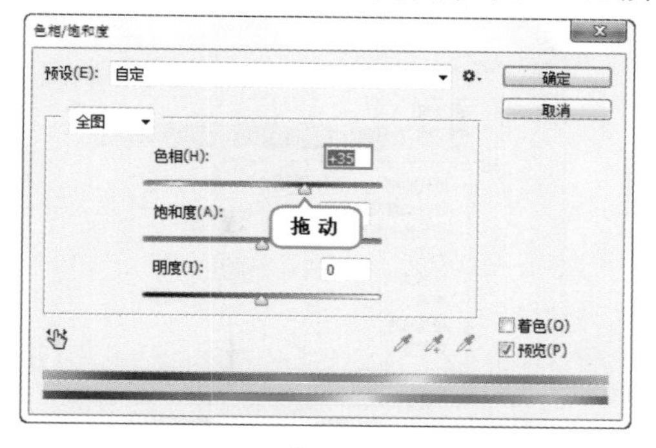


图 8-99

图 8-100

### 2. 更改画面饱和度

“饱和度”是指色彩的鲜艳程度，取决于该色彩中含色成分和消色成分的比例。含色成分越大，饱和度越大；消色成分越大，饱和度越小；设置的数值越小，就越接近黑白图像。可以通过拖动“饱和度”滑块来控制画面颜色的饱和度，如图 8-101 所示。图 8-102 所示为饱和度为 – 100 时的图像效果，图 8-103 所示为饱和度为 100 时的图像效果。

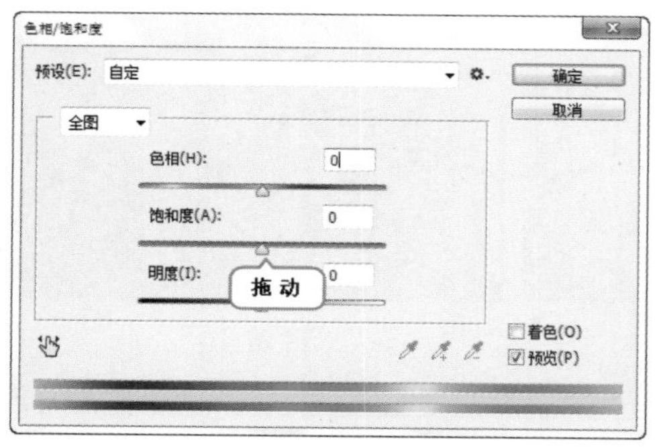


图 8-101

图 8-102

图 8-103

### 3. 更改画面明度

颜色的明度是指图像的明暗程度，可以通过拖动“明度”滑块来控制画面的明度。数值越大，图像越亮；数值越小，图像越暗，如图 8-104 所示。图 8-105 所示为“明度”为 – 70 的画面效果，图 8-106 所示为“明度”为 70 的画面效果。

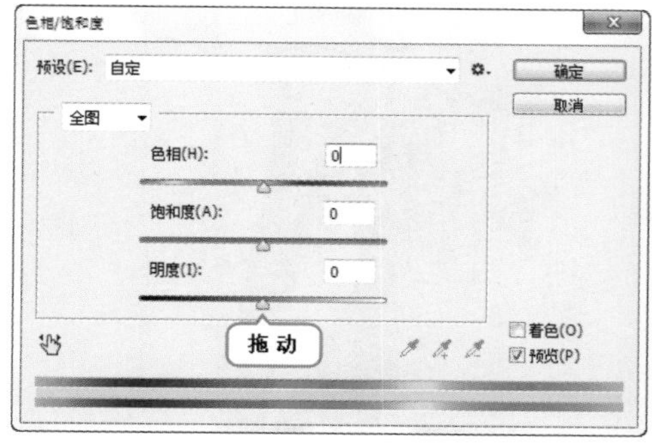


图 8-104

图 8-105

图 8-106

## 8.8.2 “色相 / 饱和度”对话框参数详解

- 预设：在“预设”下拉列表框中提供了 8 种色相 / 饱和度预设，如图 8-107 所示。
- 通道：在通道下拉列表框中可以选择全图、红色、黄色、绿色、青色、蓝色和洋红通道进行调整。选择好通道后，拖动下面的“色相”“饱和度”和“明度”滑块，可以对该通道的色相、饱和度和明度进行调整。
- 在图像上单击并拖动可修改饱和度：使用该工具在图像上单击设置取样点（见图 8-108）后（见图 8-109），向右拖动鼠标可以增加图像的饱和度，如图 8-110 所示；向左拖动鼠标可以降低图像的饱和度。
- 着色：勾选该复选框后，图像会整体偏向于单一的红色调，还可以通过拖动 3 个滑块来调节图像的色调。

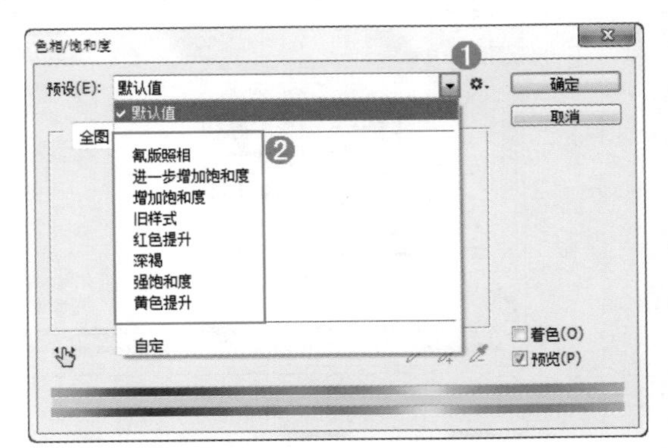


图 8-107

图 8-108　　图 8-109　　图 8-110

## 8.8.3 玩转色相 / 饱和度——使用色相饱和度改变美女衣服颜色

“色相 / 饱和度”对话框的使用方法还是很直观的。在调整图像颜色时通过拖动“色相”滑块可以一边调整颜色，一边查看效果。在本案例中，主要对人像的服装颜色进行调整，具体步骤如下。

（1）执行“文件 > 打开”菜单命令，打开人物素材“1.jpg”，如图 8-111 所示。

图 8-111

（2）为美女衣服调整颜色。执行“图层 > 新建调整图层 > 色相 / 饱和度”菜单命令，调整通道为“蓝色”，调整“色相”为 -55，如图 8-112 所示。至此，案例制作完成，画面效果如图 8-113 所示。

图 8-112

图 8-113

## 8.9　色彩平衡

“色彩平衡”命令用于更改图像的总体颜色混合，该命令是根据颜色的补色原理调整图像的颜色，要减少某个颜色就增加这种颜色的补色，使图像整体达到色彩平衡。使用“色彩平衡”命令必须确定“通道”面板中选择了复合通道，因为只有在复合通道中此命令才可以使用。打开素材图像，如图 8-114 所示，然后执行“图像 > 调整 > 色彩平衡”菜单命令，打开“色彩平衡”对话框，如图 8-115 所示。

图 8-114

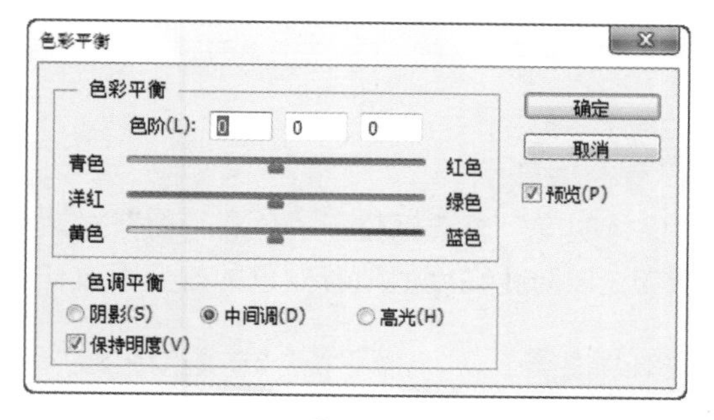


图 8-115

**1. 指定调色的范围**

在“色彩平衡”对话框的下方有一个“色调平衡”选项组，在此选项组中提供了“阴影”“中间调”和“高光”3 个单选按钮，用于指定用户所要修改图像颜色的范围。例如，在素材图片中，要使这辆小汽车的颜色更红，我们可以发现，这辆小汽车的色调属于画面中的“中间色”。因此可以选中“中间调”单选按钮，然后将“青色 - 红色”的滑块向右拖动，如图 8-116 所示。此时可以发现，小汽车的颜色变得更红了，效果如图 8-117 所示。

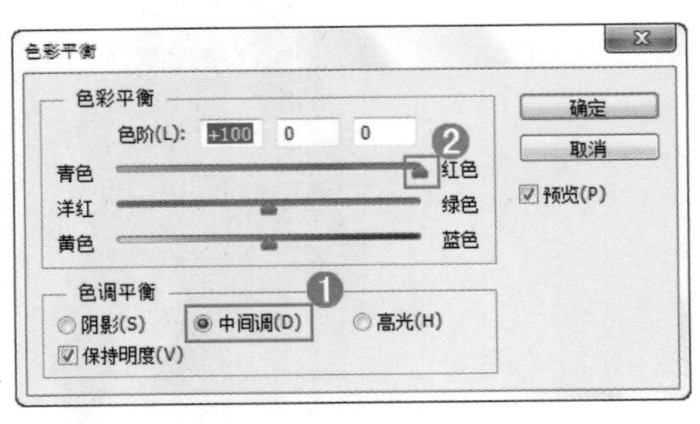


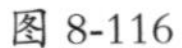
图 8-116

图 8-117

**2. “色彩平衡”调色的原理**

在“色彩平衡”选项组中有“青色 - 红色”“洋红 - 绿色”和“黄色 - 蓝色”3 个滑块。若要增加画面中的黄色，可以将“黄色 - 蓝色”的滑块向左拖动，随着“黄色”的数量的增加，作为互补色“蓝色”则会减少，参数设置如图 8-118 所示，画面效果如图 8-119 所示。可以看到画面中的黄色增加了，小汽车的红色变成了橘红色（原来是正红色），这就说明画面中蓝色减少了，黄色增加了。

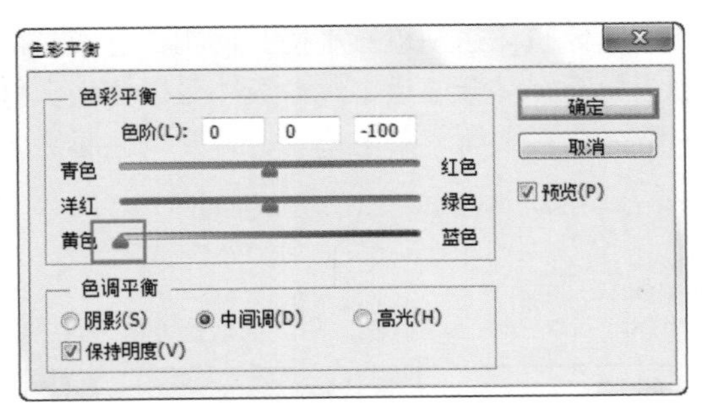


图 8-118

图 8-119

**3. 保持明度**

“保持明度”复选框位于“色彩平衡”对话框的最底部。勾选该复选框，还可以保持图像的色调不变，以防止亮度值随着颜色的改变而改变。

**你问我答：**“色彩平衡”选项组中的“色阶”选项是用来做什么的?

“色阶”选项用于输入精准的数值。“色阶”选项的第一个数值框用于设置“青色 – 红色”选项，中间的数值框用于设置“洋红 – 绿色”选项，最后一个数值框用于设置“黄色 – 蓝色”选项。

# 8.10　可以制作富有艺术感单色照片的“黑白”命令

“黑白”命令不仅可以将图片更改为黑白色，而且还可以将照片更改为具有某种色彩倾向的单色照片。图 8-120 和图 8-121 所示为可以使用“黑白”命令制作的单色照片效果。

图 8-120

图 8-121

## 8.10.1　“黑白”命令的使用方法

“黑白”命令可以在把彩色图像转换为黑色图像的同时控制每一种色调的量，而且还可以将黑白图像转换为带有颜色的单色图像。打开一张图像，如图 8-122 所示。执行“图像 > 调整 > 黑白”菜单命令，或按 <Alt+Shift+Ctrl+B> 快捷键，打开“黑白”对话框，如图 8-123 所示。

图 8-122

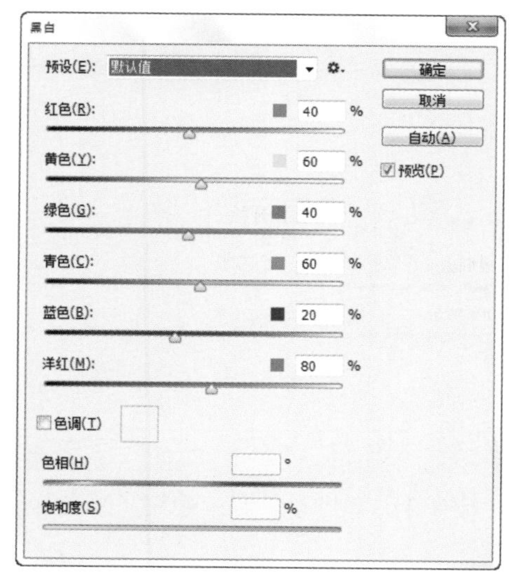


图 8-123

**1. 制作黑白图片**

当打开“黑白”对话框后，图像会智能地变为黑色，如图 8-124 所示。若对画面的黑白效果不满意，则可以通过对话框中的 6 个颜色选项来设置画面效果，其工作原理是通过指定各个颜色转换为灰度后的明暗程度来控制画面黑白关系。如图 8-125 所示，这里想让背景部分的颜色更深些，我们可以看到原图中的背景偏蓝色，选择“蓝色”选项，将滑块移动到最左侧，此时的画面效果如图 8-126 所示。

图 8-124

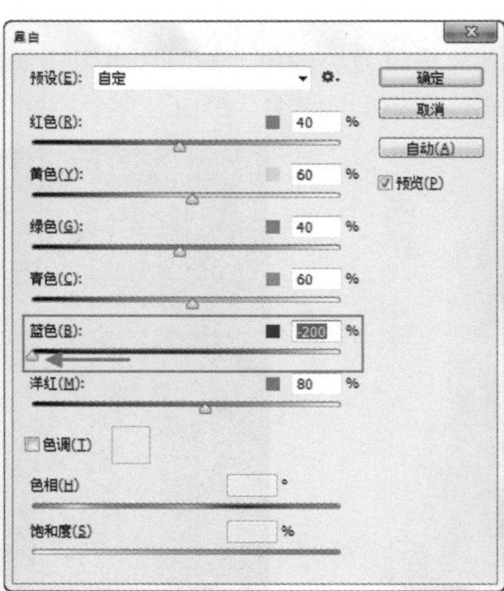


图 8-125

图 8-126

**2. 制作单色照片**

若要更改照片为单色，则可以勾选“色调”复选框，单击后方的颜色块，可以打开拾色器，然后选择合适的颜色，如图 8-127 所示。另外，还可以调整单色图像的色相和饱和度，如图 8-128 所示。

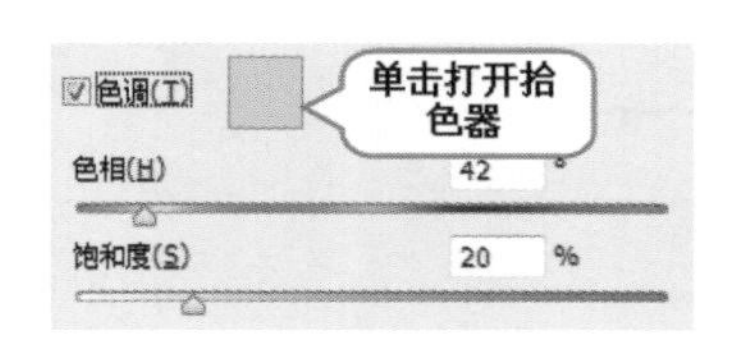


图 8-127

图 8-128

## 8.10.2 玩转“黑白”命令——打造老照片效果

在本案例主要讲解将彩色照片使用“黑白”命令变为单色照片，让画面呈现出老照片的效果，具体步骤如下。

（1）执行“文件 > 打开”菜单命令，打开背景素材“1.jpg”，如图 8-129 所示。再导入素材“2.jpg”，并放在画面中的合适位置，如图 8-130 所示。

图 8-129

图 8-130

（2）选中“素材 2”图层，在“图层”面板中设置该图层的混合模式为“正片叠底”，画面效果如图 8-131 所示。单击“图层”面板下方的“添加图层蒙版”按钮，为该图层添加图层蒙版。选中该图层蒙版，使用黑色的柔角画面在画面边缘涂抹，制作边缘渐隐效果，如图 8-132 所示。

图 8-131

图 8-132

（3）执行“图层 > 新建调整图层 > 黑白”菜单命令，勾选“色调”复选框，设置颜色为黄灰色，“红色”数值为 138，“黄色”数值为 72，“绿色”数值为 – 56，“青色”数值为 117，“蓝色”数值为 – 6，单击“将此调整剪贴到此图层”按钮，如图 8-133 所示，使其只对“素材 2”图层起作用。此时画面有了一种黄旧感，效果如图 8-134 所示。

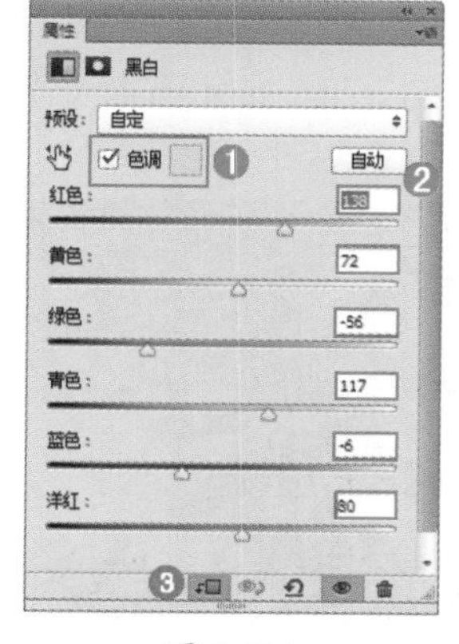


图 8-133

图 8-134

（4）调整画面的明暗对比度。执行“图层 > 新建调整图层 > 曲线”菜单命令，选择”RGB”通道，调整曲线形状为“S”形，然后单击“将此调整剪贴到此图层”按钮，使其只对“素材 2”图层起作用。“属性”面板如图 8-135 所示，最终效果如图 8-136 所示。

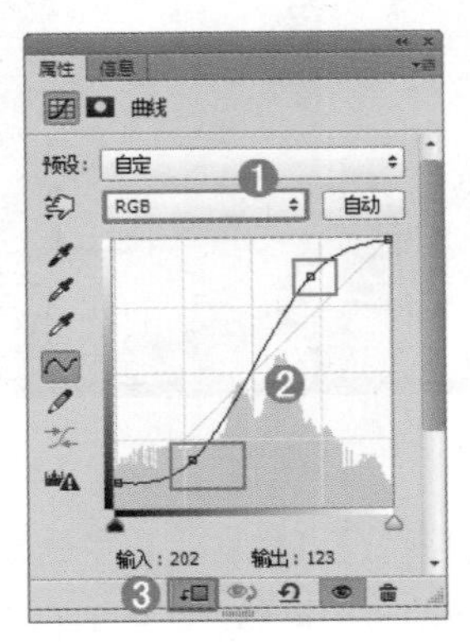


图 8-135

图 8-136

## 8.11 使用“照片滤镜”命令

“照片滤镜”命令模拟在相机镜头上添加彩色滤镜，以调整通过镜头传输的光的色彩平衡和色温。如图 8-137 和图 8-138 所示为优秀的设计作品。

图 8-137

图 8-138

### 8.11.1 “照片滤镜”命令的使用方法

“照片滤镜”命令可以模仿在相机镜头前面添加彩色滤镜的效果，使用该命令可以快速调整通过镜头传输的光的色彩平衡、色温和胶片曝光，以改变照片颜色倾向。

**1．使用预设的“照片滤镜”**

打开一张素材图片。如图 8-139 所示。执行“图像 > 调整 > 照片滤镜”菜单命令，打开“照片滤镜”对话框，然后单击“滤镜”单选按钮后方的倒三角按钮，在下拉列表框中选择一个预设的“照片滤镜”，如这里选择“冷却路镜（82）”选项，如图 8-140 所示。此时，画面效果如图 8-141 所示。

图 8-139

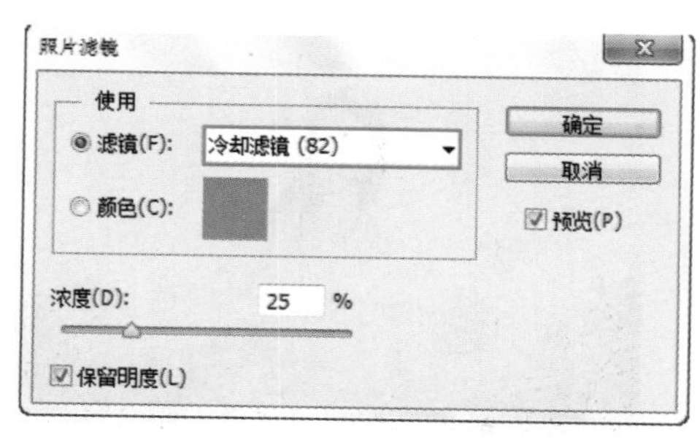


图 8-140

图 8-141

**2. 自定义滤镜颜色**

选中“颜色”单选按钮，单击颜色色块可以打开拾色器，然后在拾色器中设置颜色为红色，如图 8-142 所示。此时，画面效果如图 8-143 所示。

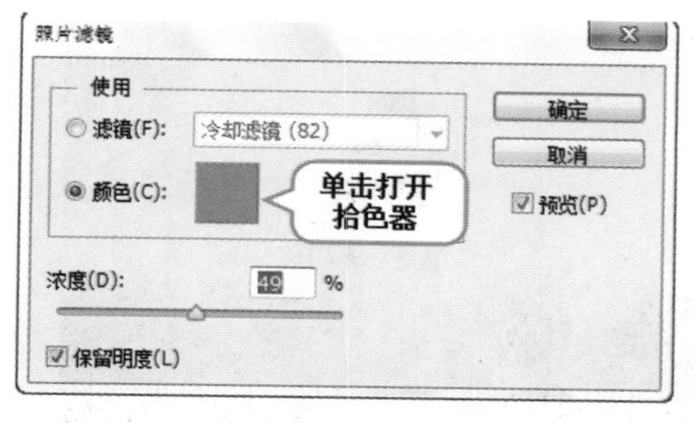


图 8-142

图 8-143

**3. 设置颜色浓度**

设置“浓度”数值可以调整滤镜颜色应用到图像中的颜色百分比。数值越高，应用到图像中的颜色浓度就越高，如图 8-144 所示；数值越小，应用到图像中的颜色浓度就越低，如图 8-145 所示。

图 8-144

图 8-145

## 8.11.2 玩转“照片滤镜”命令——制作多彩图像

在上一节中，我们学习了“照片滤镜”命令，本案例将使用“照片滤镜”命令将一张图片更改为多种不同的颜色，制作出多彩的效果，具体步骤如下。

（1）执行“文件 > 打开”菜单命令，打开背景素材“1.jpg”，如图 8-146 所示。

（2）执行“图层 > 新建调整图层 > 照片滤镜”菜单命令，设置“滤镜”为“红”，“浓度”为 100%，如图 8-147 所示。此时，画面效果如图 8-148 所示。

图 8-146

图 8-147

图 8-148

（3）选择工具箱中的“矩形选框工具”，在画面不保留红色的区域绘制选区，如图 8-149 所示。设置前景色为黑色，选中调整图层蒙版，并使用填充前景色快捷键 <Alt+Delete> 进行填充，此时这部分不受调整图层的影响，如图 8-150 所示。

图 8-149

图 8-150

（4）继续使用“矩形选框工具”在红色区域右侧绘制矩形选区，如图 8-151 所示。执行“图层 > 新建调整图层 > 照片滤镜”菜单命令，设置“滤镜”为“橙”，“浓度”数值为 100%，如图 8-152 所示。此时，画面效果如图 8-153 所示。

（5）重复以上步骤，制作其他颜色区域，最终画面效果如图 8-154 所示。

图 8-151

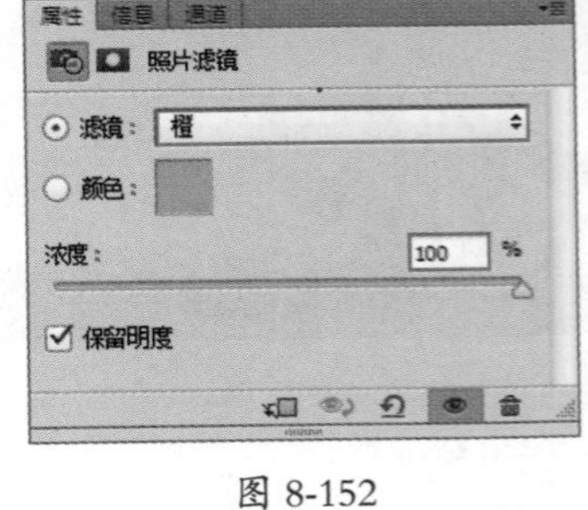


图 8-152

图 8-153

图 8-154

## 8.12 通道混合器

“通道混合器”命令可以对图像的某一个通道的颜色进行调整，以创建出各种不同色调的图像。同时，也可以使用“通道混合器”命令，通过从每个颜色通道中选取不同的像素信息来创建高品质的灰度图像。在“通道混合器”对话框中的“输出通道”和“源通道”是与图像“通道”面板有关联的基本通道，根据图像的颜色构成会显示不同的通道。其中，勾选“单色”复选框可以将图像的颜色调整为黑色。此外，还可以使用“通道混合器”命令校正偏色图像或优化图像颜色通道。打开一张图像，如图 8-155 所示，然后执行“通道混合器”菜单命令，打开“通道混合器”对话框，如图 8-156 所示。

图 8-155

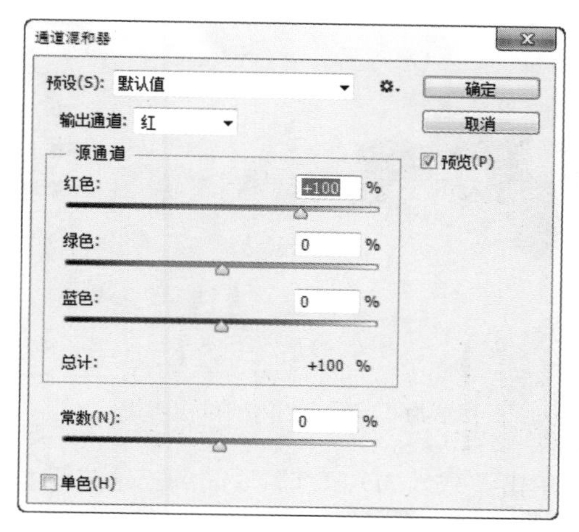


图 8-156

### “通道混合器”对话框参数详解

- 预设：在“预设”下拉列表框中有 6 种制作黑白图像的预设效果，如图 8-157 所示。选择一种预设效果，如这里我们选择“使用绿色滤镜的黑白”预设效果。此时，画面效果如图 8-158 所示。
- 输出通道：在“输出通道”下拉列表框中可以选择一种通道来对图像的色调进行调整。
- 源通道：“源通道”选项组用于设置源通道在输出通道中所占的百分比。
- 总计：显示源通道的计数值。如果计数值大于 100%，则有可能丢失一些阴影和高光细节。
- 常数：用于设置输出通道的灰度值，负值可以在通道中增加黑色，正值可以在通道中增加白色。
- 单色：勾选该复选框后，图像将变成黑白效果，如图 8-159 所示。

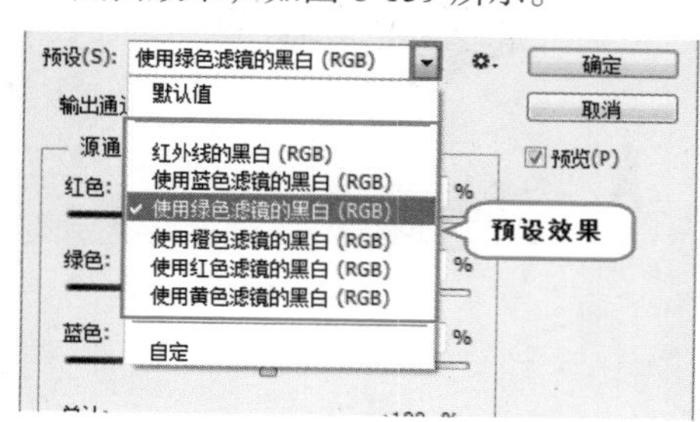


图 8-157

图 8-158

图 8-159

# 8.13 可以用来快速调色的“颜色查找”命令

数字图像输入或输出设备都有自己特定的色彩空间，这就导致了色彩在不同的设备之间传输时会出现不匹配的现象。“颜色查找”命令可以使画面颜色在不同的设备之间实现精确传递和再现。而且，“颜色查找”对话框中有很多预设的调色效果，对于刚刚学习调色的新手来说，可以使用“颜色查找”命令来调色，从而感觉画面整体的颜色方向，以获得更好的灵感。在调色中，搭配蒙版可以制作更加精细的调色效果。

（1）打开一张图片，如图 8-160 所示。执行“图像 > 调整 > 颜色查找”菜单命令，打开“颜色查找”对话框，如图 8-161 所示。

图 8-160

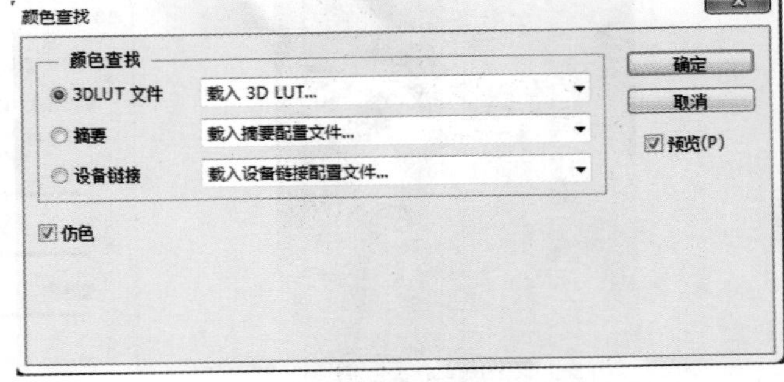


图 8-161

（2）单击“载入 3D LUT”后的倒三角按钮，在下拉列表框中选择想要的照片效果，然后单击“确定”按钮，如图 8-162 所示。最终效果如图 8-163 所示。

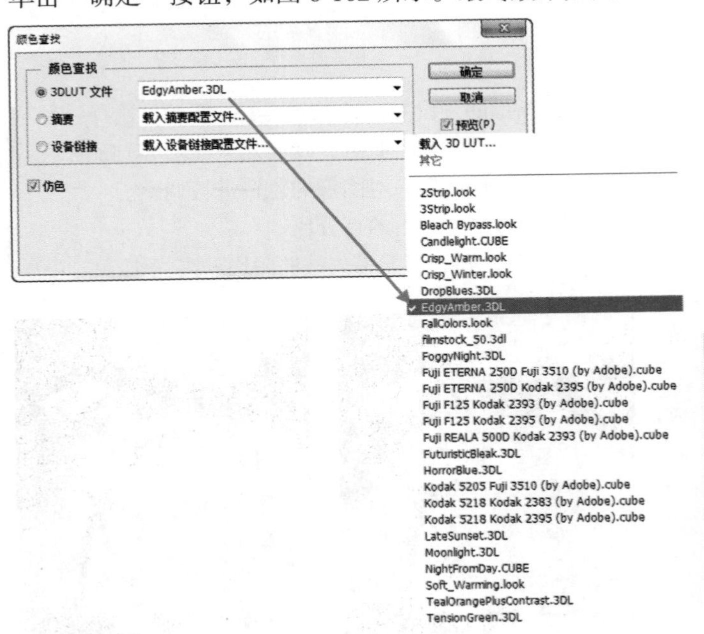


图 8-162

图 8-163

# 8.14 将颜色转换为补色的“反相”命令

使用“反相”命令可以获得一种类似照片底片的效果，在对图像进行反相时，通道中每个像素的亮度值就会转换为 256 级颜色值刻度上相反的值。图 8-164~ 图 8-167 所示为优秀的海报设计作品欣赏。

图 8-164

图 8-165

图 8-166

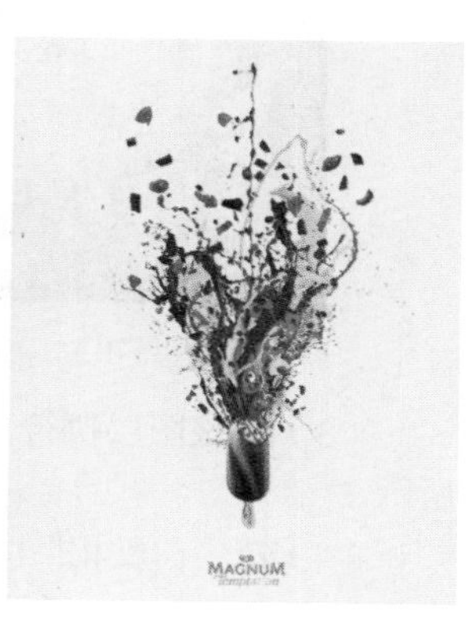


图 8-167

## 8.14.1 “反相”命令的使用

“反相”命令可以将图像中的某种颜色转换为它的补色，即将原来的黑色变成白色，将原来的白色变成黑色，从而创建出负片效果。执行“图层 > 调整 > 反相”菜单命令或按 <Ctrl+I> 快捷键，即可得到反相效果。“反相”命令是一个可以逆向操作的命令，如对一张图像执行“反相”命令，创建出负片效果，再次对负片图像执行“反相”命令，又会得到原来的图像，如图 8-168 和图 8-169 所示。

图 8-168

图 8-169

## 8.14.2 玩转“反相”命令——还原画面真实色彩

本案例主要通过制作画面颜色倾向的补色图层，并调整图层的混合模式，来矫正画面偏色问题，具体步骤如下。

（1）执行“文件 > 打开”菜单命令，打开人物素材“1.jpg”，可以看到原图偏黄，如图 8-170 所示。

（2）选中人物素材图层，单击鼠标右键，在弹出的快捷菜单中执行“复制图层”命令，将背景图层进行复制，如图 8-171 所示。选中复制的图层，执行“滤镜 > 模糊 > 平均”菜单命令，画面变成了淡咖色，效果如图 8-172 所示。

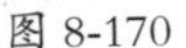

图 8-170

图 8-171

图 8-172

（3）对该图层执行“图像 > 调整 > 反相”菜单命令，此时画面变成了蓝色，效果如图 8-173 所示。

（4）选中“反相”图层，在“图层”面板调整图层的混合模式为“颜色”，设置“不透明度”为 40%，如图 8-174 所示。此时可以看到，照片中黄色成分减少，而且皮肤明显变亮了，效果如图 8-175 所示。

图 8-173

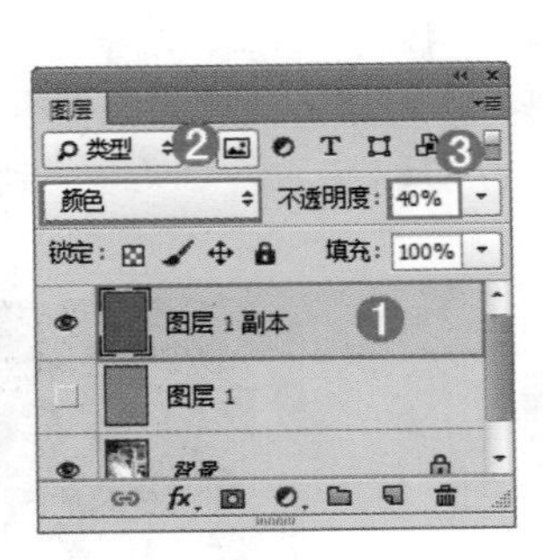


图 8-174

图 8-175

（5）为了使画面颜色更加自然，接下来提高画面的自然饱和度。执行“图层 > 新建调整图层 > 自然饱和度”菜单命令，新建“自然饱和度”调整图层。设置“自然饱和度”为 95、“饱和度”为 0，如图 8-176 所示。此时，画面效果如图 8-177 所示。

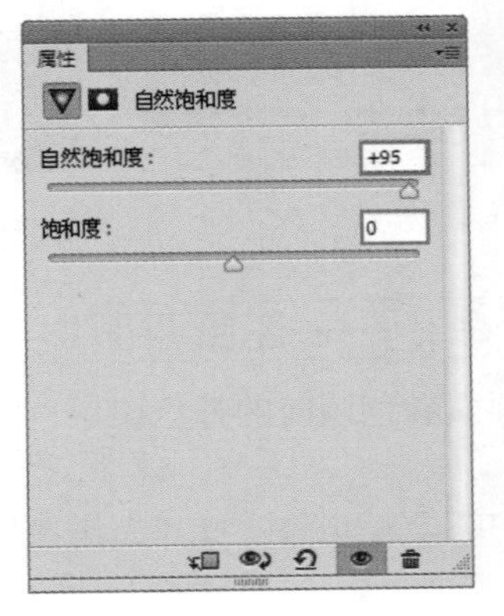


图 8-176

图 8-177

（6）为了使画面颜色更加明亮鲜艳，接下来提高画面的亮度 / 对比度。执行“图层 > 新建调整图层 > 亮度和对比度”菜单命令，新建“亮度 / 对比度”图层，设置“亮度”为 0、“对比度”为 65，如图 8-178 所示。此时，画面明显变亮了。至此，案例制作完成，最终效果如图 8-179 所示。

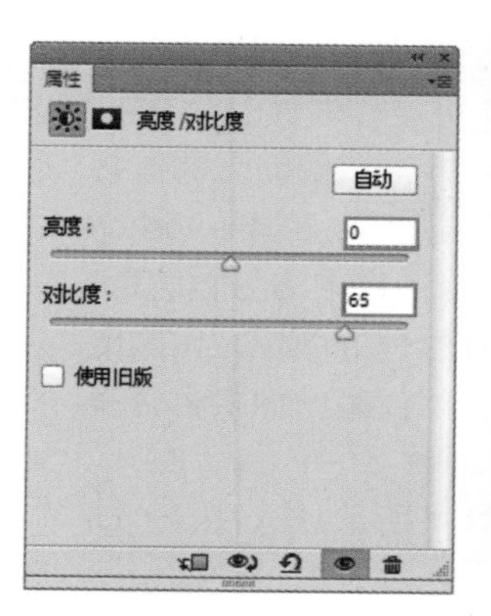


图 8-178

图 8-179

## 8.15　色调分离

使用“色调分离”命令可以指定图像中每个通道的色调级数目或亮度值，然后将像素映射到最接近的匹配级别。打开一张素材图片，如图 8-180 所示。然后执行“窗口 > 直方图”菜单命令，可以看到原始图像的直方图上的渐变色阶紧紧相连，如图 8-181 所示。

图 8-180

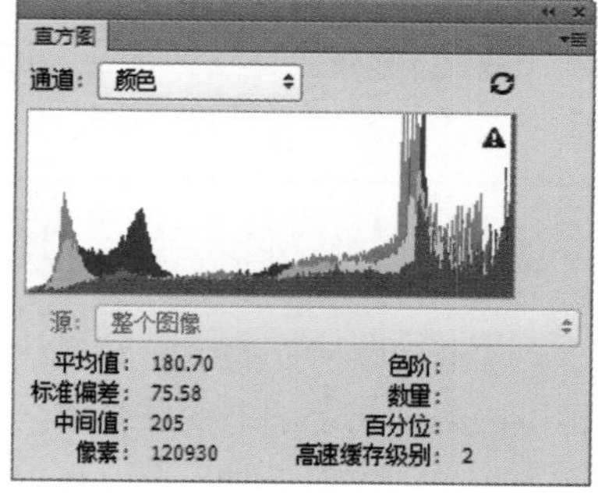


图 8-181

执行“图像 > 调整 > 色调分离”菜单命令，在“色调分离”对话框中可以设置“色阶”数量，设置的“色阶”值越小，分离的色调越多；“色阶”值越大，保留的图像细节就越多，如图 8-182 所示。此时，画面效果如图 8-183 所示。在直方图窗口中，可以发现原本紧紧相邻的色阶变成了突然凸起的色阶，如图 8-184 所示。

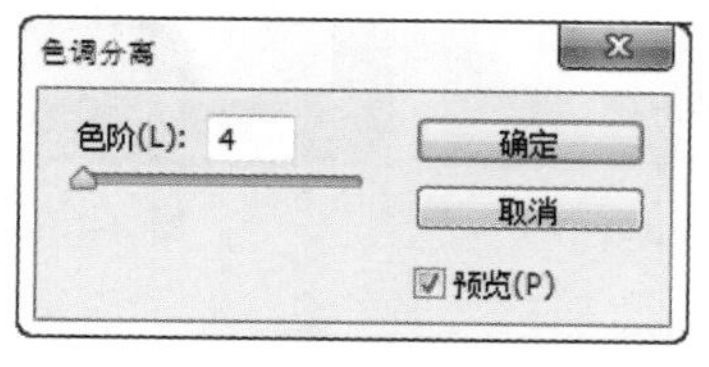


图 8-182

图 8-183

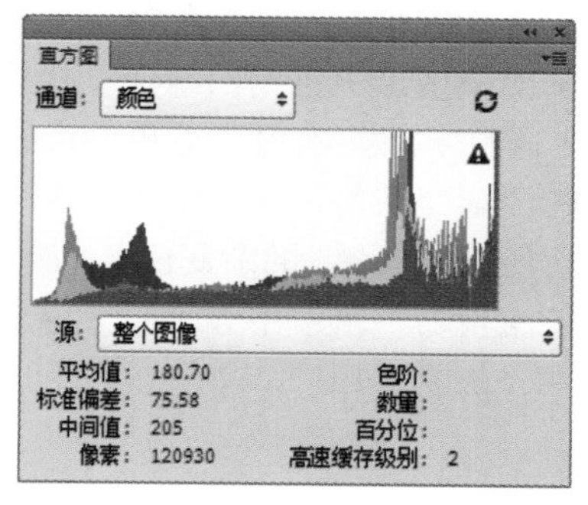


图 8-184

## 8.16 阈值

使用“阈值”命令可以依据图像的亮度值将图像转换为高对比度的黑白图像。在 Photoshop 中使用“阈值”命令可以删除图像中的色彩信息，并将其转换为只有黑白两种颜色的图像，比阈值亮的像素将转换为白色，比阈值暗的像素将转换为黑色。

打开素材图片，如图 8-185 所示。然后执行“图像 > 调整 > 阈值”菜单命令，在打开的“阈值”对话框中拖动直方图下面的滑块或输入“阈值色阶”数值可以指定一个色阶作为阈值，如图 8-186 所示。调整后的画面效果如图 8-187 所示。

图 8-185

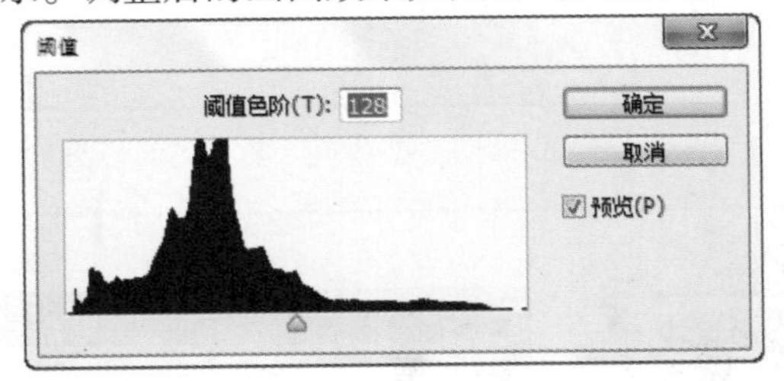


图 8-186

图 8-187

## 8.17 用渐变为图像调色的“渐变映射”命令

“渐变映射”的工作原理其实很简单，即先将图像转换为灰度图像，然后将相等的图像灰度范围映射到指定的渐变填充色。也就是说，使用“渐变映射”命令可以将一幅图像的最暗色调映射为一组渐变的最暗色调，将图像最亮色调映射为渐变色的最亮色调，从而将图像的色阶设为这组渐变色的色阶。图 8-188 所示为原图，图 8-189 所示为使用“渐变映射”命令进行调色的效果。

了解了“渐变映射”的工作原理，下面通过这个小案例来学习使用“渐变映射”命令为图像调色的方法，具体步骤如下。

（1）打开背景素材“1.jpg”，如图 8-190 所示。接下来使用渐变映射让画面呈现出单色调的绿色。执行“图像 > 调整 > 渐变映射”菜单命令，在弹出的“渐变映衬”对话框中单击“灰度映射所用的渐变”的渐变色条。然后在“渐变编辑器”窗口中编辑一个绿色系的渐变，如图 8-191 所示。

图 8-188

图 8-189

图 8-190

图 8-191

（2）渐变编辑完成后单击“确定”按钮。此时，画面效果如图 8-192 所示。

（3）如果在操作中选中“仿色”单选按钮，则 Photoshop 会添加一些随机的杂色来平滑渐变效果。如果选中“反相”单选按钮，则可以反转渐变的填充方向，映射出的渐变效果也将随之发生变化，效果如图 8-193 所示。最后，将素材“2.png”导入该文件中，完成本案例的制作，效果如图 8-194 所示。

图 8-192

图 8-193

图 8-194

## 8.18 可选颜色

“可选颜色”命令是常用的调色命令。使用“可选颜色”命令可以有选择性地修改主要颜色中的印刷色的含量，但是不会影响其他主要颜色。“可选颜色”命令可以校正图像的颜色，通过在图像上有选择地修改任何颜色中的印刷色数量来改变图像的色彩。因此使用“可选颜色”命令可以比较精细地校正图像的色彩平衡问题。例如，可以减少绿色图像中的青色，同时保留蓝色图像中的青色不变。图 8-195 和图 8-196 所示为使用“可选颜色”命令进行调色的前后效果对比。

图 8-195

图 8-196

### 8.18.1 使用“可选颜色”命令进行调色

下面通过将一张整体色调偏黄色的图像调成青色调，来学习“可选颜色”命令的使用方法。

（1）打开一张人物素材图片，如图 8-197 所示。然后，执行“图层 > 新建调整图层 > 可选颜色”菜单命令。

（2）调整“颜色”选项的数值，在下拉列表框中选择要修改的颜色，然后调整该颜色中青色、洋红、黄色和黑色所占的百分比。因为要将黄色调改为青色调，且画面中黄色的面积较大，所以先将“颜色”选定为“黄色”，然后增加“青色”的参数为 100%，再降低“黄色”的参数为 – 100%，参数设置如图 8-198 所示。此时，画面的色调呈现出绿色调，效果如图 8-199 所示。

图 8-197

图 8-198

图 8-199

（3）将画面调成青色调。黄色加青色为绿色，这就说明此时的画面因为还有黄色才使得画面呈现出绿色效果。我们降低绿色中的黄色就能使画面呈现出青色。设置“颜色”为“绿色”，然后将“黄色”的参数设置为 -100%，如图 8-200 所示。此时，画面效果如图 8-201 所示。

图 8-200

图 8-201

（4）设置“方法”选项。选中“相对”单选按钮，可以根据颜色总量的百分比来修改青色、洋红、黄色和黑色的数量；选中“绝对”单选按钮，则可以使用绝对值来调整颜色。效果对比如图 8-202 和图 8-203 所示。这里应选中“相对”单选按钮。

图 8-202

图 8-203

（5）置入素材 2，如图 8-204 所示，改变其混合模式为“滤色”，最终效果如图 8-205 所示。

图 8-204

图 8-205

第 8 章

### 8.18.2 玩转“可选颜色”命令——制作唯美秋天

本案例将使用滤镜和画笔工具制作画面的特殊效果，然后通过调整“自然饱和度”和“曲线”来调整画面的亮度，具体步骤如下。

（1）打开素材文件中的“背景”图层“1.jpg”，如图 8-206 所示。

图 8-206

（2）为画面添加唯美效果。执行“图层 > 新建调整图层 > 可选颜色”菜单命令，在打开的“属性”面板中设置其“颜色”为“黄色”，设置“青色”为 – 100、“洋红”为 0、“黄色”为 100、“黑色”为 0，参数设置如图 8-207 所示。然后将“颜色”设置为“绿色”，设置“青色”为 – 100、“洋红”为 100、“黄色”为 100，“黑色”为 100，参数设置如图 8-208 所示，效果如图 8-209 所示。

图 8-207

图 8-208

图 8-209

（3）当前画面中的人物皮肤颜色过于昏黄，因此要将人物颜色还原回来。使用“可选颜色”命令调整图层的图层蒙版，使用黑色的柔角画笔在人物的皮肤上涂抹，还原人物原来的肤色，如图 8-210 所示。此时，画面效果如图 8-211 所示。

图 8-210

图 8-211

（4）此时画面呈现了黄色调，但是颜色不够鲜艳，接下来为画面增加饱和度。执行“图层 > 新建调整图层 > 自然饱和度”菜单命令，在打开的“属性”面板中设置其“自然饱和度”为 100、“饱和度”为 10，参数设置如图 8-212 所示，画面效果如图 8-213 所示。

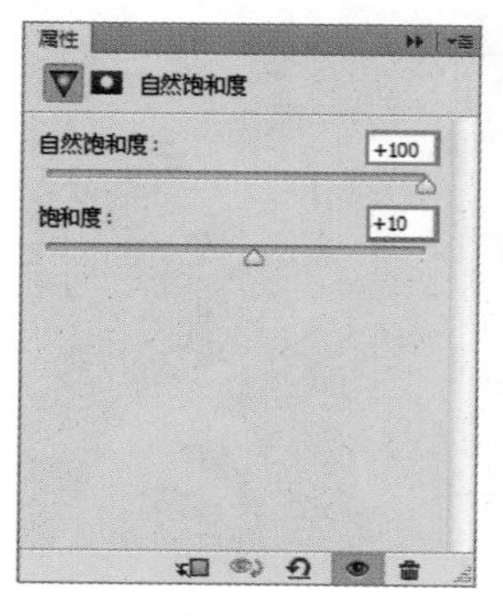


图 8-212

图 8-213

（5）此时画面中的人物皮肤颜色又发生了变化，要将人物还原回来。按住 <Alt> 键将“选择颜色”图层上的蒙版复制给“自然饱和度”图层，如图 8-214 所示，人物的颜色又会被还原回来，画面效果如图 8-215 所示。

图 8-214

图 8-215

（6）最后导入文字素材“2.png”，将其放置在画面中的合适位置。至此，本案例制作完成，最终效果如图 8-216 所示。

图 8-216

## 8.19 使用“阴影 / 高光”命令制作梦幻色调

使用“阴影 / 高光”命令，可以还原因图像阴影区域过暗或高光区域过亮而造成的细节损失，该命令不是简单地使图像变亮或变暗，而是基于阴影 / 高光中的局部相邻像素来校正每个像素，适用于校正由于强光摄影而形成的剪影或发白的情况。打开一张图像，从图像中可以直观地看出高光区域与阴影区域的分布情况，如图 8-217 所示。

图 8-217

下面通过一个案例来学习“阴影 / 高光”命令。打开素材图片，如图 8-218 所示。然后执行“图像 > 调整 > 阴影 / 高光”菜单命令，打开“阴影 / 高光”对话框，勾选“显示更多选项”复选框后，可以显示“阴影 / 高光”的完整选项，如图 8-219 所示。

图 8-218

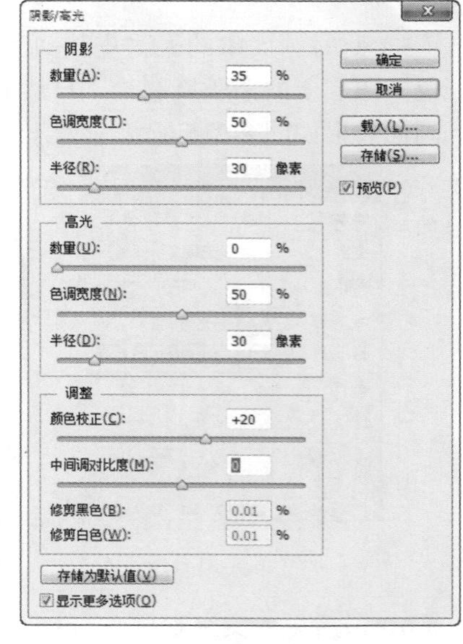


图 8-219

**1. 设置“阴影”选项组**

“数量”选项用于控制阴影区域的亮度，值越大，阴影区域就越亮；值越小，阴影区域就越暗。“色调宽度”选项用于控制色调的修改范围，值越小，修改的范围就只针对较暗的区域；“半径”选项用于控制像素是在阴影中还是在高光中。这里设置“阴影”的“数量”为 74%、“色调宽度”为 50%，“半径”为 30 像素，具体如图 8-220 所示。此时，画面效果如图 8-221 所示。

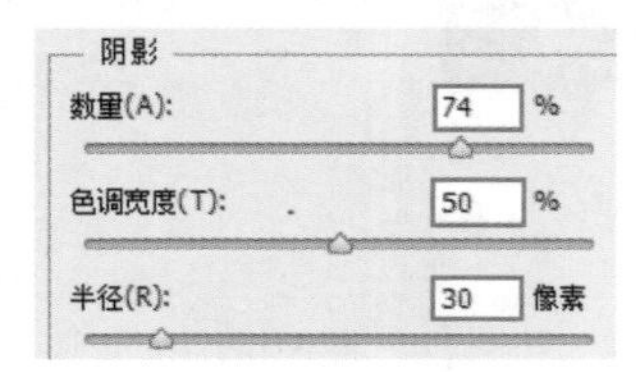


图 8-220

图 8-221

### 2．设置“高光”选项组

“数量”选项用于控制高光区域的黑暗程度，值越大，高光区域越暗；值越小，高光区域越亮；“色调宽度”选项用于控制色调的修改范围，值越小，修改的范围就只针对较亮的区域；“半径”选项用于控制像素是在阴影中还是在高光中。这里设置“数量”为 0%、“色调宽度”为 44%、“半径”为 30 像素，具体如图 8-222 所示。此时，画面效果如图 8-223 所示。

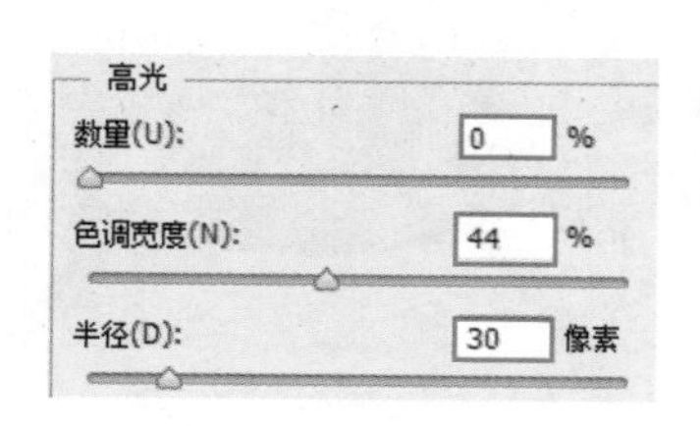


图 8-222

图 8-223

### 3．设置“调整”选项组

“颜色校正”选项用于调整已修改区域的颜色；“中间调对比度”选项用于调整中间调的对比度；“修剪黑色”和“修剪白色”选项决定了在图像中将多少阴影和高光剪到新的阴影中。这里设置“颜色校正”为 68、“中间调对比”为 69、“修剪黑色”为 2%、“修剪白色”为 0.01%，具体如图 8-224 所示。此时，画面效果如图 8-225 所示。

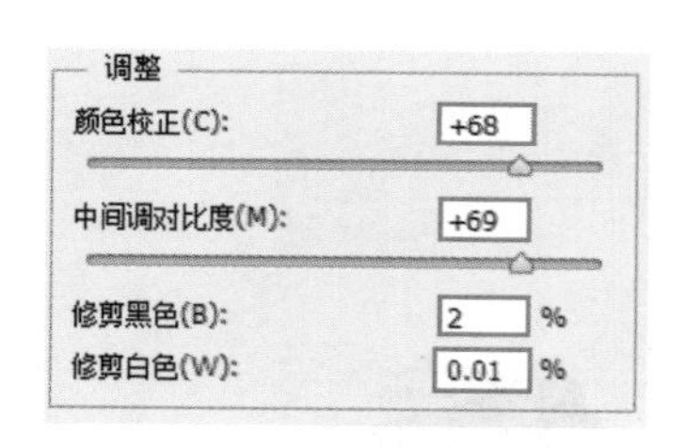


图 8-224

图 8-225

## 8.20　能够制作高动态范围图像的“HDR 色调”命令

HDR 是 High-Dynamic Range 的缩写，中文译为“高动态范围”，它可以在兼顾画面中高光和暗调细节的基础上调整画面色调，其明显的特征是亮的地方可以非常亮，暗的地方可以非常暗，并且亮暗部的细节都很明显。

打开素材图片，如图 8-226 所示。执行“图像 >调整 >HDR 色调”菜单命令，打开“HDR 色调”对话框，如图 8-227 所示。Photoshop 会智能化对图像进行调整，此时画面效果如图 8-228 所示。

图 8-226

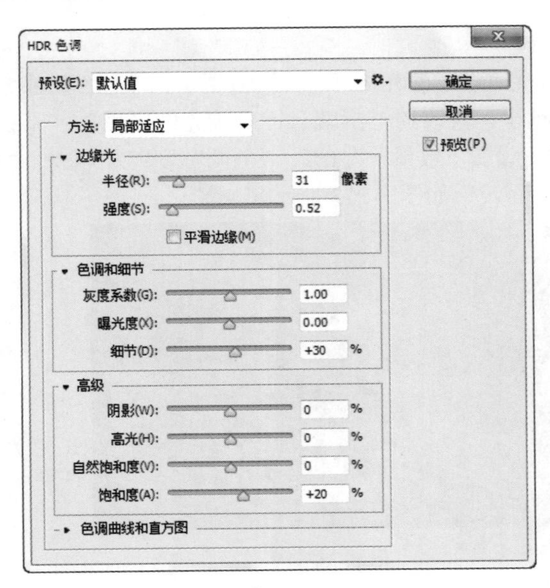


图 8-227

图 8-228

**1. 设置“预设”选项**

单击“预设”后方的倒三角按钮，在下拉列表框中有 16 种预设，在这些预设中既有黑白效果，也有彩色效果，如图 8-229 所示。选择一种预设方法，这里选择“城市暮光”选项，其画面效果如图 8-230 所示。

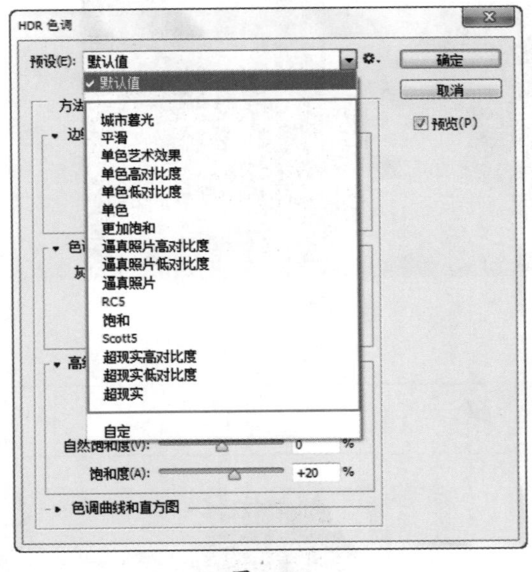


图 8-229

图 8-230

**2. 设置“方法”选项**

“方法”选项用于选择调整图像采用何种 HDR 方法。单击“方法”后面的倒三角按钮，在下拉列表框中有“曝光度和灰度系数”“高光压缩”“色调均化直方图”和“局部适应”4 个选项，如图 8-231 所示。这里设置“方法”为“局部适应”。

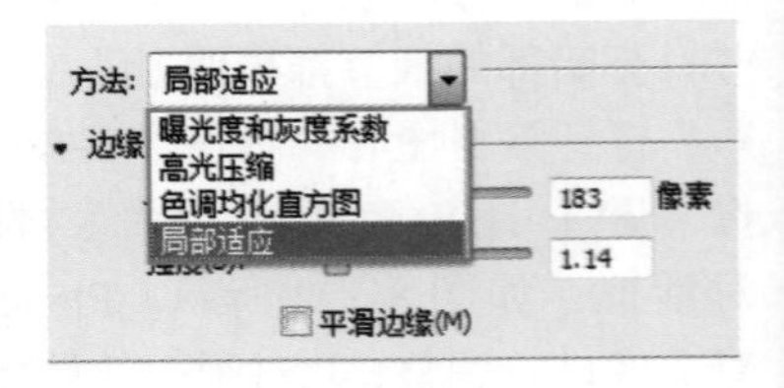


图 8-231

### 3. 设置“边缘光”选项组

“边缘光”选项组用于调整图像边缘光的强度，设置“半径”为 40 像素，“强度”为 1，如图 8-232 所示。此时，画面效果如图 8-233 所示。

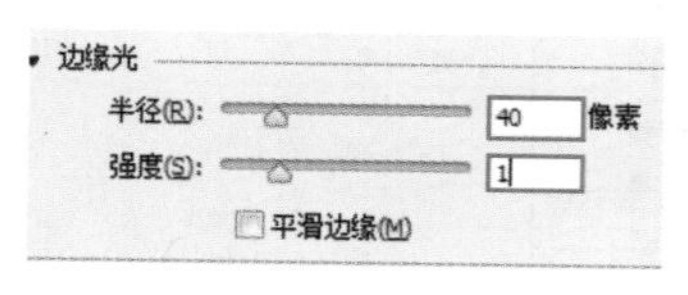


图 8-232

图 8-233

### 4. 设置“色调和细节”选项组

“色调和细节”选项组中的选项可以使图像的色调和细节更加丰富细腻。这里设置“灰度系数”为 1.00、“曝光度”为 0.00、“细节”为 120%，如图 8-234 所示。此时，画面效果如图 8-235 所示。

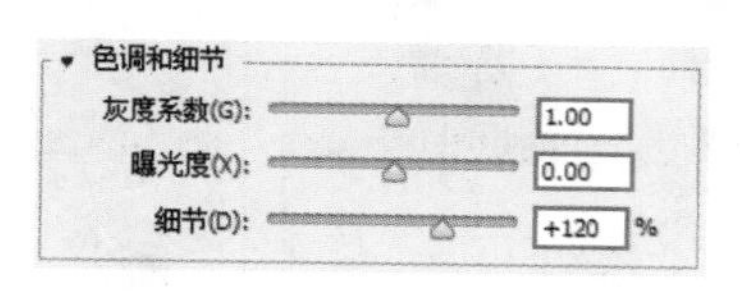


图 8-234

图 8-235

### 5. 设置“高级”选项组

在“高级”选项组中可以设置画面整体阴影、高光以及饱和度。这里设置“阴影”为 30%、“高光”为 0%、“自然饱和度”为 0%、“饱和度”为 20%，如图 8-236 所示。此时，画面效果如图 8-237 所示。至此，调整效果就完成了。

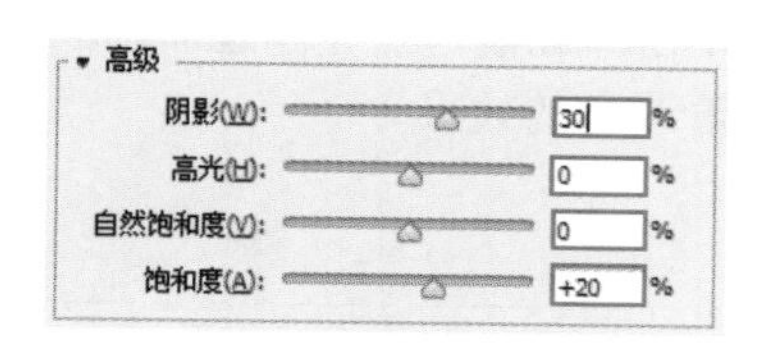


图 8-236

图 8-237

### 6. 设置“色调曲线和直方图”选项组

“色调曲线和直方图”选项组的使用方法与“曲线”命令的使用方法相同。

## 8.21 简单直观的调色命令——“变化”命令

“变化”命令可以从提供的多种效果中挑选，并通过简单的单击即可调整图像的色彩、饱和度和明度。在使用“变化”命令时，单击调整缩览图产生的效果是累积性的。打开素材图片，如图 8-238 所示。执行“图像 > 调整 > 变化”菜单命令，打开“变化”对话框，如图 8-239 所示。图 8-240 所示为使用“变换”命令后的调色效果。

图 8-238

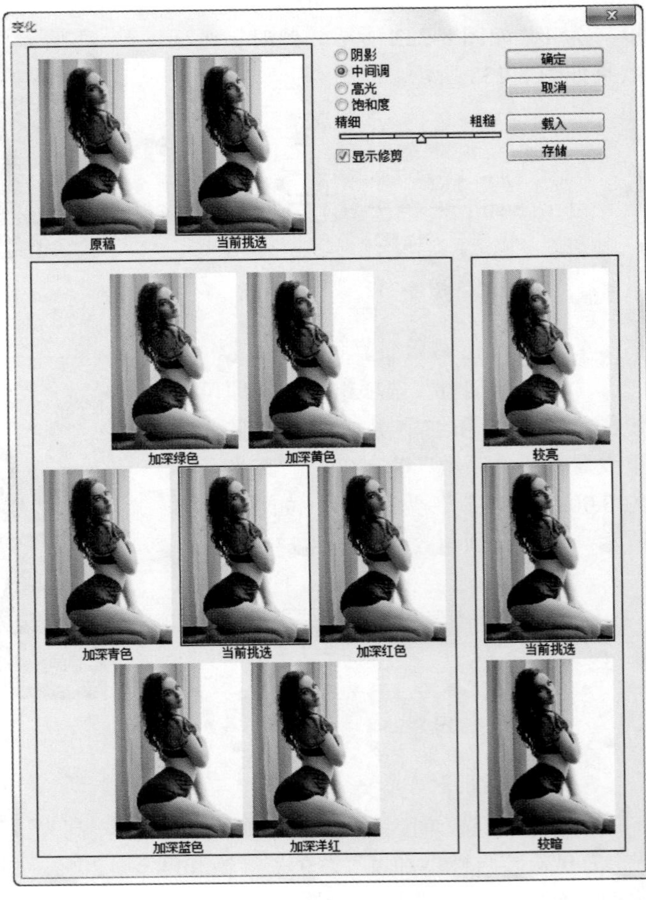


图 8-239

图 8-240

### 1. “原稿”和“当前挑选”选项

在对话框的左上方，有“原稿”和“当前挑选”两个选项。“原稿”选项用于查看画面的原来效果，在进行调色后，若对画面效果不满意，可以单击“原稿”缩览图还原画面效果。“当前挑选”选项用于查看调色的效果。

### 2. 设置调色范围

在“当前挑选”缩览图的右侧，可以更改阴影、中间调和高光的色调，如图 8-241 所示。

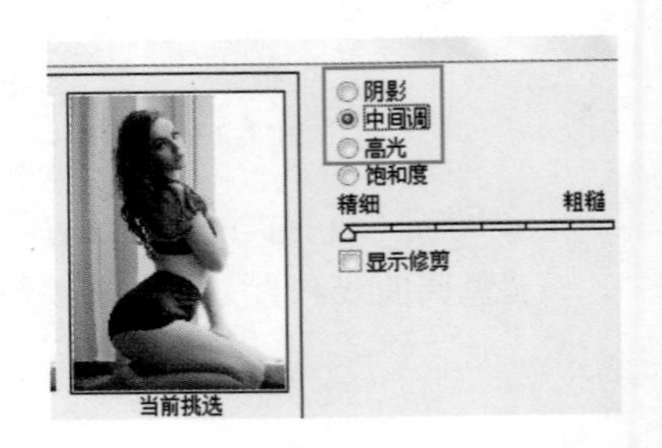


图 8-241

**3. 调整画面色调**

在对话框的左下方有 7 个缩览图。其中，中间的“当前挑选”用于显示调整后的画面效果。剩下的 6 个选项是用于调色的，分别是“加深绿色”“加深黄色”“加深青色”“加深红色”“加深蓝色”和“加深洋红”。例如，这里要将照片调整为蓝色调，则可以单击“加深蓝色”缩览图，此时可以在“当前挑选”缩览图中查看效果，如图 8-242 所示。若觉得效果不够明显，则可以多次单击。图 8-243 所示为添加 5 次“加深蓝色”的效果。

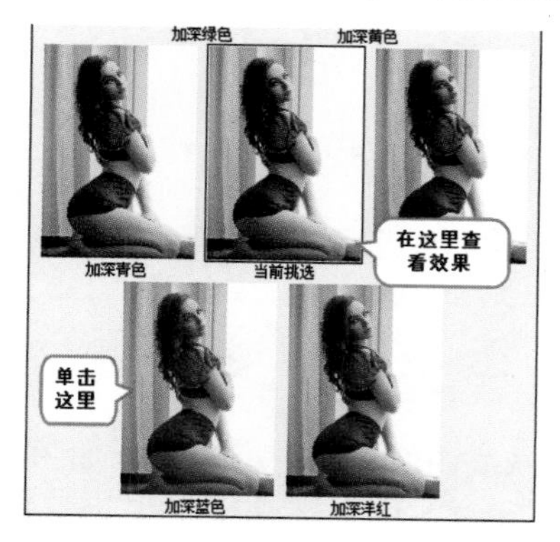


图 8-242

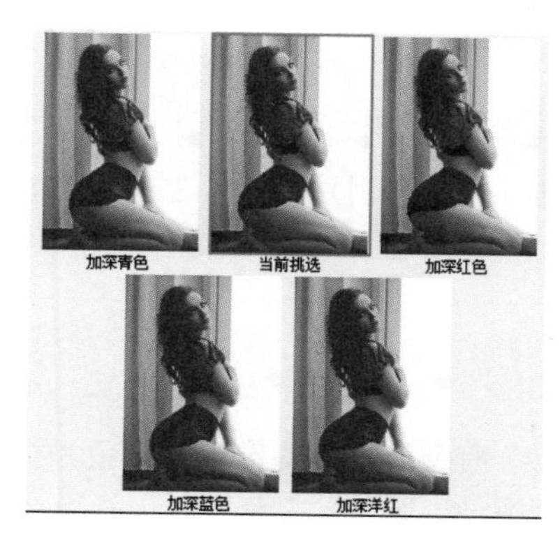


图 8-243

**4. 更改图像的明度**

在对话框的右侧，有“较亮”“当前挑选”和“较暗”3 个选项。当单击“较亮”缩览图时可以让画面明度变亮，单击“较暗”缩览图时可以加深画面颜色，如图 8-244 和图 8-245 所示。

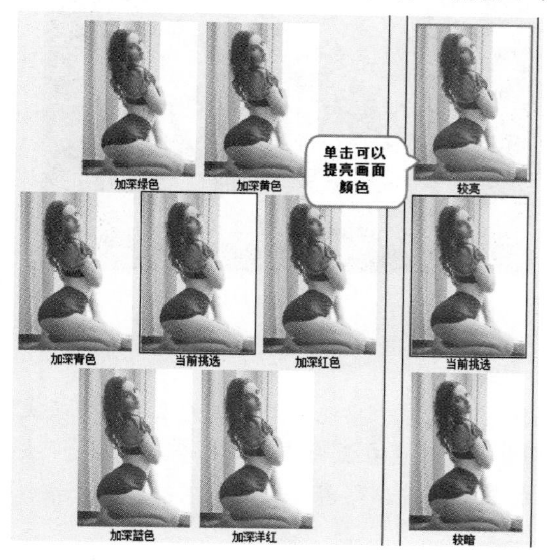


图 8-244

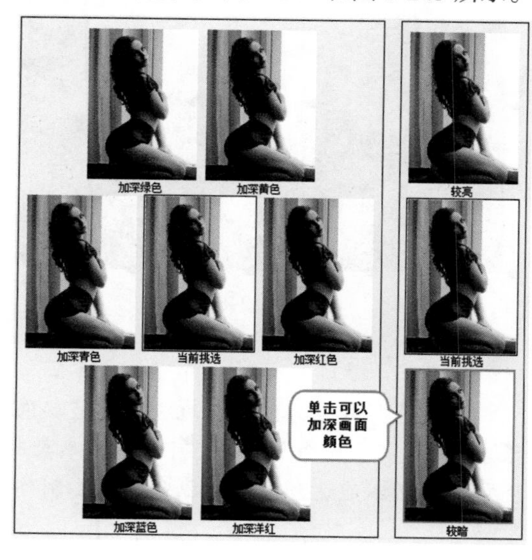


图 8-245

**5. 更改图像的饱和度**

“饱和度”单选按钮用于调节图像的饱和度。选中该单选按钮，此时对话框左下方只显示 3 个缩览图，通过单击“减少饱和度”缩览图，可以降低画面的饱和度，如图 8-246 所示。单击“增加饱和度”缩览图，可以提高画面的饱和度，如图 8-247 所示。

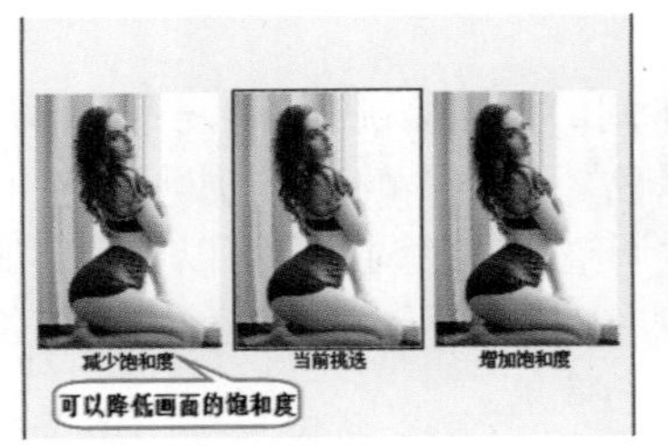


图 8-246

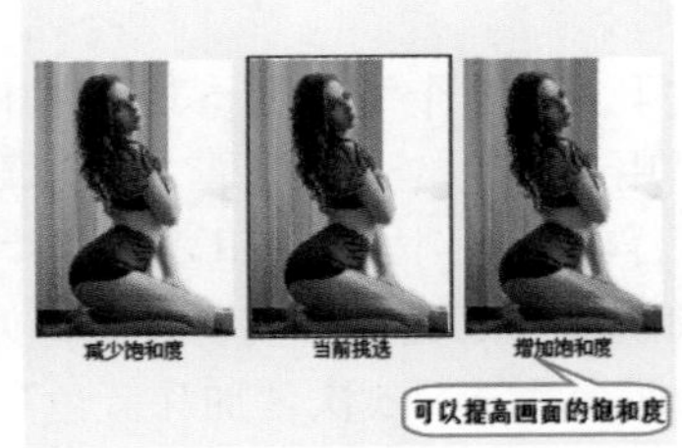


图 8-247

**6. “精细 - 粗糙”滑块和“显示修剪”复选框**

“精细 - 粗糙”滑块用于控制每次进行调整的量。特别注意，每移动一个滑块，调整数量会双倍增加。勾选“显示修剪”复选框，可以警告超出了饱和度范围的最高限度。

## 8.22 能将彩色图像变为黑白的“去色”命令

“去色”命令可以将图像中的颜色去掉，使其成为灰度图像。打开一张图像，如图 8-248 所示，然后执行“图像 > 调整 > 去色”菜单命令，或按 <Shift+Ctrl+U> 快捷键，可以将其调整为灰度效果，如图 8-249 所示。

图 8-248

图 8-249

你问我答：“去色”命令与“黑白”命令有什么不同？

“去色”命令只能简单地去掉所有颜色，只能保留原图像中单纯的黑白灰关系，且将丢失很多细节。而“黑白”命令则可以通过参数的设置调整各个颜色在黑白图像中的亮度，这是“去色”命令所不能达到的，所以如果想要制作高质量的黑白照片，则需要使用“黑白”命令。

## 8.23 “匹配颜色”命令

“匹配颜色”是将一个图像的色调等应用在另外一个图像上，还可以选择同一图像中不同的图层。“匹配颜色”命令通常用于调整多个同色调的图像效果。

### 8.23.1 使用“匹配颜色”命令

**1. 打开所需图像**

分别打开图像“1.jpg”和“2.jpg”，如图 8-250 和图 8-251 所示。选择人物图像所在的文档，执行“图像 > 调整 > 匹配颜色”菜单命令，打开“匹配颜色”对话框，如图 8-252 所示。

图 8-250

图 8-251

匹配颜色

目标图像

目标：匹配颜色.psd(背景，RGB/8)

应用调整时忽略选区(I)

图像选项

明亮度(L)　100

颜色强度(C)　100

渐隐(F)　0

中和(N)

图像统计

使用源选区计算颜色(R)

使用目标选区计算调整(T)

源(S)：无

图层(A)：背景

载入统计数据(O)...

存储统计数据(V)...

确定

取消

预览(P)

图 8-252

> **小技巧：**“匹配颜色”命令的原理
>
> 将一个图像作为源图像，另一个图像作为目标图像。然后以源图像的颜色与目标图像的颜色进行匹配（源图像和目标图像可以是两个独立的文件），也可以匹配同一个图像中不同图层之间的颜色。

**2. 设置匹配颜色的“源”**

因为要将素材“1.jpg”中的色调应用人物图像上，所以这里要将“源”设置为“1.jpg”。单击“源”后方的倒三角按钮，在下拉列表框中选择“1.jpg”，如图 8-253 所示。勾选“预览”复选框，查看效果，如图 8-254 所示。

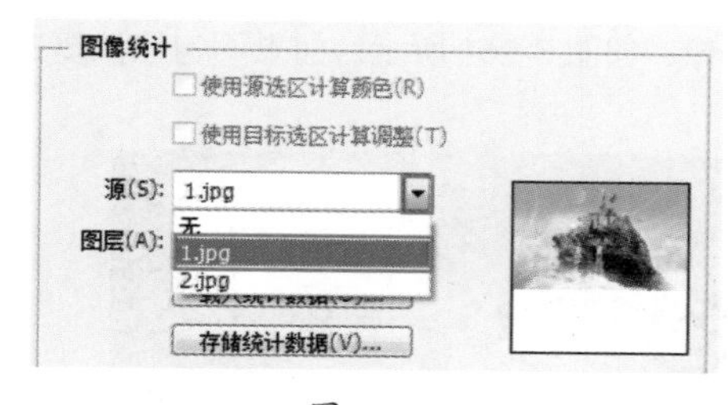


图 8-253

图 8-254

**3. 设置“明亮度”选项**

“明亮度”选项用于调整图像匹配的明亮程度。这里将“明亮度”设置为 140，如图 8-255 所示。此时，画面效果如图 8-256 所示。

第 8 章

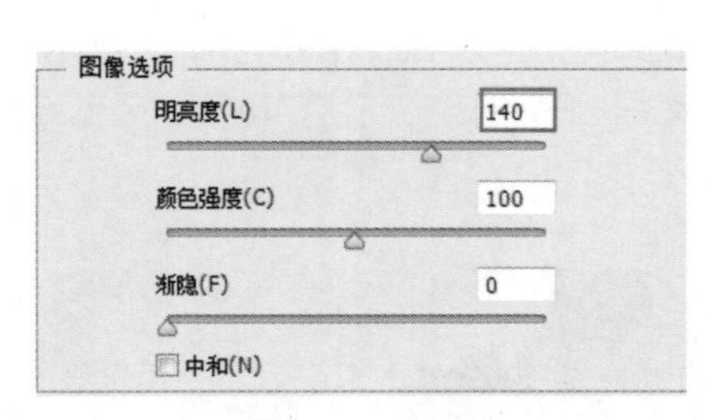


图 8-255

图 8-256

**4. 设置“颜色强度”选项**

“颜色强度”选项相当于图像的饱和度，因此用它来调整图像的饱和度，这里将“颜色强度”设置为 120，如图 8-257 所示。此时，画面效果如图 8-258 所示。

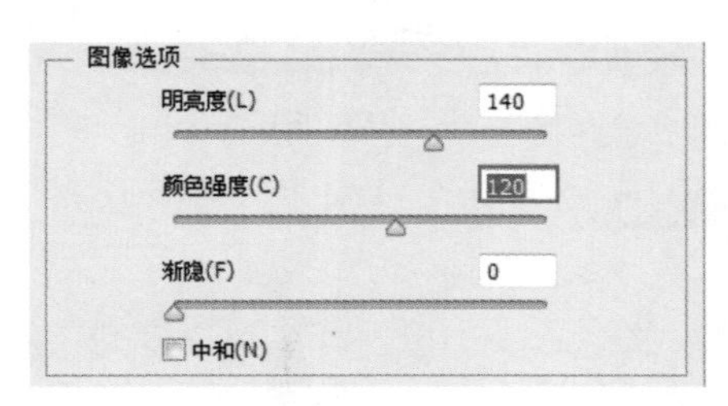


图 8-257

图 8-258

**5. 设置“渐隐”选项**

渐隐”选项有点类似于图层蒙版，它决定了有多少源图像的颜色匹配到目标图像的颜色，这里设置“渐隐”为 15，如图 8-259 所示。确定后，最终效果如图 8-260 所示。

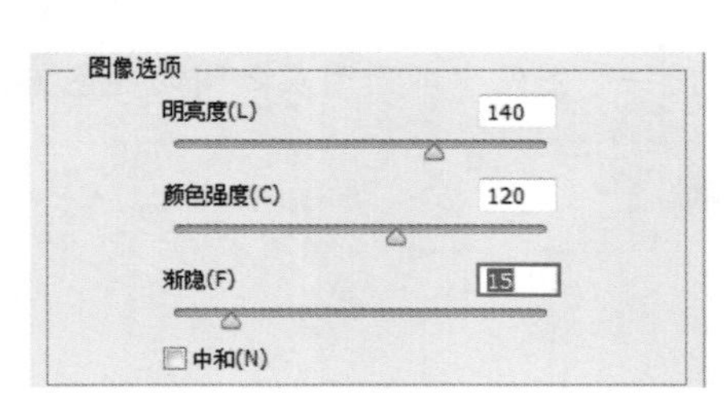


图 8-259

图 8-260

## 8.23.2 “匹配颜色”对话框参数讲解

- 应用调整时忽略选区：如果目标图像（即被修改的图像）中存在选区，则勾选该复选框，Photoshop 将忽视选区的存在，将调整应用到整个图像，如图 8-261 所示；如果不勾选该复选框，那么调整只针对选区内的图像，如图 8-262 所示。

图 8-261

图 8-262

- 中和：主要用于去除图像中的偏色现象，如图 8-263 所示。

图 8-263

- 使用源选区计算颜色：可以使用源图像中的选区图像的颜色来计算匹配颜色，如图 8-264 和图 8-265 所示。

图 8-264

图 8-265

- 使用目标选区计算调整：可以使用目标图像中的选区图像的颜色来计算匹配颜色（注意，这种情况必须选择源图像为目标图像），如图 8-266 和图 8-267 所示。
- 图层：用于选择需要用于匹配颜色的图层。
- “载入数据统计”和“存储数据统计”按钮，主要用于载入已存储的设置和存储当前的设置。

图 8-266

图 8-267

## 8.24　使用“替换颜色”命令替换画面颜色

“替换颜色”命令可以创建蒙版，然后修改图像中选定颜色的色相、饱和度和明度，从而将选定的颜色替换为其他颜色；也可以设置选区的色相、饱和度和亮度，还可以使用拾色器来选择所要替换的颜色。

（1）打开素材图片“1.jpg”，如图 8-268 所示。然后执行“图像 > 调整 > 替换颜色”菜单命令，打开“替换颜色”对话框，如图 8-269 所示。

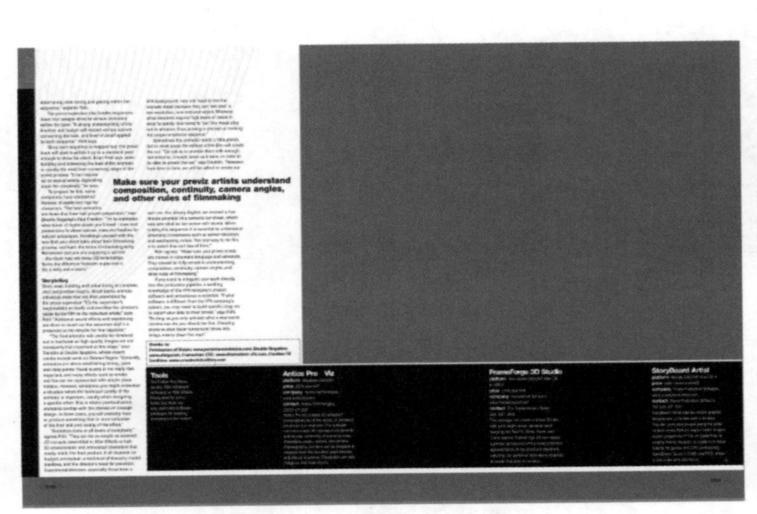


图 8-268

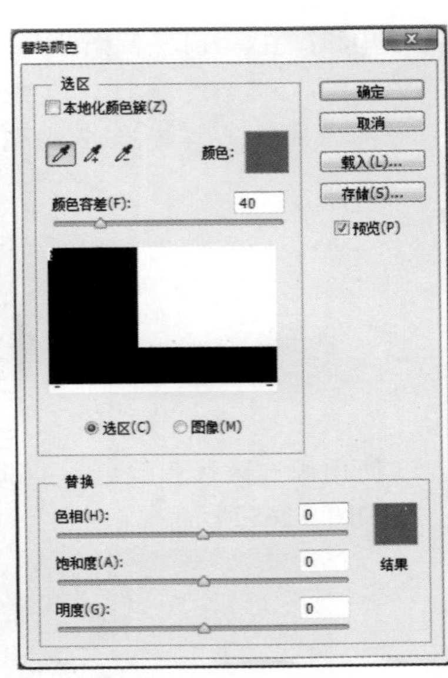


图 8-269

（2）设置“颜色容差”选项。该选项用于控制选中颜色的范围，数值越大，选中的颜色范围越广。因为在该图像中颜色比较单一，所以可以将此值调大一些，在这里为 40。

（3）选择画面中需要修改的颜色。单击对话框中的“吸管工具”，该工具用于吸取选区。使用“吸管工具”在图像上单击，可以选中单击点处的颜色，同时在“选区”缩略图中也会显示出选中的颜色区域（白色代表选中的颜色，黑色代表未选中的颜色），如图 8-270 所示。使用“添加到取样工具”在图像上单击，可以将单击点处的颜色添加到选中的颜色中，如图 8-271 所示。使用“从取样中减去工具”在图像上单击，可以将单击点处的颜色从选定的颜色中减去，如图 8-272 所示。这里使用吸取紫色背景颜色。

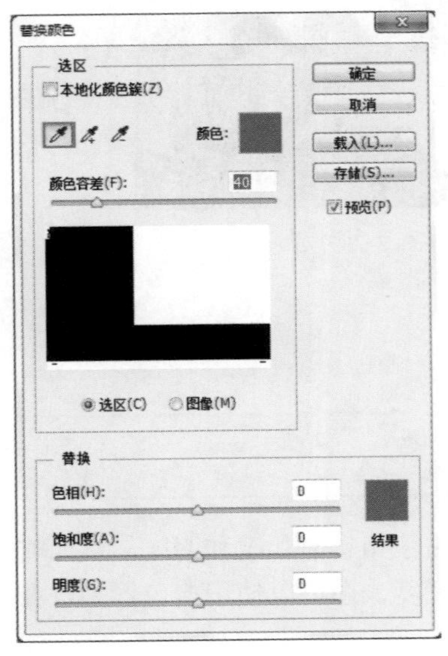


图 8-270

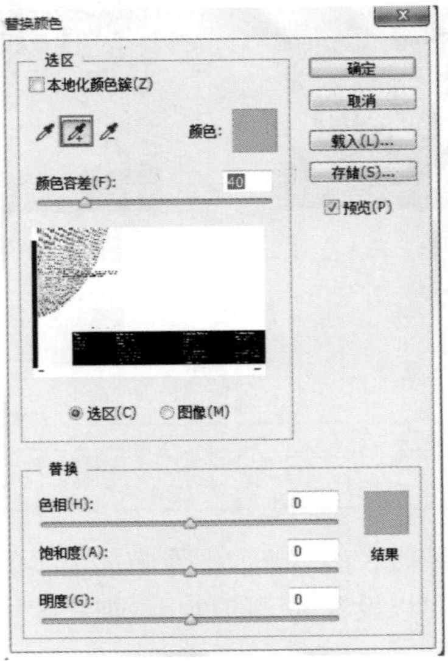

图 8-271

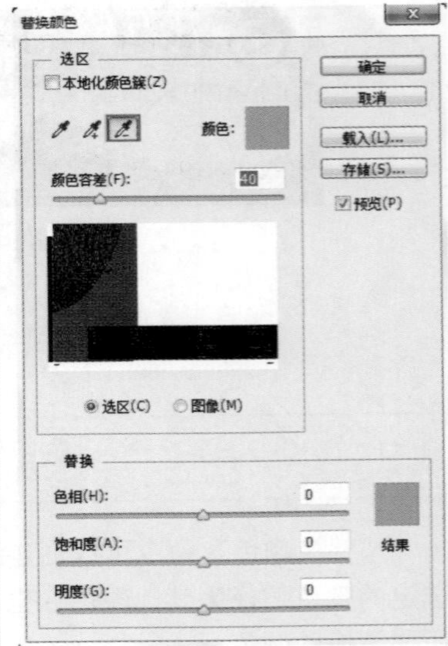


图 8-272

（4）得到所需替换颜色的区域后，设置替换的颜色。通过更改“色相”“饱和度”和“明度”3 个选项来调整颜色。这里设置的“色相”为 120、“饱和度”为 30，如图 8-273 所示。此时，画面效果如图 8-274 所示。

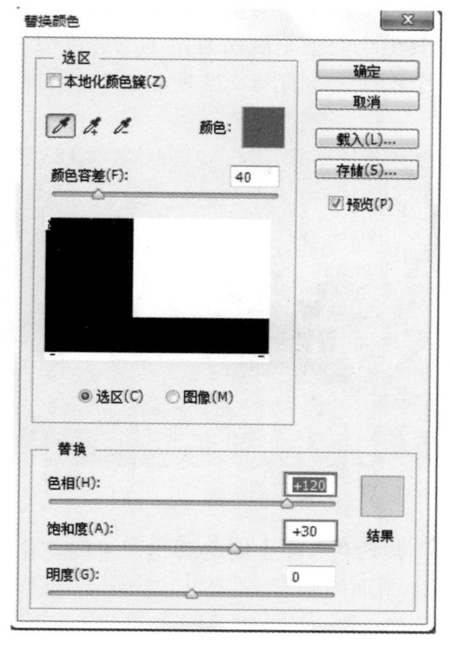


图 8-273

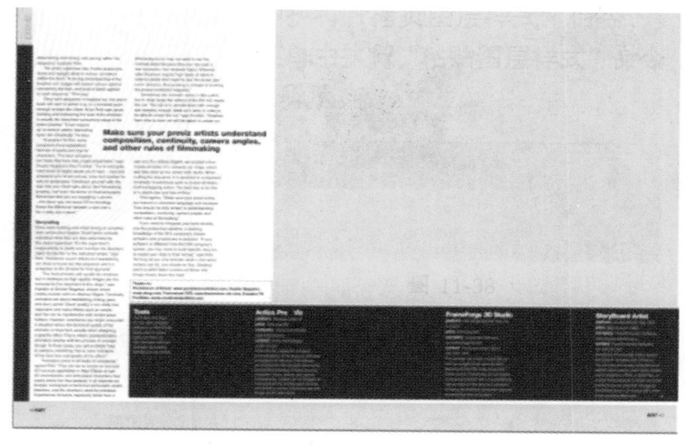

图 8-274

（5）最后导入素材“2.png”，并将其放在相应的位置，最终效果如图 8-275 所示。

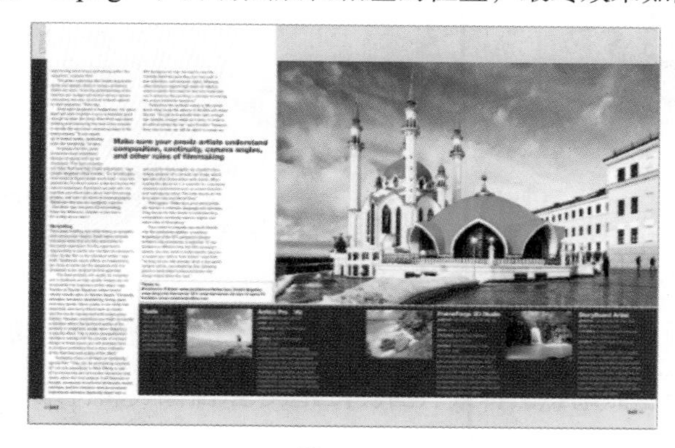

图 8-275

**小技巧：**“替换颜色”对话框中的“选区”和“图像”单选按钮

选择“选区”方式，可以以蒙版方式进行显示，其中白色表示选中的颜色，黑色表示未选中的颜色，灰色表示只选中了部分颜色，如图 8-276 所示；选择“图像”方式，则只显示图像，如图 8-277 所示。

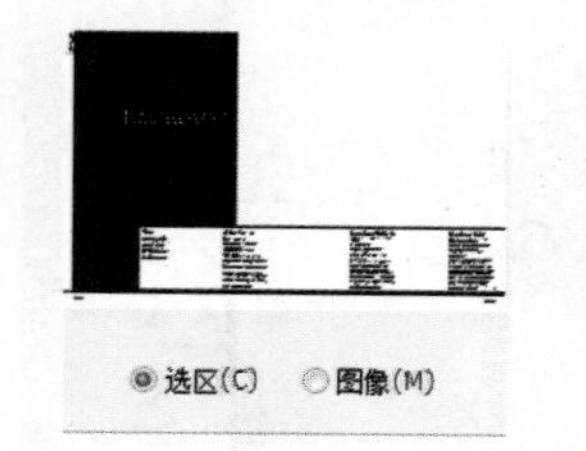


图 8-276

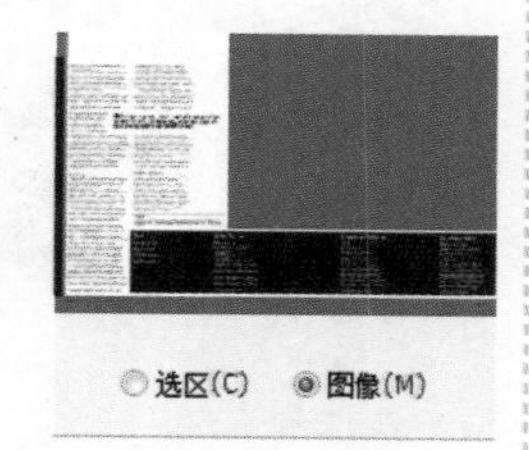


图 8-277

## 8.25 色调均化

"色调均化"命令是将图像中像素的亮度值进行重新分布，图像中最亮的值将变成白色，最暗的值将变成黑色，中间的值将分布在整个灰度范围内，使其更均匀地呈现所有范围的亮度级。

（1）"色调均化"命令的使用方法非常简单，打开一个图像，如图 8-278 所示。执行"图像 > 调整 > 色调均化"菜单命令，效果如图 8-279 所示。

图 8-278

图 8-279

（2）如果图像中存在选区，如图 8-280 所示，则执行"色调均化"命令时会弹出"色调均化"对话框，如图 8-281 所示。

图 8-280

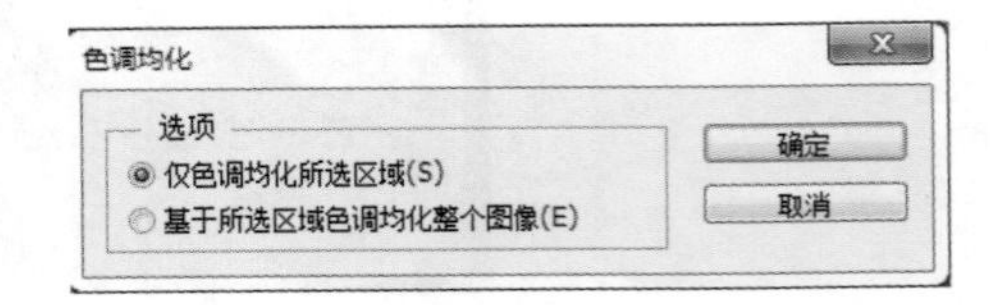


图 8-281

（3）选中"仅色调均化所选区域"单选按钮，则仅均化选区内的像素，如图 8-282 所示；若选中"基于所选区域色调均化整个图像"单选按钮，则可以按照选区内的像素均化整个图像的像素，如图 8-283 所示。

图 8-282

图 8-283

# 第 9 章
# 制作特殊效果的滤镜

“滤镜”原本是指安装在相机镜头前用于过滤自然光的附加镜头。在 Photoshop 中的滤镜是指为图像添加艺术化效果的操作。这些滤镜命令都位于“滤镜”菜单中，且以分类的形式存放，其中还包括了很多独立的滤镜。滤镜的操作十分简单，可以结合图层和通道对滤镜进行反复及交叉的使用，以创造意想不到的艺术效果。

学习要点：

在本章中，首先学习滤镜库的使用方法，然后了解各类滤镜的使用效果。在这里给新手一个忠告，在制作设计作品时，不要过分依赖滤镜效果，因为太依赖滤镜效果会失去自己的创造性，毕竟滤镜只是一种辅助工具。在对本章案例进行练习时，读者可以不局限于书中的参数设置，而通过将参数调整到最大或最小来查看滤镜效果，感受不同数值所产生的滤镜效果，这样便很容易理解每种滤镜的效果。

佳作欣赏

# 9.1 认识与使用滤镜

随着 Photoshop 的不断革新，“滤镜”命令也发展得比较完善，适用的范围和效果更广更好。在“滤镜”菜单中包含三大类滤镜，即特殊滤镜、滤镜和外挂滤镜，如图 9-1 所示。

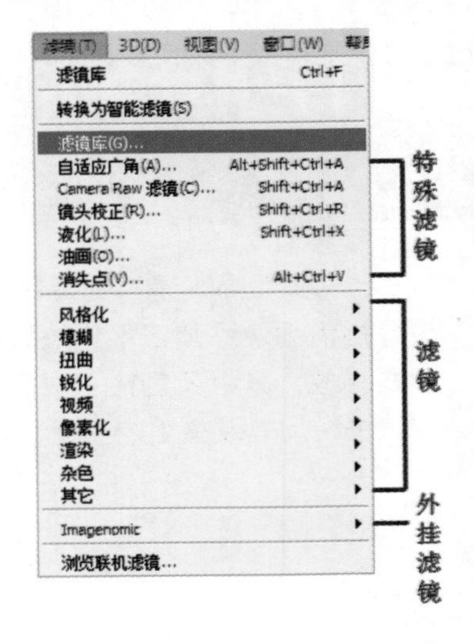


图 9-1

## 9.1.1 为图像添加滤镜效果

滤镜效果不仅可以应用于图层，还可以用来处理图层蒙版、快速蒙版和通道，但是在位图模式和索引颜色模式位图中不能使用。另外，有些滤镜命令只能应用于 RGB 模式图像，而不能对 CMYK 图像进行编辑。而且，使用滤镜处理图层中的图像时，该图层必须是可见图层。

**1. 为图像添加滤镜效果**

（1）滤镜的使用方法非常简单，选择需要进行滤镜操作的图层，如图 9-2 所示。然后，执行“滤镜 > 风格化 > 凸出”菜单命令，如图 9-3 所示。

图 9-2

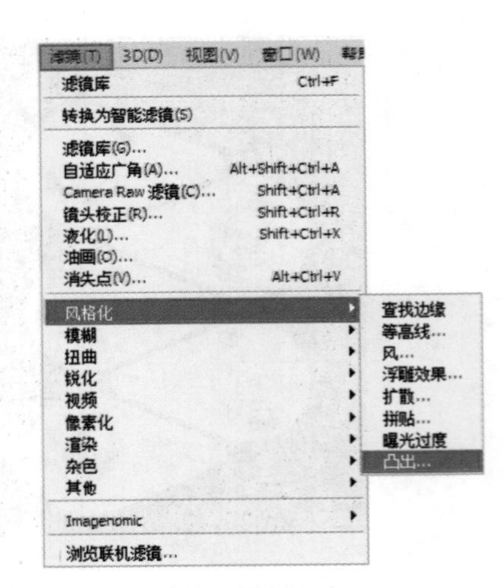


图 9-3

（2）执行完命令后会弹出“凸出”对话框，这里使用默认值即可，单击“确定”按钮，如图 9-4 所示。此时，画面效果如图 9-5 所示。为图像添加滤镜效果的操作就完成了，可以看到“图层”滤镜应用于整个画面，如果画面中存在选区，则滤镜效果只应用在选区之内。

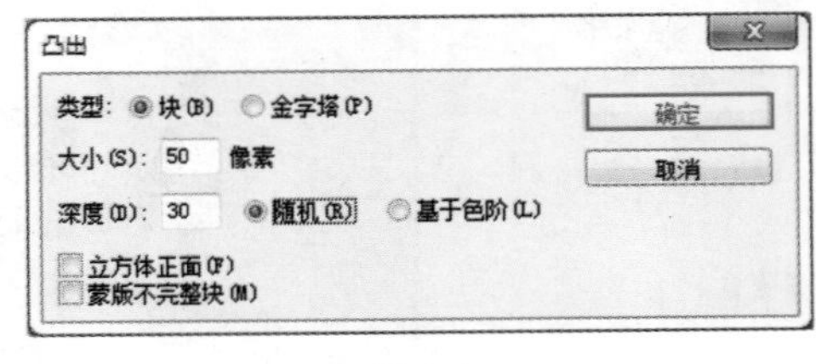


图 9-4

图 9-5

> **小技巧：**
> 在应用滤镜的过程中，如果要终止处理，则可以按 <Esc> 键。

**2. 滤镜库和滤镜对话框的使用**

在应用滤镜时，通常会弹出该滤镜的对话框或滤镜库。打开一张图像，执行“滤镜 > 模糊 > 高斯模糊”菜单命令，打开“高斯模糊”对话框。在预览窗口中可以预览滤镜效果，同时可以拖动图像以观察其他区域的效果，如图 9-6 所示。单击 - 按钮和 + 按钮可以缩放图像的显示比例。另外，在图像的某个点上单击，预览窗口中就会显示该区域的效果，如图 9-7 所示。

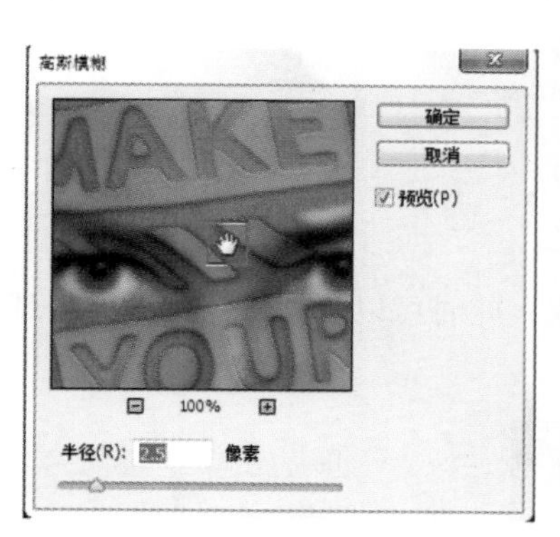


图 9-6

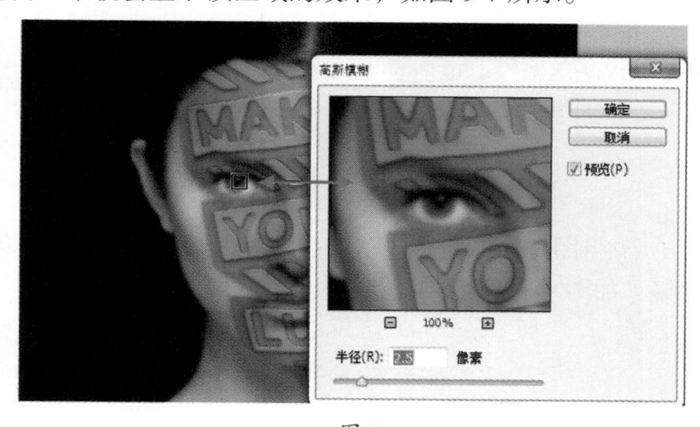


图 9-7

> **小技巧：** 将滤镜对话框中的参数复位
> 在任何一个滤镜对话框中按住 <Alt> 键并单击“取消”按钮 取消 ，“取消”按钮都将变成“复位”按钮 复位 ，如图 9–8 所示。单击“复位”按钮，即可将滤镜参数恢复到默认设置。

图 9-8

**3. 快速应用上一次应用的滤镜**

当应用完一个滤镜后，“滤镜”菜单下的第 1 行会出现该滤镜的名称，如图 9-9 所示。执行该命令或按 <Ctrl+F> 快捷键，可以按照上一次应用该滤镜的参数配置再次对图像应用该滤镜。另外，按 <Alt+Ctrl+F> 快捷键可以打开滤镜的对话框，对滤镜参数重新进行设置。

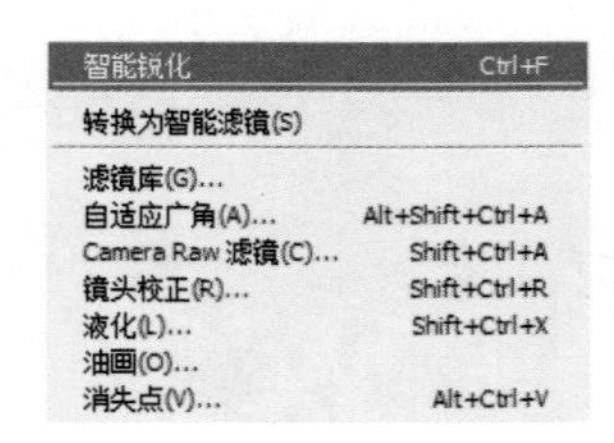


图 9-9

## 9.1.2 使用智能滤镜

智能滤镜是先将普通图层转换为智能图层，然后在为其添加滤镜效果。智能滤镜属于“非破坏性滤镜”，这是由于智能滤镜的参数是可以调整的，因此可以调整智能滤镜的作用范围，或对其进行移除和隐藏等操作。

**1. 将图层转换为智能图层**

要使用智能滤镜，首先需要将普通图层转换为智能对象。在普通图层的缩略图上单击鼠标右键，在弹出的快捷菜单中执行“转换为智能对象”命令，即可将普通图层转换为智能对象，如图 9-10 所示。也可选择相应图层，执行“滤镜 > 转换为智能滤镜”菜单命令，如图 9-11 所示。

图 9-10

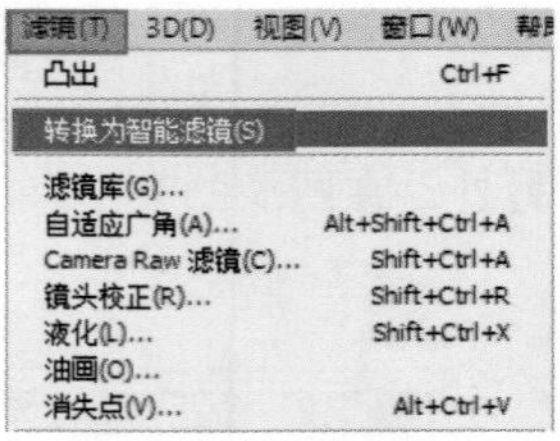

图 9-11

**2. 编辑智能滤镜**

（1）将图层转换为智能图层后，为其添加某种滤镜效果，此时可以看到该图层下方出现智能滤镜，如图 9-12 所示。

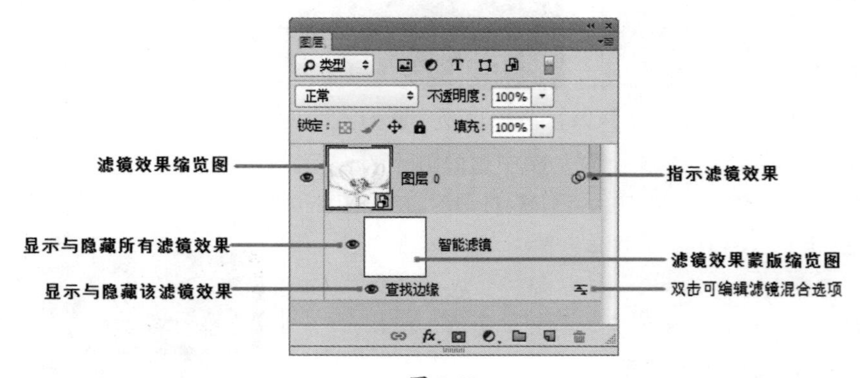


图 9-12

**你问我答：** 哪些滤镜可以作为智能滤镜使用?

除了“抽出”滤镜、“液化”滤镜和“镜头模糊”滤镜以外，其他滤镜都可以作为智能滤镜使用，当然也包含支持智能滤镜的外挂滤镜。另外，“图像 > 调整”菜单下的“应用 / 高光”和“变化”命令也可以作为智能滤镜来使用。

（2）智能滤镜包含一个类似于图层样式的列表，可以隐藏、停用和删除滤镜。例如，要删除滤镜效果可以将“指示滤镜效果”图标拖动至删除按钮处，松开鼠标即可删除滤镜效果；也可以在智能滤镜的蒙版中涂抹绘制，以隐藏部分区域的滤镜效果，如图 9-13 和图 9-14 所示。

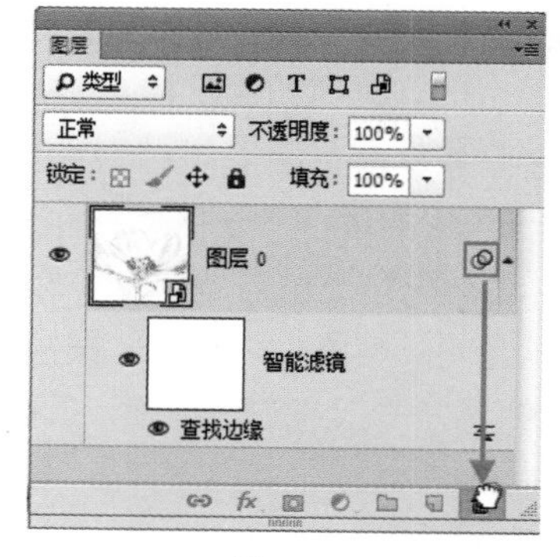


图 9-13

图 9-14

（3）另外，还可以设置智能滤镜与图像的混合模式，双击滤镜名称右侧的图标，如图 9-15 所示，可以在弹出的“混合选项（查找边缘）”对话框中调节滤镜的“模式”和“不透明度”，如图 9-16 所示。

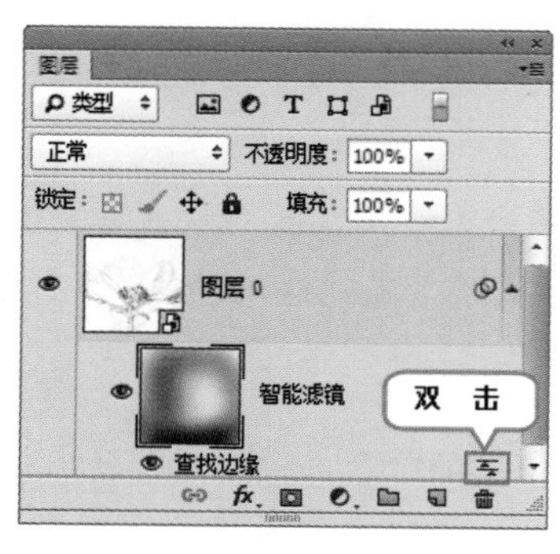


图 9-15

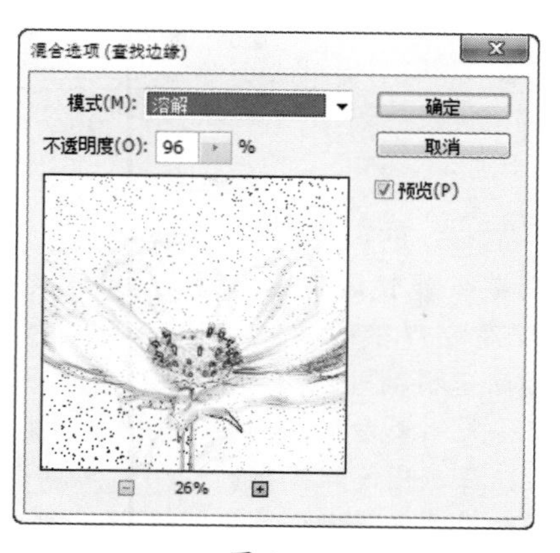


图 9-16

### 9.1.3 制作渐隐滤镜效果

“渐隐”命令用于更改滤镜效果的不透明度和混合模式，相当于将滤镜效果图层放在原图层的上方，并调整滤镜图层的混合模式和透明度后，与原图叠加在一起而得到的效果。

（1）执行“文件 > 打开”菜单命令，打开素材文件，如图 9-17 所示。执行“滤镜 > 像素化 > 晶格化”菜单命令，然后在“晶格化”对话框中设置“单元格大小”为 15，如图 9-18 所示。设置完成后单击“确定”按钮，画面效果如图 9-19 所示。

图 9-17

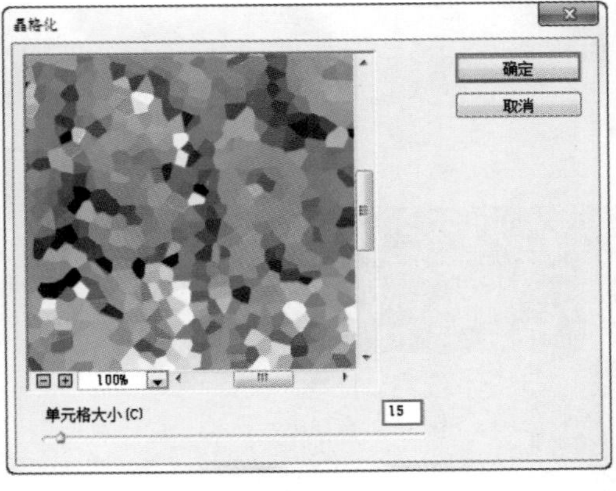

图 9-18

图 9-19

**小技巧：“渐隐”命令的小知识**

“渐隐”命令必须在进行了编辑操作后立即执行，如果这中间又进行了其他操作，则该命令会发生相应的变化。

（2）执行“编辑 > 渐隐”晶格化菜单命令，如图 9-20 所示。然后，在弹出的“渐隐”对话框中设置“模式”为“叠加”，如图 9-21 所示，最终效果如图 9-22 所示。

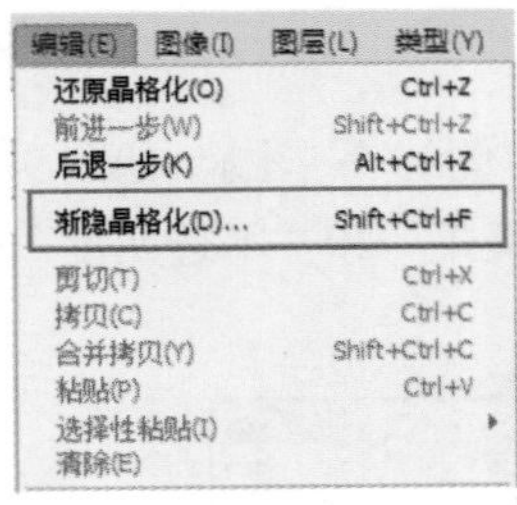

图 9-20

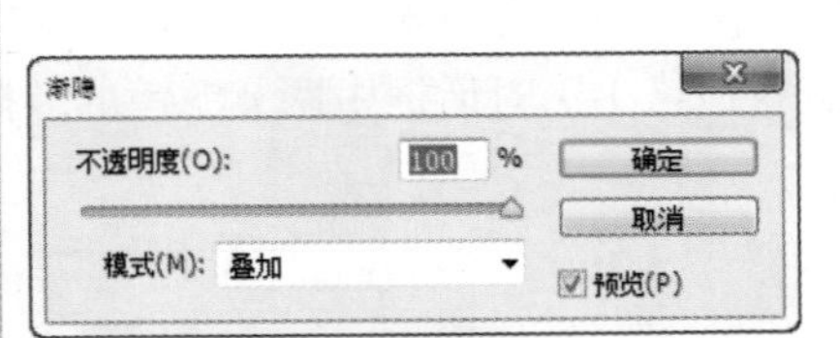

图 9-21

图 9-22

**你问我答：如何提高滤镜性能？**

在应用某些滤镜时，会占用大量的内存，如“铬黄渐变”滤镜和“光照效果”滤镜等，特别是处理高分辨率的图像，Photoshop 的处理速度会更慢。遇到这种情况，可以尝试使用以下 3 种方法来提高处理速度。

方法 1：关闭多余的应用程序。

方法 2：在应用滤镜之前先执行“编辑 > 清理”菜单下的命令，释放出部分内存。

方法 3：将计算机内存多分配给 Photoshop 一些。执行“编辑 > 首选项 > 性能”菜单命令，打开“首选项”对话框，然后在“内存使用情况”选项组下将 Photoshop 的内容使用量设置得高一些。

## 9.2　多种滤镜效果的大集合——滤镜库

“滤镜库”是一个集合了多个滤镜的对话框，在这个对话框中有“风格化”“查找边缘”“扭曲”“像素”“纹理”和艺术效果滤镜。使用滤镜库，单击相应的滤镜命令图标，即可在预览窗口中查看滤镜效果。在滤镜库中，可以对一张图像应用一个或多个滤镜，或对同一图像多次应用同一滤镜，另外还可以使用其他滤镜替换原有的滤镜。图 9-23~ 图 9-26 所示为创意海报设计欣赏。

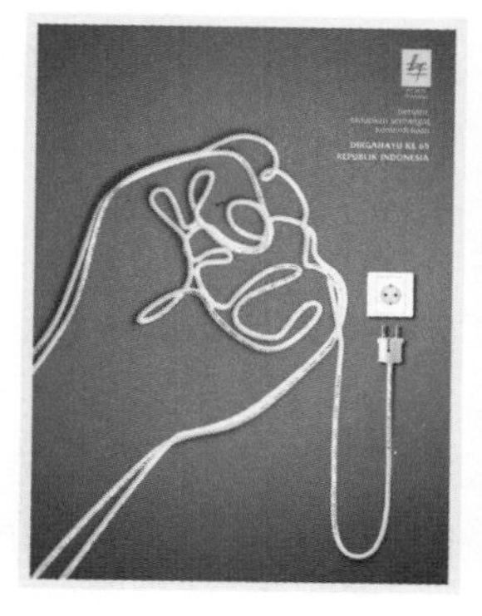

图 9-23

图 9-24

图 9-25

图 9-26

### 9.2.1　详解“滤镜库”

执行“滤镜 > 滤镜库”菜单命令，打开滤镜库窗口。在滤镜库中选择某个组，并在其中单击某个滤镜，在预览窗口中即可观察滤镜效果，在右侧的参数设置面板中可以进行参数的设置，如图 9-27 所示。

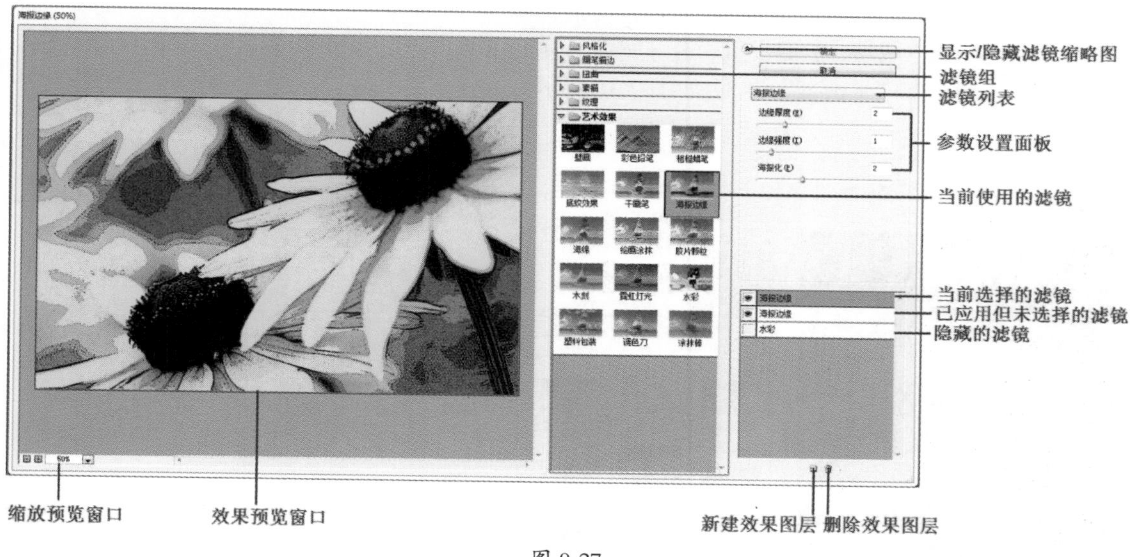


图 9-27

#### 滤镜库窗口参数详解

- 效果预览窗口：用于预览滤镜的效果。
- 缩放预览窗口：单击⊟按钮，可以缩小显示比例；单击⊞按钮，可以放大预览窗口的显示比例。另外，还可以在缩放列表中选择预设的缩放比例。
- 显示 / 隐藏滤镜缩略图⌃：单击该按钮，可以隐藏滤镜缩略图，以增大预览窗口。

- 滤镜列表：在该列表中可以选择一个滤镜，这些滤镜是按名称汉语拼音的先后顺序排列的。
- 参数设置面板：单击滤镜组中的一个滤镜，可以将该滤镜应用于图像，同时在参数设置面板中会显示该滤镜的参数选项。
- 当前使用的滤镜：显示当前使用的滤镜。
- 滤镜组：滤镜库中共包含 6 组滤镜，单击滤镜组前面的▶图标，可以展开该滤镜组。
- “新建效果图层”按钮：单击该按钮，可以新建一个效果图层，在该图层中可以应用一个滤镜。
- “删除效果图层”按钮：选择一个效果图层后，单击该按钮可以将其删除。
- 当前选择的滤镜：单击一个效果图层，可以选中该滤镜。
- 隐藏的滤镜：单击效果图层前面的图标，可以隐藏滤镜效果。

**小技巧：**调整滤镜堆叠的效果

选择一个滤镜效果图层后，使用鼠标左键可以向上或向下调整该图层的位置，如图 9-28 所示。效果图层的顺序对图像效果有影响。

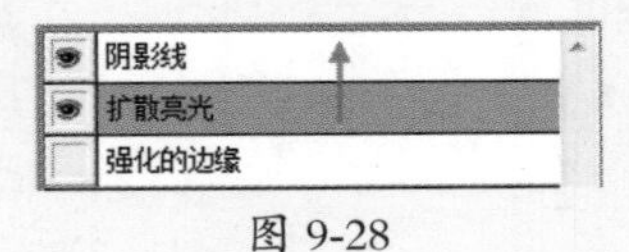


图 9-28

## 9.2.2 使用“滤镜库”为图片添加滤镜效果

本小节将通过制作炭笔画效果来学习使用“滤镜库”为图片添加滤镜效果的方法。

（1）打开一张图片，如图 9-29 所示。执行“滤镜 > 滤镜库”菜单命令，打开“风格化”滤镜组，单击选择“照亮边缘”选项，然后设置“边缘宽度”为 2，“边缘亮度”为 10，“平滑度”为 5，如图 9-30 所示。

图 9-29

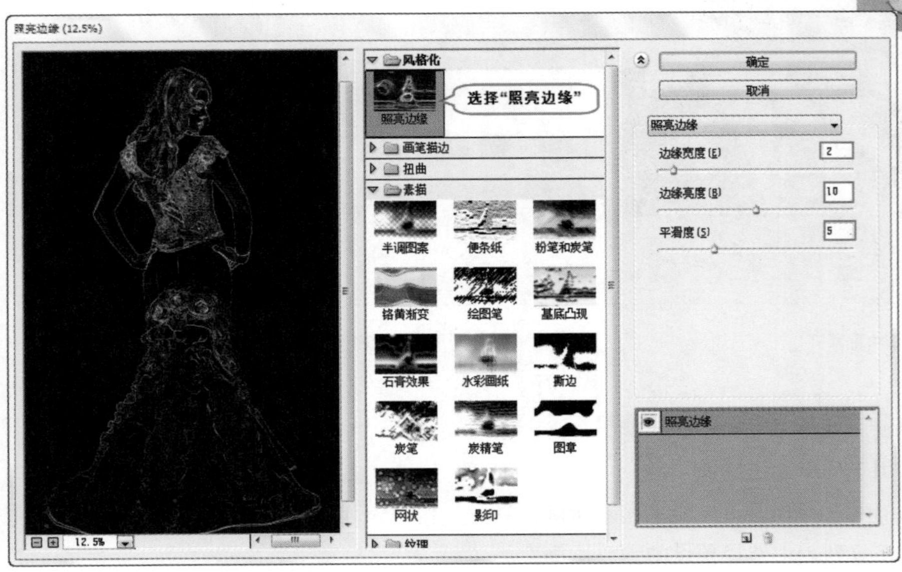


图 9-30

（2）单击“新建效果图层”按钮，此时可以在当前滤镜效果上叠加另一个滤镜效果。然后打开“素描”滤镜组，选择“半调图案”选项，设置“半调图案”的“大小”为 2，“对比度”为 2，“图案类型”为“直线”，如图 9-31 所示。设置完成后单击“确定”按钮，此时画面效果如图 9-32 所示。

（3）使用反相快捷键 <Ctrl+I> 将颜色反相，如图 9-33 所示。最后使用“照片滤镜”命令为画面调色，完成效果如图 9-34 所示。

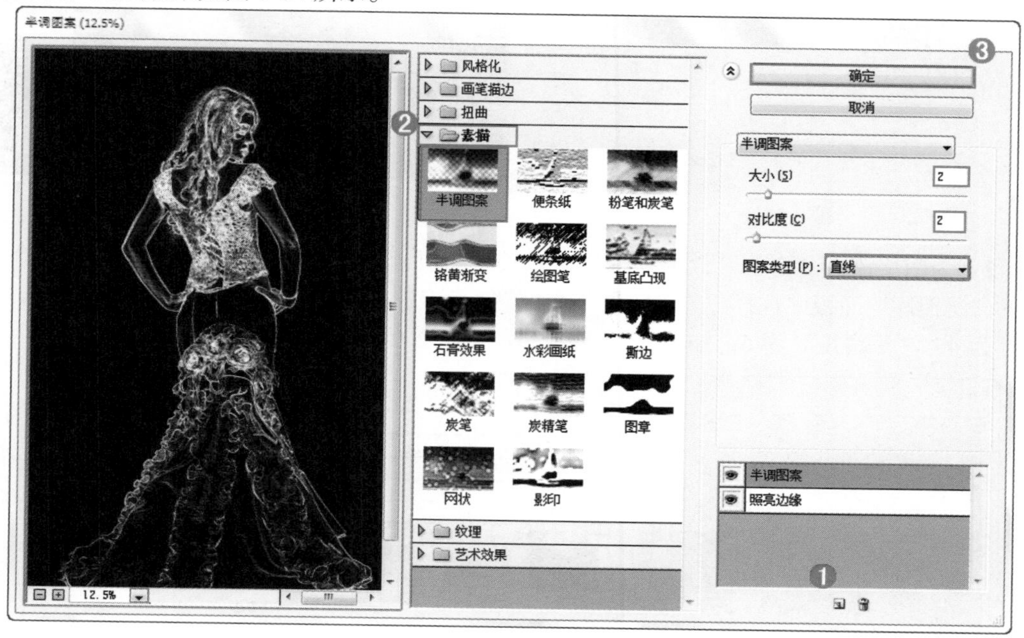


图 9-31

图 9-32

图 9-33

图 9-34

## 9.2.3 玩转滤镜库——制作涂抹感的绘画效果

本案例讲解的是通过滤镜和画笔工具制作绘画感的特殊效果，然后通过调整“自然饱和度”和“曲线”来调整画面亮度，具体步骤如下。

（1）打开素材文件中的“背景”图层“1.jpg”，如图 9-35 所示。然后执行“文件 > 置入”

菜单命令，置入“风景”图层“2.jpg”，在该图层上单击鼠标右键，在弹出的快捷菜单中执行“栅格化智能图层”命令，效果如图 9-36 所示。

图 9-35

图 9-36

（2）为图层添加“海绵”效果。选择“风景”图层，执行“滤镜 > 滤镜库”菜单命令，在弹出的“滤镜库”面板中选择“艺术效果”下的“海绵”选项，然后设置“画笔大小”为 0，“清晰度”为 4，“平滑度”为 6，如图 9-37 所示，效果如图 9-38 所示。

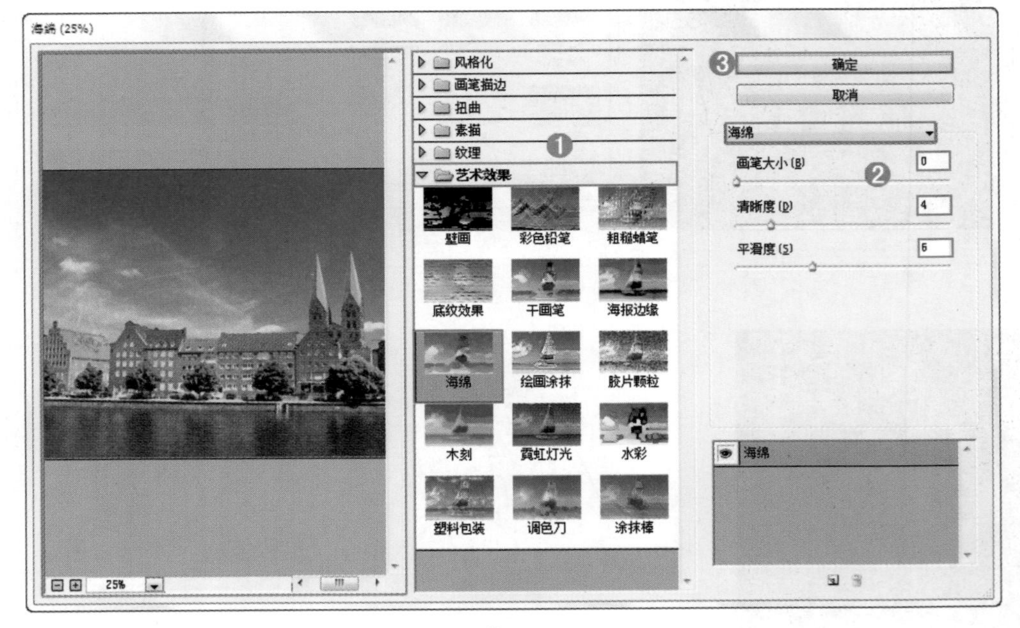


图 9-37

图 9-38

（3）制作手绘的效果。单击“图层”面板下方的“添加图层蒙版”按钮，为图层添加蒙版，然后选择“工具栏”中的“画笔工具”，设置合适的大小、不透明度和画笔样式，在画面的四周进行涂抹，如图 9-39 所示。

图 9-39

（4）当前画面过于灰暗，因此要调整其“自然饱和度”。执行“图层 > 新建调整图层 > 自然饱和度”菜单命令，在弹出的“属性”面板中设置“自然饱和度”为 100，“饱和度”为 0，如图 9-40 所示，而此时画面效果则如图 9-41 所示。

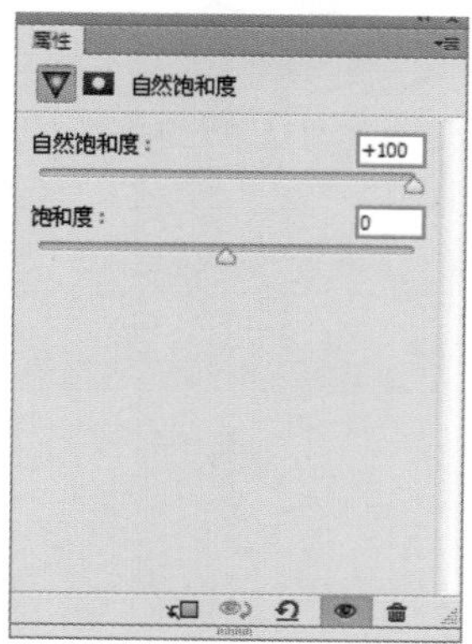


图 9-40

图 9-41

（5）当前画面不够明亮，因此要调亮画面。执行“图层 > 新建调整图层 > 曲线”菜单命令，在弹出的“属性”面板中调整曲线形状如图 9-42 所示，此时画面效果如图 9-43 所示。

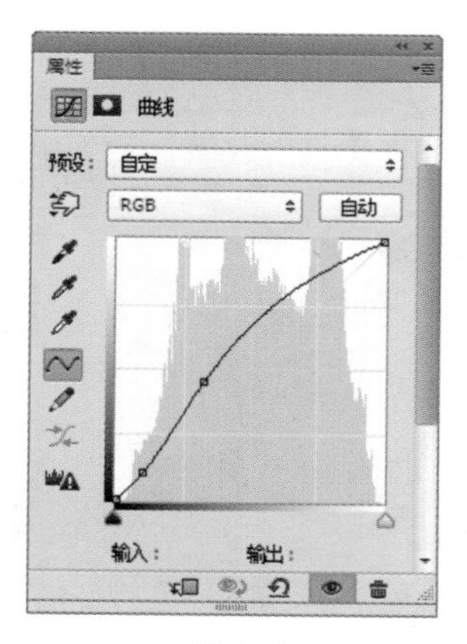


图 9-42

（6）导入画布纹理素材“3.jpg”，将该图层的混合模式设为“正片叠底”，最终效果如图 9-44 所示。

图 9-43

图 9-44

## 9.3 可以模拟油画效果的“油画”滤镜

使用“油画”滤镜可以快速地为普通照片添加油画效果。“油画”滤镜最大的特点就是笔触鲜明，整体感觉厚重且有质感。图 9-45~ 图 9-47 所示为创意海报设计欣赏。

图 9-45

图 9-46

图 9-47

### 9.3.1 使用“油画”滤镜制作油画效果

（1）打开素材文件“1.psd”，在这个文件中有 3 个图层，如图 9-48 所示。下面为“花朵”图层添加“油画”滤镜效果，效果如图 9-49 所示。

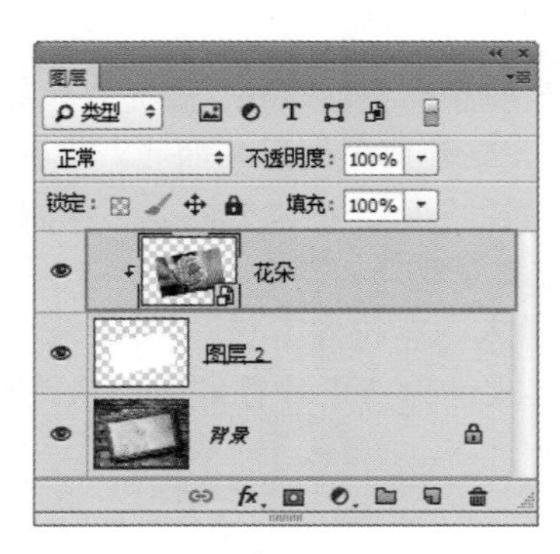


图 9-48

图 9-49

（2）选择“花朵”图层。执行“滤镜 > 油画”菜单命令，打开滤“油画”窗口，然后设置“描边样式”为 8，“描边清洁度”为 3，“缩放”为 1，“硬毛刷细节”为 7，“角方向”为 288，“闪亮”为 5.3，如图 9-50 所示。设置完成后单击“确定”按钮，画面效果如图 9-51 所示。至此，本案例制作完成。

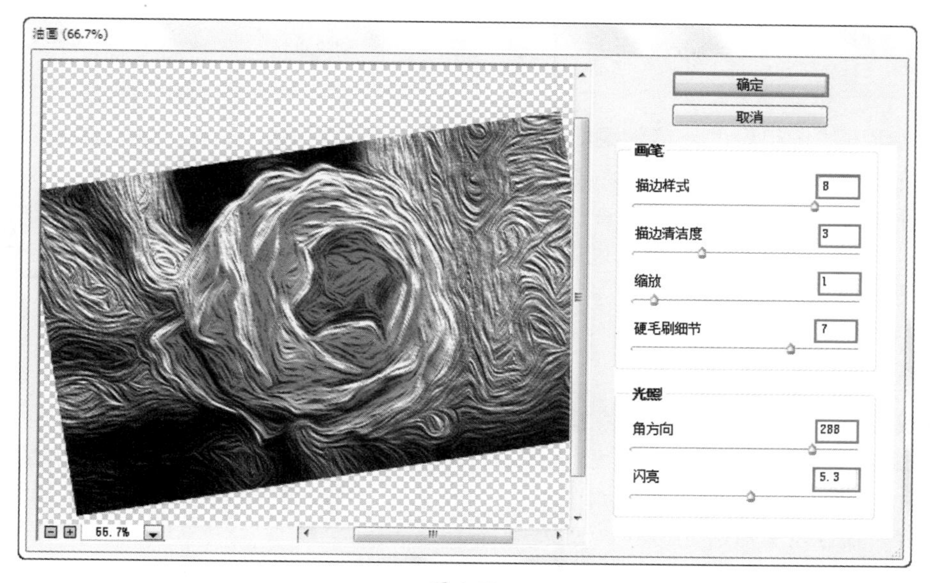


图 9-50

图 9-51

## 9.3.2 “油画”滤镜参数详解

执行“滤镜 > 油画”菜单命令即可打开“油画”窗口，如图 9-52 所示。

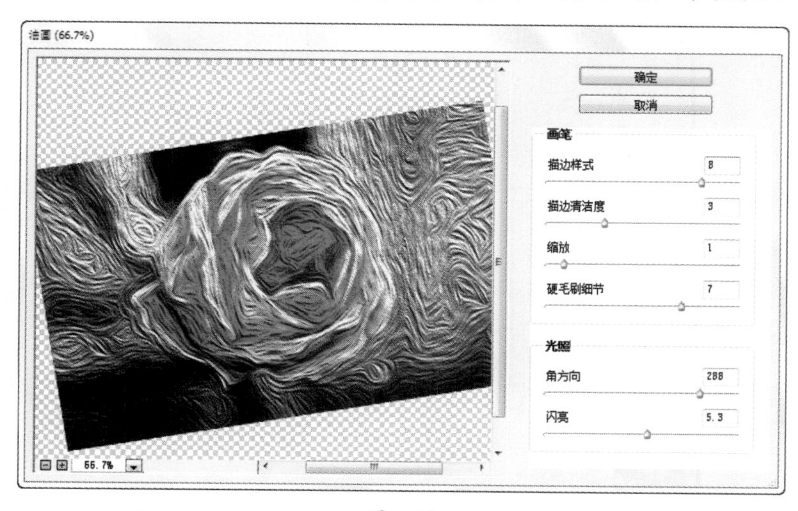


图 9-52

- 描边样式：通过调整参数调整笔触样式。
- 描边清洁度：通过调整参数设置纹理的柔化程度。
- 缩放：设置纹理缩放程度。
- 硬毛刷细节：设置画笔细节程度，数值越大毛刷纹理越清晰。
- 角方向：设置光线的照射方向。
- 闪亮：控制纹理的清晰度，产生锐化效果。

# 9.4 制作“风格化”滤镜效果

“风格化”滤镜组中的滤镜效果能够在图像上应用质感和亮度，或混合像素和增加图像的对比，使画面形成绘画、印象派和模拟风吹等效果。在该滤镜组中有“查找边缘”“等高线”“风”“浮雕效果”“扩散”“拼贴”“曝光过度”和“凸出”8个滤镜，如图9-53所示。

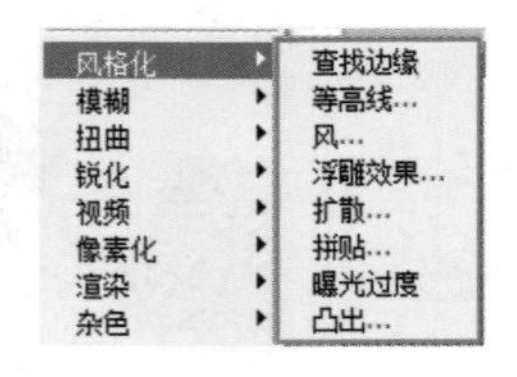


图 9-53

## 9.4.1 查找边缘

“查找边缘”滤镜将高反差区变亮，将低反差区变暗，而其他区域则介于两者之间，并将中间区域以白色区域显示。同时硬边会变成线条，柔边会变粗，从而形成一个清晰的轮廓。打开一张素材图片，如图9-54所示，然后执行“滤镜>风格化>查找边缘”菜单命令，效果如图9-55所示。“查找边缘”命令没有对话框。

图 9-54

图 9-55

## 9.4.2 等高线

“等高线”滤镜用于查找主要亮度区域，并为每个颜色通道勾勒主要亮度区域，以获得与等高线图中的线条类似的效果。打开一张图片，如图9-56所示。然后，执行“滤镜>风格化>等高线”菜单命令，打开“等高线”对话框，如图9-57所示。图9-58所示为应用了“等高线”滤镜的效果。

图 9-56

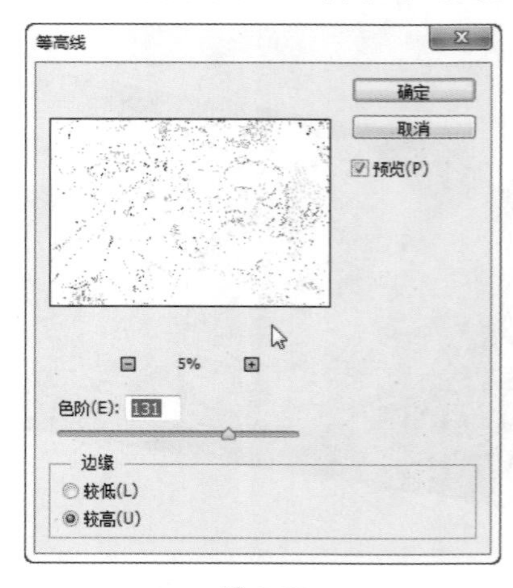


图 9-57

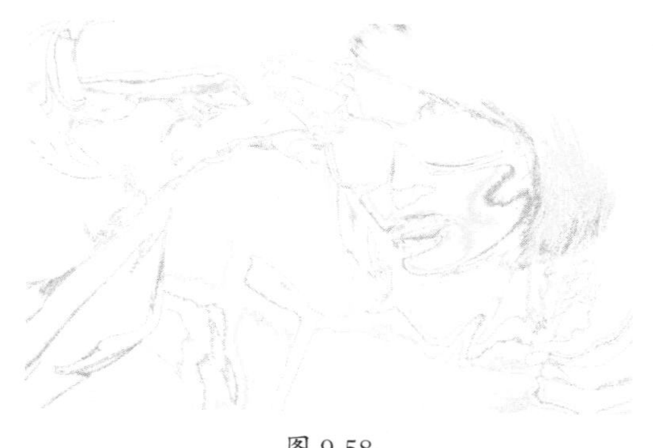

图 9-58

**"等高线"对话框参数详解**

- 色阶：用于设置区分图像边缘亮度的级别。
- 边缘：用于设置处理图像边缘的位置，以及便捷的产生方法。选中"较低"单选按钮时，可以在基准亮度等级以下的轮廓上生成等高线；选项"较高"单选按钮时，可以在基准亮度等级以上生成等高线。

### 9.4.3 风

"风"滤镜用于在图像中放置一些细小的水平线条来模拟风吹效果。打开一张图片，如图 9-59 所示。然后，执行"滤镜 > 风格化 > 风"菜单命令，打开"风"对话框，如图 9-60 所示。

图 9-59

图 9-60

**1. 设置"方法"选项组**

在"方法"选项组中提供了 3 种"风"效果，即"风""大风"和"飓风"3 个等级。图 9-61~图 9-63 所示的分别是这 3 种等级的效果。

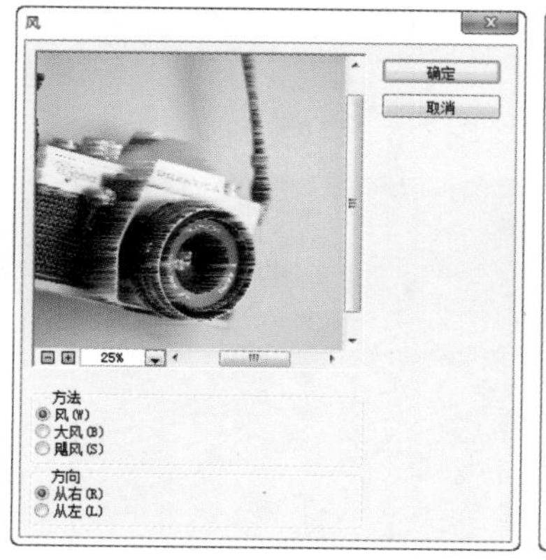


图 9-61

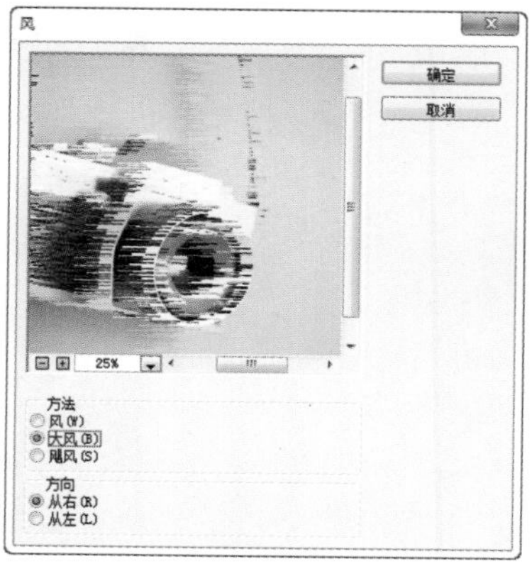

图 9-62

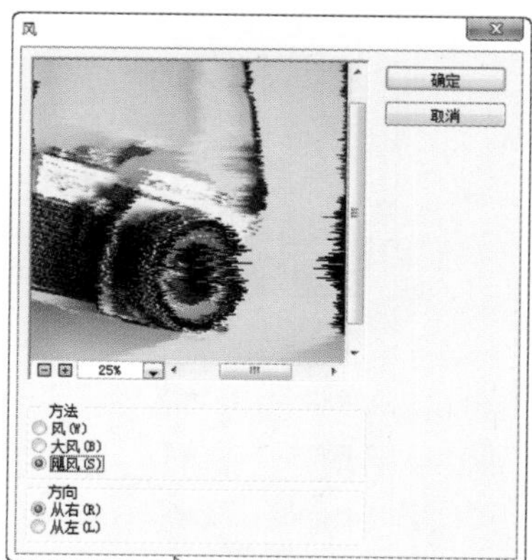


图 9-63

**2．设置“方向”选项组**

“方向”选项组用于设置风源的方向，包含“从右”和“从左”两种。图 9-64 所示为方向“从右”，图 9-65 所示为方向“从左”。

图 9-64

图 9-65

> **小技巧：制作垂直效果的“风”**
>
> 使用“风”滤镜只能实现向右吹或向左吹的效果。如果要在垂直方向上制作风吹效果，则需要先旋转画布，然后再应用“风”滤镜，最后将画布旋转到原始位置即可。

## 9.4.4 浮雕效果

“浮雕效果”滤镜用于将选区的填充色转换为灰色，通过勾勒图像或选区的轮廓和降低周围颜色值来生成凹陷或凸起的浮雕效果。打开一张素材图片，如图 9-66 所示。然后执行“滤镜 > 风格化 > 浮雕效果”菜单命令，打开“浮雕效果”对话框，如图 9-67 所示。在该对话框中通过设置“角度”选项来设置浮雕效果的光线方向；通过设置“高度”选项来设置浮雕效果的凸起高度；通过设置“数量”选项来设置“浮雕”滤镜的作用范围，数值越高，边界越清晰（小于 40% 时，图像会变灰）。图 9-68 所示为应用了“浮雕效果”滤镜的效果。

图 9-66

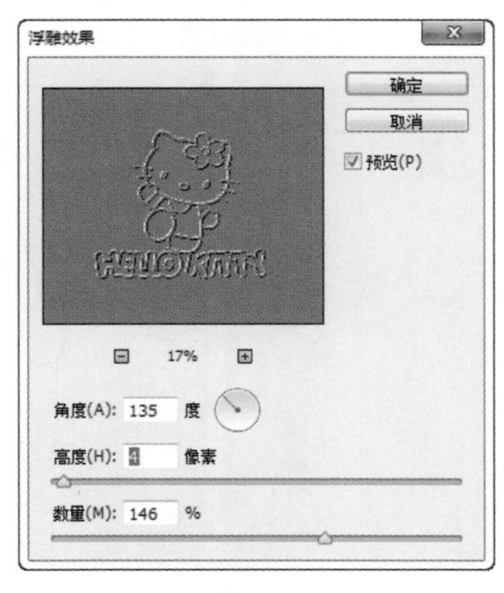

图 9-67

图 9-68

## 9.4.5　扩散

“扩散”滤镜通过使图像中相邻的像素按指定的方式有机移动，让图像形成一种类似于透过磨砂玻璃观察物体时的分离模糊效果。打开一张图片，如图 9-69 所示。然后执行“滤镜 > 风格化 > 扩散”菜单命令，打开“扩散”对话框，如图 9-70 所示。图 9-71 所示为应用了“扩散”滤镜的效果。

图 9-69

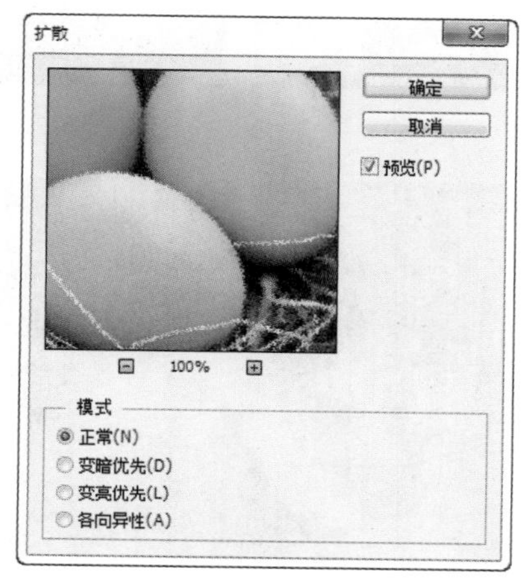


图 9-70

图 9-71

### “扩散”对话框参数详解

- 正常：使图像的所有区域都进行扩散处理，与图像的颜色值没有任何关系。
- 变暗优先：用较暗的像素替换亮部区域的像素，并且只有暗部像素产生扩散。
- 变亮优先：用较亮的像素替换暗部区域的像素，并且只有亮部像素产生扩散。
- 各向异性：使用图像中较暗和较亮的像素产生扩散效果，即在颜色变化最小的方向上搅乱像素。

## 9.4.6　拼贴

“拼贴”滤镜可以将图像分解为一系列块状，并使其偏离其原来的位置，以产生不规则拼砖的图像效果。打开一张图片，如图 9-72 所示。然后执行“滤镜 > 风格化 > 拼贴”菜单命令，打开“拼贴”对话框，如图 9-73 所示。图 9-74 所示为应用了“拼贴”滤镜的效果。

### “拼贴”参数详解

- 拼贴数：用于设置在图像每行和每列中要显示的贴块数。
- 最大位移：用于设置拼贴偏移原始位置的最大距离。
- 填充空白区域用：用于设置填充空白区域的使用方法。

图 9-72

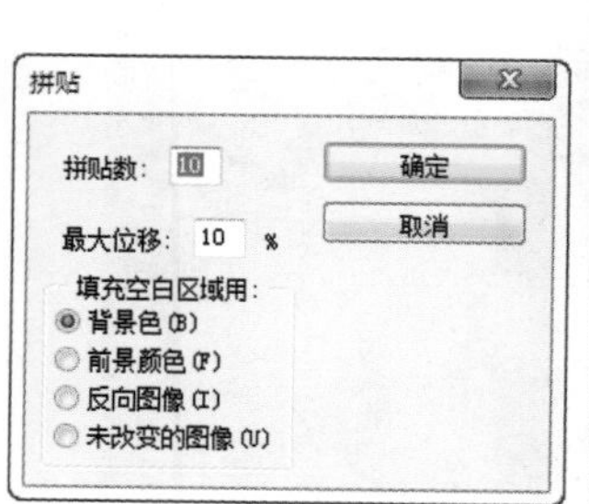


图 9-73

图 9-74

## 9.4.7 曝光过度

“曝光过度”滤镜可以混合负片和正片图像，类似于显影过程中将摄影照片短暂曝光的效果。打开一张图片，如图 9-75 所示。然后执行“滤镜 > 风格化 > 曝光过度”菜单命令，随即画面效果如图 9-76 所示。“曝光过度”滤镜没有设置对话框。

图 9-75

图 9-76

## 9.4.8 凸出

应用“凸出”滤镜可以产生一个三维的立体效果，使像素挤压出许多正方形或三角形，可以将图形转换为三维立体图或椎体，从而生成特殊的 3D 效果。打开一张图片，如图 9-77 所示。然后执行“滤镜 > 效果 > 凸出”菜单命令，打开“凸出”对话框，如图 9-78 所示。图 9-79 所示为画面添加了“凸出”滤镜的效果。

图 9-77

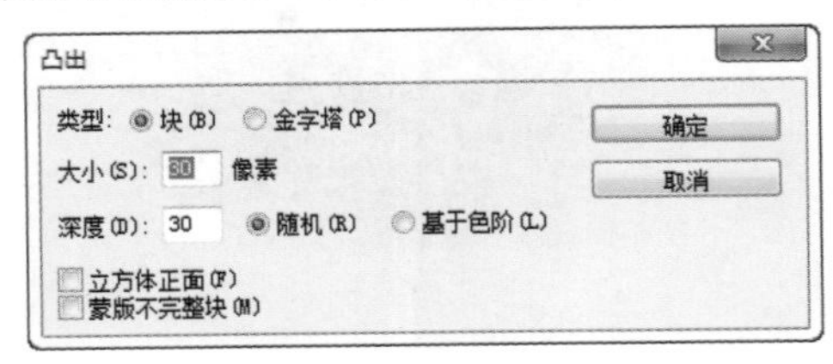


图 9-78

图 9-79

### “凸出”参数详解

- 类型：用于设置三维方块的形状，包含“块”和“金字塔”两种，效果如图 9-80 和图 9-81 所示。
- 大小：用于设置立方体或金字塔底面的大小。
- 深度：用于设置凸出对象的深度。“随机”选项表示为每个块或金字塔设置一个随机的任意深度；“基于色阶”选项表示使每个对象的深度与其亮度相对应，亮度越亮，图像越凸出。
- 立方体正面：勾选该复选框后，将失去图像的整体轮廓，生成的立方体上只显示单一的颜色。
- 蒙版不完整块：勾选此复选框后，所有图像都包含在凸出的范围之内。

图 9-80

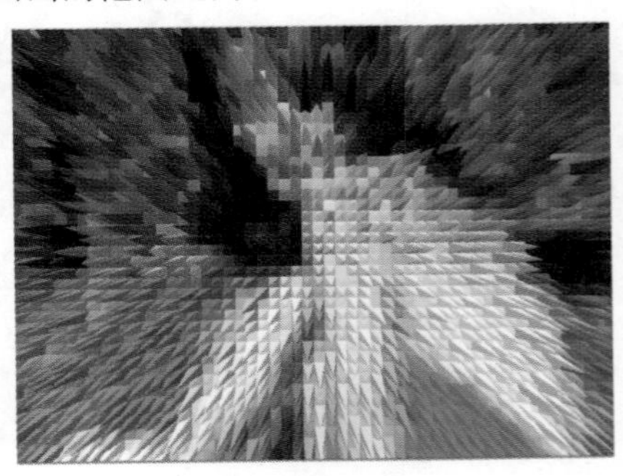

图 9-81

# 9.5 制作“扭曲”滤镜效果

通过“扭曲”滤镜组中的滤镜命令可以移动、拓展或缩小构成图像的像素，将原图像变为各种形态，例如波纹、玻璃和球面化等。图 9-82~ 图 9-85 所示为能使用“扭曲”滤镜制作的作品欣赏。

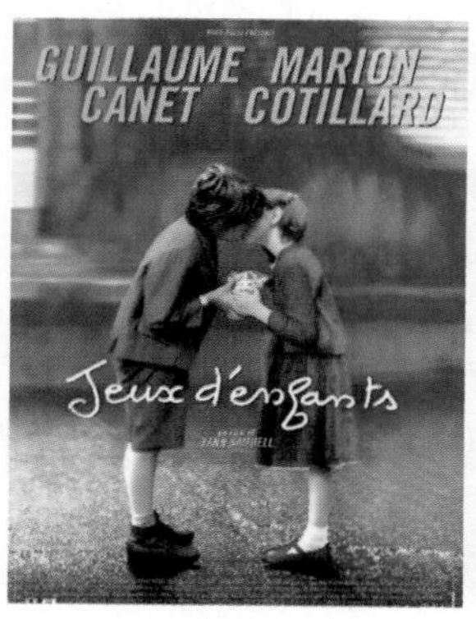


图 9-82

图 9-83

图 9-84

图 9-85

## 9.5.1 波浪

“波浪”滤镜可以在画面中创建波状起伏的效果，用于模拟水面波浪效果。使用“波浪”滤镜，可以根据图像像素的半径将选区径向扭曲，从而使图像产生强烈的波浪效果。打开一张图片，如图 9-86 所示。然后执行“滤镜 > 扭曲 > 波浪”菜单命令，打开“波浪”对话框，如图 9-87 所示。

图 9-86

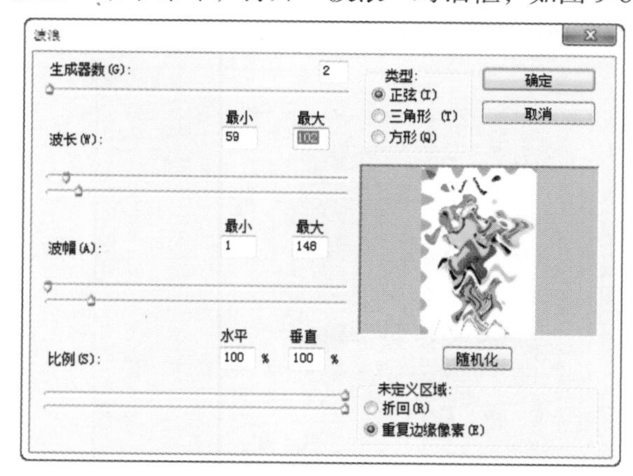


图 9-87

### “波浪”对话框参数详解

- 生成器数：用于设置波浪的强度。
- 波长：用于设置相邻两个波峰之间的水平距离，包含“最小”和“最大”两个选项，其中“最小”数值不能超过“最大”数值。
- 波幅：设置波浪的宽度（最小）和高度（最大）。
- 比例：设置波浪在水平方向和垂直方向上的波动幅度。
- 类型：选择波浪的形态，包括“正弦”“三角形”和“方形”3 种形态，效果如图 9-88~ 图 9-90 所示。
- 随机化：如果对波浪效果不满意，则可以单击该按钮，以重新生成波浪效果。
- 未定义区域：用于设置空白区域的填充方式。选中“折回”单选按钮，可以在空白区域填充溢出的内容；选中“重复边缘像素”单选按钮，可以填充扭曲边缘的像素颜色。

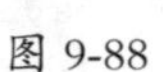

图 9-88

图 9-89

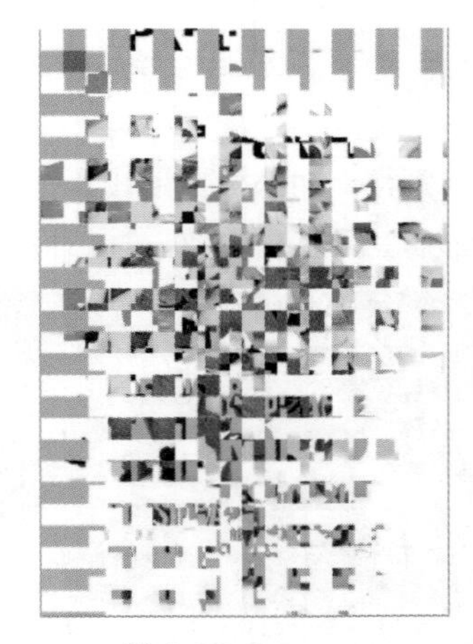

图 9-90

## 9.5.2 波纹

“波纹”滤镜与“波浪”滤镜类似，但只能控制波纹的数量和大小，所以其产生的波纹效果较为柔和。打开一素材图片，如图 9-91 所示。然后执行“滤镜 > 扭曲 > 波纹”菜单命令，打开“波纹”对话框如图 9-92 所示。其中，“数量”选项用于设计产生波纹的数量，“大小”选项用于设置产生的波纹的大小。图 9-93 所示为应用了“波纹”滤镜的效果。

图 9-91

图 9-92

图 9-93

## 9.5.3 极坐标

“极坐标”滤镜可以将图像从平面坐标转换到极坐标，也可以从极坐标转换到平面坐标。

### 1. “平面坐标到极坐标”效果的制作

打开一张图片，如图 9-94 所示。执行“滤镜 > 扭曲 > 极坐标”菜单命令，打开“极坐标”对话框，然后选中“平面坐标到极坐标”单选按钮，如图 9-95 所示，可以使矩形图像变为圆形图像，此时可以在预览图中查看效果。

图 9-94

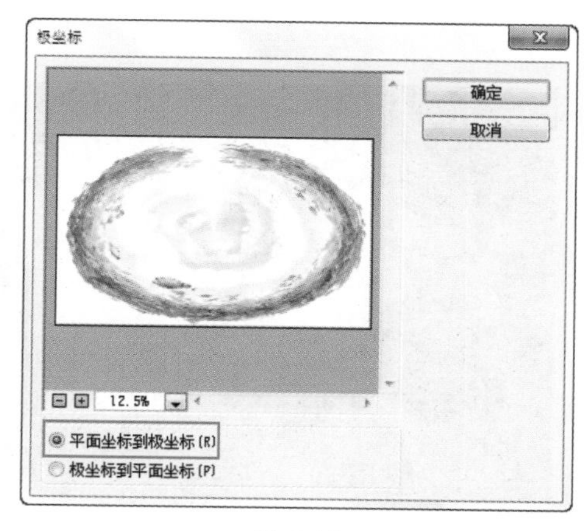


图 9-95

**2. “极坐标到平面坐标”效果的制作**

“极坐标到平面坐标”效果可以使圆形图像变为矩形图像。在“极坐标”对话框选中“极坐标到平面坐标”单选按钮，可以在缩览图中查看效果，如图 9-96 所示。

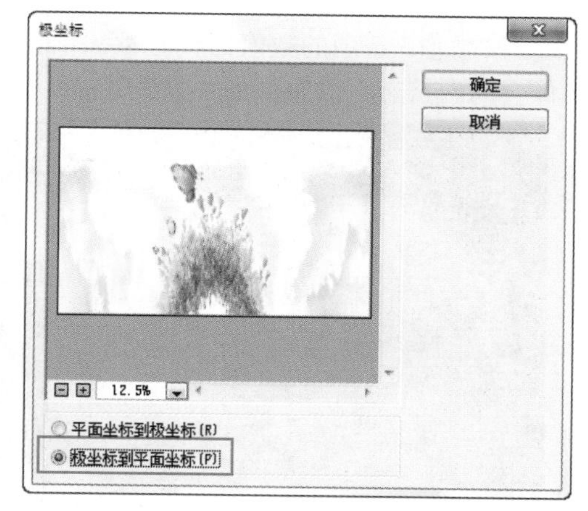


图 9-96

小技巧：极坐标的妙用

“极坐标”滤镜可以快速制作极地星球感觉的图像。选择一张全景图，如图 9-97 所示。然后为其添加“极坐标”滤镜，然后将其自由变换到合适大小并将多余部分删除，再换上新的背景。一个极地星球的效果就制作完成了，效果如图 9-98 所示。

图 9-97

图 9-98

## 9.5.4 挤压

“挤压”滤镜通过将图像挤压变形，从而使图像产生凸起或凹陷的效果。打开一张图片，如图 9-99 所示。执行“滤镜 > 扭曲 > 挤压”菜单命令，打开“挤压”对话框，在该对话框中通过调整“数量”选项来控制挤压效果，如图 9-100 所示。

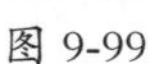

图 9-99　　　　图 9-100

当“数值”选项的数值为负值时，图像会向外挤压，效果如图 9-101 所示；而当数值为正值时，图像会向内挤压，效果如图 9-102 所示。

图 9-101　　　　图 9-102

## 9.5.5 切变

“切变”滤镜可以使图像沿着对话框中一条指定的曲线扭曲图像，通过拖动调整框中的曲线可以应用相应的扭曲效果。打开素材图像，如图 9-103 所示。执行“滤镜 > 扭曲 > 切变”命令，打开“切变”对话框。然后，在曲线调整框中拖动控制线即可改变图像的变形效果，如图 9-104 所示。

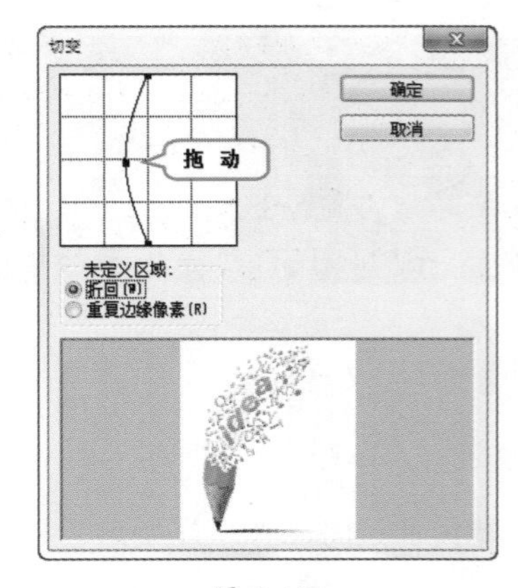


图 9-103　　　　图 9-104

“折回”和“重复边缘像素”单选按钮用于设置更改后画面出现空白区域的填补效果。选中“折回”单选按钮，则在图像的空白区域中填充溢出图像之外的图像内容，如图9-105所示；选中“重复边缘像素”单选按钮，则可以在图像边界不完整的空白区域填充扭曲边缘的像素颜色，如图9-106所示。

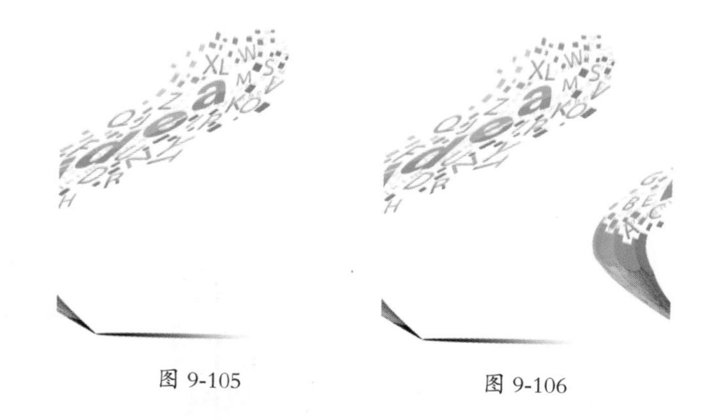

图 9-105　　图 9-106

## 9.5.6　球面化

使用“球面化”滤镜，可以通过立体球形的镜头形态扭曲图像。打开一张图片，如图9-107所示。然后执行“滤镜 > 扭曲 > 球面化”菜单命令，打开“球面化”对话框，如图9-108所示。

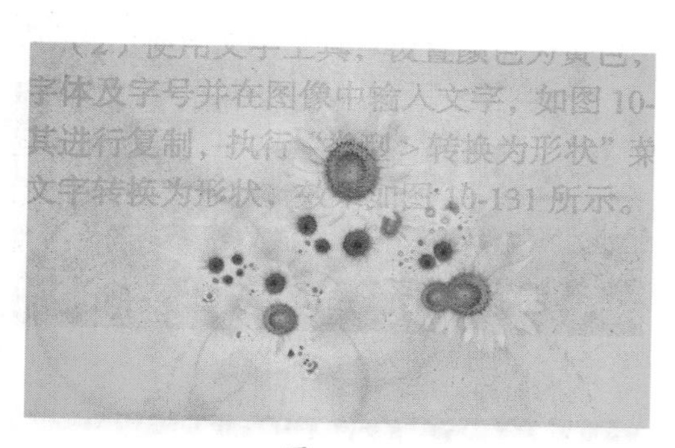

图 9-107

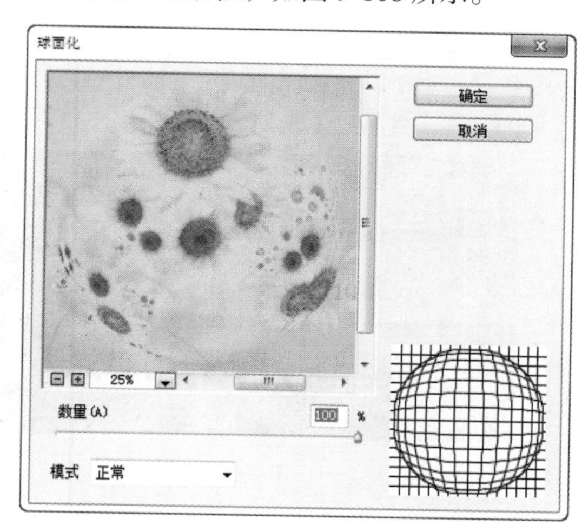


图 9-108

在该对话框中，通过调整“数量”选项来控制球面化的程度。当设置为正值时，图像会向外凸起，如图9-109所示；当设置为负值时，图像会向内收缩，如图9-110所示。在该对话框中还提供了3种“模式”，即“正常”“水平优先”和“垂直优先”。

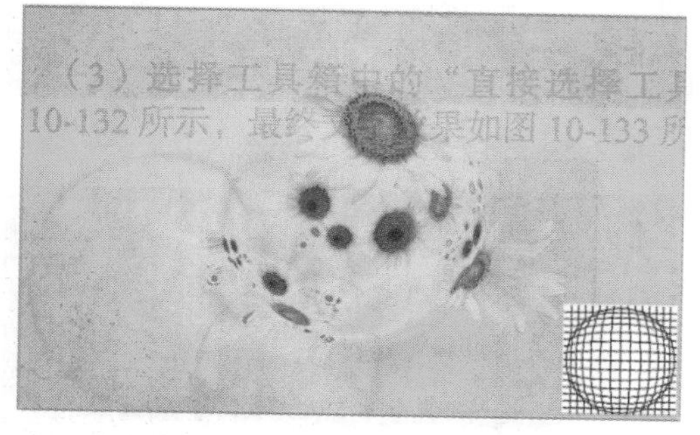

图 9-109

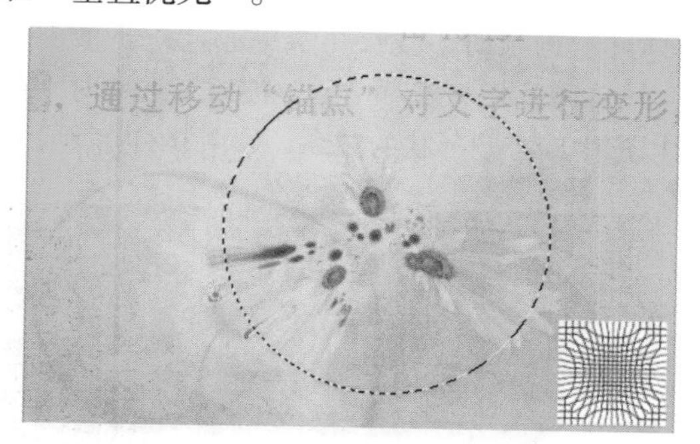

图 9-110

## 9.5.7 水波

“水波”滤镜可以为图像添加水面同心圆的效果。打开一张图片，然后在画面中的水面位置绘制一个选区，如图 9-111。图 9-112 所示为“水波”对话框。

图 9-111

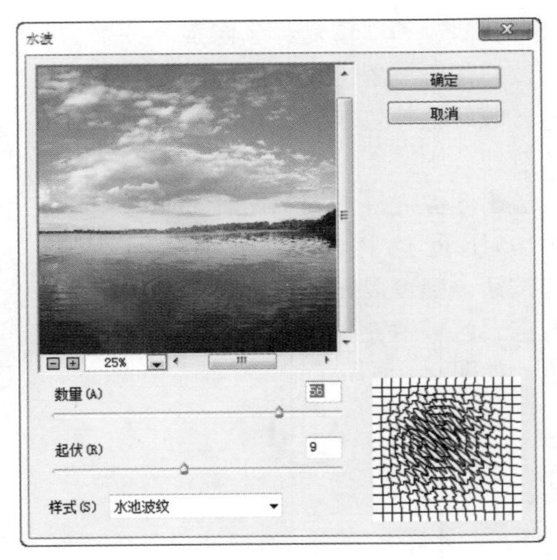


图 9-112

### “水波”对话框参数详解

- 数量：用于设置波纹的数量。当设置为负值时，将产生下凹的波纹，如图 9-113 所示；当设置为正值时，将产生上凸的波纹，如图 9-114 所示。

图 9-113

图 9-114

- 起伏：用于设置波纹的数量。数值越大，波纹越多。
- 样式：用于选择生成波纹的方式。选择“围绕中心”选项时，可以围绕图像或选区的中心产生波纹，如图 9-115 所示；选择“从中心向外”选项时，波纹将从中心向外扩散，如图 9-116 所示；选择“水池波纹”选项时，可以产生同心圆形状的波纹，如图 9-117 所示。

图 9-115

图 9-116

图 9-117

## 9.5.8 旋转扭曲

“旋转扭曲”滤镜可以顺时针旋转或逆时针旋转图像，旋转会围绕图像的中心进行处理。打开一张素材图片，然后执行“滤镜 > 扭曲 > 旋转扭曲”菜单命令，打开“旋转扭曲”对话框，如图 9-118 所示。可以通过设置“角度”选项来设置旋转扭曲的方向。当设置为正值时，图像会沿顺时针方向进行扭曲，如图 9-119 所示；当设置为负值时，图像会沿逆时针方向进行扭曲，如图 9-120 所示。

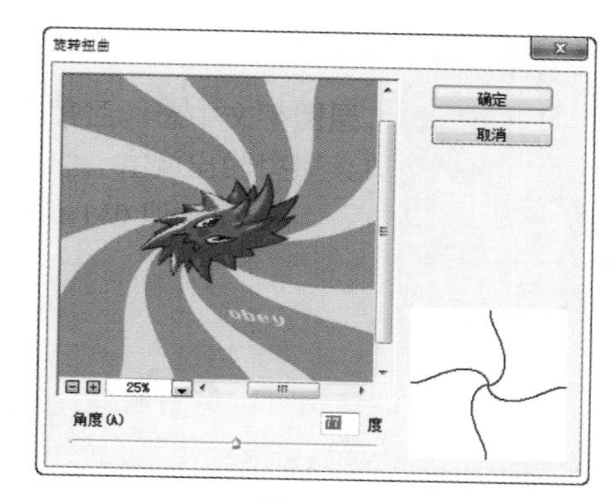

图 9-118

图 9-119

图 9-120

## 9.5.9 置换

“置换”滤镜可以用另外一张图像（必须为 PSD 文件）的亮度值使当前图像的像素重新排列，并产生位移效果。

（1）打开一个素材文件“1.jpg”，如图 9-121 所示。执行“滤镜 > 扭曲 > 置换”菜单命令，打开“置换”对话框，如图 9-122 所示，在此设置合适的参数。

（2）在打开的“选取一个置换图”对话框中选择素材“2.psd”，如图 9-123 所示。然后单击“打开”按钮，此时画面效果如图 9-124 所示。

图 9-121

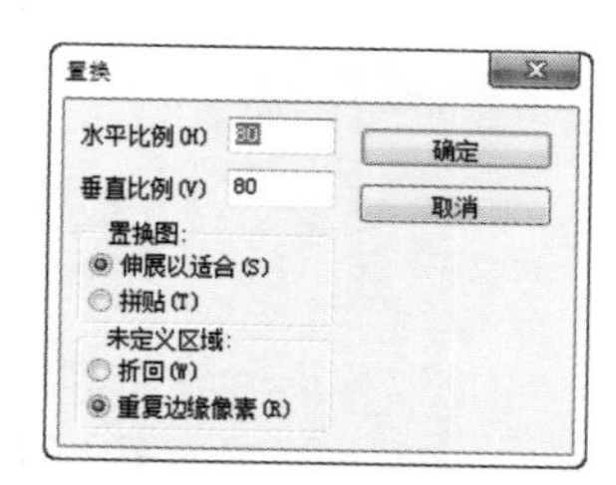

图 9-122

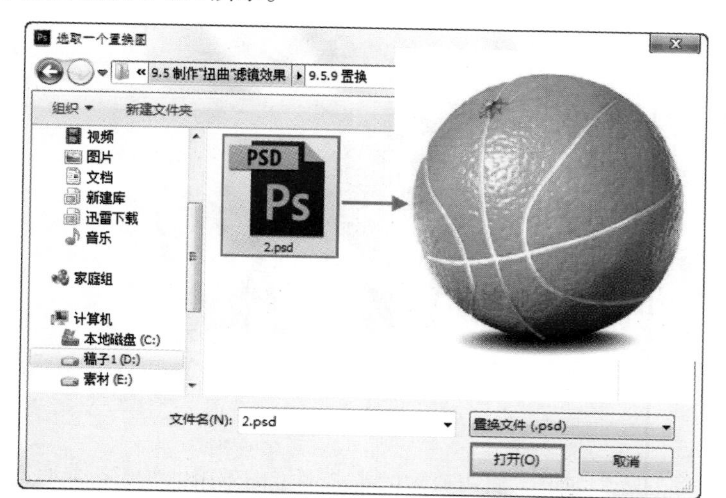

图 9-123

图 9-124

“置换”对话框参数详解

- 水平 / 垂直比例：用于设置水平方向和垂直方向所移动的距离。单击“确定”按钮可以载入 PSD 文件，然后用该文件扭曲图像。
- 置换图：用于设置置换图像的方式，包括“伸展以适合”和“拼贴”两种。

## 9.6 制作“像素化”滤镜效果

“像素化”滤镜组可以将图像进行分块或平面化处理，也就是说，将画面中的像素重新构成，组成不同的图像效果。“像素化”滤镜组一般用于在图像上显示网格或表现铜版画效果。“像素化”滤镜组包含 7 种滤镜，即“彩块化”“彩色半调”“点状化”“晶格化”“马赛克”“碎片”“铜板雕刻”。图 9-125~ 图 9-128 所示为优秀的广告设计作品欣赏，在这些作品的制作过程中，使用了不同的滤镜来进行制作。

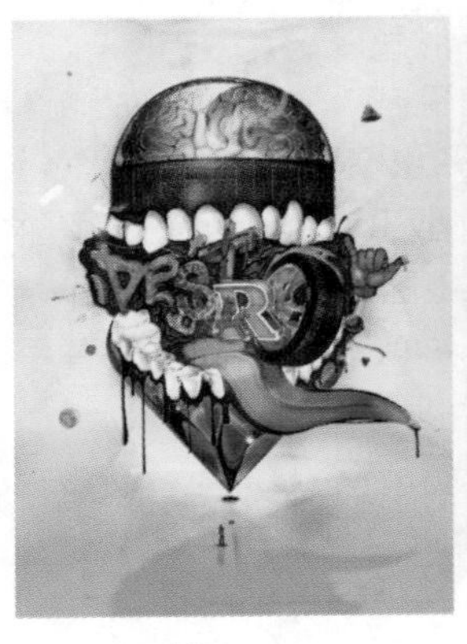

图 9-125

图 9-126

图 9-127

图 9-128

### 9.6.1 彩块化

“彩块化”滤镜通过将纯色或相近色的像素进行分组，产生颜色相似的像素块，以生成手绘效果。打开图片素材，如图 9-129 所示。执行“滤镜 > 像素化 > 彩块化”菜单命令，随即会为图像添加“彩块化”滤镜效果，如图 9-130 所示。该滤镜没有对话框，所以要想让画面效果更加明显，可以反复添加该滤镜效果。

图 9-129

图 9-130

### 9.6.2 彩色半调

“彩色半调”滤镜可以模拟在图像的每个通道上使用放大的半调网屏的效果。对于各个通道，滤镜将图像划分为多个矩形，并使用圆形替换每个矩形，且圆形大小与矩形的亮度成比例。打开一张图片，如图 9-131 所示。执行“滤镜 > 像素化 > 彩色半调”命令，打开“彩色半调”对话框。在该对话框中通过设置“最大半径”选项来设置生成的最大网点的半径；通过设置“网角（度）”选项来设置图像各个原色通道的网点角度，如图 9-132 所示。应用了“彩色半调”滤镜的效果如图 9-133 所示。

图 9-131

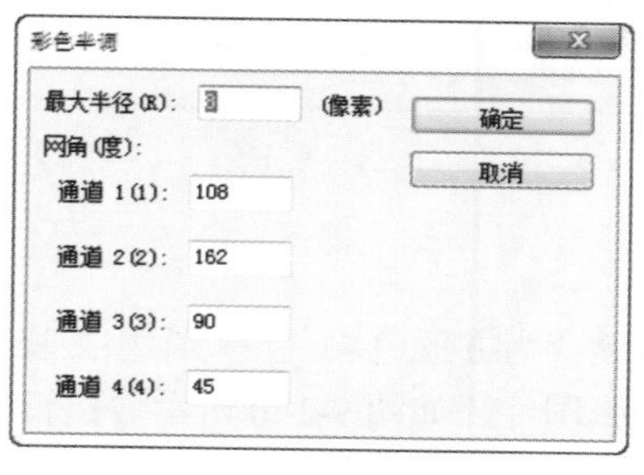


图 9-132

图 9-133

## 9.6.3 点状化

“点状化”滤镜可以将图像中的颜色分解成随机分布的网点，间隙用背景色填充。在去掉图像边线的状态下，以单元格为基准，表现具有绘画感觉的图像。打开一张图片，如图 9-134。执行“滤镜 > 像素化 > 点状化”命令，打开“点状化”对话框，通过设置“单元格大小”选项来设置每个多边形色块的大小，如图 9-135 所示。设置完成后单击“确定”按钮，此时画面效果如图 9-136 所示。

图 9-134

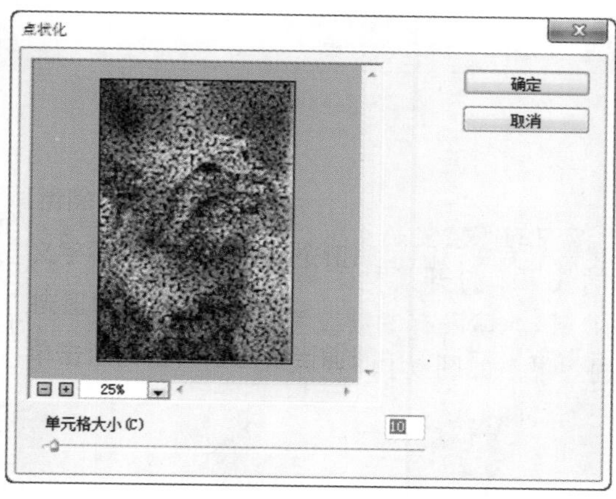


图 9-135

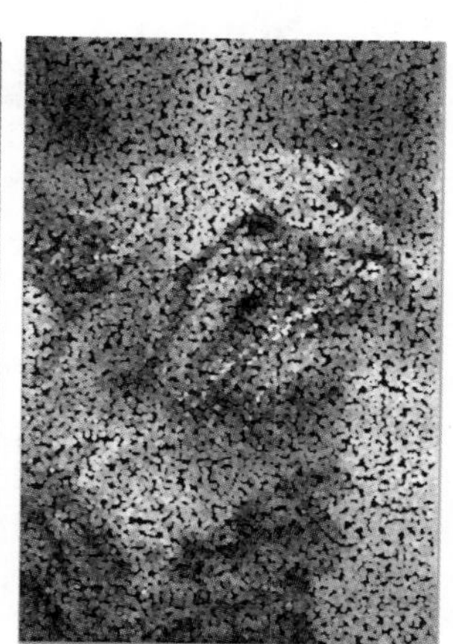

图 9-136

## 9.6.4 晶格化

“晶格化”滤镜可以使图像中颜色相近的像素集中到一个单元格内，产生类似结晶一样的多边形效果。结晶后的每个小画面的色彩均由原图像位置中主要的色彩代替。打开一张图片，如图 9-137 所示。执行“滤镜 > 像素化 > 晶格化”菜单命令，打开“晶格化”对话框，在该对话框中通过设置“单元格大小”选项来设置每个多边形色块的大小，如图 9-138 所示。图 9-139 所示为应用了“晶格化”滤镜的效果。

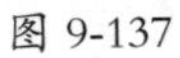

图 9-137

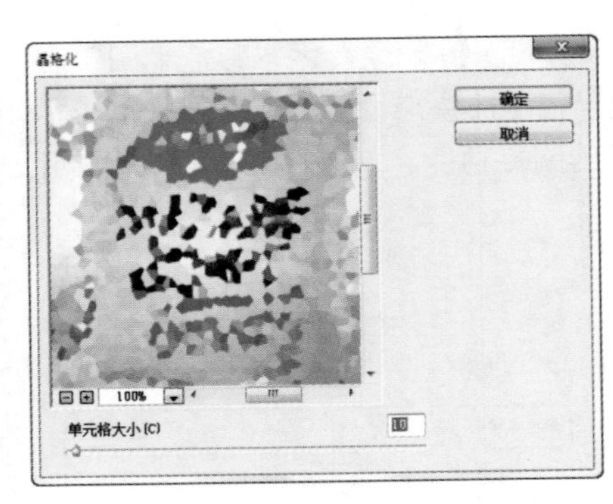


图 9-138

图 9-139

## 9.6.5 马赛克

“马赛克”滤镜可以使像素聚合为方形色块，使每个小方块中的像素颜色相同，从而产生一种模糊化的马赛克效果。打开一张图片，如图 9-140 所示。执行“滤镜 > 像素化 > 马赛克”菜单命令，打开“马赛克”对话框，在该对话框中通过设置“单元格大小”选项来设置每个多边形色块的大小，如图 9-141 所示。图 9-142 所示为应用了“马赛克”滤镜的效果。

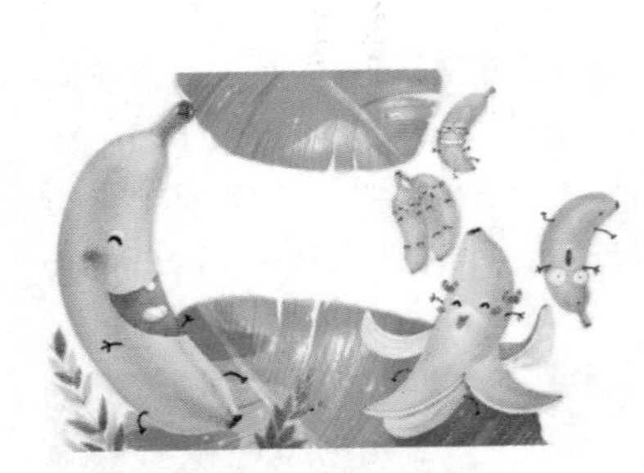

图 9-140

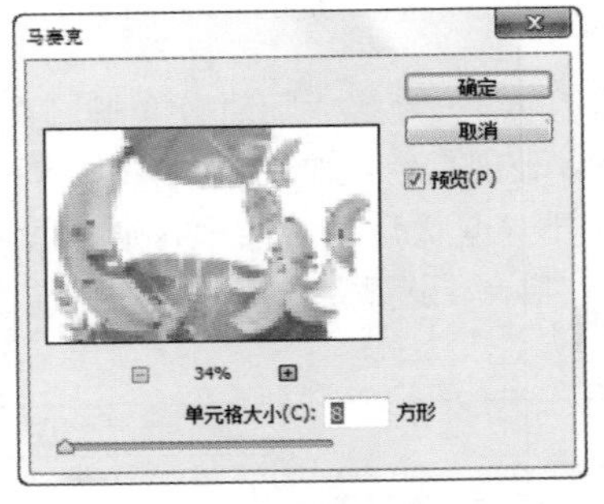


图 9-141

图 9-142

## 9.6.6 碎片

“碎片”滤镜可以将图像中的像素复制 4 次，然后将复制的像素平均分布，并使其相互偏移，模拟出摄像中对镜头晃动的效果。打开素材图像，然后执行“滤镜 > 像素化 > 碎片”效果，此时画面效果如图 9-143 所示。该滤镜没有参数设置对话框，此时我们可以看到画面形成了一个不聚焦背景，参数模糊重叠的效果。如图 9-144 所示。

图 9-143

图 9-144

### 9.6.7 铜板雕刻

“铜板雕刻”滤镜可以将图像转换为黑白区域的随机图案或彩色图像中完全饱和的颜色的随机图案。打开素材图片，如图 9-145 所示。执行“滤镜 > 像素化 > 铜板雕刻”菜单命令，打开“铜板雕刻”对话框，该对话框中的“类型”选项用于设置铜板雕刻的类型，有“精细点”“中等点”“粒状点”“粗网点”“短直线”“中长直线”“长直线”“短描边”“中长描边”和“长描边”共 10 种类型，如图 9-146 所示。图 9-147 所示为“粗网点”的应用效果。

图 9-145

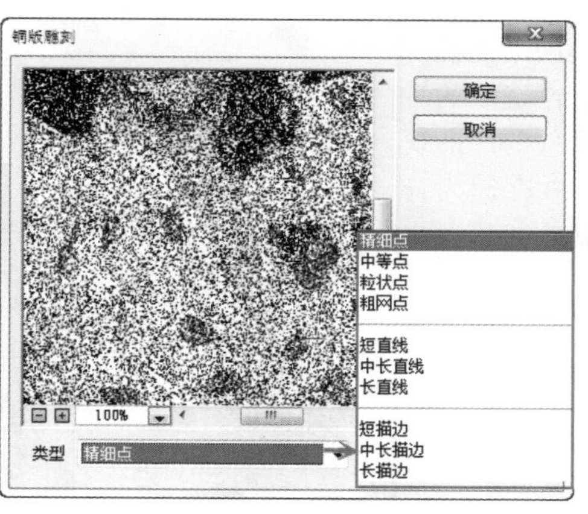


图 9-146

图 9-147

## 9.7 制作“渲染”滤镜效果

“渲染”滤镜组可以模拟在不同的光源下不同的光线照明效果。渲染滤镜组包含“分层云彩”“光照效果”“镜头光晕”“纤维”和“云彩”几种滤镜。图 9-148~ 图 9-151 所示为优秀的设计作品欣赏。

图 9-148

图 9-149

图 9-150

图 9-151

### 9.7.1 分层云彩

“分层云彩”滤镜可以将云彩数据与现有的像素以“差值”的方式进行混合，将画面中某部分反相为云彩图案，应用该滤镜后，则能创建出与大理石纹理相似的效果。打开一张图片，如

图 9-152 所示。执行“滤镜 > 像素化 > 分层彩云”菜单命令，此时画面效果如图 9-153 所示。“分层云彩”滤镜没有设置对话框，首次应用该滤镜时，图像的某些部分会被反相而成云彩图案。

图 9-152

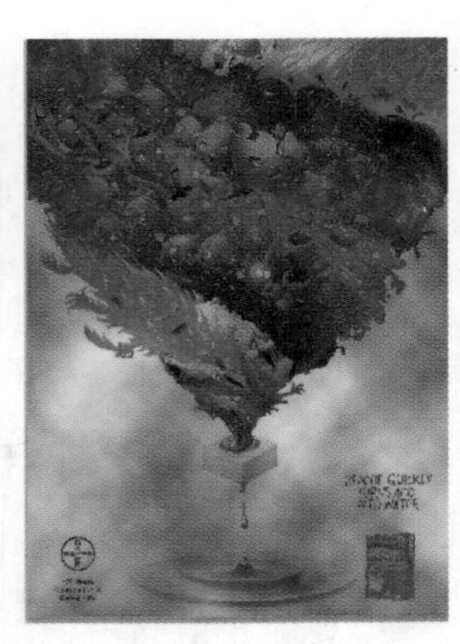

图 9-153

## 9.7.2 光照效果

“光照效果”滤镜可以为图像添加不同的光照效果，产生由不同的光源、不同的光类型、不同的光特性造成的灯光效果。还可以使用灰度文件的凹凸纹理图产生类似 3D 的效果，并存储为自定样式，以在其他图像中使用。打开一张图片，如图 9-154 所示。执行“滤镜 > 渲染 > 光照效果”菜单命令，打开光照效果窗口，如图 9-155 所示。

图 9-154

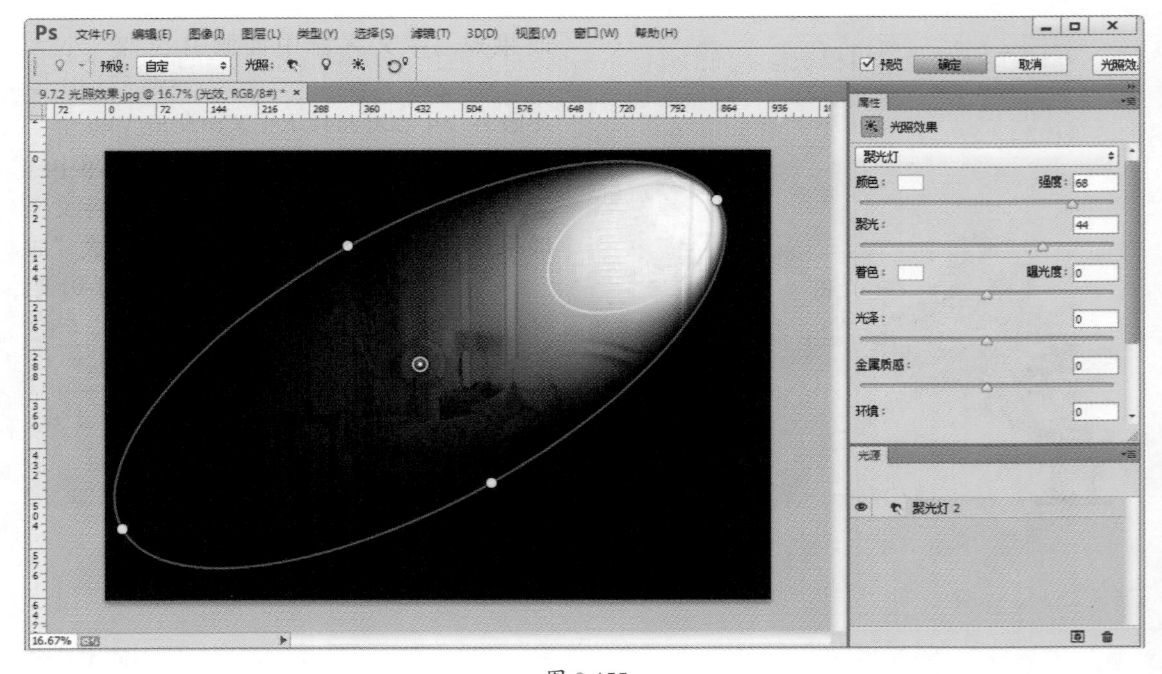


图 9-155

在选项栏中的“预设”下拉列表框中包含多种预设的光照效果，如图 9-156 所示。选中某一项即可更改当前画面效果，如图 9-157 所示。

预设：自定
两点钟方向点光
蓝色全光源
圆形光
向下交叉光
交叉光
默认
五处下射光
五处上射光
手电筒
喷涌光
平行光
RGB 光
柔化直接光
柔化全光源
柔化点光
三处下射光
三处点光
载入...
存储...
删除
自定

图 9-156

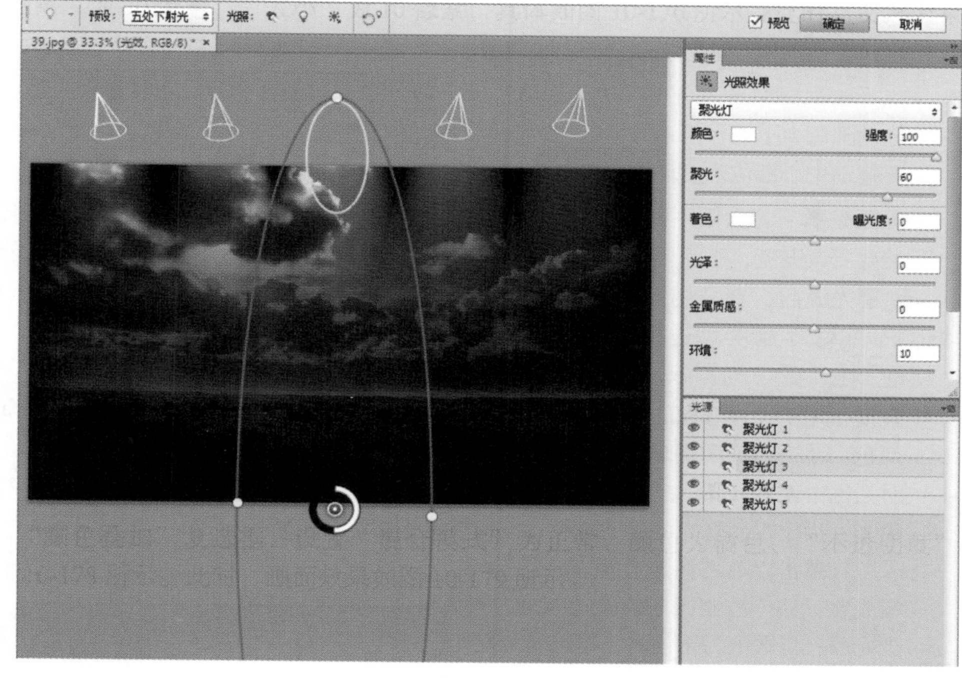


图 9-157

### “光照效果”预设菜单参数讲解

- 存储：若要存储预设，则需要选择“存储”选项，在弹出的对话框中选择储存位置并命名该样式，然后单击“确定”按钮。存储的预设包含每种光照的所有设置，并且无论何时打开图像，存储的预设都会出现在“样式”菜单中。
- 载入：若要载入预设，则需要选择“载入”选项在弹出的对话框中选择文件并单击“确定”按钮即可。
- 删除：若要删除预设，则需要选择“删除”选项。
- 自定：若要创建光照预设，则需要从“预设”下拉列表框中选择“自定”选项，然后单击“光照”图标，以添加点光、点测光和无限光类型。按需要重复，最多可获得 16 种光照。

在选项栏中单击“光照”右侧的按钮即可快速在画面中添加光源，单击“重置当前光照”按钮即可对当前光源进行重置，图 9-158~ 图 9-160 所示分别为三种光照的效果对比。

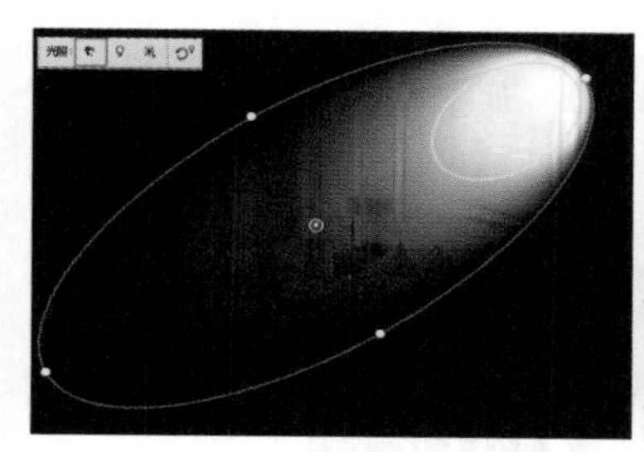

图 9-158

图 9-159

图 9-160

- 聚光灯：投射一束椭圆形的光柱。预览窗口中的线条用于定义光照的方向和角度，而手柄用于定义椭圆边缘。若要移动光源，则需要在外部椭圆内拖动光源。若要旋转光源，则需要在外部椭圆外拖动光源。若要更改聚光角度，则需要拖动内部椭圆的边缘。若要扩展或收缩椭圆，则需要拖动 4 个外部手柄中的一个。按住 <Shift> 键并拖动，可使角度保持不变而只更改椭圆的大小。按住 <Ctrl> 键并拖动可保持大小不变并更改点光的角度或方向。若要更改椭圆中光源填充的强度，则需要拖动中心部位强度环的白色部分。

- 点光：像灯泡一样，使光在图像正上方的各个方向进行照射。若要移动光源，则需要将光源拖动到画布上的任何地方。若要更改光的分布（通过移动光源使其更近或更远来反射光），则需要拖动中心部位强度环的白色部分。
- 无限光：像太阳一样，使光照射在整个平面上。若要更改方向，则需要拖动线段末端的手柄。若要更改亮度，则需要拖动光照控件中心部位强度环的白色部分。

创建光源后，在“属性”面板中即可对该光源进行光源类型参数的设置，在灯光类型下拉列表框中可以对光源类型进行更改，如图 9-161 所示。

“属性”面板之“光照效果”参数详解

- 强度：用于设置灯光的光照大小。
- 颜色：单击后面的颜色图标，可以在弹出的“选择光照颜色”对话框中设置灯光的颜色。
- 聚光：用于控制灯光的光照范围，该选项只能用于聚光灯。
- 着色：单击以填充整体光照。
- 曝光度：用于控制光照的曝光效果。当数值为负值时，可以减少光照；当数值为正值时，可以增加光照。
- 光泽：用于设置灯光的反射强度。
- 金属质感：用于控制光照或光照投射到的对象哪个反射率更高。
- 环境：漫射光，使该光照如同与室内的其他光照（如日光或荧光）相结合一样。选取数值 100 表示只使用此光源，或选取数值 - 100 以移去此光源。
- 纹理：在下拉列表框中选择通道，为图像应用纹理通道。
- 高度：启用“纹理”选项后，该选项才可以使用。可以控制应用纹理后凸起的高度，拖动“高度”滑块将纹理从“平滑”(0) 改变为“凸起”(100)。

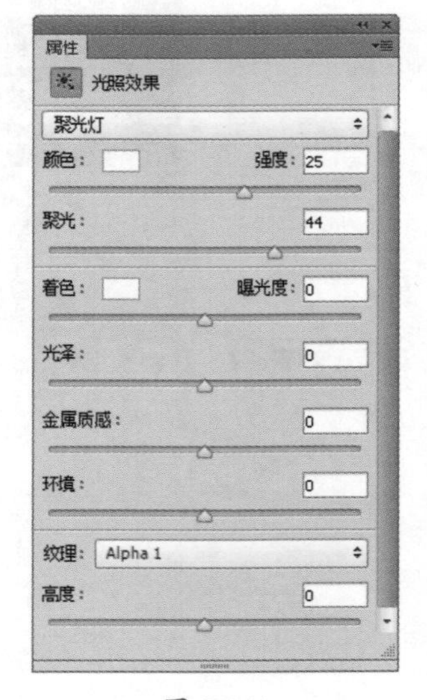

图 9-161

在“光源”面板中显示着当前场景中包含的光源，如果需要删除某个灯光，则单击在“光源”面板右下角的“回收站”图标，以删除光照，如图 9-162 所示。

在“光照效果”工作区中，使用“纹理通道”可以将 Alpha 通道作为用于控制画面凹凸的灰度图像添加到画面中，用以控制光照效果，图 9-163 所示为 Alpha 通道。从“属性”面板的“纹理”下拉列表框中选择一种通道，如图 9-164 所示，拖动“高度”滑块即可观察到画面将以纹理所选通道的黑白关系，发生从“平滑”(0) 到“凸起”(100) 的变化，效果如图 9-165 所示。

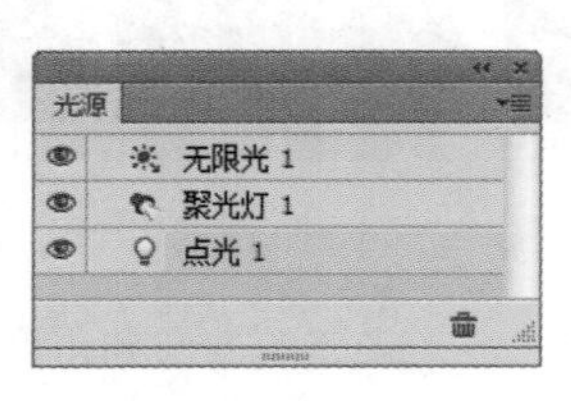

图 9-162

图 9-163

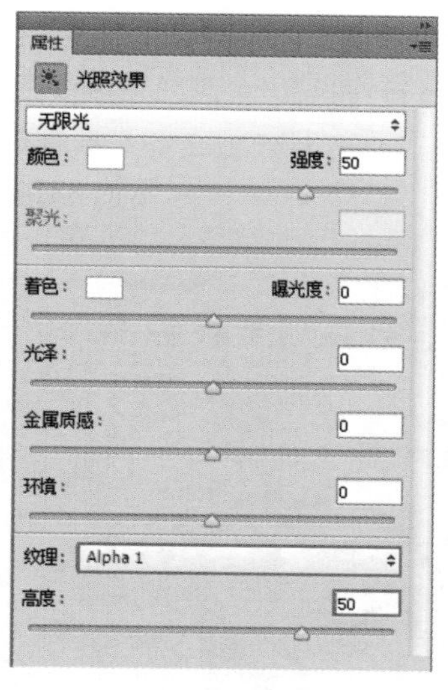


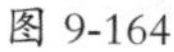

图 9-164

图 9-165

## 9.7.3 镜头光晕

“镜头光晕”滤镜可以模拟出应用亮光照射到图像中所产生的折射效果。下面使用“镜头光晕”滤镜为画面增加光晕。

（1）打开一张图片，如图 9-166 所示。执行“滤镜 > 渲染 > 镜头光晕”菜单命令，打开“镜头光晕”对话框，如图 9-167 所示。

（2）选择镜头类型。在对话框的下方有 4 种“镜头类型”，即“50—300 毫米变焦”“35 毫米聚焦”“105 毫米聚焦”和“电影镜头”。这里选中“50—300 毫米变焦”单选按钮，如图 9-168 所示。

图 9-166

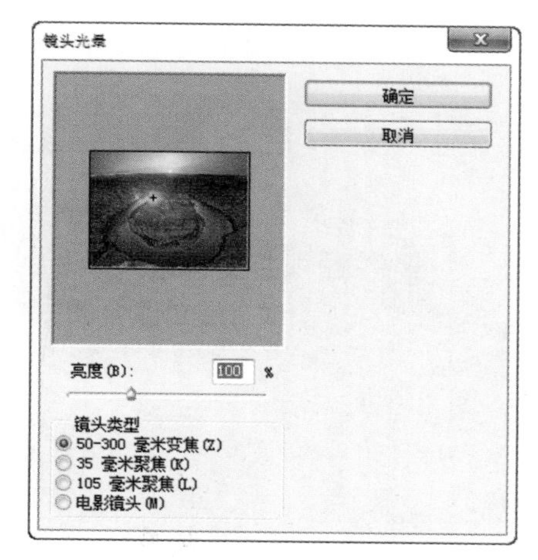


图 9-167

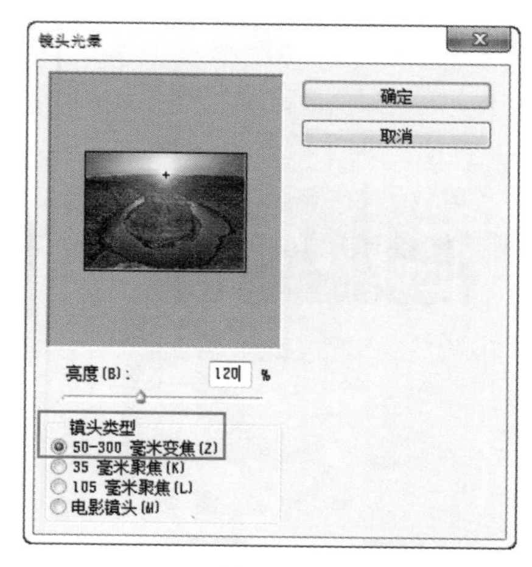


图 9-168

（3）调节光晕的位置。在预览窗口中拖动十字线的位置即可调节光晕的位置，将十字线移动到画面中太阳的位置。然后增加光晕的亮度，将“亮度”调整为 120%，如图 9-169 所示。设置完成后单击“确定”按钮，此时画面效果如图 9-170 所示。

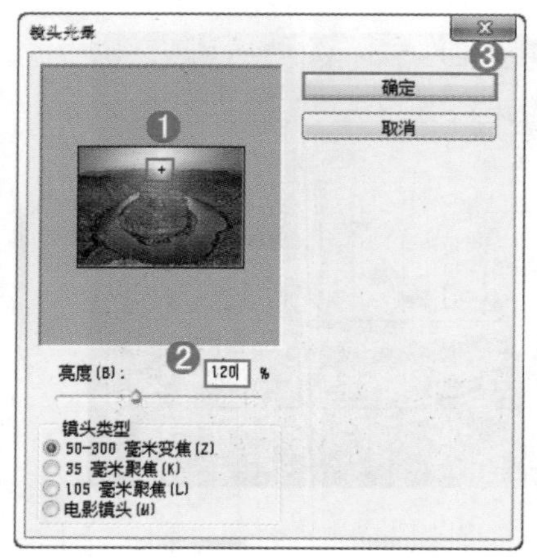


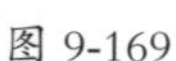
图 9-169

图 9-170

## 9.7.4 玩转“镜头光晕”滤镜——快速打造正午阳光效果

本例主要利用调整图层与镜头光晕使画面整体变亮，从而制作出阳光充足的明亮效果，具体步骤如下。

（1）打开人物素材文件“1.jpg”，可以观察到画面比较昏暗，且明暗关系不明显，如图 9-171 所示。

（2）使明暗关系清晰，这时最好用的提亮命令是“亮度 / 对比度”命令。执行“图层 > 新建调整图层 > 亮度 / 对比度”菜单命令，在弹出的“亮度 / 对比度”工作区中调整“亮度”为 95，“对比度”为 10，如图 9-172 所示。此时，画面效果如图 9-173 所示

图 9-171

图 9-172

图 9-173

（3）制作照射效果。新建图层，并填充为黑色，执行“滤镜 > 渲染 > 镜头光晕”菜单命令，将光源置于画面左上角的位置，并设置“亮度”数值为 170%，如图 9-174 所示。此时，画面效果如图 9-175 所示。

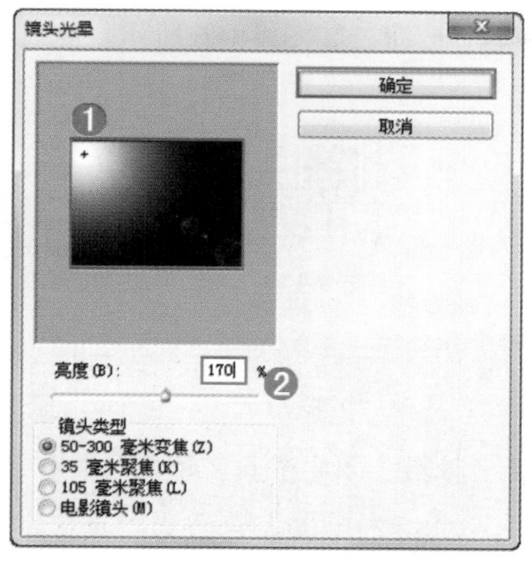


图 9-174

图 9-175

**你问我答：**为什么不直接为原图应用“镜头光晕”滤镜？

如果直接为原图应用“镜头光晕”滤镜，则破坏原图，假如对光晕效果不满意，则不能进行重新设置了。这里使用创建黑色图层并添加滤镜的方法则完美地保证了光效的可调性。

（4）设置新建图层的图层混合模式为滤色，如图 9-176 所示。使之与背景融合，此时画面效果如图 9-177 所示。

（5）最后为画面导入艺术字素材文件“2.png”，最终效果如图 9-178 所示。

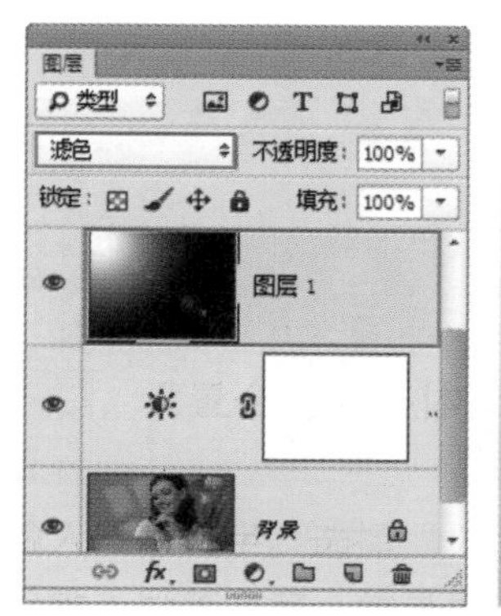


图 9-176

图 9-177

图 9-178

## 9.7.5 纤维

“纤维”滤镜可以利用前景色和背景色在图像上创建类似编织的纤维效果。新建文件，然后设置合适的前景色和背景色，如图 9-179 所示，接着执行“滤镜 > 渲染 > 纤维”菜单命令，在随即打开的“纤维”对话框中设置合适的参数，最后单击“确定”按钮，如图 9-180 所示。此时，画面效果如图 9-181 所示。

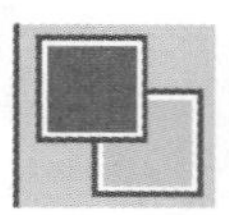

图 9-179

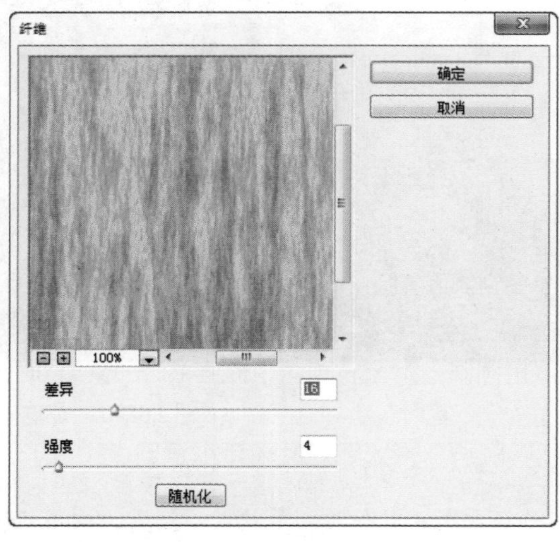


图 9-180

图 9-181

### “纤维”对话框参数详解

- 差异：用于设置颜色变化的方式。较低的数值可以生成较长的颜色条纹，如图 9-182 所示；较高的数值可以生成较短且颜色分布变化更大的纤维，如图 9-183 所示。
- 强度：用于设置纤维外观的明显程度。
- 随机化：单击该按钮，可以随机生成新的纤维。

图 9-182

图 9-183

## 9.7.6 云彩

“云彩”滤镜可以根据前景色和背景色随机生成柔和的云彩图案，该滤镜没有设置对话框，所以多次执行该命令，可以得到更佳的云彩效果。首先设置合适的前景色和背景色，如图 9-184 所示。然后，执行“滤镜 > 渲染 > 云彩”菜单命令，图 9-185 所示为应用了“云彩”滤镜后的效果。

图 9-184

图 9-185

## 9.8　制作“杂色”滤镜效果

“杂色”滤镜组主要是为图像添加或移去杂色，也可以淡化图像中的某些感染颗粒的影响，这样有助于将选择的像素混合到周围的像素中。“杂色”滤镜组包含 5 种滤镜，即“减少杂色”“蒙尘与划痕”“去斑”“添加杂色”和“中间值”。图 9-186~ 图 9-188 所示为优秀的瓶子包装设计。

图 9-186

图 9-187

图 9-188

### 9.8.1　减少杂色

“减少杂色”滤镜可以基于影响整个图像或各个通道的参数设置来保留边缘并减少图像中的杂色。打开一张图片，如图 9-189 所示。然后执行“滤镜 > 杂色 > 减少杂色”菜单命令，打开“减少杂色”对话框，如图 9-190 所示。

图 9-189

图 9-190

#### "减少杂色"对话框参数详解

在"减少杂色"对话框中选中"基本"单选按钮，可以设置"减少杂色"滤镜的基本参数。

- 强度：用于设置应用于所有图像通道的明亮度杂色的减少量。
- 保留细节：用于控制保留图像的边缘和细节（例如头发）的程度。当数值为 100% 时，可以保留图像的大部分细节，但是会将明亮度杂色减到最低。
- 减少杂色：删除随机的颜色像素。数值越大，减少的颜色杂色越多。
- 锐化细节：用于设置删除图像杂色时锐化图像的程度。
- 移除 JPEG 不自然感：勾选复选框后，可以删除因 JPEG 压缩而产生的不自然感。

在"减少杂色"对话框中选中"高级"单选按钮，可以设置"减少杂色"滤镜的高级参数。其中，"整体"选项卡与基本参数完全相同，如图 9-191 所示；"每通道"选项卡可以基于红、绿、蓝通道来减少通道中的杂色，如图 9-192~ 图 9-194 所示。

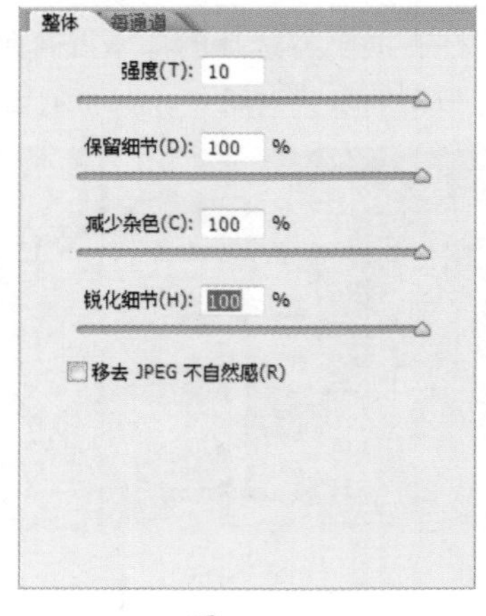


图 9-191

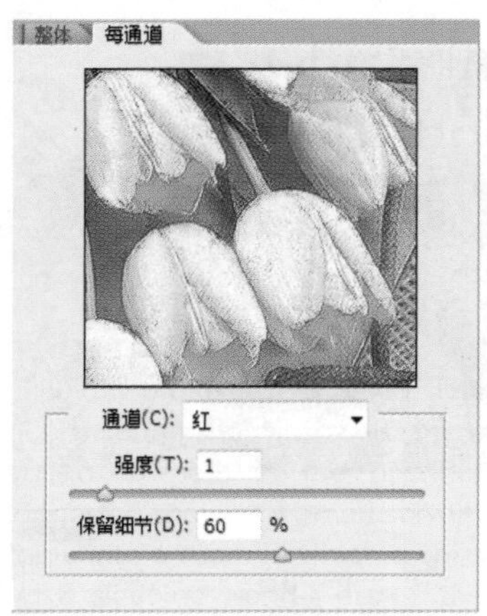


图 9-192

图 9-193

图 9-194

### 9.8.2 蒙尘与划痕

"蒙尘与划痕"滤镜可以通过修改具有差异化的像素来减少杂色，能够删除图像上的灰尘、瑕疵、草图和痕迹等，还可以删除除图像轮廓以外其他部分的杂点，使画面更加柔和。打开素材图片，如图 9-195 所示。执行"滤镜 > 杂色 > 蒙尘与划痕"菜单命令，打开"蒙尘与划痕"对话框。在此对话框中通过设置"半径"选项来控制柔化图像边缘的范围；通过设置"阈值"选项来定义像素的差异有多大时才被视为杂点，数值越高，消除杂点的能力越弱，如图 9-196 所示。图 9-197 所示为应用了"蒙尘与划痕"滤镜的效果。

图 9-195

图 9-196

图 9-197

## 9.8.3 去斑

"去斑"滤镜可以检测图像的边缘（发生显著颜色变化的区域），并模糊除边缘外的所有区域，同时保留图像的细节（该滤镜没有参数设置对话框）。图 9-198 和图 9-199 所示为原始图像和应用了"去斑"滤镜后的效果。

图 9-198

图 9-199

## 9.8.4 添加杂色

"添加杂色"滤镜可以在图像中添加随机像素，也可以用于修缮图像中经过重大编辑的区域。打开一张素材图片，如图 9-200 所示。执行"滤镜 > 杂色 > 添加杂色"菜单命令，打开"添加杂色"对话框，如图 9-201 所示。图 9-202 所示为应用了"添加杂色"滤镜的效果。

图 9-200

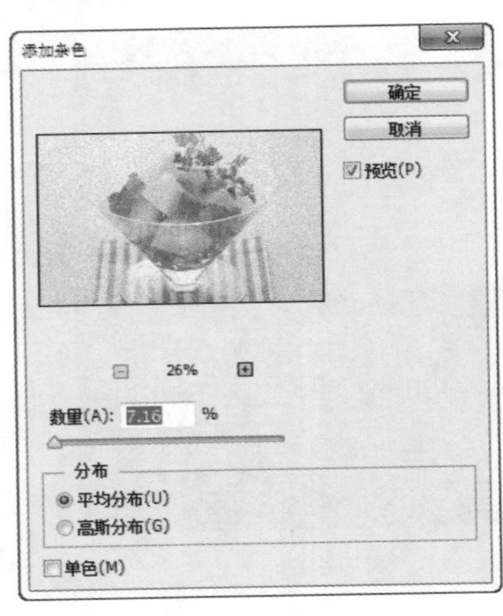

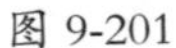

图 9-201

图 9-202

### “添加杂色”对话框参数详解

- 数量：用于设置添加到图像中的杂点的数量。
- 分布：选中“平均分布”单选按钮，可以随机向图像中添加杂点，杂点效果比较柔和；选中“高斯分布”单选按钮，可以沿一条钟形曲线分布杂色的颜色值，以获得斑点状的杂点效果。
- 单色：勾选该复选框后，杂点只影响原有像素的亮度，并且像素的颜色不会发生改变。

## 9.8.5 中间值

“中间值”滤镜可以混合选区中像素的亮度，以减少图像的杂色。该滤镜会搜索像素选区的半径范围以查找亮度相近的像素，并且会扔掉与相邻像素差异太大的像素，然后用搜索到的像素的中间亮度值来替换中心像素。

打开一张图片，如图 9-203 所示。执行“滤镜 > 杂色 > 中间值”菜单命令，打开“中间值”对话框，在该对话框中通过设置“半径”来控制搜索像素选区的半径范围，如图 9-204 所示。图 9-205 所示为应用“中间值”滤镜后的效果。

图 9-203

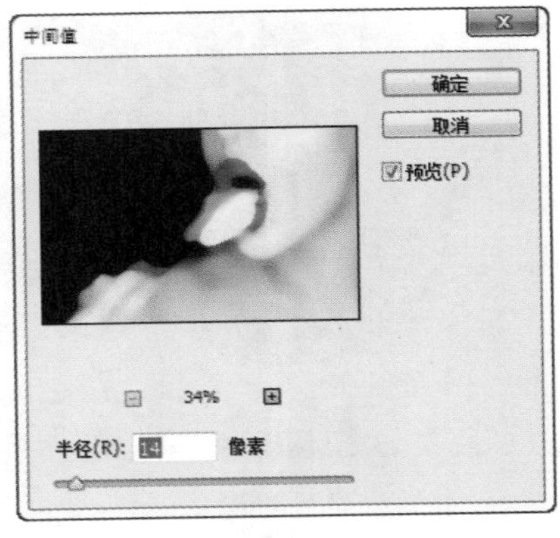


图 9-204

图 9-205

## 9.9 "其它"滤镜组

"其它"滤镜组中的有些滤镜可以允许用户自定义滤镜效果，有些滤镜可以修改蒙版或在图像中使选区发生位移和快速调整图像颜色。"其它"滤镜组包含 5 种滤镜，即"高反差保留""位移""自定""最大值"和"最小值"。图 9-206~ 图 9-209 所示为优秀的平面设计作品欣赏。

图 9-206

图 9-207

图 9-208

图 9-209

### 9.9.1 高反差保留

"高反差保留"滤镜可以在具有强烈颜色变化的地方按指定的半径来保留边缘细节，并且不显示图像的其余部分。打开一张图片，如图 9-210 所示。执行"滤镜 > 其它 > 高反差保留"菜单命令，打开"高反差保留"对话框，在该对话框中，通过更改"半径"选项来控制滤镜分析处理图像时像素的范围。数值越大，所保留的原始像素就越多，如图 9-211 所示。当数值为 0.1 像素时，仅保留图像边缘的像素，效果如图 9-212 所示。

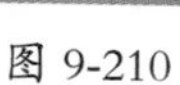

图 9-210

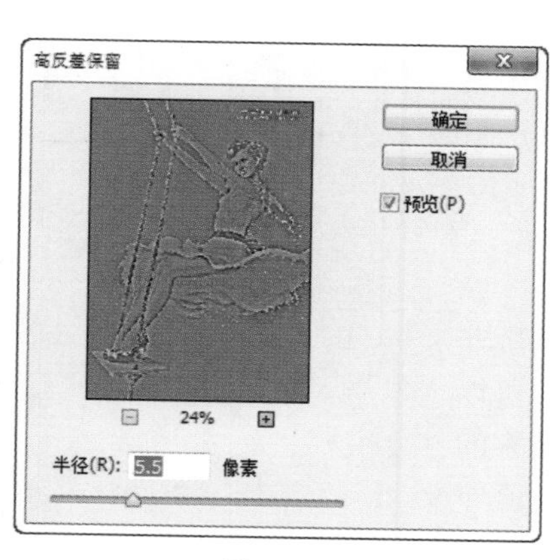


图 9-211

图 9-212

### 9.9.2 位移

"位移"滤镜可以将图像位移进行位移处理，通过输入水平和垂直方向的数值来移动图像，并使用所选的填充内容对移动后的原区域进行填充。打开一张图片，如图 9-213 所示。执行"滤镜 > 其它 > 位移"菜单命令，打开"位移"对话框，如图 9-214 所示。图 9-215 所示为应用了"位移"滤镜的效果。

图 9-213

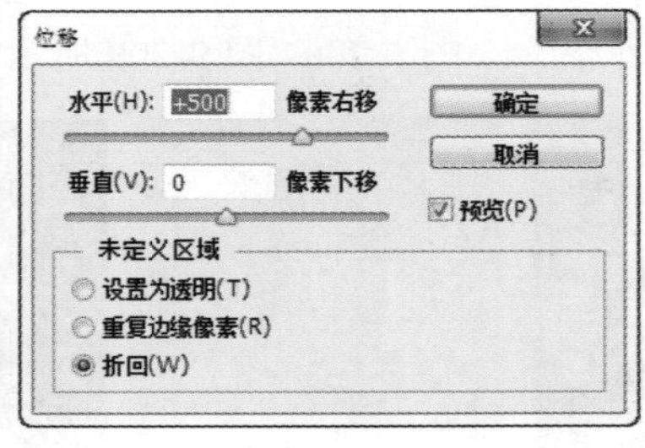


图 9-214

图 9-215

“位移”对话框参数详解

- 水平：用于设置图像像素在水平方向上的偏移距离。当数值为正值时，图像会向右偏移，同时左侧会出现空缺。
- 垂直：用于设置图像像素在垂直方向上的偏移距离。当数值为正值时，图像会向下偏移，同时上方会出现空缺。
- 未定义区域：用于选择图像发生偏移后填充空白区域的方式。当选中“设置为透明”单选按钮时，可以用背景色填充空缺区域；当选中“重复边缘像素”单选按钮时，可以在空缺区域填充扭曲边缘的像素颜色；当选中“折回”单选按钮时，可以在空缺区域填充溢出图像之外的图像内容。

## 9.9.3 自定

“自定”滤镜可以设计用户自己的滤镜效果，该滤镜可以根据预定义的“卷积”数学运算来更改图像中每个像素的亮度值。图 9-216 所示为“自定”对话框。

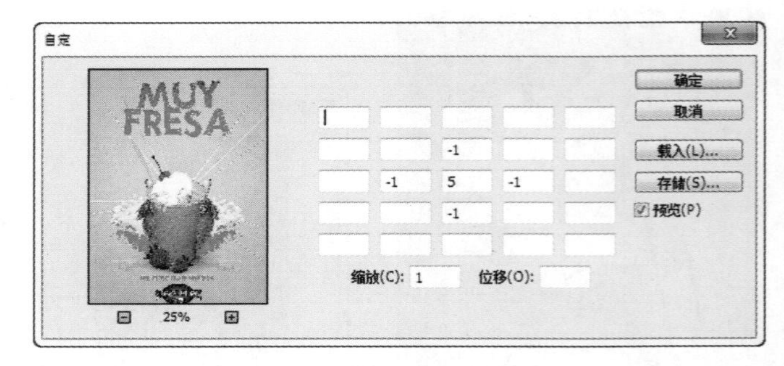


图 9-216

## 9.9.4 最大值

“最大值”滤镜对于修改蒙版非常有用，该滤镜具有阻塞功能，可以在指定的半径范围内，用周围像素的最高亮度值替换当前像素的亮度值。

打开一张素材图片，如图 9-217 所示。执行“滤镜 > 其它 > 最大值”菜单命令，打开“最大值”对话框。在该对话框中，通过设置“半径”选项来控制周围像素的最高亮度值，以此替换当前像素的亮度值的范围，如图 9-218 所示。图 9-219 所示为应用了“最大值”滤镜的效果。

图 9-217

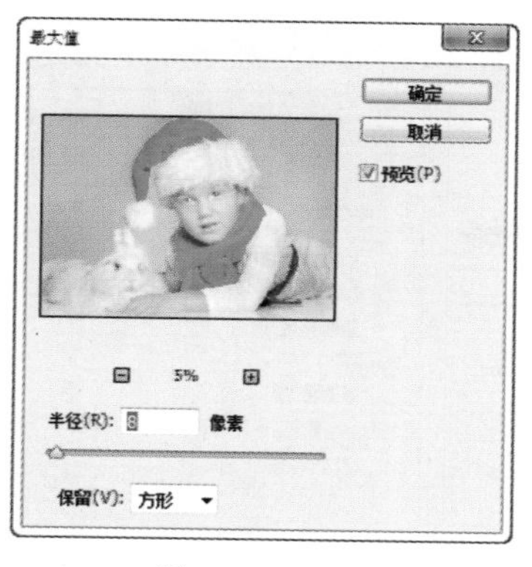

图 9-218

图 9-219

### 9.9.5 最小值

“最小值”滤镜具有伸展功能，可以扩展黑色区域，而收缩白色区域。打开一张图片，执行“滤镜 > 其它 > 最大值”菜单命令，打开“最小值”对话框，如图 9-220 所示。通过设置“半径”选项来设置滤镜扩展黑色区域和收缩白色区域的范围。图 9-221 所示为应用了“最小值”滤镜的效果。

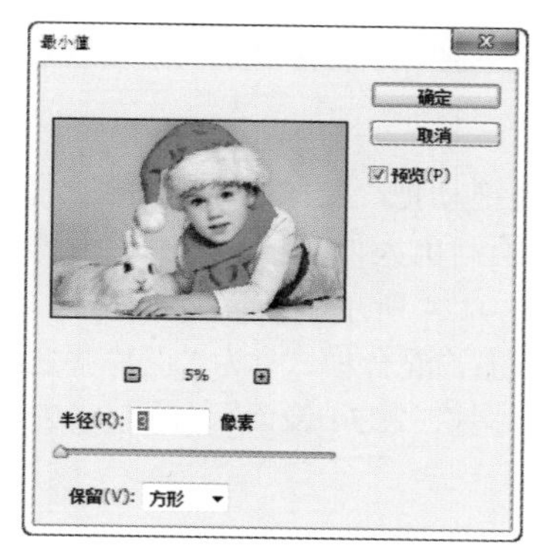

图 9-220

图 9-221

## 9.10 “滤镜”实战——使用滤镜打造漫画人像效果

本案例主要利用滤镜效果，调整图层和图层样式，制作漫画人像，具体步骤如下。

（1）打开本书配套光盘中的素材文件“1.jpg”，如图 9-222 所示。复制两次背景图层，并命名为“人像副本”和“人像副本 2”。首先，处理“人像副本”图层内容，使用“矩形选框工具”绘制大的选框（留出四周边框的大小即可），按 <Ctrl+Shift+I> 快捷键反向选择，再按 <Delete> 键删除选区。然后执行“滤镜 > 风格化 > 照亮边缘”菜单命令，设置参数如图 9-223 所示。

图 9-222

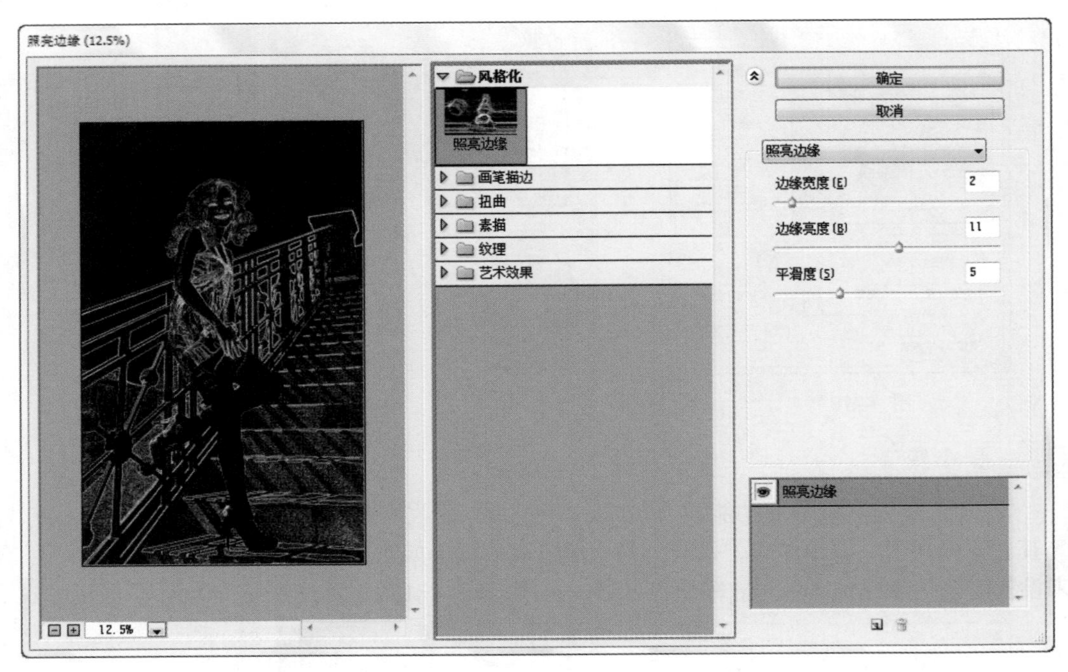


图 9-223

（2）制作完成后，设置图层的混合模式为“滤色”，通过拖动把“人像副本”图层放置在“人像”图层的下面。接着使用“钢笔工具”在“人像”图层中绘制出人像选区，添加图层蒙版，人像被抠出，此时“人像”和“人像副本”显示出的效果如图 9-224 所示。下面为“人像”图层添加图层样式，在“图层样式”对话框中勾选“投影”复选框，设置“混合模式”为“正片叠底”、“不透明度”为 100%、“角度”为 30 度、“扩展”为 28%、“大小”为 54 像素，如图 9-225 所示。

图 9-224

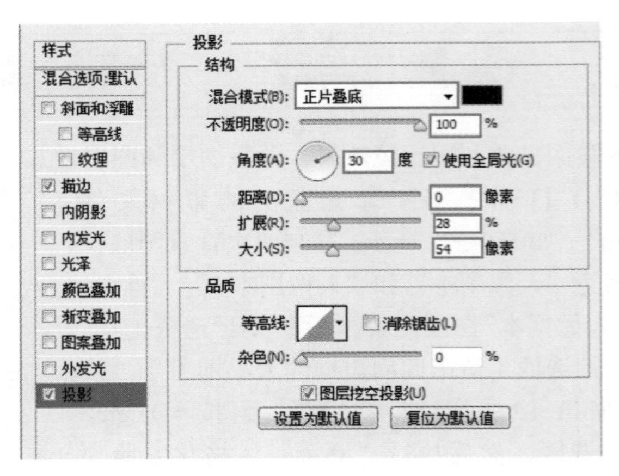


图 9-225

（3）勾选“描边”复选框，设置“大小”为 9 像素、“位置”为“外部”、“混合模式”为“正常”、“不透明度”为 100%、“填充类型”为“颜色”，设置为白色，如图 9-226 所示。此时，画面效果如图 9-227 所示。

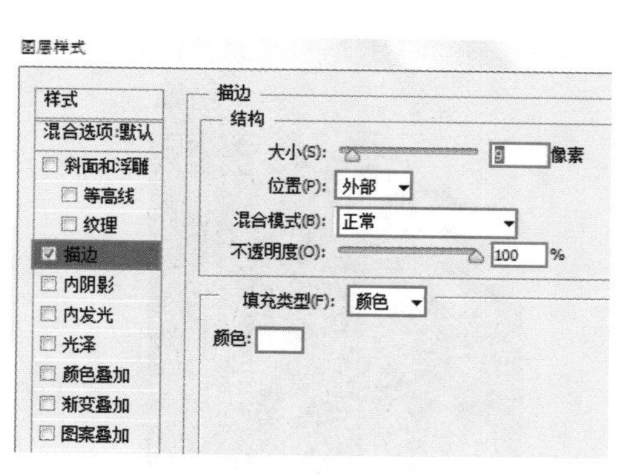


图 9-226

图 9-227

（4）制作“人像副本 2”的内容。先把“人像副本 2”图层拖动至“人像副本”图层下面，如图 9-228 所示。然后执行“滤镜>像素化>色彩半调”菜单命令，参数设置如图 9-229 所示。此时，人像背景会出现许多网格，如图 9-230 所示。

图 9-228

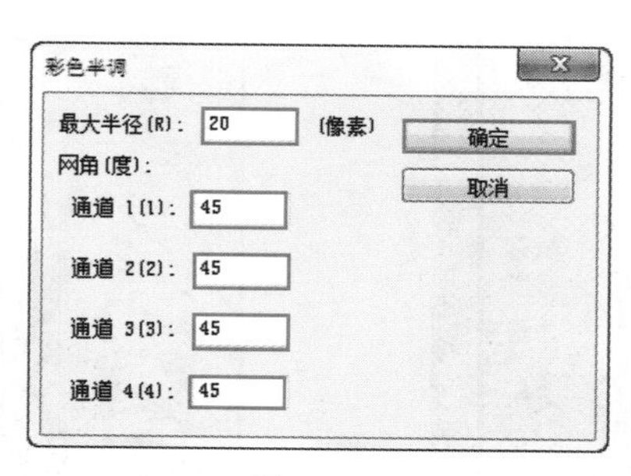


图 9-229

图 9-230

（5）为“人像副本 2”添加渐变映射。创建新的“渐变映射”调整图层，在“渐变映射”工作区中调整颜色，参数设置如图 9-231 所示，画面效果如图 9-232 所示。

图 9-231

图 9-232

（6）创建新的“曲线”调整图层，在“曲线”工作区中调整颜色，参数设置如图 9-233 所示。此时，画面效果如图 9-234 所示。

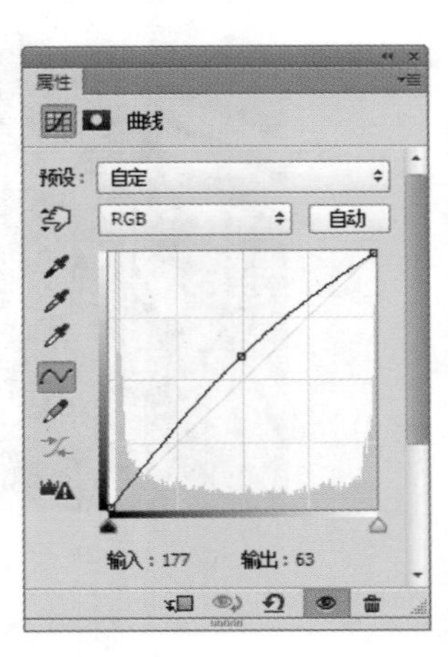


图 9-233

图 9-234

（7）创建新图层，为图像添加边框，使用“矩形选框工具”和“钢笔工具”来绘制边框（注意边框图层要放置在“人像副本”图层下面），效果如图 9-235 所示。然后导入艺术字素材“2.png”，最终效果如图 9-236 所示。

图 9-235

图 9-236

# 第 10 章 文字的编辑与应用

在一个优秀的平面设计作品中，文字信息是让人了解作品的重要途径。丰富多样的文字设计，不仅可以传递作品的思想，还可以通过文字让画面更加丰富。在 Photoshop 中提供了完善的文字创建和编辑功能，利用多种文字工具可以为图像添加任意文字。创建文字还可利用各种文字编辑选项更改文字属性，或对文字进行变形、沿路径排列、转换为形状等高级编辑，让文字效果更加艺术化。

学习要点：

在本章中，首先学习文字工具，然后学习创建不同类型的文字，不同类型的文字适合不同的场合，所以在实际操作中要灵活、多变地应用不同类型的文字。在本章还有另外两个学习的重点，即使用“字符”面板和“段落”面板以及编辑文字。学习了这些关于文字的知识，就可以随心所欲地进行排版了。

佳作欣赏

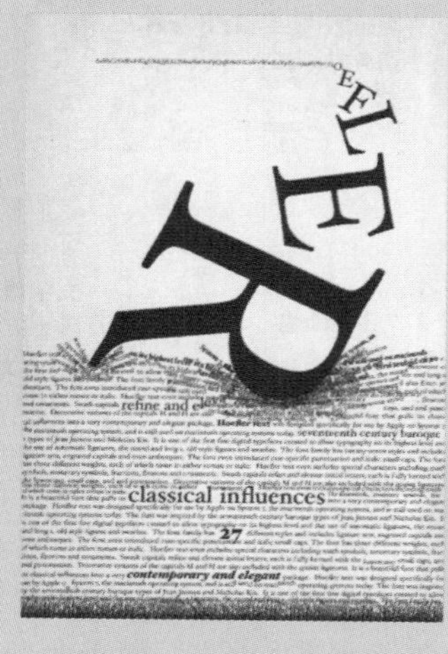

## 10.1 工具速查——文字工具

在 Photoshop CC 中，为图像添加或编辑文字是非常简单的，用户可以根据设计所需选择合适的文字工具在画面中创建不同的文字效果。文字工具组中提供了 4 种工具，即“横排文字工具”和“直排文字工具”，主要用来创建点文字、段落文本和路径文字，如图 10-1 所示；“横排文字蒙版工具”和“直排文字蒙版工具”，主要用来创建文字选区，如图 10-2 所示。

图 10-1

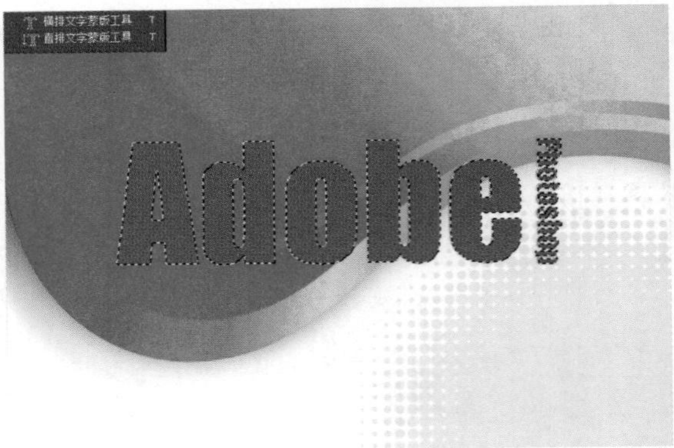

图 10-2

Photoshop 中提供了两种创建实体文字的工具，分别是“横排文字工具”和“直排文字工具”。“横排文字工具”用于输入横向排列的文字；“直排文字工具”用于输入竖向排列的文字。“横排文字工具”与“直排文字工具”的选项栏参数基本相同，下面以“横排文字工具”的选项栏为例，认识文字的选项栏，如图 10-3 所示。

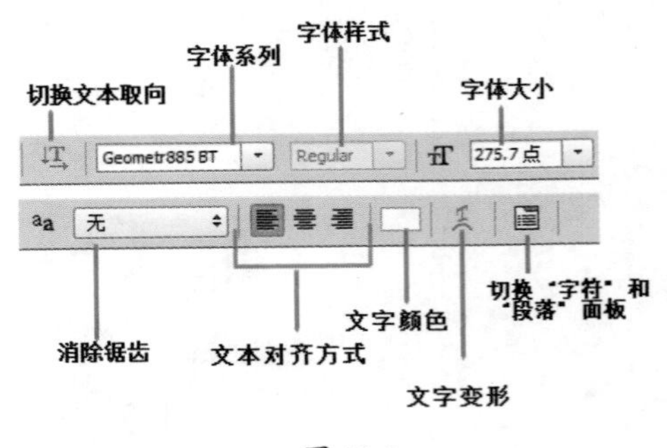


图 10-3

### 1. 切换文本取向

在选项栏中单击“切换文本取向”按钮，可以将横向排列的文字更改为直向排列的文字，如图 10-4 和图 10-5 所示；也可以执行“类型 > 取向 > 水平 / 垂直”菜单命令。

图 10-4

图 10-5

### 2. 设置字体

在选项栏中单击设置字体系列下拉箭头，并在下拉列表框中选择合适的字体，如图 10-6 和图 10-7 所示。

图 10-6

图 10-7

### 3. 设置字体样式

字体样式只针对部分英文字体有效。输入字符后，可以在选项栏中设置字体的样式。

### 4. 设置字体大小

输入文字后，如果要更改字体的大小，可以直接在选项栏中输入数值，也可以在下拉列表框中选择预设的字体大小。若要改变部分字符的大小，则需要选中需要更改的字符后进行设置，如图 10-8 和图 10-9 所示。

图 10-8

图 10-9

### 5. 消除锯齿

输入文字后，可以在选项栏中为文字指定一种消除锯齿的方式。选择“无”方式时，Photoshop 不会应用消除锯齿；选择“锐利”方式时，文字的边缘最为锐利；选择“犀利”方式时，文字的边缘就比较锐利；选择“浑厚”方式时，文字会变粗一些；选择“平滑”方式时，文字的边缘会非常平滑。

### 6. 设置文本对齐

文本对齐方式是根据输入字符时光标的位置来设置文本的对齐方式。图 10-10~ 图 10-12 所示分别为“左对齐文本”、“居中对齐文本”和“右对齐文本”。

图 10-10

图 10-11

图 10-12

### 7. 设置文本颜色

输入文本时，文本颜色默认为前景色。如果要修改文字颜色，则只需选中该文字，然后在选项栏中单击颜色块，选择合适的颜色即可。图 10-13 和图 10-14 所示分别为原图与修改文字颜色后的效果。

图 10-13

图 10-14

### 8. 创建文字变形

选中文本，单击“文字变形”按钮即可在弹出的窗口中为文本设置变形效果。输入文字后，在文字工具的选项栏中单击“文字变形”按钮，打开“变形文字”对话框，如图 10-15 所示。在该对话框中可以选择变形文字的方式。图 10-16 所示是这些变形文字的效果。

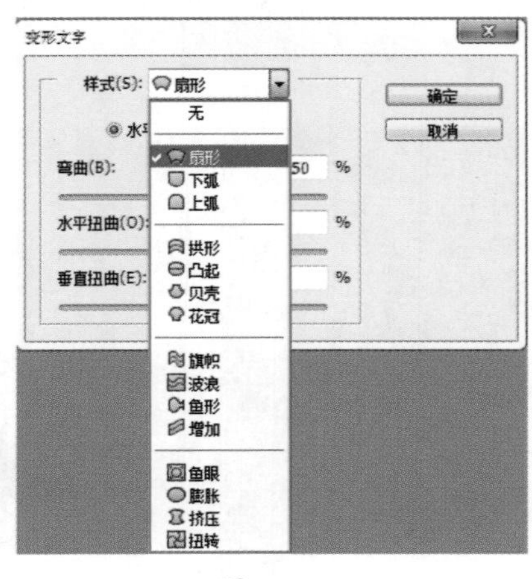


图 10-15

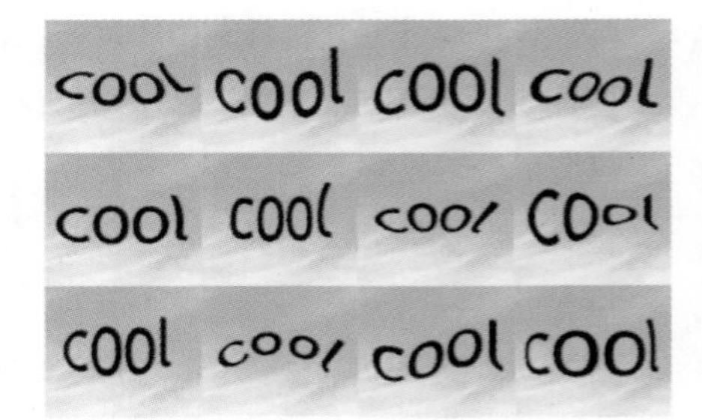


图 10-16

## 10.2　创建不同类型的文字

在设计中经常需要使用多种版式类型的文字，在 Photoshop 中将文字分为几个类型，例如，点文字、段落文本、路径文字和变形文字等。图 10-17~ 图 10-20 所示为一些包含多种文字类型的作品。

图 10-17

图 10-18

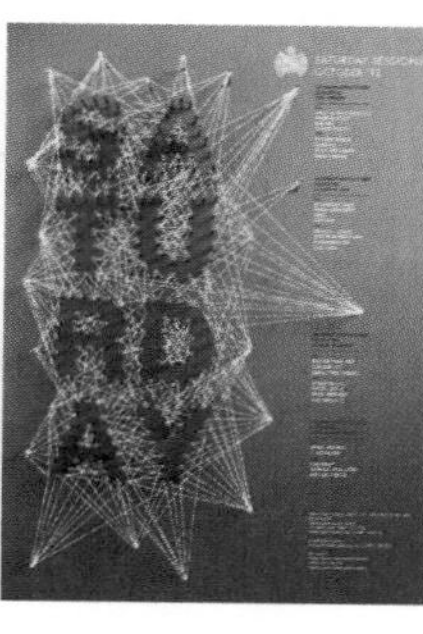

图 10-19

图 10-20



### 10.2.1　点文字

点文字是较为常用的文字输入方式，它最大的特点是在输入文字的过程中，随着文字长度的增加不会自动转换，需要手动使用 <Enter> 键进行换行。

**1. 输入点文字**

单击工具箱中的“横排文字工具” T，在画面中单击，可以看到闪动的光标，如图 10-21 所示。然后输入字符，如图 10-22 所示。

图 10-21

图 10-22

**2. 修改点文字**

如果要修改文本内容，则可以在“图层”面板中双击文字图层，如图 10-23 所示。此时，该文字图层的文本处于全部选中的状态，如图 10-24 所示。

图 10-23

图 10-24

**3. 修改部分文字的属性**

若要修改部分文字的属性，如文字大小、颜色和字形等。首先需要把修改的文字选中，然后将光标插入到修改文字的前方或后方，如图 10-25 所示。接着按住鼠标左键拖动，即可选中需要更改的字符，如图 10-26 所示。最后可以进行字形的修改，如图 10-27 所示。

使用同样的方法还可以对文字的颜色进行修改，效果如图 10-28 所示。

图 10-25

图 10-26

图 10-27

图 10-28

> 小技巧：快速选择文字
>
> 在文本输入状态下，单击鼠标左键 3 次可以选择一行文字；单击鼠标左键 4 次可以选择整个段落的文字；按 <Ctrl+A> 快捷键可以选择所有的文字。

## 10.2.2 段落文本

段落文本可以将一段文字统一放置在一个区域，具有自动换行、可调整文字区域大小等优势，所以常用在大量的文本排版中，如海报和画册等。图 10-29 和图 10-30 所示为杂志中的段落文本。

图 10-29

图 10-30

**1. 输入段落文本**

打开素材图片，然后单击工具箱中的“横排文字工具”T，设置合适的字体及大小，接着在画面中的空白区域按住鼠标左键进行拖动，可以绘制出段落文本框，如图 10-31 所示。最后在其中输入文字，如图 10-32 所示。

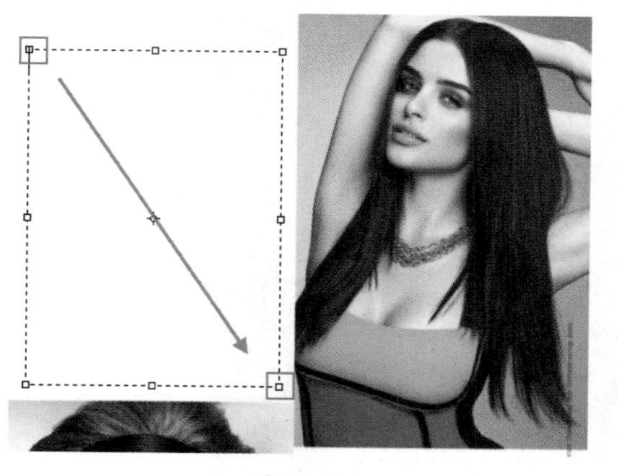

图 10-31

图 10-32

**2. 调整段落文本框**

使用“横排文字工具”T在段落文本中单击，显示出文字的定界框。拖动控制点调整定界框的大小，文字会在调整后的定界框内重新排列，如图 10-33 所示。当定界框较小而不能显示全部文字时，它右下角的控制点会变为⊞状。

将光标移至定界框外，当指针变为弯曲的双向箭头时，拖动鼠标可以旋转文字，如图 10-34 所示。在旋转过程中如果按住 <Shift> 键，则能以 15° 为增量进行旋转。

图 10-33

图 10-34

**3. 完成编辑操作**

如果想要完成对文本的编辑操作，则可以单击工具选项栏中的✓按钮或使用 <Ctrl+Enter> 快捷键。如果要放弃对文字的修改，则可以单击工具选项栏中的⊘按钮或按 <Esc> 键。

## 10.2.3 路径文字

路径文字是将文字依附于绘制好的路径上，使文字的位置按路径走势排列。图 10-35 和图 10-36 所示为使用到路径文字制作的海报。在 Photoshop 中，为了制作路径文字，需要先绘制路径，然后将文字工具移动到路径上并单击，创建的文字就会沿着路径排列。改变路径形状时，文字的排列方式也会随之发生改变。

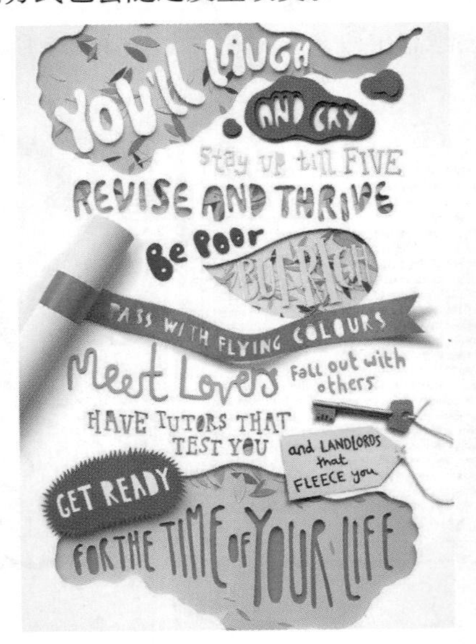


图 10-35

图 10-36

（1）打开素材图片，如图 10-37 所示。选择工具箱中的“钢笔工具”，在选项栏中设置“绘制模式”为路径。在画面中绘制弧形路径，如图 10-38 所示。

图 10-37

图 10-38

（2）选择“横排文字工具”，在选项栏中设置合适的字体，设置“字体大小”数值为 28 点，颜色为白色。将鼠标移动到路径上，当鼠标变为输入状态时即可输入文字，如图 10-39 所示。在画面中输入文字，效果如图 10-40 所示。

（3）选中文字图层，执行“图层 > 图层样式 > 渐变叠加”菜单命令，设置“不透明度”为 100%，渐变设置为一个蓝色至白色的渐变，“角度”为 90 度。单击“确定”按钮，如图 10-41 所示。至此，路径文字制作完成。画面最终效果如图 10-42 所示。

图 10-39

图 10-40

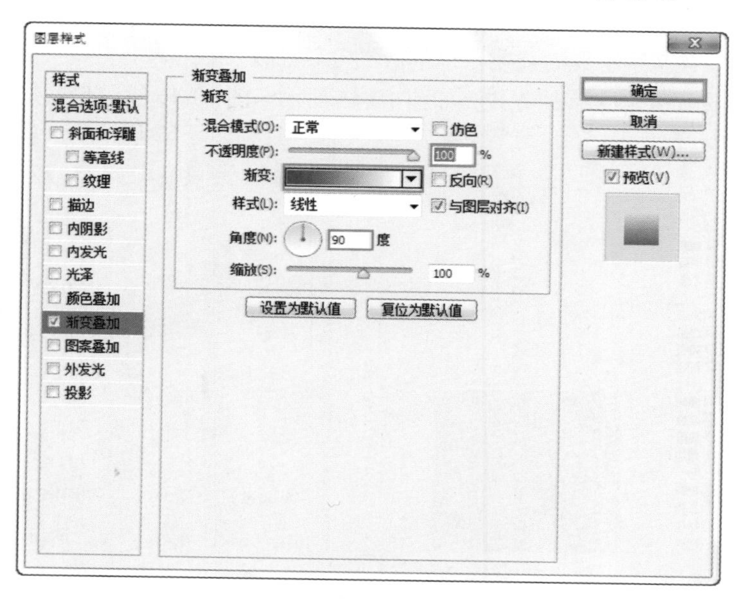


图 10-41

图 10-42

## 10.2.4 变形文字

应用文字变形功能可以设定文字的形状，可以对文字进行弯曲、拉伸或扭曲等操作。设置变形的文字还可以通过在创建的形状路径上添加文字，自由地设置文字的变形效果。而且这些操作是在文字不栅格的状态下进行操作的。图 10-43 和图 10-44 所示为使用“变形文字”制作的平面设计作品。

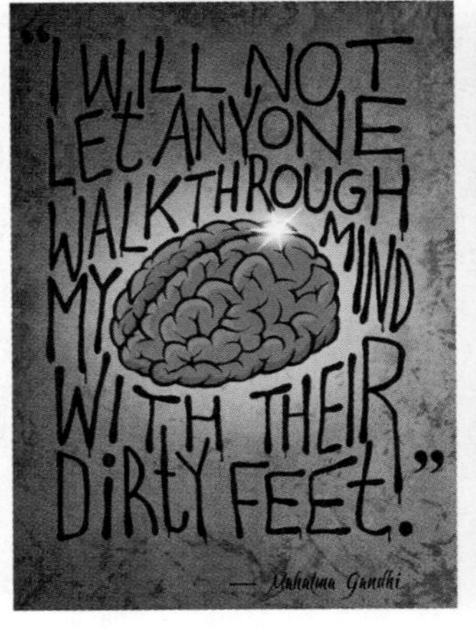


图 10-43

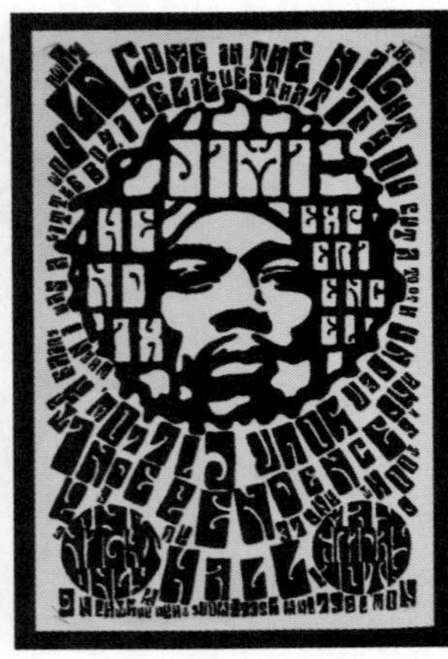

图 10-44

输入文字以后，在文字工具的选项栏中单击“文字变形”按钮，打开“变形文字”对话框，在该对话框中可以选择变形文字的方式，如图 10-45 所示。图 10-46 所示是这些变形文字的效果。

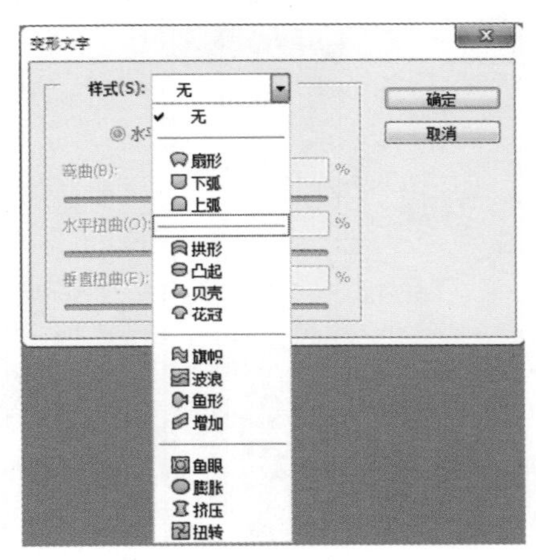


图 10-45

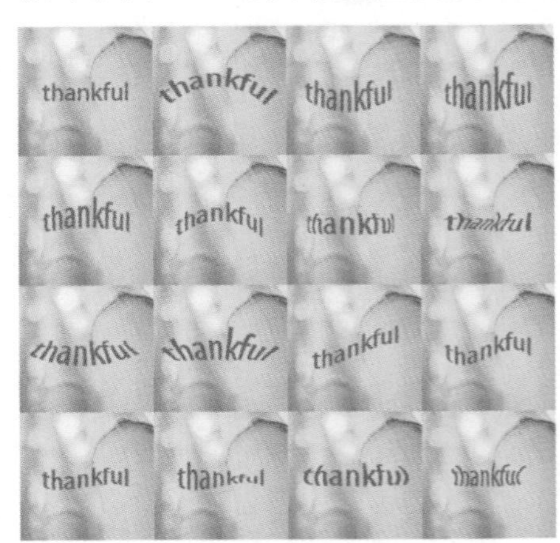


图 10-46

**你问我答：** 在对文字进行变形时为什么总会弹出对话框？

对带有“仿粗体”样式的文字进行变形会弹出如图 10-47 所示的窗口，单击“确定”按钮将删除文字的“仿粗体”样式，而且经过变形操作的文字不能添加“仿粗体”样式。

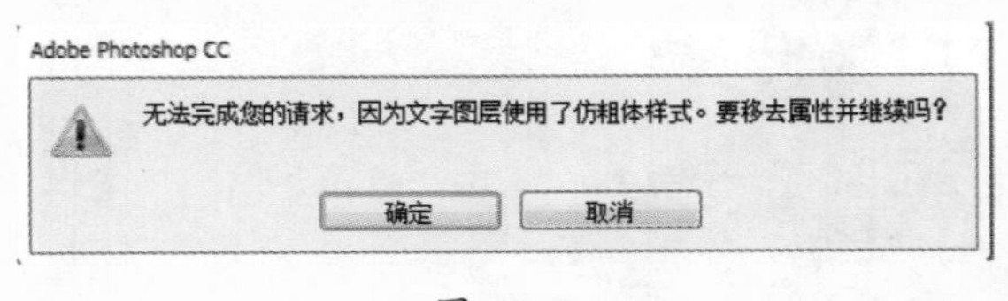


图 10-47

创建变形文字后，可以调整其他参数选项以调整变形效果，每种样式都包含相同的参数选项。下面以“旗帜”样式为例，介绍变形文字的各项功能。图 10-48 所示为“旗帜”效果，图 10-49 所示为“变形文字”对话框中的“旗帜”选项。

HAPPY

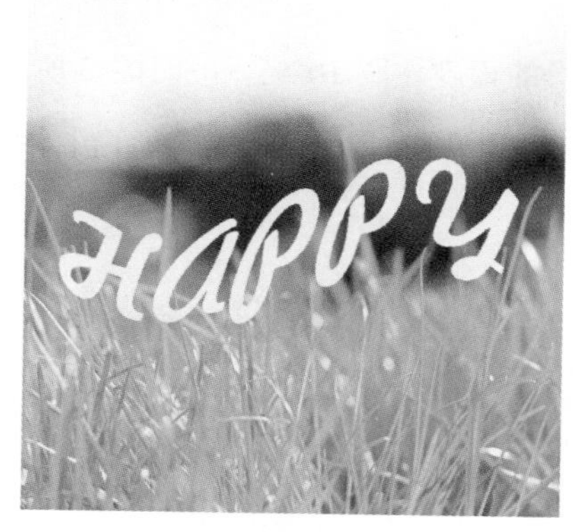

图 10-48

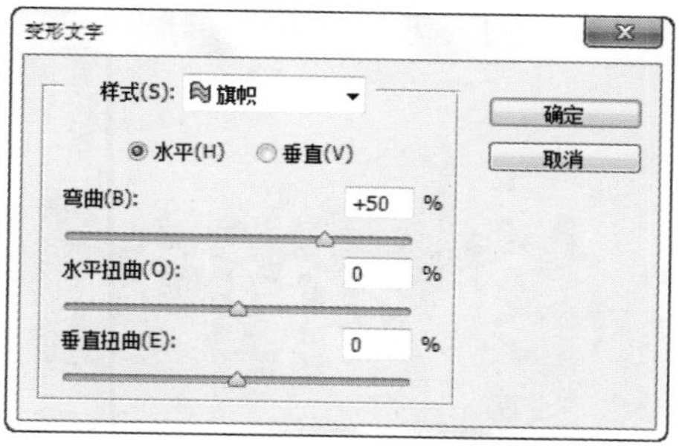

变形文字
样式(S): 旗帜
确定
取消
水平(H)
垂直(V)
弯曲(B): +50 %
水平扭曲(O): 0 %
垂直扭曲(E): 0 %

图 10-49

**1. 设置“水平”和“垂直”单选按钮**

“水平”和“垂直”单选按钮用于控制文字扭曲的方向。当选中“水平”单选按钮时，文本扭曲的方向为水平方向，如图 10-50 所示；当选中“垂直”单选按钮时，文本扭曲的方向为垂直方向，如图 10-51 所示。

HAPPY

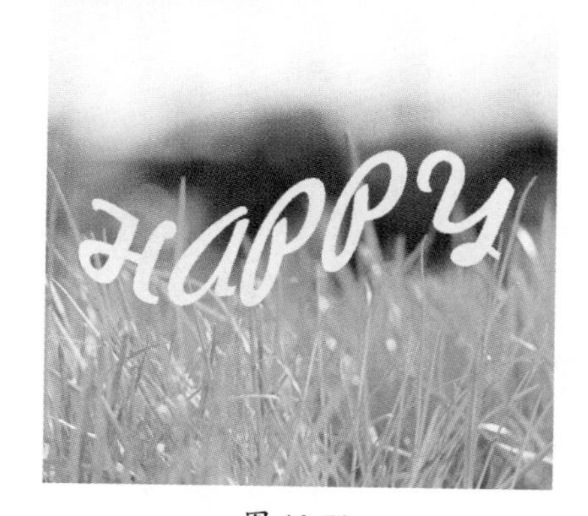

图 10-50

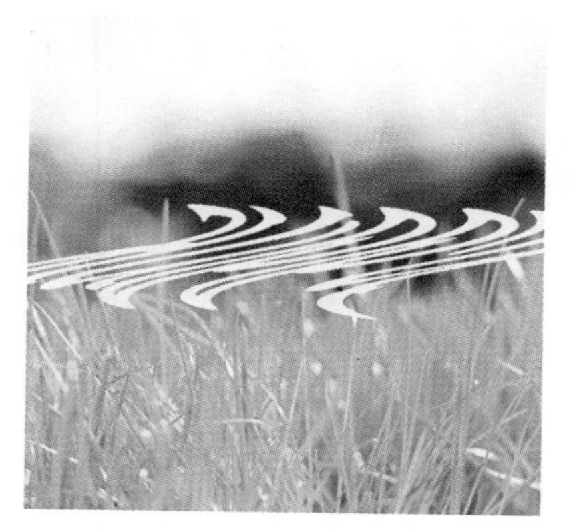

图 10-51

**2. 设置“弯曲”选项**

“弯曲”选项用于设置文本的弯曲程度。图 10-52 和图 10-53 所示分别是“弯曲”为 – 50% 和 100% 时的效果。

HAPPY

图 10-52

HAPPY

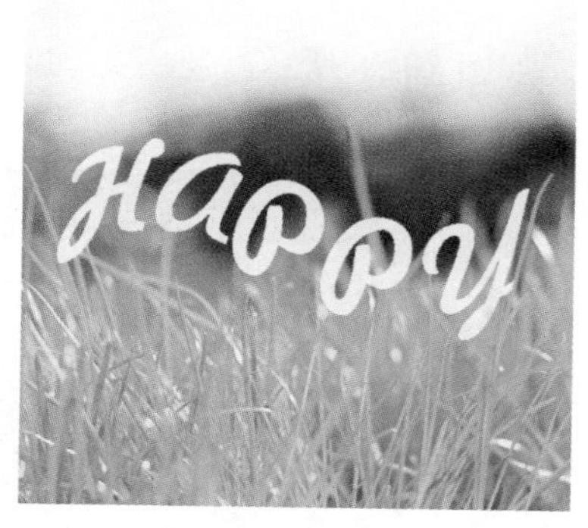

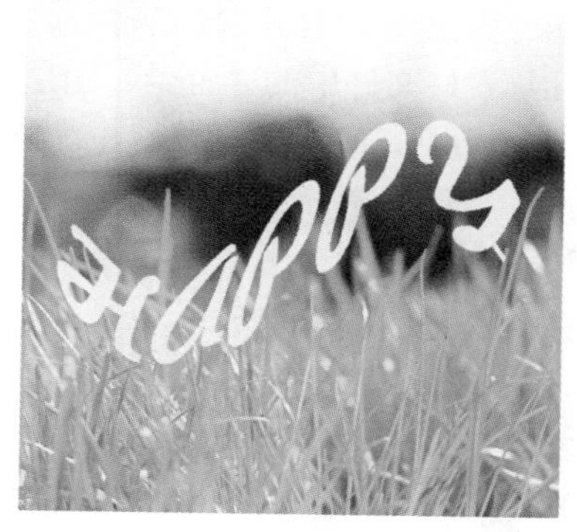

图 10-53

**3. 设置“水平扭曲”选项**

“水平扭曲”选项用于设置水平方向的透视扭曲变形的程度，图 10-54 和图 10-55 所示分别是“水平扭曲”为－70% 和 86% 时的扭曲效果。

图 10-54

图 10-55

**4. 设置“垂直扭曲”选项**

“垂直扭曲”选项用于设置垂直方向的透视扭曲变形的程度，图 10-56 和图 10-57 所示分别是“垂直扭曲”为－60% 和 60% 时的扭曲效果。

图 10-56

图 10-57

## 10.2.5 玩转变形文字——化妆品海报设计

本案例将使用文字工具输入文字，并通过“创建文字变形”功能将文字进行变形，然后将文字选中进行颜色变换，具体步骤如下。

（1）打开素材文件中的“背景”图层“1.jpg”，如图 10-58 所示。使用文字工具，设置颜色为白色，选择合适的字体及字号，并在画面中输入文字，效果如图 10-59 所示。

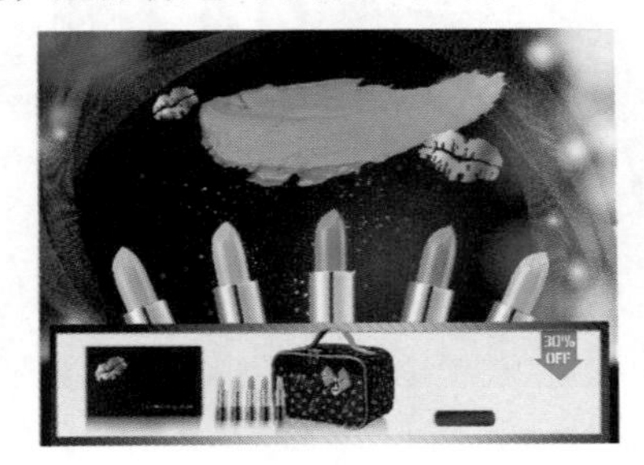

图 10-58

图 10-59

（2）将文字变形。单击选项栏中的“文字变形”按钮，在弹出的对话框中选择“样式”为“旗帜”，设置“弯曲”为 25%、“水平扭曲”为 5%、“垂直扭曲”为 0%，参数设置如图 10-60 所示，效果如图 10-61 所示。

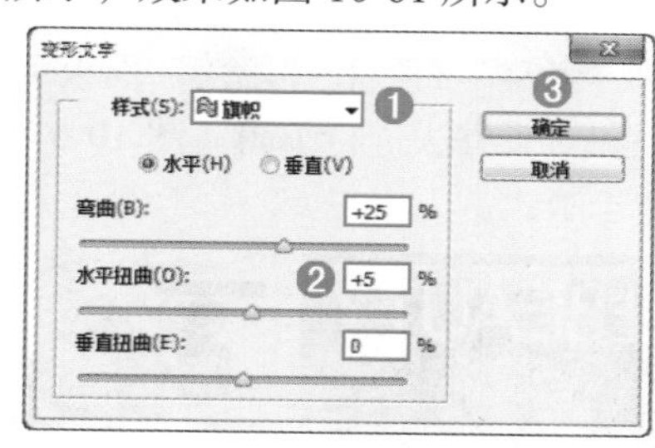


图 10-60

图 10-61

（3）继续选择文字工具，设置颜色为白色，选择合适的字体及字号并在图像中输入文字，效果如图 10-62 所示。

（4）给文字换颜色。将文字选中，如图 10-63 所示，将颜色换为绿色，效果如图 10-64 所示。

图 10-62

图 10-63

图 10-64

（5）使用同样的方法为其他的文字换颜色，效果如图 10-65 所示。继续输入其他文字，最终效果如图 10-66 所示。

图 10-65

图 10-66

## 10.3 编辑字符 / 段落属性

创建了段落文本后，若想对文字效果做进一步编辑以得到更好的效果，这时就需要使用“字符”面板和“段落”面板来完成这一系列的编辑。使用“字符”面板和“段落”面板可以对文字的字体、大小、颜色等属性进行编辑，还可以对行间距和对齐方法进行编辑。图 10-67~ 图 10-70 所示为可能使用“字符”面板或“段落”面板制作的杂志版式。

图 10-67

图 10-68

图 10-69

图 10-70

### 10.3.1 “字符”面板

在平面设计中，文字不仅是信息的表达，也是视觉传达最直接的方式。在画面中运用好文字，首先要掌握字体、字号、字距、行距等参数的设置方法。使用“字符”面板能够更好地对文字的不同属性进行设置，除了包括常见的字体系列、字体样式、字体大小、文字颜色和消除锯齿等设置，还包括如行距、字距等常见设置。执行“窗口 > 字符”菜单命令，打开“字符”面板，如图 10-71 所示。

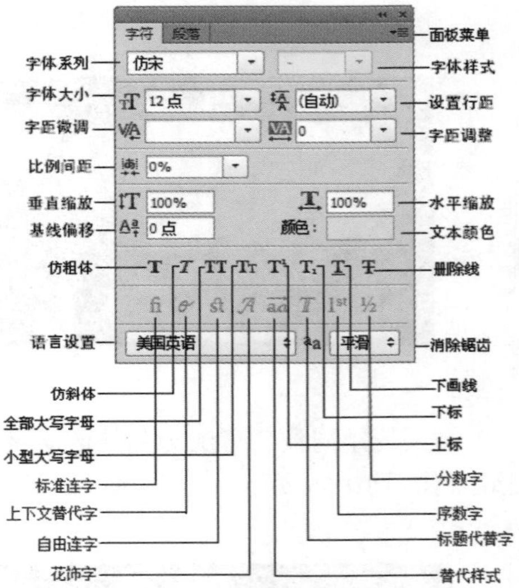

字体系列 面板菜单 字体样式 字体大小 设置行距 字距微调 字距调整 比例间距 垂直缩放 水平缩放 基线偏移 文本颜色 仿粗体 删除线 语言设置 消除锯齿 仿斜体 下画线 全部大写字母 下标 小型大写字母 上标 标准连字 分数字 上下文替代字 序数字 自由连字 标题代替字 花饰字 替代样式

图 10-71

在“字符”面板中可以看到，有几个选项是和选项栏中一样的，如“字体系列”“字体样式”“字体大小”等，这些就不一一讲解了，下面主要讲解选项栏中没有的参数设置。

**1. 设置行间距**

行间距就是上一行文字基线与下一行文字基线之间的距离。选择需要调整的文字图层，然后在“设置行距”数值框中输入行距数值或在其下拉列表框中选择预设的行距值，接着按 <Enter> 键即可。图 10-72 和图 10-73 所示分别是行间距为 30 点和 60 点时的文字效果。

**2. 设置字距微调**

字距微调用于设置两个字符之间的字距微调。在设置时要先将光标插入需要进行字距微调的两个字符之间，如图 10-74 所示。然后在“字距微调”数值框中输入所需的字距微调数量。输入正值时，字距会扩大；输入负值时，字距会缩小。图 10-75 和图 10-76 所示分别为字距为 200 与 – 100 时的效果对比。

图 10-72

图 10-73

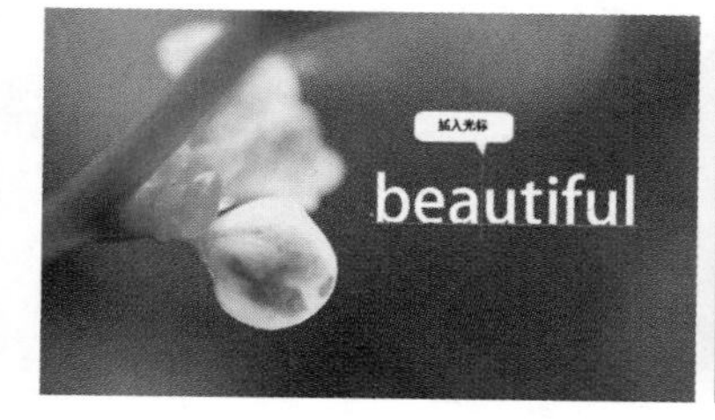


图 10-74

图 10-75

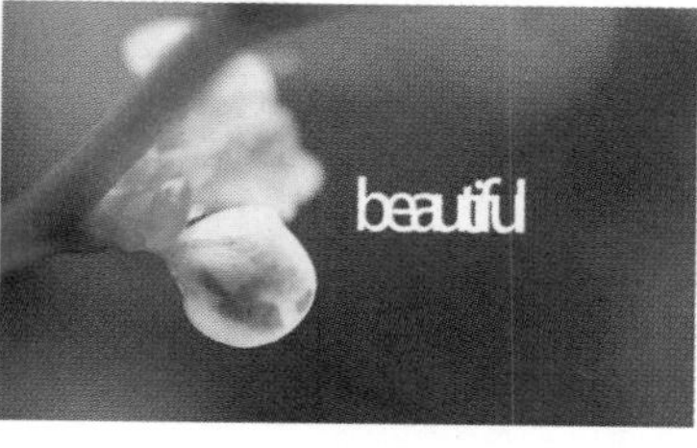


图 10-76

### 3. 设置字距调整

字距用于设置文字的字符间距。在“字距调整”数值框中输入正值时，字距会扩大；输入负值时，字距会缩小。图 10-77 和图 10-78 所示为正字距与负字距的效果。

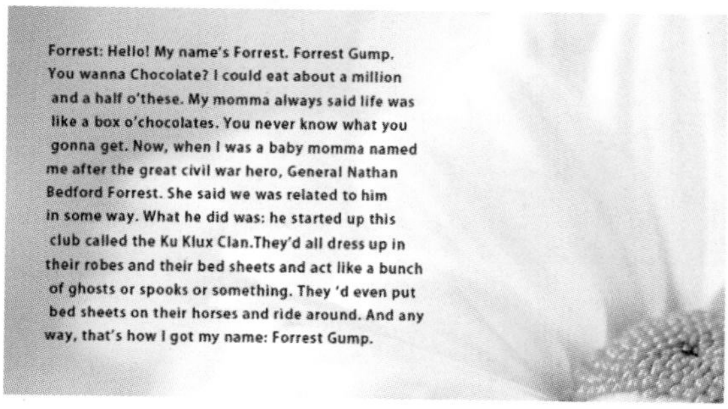

图 10-77

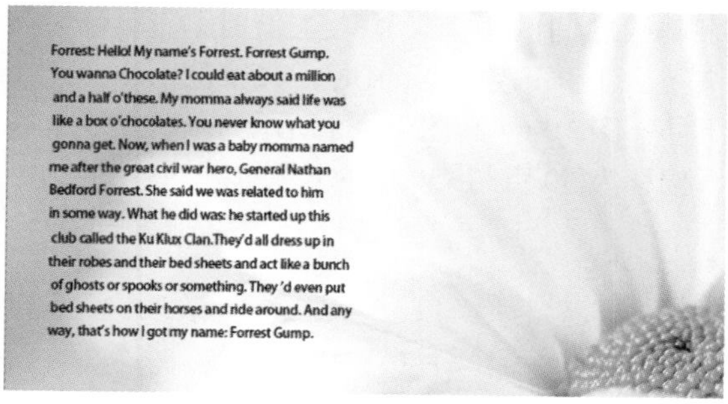

图 10-78

### 4. 设置比例间距

比例间距是按指定的百分比来减少字符周围的空间。因此，字符本身并不会被伸展或挤压，而是字符之间的间距被伸展或挤压了。选择相应的文字图层，在“比例间距”数值框中输入相应数值即可。图 10-79 和图 10-80 所示是比例间距分别为 0% 和 100% 时的字符效果。

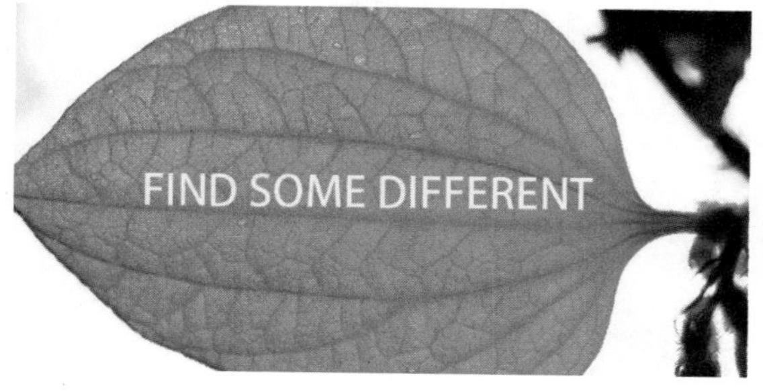


图 10-79

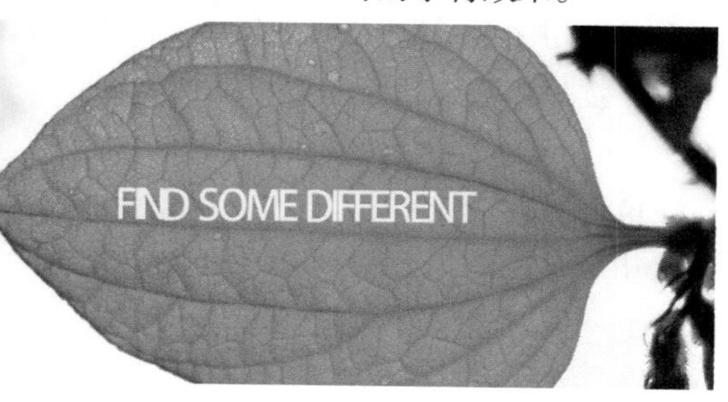


图 10-80

5．设置垂直缩放 / 水平缩放

垂直缩放 / 水平缩放用于设置文字的垂直或水平缩放比例，以调整文字的高度或宽度。图 10-81~ 图 10-83 所示分别为 100% 垂直和水平缩放、300% 垂直和 120% 水平、80% 垂直和 150% 水平缩放比例的文字效果对比。

图 10-81

图 10-82

图 10-83

6．设置基线偏移

基线偏移用于设置文字与文字基线之间的距离，输入正值时，文字会上移；输入负值时，文字会下移。图 10-84 和图 10-85 所示为基线偏移为 50 点与 -50 点的效果。

图 10-84

图 10-85

7．设置文字样式

T T TT Tt $T^1$ $T_1$ T T文字样式用于设置文字的效果，共有仿粗体、仿斜体、全部大写字母、小型大写字母、上标、下标、下画线和删除线 8 种，效果如图 10-86 所示，其中左上角为原图。

8．设置 Open Type 选项

在 Open Type 功能中有标准连字、上下文替代字、自由连字、花饰字、文体替代字、标题替代字、序数字、分数字等选项。

9．设置语言类型

单击“语言设置”，可以选择相应的语言，该选项主要用来设置文本连字符和拼写的语言类型。

10．设置消除锯齿的方式

输入文字后，可以在选项栏中为文字指定一种消除锯齿的方式。

图 10-86

## 10.3.2 “段落”面板

创建段落文本后，可以利用“段落”面板调整段落的对齐和首行缩进等属性。执行“窗口 > 段落”菜单命令，打开“段落”面板，如图 10-87 所示。

下面学习如何使用“段落”面板。首先输入段落文本，然后打开“段落”面板。

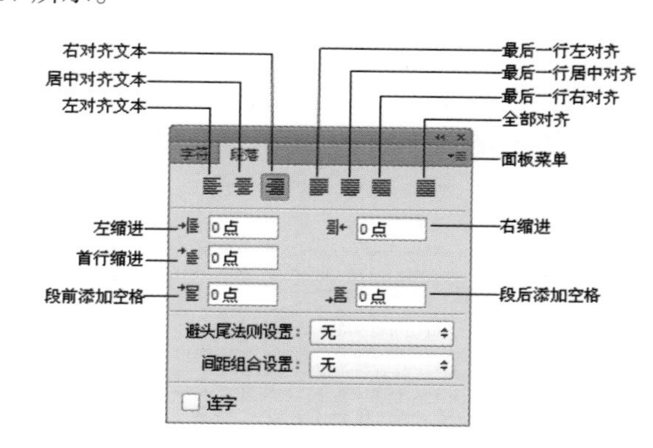


图 10-87

### 1. 设置段落文本左对齐

选择段落文本，然后单击“左对齐文本”按钮，可以看到段落文本左对齐，段落右端参差不齐，如图 10-88 所示。

### 2. 设置段落文本居中对齐

选择段落文本，然后单击“居中对齐文本”按钮，可以看到段落文本居中对齐，段落两端参差不齐，如图 10-89 所示。

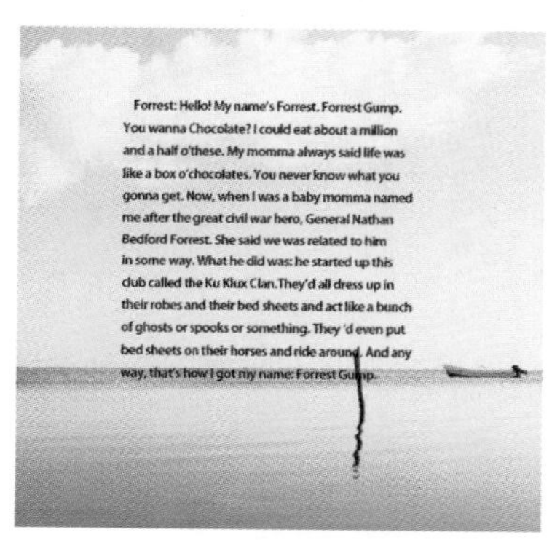


图 10-88

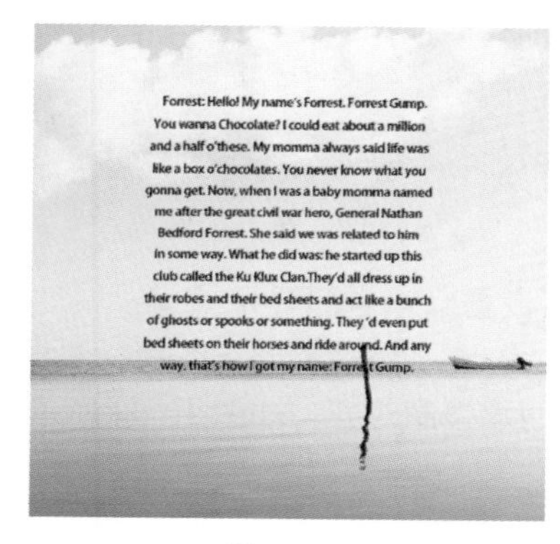


图 10-89

### 3. 设置段落文本右对齐

选择段落文本，然后单击“右对齐文本”按钮，可以看到段落文本居右对齐，段落左端参差不齐，如图 10-90 所示。

### 4. 设置段落文本最后一行左对齐

选择段落文本，然后单击“最后一行左对齐”按钮，可以看到段落文本最后一行左对齐，其他行左右两端强制对齐，如图 10-91 所示。

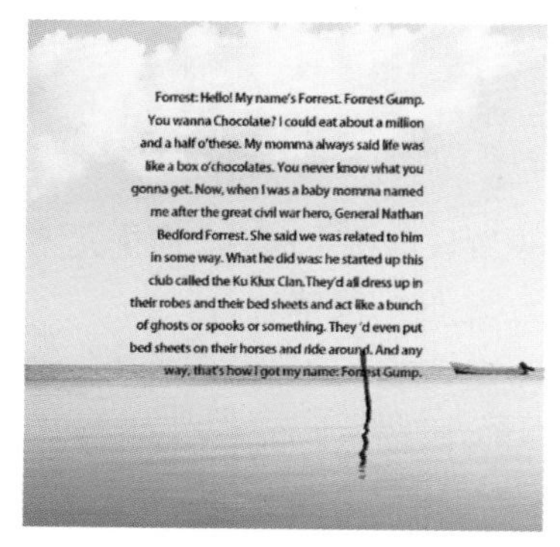


图 10-90

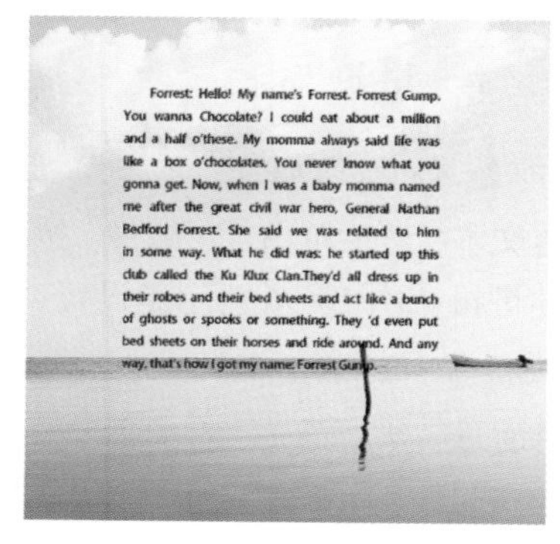


图 10-91

#### 5. 设置段落文本最后一行居中对齐

选择段落文本，然后单击“最后一行居中对齐”按钮，可以看到文字最后一行居中对齐，其他行左右两端强制对齐，如图 10-92 所示。

#### 6. 设置段落文本最后一行右对齐

选择段落文本，然后单击“最后一行右对齐”按钮，可以看到文字最后一行右对齐，其他行左右两端强制对齐，如图 10-93 所示。

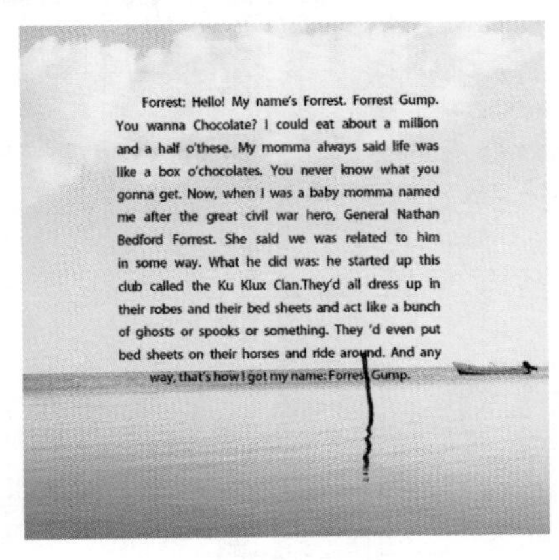


图 10-92

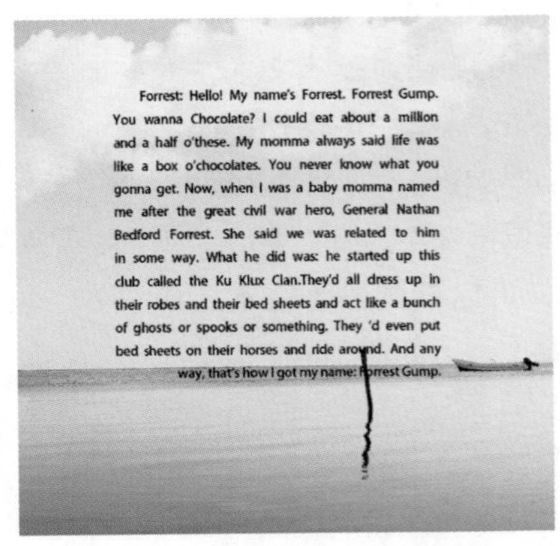


图 10-93

#### 7. 设置段落文本全部对齐

选择段落文本，然后单击“全部对齐”按钮，可以看到文字在字符间添加了额外的间距，使文本左右两端强制对齐，如图 10-94 所示。

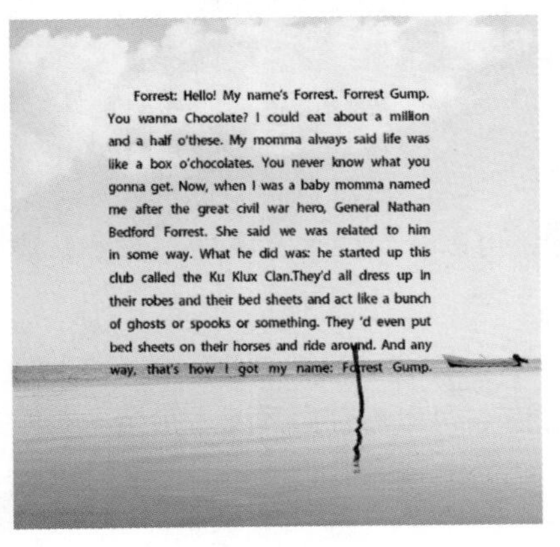


图 10-94

**小技巧：**使用“直排文字”工具时的“段落”面板

当文字为直排列方式时，对齐按钮会发生一些变化，如图 10-95 所示。

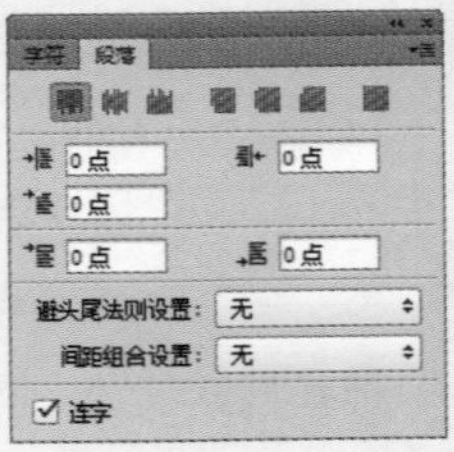

图 10-95

#### 8. 设置段落文本左缩进

选择段落文本，然后单击“左缩进”按钮，可以设置段落文本向右（横排文字）或向下（直排文字）的缩进量。图 10-96 所示是设置“左缩进”为 6 点时的段落效果。

#### 9. 设置段落文本右缩进

选择段落文本，然后单击“右缩进”按钮，可以设置段落文本向左（横排文字）或向上（直排文字）的缩进量。图 10-97 所示是设置“右缩进”为 6 点时的段落效果。

图 10-96

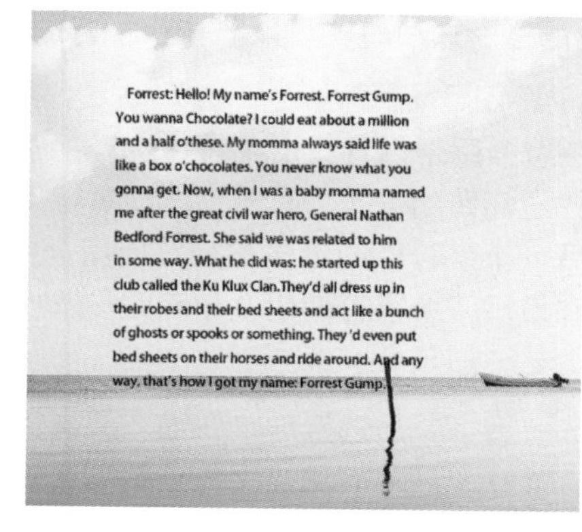


图 10-97

**10. 设置段落文本首行缩进**

选择段落文本，然后单击“首行缩进”按钮，可以设置段落文本中每个段落的第 1 行向右（横排文字）或第 1 列文字向下（直排文字）的缩进量。图 10-98 所示是设置“首行缩进”为 10 点时的段落效果。

**11. 为段落文本段前添加空格**

“段前添加空格”用于设置光标所在段落与前一个段落之间的间隔距离。选择段落文本中的部分，然后在“段前添加空格”数值框中设置参数为 10 点，此时段落文本效果如图 10-99 所示。

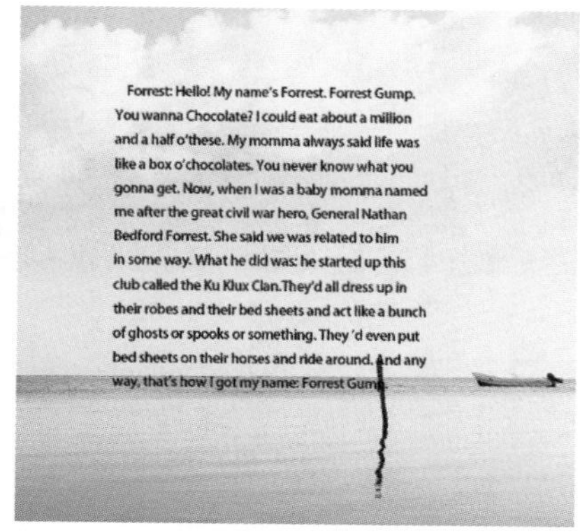


图 10-98

图 10-99

**12. 为段落文本段后添加空格**

“段后添加空格”用于设置当前段落与另外一个段落之间的间隔距离。选择段落文本中的部分，然后在“段后添加空格”数值框中设置参数为 10 点，此时段落文本效果如图 10-100 所示。

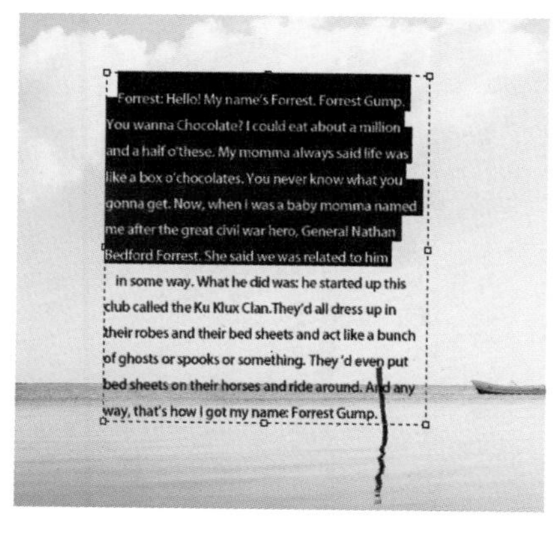


图 10-100

**13. 设置避头尾法则**

“避头尾法则”用于设置不能出现在一行的开头或结尾的字符，这种字符称为避头尾字符，这种字符在 Photoshop 中提供了基于标准 JIS 的宽松和严格的避头尾集，宽松的避头尾设置忽略长元音字符和小平假名字符。选择“JIS 宽松”

或“JIS 严格”选项时，可以防止在一行的开头或结尾出现不能使用的字母。

**14. 间距组合设置**

间距组合用于设置日语字符、罗马字符、标点、特殊字符在行开头、行结尾文本间距编排方式。选择“间距组合 1”选项，可以对标点使用半角间距；选择“间距组合 2”选项，可以对行中除最后一个字符外的大多数字符使用全角间距；选择“间距组合 3”选项，可以对行中的大多数字符和最后一个字符使用全角间距；选择“间距组合 4”选项，可以对所有字符使用全角间距。

**15. 连字选项设置**

勾选“连字”复选框后，在输入英文单词时，如果段落文本框的宽度不够，则英文单词将自动换行，并在单词之间用连字符连接起来。

## 10.3.3 玩转文字编辑——制作漂亮的宣传彩页

在本案例中主要讲解文字的创建和编辑方法。对输入文字、为文字添加图层样式、栅格化文字等功能进行练习，具体步骤如下。

（1）执行“文件 > 打开”菜单命令，打开背景素材文件，如图 10-101 所示。

（2）制作版面的左侧部分。单击工具箱中的“文字工具” T，在选项栏中设置字体为黑体，字号为 40 点，文字颜色为橘黄色，然后在画面中输入文字，如图 10-102 所示。使用自由变换快捷键 <Ctrl+T> 调出定界框，接着将文字适当旋转，如图 10-103 所示。

图 10-101

图 10-102

图 10-103

（3）使用同样的方法继续在画面中相应的位置处输入文字，如图 10-104 所示。

（4）制作画面右侧部分。首先制作标题文字，选择工具箱中的“直排文字工具”，在选项栏中设置合适的字体，设置字号为 75 点，然后在画面中相应的位置处输入文字，如图 10-105 所示。

图 10-104

图 10-105

（5）为文字添加描边效果。选择该文字图层，执行“图层 > 图层样式 > 描边”菜单命令，在弹出的窗口中设置描边的“大小”为 6 像素、“位置”为“外部”、“混合模式”为“正常”、“不透明度”为 100%，“填充类型”为“颜色”、“颜色”为深洋红色，具体如图 10-106 所示。此时，文字效果如图 10-107 所示。

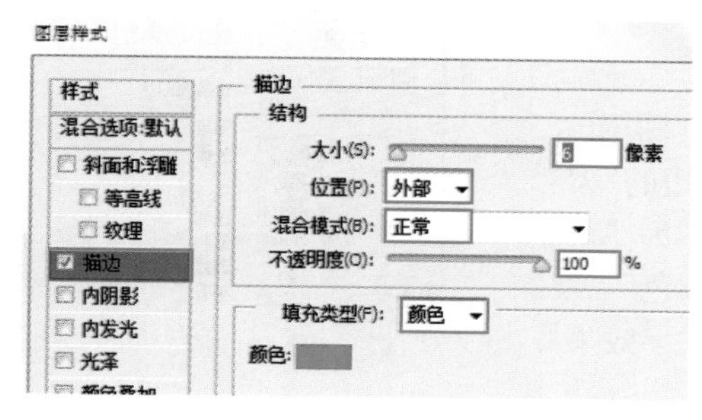


图 10-106

图 10-107

（6）勾选“渐变叠加”复选框，设置渐变类型为“线性”渐变，“角度”设为 90 度，然后单击渐变条，在弹出的“渐变编辑器”窗口中调整渐变颜色，设置“渐变”为黄色系渐变，如图 10-108 所示。此时，文字效果如图 10-109 所示。

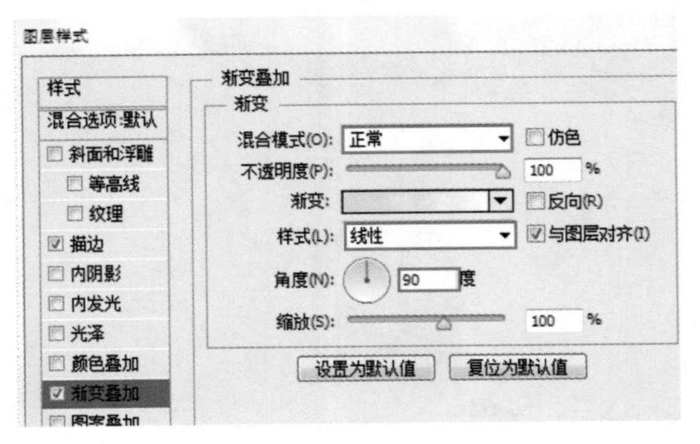


图 10-108

图 10-109

（7）勾选“外发光”复选框，设置外发光的“混合模式”为“正常”、“不透明度”为 100%、“杂色”为 0%、颜色为黄色。设置“方法”为“柔和”、“扩展”为 100%、“大小”为 16 像素、“范围”为 50%、“抖动”为 0%，具体如图 10-110 所示。设置完成后单击“确定”按钮，此时，文字效果如图 10-111 所示。

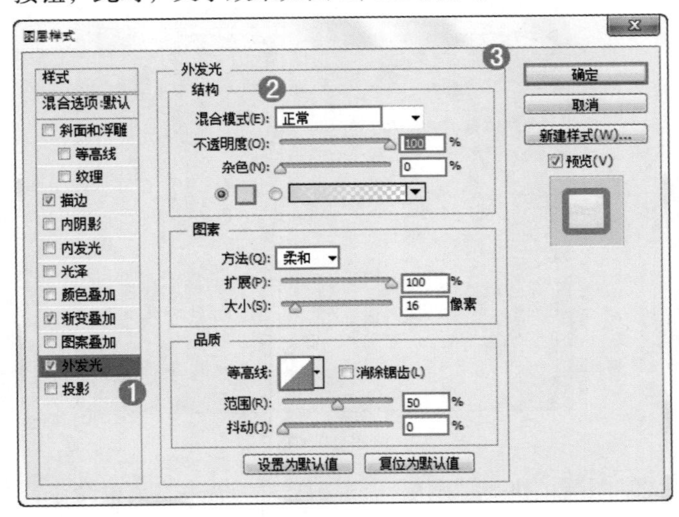


图 10-110

图 10-111

（8）为了可以为文字添加更多层的描边效果，需要将该图层栅格化。选择该图层，然后在“图层”面板中单击鼠标右键，在弹出的快捷键菜单中执行“栅格化文字”命令，如图 10-112 所示。

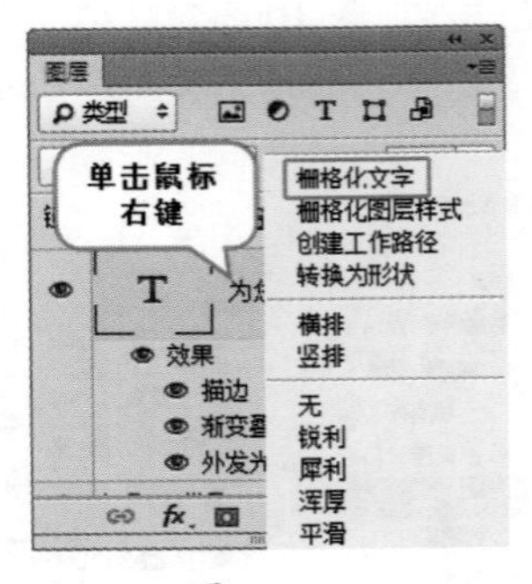


图 10-112

（9）添加描边效果。选择该文字图层，执行“图层 > 图层样式 > 描边”菜单命令，在弹出的窗口中设置描边的“大小”为 3 像素、“位置”为“外部”、“混合模式”为“正常”、“不透明度”为 100%，“填充类型”为“颜色”、“颜色”为白色，具体如图 10-113 所示。此时，文字效果如图 10-114 所示。

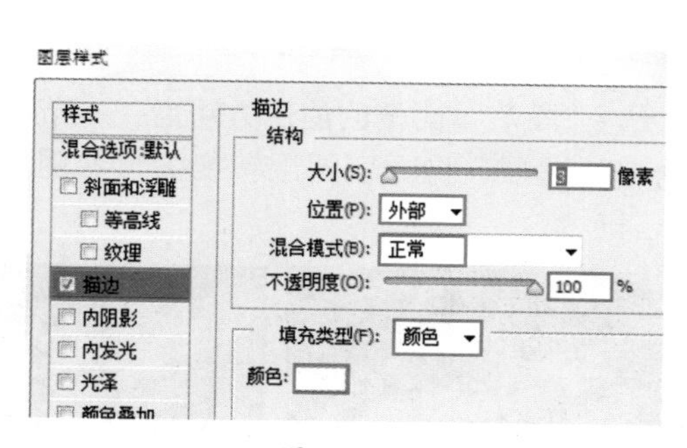

图 10-113

图 10-114

（10）勾选“外发光”复选框。设置外发光的“混合模式”为“正常”、“不透明度”为 100%、“杂色”为 0%、颜色为绿色。设置“方法”为“柔和”、“扩展”为 100%、“大小”为 9 像素、“范围”为 50%、“抖动”为 0%，具体如图 10-115 所示。设置完成后单击“确定”按钮，此时文字效果如图 10-116 所示。

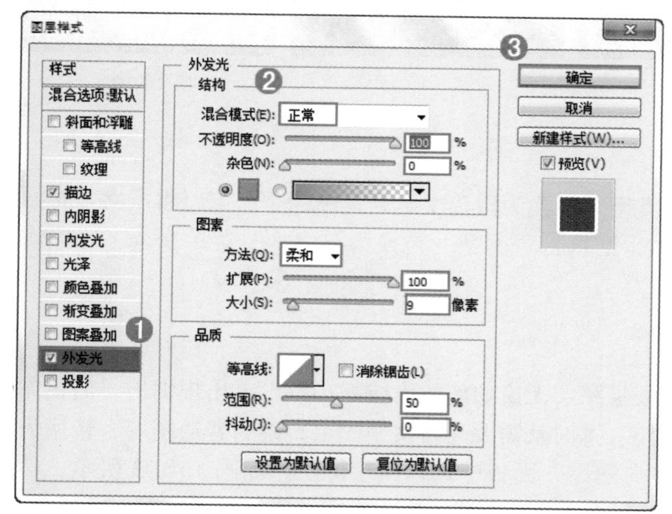

图 10-115

图 10-116

（11）使用同样的方法制作剩余文字，效果如图 10-117 和图 10-118 所示。继续为画面中输入相应的文字，本案例即制作完成。

图 10-117

图 10-118

## 10.4 编辑文字

在学习了创建不同类型的文字和“字符”面板、“段落”面板的使用方法后，本节将主要讲解其他编辑文字的方法，如将文字图层转化为普通图层、将文字图层转换为形状图层等。图 10-119~ 图 10-122 所示为以文字为主体的海报设计欣赏。

图 10-119

图 10-120

图 10-121

图 10-122

### 10.4.1 点文本和段落文本的转换

如果当前选择的是点文本，则执行“类型 > 转换为段落文本”菜单命令，可以将点文本转换为段落文本；如果当前选择的是段落文本，则执行“类型 > 转换为点文本”菜单命令，可以将段落文本转换为点文本。

### 10.4.2 将文字图层转化为普通图层

栅格化之前的文字图层是矢量对象，矢量图层无论如何放大或缩小都不会出现锯齿。但是作为文字图层，有其局限性，如无法添加滤镜。这时就需要先将文字图层转换为普通图层，转换为普通图层的文字将以像素的形式出现。在“图层”面板中选择文字图层，如图 10-123 所示，然后在图层名称上单击鼠标右键，在弹出的快捷菜单中执行“栅格化文字”命令，如图 10-124 所示，即可将文字图层转换为普通图层，如图 10-125 所示。

图 10-123

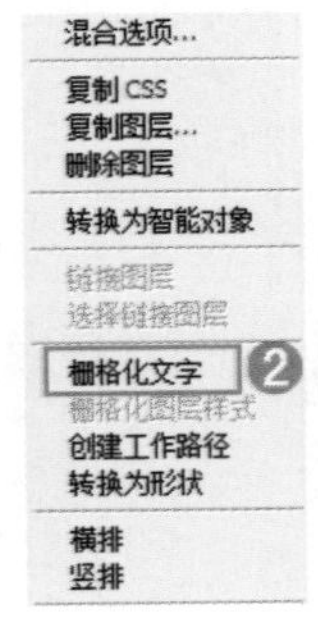


图 10-124

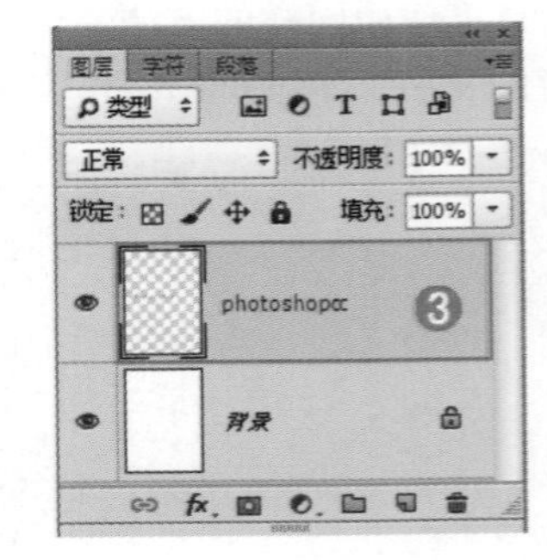


图 10-125

### 10.4.3 将文字图层转化为形状图层

进行文字创意设计的方法有很多种，有一种较为常用的也是新手常用的方法，是根据现有字体上加工来得到新的文字效果。这就需要将文字图层转换为形状图层，然后再进行字形上的调整。

选择文字图层，在图层名称上单击鼠标右键，在弹出的快捷菜单中执行“转换为形状”命令后，不会保留原始文字属性，如图 10-126~ 图 10-128 所示。

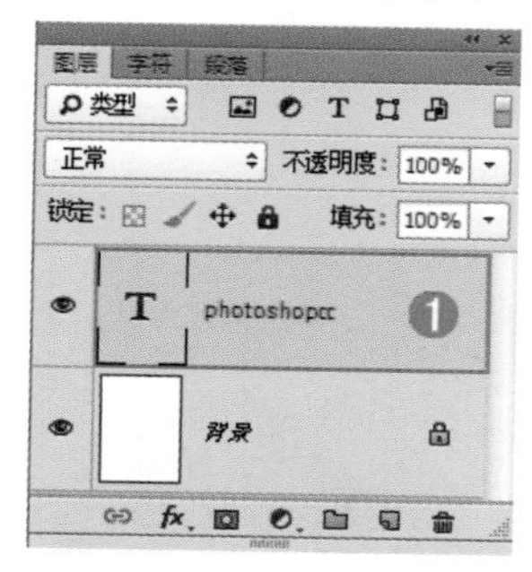


图 10-126

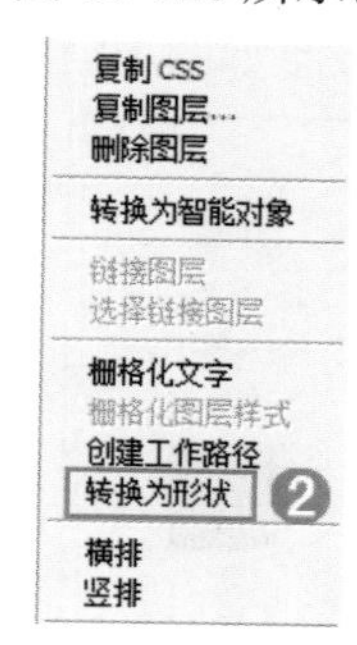


图 10-127

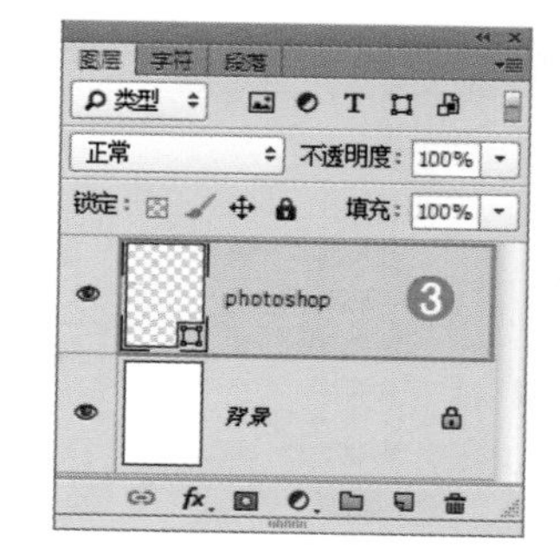


图 10-128

## 10.4.4 玩转文字设计——制作生日卡片

本案例通过将文字转换为形状，以此对文字进行变形，然后为其添加图层样式，制作有趣的文字效果，具体步骤如下。

（1）执行“文件 > 新建”菜单命令，打开素材文件中的“背景”图层“1.jpg”，如图 10-129 所示。

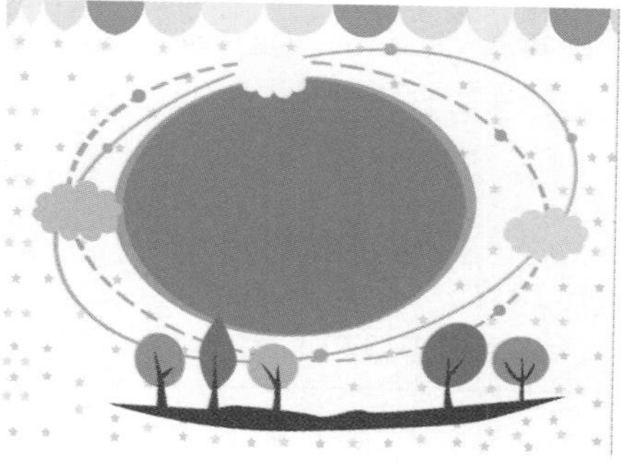

图 10-129

（2）使用文字工具，设置颜色为黄色，选择合适的字体及字号并在图像中输入文字，如图 10-130 所示。将其进行复制，执行“类型 > 转换为形状”菜单命令，将文字转换为形状，效果如图 10-131 所示。

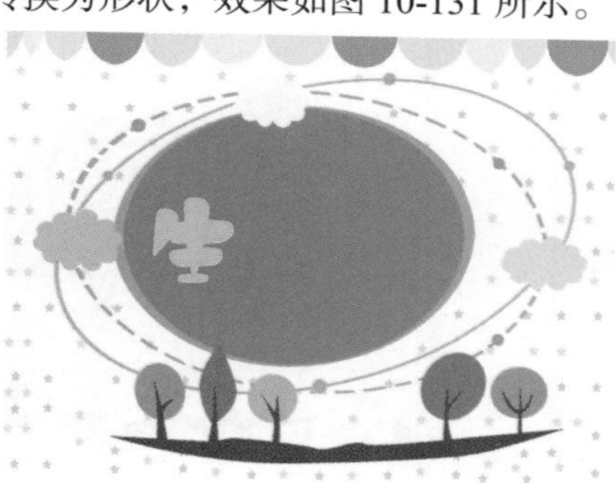


图 10-130

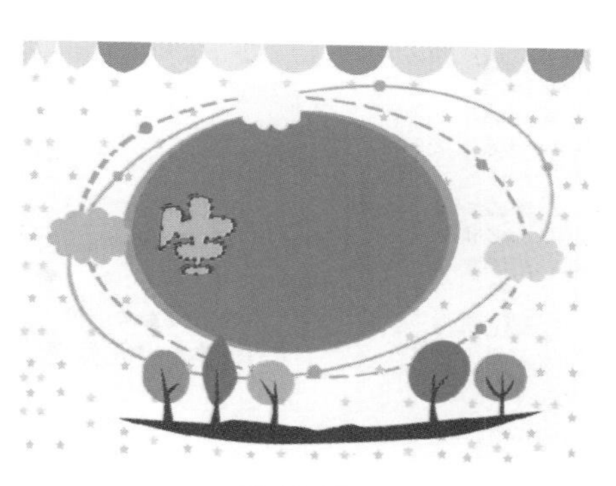

图 10-131

（3）选择工具箱中的“直接选择工具”，通过移动“锚点”对文字进行变形，如图 10-132 所示，最终文字效果如图 10-133 所示。

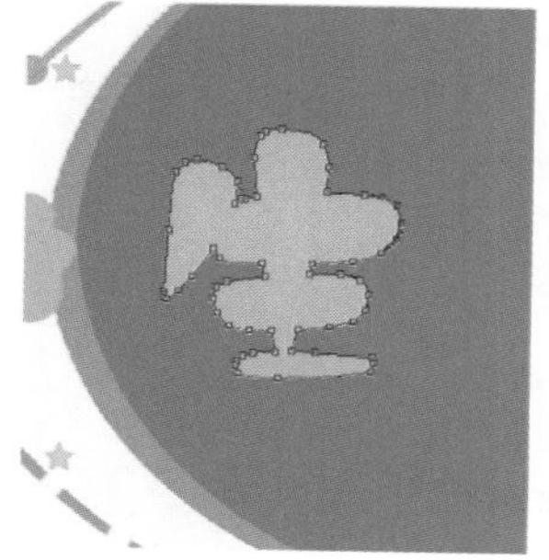

图 10-132

图 10-133

（4）为文字添加“描边”效果。执行“图层 > 图层样式 > 描边”菜单命令，在弹出的对话框中设置“描边”的“大小”为 45 像素、“位置”为“外部”、“混合模式”为“正常”、“颜色”为黑色，参数设置如图 10-134 所示，效果如图 10-135 所示。

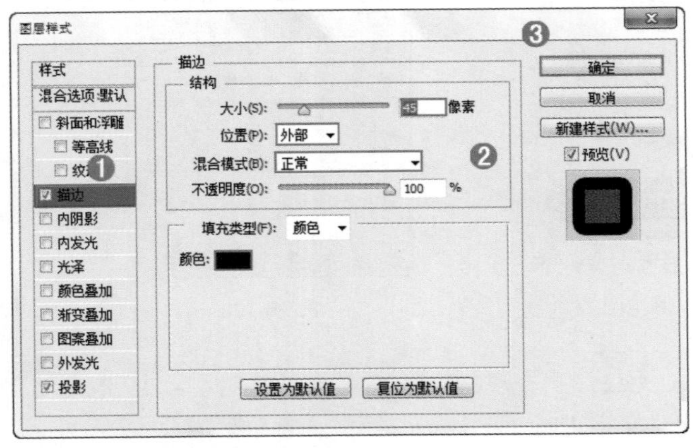


图 10-134

图 10-135

（5）添加“投影”效果。勾选“投影”复选框，设置“混合模式”为“正片叠底”、“角度”为 120 度、“距离”为 30 像素、“扩展”为 48%、“大小”为 59 像素，参数设置如图 10-136 所示，效果如图 10-137 所示。

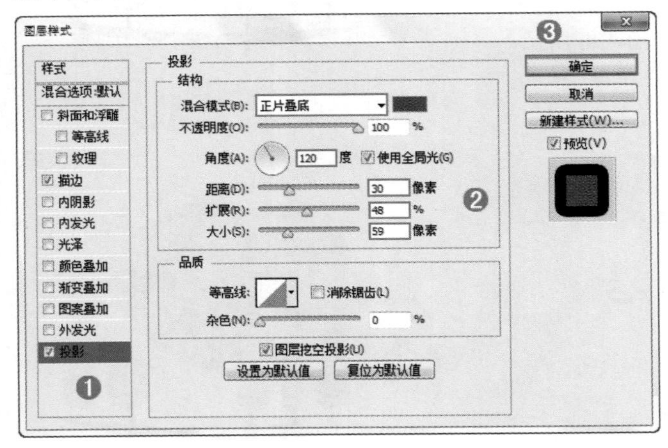


图 10-136

图 10-137

（6）使用同样的方法制作其他文字，并放在合适的位置，最终效果如图 10-138 所示。

图 10-138

## 10.4.5　创建文字的工作路径

“创建工作路径”命令可以将文字的轮廓转换为工作路径。选中文字图层，然后执行“类型>创建工作路径”菜单命令，或在文字图层上单击鼠标右键，在弹出的快捷菜单中执行“创建工作路径”命令，即可得到文字的路径，如图 10-139 和图 10-140 所示。

图 10-139

图 10-140

## 10.4.6　拼写检查

“拼写检查”命令可以检查当前文本中的英文单词拼写是否有误。选择文本，然后执行“编辑>拼写检查”菜单命令，将弹出“拼写检查”对话框，如图 10-141 所示。单击“完成”按钮后会弹出“拼写检查完成。”提示信息，如图 10-142 所示。

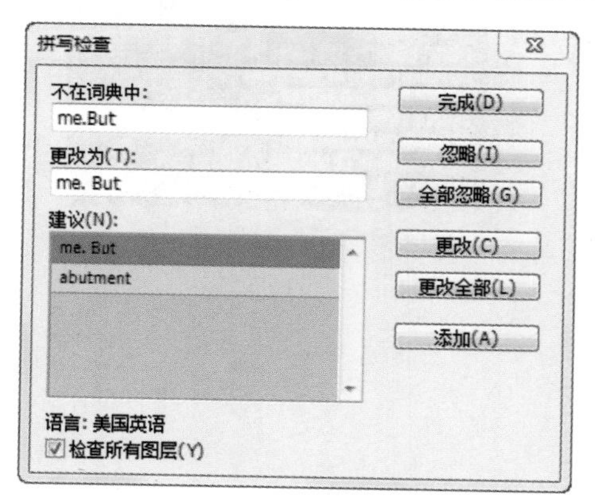


图 10-141

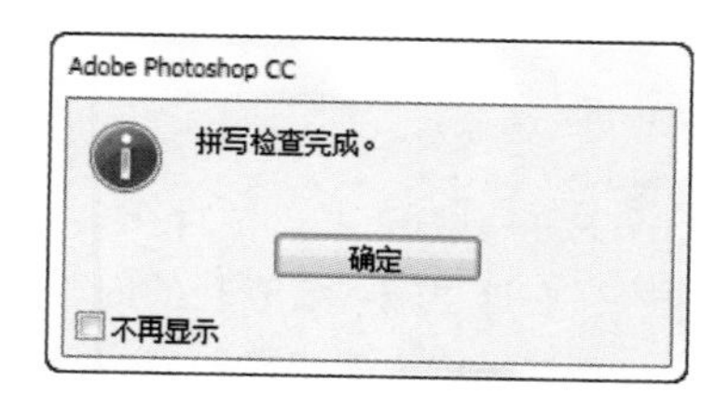


图 10-142

## 10.4.7　查找和替换文本

使用“查找和替换文本”命令能够快速地查找和替换指定的文字，这个功能与 Word 中的功能一样，主要起到快速查找和替换文本的作用。

（1）打开素材，选择文字图层，如图 10-143 所示。这里需要将单词“you”替换为“I”。选择该文字图层，执行编辑>查找和替换文本”菜单命令，打开“查找和替换文本”对话框，在“查找内容”文本框中输入单词“you”，在“更改为”文本框中输入单词“I”，输入完成后单击“更改全部”按钮，如图 10-144 所示。

图 10-143

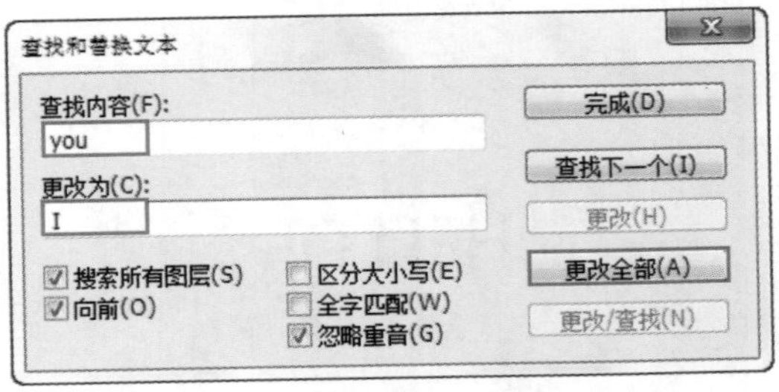

查找和替换文本
查找内容(F):
you
更改为(C):
I
☑ 搜索所有图层(S)
☑ 向前(O)
☐ 区分大小写(E)
☐ 全字匹配(W)
☑ 忽略重音(G)
完成(D)
查找下一个(I)
更改(H)
更改全部(A)
更改/查找(N)

图 10-144

（2）随即会弹出一个对话框，这个对话框用于提示一共有几处文字被替换掉了。单击“确定”按钮，如图 10-145 所示。至此，文字替换完成，如图 10-146 所示。

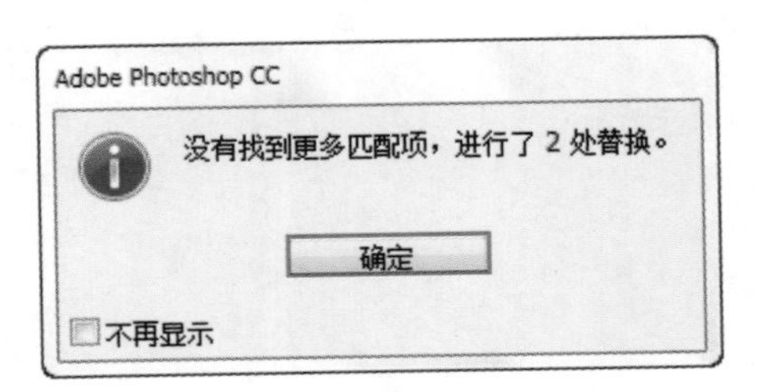


图 10-145

图 10-146

## “查找和替换文本”对话框参数详解

- 查找内容：在这里输入要查找的内容。
- 更改为：在这里输入要更改的内容。
- 查找下一个：单击该按钮即可以查找需要更改的内容。
- 更改：单击该按钮即可将查找到的内容更改为指定的文字内容。
- 更改全部：若要替换所有找到的文本的内容，则可以单击该按钮。
- 完成：单击该按钮可以关闭“查找和替换文本”对话框，完成查找和替换文本的操作。
- 搜索所有图层：勾选该复选框后，可以搜索当前文档中的所有图层。
- 向前：勾选此复选框，则从文本中的插入点向前搜索。如果取消勾选，则不管文本中的插入点在任何位置，都可以搜索图层中的所有文本。
- 区分大小写：勾选该复选框后，可以搜索与“查找内容”文本框中的文本大小写完全匹配的一个或多个文字。
- 全字匹配：勾选该复选框后，可以忽略嵌入在更长字中的搜索文本。

# 10.5　使用字符 / 段落样式

使用“字符样式”面板和“段落样式”面板可以保持文字样式，且可以快速应用于其他文字或段落文本，从而节约工作时间，提高工作效率。图 10-147~ 图 10-150 所示为优秀文字设计作品欣赏。

图 10-147

图 10-148

图 10-149

图 10-150

## 10.5.1　认识“字符样式”面板

在进行如书籍、报刊、杂志等的包含大量文字排版的任务时，经常需要为多个文字图层赋予相同的样式，使用“字符样式”面板可以创建字符样式，更改字符属性，并将字符属性储存在“字符样式”面板中。当需要使用时，只需选中文字图层，并单击相应的字符样式即可。执行“窗口 > 字符样式”菜单命令，打开“字符样式”面板，如图 10-151 所示。

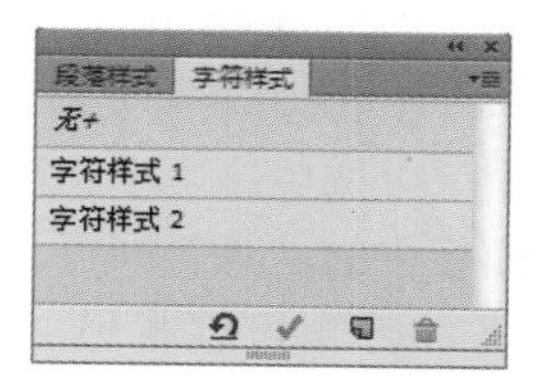


图 10-151

### “字符样式”参数详解

- 清除覆盖：单击即可清除当前字体样式。
- 通过合并覆盖重新定义字符样式：单击该按钮即可用所选文字合并、覆盖当前的字符样式。
- 创建新样式：单击该按钮以创建新的样式。
- 删除选项样式 / 组：单击该按钮，可以将当前选中的新样式或新样式组删除。

## 10.5.2　创建与使用字符样式

（1）在“字符样式”面板中单击“创建新样式”按钮，然后双击新创建的字符样式，即可弹出“字符样式选项”对话框，其中包含 3 组设置页面，即“基本字符格式”“高级字符格式”与“OpenType 功能”，可以对字符样式进行详细的编辑，如图 10-152 所示。“字符样式选项”对话框中的选项与“字符”面板中的设置选项基本相同，这里不再赘述，如图 10-153 和图 10-154 所示。

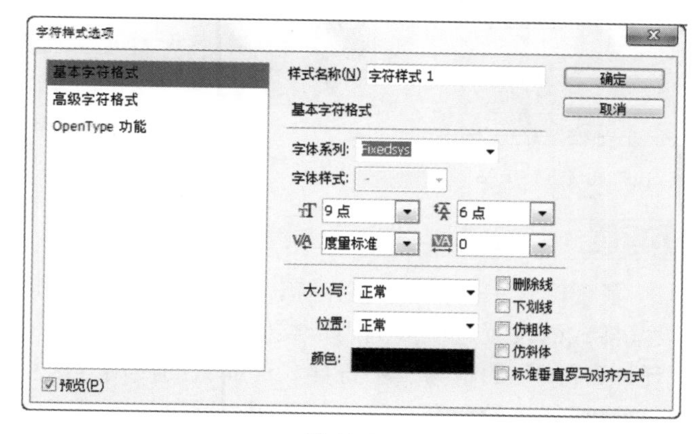


图 10-152

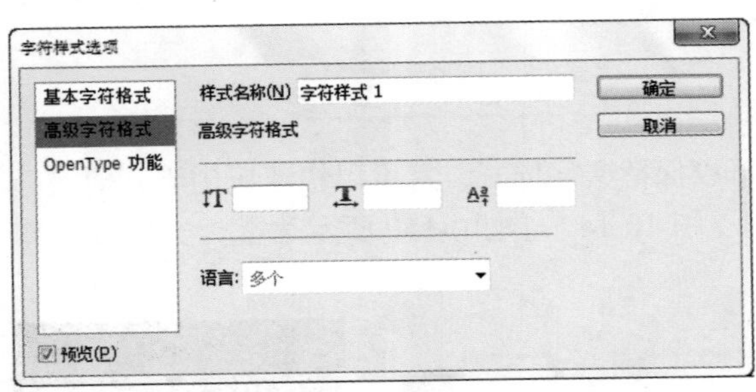


图 10-153

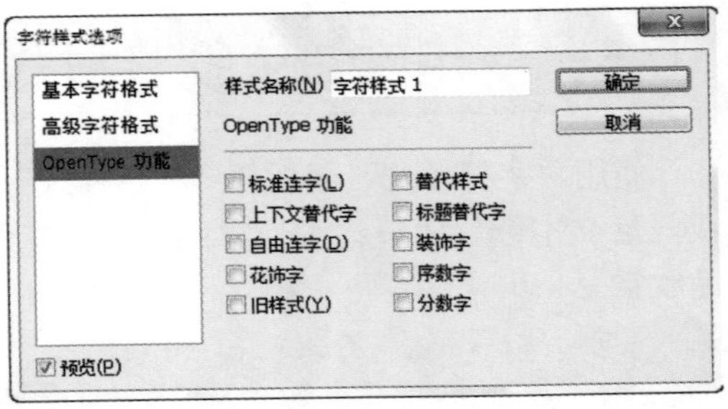

图 10-154

（2）如果需要将当前文字样式定义为可以调用的字符样式，则可以在“字符样式”面板中单击“创建新样式”按钮，创建一个新的样式，如图 10-155 所示。选中所需文字图层，并在“字符样式”面板中选中新建的样式，在该样式名称的后方会出现“+”，然后单击“通过合并覆盖重新定义字符样式”按钮即可，如图 10-156 所示。

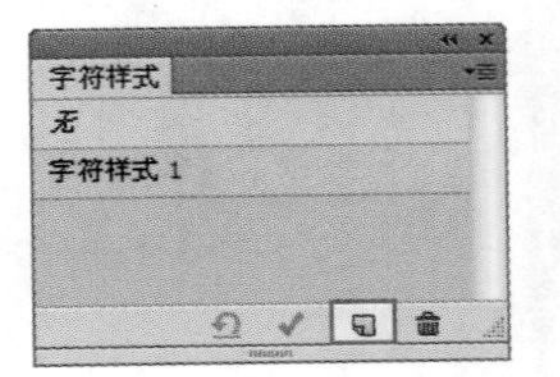


图 10-155

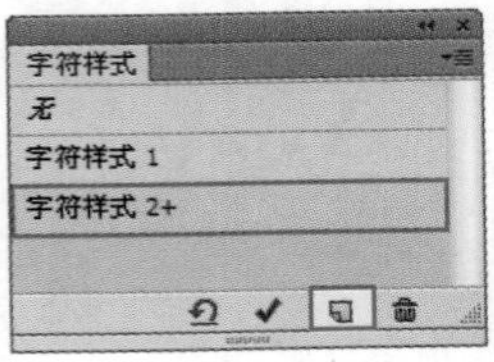

图 10-156

（3）如果需要为某个文字使用新定义的字符样式，则需要选中该文字图层，然后在“字符样式”面板中单击所需样式即可，如图 10-157 和图 10-158 所示。

（4）如果需要删除当前文字图层的样式，则可以选中该文字图层，然后单击“字符样式”面板中的“无”即可，如图 10-159 所示。

（5）可以将另一个 PSD 文档的字符样式导入到当前文档中。打开“字符样式”面板，在其面板菜单中执行“载入字符样式”命令，如图 10-160 所示。然后弹出“载入”对话框，找到需要导入的素材，双击即可将该文件包含的样式导入到当前文档中。

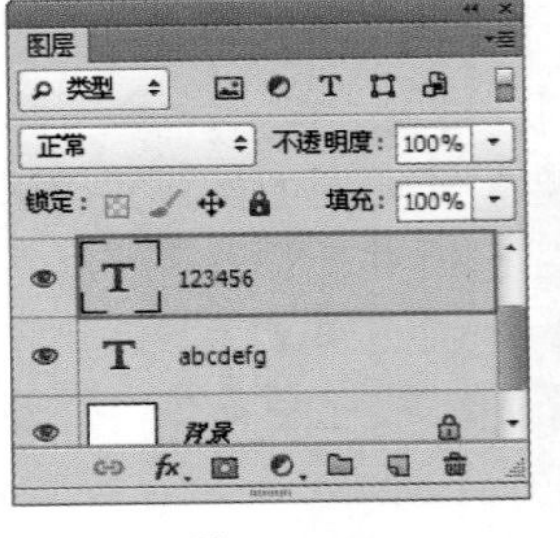


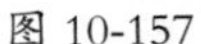

图 10-157

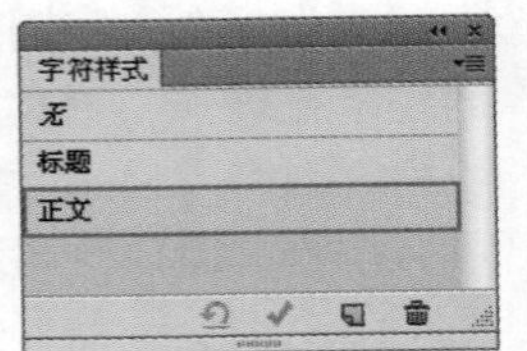


图 10-158

（6）如果需要复制或删除某一字符样式，则只需在“字符样式”面板中选中某一项，然后在其面板菜单中执行“复制样式”或“删除样式”命令即可，如图 10-161 所示。

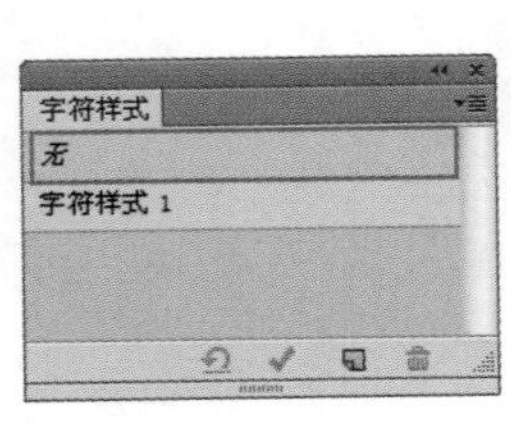


图 10-159

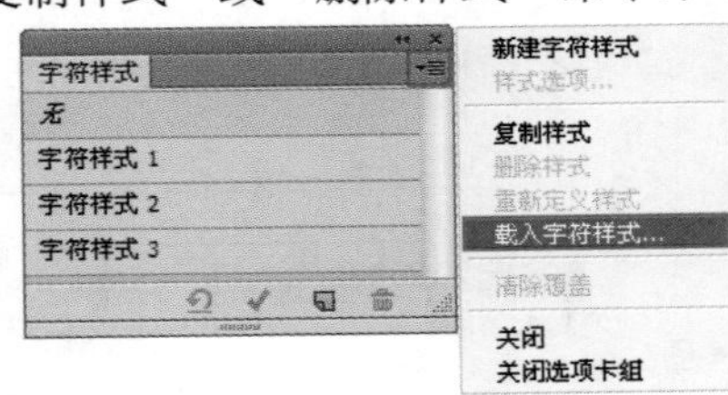


图 10-160

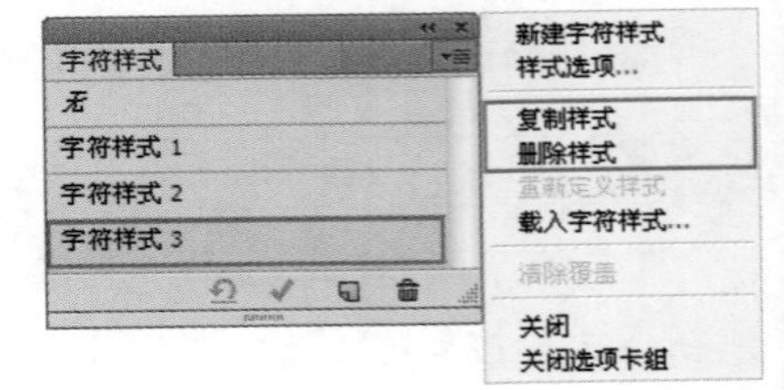


图 10-161

## 10.5.3 “段落样式”面板

字符样式主要用于类似标题文字的较少文字的排版，而段落样式的设置选项多应用于类似正文的大段文字的排版。“段落样式”面板与“字符样式”面板的使用方法相同，都可以进行样式的定义、编辑与调用。这里就不进行详细的介绍了，图 10-162 所示为“段落样式”面板及其面板菜单。

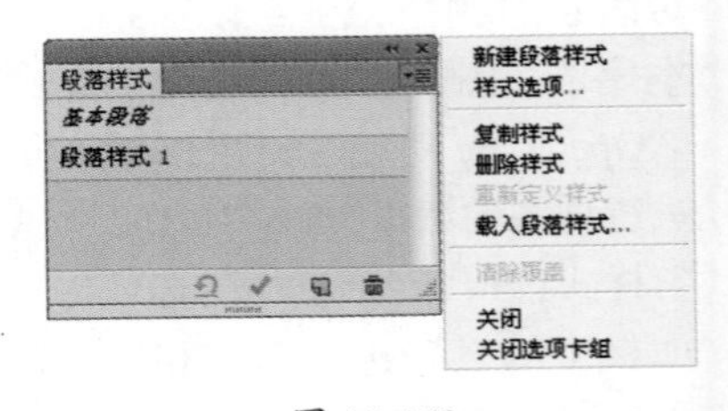


图 10-162

## 10.6　文字实战——利用变形文字制作标志

本案例主要使用文字的变形与添加图层样式来制作独特标志，具体步骤如下。

（1）新建空白文档，并填充为蓝色，如图 10-163 所示。新建图层，选择“画笔工具”，在选项栏中设置较大的笔尖，选择圆形柔角的画笔，设置前景色为白色，在画面中单击鼠标制作白色光点，如图 10-164 所示。

图 10-163

图 10-164

（2）新建图层，并将其填充为草绿色，如图 10-165 所示。单击“添加图层蒙版”按钮，为该图层添加图层蒙版，并选中该蒙版。选择“渐变工具”，在选项栏单击颜色条，编辑一个黑色至白色的渐变，在选项栏中选择“线性渐变”填充图层蒙版，如图 10-166 所示，画面效果如图 10-167 所示。

图 10-165

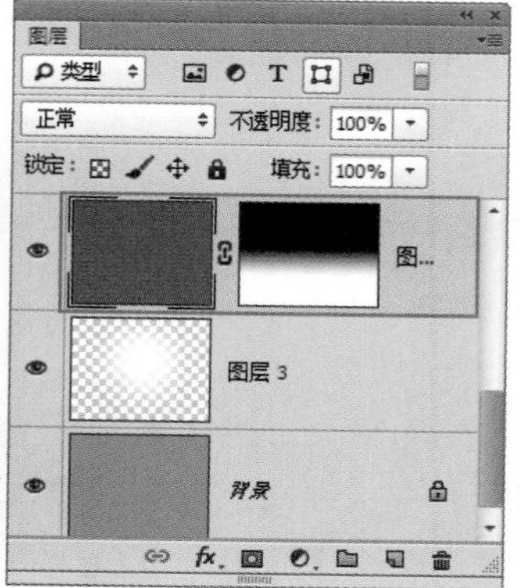


图 10-166

图 10-167

（3）导入素材“1.png”，并将其放在画面中间，如图 10-168 所示。

（4）为素材制作阴影效果。新建图层，使用较大的黑色画笔在画面上单击，绘制一个圆形，并设置该图层的“不透明度”为 30%，效果如图 10-169 所示。使用自由变换快捷键 <Ctrl+T> 拉伸圆形，效果如图 10-170 所示。

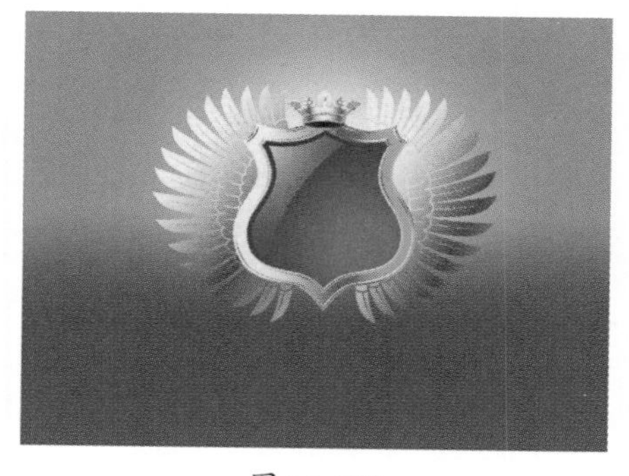

图 10-168

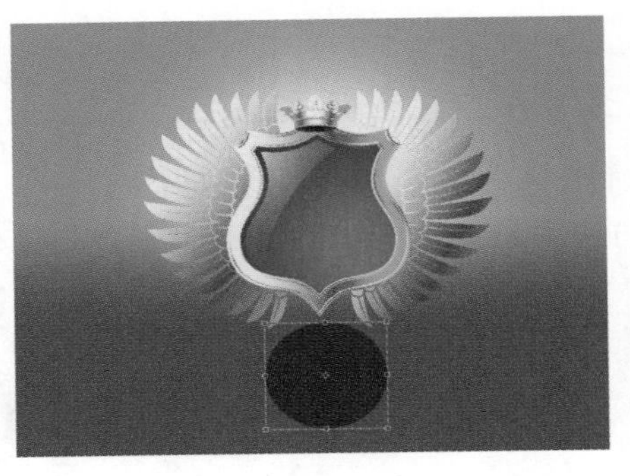

图 10-169

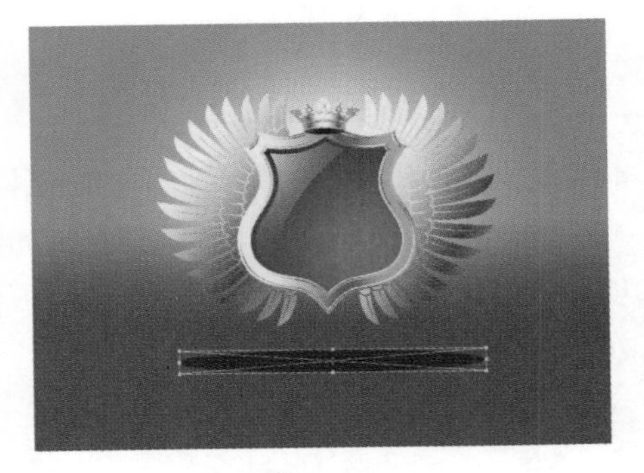

图 10-170

（5）选中黑色阴影图层，执行“滤镜 > 模糊 > 高斯模糊”菜单命令，在弹出的“高斯模糊”对话框中设置“半径”为 17 像素，如图 10-171 所示，画面效果如图 10-172 所示。

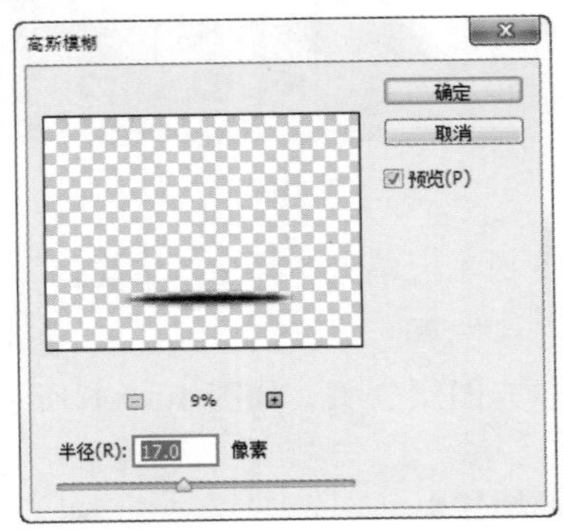


图 10-171

图 10-172

（6）选择“横排文字工具” T，在选项栏中选中合适的字体，并设置合适的字体大小，然后在画面中输入文字，效果如图 10-173 所示。

（7）在使用文字工具的状态下，在选项栏中单击“文字变形”按钮，在弹出的“变形文字”对话框中设置“样式”为扇形、“弯曲”为 20%，如图 10-174 所示。文字效果如图 10-175 所示。

图 10-173

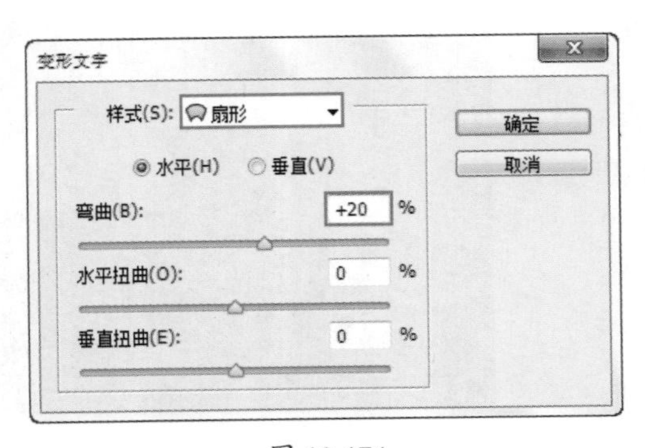


图 10-174

图 10-175

（8）为文字添加图层样式。选中文字图层，执行“图层 > 图层样式 > 投影”菜单命令，勾选“投影”复选框，设置“混合模式”为“正常”、颜色为黑色、“不透明度”为 100%、“角度”为 120 度、“距离”为 20 像素、“大小”为 10 像素，具体如图 10-176 所示。此时，文字效果如图 10-177 所示。

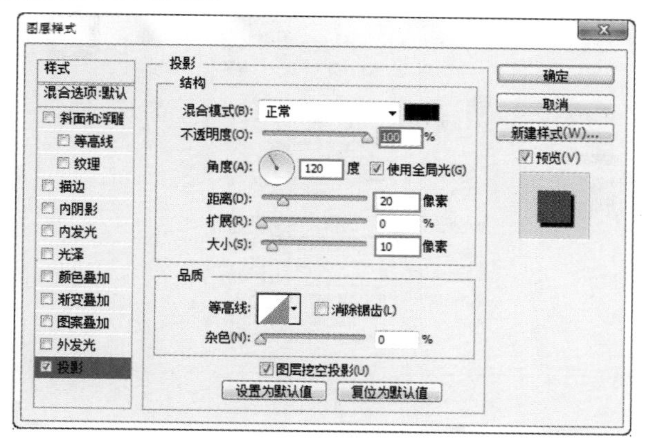


图 10-176

图 10-177

（9）勾选“颜色叠加”复选框，设置“混合模式”为正常、颜色为橘色、“不透明度”为 100%，如图 10-178 所示。此时，画面效果如图 10-179 所示。

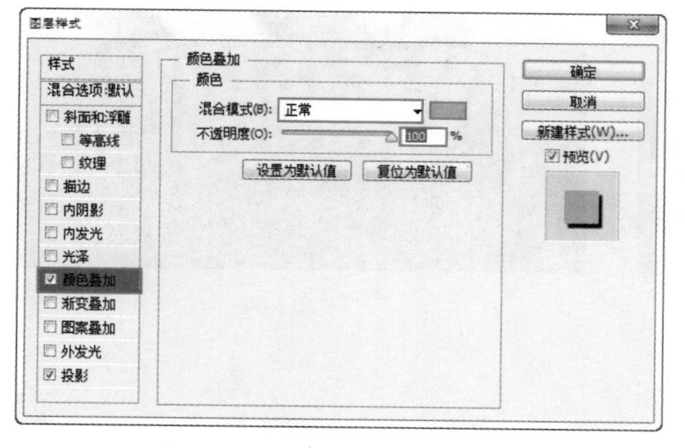


图 10-178

图 10-179

（10）勾选“描边”复选框，设置“大小”为 40 像素、“位置”为外部、“不透明度”为 100%、“填充类型”为“图案”，如图 10-180 所示。载入图案素材“2.pat”，此时文字效果如图 10-181 所示。

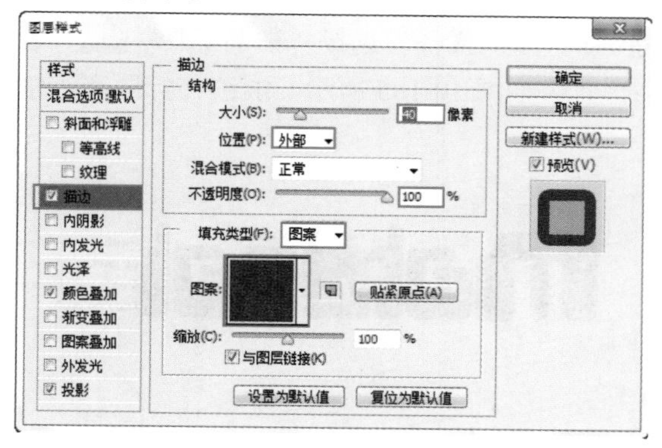


图 10-180

图 10-181

（11）勾选“斜面和浮雕”复选框，设置“深度”为1000%、“大小”为20像素、“角度”为120度、“高度”为30度、“高光模式”为正常，颜色为黄色，“不透明度”为75%、“阴影模式”为正常，颜色为橘色，“不透明度”数值为75%，如图10-182所示。文字最终效果如图10-183所示。

（12）使用同样的方法制作变形文字，并复制上一个文字图层的图层样式，画面最终效果如图10-184所示。

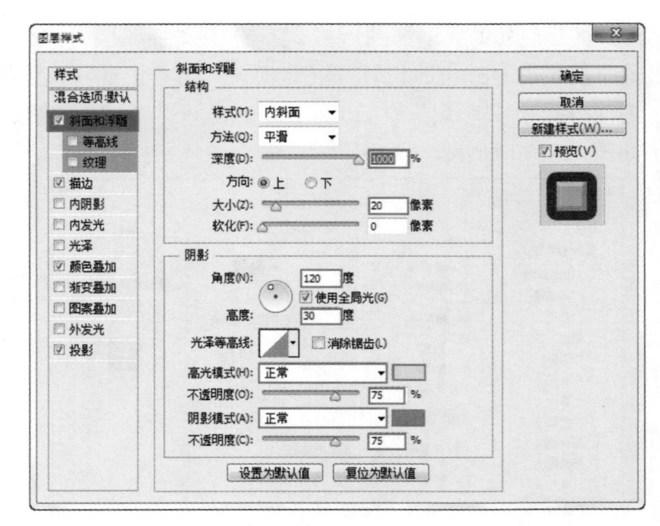


图 10-182

图 10-183

图 10-184

## 10.7 文字实战——杂志版式设计

本案例通过文字工具的使用，在杂志版面中添加大量的点文字和段落文字，以制作完整的版面效果，具体步骤如下。

（1）执行“文件 > 新建”菜单命令，新建A4大小的文件。选择“文字工具” T，设置合适的字体及大小，然后在画面中输入标题文字，效果如图10-185所示。继续在标题旁边输入相应的文字，效果如图10-186所示。

图 10-185

图 10-186

（2）选择工具箱中的“圆角矩形工具”，设置“颜色”为黄色，在画面中绘制圆角矩形，然后对圆角矩形的圆角半径进行设置，在弹出的“属性”面板中设置左上方和右下方的圆角半径为“220 像素”，右上方和左下方的圆角半径为“20 像素”，参数设置如图 10-187 所示，效果如图 10-188 所示。

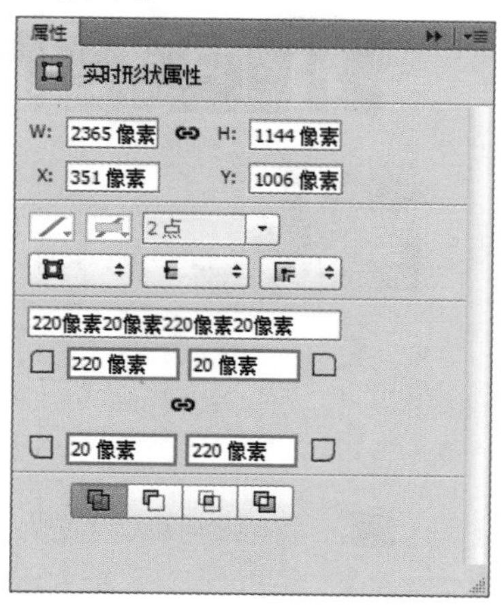


图 10-187

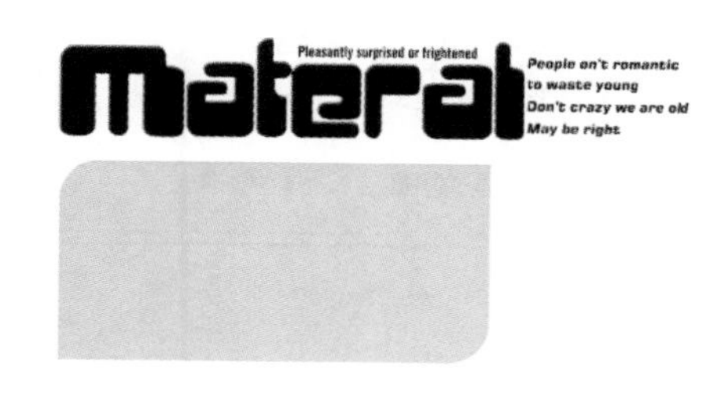


图 10-188

（3）为圆角矩形添加投影效果。执行“图层 > 图层样式 > 投影”菜单命令，在“图层样式”对话框中，设置“混合模式”为“正片叠底”、“不透明度”为 75%、“角度”为 120 度、“距离”为 23 像素、“扩展”为 29%、“大小”为 43 像素，参数设置如图 10-189 所示，效果如图 10-190 所示。

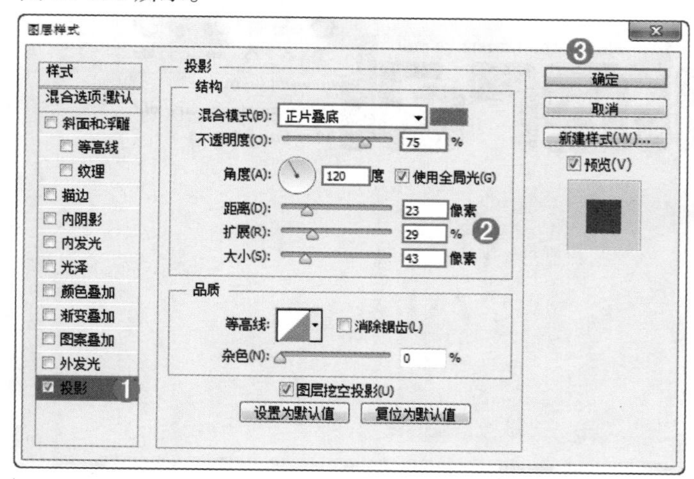


图 10-189

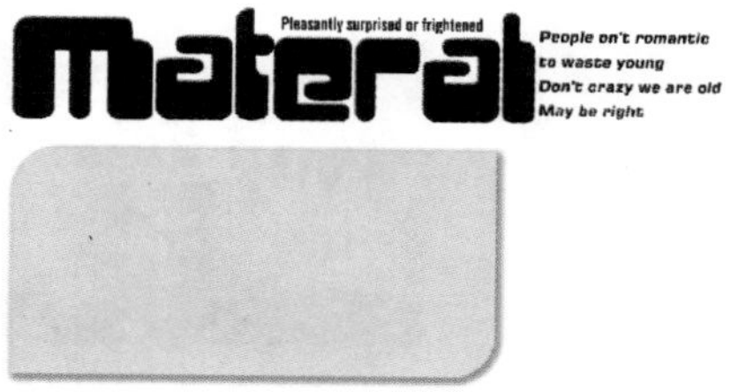

图 10-190

（4）导入素材文件中的“1.jpg”，将其放置在画面中的合适位置，如图 10-191 所示。执行“图层 > 图层样式 > 投影”菜单命令，设置“混合模式”为“正片叠底”、“不透明度”为 75%、“角度”为 120 度、“距离”为 18 像素、“扩展”为 29%、“大小”为 43 像素，参数设置如图 10-192 所示，效果如图 10-193 所示。

图 10-191

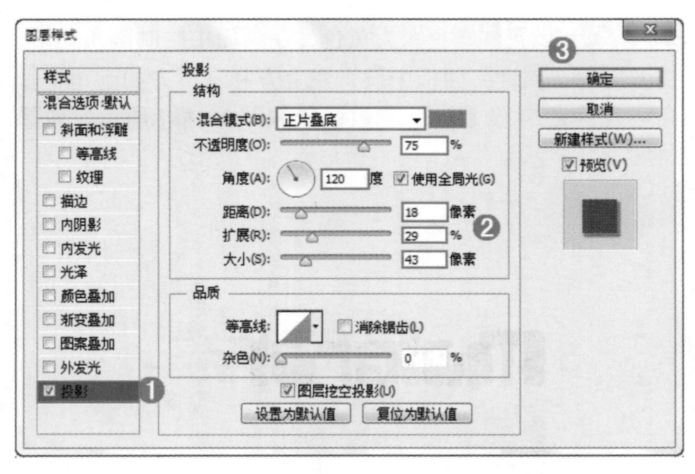

图 10-192

图 10-193

（5）绘制“星形”装饰。选择工具箱中的“自定形状工具”，将绘制模式设置为“形状”，“颜色”设置为“洋红色”，单击选项栏中“形状”选项后面的倒三角按钮，在下拉面板中选择“十角星”形状，然后在画面中合适的位置绘制形状，效果如图 10-194 所示。

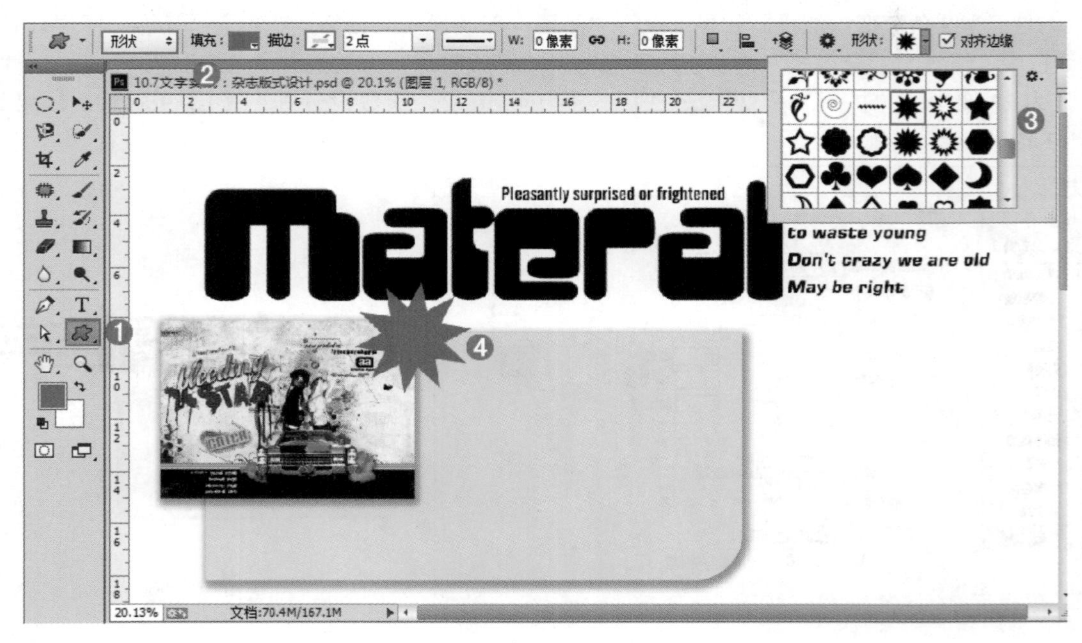


图 10-194

（6）选择“文字工具”，设置合适的字体和大小，在“星形”上输入文字，并为其添加“投影”效果。执行“图层 > 图层样式 > 投影”菜单命令，在“图层样式”对话框中设置“混合模式”为“正片叠底”、“不透明度”为 75%、“角度”为 120 度、“距离”为 5 像素、“扩展”为 0%、“大小”为 5 像素，参数设置如图 10-195 所示，效果如图 10-196 所示。

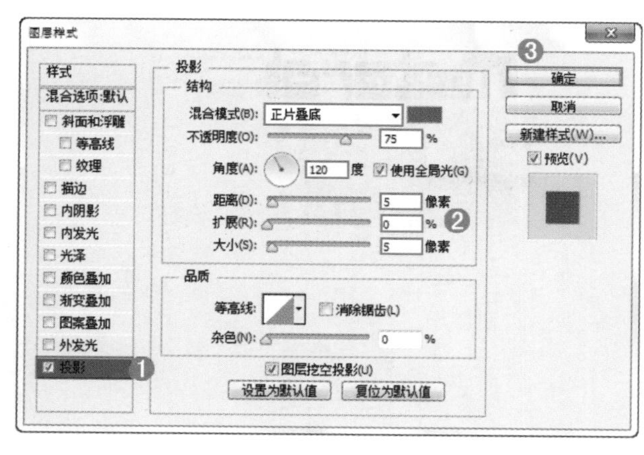


图 10-195

图 10-196

（7）选择工具箱中的“钢笔工具”，在画面中绘制路径，如图 10-197 所示，然后选择文字工具，设置合适的字体和大小，当鼠标变成①状时在路径中创建段落文字，此时段落文字会沿着所绘制的路径进行排列，效果如图 10-198 所示。

图 10-197

图 10-198

（8）选择“文字工具”，设置合适的字体及大小，然后在画面中输入标题文字，如图 10-199 所示。

（9）继续使用文字工具输入段落文字。选择“文字工具”在画面中拖动鼠标，绘制段落区域，如图 10-200 所示。然后输入段落文字，效果如图 10-201 所示，使用同样的方法输入其他文字，此时效果如图 10-202 所示。

图 10-199

图 10-200

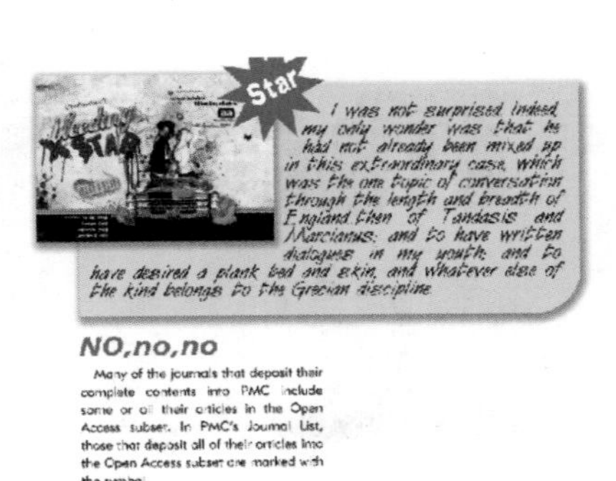


图 10-201

图 10-202

（10）绘制“圆角矩形”。选择工具箱中的“圆角矩形工具”，设置“颜色”为蓝色、圆角半径为“90 像素”，在画面中的下方区域绘制圆角矩形，效果如图 10-203 所示。

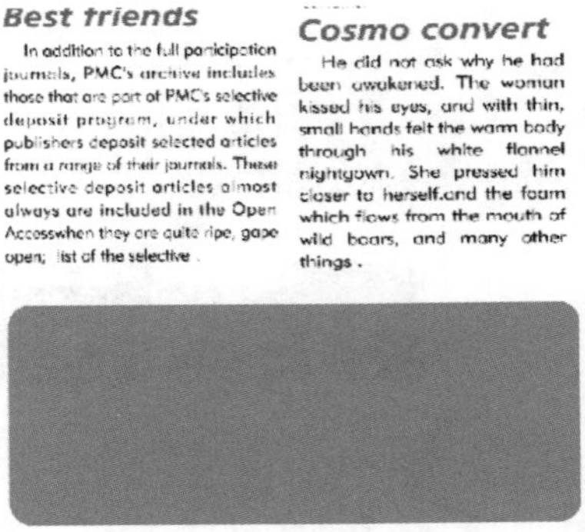

图 10-203

（11）为圆角矩形添加投影效果。执行“图层 > 图层样式 > 投影”菜单命令，在“图层样式”对话框中设置“混合模式”为“正片叠底”、“不透明度”为 75%、“角度”为 120 度、“距离”为 8 像素、“扩展”为 0%、“大小”为 5 像素，参数设置如图 10-204 所示，效果如图 10-205 所示。

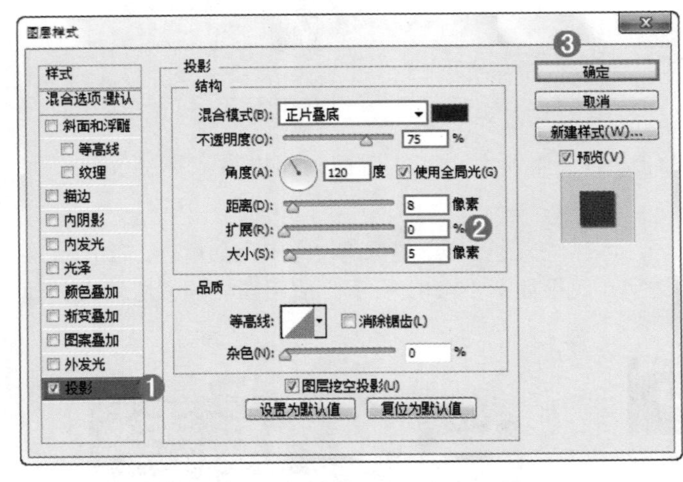


图 10-204

图 10-205

（12）导入素材文件中的“2.jpg”，将其放置在画面中的合适位置，如图 10-206 所示。为其添加“内发光”效果，执行“图层 > 图层样式 > 内发光”菜单命令，在“图层样式”对话框中设置“混合模式”为“滤色”、“不透明度”为 75%、“杂色”为 0%、“方法”为“柔和”、“阻塞”为 0%、“大小”为 5 像素、“范围”为 50%，具体如图 10-207 所示。

图 10-206

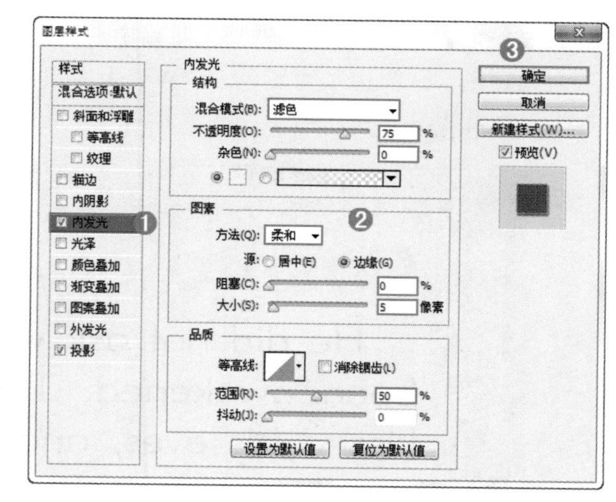


图 10-207

（13）勾选“投影”复选框，设置“混合模式”为“正片叠底”、“不透明度”为 75%、“角度”为 120 度、“距离”为 8 像素、“扩展”为 0%、“大小”为 5 像素，参数设置如图 10-208 所示，效果如图 10-209 所示。

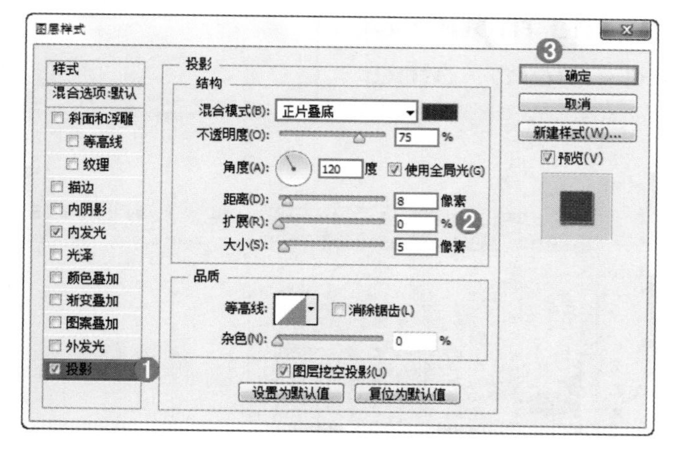


图 10-208



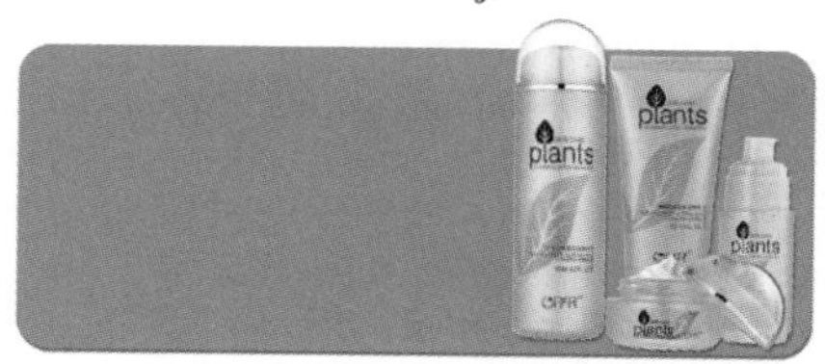


图 10-209

（14）选择文字工具，设置合适的字体及大小，然后在画面中创建文字，效果如图 10-210 所示。

图 10-210

（15）绘制“分割线”。选择工具箱中的“直线工具”，设置绘制模式为“形状”，“填充”为无颜色，“描边”为黑色，“W”为 3 像素，参数设置如图 10-211 所示。在画面中绘制分割线，效果如图 10-211 所示，将“分割线”进行复制，效果如图 10-212 所示。

形状
填充：
描边：
1点
W: 3像素
H: 1963像
粗细：3像素
对齐边缘
10.7文字实战：杂志版式设计.psd @ 56% (形状 1, RGB/8) *
Cosmo convert
He did not ask why he had been awakened. The woman kissed his eyes, and with thin, small hands felt the warm body through his white flannel nightgown. She pressed him closer to herself.and the foam which flows from the mouth of wild boars, and many other
分割线
55.95%
文档:70.4M/163.3M

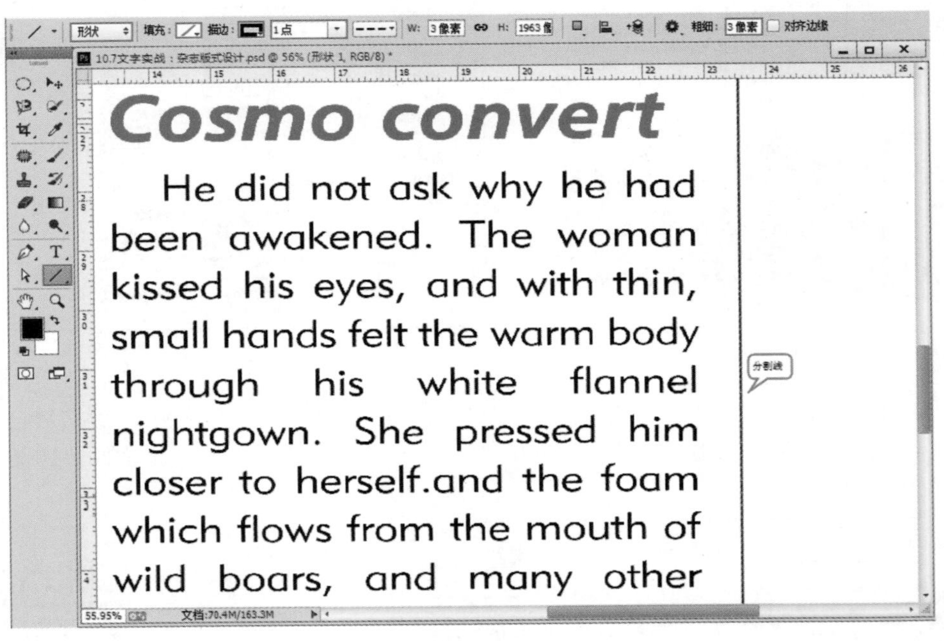

图 10-211

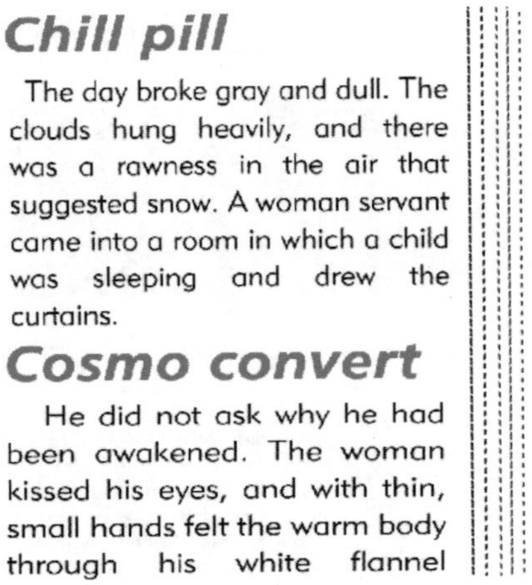

Chill pill
The day broke gray and dull. The clouds hung heavily, and there was a rawness in the air that suggested snow. A woman servant came into a room in which a child was sleeping and drew the curtains.
Cosmo convert
He did not ask why he had been awakened. The woman kissed his eyes, and with thin, small hands felt the warm body through his white flannel

图 10-212

（16）在工具箱中选择“矩形工具”，设置绘制模式为“形状”，“填充”为无颜色，“描边”为枚红色，描边粗细为“2 点”，描边类型为直线，在画面的右侧绘制一个矩形，效果如图 10-213 所示。

形状
填充：
描边：
2点
W: 0像素
H: 0像素
Chill pill
The day broke gray and dull. The clouds hung heavily, and there was a rawness in the air that suggested snow. A woman servant came into a room in which a child was sleeping and drew the curtains.
Cosmo convert
He did not ask why he had been awakened. The woman kissed his eyes, and with thin, small hands felt the warm body through his white flannel nightgown. She pressed him closer to herself.and the foam which flows from the mouth of wild boars, and many other things .
Whitting

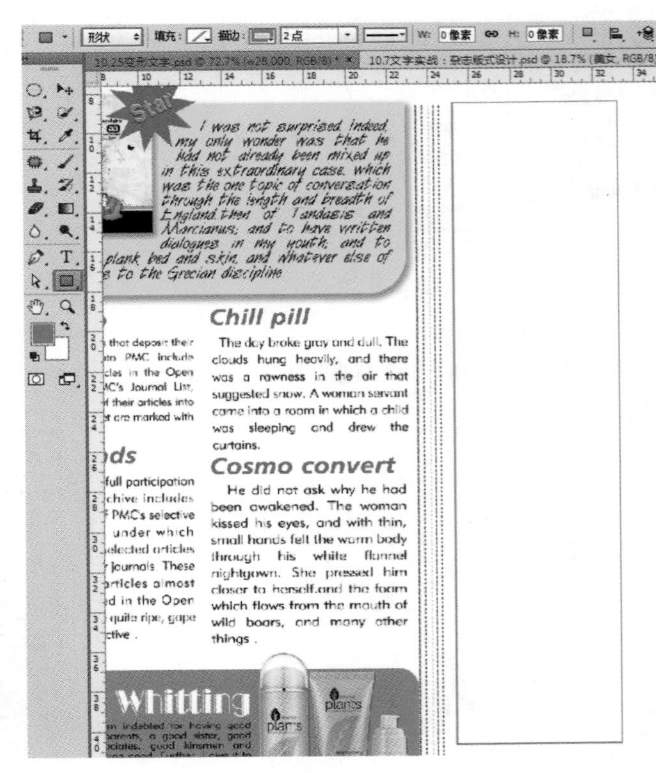

图 10-213

（17）选择工具箱中的“钢笔工具”，在画面中绘制路径并为其填充枚红色，效果如图 10-214 所示。然后为其添加“描边”效果，执行“图层 > 图层样式 > 投影”菜单命令，设置“混合模式”为“正片叠底”、“不透明度”为 75%、颜色为深洋红色、“角度”为 120 度、“距离”为 8 像素、“扩展”为 0%、“大小”为 5 像素，参数设置如图 10-215 所示，效果如图 10-216 所示。

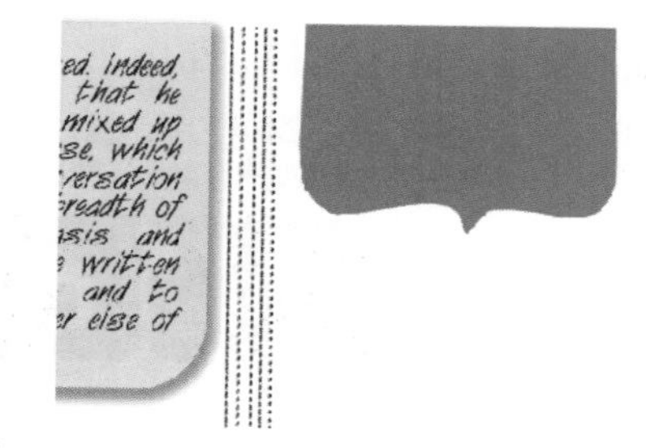

图 10-214

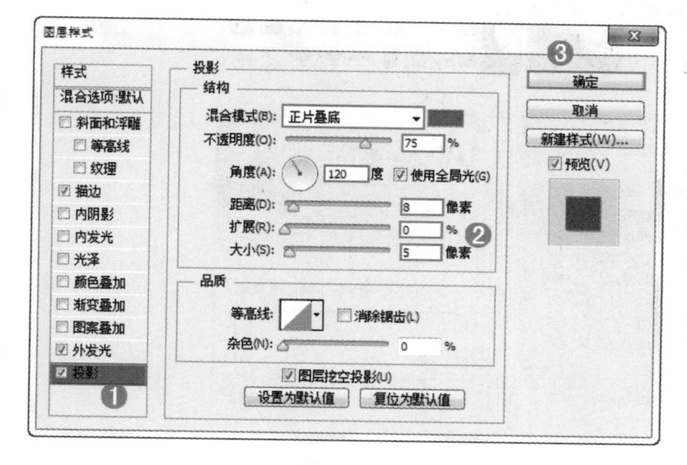


图 10-215

图 10-216

（18）导入素材文件中的“3.jpg”，将其放置在画面中的合适位置，如图 10-217 所示。

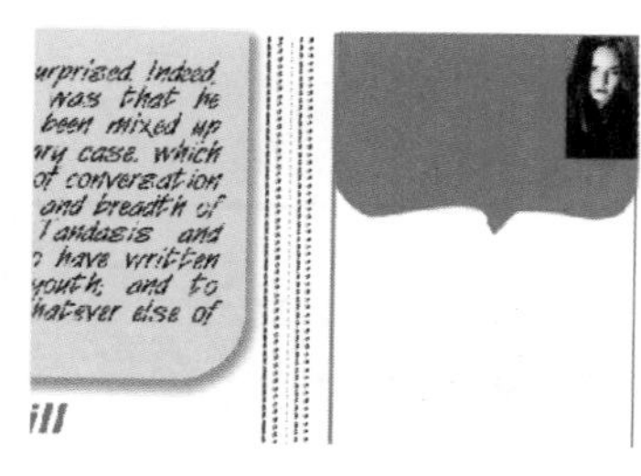

图 10-217

（19）选择工具箱中的“椭圆工具”，按住 <Shift> 键的同时拖动鼠标，在画面中绘制正圆，设置绘制模式为“形状”，“填充”为白色，“描边”为枚红色，描边粗细为“2 点”，效果如图 10-218 所示。选择文字工具，设置合适的字体及大小，然后在画面中创建文字，效果如图 10-219 所示。

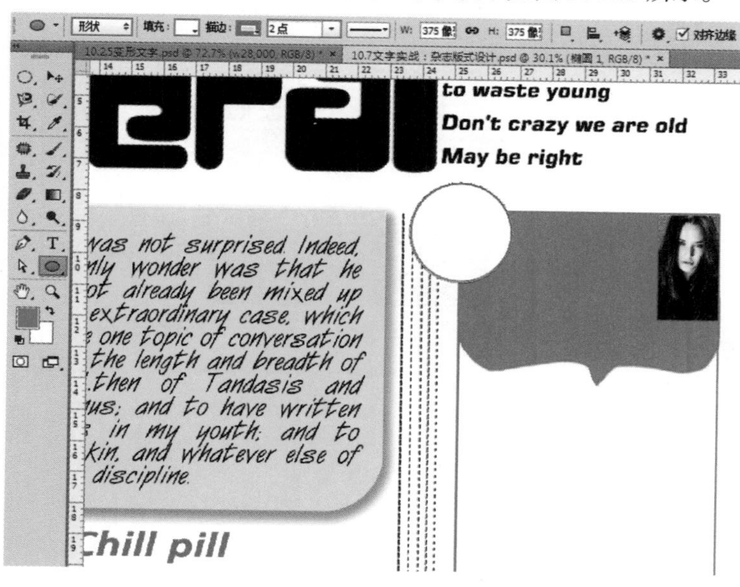


图 10-218

图 10-219

（20）绘制“气泡”。选择工具箱中的“自定形状工具”，选择合适的形状，设置绘制模式为“形状”，“填充”为无颜色，“描边”为黑色，描边粗细为“1 点”，效果如图 10-220 所示。

（21）使用同样的方法绘制其他“气泡”和文字，效果如图 10-221 所示。最后创建下面和左面的文字，最终效果如图 10-222 所示。

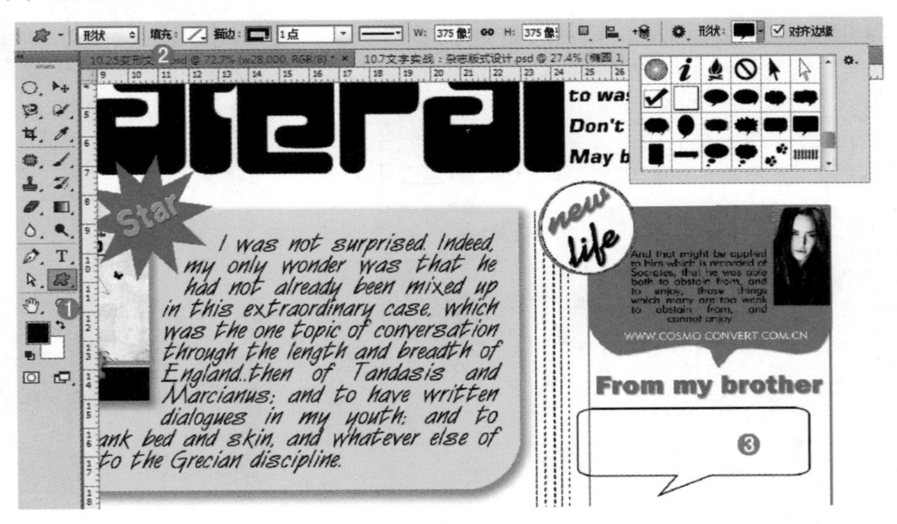

图 10-220

图 10-221

图 10-222

# 第 11 章
# 不一样的绘图模式——矢量绘图

矢量图的特点是放大后图像不会失真，其绘制原理与分辨率无关，文件占用空间较小，适用于图形设计和文字设计，在标志设计和版式设计中也常用到。本章将主要讲解矢量绘图，以及使用简单的矢量图形工具进行绘制的方法。

学习要点：

如果想在Photoshop中绘制矢量图，则应该使用“钢笔工具”或“形状工具”进行绘制，并且在绘制之初需要设置其绘制模式。本章首先将介绍什么是形状，如何绘制形状。然后介绍路径的其他操作，如路径的运算、变换路径、自定义形状、填充以及描边路径。最后，讲解如何使用“路径”面板来管理路径。

佳作欣赏

# 11.1 矢量绘图常用模式——“形状”模式

Photoshop 在位图处理工具的基础上还提供了矢量绘图工具。矢量工具绘制的路径或形状都具有典型的矢量特征，选择的矢量绘图模式将决定是在自身图层上创建矢量形状，还是在现有图层上创建工作路径或在现有图层上创建栅格化形状。

Photoshop 的矢量绘图工具包括“钢笔工具”和“形状工具”两种。“钢笔工具”主要用于绘制不规则的图形，而“形状工具”则是通过选取内置的图形样式来绘制比较规则的图形。单击工具箱中的“钢笔工具”或“自定义形状”工具按钮，设置绘图模式为“形状”，然后可以在选项栏中设置填充类型，单击“填充”按钮，在弹出的下拉面板中，可以从“无颜色”“纯色”“渐变”和“图案”4个类型中选择一种，如图 11-1 所示。

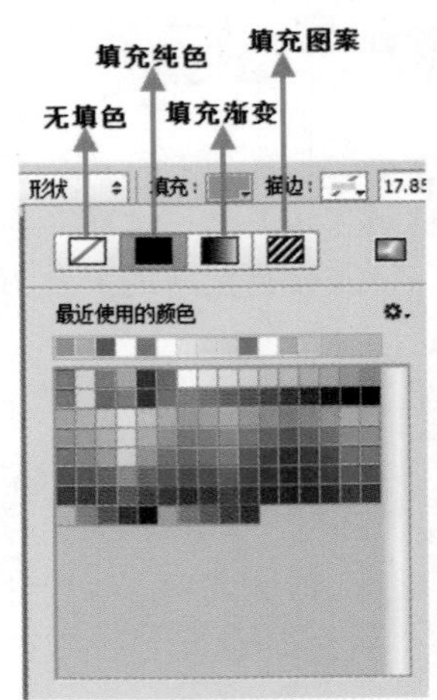


图 11-1

### 1. 设置形状的填充类型

（1）为形状填充“无颜色”。以“椭圆工具”为例，首先选择工具箱中的“椭圆工具”，在选项栏中设置绘制模式为“形状”。单击“填充”按钮，在下拉面板中单击“无颜色”按钮，如图 11-2 所示。在画面中绘制形状，此时绘制的形状就是没有填充效果的，如图 11-3 所示。

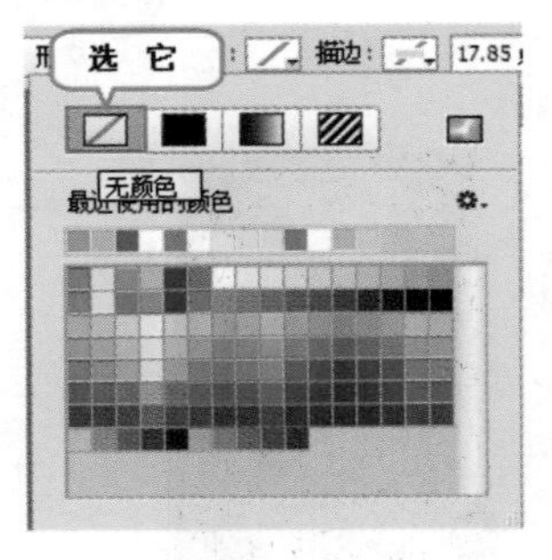


图 11-2

图 11-3

（2）为形状填充“纯色”。如果要绘制一个纯色的形状。可以单击填充下拉面板中的“纯色”按钮，然后在面板的下方选择合适的颜色。如果要自定义一个颜色，则可以单击“拾色器”按钮，然后在弹出的拾色器中选择所需的颜色，如图 11-4 所示。颜色设置完成后在画面中绘制形状，效果如图 11-5 所示。

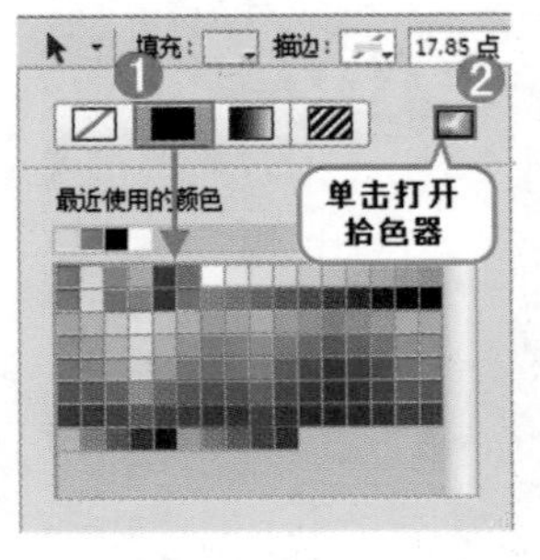


图 11-4

图 11-5

（3）为形状添加“渐变”。如果要绘制一个渐变的形状，则可以单击填充下拉面板中的“渐变”按钮；在面板的下方选择合适的渐变；如果要自定义一个渐变，则单击下面的渐变条，重新调整渐变颜色以及渐变范围，如图 11-6 所示。渐变设置完成后在画面中绘制形状，效果如图 11-7 所示。

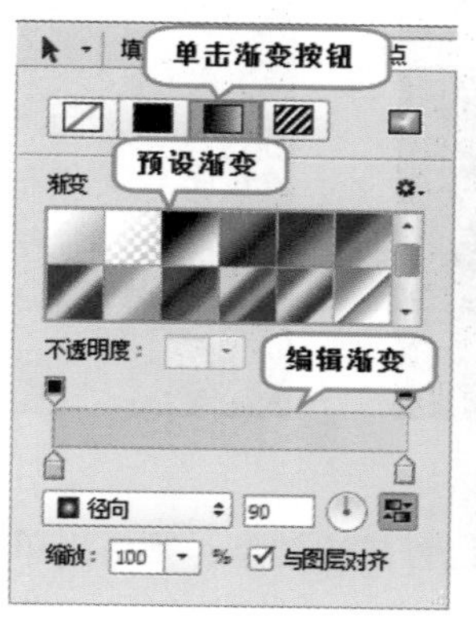


图 11-6

图 11-7

（4）为形状添加“图案”。如果要绘制一个带有图案的形状，则可以单击填充下拉面板中的“图案”按钮，在面板的下方选择合适的图案；如果觉得图案的大小不合适，则可以设置“缩放”以控制图案的大小，如图 11-8 所示，效果如图 11-9 所示。

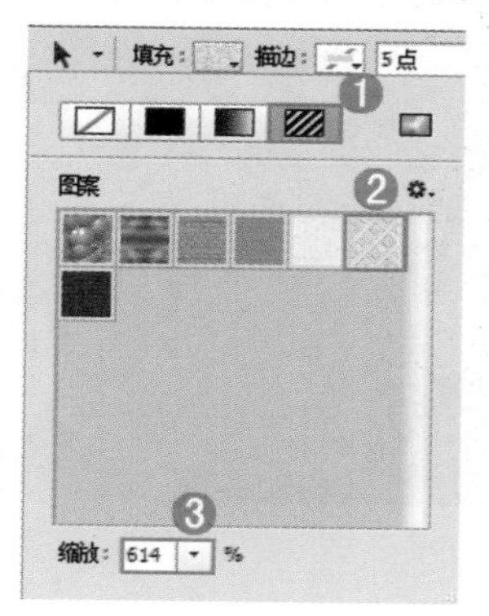


图 11-8

图 11-9

## 2. 设置形状的描边

（1）设置形状的描边。同样地，对于描边也可以进行“无颜色”“纯色”“渐变”和“图案”4 种类型效果的设置。在颜色设置的右侧可以进行描边粗细的设置。图 11-10~ 图 11-13 所示分别为“无颜色”描边、“纯色”描边、“渐变”描边和“图案”描边。

图 11-10

图 11-11

图 11-12

图 11-13

（2）设置形状的描边类型。如果要设置描边类型，则可以单击描边类型下拉列表，在弹出的下拉面板中有预设的描边类型，可以对描边的“对齐方式”“断点”类型和“角点”类型进行设置，如图 11-14 所示。单击“更多选项”按钮 更多选项... ，可以在弹出的“描边”对话框中创建新的描边类型，图 11-15 所示。图 11-16 所示为为形状描边添加虚线描边的效果。

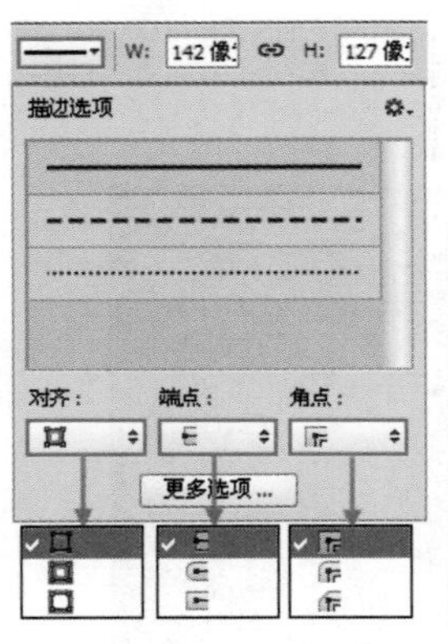


图 11-14

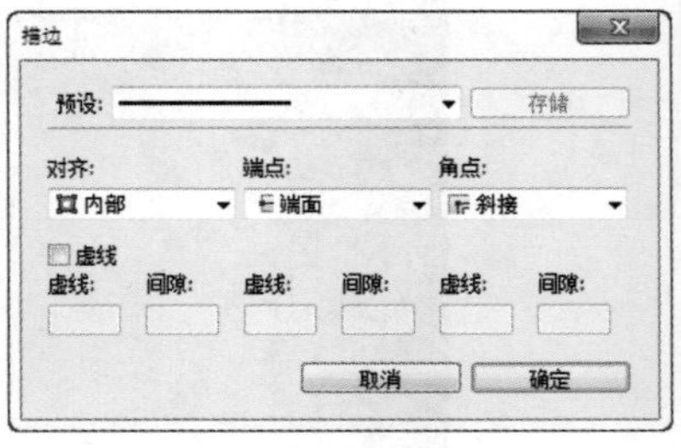


图 11-15

图 11-16

**你问我答：** “像素”模式有什么作用?

在使用“形状工具”绘制图形时，首先需要设置其绘制模式，在此之前我们讲解了“路径”绘制模式和“形状”绘制模式，还有一种“像素”绘制模式，在这里稍作讲解。

使用“像素”模式绘制的图形，不具备矢量特征，也没有路径。针对这样的图像放大或缩小都会使其像素受损。使用“像素”模式绘制图形前，应该设置合适的前景色，然后设置其“模式”和“不透明度”。因为绘制出的图型是像素，为了保证其边缘平滑，所以要勾选“消除锯齿”复选框。设置完成后，即可绘制形状，如图 11-17 所示。最后添加文字，效果如图 11-18 所示。

图 11-17

图 11-18

## 11.2　绘制简单的矢量图形

在 Photoshop 中，有一些现有的“形状工具”。单击工具箱中的“矩形工具”按钮，这时就会弹出工具组面板，在此面板中有 6 种形状工具，如图 11-19 所示。使用这些形状工具，可以绘制各种各样的形状。图 11-20~ 图 11-23 所示为可以使用该工具组中的工具绘制的作品。

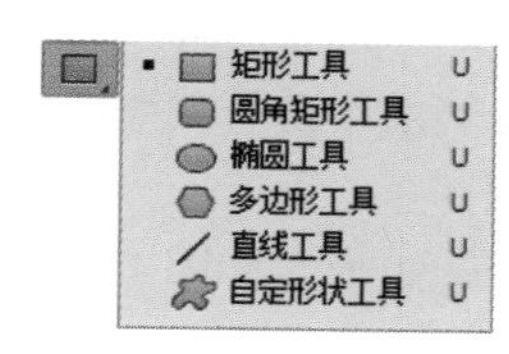


图 11-19

图 11-20

图 11-21

图 11-22

图 11-23

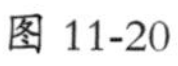

### 11.2.1　工具速查——矩形工具

“形状工具”中的“矩形工具”可以用来绘制正方形形状和矩形形状。“矩形工具”的使用方法与“矩形选框工具”类似，绘制时按住 <Shift> 键即可绘制出正方形；按住 <Alt> 键可以以鼠标单击点为中心绘制矩形；当按 <Shift+Alt> 快捷键时则是以鼠标单击点为中心绘制正方形。图 11-24 所示为使用“矩形工具”绘制的矩形形状。

图 11-24

**1. 绘制任意大小的矩形**

在面板中单击按钮，在下拉面板中选中“不受约束”单选按钮，可以绘制任意大小的矩形，如图 11-25 和图 11-26 所示。

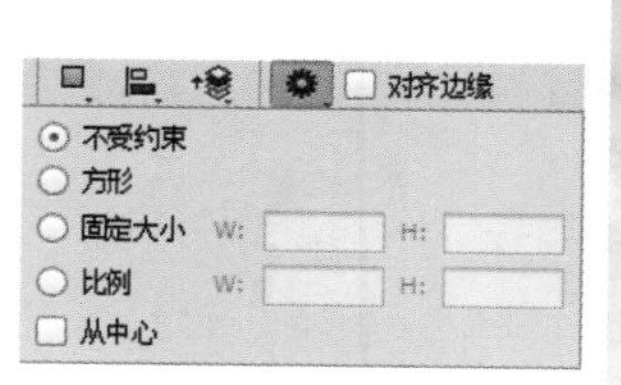


图 11-25

图 11-26

**2. 绘制任意大小的正方形**

在面板中单击按钮，在下拉面板中选中“方形”单选按钮，可以绘制任意大小的正方形，如图 11-27 和图 11-28 所示。

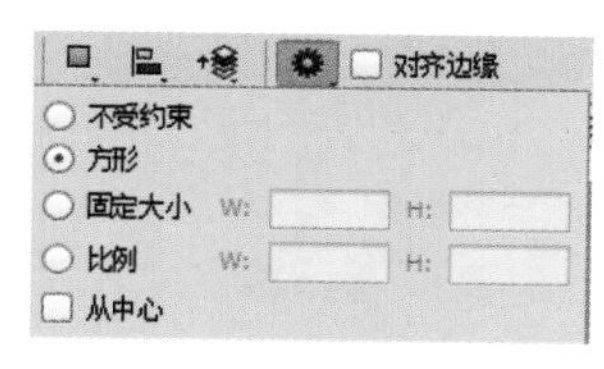


图 11-27

图 11-28

### 3. 绘制固定大小的矩形

在面板中单击按钮⚙，在下拉面板中选中“固定大小”，可以在其后面的数值输入框中输入相应的宽度(W)和高度(H)，如图 11-29 所示，然后在图像上单击即可创建矩形，如图 11-30 所示。

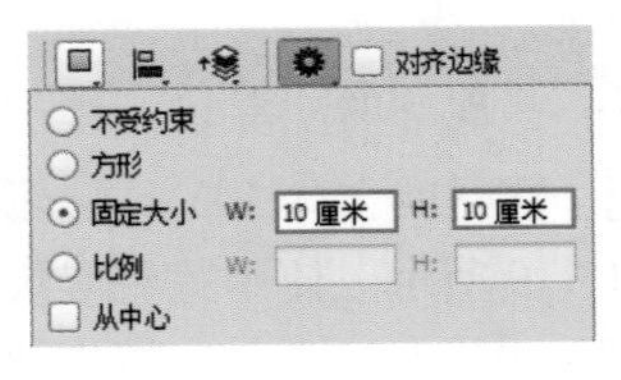


图 11-29

图 11-30

### 4. 绘制等比例的矩形

在面板中单击按钮⚙，在下拉面板中选中“比例”，可以在其后面的数值输入框中输入相应的宽度（W）和高度（H）比例，如图 11-31 所示，此后创建的矩形始终以设置的比例进行绘制，如图 11-32 所示。

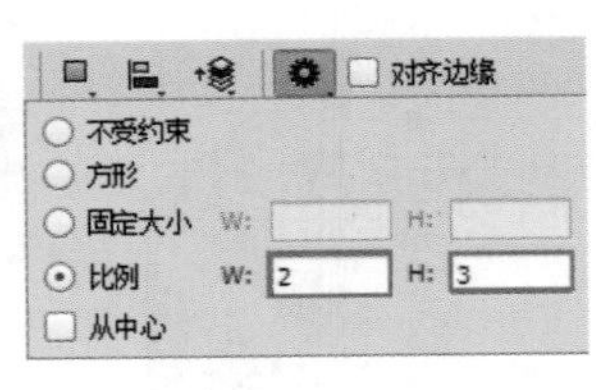


图 11-31

图 11-32

### 5. 绘制从中心的矩形

在面板中单击按钮⚙，在下拉面板中勾选“从中心”复选框，如图 11-33 所示。鼠标单击点即为矩形的中心，效果如图 11-34 所示。

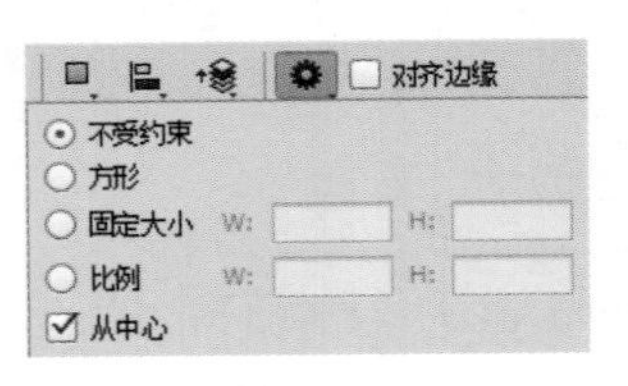


图 11-33

图 11-34

## 11.2.2 玩转矩形——甜点画册内页设计

本案例主要使用“矩形工具”绘制画面中的色块，然后使用图层蒙版将各种美食甜点素材规则地融合在画册里，使画册显得内容丰富而不杂乱，具体步骤如下。

（1）新建空白文档，并填充为灰色，如图 11-35 所示。选择工具箱中的“矩形工具”▭，在选项栏中设置其绘制模式为“形状”，设置“填充”为白色，然后在画面中相应位置绘制一个白色的矩形，如图 11-36 所示。

图 11-35

图 11-36

（2）选中白色矩形图层，执行“图层 > 图层样式 > 投影”菜单命令，设置“混合模式”为正片叠底，颜色为黑色，“不透明度”为 75%，“角度”为 95 度，“距离”为 25 像素，“大小”为 45 像素，如图 11-37 所示。此时，白色矩形就有了立体的书页感，如图 11-38 所示。

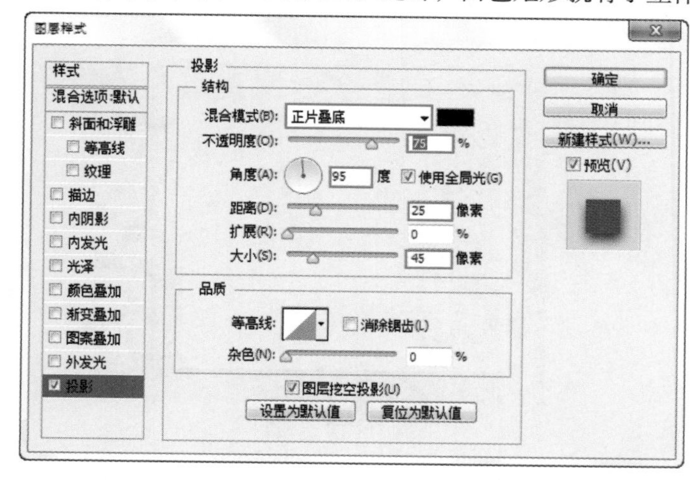


图 11-37

图 11-38

（3）选择工具箱中的“矩形工具” ，在选项栏中设置绘制模式为“形状”，“填充”为黄色，“描边”为无，在画面左侧绘制矩形，如图 11-39 所示。导入图片素材“1.jpg”，放在画面的右侧，如图 11-40 所示。

图 11-39

图 11-40

（4）在要保留的图片素材部分绘制矩形选区，为图片素材图层添加图层蒙版，如图 11-41 所示。此时，画面效果如图 11-42 所示。

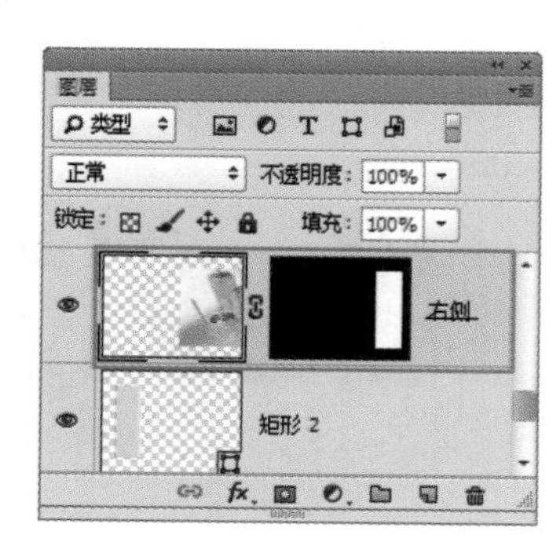


图 11-41

图 11-42

（5）由于图像两边的色调不一致，因此需要调整图像的色调。执行“图层 > 新建调整图层 > 可选颜色”菜单命令，选择“颜色”为“黄色”，设置“洋红”数值为 -20%，“黄色”数值为 100%，单击“将此调整剪贴到此图层”按钮，使调整只对图片素材起作用，如图 11-43 所示。画面效果如图 11-44 所示。

图 11-43

图 11-44

（6）置入素材“2.jpg”，放在画面底部，使用“矩形选框工具”在图像素材上绘制一个矩形选框，框选要保留的部分，并为该图层添加图层蒙版，如图 11-45 所示，画面效果如图 11-46 所示。

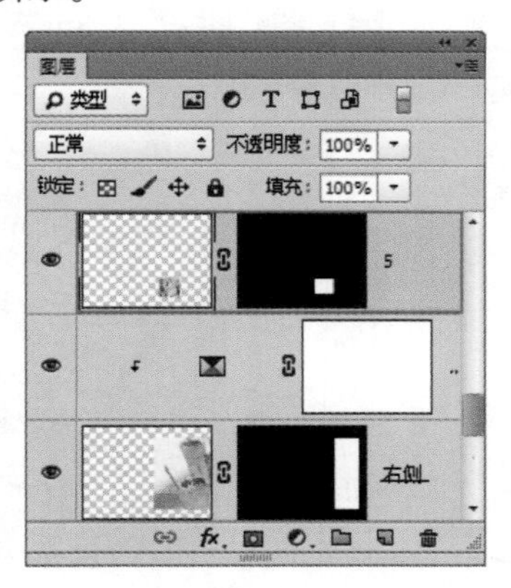


图 11-45

图 11-46

（7）使用同样的方法制作其他区域的图像，如图 11-47 和图 11-48 所示。

图 11-47

图 11-48

（8）使用“矩形工具”，在选项栏中设置绘制模式为“形状”，“填充”为黄色，“描边”为无，在画面上绘制黄色矩形，如图 11-49 所示。

图 11-49

**小技巧：灵活运用参考线**

在对齐图像时，为了能精准地确定图像的位置，可以使用参考线来帮助定位图像，如图 11-50 所示。

图 11-50

（9）制作书页的阴影效果。使用“矩形工具”在画面的右侧绘制一个黑色的矩形，并设置黑色矩形图层的“不透明度”为 12%，如图 11-51 所示。为该黑色图层添加图层蒙版，并对图层蒙版自右向左填充一个黑色至白色的渐变，如图 11-52 所示，此时效果如图 11-53 所示。

图 11-51

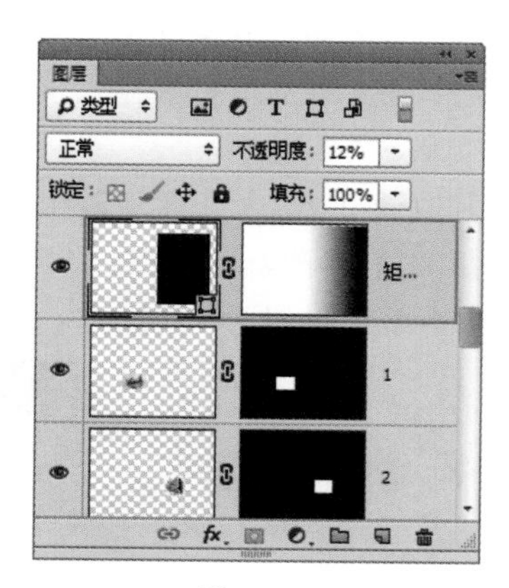


图 11-52

图 11-53

（10）使用“直排文字工具”在画面左侧输入文字，如图 11-54 所示。使用“横排文字工具”在画面中输入其他文字。画面最终效果如图 11-55 所示。

图 11-54

图 11-55

## 11.2.3 工具速查——圆角矩形工具

使用“圆角矩形工具”可以绘制四个角都是圆角的矩形，如图 11-56 所示。通过对选项栏中的“半径”选项进行设置，可以控制圆角的弧度。图 11-57 所示为“圆角矩形工具”的选项栏。半径数值越大，圆角矩形越接近椭圆形。“圆角矩形工具”的使用方法和“矩形工具”是相同的。

图 11-56

图 11-57

对“圆角矩形”的圆角半径进行调整。在“形状”模式下绘制“圆角矩形”，随后会弹出“属性”面板。在“属性”面板中可以对圆角矩形的大小、填充颜色、描边等进行设置，这与选项栏中的使用方法没有区别。这里重点讲解对单独某个圆角的弧度进行更改的方法。默认情况下，圆角半径的参数是相同的，且为锁定状态。在数值框中输入参数相应参数即可更改半径参数，如图 11-58 所示。

要更改某个圆角的半径，首先单击一下链条按钮，让其取消链接。接下来更改半径数值。若要更改圆角矩形的左上角的半径大小，可以在指定的左上角圆角半径数值框中输入相应参数，如图 11-59 所示。然后按一下键盘上的“回车键”。此时圆角矩形如图 11-60 所示。

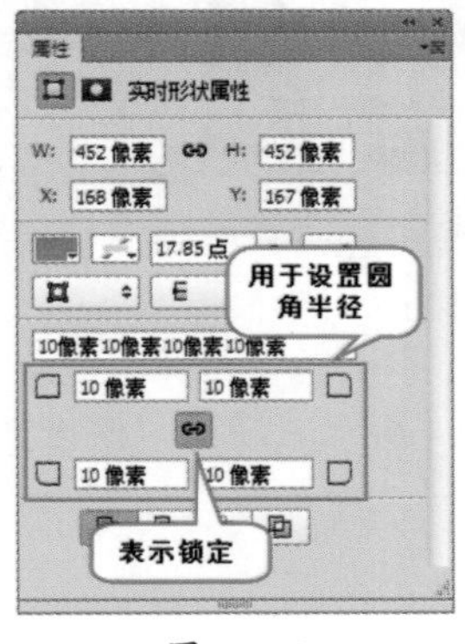


图 11-58

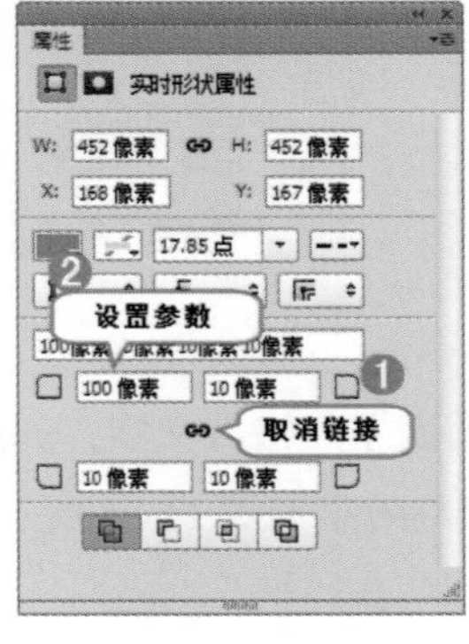


图 11-59

图 11-60

## 11.2.4　工具速查——椭圆工具

选择“椭圆工具”可以创建椭圆和正圆形状，如图 11-61 所示。直接拖动鼠标进行绘制，即可创建椭圆；按住 <Shift> 键，拖动鼠标可以创建正圆形；按住 <Shift+Alt> 快捷键，可以以鼠标单击点为中心创建圆形。

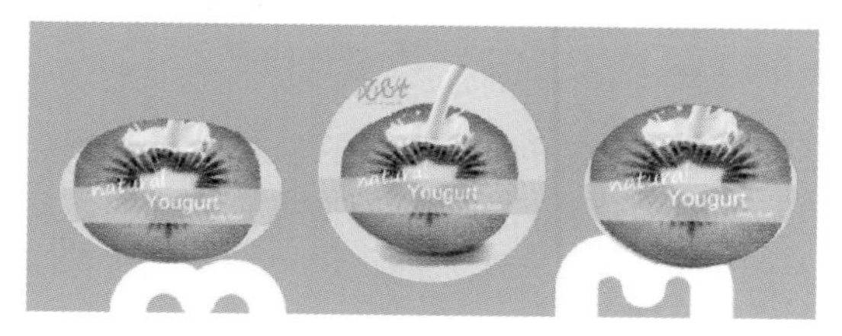

图 11-61



## 11.2.5　工具速查——多边形工具

使用“多边形工具”可以绘制多边的图形，可以对图形的边数和凹陷度进行设置。在页面中选择“多边形工具”后，可以在选项栏中通过设置“边”选项来设置多边形的边数，还可以在“多边形工具”选项中设置“半径”“平滑拐角”和“星形”等参数，如图 11-62 和图 11-63 所示。

图 11-62

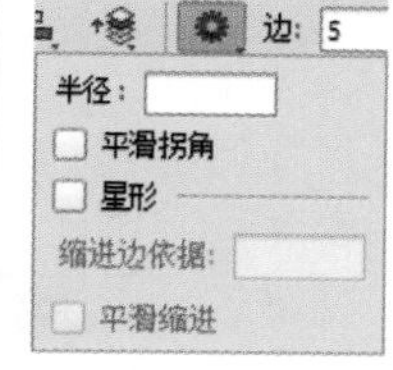


图 11-63

### 1. 设置多边形边数

在面板中设置多边形边数，当设置“边”为 3 时，可以创建正三角形；当设置“边”为 4 时，可以绘制正方形；当设置“边”为 5 时，可以绘制正五边形，如图 11-64 和图 11-65 所示。

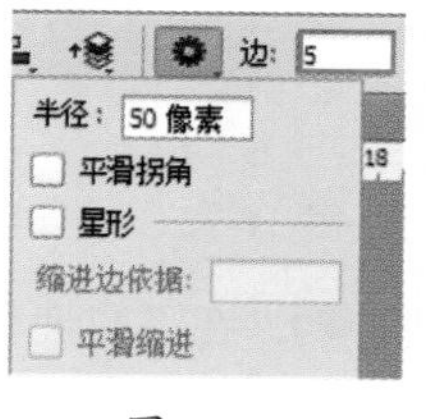


图 11-64

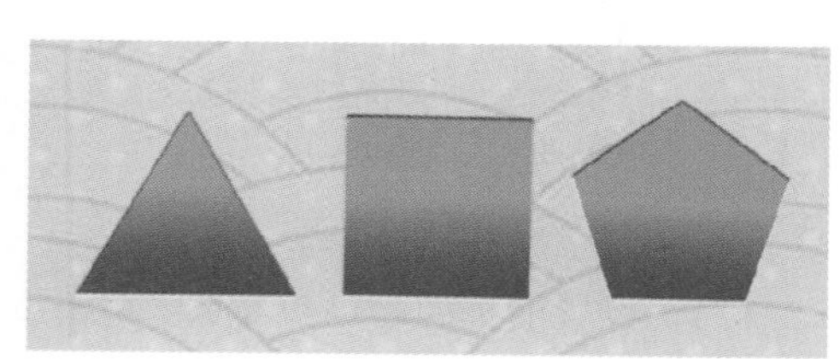

图 11-65

### 2. 设置平滑拐角

在面板中单击按钮，在下拉面板中勾选“平滑拐角”复选框，如图 11-66 所示，可以创建出具有平滑拐角效果的多边形或星形，如图 11-67 所示。

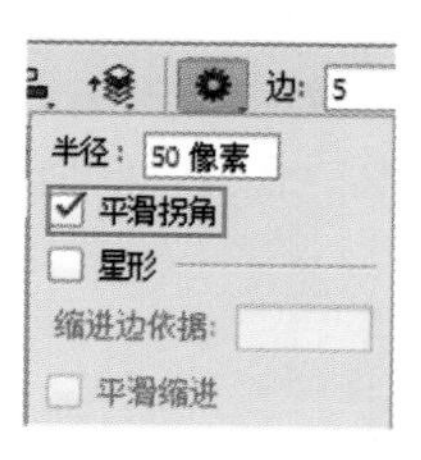


图 11-66

图 11-67

### 3. 设置“星形”—“缩进边依据”选项

在面板中单击按钮，在下拉面板中勾选“星形”复选框，可以创建星形，其下的“缩进边依据”复选框主要用于设置星形边缘向中心缩进的百分比，数值越大，缩进量越大，如图 11-69 所示分别是 20%、50% 和 80% 时的缩进效果。

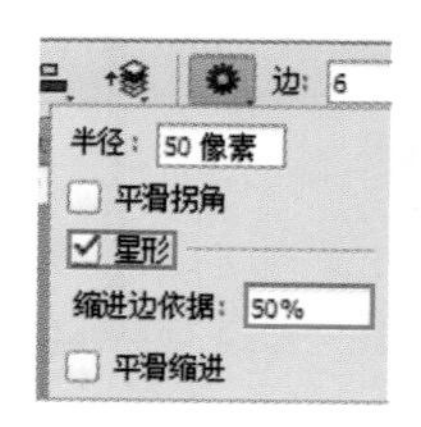


图 11-68

图 11-69

**4. 设置“星形”和“平滑缩进”选项**

在面板中单击按钮，在下拉面板中同时勾选“星形”和“平滑缩进”两个复选框，可以使星形的每条边向中心平滑缩进，如图 11-70 所示。

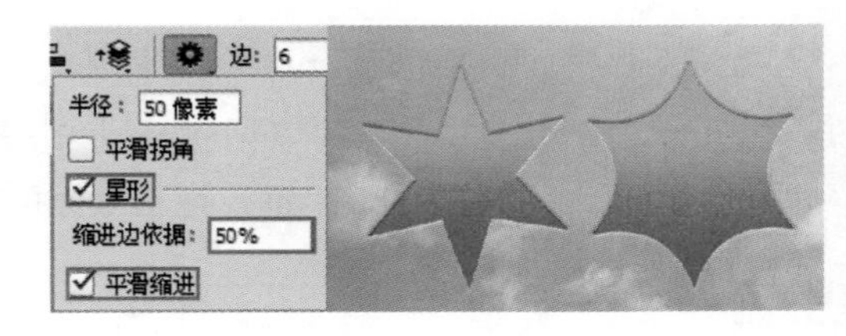


图 11-70

## 11.2.6 工具速查——直线工具

使用“直线工具”可以创建直线和带有箭头的形状。在选项栏中可以设置直线的宽度，在“粗细”数值框中设置直线的宽度值，可以创建对应宽度的直线。

**1. 使用“直线工具”绘制直线**

选择工具箱中的“直线工具”，在选项栏中可以设置“粗细”选项来设定直线的粗细，单位为“像素”，如图 11-71 所示。设置完成后在画面中按住鼠标左键拖动即可绘制直线，如图 11-72 所示。

**2. 使用“直线工具”绘制箭头**

选择工具箱中的“直线工具”，单击控制栏中的按钮，在下拉面板中可以设置箭头的相关参数，如图 11-73 所示。

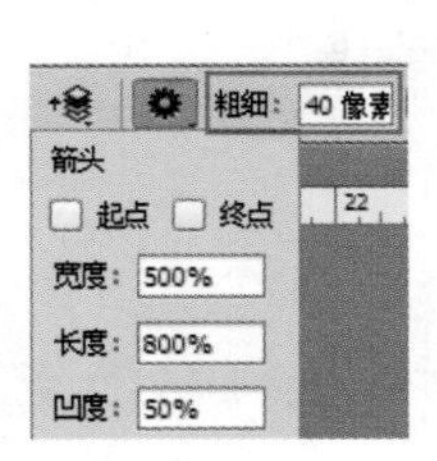


图 11-71

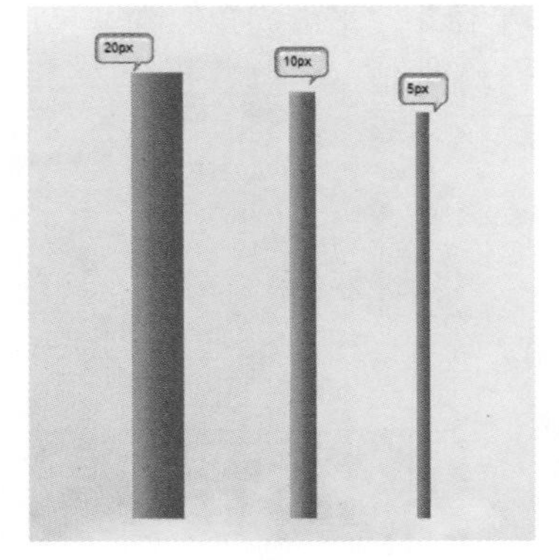


图 11-72

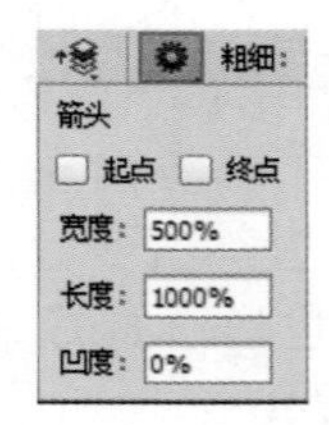


图 11-73

（1）设置箭头的起点与终点。单击按钮，在下拉面板中勾选“起点”复选框，可以在直线的起点处添加箭头；在下拉面板中勾选“终点”复选框，可以在直线的终点处添加箭头；在下拉面板中勾选“起点”和“终点”两个复选框，则可以在直线两端都添加箭头，如图 11-74 所示。

（2）设置箭头的宽度。单击按钮，下拉面板中的“宽度”选项用于设置箭头宽度与直线宽度的百分比，其设置范围为 10%~1000%。图 11-75 所示分别为“宽度”为 200%、800% 和 1000% 时创建的箭头。

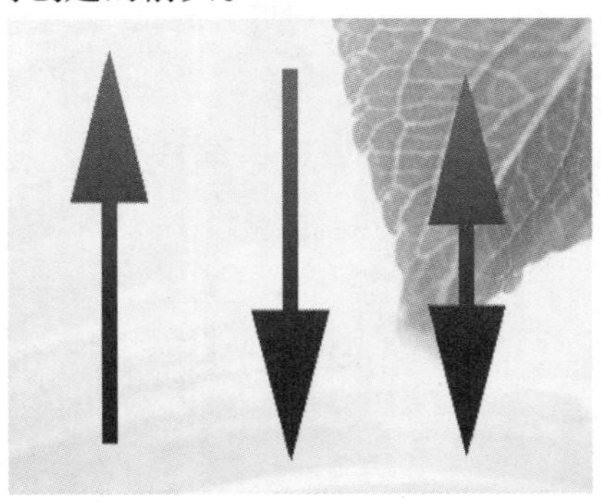

图 11-74

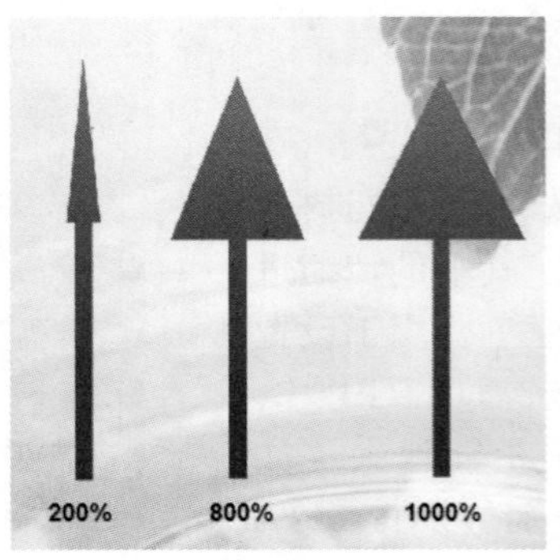


图 11-75

（3）设置箭头的长度。“长度”选项用于设置箭头长度与直线宽度的百分比，其设置范围为 10%~5000%。图 11-76 所示分别为“长度”为 100%、500% 和 1000% 时创建的箭头。

（4）设置箭头的凹度。通过设置“凹度”选项，可以控制箭头的凹陷程度，其设置范围为 –50%~50%。当值为 0% 时，箭头尾部平齐；当值大于 0% 时，箭头尾部向内凹陷；当值小于 0% 时，箭头尾部向外凸出。图 11-77 所示分别为“凹度”为 –50%、0% 和 50% 时创建的箭头。

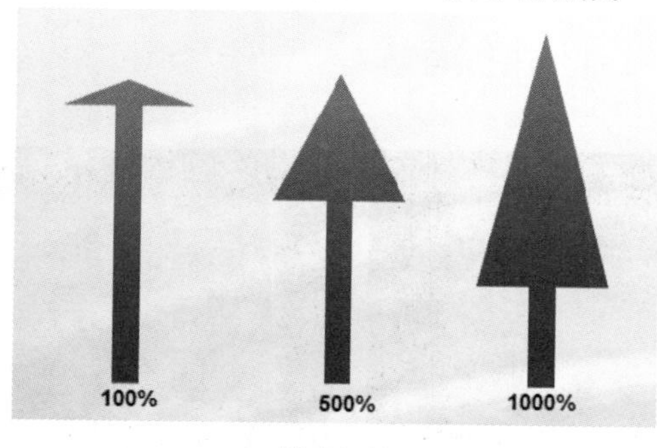


图 11-76

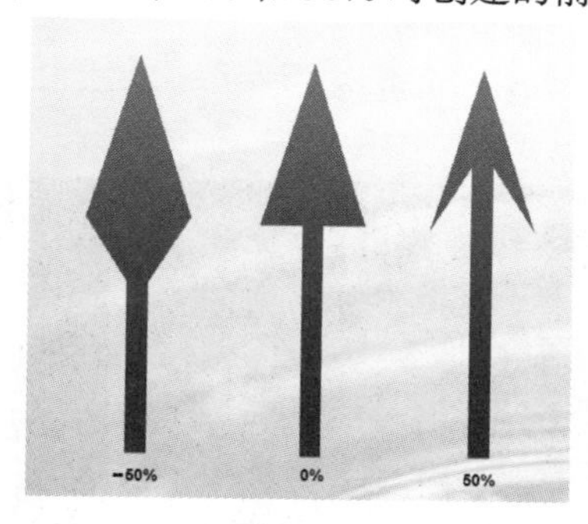


图 11-77



## 11.2.7 工具速查——自定形状工具

“自定形状工具”中包含丰富的图形形状，可以创建出非常多的形状，且在 Photoshop 中为用户提供了较多的预设形状工具。

### 1. 绘制自定形状

单击工具箱中的“自定形状工具”按钮，设置合适的绘制模式，然后单击“形状”后面的倒三角按钮，可以打开“形状选取器”，在“形状选取器”中选择合适形状，然后在画面中进行绘制，如图 11-78 和图 11-79 所示。

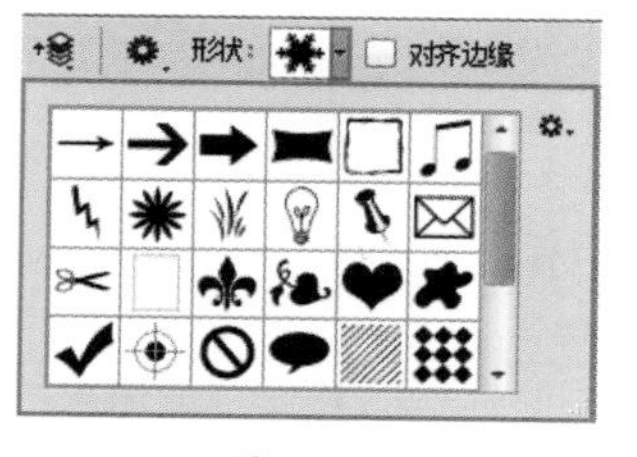


图 11-78

图 11-79

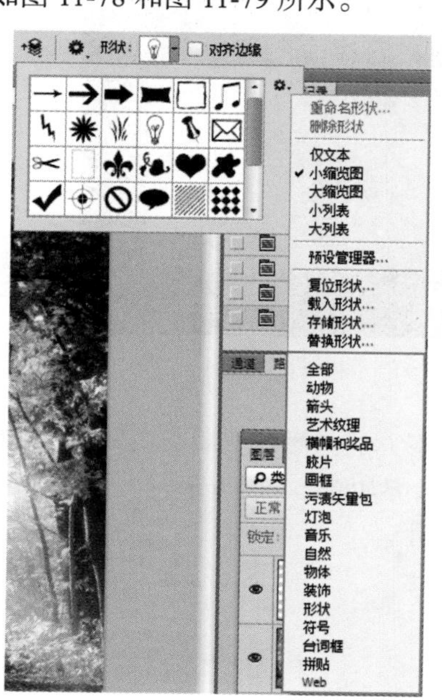


图 11-80

### 2. 载入预设形状

在 Photoshop 中有很多的预设形状。单击“形状选取器”右侧的齿轮按钮，可以看到在菜单的下方有预设的自定形状，如图 11-80 所示。选择任意一种形状，如执行“动物”命令，会弹出提示对话框，单击“确定”按钮可以用该组中的形状替换默认形状；若单击“取消”按钮则可以取消当前操作；若单击“追加”按钮，则可以在默认图像状态下，在“形状选取器”中添加改组的形状，如图 11-81 所示。

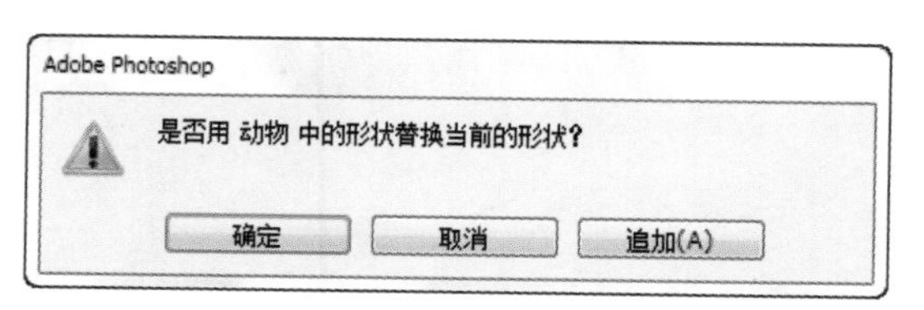


图 11-81

## 11.2.8 玩转“形状工具”——炫彩名片设计

本案例将使用“形状工具”与自由变换命令，制作时尚感十足的立体名片，具体步骤如下。

（1）打开背景文件素材“1.jpg”，如图 11-82 所示。选择工具箱中的“矩形工具”，在选项栏中设置绘制模式为“形状”，“填充”为淡红色，“描边”为“无”，在画面中间绘制矩形，如图 11-83 所示。

（2）选择红色的矩形图层，使用快捷键 <Ctrl+J> 将该图层复制，然后将其“填充“改为黄色，如图 11-84 所示。

图 11-82

图 11-83

图 11-84

（3）使用“直线工具”，在选项栏中设置绘制模式为“路径”，“粗细”为 200 像素，如图 11-85 所示。在矩形左上角绘制一条倾斜的路径，如图 11-86 所示，然后在路径上单击鼠标右键，在弹出的快捷菜单中执行“转化为选区”命令，将其转化为选区，效果如图 11-87 所示。

图 11-85

图 11-86

图 11-87

（4）选中刚刚绘制的黄色矩形图层，单击图层面板下方的“添加图层蒙版”按钮，基于选区为该图层添加蒙版，如图 11-88 所示。此时，画面效果如图 11-89 所示。

（5）使用同样的方法制作其他颜色条，如图 11-90 所示。

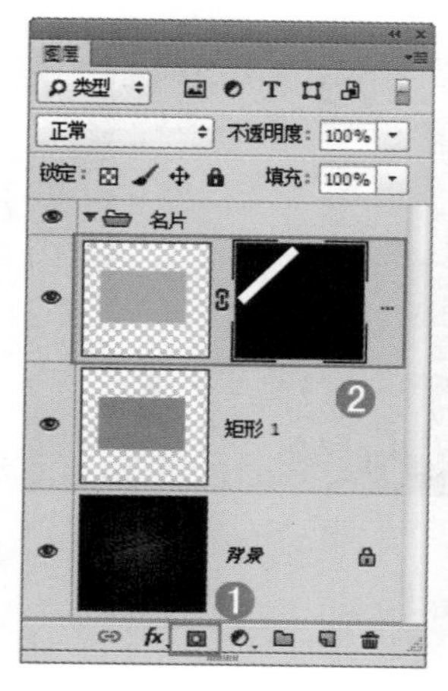

图 11-88

图 11-89

图 11-90

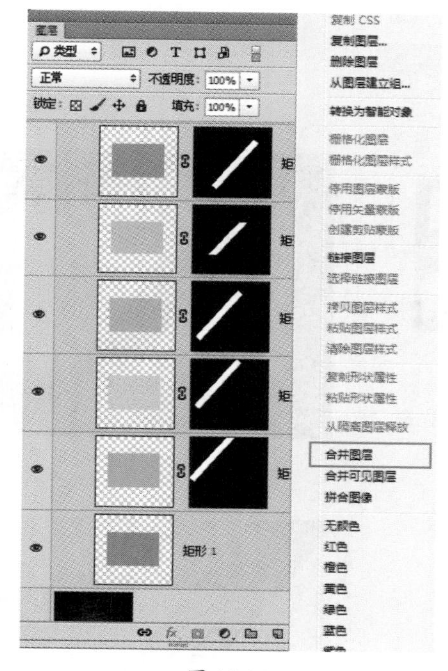

图 11-91

（6）选中所有的彩条图层，在图层上单击鼠标右键，在弹出的快捷菜单中执行“合并图层”命令，将其合并为一个图层，如图 11-91 和图 11-92 所示。

（7）复制该合并图层，如图 11-93 所示。选中副本图层，执行“编辑 > 变换 > 旋转 180 度”菜单命令，使图像旋转，画面效果如图 11-94 所示。

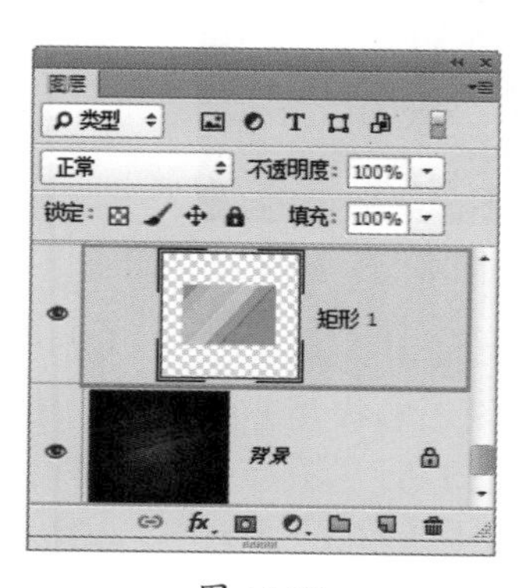

图 11-92

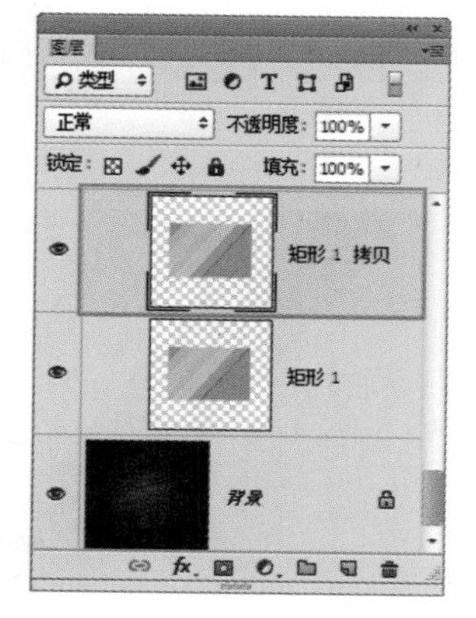

图 11-93

图 11-94

（8）选择工具箱中的“多边形套索工具”绘制选区，如图 11-95 所示。然后单击“添加图层蒙版”按钮，基于选区为该图层添加蒙版，效果如图 11-96 所示。

> **小技巧：绘制规则直线**
>
> 按住 <Shift> 键可绘制直线或 45° 的斜线。

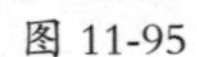

图 11-95

图 11-96

（9）使用“矩形工具”在画面上绘制黑色的矩形，并使用自由变换快捷键 <Ctrl+T> 使其倾斜，如图 11-97 所示。按住 <Ctrl> 键单击彩色矩形图层，显示出矩形的选区。然后为黑色矩形添加图层蒙版，使彩色矩形外的黑色矩形部分被隐藏，如图 11-98 和图 11-99 所示。

图 11-97

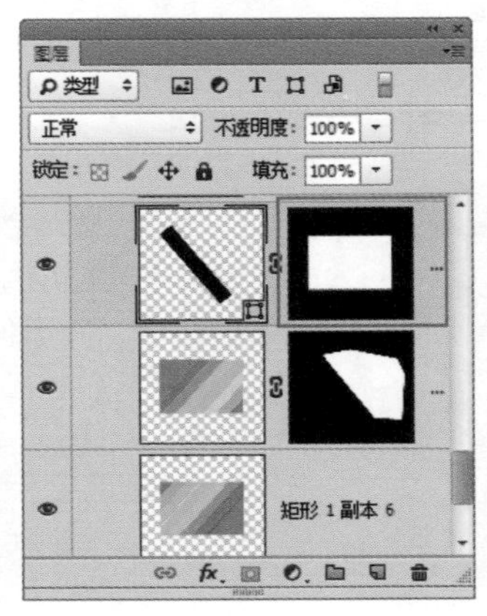


图 11-98

图 11-99

（10）继续使用“矩形工具”，在黑色矩形上绘制一个白色的矩形形状并进行旋转，如图 11-100 所示。选中白色矩形，执行“图层 > 图层样式 > 渐变叠加”菜单命令，设置“不透明度”为 60%，编辑一个七彩的渐变，设置“角度”为 90 度，如图 11-101 所示。此时，画面效果如图 11-102 所示。

图 11-100

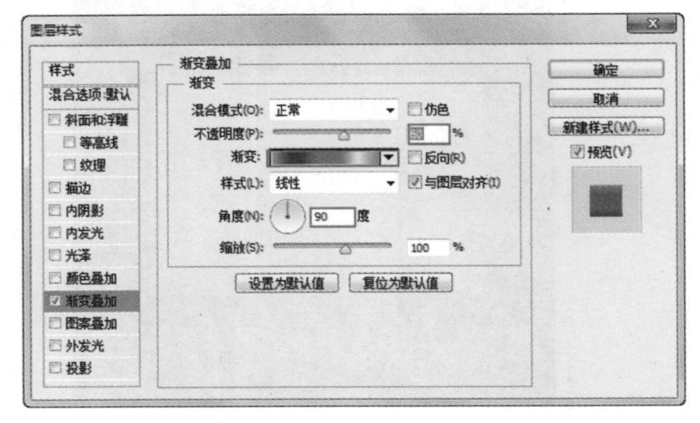


图 11-101

图 11-102

（11）在画面中输入文字，并使其旋转，放在彩色矩形的上下方向，如图 11-103 所示。至此，名片就制作完成了，最终效果如图 11-104 所示。

图 11-103

图 11-104



## 11.3　路径的基本操作

在 Photoshop 中，路径的操作包含很多种，路径可以进行合并和减去等运算，可以进行变换，建立选区以及描边等操作。图 11-105~ 图 11-108 所示为可以使用到路径或使用路径运算的作品。

图 11-105

图 11-106

图 11-107

图 11-108

### 11.3.1　路径的运算

创建多个路径或形状时，可以在工具选项栏中单击相应的运算按钮，设置子路径的重叠区域将产生怎样的交叉结果，如图 11-109 所示。下面通过一些形状来讲解路径的运算方法。图 11-110 和图 11-111 所示为即将进行运算的两个图形。

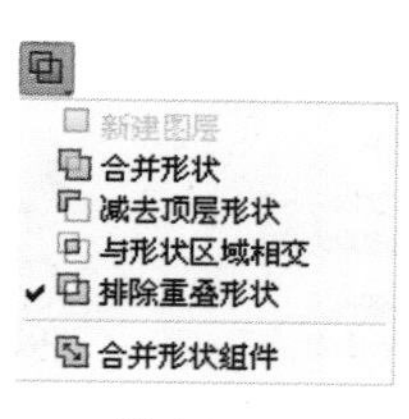


图 11-109

图 11-110

图 11-111

（1）单击下拉面板中的“合并形状”选项，勾选后可以将新绘制的图形添加到原有的图形中，如图 11-112 所示。

（2）单击下拉面板中的“减去顶层形状”选项，勾选后可以从原有的图形中减去新绘制的图形，如图 11-113 所示。

（3）单击下拉面板中的“与形状区域交叉”选项，勾选后可以得到新图形与原有图形的交叉区域，如图 11-114 所示。

（4）单击下拉面板中的“排除重叠形状”选项，勾选后可以得到新图形与原有图形重叠部分以外的区域，如图 11-115 所示。

图 11-112

图 11-113

图 11-114

图 11-115

## 11.3.2 变换路径

选择绘制完的路径，执行“编辑 > 变换路径”菜单下的命令即可对其进行相应的变换，如图 11-116 所示；也可以使用快捷键 <Ctrl+T> 进行操作。变换路径与变换图像的方法完全相同，这里不再赘述。

## 11.3.3 对齐、分布与排列路径

使用“路径选择工具”选择多个路径，在选项栏中单击“路径对齐方式”按钮，在下拉面板中可以对所选路径进行对齐和分布设置，如图 11-117 所示。

当文件中包含多个路径时，选中路径，然后单击属性栏中的“路径排列方法”按钮，在下拉面板中选择相应的的层级关系选项并执行该命令，则可以将选中的路径的层级关系进行相应的排列，命令如图 11-118 所示。

图 11-116

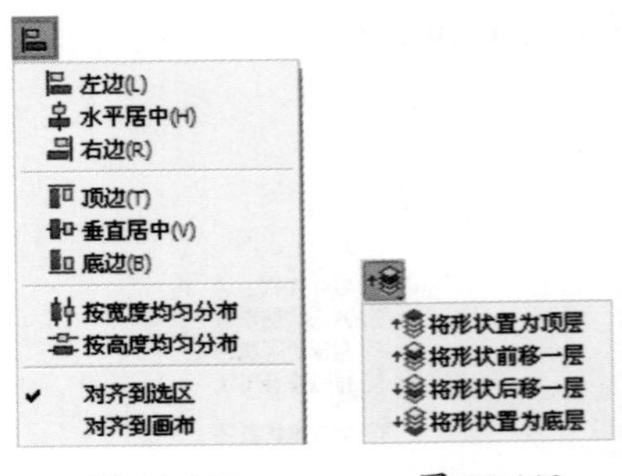


图 11-117　　图 11-118

## 11.3.4 定义为自定形状

在 Photoshop 中，可以自定义图案和笔刷，还可以将图案定义为可以随时使用的自定形状。

（1）先绘制路径，如图 11-119 所示。执行“编辑 > 定义自定形状”菜单命令，在弹出的“形状名称”对话框中设置合适的名称，然后单击“确定”按钮，如图 11-120 所示。

（2）定义完成后，单击工具箱中的“自定形状工具”按钮，在“图形选取器”的最底端可以看到刚刚新定义的形状，如图 11-121 所示。

图 11-119

图 11-120

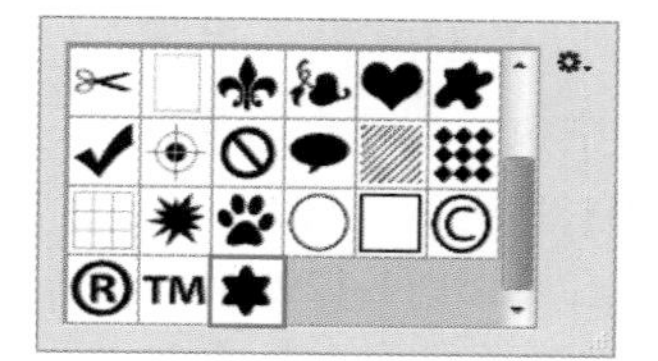

图 11-121

## 11.3.5　填充路径

在 Photoshop 中，不仅选区可以用来填充，路径也是可以用来填充的，可以填充的内容包括填充纯色、填充图案，以及设置边缘的羽化、混合模式及不透明度。而且在 Photoshop 中有多种填充路径的方式。

### 1. 使用快捷方式填充路径

（1）在使用“钢笔工具”或“形状工具”（自定义形状工具除外）状态下，在绘制完成的路径上单击鼠标右键，在弹出的快捷菜单中执行“填充路径”命令，如图 11-122 所示，打开“填充子路径”对话框，在此可以对填充内容进行设置，这里包含多种类型的填充内容，且可以设置当前填充内容的混合模式和不透明度等属性，如图 11-123 所示。

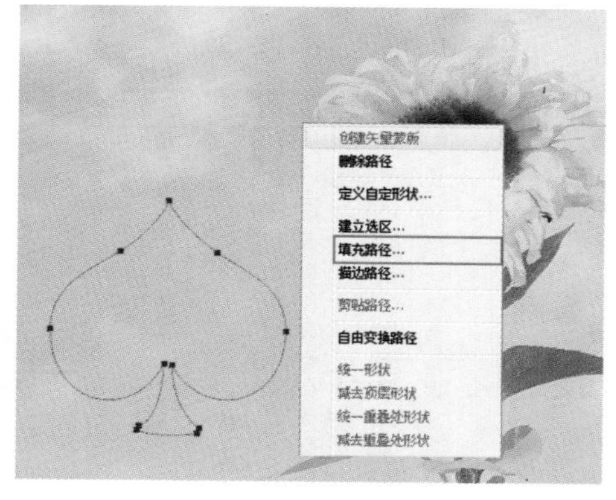


图 11-122

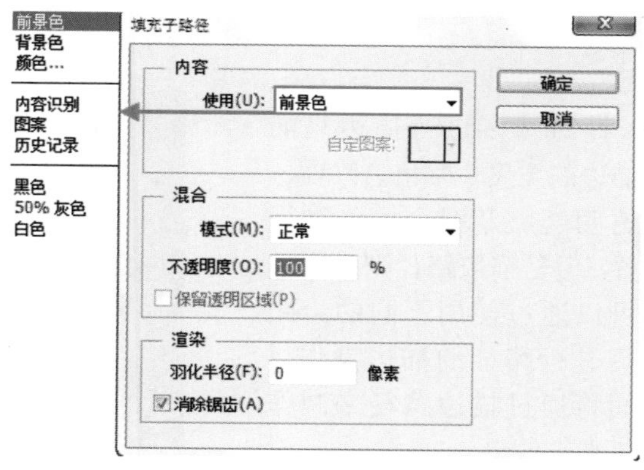


图 11-123

（2）可以尝试使用“颜色”与“图案”填充路径，效果如图 11-124 和图 11-125 所示。

图 11-124

图 11-125

**2. 使用“路径”面板填充路径**

（1）先设置合适的前景色，然后执行“窗口 > 路径”菜单命令，打开“路径”面板。单击面板底部的“用前景色填充路径”按钮●，随即将前景色填充路径，如图 11-126 和图 11-127 所示。

（2）也可以单击面板菜单按钮，在菜单中执行“填充路径”命令，如图 11-128 所示，打开“填充路径”对话框，如图 11-129 所示。然后就可以针对路径进行填充了。

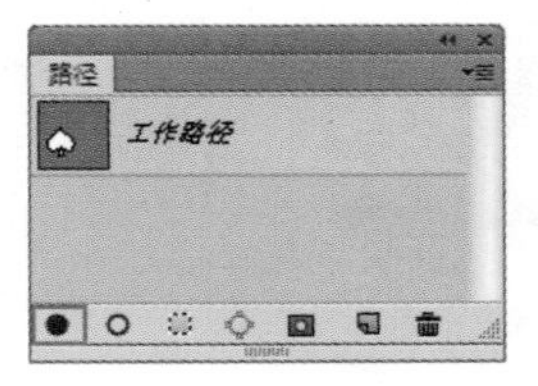


图 11-126

图 11-127

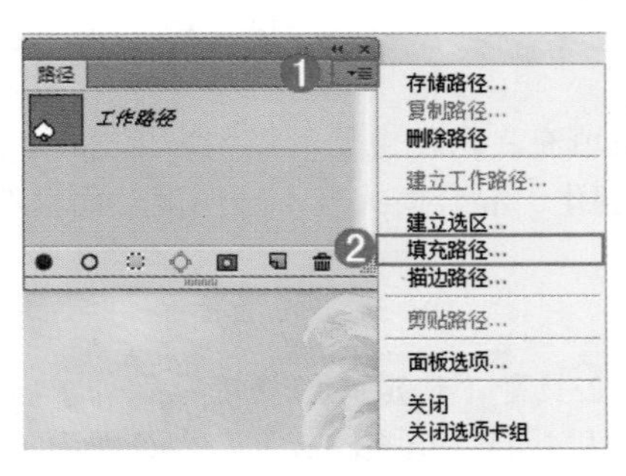


图 11-128

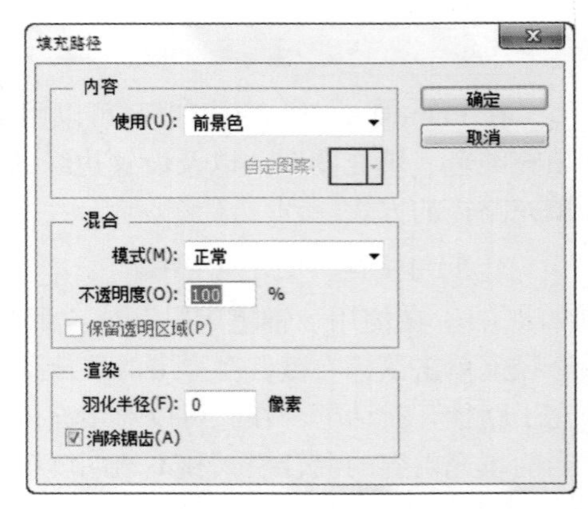


图 11-129

## 11.3.6 描边路径

针对选区进行描边只能对描边的宽度、颜色、位置、不透明度以及混合模式进行设置。但是描边路径则不同，它可以通过使用不同的绘图工具进行路径的描边操作。下面将通过描边路径来制作动感光带效果。

（1）打开背景素材“1.jpg”，如图 11-130 所示。然后新建一个空白图层，选择工具箱中的“画笔工具”，使用快捷键 <F5> 调出“画笔”面板，选择一个柔角画笔，设置“大小”为 18 像素，如图 11-131 所示。勾选“形状动态”复选框，设置“控制”为“钢笔压力”，如图 11-132 所示。

图 11-130

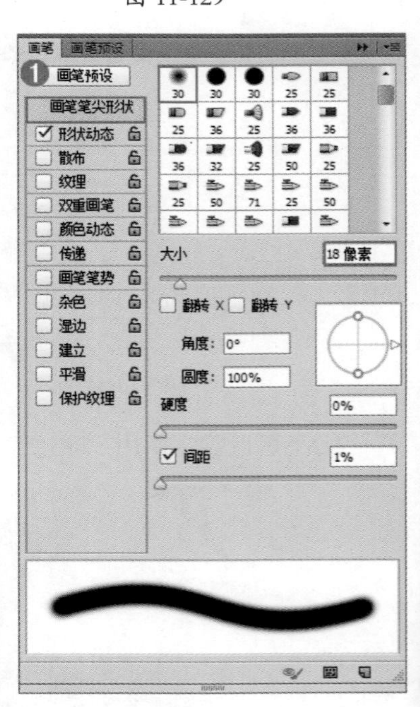


图 11-131

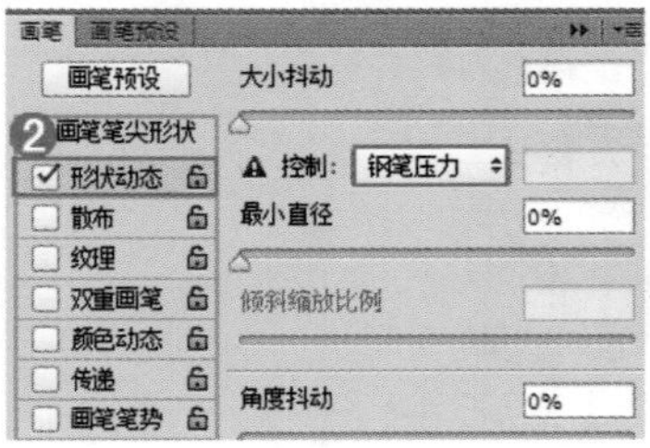

图 11-132

（2）将前景色设置为白色，然后使用“钢笔工具”绘制一个弧形的路径，如图 11-133 所示。在使用“钢笔工具”的状态下，单击鼠标右键，在弹出的快捷菜单中执行“描边路径”命令，如图 11-134 所示。

图 11-133

图 11-134

（3）在“描边路径”对话框中设置“工具”为“画笔”，勾选“模拟压力”复选框，如图 11-135 所示。设置完成后单击“确定”按钮，描边效果如图 11-136 所示。

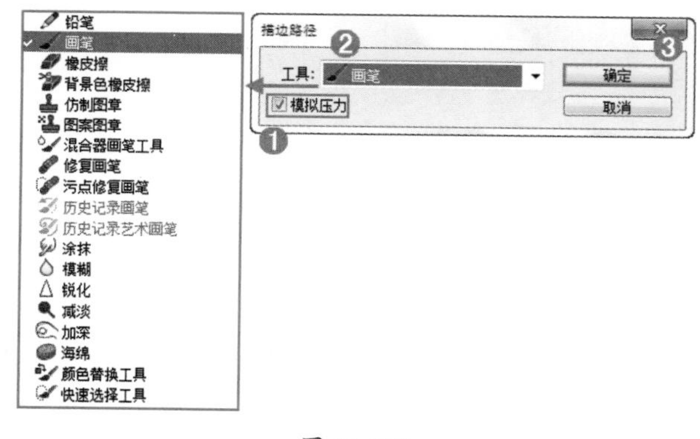


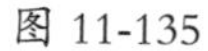

图 11-135

图 11-136

（4）为了增加光效的真实感，可以为其添加“外发光”图层样式并降低不透明度，效果如图 11-137 和图 11-138 所示。使用同样的方法制作其他光带效果。

图 11-137

图 11-138

> **小技巧：**为路径快速描边
> 设置好画笔的参数后，在使用画笔的状态下按 <Enter> 键可以直接为路径描边。

## 11.3.7 玩转路径操作——制作中式风格 Logo

本案例将使用不同的“形状工具”绘制形状，然后针对形状进行旋转并添加图层样式，以制作中式风格的 Logo，具体步骤如下。

（1）打开背景素材文件“1.jpg”，如图 11-139 所示。选择“矩形工具”，在其选项栏中设置绘制模式为“形状”，“填充”为红色，“描边”为无，在画面中绘制红色形状，如图 11-140 所示。

（2）选中红色矩形图层，执行“图层 > 图层样式 > 投影”菜单命令，设置“不透明度”为 75%，颜色为黑色，“角度”为 120 度，“距离”为 14 像素，“扩展”为 4%，“大小”为 5 像素，如图 11-141 所示。此时，画面效果如图 11-142 所示。

图 11-139

图 11-140

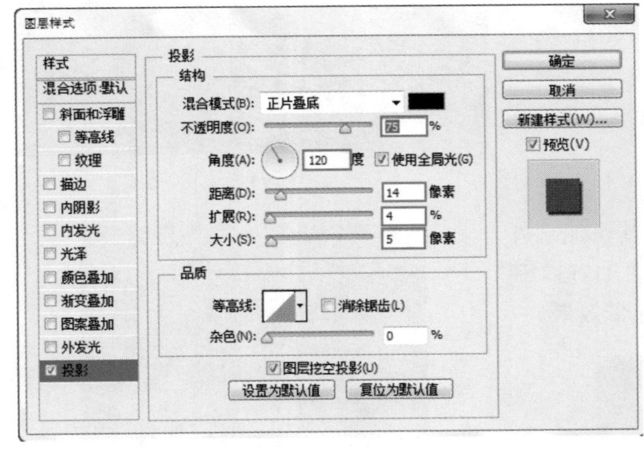


图 11-141

图 11-142

（3）将红色矩形图层复制 3 次，分别摆放，如图 11-143 所示。选中左上角的矩形所在的图层，使用自由变换快捷键 <Ctrl+T> 调出控制框，按住 <Shift> 键进行旋转 45° 的操作，如图 11-144 所示。

（4）使用“横排文字工具”，在选项栏中设置合适的字体及字体大小，在红色矩形上输入文字，如图 11-145 所示。

图 11-143

图 11-144

图 11-145

（5）选中矩形图层，单击鼠标右键，在弹出的快捷菜单中执行“拷贝图层样式”命令，如图 11-146 所示。选中文字图层，单击鼠标右键，在弹出的快捷菜单中执行“粘贴图层样式”命令，如图 11-147 所示。此时，文字具有了投影的效果，如图 11-148 所示。

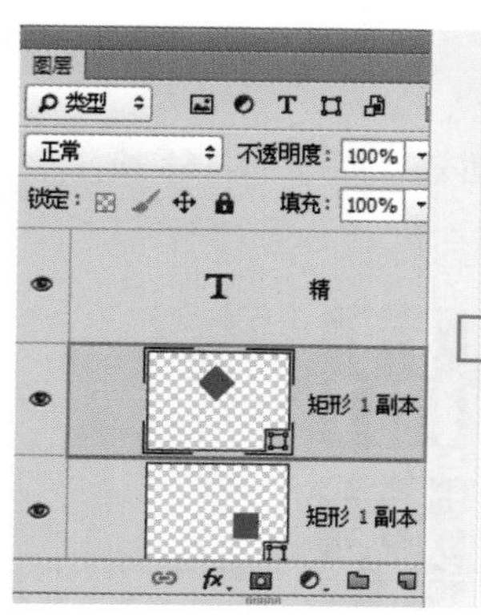


图 11-146

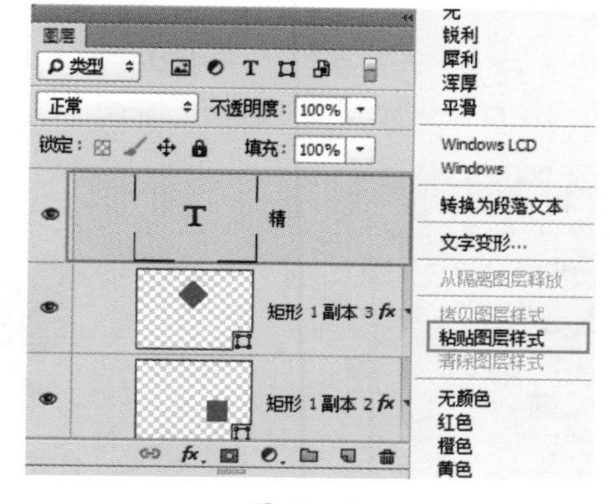


图 11-147

图 11-148

（6）使用同样的方法制作其他文字，如图 11-149 所示。继续使用文字工具在画面中输入文字，如图 11-150 所示。

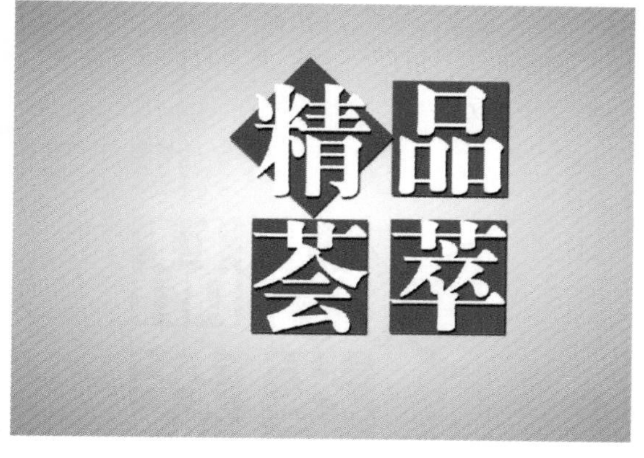


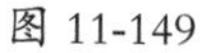

图 11-149

图 11-150

（7）单击“自定义形状工具”按钮，在选项栏设置“绘制模式”为形状，“填充”为黑色，“描边”为无，在下拉列表中选中“常春藤”形状。在画面中绘制形状。如图 11-151 所示。

图 11-151

（8）为该形状图层拷贝“投影”图层样式。如图 11-152 所示。画面效果如图 11-153 所示。

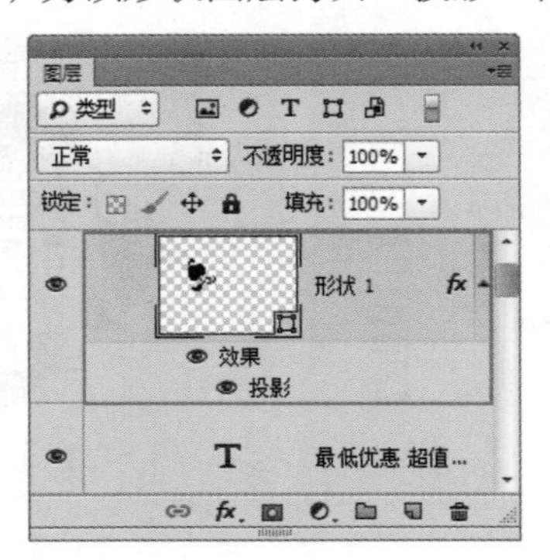


图 11-152

图 11-153

（9）选中该文字图层，执行“图层 > 图层样式 > 渐变叠加”命令，设置“不透明度”数值为 100%，编辑一个红色至深红色的渐变，“样式”为径向，“角度”数值为 90 度，“缩放”数值为 90%。如图 11-154 所示。画面最终效果如图 11-155 所示。

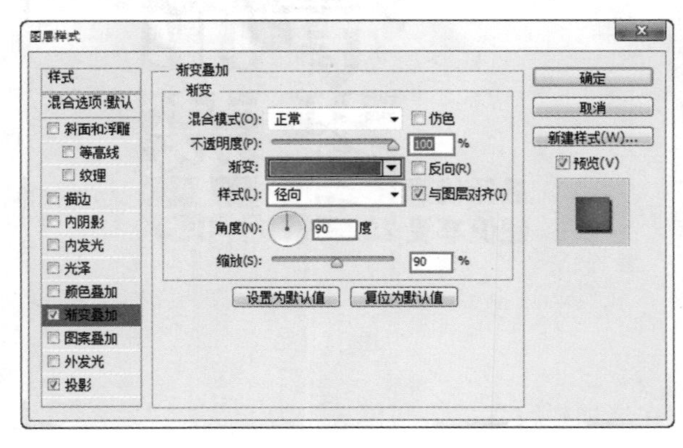


图 11-154

图 11-155

# 11.4　使用“路径”面板管理路径

在 Photoshop 中，图像的“路径”面板与“图层”面板类似，使用“钢笔工具”和“形状工具”绘制的路径都由“路径”面板进行管理。“路径”面板主要用来储存、管理以及调用路径，它集编辑路径和应用路径等功能于一身。在“路径”面板中，除了可以将路径与选区自由地相互转换，还可以对路径进行描边或填充。图 11-156~ 图 11-159 所示为可以使用钢笔及其他形状工具绘制路径而制作的作品。

图 11-156

图 11-157

图 11-158

图 11-159

## 11.4.1　认识“路径”面板

“路径”面板主要用来储存、管理以及调用路径，在面板中显示了存储的所有路径、工作路径和矢量蒙版的名称和缩览图。执行“窗口 > 路径”菜单命令，即可打开“路径”面板，如图 11-160 左侧所示，其面板菜单如图 11-160 右侧所示。

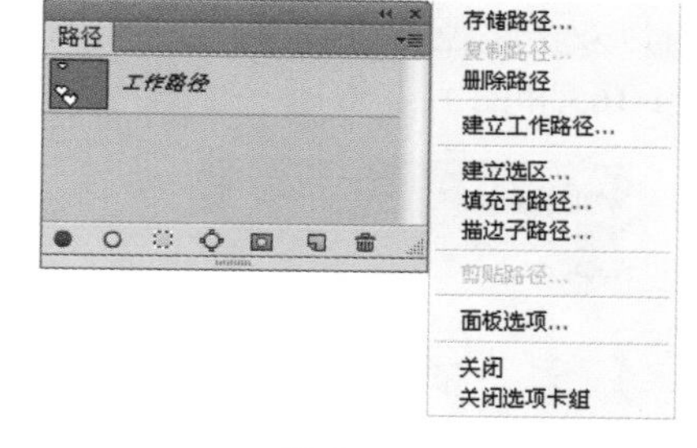


图 11-160

### “路径”面板图标按钮详解

- 用前景色填充路径●：单击该按钮，可以用前景色填充路径区域。
- 用画笔描边路径○：单击该按钮，可以用设置好的“画笔工具”对路径进行描边。
- 将路径作为选区载入⬚：单击该按钮，可以将路径转换为选区。
- 从选区生成工作路径◇：如果当前文档中存在选区，则单击按钮，可以将选区转换为工作路径。
- 添加图层蒙版◘：单击该按钮，即可以当前选区为图层，添加图层蒙版。
- 创建新路径：单击该按钮，可以创建一个新的路径。按住 <Alt> 键的同时单击“创建新路径”按钮◲，可以弹出“新建路径”对话框，并进行名称的设置。拖动需要复制的路径到“路径”面板下的“创建新路径”按钮◲，可以复制路径的副本。
- 删除当前路径🗑：将路径拖动到该按钮上，可以将其删除。

## 11.4.2　使用“路径”面板显示与隐藏、重命名、新建、复制路径

在操作中我们总会有一些疑问，例如，路径影响观察效果，该如何将其隐藏？路径该怎么保存以便于下次打开文件时使用？想要备份路径，该怎么复制操作等？带着这些问题，一起来学习

使用“路径”面板显示与隐藏、重命名、新建、复制路径的操作。

### 1. 隐藏和显示路径

在“路径”面板中，使用鼠标单击路径后，该路径在窗口中一直处于显示状态，若不希望它妨碍我们进行操作，可以在“路径”面板的空白区域单击鼠标左键，以取消对路径的选择，此时就会将“路径”隐藏起来，如图 11-161 所示。若想将路径在文档窗口中显示出来，则在“路径”面板单击该路径即可，如图 11-162 和图 11-163 所示。

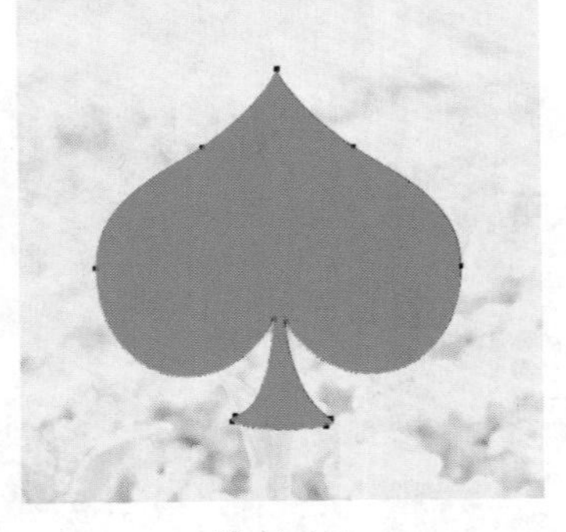

图 11-161

图 11-162

图 11-163

### 2. 路径的命名

使用“钢笔工具”或其他形状工具绘制的路径都为临时路径，也就是说，绘制其他路径后，原有的路径将会被当前的路径所替代，如图 11-164 所示。如果不希望绘制的工作路径被替换，则可以双击路径的缩略图，在弹出的“存储路径”对话框中将路径进行命名，并保存起来，如图 11-165 和图 11-166 所示。

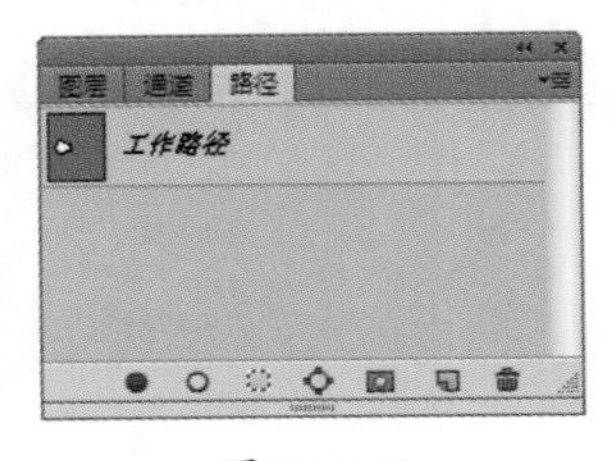


图 11-164

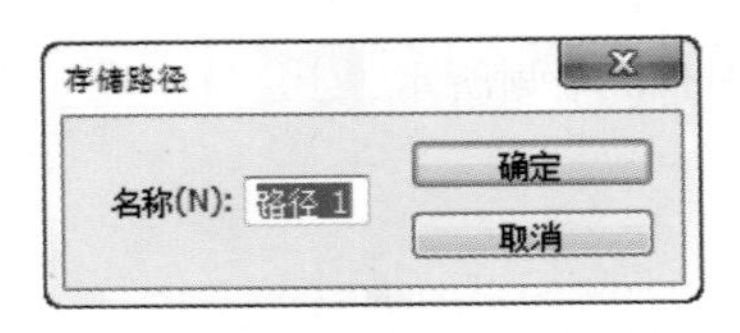


图 11-165

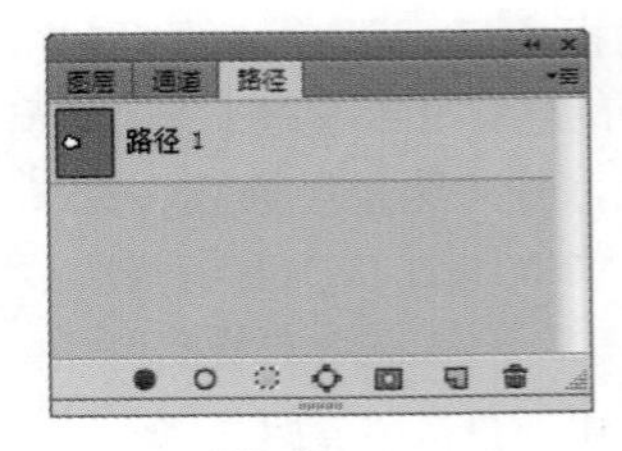


图 11-166

### 3. 路径的新建

在“路径”面板下单击“创建新路径”按钮，此时可以创建一个新的路径层，此后使用钢笔等工具所绘制的新路径都将包含在该路径层中，如图 11-167 所示。按住 <Alt> 键，同时单击“创建新路径”按钮，就会弹出“新建路径”对话框，在此可以对新路径进行命名，如图 11-168 所示。

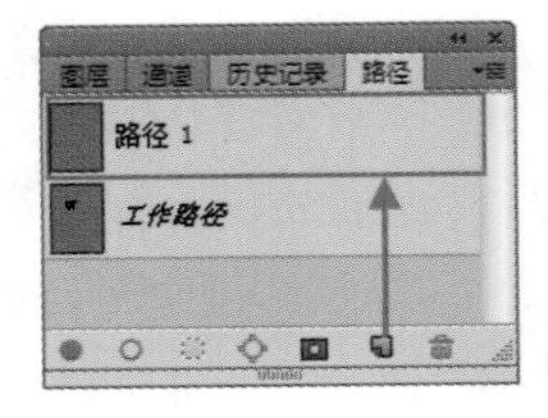


图 11-167

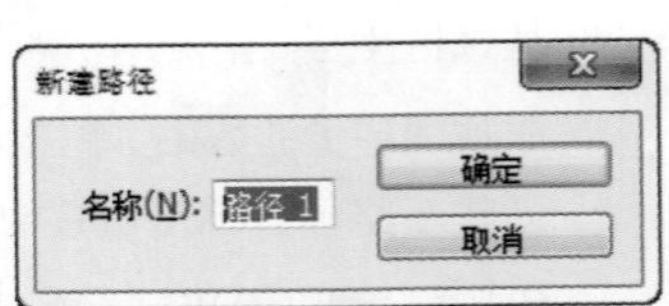


图 11-168

### 4. 路径的复制

如果想要复制其路径，在“路径”面板中选择需要复制的路径，然后将其拖动至“创建新路径”按钮上，即可复制出路径的副本，如图 11-169 所示。如果要将当前文档中的路径复制到其他文档中，则可以执行“编辑 > 拷贝”菜单命令，然后切换到其他文档，接着执行“编辑 >

粘贴”菜单命令即可，如图 11-170 所示。

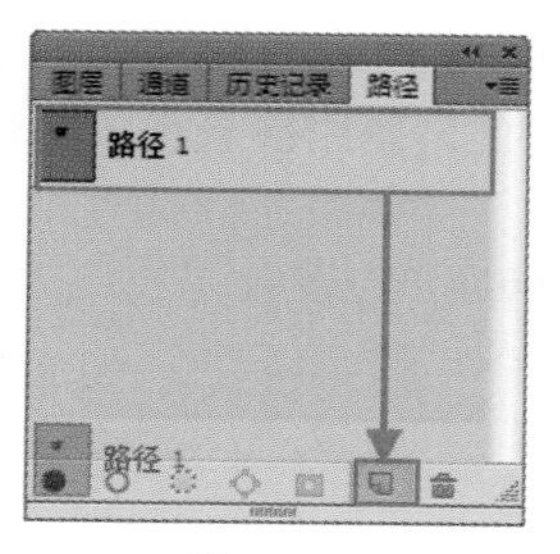

图 11-169

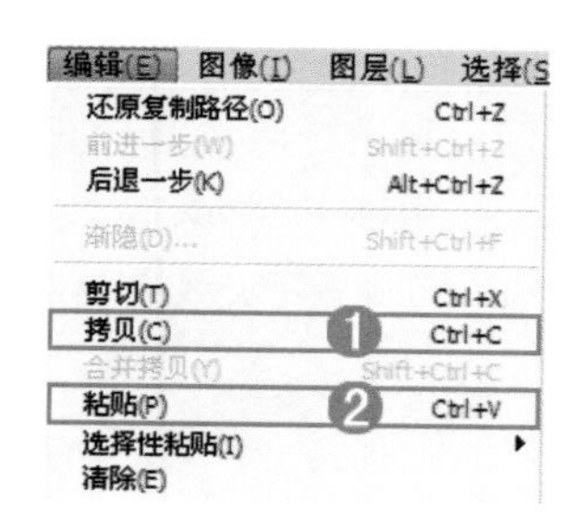


图 11-170



## 11.5　矢量绘图实战——制作现代感简约时装广告

本案例主要使用“形状工具”“钢笔工具”和“多边形套索工具”在画布中绘制装饰色块。然后，使用剪切蒙版将照片在特定范围内显示，最后使用“横排文字工具”在画布中输入文字，以制作现代感简约时装广告为例，具体步骤如下。

### 1. 制作背景

（1）使用新建快捷键 <Ctrl+N> 打开“新建”对话框，设置“宽度”为 2480 像素，“高度”为 1864 像素，设置“背景内容”为“白色”。设置完成后单击“确定”按钮，如图 11-171 所示。

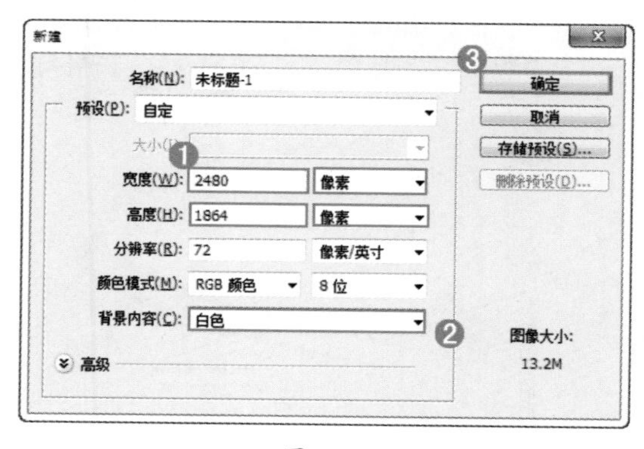


图 11-171

（2）制作背景装饰。选择工具箱中的“直线工具”，在选项栏中设置绘制模式为“形状”，“填充”为红色，“描边”为无，“粗细”为“2 像素”。设置完成后，在画笔中相应位置绘制直线，如图 11-172 所示。使用同样的方法绘制另一条直线，如图 11-173 所示。

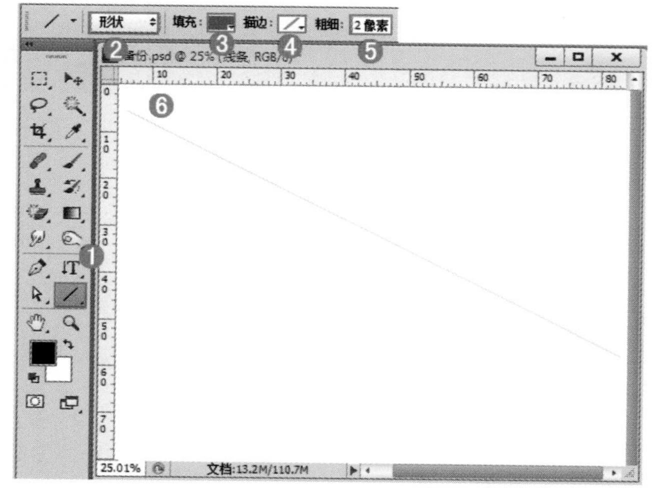


图 11-172

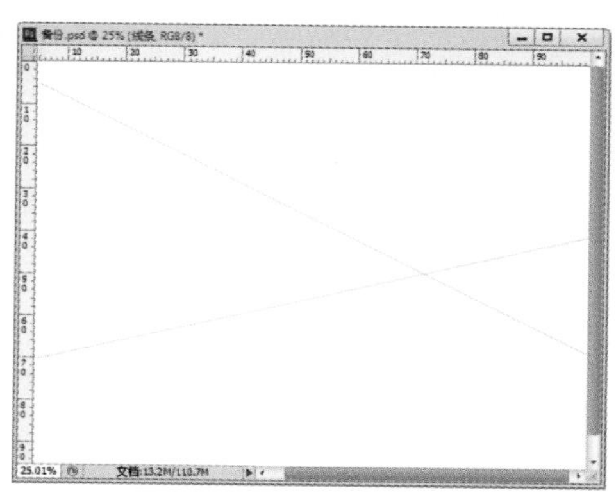

图 11-173

（3）新建图层并命名为“弧线”。选择工具箱中的“钢笔工具”，在选项栏中设置绘制模式为“路径”。然后在画布中绘制路径，如图 11-174 所示。路径绘制完成后，按 <Ctrl+Enter> 快捷键将路径转换为选区。接着，将前景色设置为青色，使用前景色填充快捷键 <Alt+Delete> 键将该选区填充为青色，如图 11-175 所示。

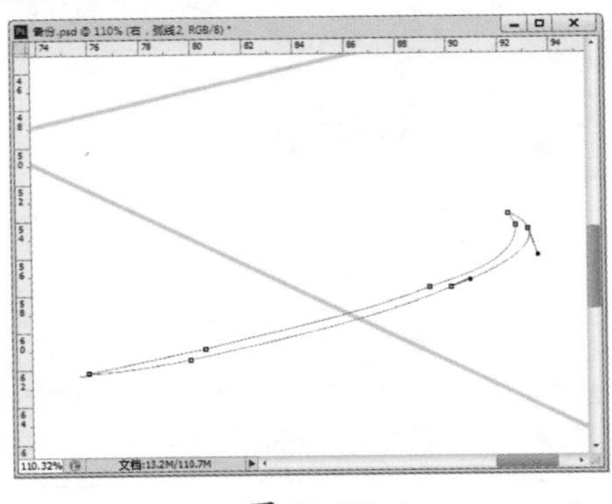

图 11-174

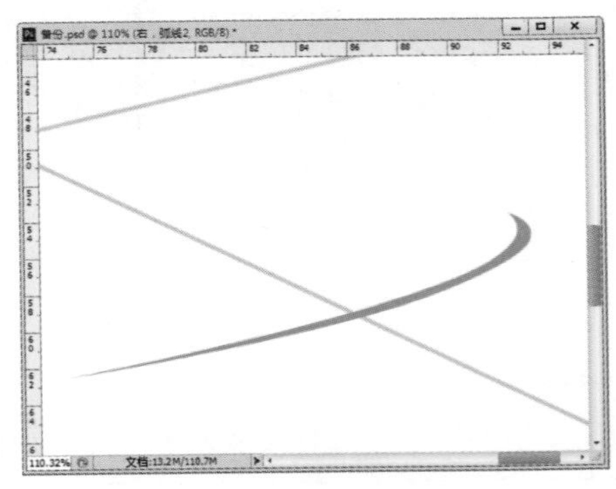

图 11-175

（4）复制弧线。在使用“移动工具”的状态下按住 <Alt> 键，光标变为状，此时按住鼠标左键将青色弧线向下拖动，进行移动和复制操作，如图 11-176 所示，该操作会得到“弧线副本”图层。使用自由变换快捷键 <Ctrl+T> 调出定界框，然后进行缩放，如图 11-177 所示。缩放完成后按 <Enter> 键，提交当前操作。

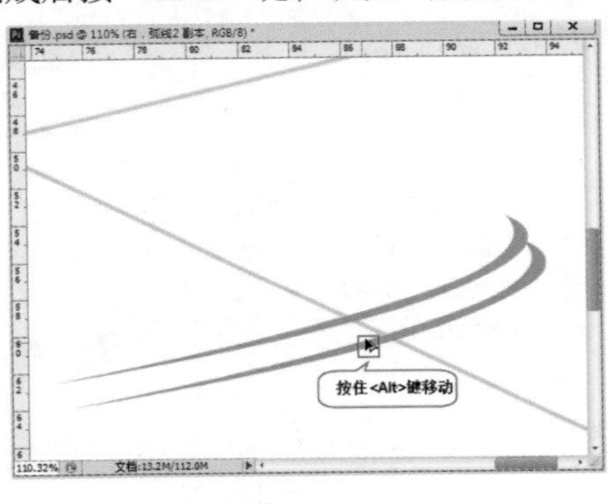


图 11-176

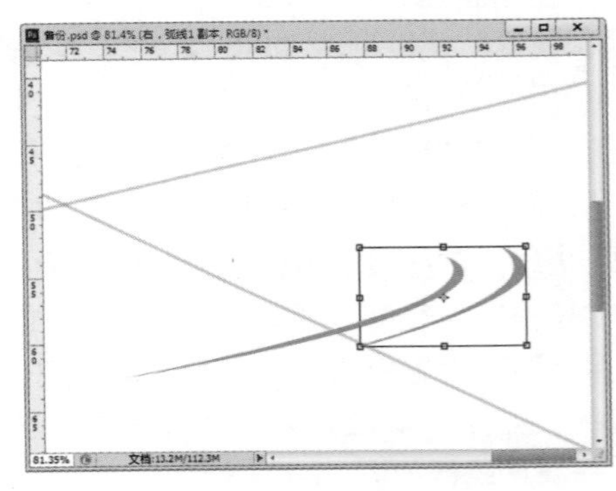

图 11-177

（5）按住 <Ctrl> 键并单击“弧线副本”图层缩览图，得到该图层选区。然后将前景色设置为红色，将该选区填充为红色，如图 11-178 所示。选择工具箱中的“多边形套索工具”，绘制一个箭头形状的选区，并将其填充为红色，效果如图 11-179 所示。

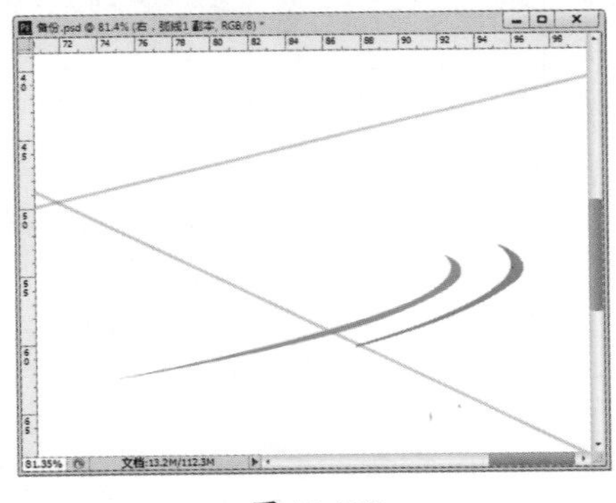

图 11-178

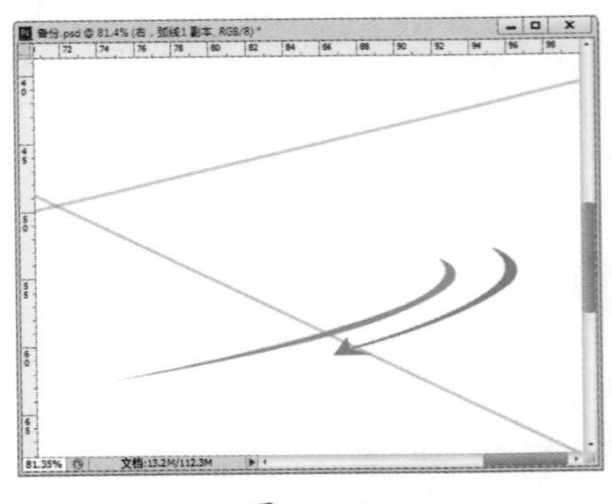

图 11-179

（6）使用同样的方法制作左侧的弧线，如图 11-180 所示。

（7）制作背景处的色块装饰。新建图层，使用“多边形套索工具”绘制一个三角形选区，如图 11-181 所示。然后，将前景色设置为灰色并将该选区填充为灰色，效果如图 11-182 所示。

（8）使用同样的方法制作其他色块装饰，如图 11-183 所示。

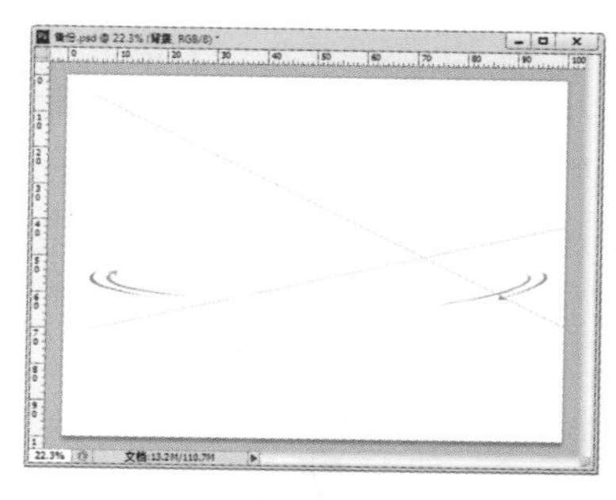

图 11-180

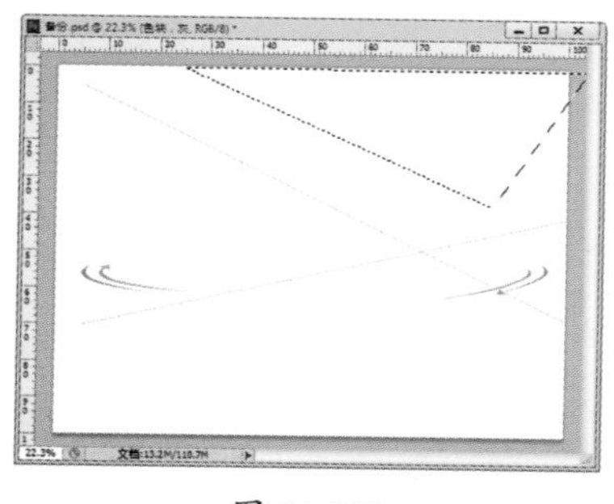

图 11-181

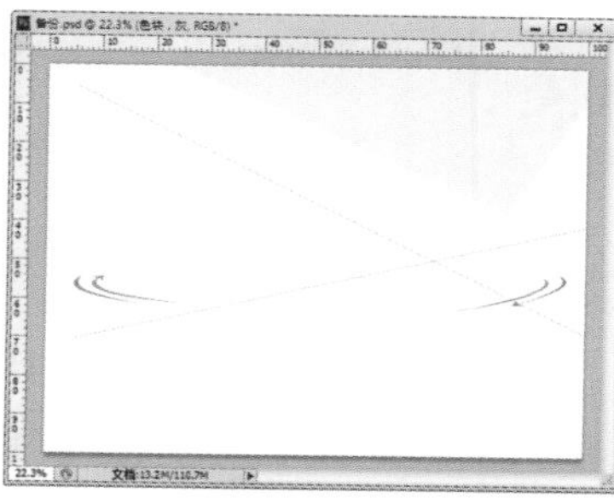

图 11-182

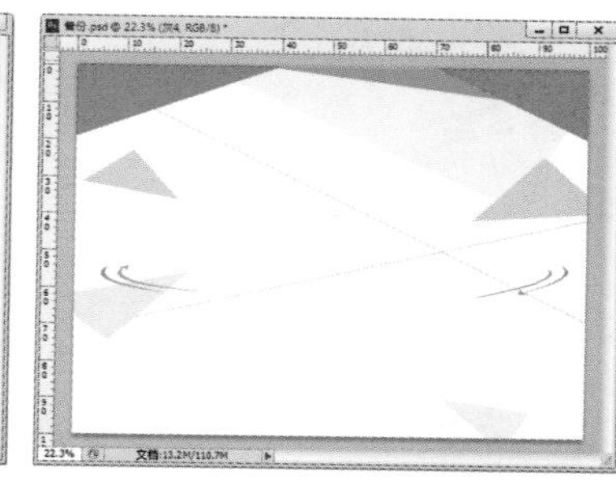

图 11-183

（9）制作星形装饰。选择工具箱中的“多边形工具”，在选项栏中设置绘制模式为“形状”，“填充”为红色，“描边”为无，继续单击“齿轮”按钮，在下拉面板中勾选“星形”复选框，设置“缩进边依据”为 50%、“边”为 5。设置完成后，在画布合适位置绘制星形形状，如图 11-184 所示。

图 11-184

（10）制作星形喷溅的效果。选择工具箱中的“钢笔工具”，设置绘制模式为“形状”，设置“填充”为浅红色，在星形形状下方绘制形状，如图 11-185 所示。使用同样的方法继续在星形形状下绘制，以完成喷溅效果的制作，如图 11-186 所示。

（11）使用同样的方法制作其他星形喷溅效果，如图 11-187 所示。至此，背景部分制作完成。

图 11-185

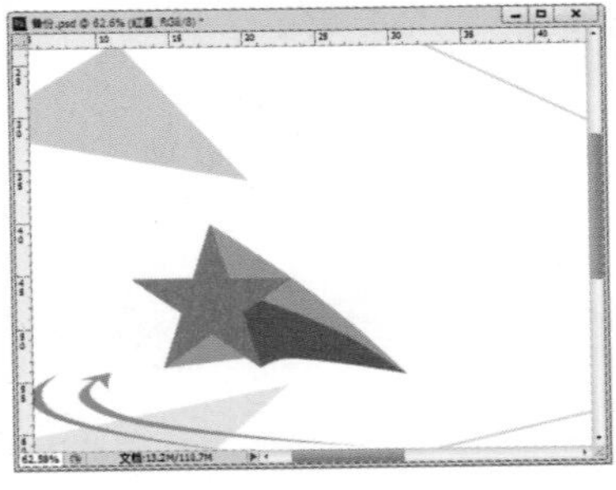

图 11-186

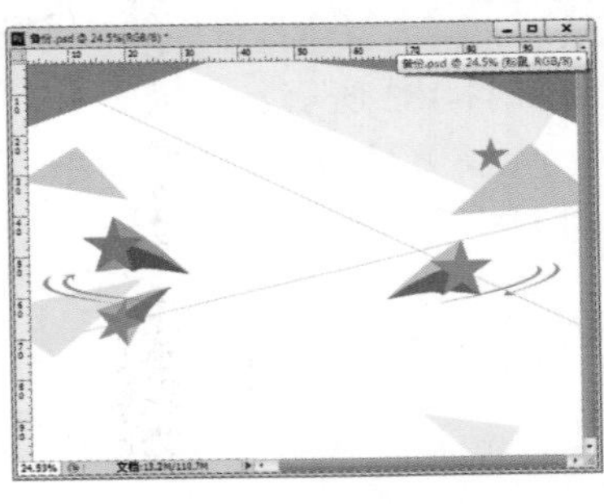

图 11-187

**2. 制作中景**

（1）新建图层，使用“钢笔工具”，设置绘制模式为“形状”，“填充”为淡粉色，“描边”为无。设置完成后在画面中绘制形状，如图 11-188 所示。使用同样的方法制作其他色块，如图 11-189 所示。

（2）将素材“1.png”导入到文件中，如图 11-190 所示。至此，舞台的部分就制作完成了。

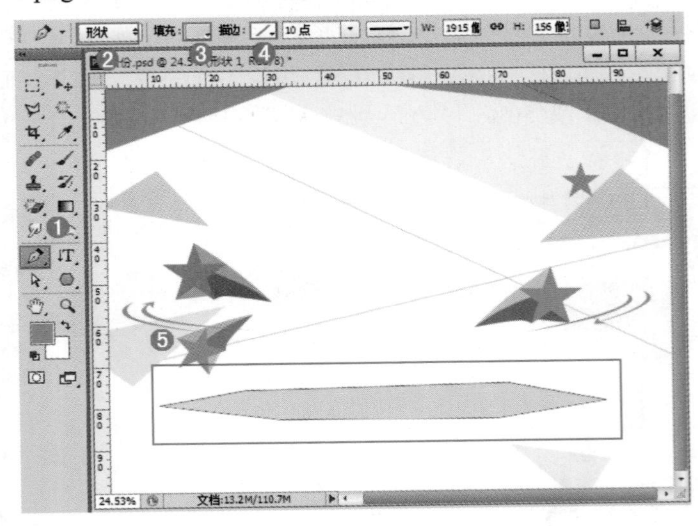


图 11-188

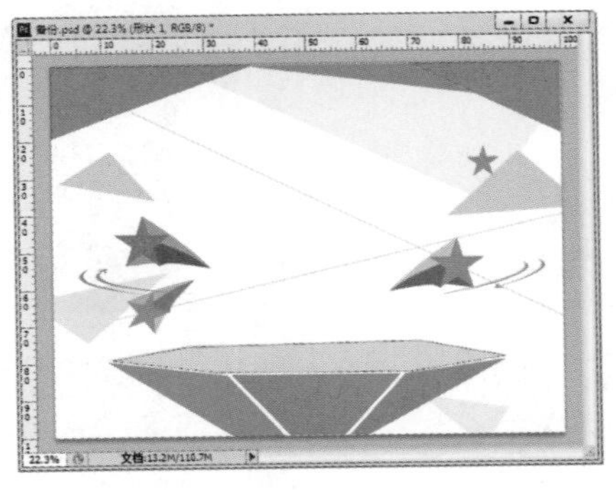

图 11-189

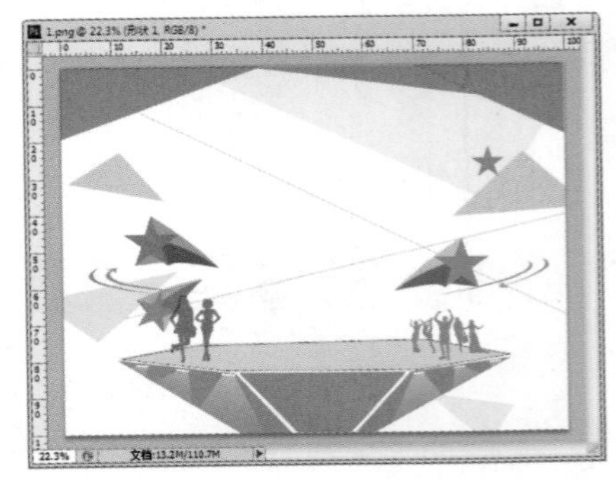

图 11-190

（3）主体装饰部分的制作是利用剪贴蒙版将照片中多余的像素隐藏。使用“多边形工具”绘制一个稍大的白色的星形，如图 11-191 所示。

（4）制作“基底图层”。使用“钢笔工具”，设置绘制模式为“形状”，“填充”为任意颜色，但是最好与下方大的星形颜色有所区分。设置完成后，参照星形的边缘绘制三角形形状，如图 11-192 所示。

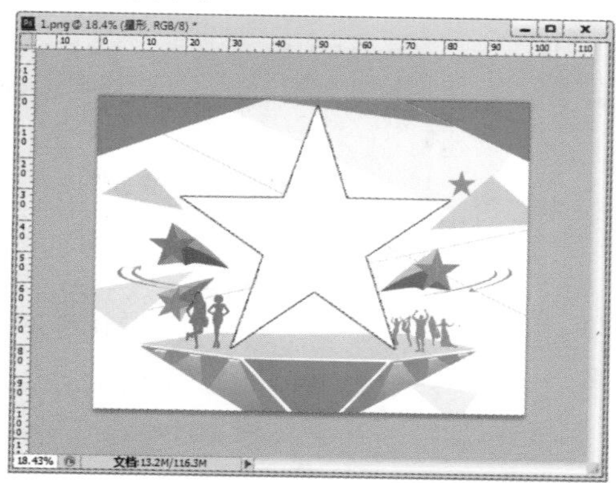

图 11-191

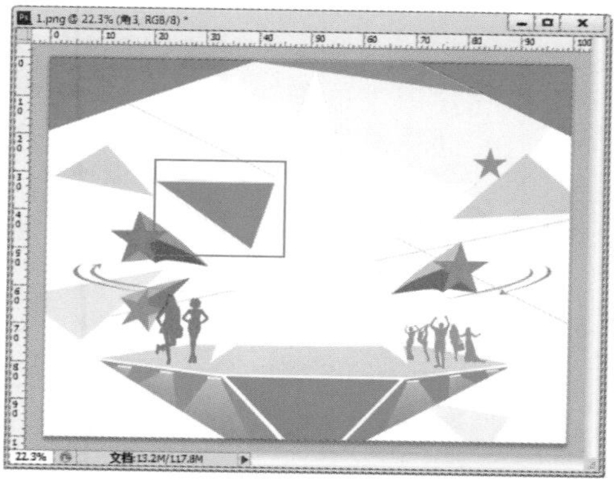

图 11-192

（5）将作为“内容图层”的素材“2.jpg”置入到文件中，放在刚刚绘制的三角形上方，如图 11-193 所示。选择该人物图层，执行“图层 > 创建剪贴蒙版”菜单命令，效果如图 11-194 所示。

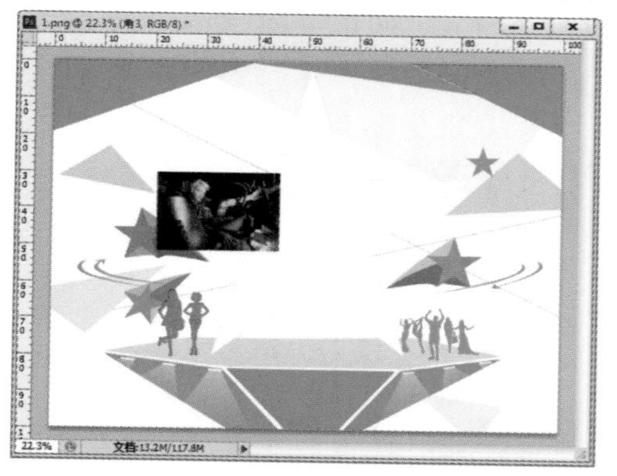

图 11-193

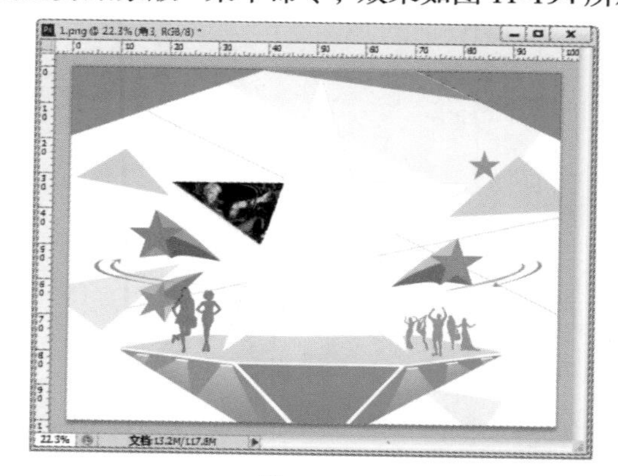

图 11-194

（6）使用同样的方法制作其他部分，效果如图 11-195 所示。继续在星形下方绘制一个粉色的三角形，如图 11-196 所示。

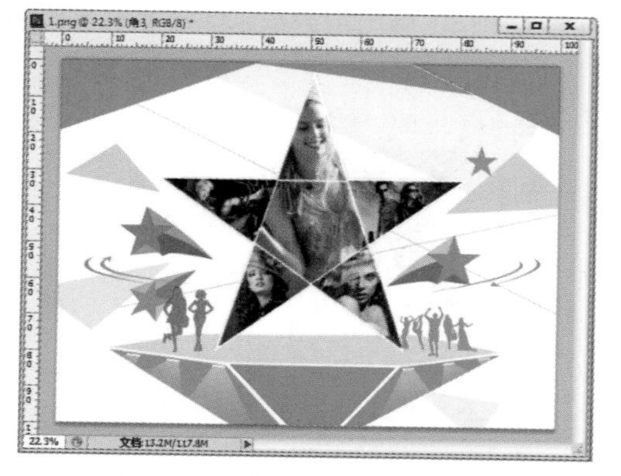

图 11-195

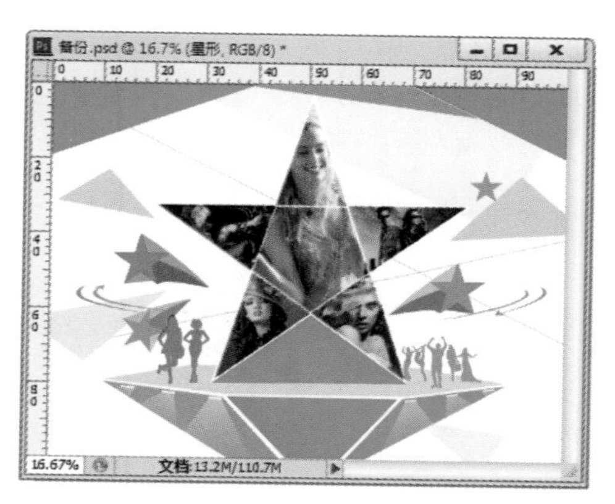

图 11-196

（7）制作阴影。在粉色三角形图层的下一层新建图层并命名为“阴影”。将前景色设置为黑色。然后选择工具箱中的“画笔工具”，在画布中单击鼠标右键，在弹出的“画笔选取器”中，选择一个柔角画笔，设置“大小”为 90 像素，如图 11-197 所示。设置完成后在画布中的相应位置绘制阴影，将“阴影”图层的“不透明度”设置为 35%，如图 11-198 所示，此时效果如图 11-199 所示。至此，中景部分制作完成。

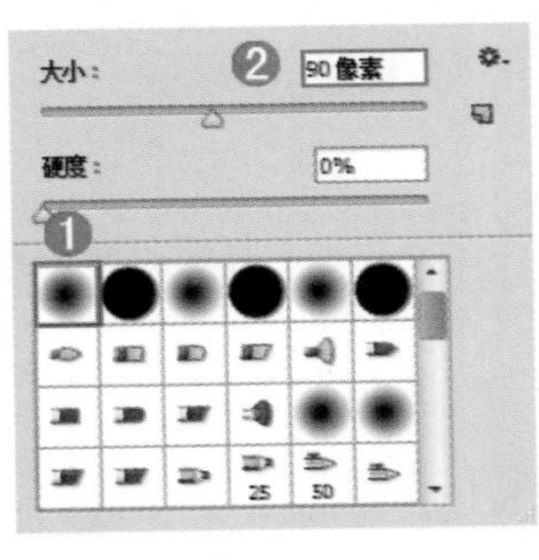


图 11-197

图 11-198

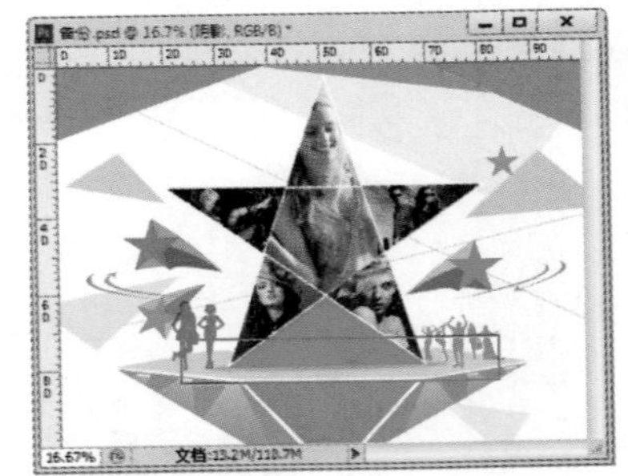

图 11-199

### 3. 制作文字部分

（1）选择工具箱中的“文字工具”，在选项栏中设置合适的字体和字号，文字颜色为白色。设置完成后在画布中输入文字，如图 11-200 所示。然后制作文字阴影。选择文字图层，使用快捷键 <Ctrl+J> 将该文字图层进行复制，得到文字副本图层，如图 11-201 所示。

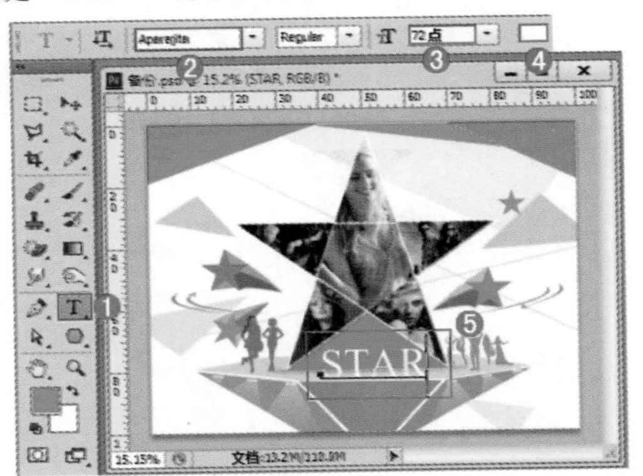


图 11-200

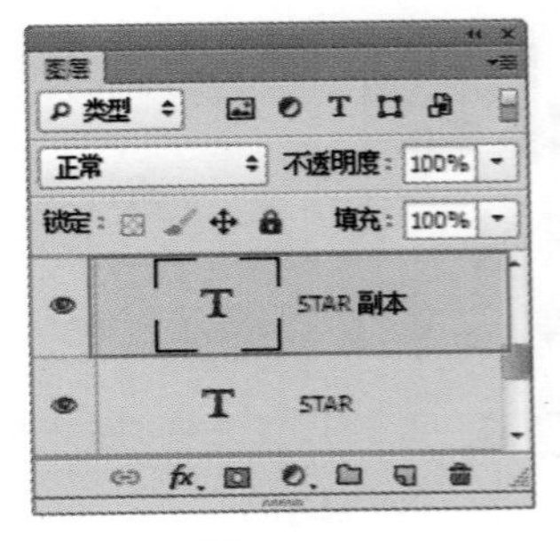


图 11-201

（2）接下来的操作都是针对文字图层，因此可以将文字副本进行隐藏。先将文字颜色更改为黑色，如图 11-202 所示。然后，使用自由变换快捷键 <Ctrl+T> 调出定界框，将文字不等比缩放，如图 11-203 所示。

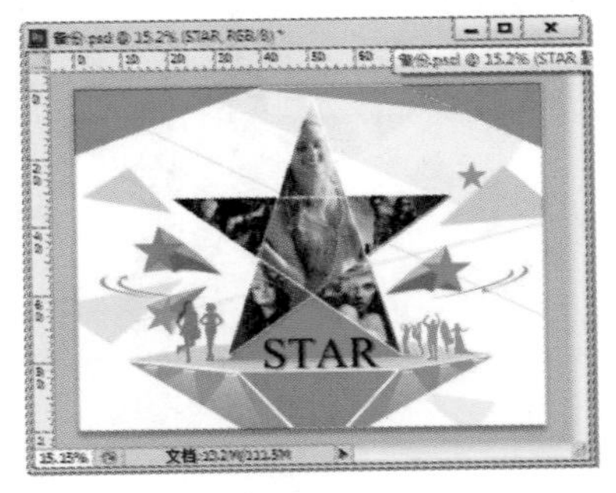


图 11-202

图 11-203

（3）选择文字图层，单击“图层”面板下方的“添加图层蒙版”按钮，为该图层添加图层蒙版，如图 11-204 所示。然后编辑一个渐变并在蒙版中进行填充。选择工具箱中的“渐变工具”，在选项栏中单击渐变色条后的倒三角按钮，在下拉面板中选择一个预设的黑白色系渐变，接着单击选项栏中的“径向渐变”按钮，设置渐变类型为“径向”，如图 11-204 所示。

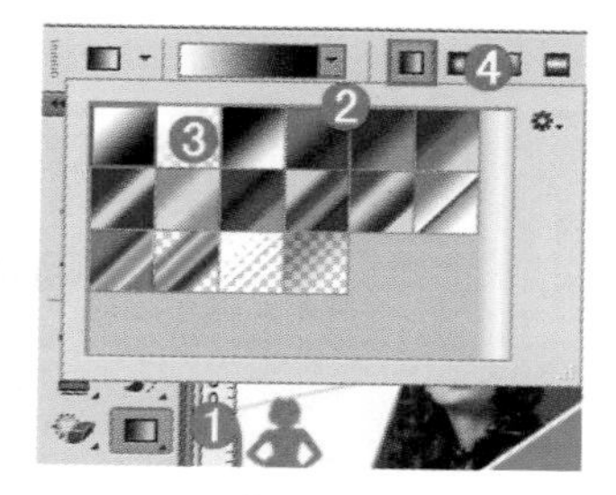

图 11-204

（4）渐变设置完成后，单击图层蒙版缩览图，进入蒙版编辑状态，使用渐变在蒙版中进行填充，如图 11-205 所示。然后显示“文字副本”图层，效果如图 11-206 所示。

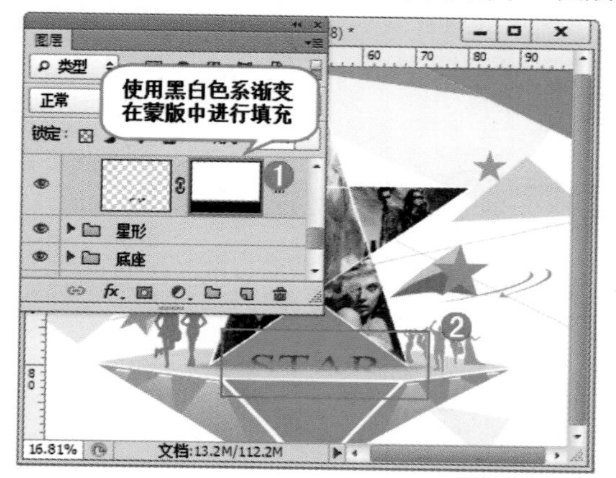


图 11-205

图 11-206

（5）最后使用“横排文字工具”在画布中输入文字，至此，完成本案例的制作，最终效果如图 11-207 所示。

图 11-207

# 第 12 章 图层样式

图层样式是 Photoshop 中制作图片效果的重要手段之一，使用图层样式功能可以为图层添加投影、内阴影、外发光、内发光、斜面和浮雕、光泽、颜色叠加、渐变叠加等效果，还可以通过对图层应用多种效果创建自定样式。当图层具有样式后，还可以对该样式进行复制或删除等基础编辑与管理。

学习要点：

在本章中首先讲解如何为图层添加图层样式以及修改和编辑图层样式，然后学习各种图层样式的效果，最后学习如何使用“样式”面板为图层添加图层样式以及“样式”面板的其他操作。

佳作欣赏

# 12.1 添加与编辑图层样式

本节将学习如何为图层添加图层样式，以及如何编辑图层样式。图 12-1~ 图 12-4 所示为会使用图层样式制作的优秀设计作品。

图 12-1

图 12-2

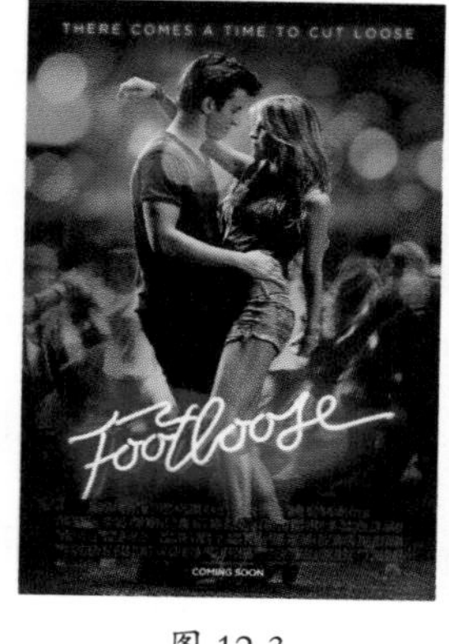


图 12-3

图 12-4

## 12.1.1 动手练习添加图层样式

“图层样式”对话框集合了全部的图层样式以及图层混合选项。在这里可以添加、删除或编辑图层样式。选择图层，执行“图层 > 图层样式”菜单命令下的任何一个子命令均可打开“图层样式”对话框，如图 12-5 所示。

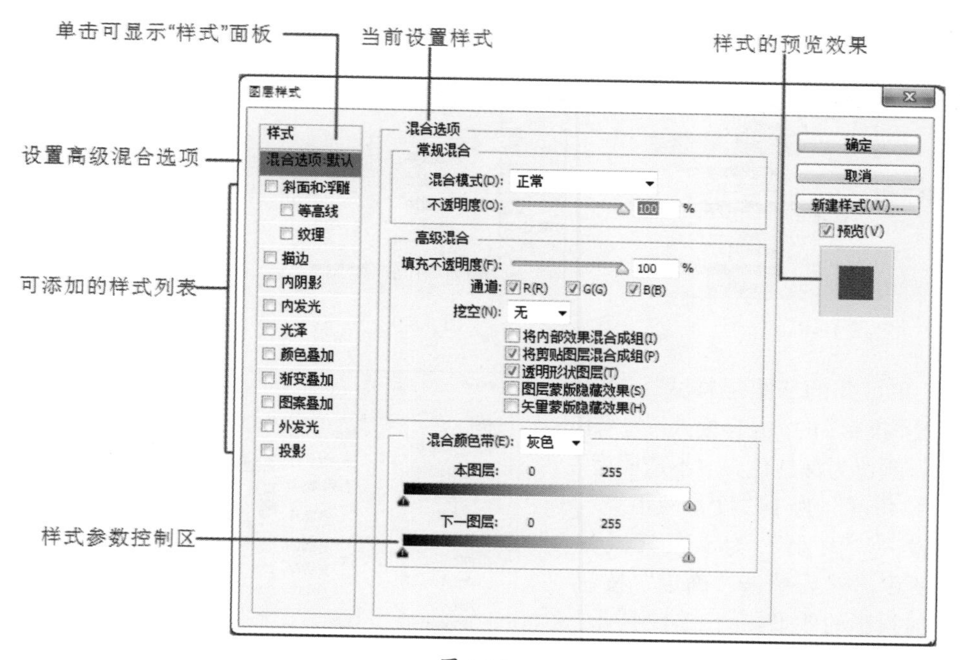


图 12-5

（1）打开背景素材，如图 12-6 所示。使用“钢笔工具” 在画面中绘制所需形状，如图 12-7 所示。

图 12-6

图 12-7

（2）打开“图层样式”对话框。选择形状图层，执行“图层 > 图层样式 > 投影”菜单命令，如图 12-8 所示。此时将弹出“图层样式”对话框；也可以在“图层”面板下单击“添加图层样式”按钮 fx，在弹出的菜单中选择“投影”样式即可打开“图层样式”对话框，如图 12-9 所示；或在“图层”面板中双击需要添加样式的图形图层缩览图，也可打开“图层样式”对话框，如图 12-10 所示。这是 3 种打开“图层样式”对话框的方式。

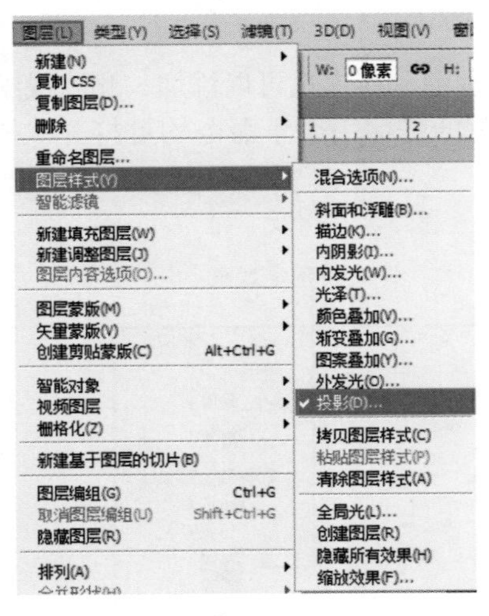


图 12-8

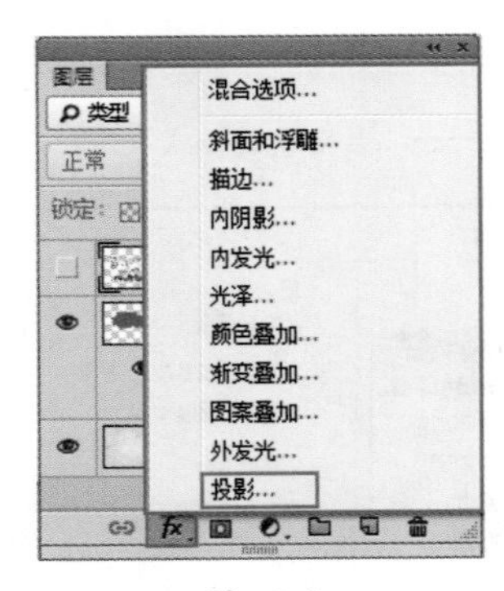


图 12-9

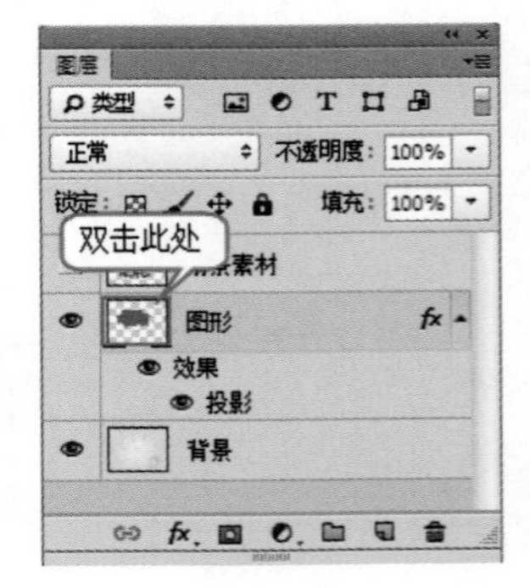


图 12-10

（3）在打开的“图层样式”对话框中，设置“投影”的“混合模式”为“正片叠底”，颜色为深红色，“不透明度”为 75%，“角度”为 142 度，“距离”为 13 像素，“大小”为 5 像素，如图 12-11 所示。然后单击“确定”按钮即可，此时投影的效果如图 12-12 所示。

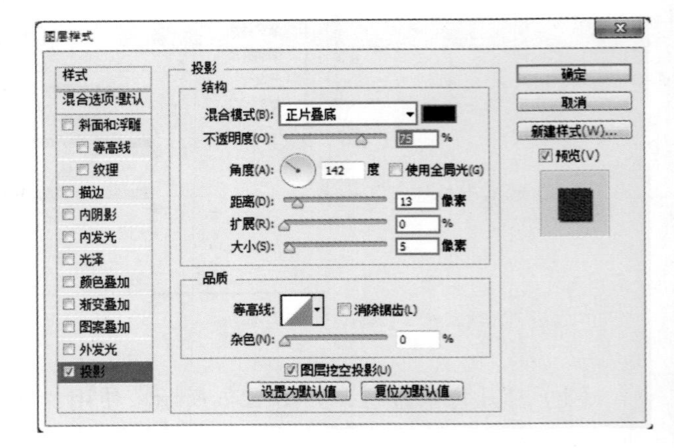


图 12-11

（4）在“图层样式”对话框的左侧列出了 10 种样式。单击某一样式，即可选中该样式，同时切换到该样式的设置面板。例如，单击“描边”样式就能切换到“描边”样式的设置面板，如图 12-13 所示。如果勾选某图层样式，则可以应用该样式，但不会显示样式设置面板，如图 12-14 所示。

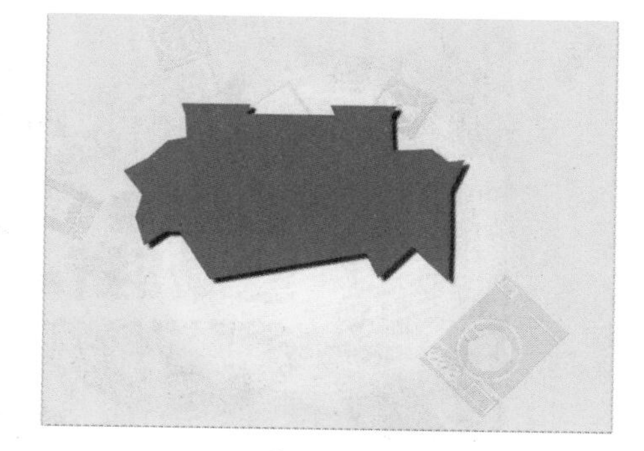

图 12-12

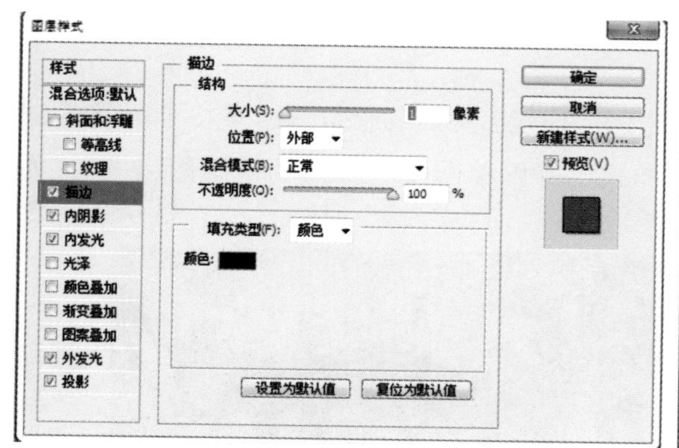


图 12-13

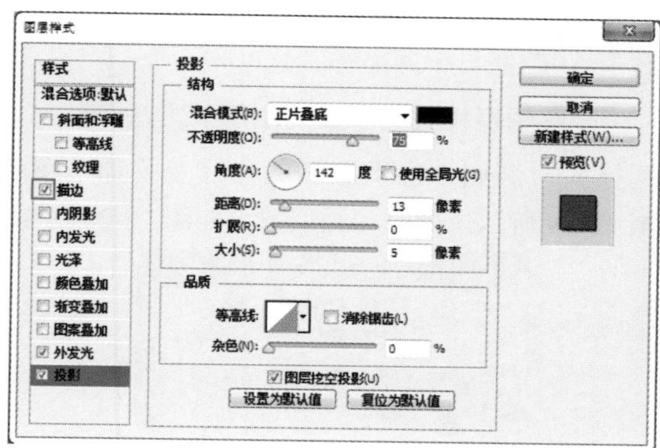


图 12-14

（5）在“图层样式”对话框中设置好样式参数后，单击“确定”按钮即可为图层添加投影样式，添加了样式的图层的右侧会出现一个 fx 图标，单击图层样式图标 fx 后的倒三角按钮，可以展开图层样式堆栈，如图 12-15 所示。最后再置入前景素材。图 12-16 所示为最终效果图。

图 12-15

图 12-16

## 12.1.2　显示与隐藏图层样式

在操作过程中，一些不需要的图层样式可以在不打开“图层样式”对话框的前提下，直接在“图层”面板中对图层进行显示与隐藏。打开素材文件，如图 12-17 所示。选择“椭圆 1”图层，单击图层样式图标 fx 后的倒三角按钮，展开图层样式堆栈，如图 12-18 所示。

图 12-17

图 12-18

1．隐藏某个图层样式效果

隐藏图层样式与隐藏的图层的方法相仿。单击图层样式名称前的眼睛图标，即可隐藏图层样式。例如，这里想删除“渐变叠加”图层样式，可以单击该名称前的眼睛图标，如图 12-19 所示。此时，画面效果如图 12-20 所示。

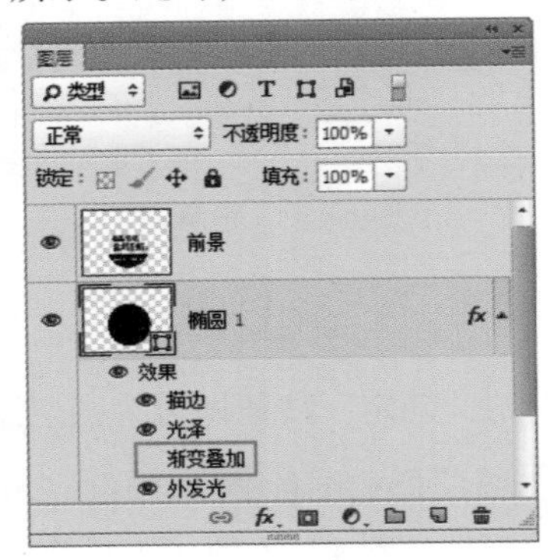


图 12-19

图 12-20

2．隐藏所有图层样式效果

如果要隐藏某个图层中的所有样式，则可以单击“效果”前面的眼睛图标，如图 12-21 所示；也可以执行“图层 > 图层样式 > 隐藏所有效果”菜单命令，如图 12-22 所示。

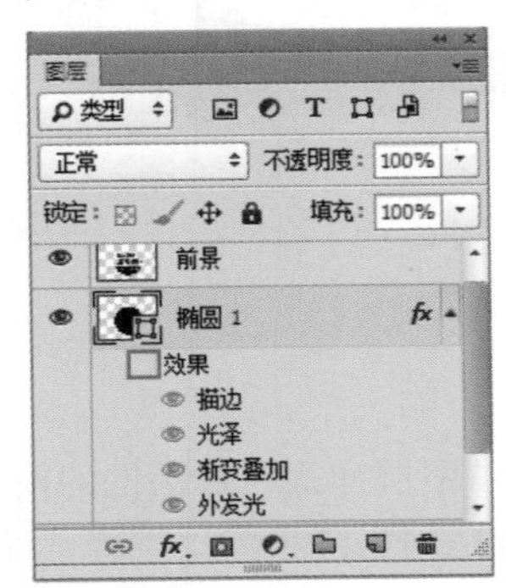


图 12-21

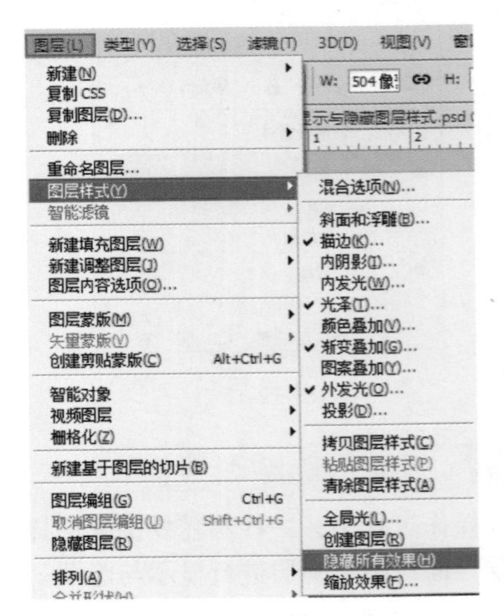


图 12-22

## 12.1.3　修改图层样式

若要修改图层样式，则可以执行“图层 > 图层样式”命令；或在“图层”面板中双击该样式的名称，弹出“图层样式”对话框后，修改参数即可，如图 12-23 和图 12-24 所示。

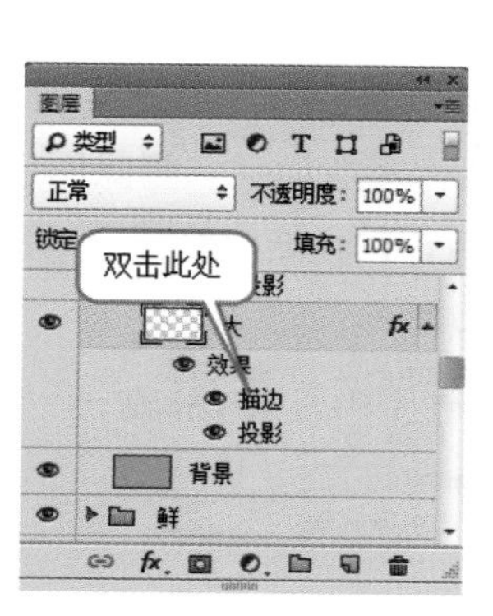


图 12-23

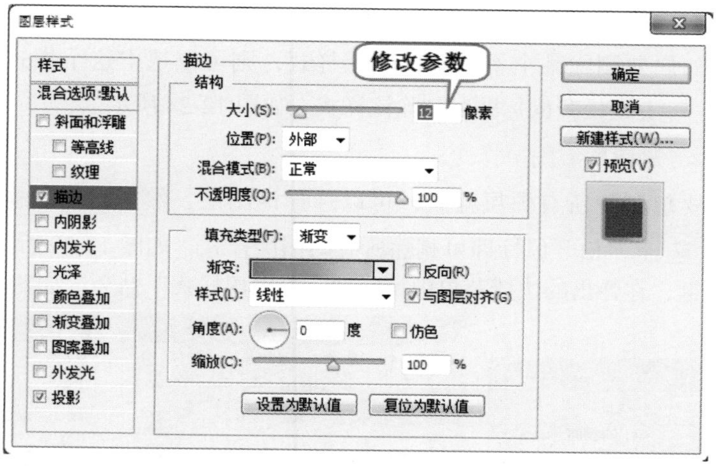

图 12-24



## 12.1.4　复制 / 粘贴图层样式

为一个图层添加图层样式后，要想为其他图层添加同样的图层样式，就无须在此编辑了，直接将编辑好的图层样式，复制给目标图层即可。这样的操作可以大大提高工作效率，且能降低工作的错误率。选择需要复制图层样式的图层，执行“图层 > 图层样式 > 拷贝图层样式”菜单命令，或在图层名称上单击鼠标右键，在弹出的快捷菜单中执行“拷贝图层样式”命令，接着选择目标图层，再执行“图层 > 图层样式 > 粘贴图层样式”菜单命令，或在目标图层的名称上单击鼠标右键，在弹出的快捷菜单中执行“粘贴图层样式”命令，如图 12-25 和图 12-26 所示。

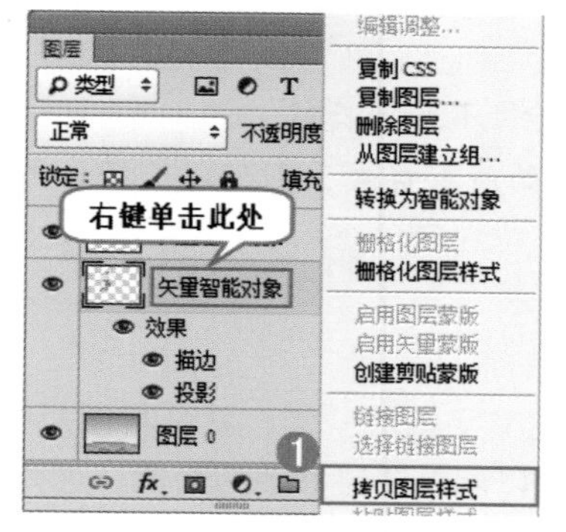


图 12-25

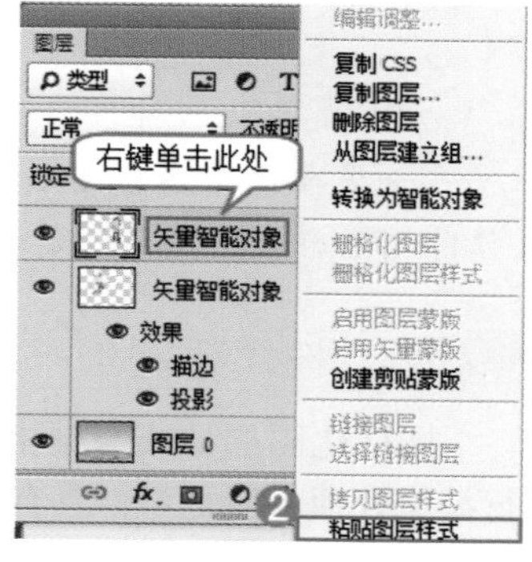


图 12-26

**小技巧：** 快速复制图层样式

按住 <Alt> 键的同时将“效果”拖动到目标图层上，可以复制 / 粘贴所有样式，如图 12-27 所示；按住 <Alt> 键的同时将单个样式拖动到目标图层上，可以复制 / 粘贴这个样式。需要注意的是，如果没有按住 <Alt> 键，则是将样式移动到目标图层中，原始图层不再有样式。

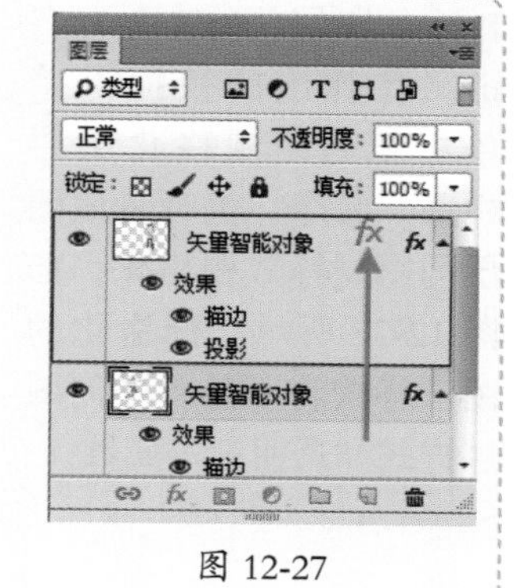

图 12-27

## 12.1.5 清除图层样式

清除图层样式就是将目标图层中的图层样式进行删除，删除图层样式后可以还原该图层的基本属性，例如混合模式和不透明度。

**1．删除单个图层样式**

如果要删除某个不需要的图层样式，则可以选中这个样式然后将其拖动到“删除图层”按钮 上，松开鼠标即可删除该样式，如图 12-28 所示。

**2．删除所有图层样式**

要想删除所有图层样式，可以选择该图层，然后将图层样式图标 fx 拖动到“删除图层”按钮 上，松开鼠标即可删除所有的图层样式，如图 12-29 所示。也可以在图层名称上单击鼠标右键，在弹出的快捷菜单中执行“清除图层样式”命令，如图 12-30 所示。

图 12-28

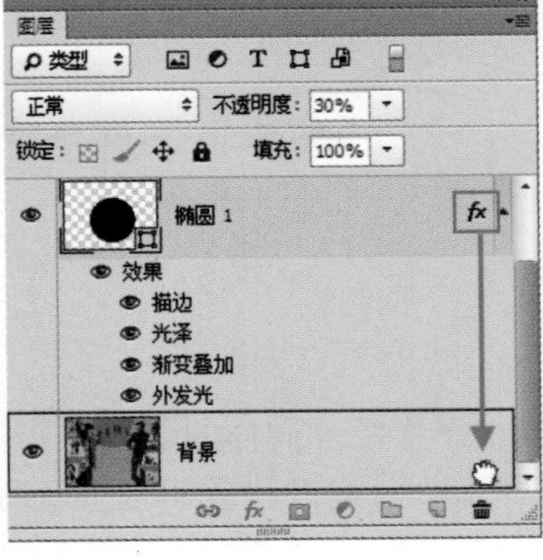


图 12-29

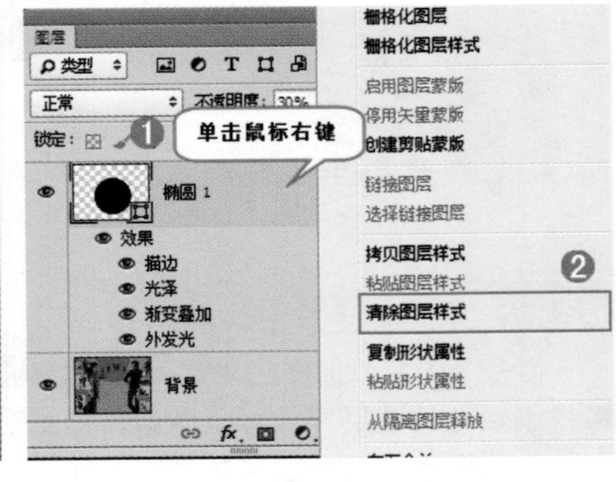


图 12-30

> **小技巧：** 使用命令删除所有图层样式
>
> 如果要删除某个图层中的所有样式，则可以选择该图层，然后执行“图层 > 图层样式 > 清除图层样式”菜单命令。

## 12.1.6 栅格化图层样式

栅格化图层样式与栅格化文字图层一样，就是将图层样式转换为与普通图层的其他部分进行编辑处理，但是不再具有可以调整图层参数的功能。选择带有图层样式的图层，执行“图层 > 栅格化 > 图层样式”菜单命令，即可将当前图层的图层样式栅格化，如图 12-31 所示。

也可以选择带有图层样式的图层，单击鼠标右键，在弹出的快捷键菜单中执行“栅格化图层样式”命令，也可将该图层的图层样式栅格化，如图 12-32 所示。栅格化的图层样式将不具备任何图层样式和透明度等属性。

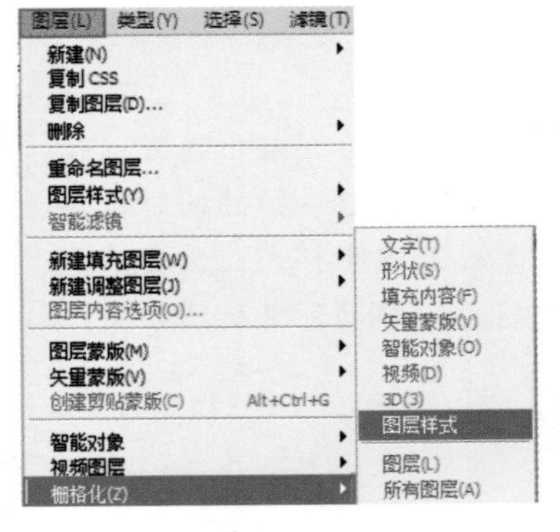


图 12-31

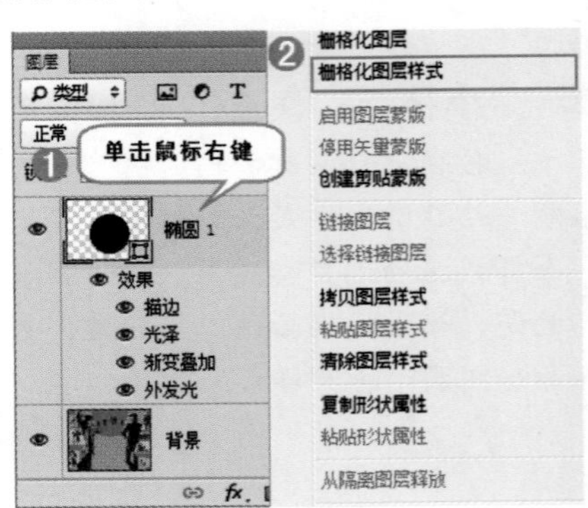


图 12-32

## 12.2　五花八门的图层样式

图层样式以其使用简单、效果多变、修改方便等特性广受用户的青睐，是制作质感效果的“绝对利器”。尤其是涉及创意文字或是 Logo 设计时，图层样式更是必不可少的工具。本节将详细介绍 Photoshop 中的 10 种图层样式及样式效果。使用“图层样式”可以快速为图层中的内容添加多种效果，如浮雕、描边、发光和投影等。图 12-33~ 图 12-35 所示为使用图层样式制作的平面设计作品。

图 12-33

图 12-34

图 12-35

执行“图层 > 图层样式”菜单下的子命令，将弹出“图层样式”对话框。在子命令中可以看到 Photoshop 中包含的 10 种图层样式，即斜面和浮雕、描边、内阴影、内发光、光泽、颜色叠加、渐变叠加、图案叠加、外发光与投影，如图 12-36 所示。图 12-37 所示为未添加图层样式的效果，图 12-38 所示为分别使用了 10 种图层样式的效果。多种“图层样式”共同使用还可以制作出更加丰富的奇特效果。

图 12-36

图 12-37

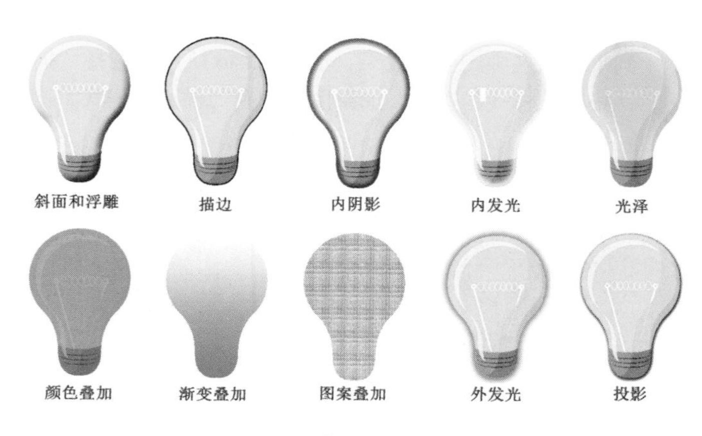


图 12-38

## 12.2.1 斜面和浮雕

“斜面和浮雕”样式可以为图层添加高光与阴影，该效果是 Photoshop 图层样式中最复杂的，其中包括“外斜面”“内斜面”“浮雕效果”“枕状浮雕”和“描边浮雕”5 种效果。

在“斜面和浮雕”参数面板中可以对“斜面和浮雕”的结构以及阴影属性进行设置。在“斜面和浮雕”选项的下方，还有“等高线”和“纹理”两个复选框，也是用来针对“斜面和浮雕”效果进行编辑的，如图 12-39 所示。图 12-40 和图 12-41 所示为原始图像与添加了“斜面和浮雕”样式后的图像效果。

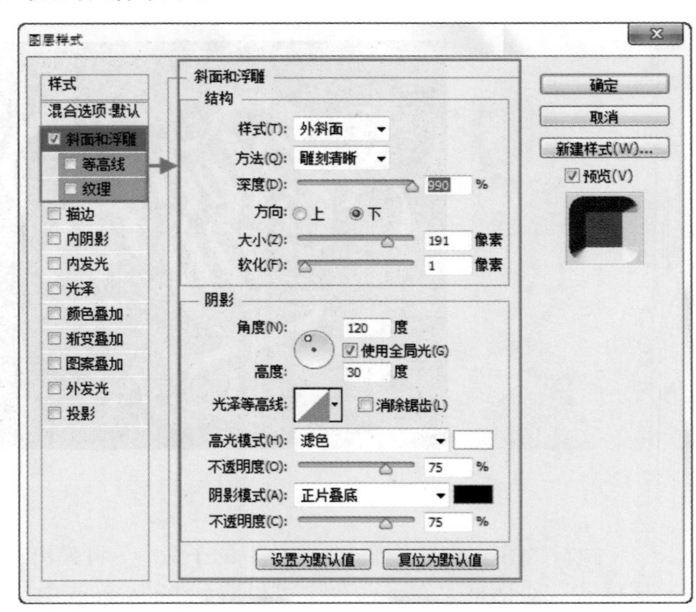


图 12-39

图 12-40

图 12-41

### “斜面和浮雕”样式参数面板详解

**1. 设置斜面和浮雕的基本选项**

- 样式：选择斜面和浮雕的样式。图 12-42 所示为未添加任何效果的原图片。选择“外斜面”选项，可以在图层内容的外侧边缘创建斜面，如图 12-43 所示；选择“内斜面”选项，可以在图层内容的内侧边缘创建斜面，如图 12-44 所示；选择“浮雕效果”选项，可以使图层内容相对于下层图层产生浮雕状的效果，如图 12-45 所示；选择“枕状浮雕”选项，可以模拟图层内容的边缘嵌入到下层图层中产生的效果，如图 12-46 所示，选择“描边浮雕”选项，可以将浮雕应用于图层的“描边”样式的边界，如果图层没有“描边”样式，则不会产生效果，如图 12-47 所示。

图 12-42

图 12-43

图 12-44

图 12-45

图 12-46

图 12-47

- 方法：用于选择创建浮雕的方法。选择“平滑”选项，可以得到比较柔和的边缘，如图 12-48 所示；选择“雕刻清晰”选项，可以得到最精确的浮雕边缘，如图 12-49 所示；选择“雕刻柔和”选项，可以得到中等水平的浮雕效果，如图 12-50 所示。

图 12-48

方法(Q): 雕刻清晰

图 12-49

方法(Q): 雕刻柔和

图 12-50

- 深度：用于设置浮雕斜面的应用深度，该值越高，浮雕的立体感越强，效果对比如图 12-51 和图 12-52 所示。

图 12-51

图 12-52

- 方向：用于设置高光和阴影的位置，该选项与光源的角度有关。
- 大小：该选项表示斜面和浮雕的阴影面积的大小。
- 软化：用于设置斜面和浮雕的平滑程度，效果对比如图 12-53 和图 12-54 所示。

图 12-53

图 12-54

- 角度 / 高度：“角度”选项用于设置光源的发光角度，如图 12-55 所示；“高度”选项用于设置光源的高度，如图 12-56 所示。

图 12-55

图 12-56

- 使用全局光：如果勾选该复选框，那么所有浮雕样式的光照角度都将保持在同一个方向。
- 光泽等高线：选择不同的等高线样式，可以为斜面和浮雕的表面添加不同的光泽质感，也可以自行编辑等高线样式。效果对比如图 12-57 和图 12-58 所示。

图 12-57

光泽等高线:

图 12-58

- 消除锯齿：当设置了光泽等高线时，斜面边缘可能会产生锯齿，勾选该复选框可以消除锯齿。
- 高光模式 / 不透明度：这两个选项用于设置高光的混合模式和不透明度，后面的色块用于设置高光的颜色。
- 阴影模式 / 不透明度：这两个选项用于设置阴影的混合模式和不透明度，后面的色块用于设置阴影的颜色。

**2. 设置等高线**

单击“斜面和浮雕”样式下面的“等高线”选项，切换到“等高线”参数面板，如图 12-59 所示。使用“等高线”可以在浮雕中创建凹凸起伏的效果，如图 12-60~ 图 12-63 所示。

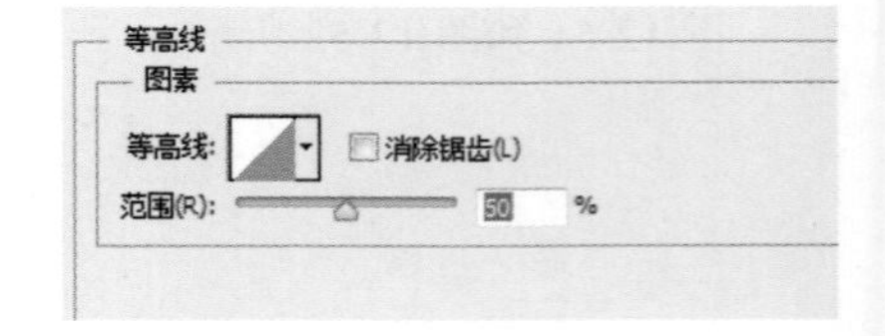


图 12-59

图 12-60

图 12-61

图 12-62

图 12-63

3. 设置纹理

单击“等高线”选项下面的“纹理”选项，切换到“纹理”参数面板，然后在“图案”选择中选择项合适的图层，如图 12-64 所示。此时“斜面和浮雕”效果被添加了纹理，效果如图 12-65 所示。

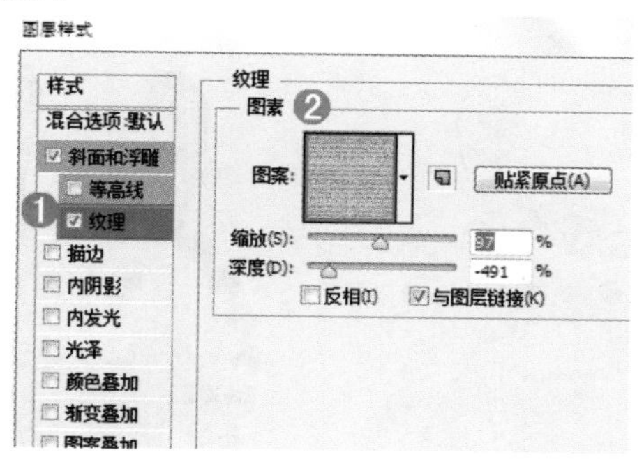


图 12-64

图 12-65

- 图案：单击“图案”选项右侧的倒三角按钮，可以在弹出的图案拾色器中选择一个图案，并将其应用到斜面和浮雕上。
- 从当前图案创建新的预设：单击该按钮，可以将当前设置的图案创建为一个新的预设图案，同时新图案会保存在图案拾色器中。
- 贴紧原点：将原点对齐图层或文档的左上角。
- 缩放：用于设置图案的大小。
- 深度：用于设置图案纹理的使用程度。
- 反相：勾选该复选框后，可以反转图案纹理的凹凸方向。
- 与图层链接：勾选该复选框后，可以将图案和图层链接在一起，这样在对图层进行变换等操作时，图案也会随之变换。

## 12.2.2 描边

使用“图层样式”对图层中的对象进行描边操作，是一种较为常用的方式，而且利于图层样式为对象赋予描边效果后还可以通过更改参数再次修改描边效果。应用“描边”样式可以使用颜色、渐变以及图案来描绘图像的轮廓边缘。

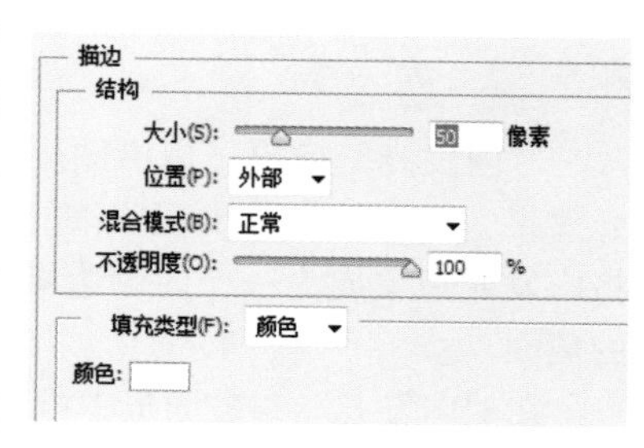


图 12-66

执行“图层 > 图层样式 > 描边”菜单命令，可以直接打开“图层样式”中的“描边”参数面板。在“描边”参数面板中可以对描边大小、位置、混合模式、不透明度、填充类型以及填充内容进行设置，如图 12-66 所示。如图 12-67 所示为渐变描边、颜色描边、图案描边的效果。

图 12-67

## 12.2.3 内阴影

“内阴影”样式可以在紧靠图层内容的边缘内添加阴影，使图层内容产生凹陷效果。

在“内阴影”参数面板中可以对“内阴影”的结构以及品质进行设置，如图 12-68 所示。图 12-69 和图 12-70 所示为原始图像和添加了“内阴影”样式后的效果。

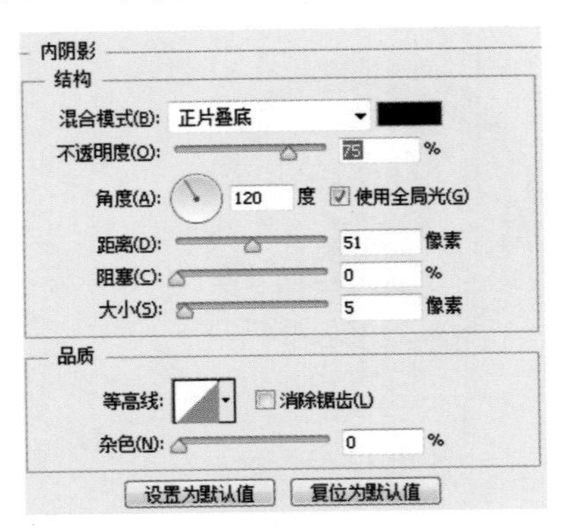


图 12-68

图 12-69

图 12-70

“内阴影”与“投影”的参数设置基本相同，只不过“投影”是用“扩展”选项来控制投影边缘的柔化程度，而“内阴影”是通过“阻塞”选项来控制的。“阻塞”选项可以在模糊之前收缩内阴影的边界。另外，“大小”选项与“阻塞”选项是相互关联的，“大小”数值越高，可设置的“阻塞”范围就越大，如图 12-71 所示。

图 12-71

## 12.2.4 内发光

“内发光”效果可以沿图层内容的边缘向内创建发光效果，也会使对象出现些许的“突起感”。我们可以将内发光想象成为一个内侧边缘安装有照明设备的隧道的截面。

在“内发光”参数面板中可以对“内发光”的结构、图素以及品质进行设置，如图 12-72 所示。图 12-73 和图 12-74 所示为原始图像以及添加了“内发光”样式以后的图像效果。

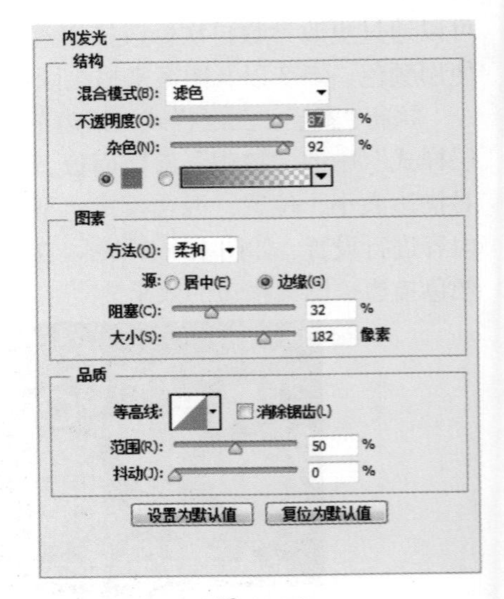


图 12-72

图 12-73

图 12-74

### “内发光”样式参数面板详解

- 混合模式：设置发光效果与下面图层的混合方式。
- 不透明度：设置发光效果的不透明度。
- 杂色：在发光效果中添加随机的杂色效果，使光晕产生颗粒感。
- 发光颜色：单击“杂色”选项下面的颜色块，可以设置发光颜色；单击颜色块后面的渐变条，可以在“渐变编辑器”窗口中选择或编辑渐变色。
- 方法：用于设置发光的方式。选择“柔和”选项，发光效果比较柔和；选择“精确”选项，可以得到精确的发光边缘。
- 源：控制光源的位置。
- 阻塞：用于在模糊之前，收缩发光的杂边边界。
- 大小：设置光晕范围的大小。
- 等高线：使用等高线可以控制发光的形状。
- 范围：控制发光中作为等高线目标的部分或范围。
- 抖动：改变渐变的颜色和不透明度的应用。

## 12.2.5　光泽

“光泽”样式可以为图像添加光滑的具有光泽的内部阴影，通常用于制作具有光泽质感的按钮和金属。执行“窗口 > 图层样式 > 光泽”菜单命令，可以看到“光泽”参数面板中的选项不多，但是这些参数却不好控制。有时，设置值微小的差别都会使效果产生很大的区别，所以在设置时，可以通过预览来查看效果。

在“光泽”参数面板中可以对“光泽”的颜色、混合模式、不透明度、角度、距离、大小和等高线进行设置。“光泽”样式的参数没有特别的选项，这里不再赘述，如图 12-75 所示。图 12-76 和图 12-77 所示为原始图像与添加了“光泽”样式以后的图像效果。

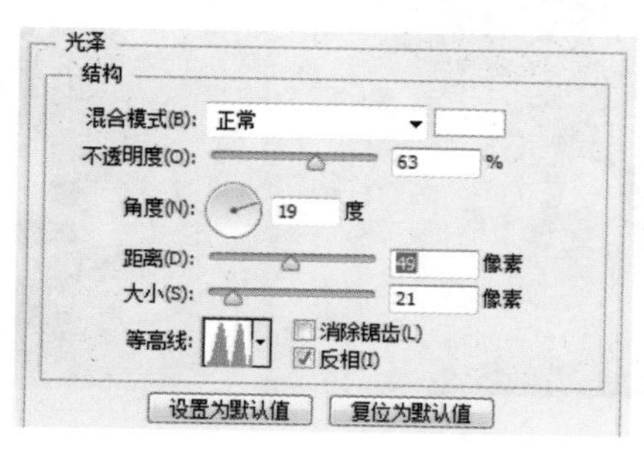


图 12-75

图 12-76

图 12-77

### 12.2.6 颜色叠加

“颜色叠加”样式可以在图像上叠加设置的颜色，并且可以通过模式的修改调整图像与颜色的混合效果。执行“图层 > 图层样式 > 颜色叠加”菜单命令。在“颜色叠加”参数面板中可以对“颜色叠加”的颜色、混合模式以及不透明度进行设置，如图 12-78 所示。图 12-79 和图 12-80 所示为原始图像和添加了“颜色叠加”样式以后的图像效果。

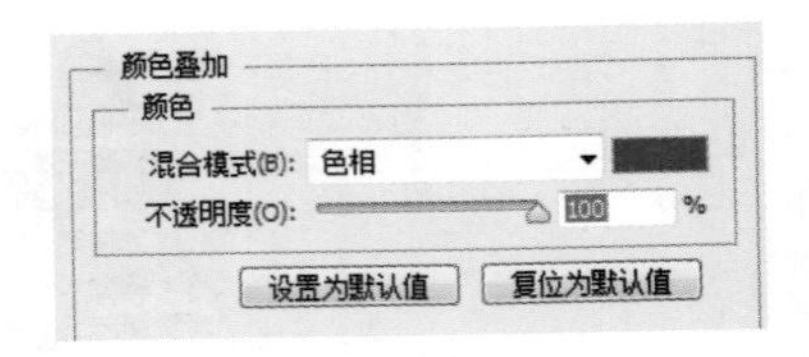


图 12-78

图 12-79

图 12-80

### 12.2.7 渐变叠加

“渐变叠加”与“颜色叠加”一样，可以对图层上的对象叠加渐变颜色。使用渐变叠加不仅能制作带有多种颜色的对象，而且能通过巧妙的渐变颜色设置制作突起、凹陷等三维效果和带有反光的质感效果。

执行“图层 > 图层样式 > 渐变叠加”菜单命令，在“渐变叠加”参数面板中可以对“渐变叠加”的渐变颜色、混合模式、角度和缩放等进行设置，如图 12-81 所示。图 12-82 和图 12-83 所示为原始图像和添加了“渐变叠加”样式以后的图像效果。

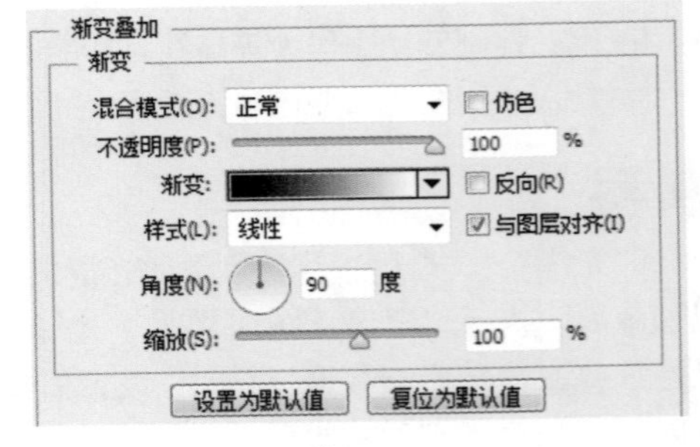


图 12-81

图 12-82

图 12-83

## 12.2.8 图案叠加

“图案叠加”图层样式能够为图层添加图案效果，与“颜色叠加”和“渐变叠加”样式相同，也可以通过对混合模式的设置使叠加的“图案”与原图像混合。

执行“图层 > 图层样式 > 图案叠加”菜单命令，在“图案叠加”参数面板中可以对“图案叠加”的图案、混合模式、不透明度等进行设置，如图 12-84 所示。图 12-85 和图 12-86 所示为原始图像和添加了“图案叠加”样式以后的图像效果。

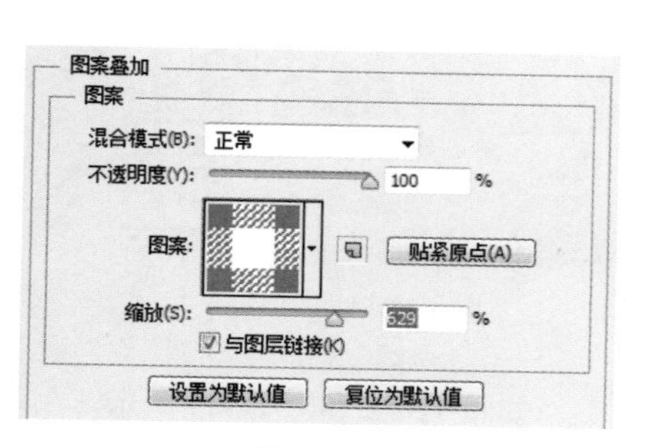


图 12-84

图 12-85

图 12-86



## 12.2.9 外发光

“外发光”样式可以沿图层内容的边缘向外创建发光效果，用于制作自发光效果以及人像或其他对象的梦幻般的光晕效果。

执行“图层 > 图层样式 > 外发光”菜单命令，在“外发光”参数面板中可以对“外发光”的结构、图素以及品质进行设置，如图 12-87 所示。图 12-88 和图 12-89 所示为原始图像和添加了“外发光”样式以后的图像效果。

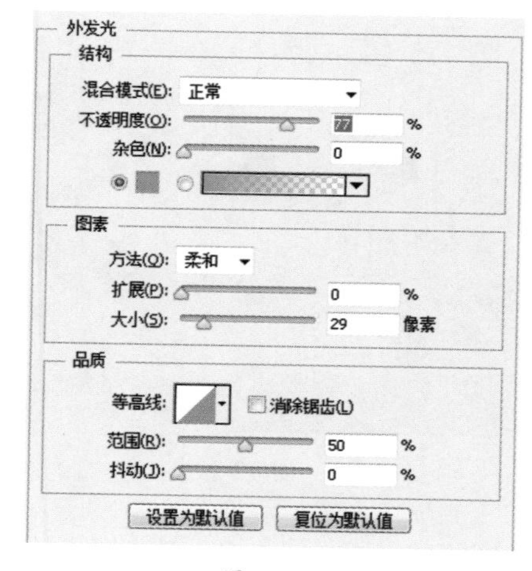


图 12-87

图 12-88

图 12-89

### “外发光”样式参数面板详解

- 混合模式 / 不透明度：“混合模式”选项用于设置发光效果与下面图层的混合方式；“不透明度”选项用于设置发光效果的不透明度，如图 12-90 和图 12-91 所示。

图 12-90

图 12-91

- 杂色：在发光效果中添加随机的杂色效果，使光晕产生颗粒感，如图 12-92 和图 12-93 所示。

图 12-92

图 12-93

- 发光颜色：单击“杂色”选项下面的颜色块，可以设置发光颜色；单击颜色块后面的渐变条，可以在“渐变编辑器”窗口中选择或编辑渐变色，如图 12-94 和图 12-95 所示。

图 12-94

图 12-95

- 方法：用于设置发光的方式。选择“柔和”选项，发光效果比较柔和，如图 12-96 所示；选择“精确”选项，可以得到精确的发光边缘，如图 12-97 所示。
- 扩展 / 大小：“扩展”选项用于设置发光范围的大小；“大小”选项用于设置光晕范围的大小。

图 12-96

图 12-97

### 12.2.10　玩转“外发光”样式——制作霓虹文字

本案例通过为文字使用图层样式和图层混合模式，制作绚丽的光感，并对文字进行适当的微调，制作霓虹文字效果，具体步骤如下。

（1）打开背景素材文件“1.jpg”，如图 12-98 所示。

图 12-98

（2）设置前景色为黑色，然后使用“横排文字工具” T 在操作界面中输入文字（小排英文要换行），如图 12-99 所示。

图 12-99

（3）为文字添加图层样式。选中文字图层，执行“图层>图层样式>外发光”菜单命令，打开“图层样式”对话框，然后设置“混合模式”为“颜色减淡”、“不透明度”为53%、发光颜色为白色、“大小”为6像素，如图12-100所示。

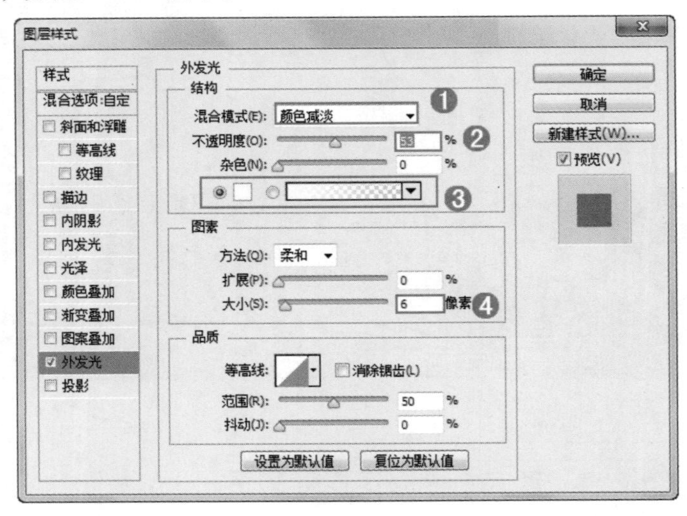


图 12-100

（4）在“图层样式”对话框左侧勾选“描边”复选框，然后设置“大小”数值为1像素、“位置”为“外部”、“混合模式”为“颜色减淡”、“不透明度”为54%、“填充类型”为“颜色”、“颜色”为白色，如图12-101所示，效果如图12-102所示。

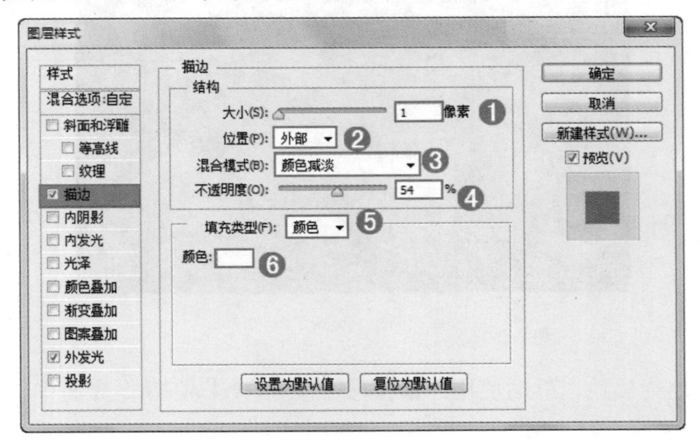


图 12-101

图 12-102

（5）在“图层”面板中设置文字图层的混合模式为“减去”，如图 12-103 所示。文字变成半透明的状态，效果如图 12-104 所示。

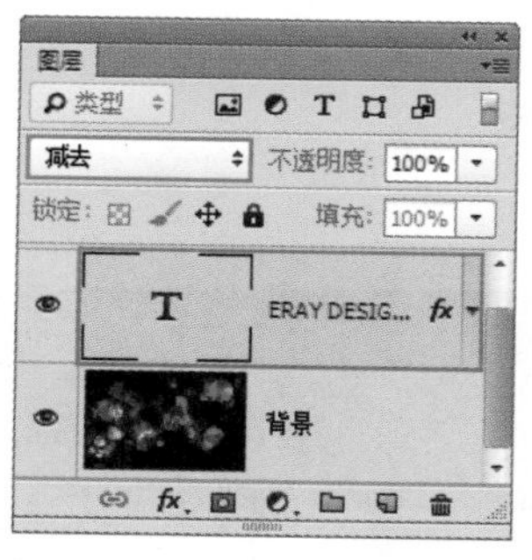


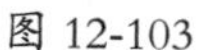
图 12-103

图 12-104

**你问我答：**为什么混合模式要设置为“减去”？

“减去”模式会将黑色部分隐藏，只留下外发光和描边的效果。



（6）在“图层”面板下方单击“创建新组”按钮，新建一个名称为“组 1”的图层组，如图 12-105 所示。

（7）选择文字图层，然后按 <Ctrl+J> 快捷键复制一个副本图层，接着将其拖动到“组 1”图层组中，如图 12-106 所示。

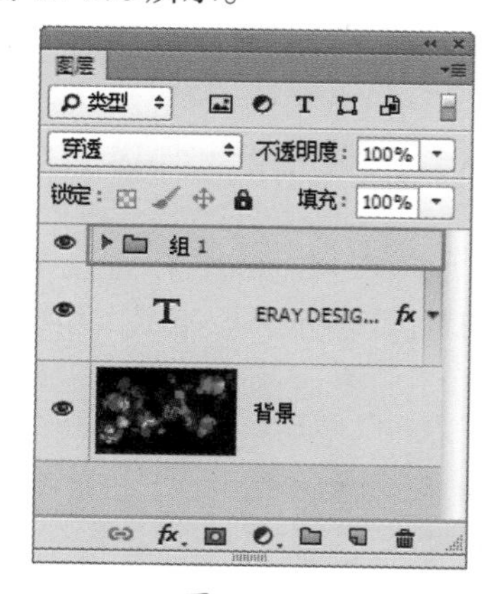

图 12-105

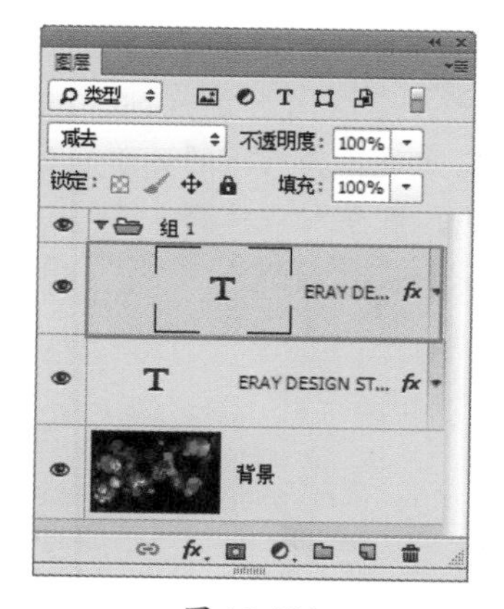

图 12-106

（8）选择“移动工具”，然后按 < ↓ > 键和 < → > 键微调文字副本图层的位置，使其与原始文字图层错开，如图 12-107 所示。

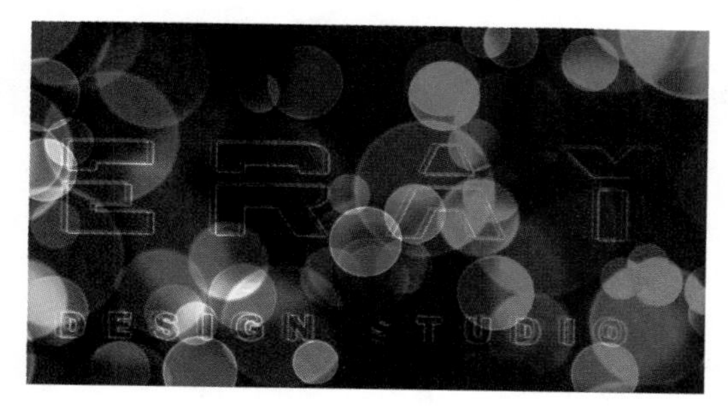

图 12-107

**小技巧：**“轻移”的技巧

在使用“移动工具”状态下使用 < ↓ > 键和 < → > 键，可以以 1 像素的距离移动图像。

（9）按 <Ctrl+J> 快捷键继续复制出若干个副本图层，如图 12-108 所示，然后利用←、↑、→、↓键微调好其位置，最终效果如图 12-109 所示。

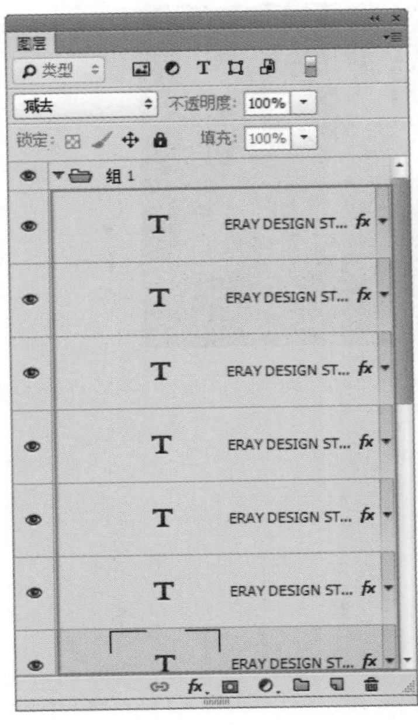


图 12-108

图 12-109

## 12.2.11 投影

“投影”样式是较为常用的图层样式。使用“投影”样式可以为图层模拟向后的投影效果，可增强某部分的层次感和立体感。

执行“图层 > 图层样式 > 投影”菜单命令，在“投影”参数面板中可以对“投影”的结构和品质进行设置，如图 12-110 所示。图 12-111 和图 12-112 所示为原始图像和添加了“投影”样式后的图像效果。

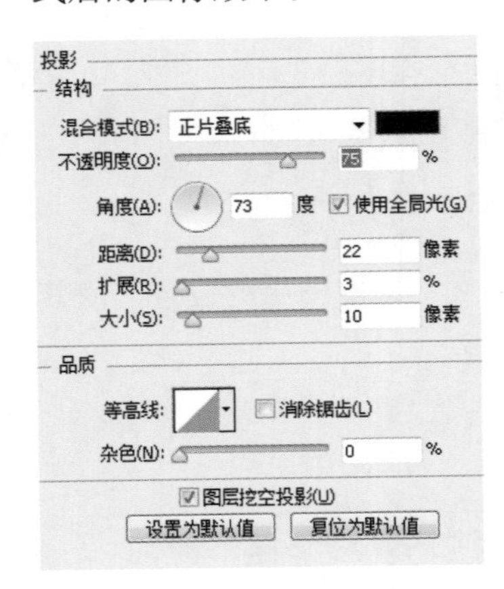


图 12-110

图 12-111

图 12-112

### “投影”样式参数面板详解

- 混合模式：用于设置投影与下面图层的混合方式，默认设置为“正片叠底”模式，示例效果如图 12-113 和图 12-114 所示。

图 12-113

图 12-114

- 阴影颜色：单击“混合模式”选项右侧的颜色块，可以设置阴影的颜色。
- 不透明度：设置投影的不透明度。数值越低，投影越淡。
- 角度：用于设置投影应用于图层时的光照角度，指针方向为光源方向，相反方向为投影方向。图 12-115 和图 12-116 所示分别是设置“角度”为 47° 和 144° 时的投影效果。

图 12-115

图 12-116

- 使用全局光：当勾选该复选框时，可以保持所有光照的角度一致；取消勾选该复选框时，可以为不同的图层分别设置光照角度。
- 距离：用于设置投影偏移图层内容的距离。
- 大小：用于设置投影的模糊范围，该值越高，模糊范围越广，反之投影越清晰。
- 扩展：用于设置投影的扩展范围，注意，该值会受到“大小”选项的影响。
- 等高线：以调整曲线的形状来控制投影的形状，可以手动调整曲线形状，也可以选择内置的等高线预设，示例效果如图 12-117~ 图 12-119 所示。

图 12-117

图 12-118

图 12-119

- 消除锯齿：混合等高线边缘的像素，使投影更加平滑。该选项对于尺寸较小且具有复杂等高线的投影比较实用。
- 杂色：用于在投影中添加颗杂色的粒感效果，数值越大，颗粒感越强，示例效果如图 12-120 和图 12-121 所示。
- 图层挖空投影：用于控制半透明图层中投影的可见性。勾选该复选框后，如果当前图层的“填充”数值小于 100%，则半透明图层中的投影不可见。

图 12-120

图 12-121

# 12.3 使用“样式”面板

在“样式”面板中，集合了多种 Photoshop 的预设样式。除此之外，还可以使用“样式”面板将创建好的图层样式进行储存，也可载入外挂样式，以及在“样式”面板中进行删除和重命名等操作。掌握这些样式的使用可以起到事半功倍的效果。执行“窗口 > 样式”菜单命令，打开“样式”面板，如图 12-122 所示。图 12-123 所示为使用“样式”面板为图层添加的图层样式。

图 12-122

图 12-123

## 12.3.1 认识“样式”面板

使用“样式”面板可以让为图层添加样式的操作简单化。执行“窗口 > 样式”菜单命令，打开“样式”面板。在“样式”面板的底部包含 3 个按钮用于快速地清除、创建和删除样式。在面板菜单中可以更改显示方式，还可以复位、载入、储存、替换图层样式，如图 12-124 所示。

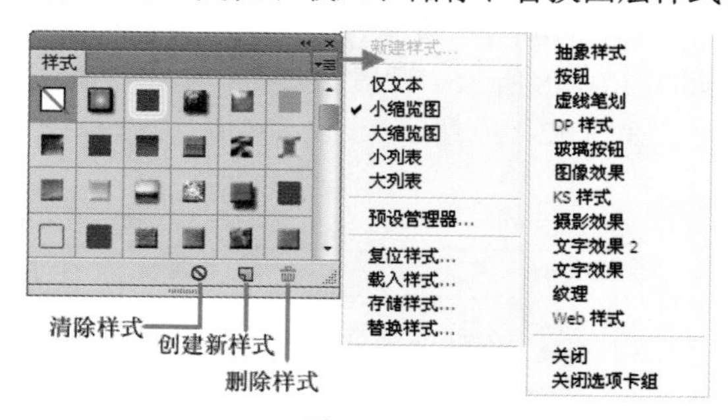


图 12-124

### “样式”面板参数详解

- 清除样式：单击该按钮即可清除所选图层的样式。
- 创建新样式：如果要将效果创建为样式，则可以在“图层”面板中选择添加了效果的图层，然后单击“样式”面板中的创建新样式按钮，打开“新建样式”对话框，设置选项并单击“确定”按钮即可创建样式。
- 删除样式：将“样式”面板中的一个样式拖动删除样式按钮上，即可将其删除。按住 <Alt> 键单击一个样式，可直接将其删除。

**小技巧：**缩放样式

很多时候在使用外挂样式时，会出现与预期效果相差甚远的情况，这时可以检查是否当前样式参数对于当前图像并不适合，可以在图层样式上单击鼠标右键，在弹出的快捷菜单中使用“缩放样式”命令进行调整。

## 12.3.2 创建新样式

在创建新样式之前，需要为图层添加相应的图层，然后才能使用“样式”面板进行新样式的创建。

（1）打开素材，如图 12-125 所示。在“图层”面板中可以看到“形状”图层有多个图层样式，如图 12-126 所示。

图 12-125

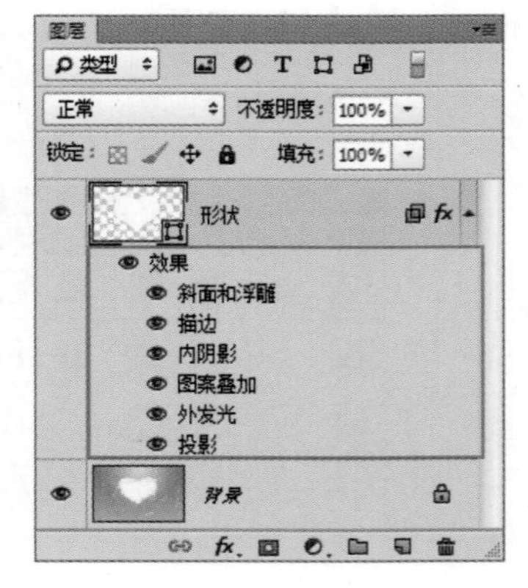


图 12-126

（2）执行“窗口 > 样式”菜单命令，打开“样式”面板，然后单击该面板底部的“创建新样式”按钮，如图 12-127 所示。

（3）在弹出的“新建样式”对话框中设置合适的名称，然后勾选“包含图层效果”和“包含图层混合选项”两个复选框，以提示用户新建的样式中是否包括“图层效果”和“混合选项”，一般情况下为勾选状态，如图 12-128 所示。设置完成后，单击“确定”按钮。新建的样式会保存在“样式”面板的末尾处，如图 12-129 所示。

图 12-127

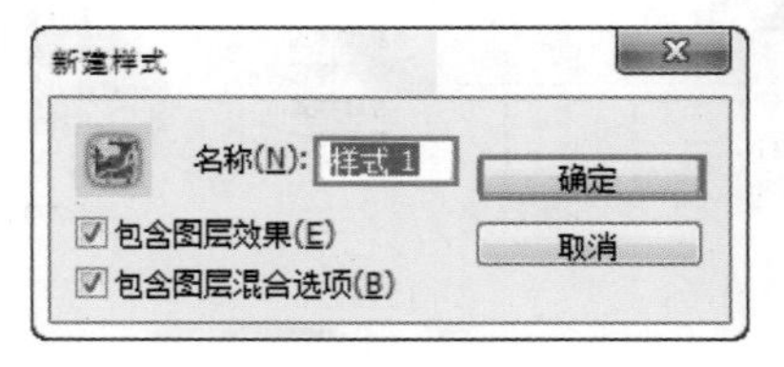


图 12-128

图 12-129

## 12.3.3 删除样式

将需要删除的样式拖动到“样式”面板下方的“删除样式”按钮上即可删除创建的样式，也可以在“样式”面板中按住 <Alt> 键，当鼠标变为“剪刀”形状时，单击需要删除的样式即可删除，如图 12-130 所示。

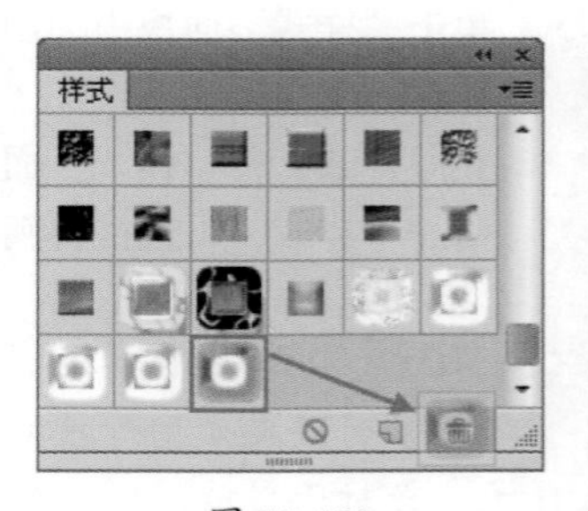


图 12-130

## 12.3.4 存储样式库

在 Photoshop 中可以将“样式”面板中的所有样式储存为一个独立的文件，以便传输或日后调用。

### 1. 将“样式”面板中的所有样式进行保存

打开“样式”面板，单击面板菜单按钮，在菜单中执行“存储样式”命令，如图 12-131 所示。打开存储窗口，然后为其设置一个名称，将其保存为一个单独的样式库，样式的扩展名为“.asl”，如图 12-132 所示。

图 12-131

图 12-132

### 2. 将单独的样式进行存储

若只想将单独的某个样式进行存储，则可以通过“预设管理器”进行样式的存储。

执行“编辑 > 预设 > 预设管理器”菜单命令，打开“预设管理器”窗口。在“预设管理器”窗口中设置“预设类型”为“样式”，然后选择需要存储的样式，最后单击“存储设置”按钮即可，如图 12-133 所示。然后系统会弹出“另存为”窗口，进行保存。

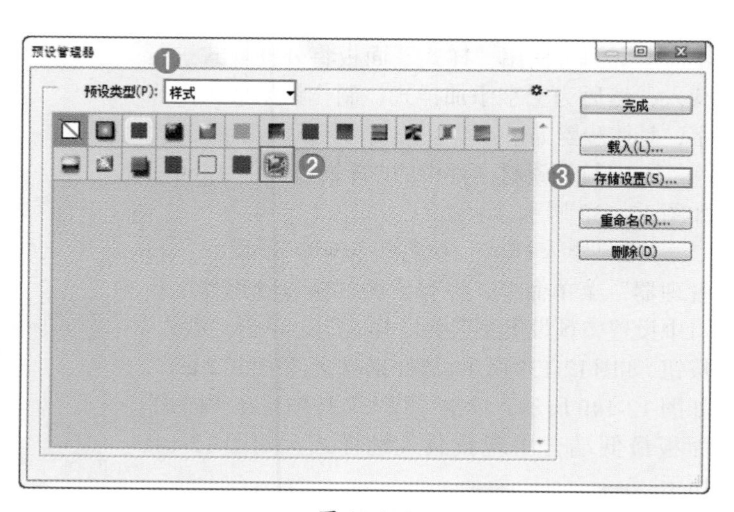


图 12-133

## 12.3.5 载入样式库

在 Photoshop 中存在着很多的预设样式，通过“样式”面板可以进行载入；也可以将网络上下载的外挂样式载入到“样式”面板中。

### 1. 载入预设样式

打开“样式”面板，单击面板菜单按钮，在菜单中下方有不同的预设样式库，选择一种样式库，如图 12-134 所示。系统会弹出一个提示对话框，如图 12-135 所示。如果单击“确定”按钮，则可以载入样式库并替换掉“样式”面板中的所有样式；如果单击“追加”按钮，则该样式库会添加到原有样式的后面。

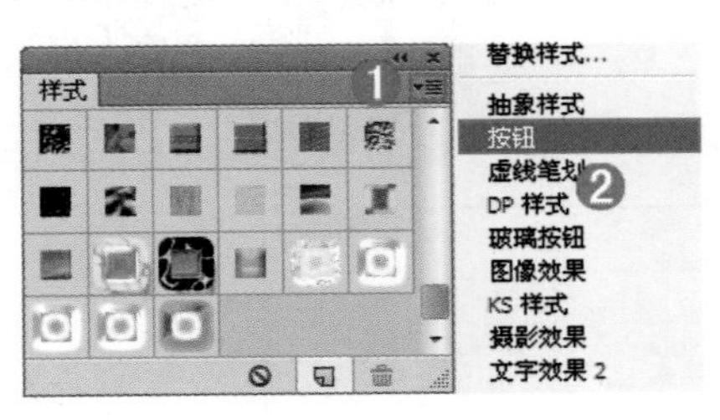


图 12-134

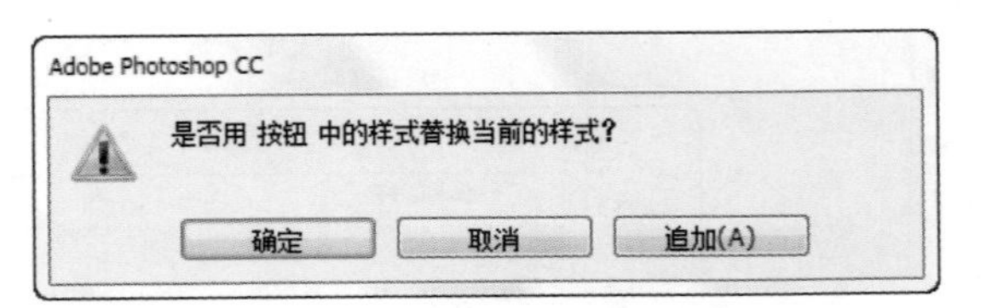


图 12-135

### 2. 载入外挂样式

如果想要载入外部样式库素材文件，则可以在“样式”面板菜单中执行“载入样式”命令，如图 12-136 所示。同时选择“.asl”格式的样式文件即可，如图 12-137 所示。

图 12-136

图 12-137

你问我答：如何将“样式”面板中的样式恢复到默认状态？

如果要将样式恢复到默认状态，可以在“样式”面板菜单中执行“复位样式”命令，然后在弹出的对话框中单击“确定”按钮。另外，在这里介绍一下如何载入外部的样式：执行面板菜单中的“载入样式”命令，可以打开“载入”对话框，选择外部样式即可将其载入到“样式”面板中。

## 13.3.6 玩转外挂样式——制作糖果文字

本案例将使用“样式”面板将外挂样式进行载入，然后为文字添加样式，制作糖果效果的文字，具体步骤如下。

（1）打开素材文件中的“背景”图层“1.jpg”，如图 12-138 所示。

（2）导入样式。执行“编辑 > 预设 > 预设管理器”菜单命令，在弹出的“预设管理器”窗口中设置“预设类型”为“样式”，单击“载入”按钮，如图 12-139 所示，选择素材文件中的“2.asl”，如图 12-140 所示，单击“载入”按钮，在“样式”面板最低端会出现新载入的样式，如图 12-141 所示。

图 12-138

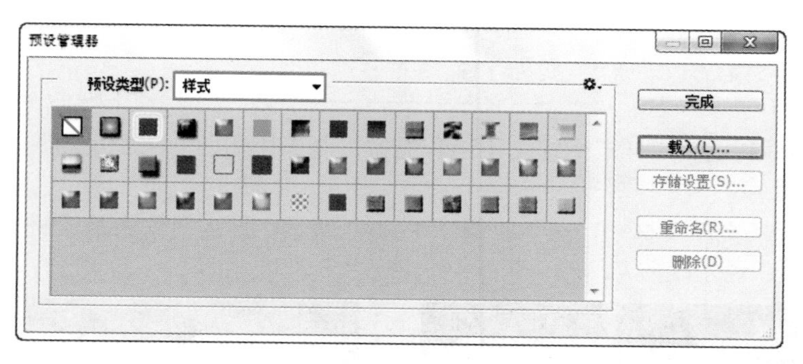


图 12-139

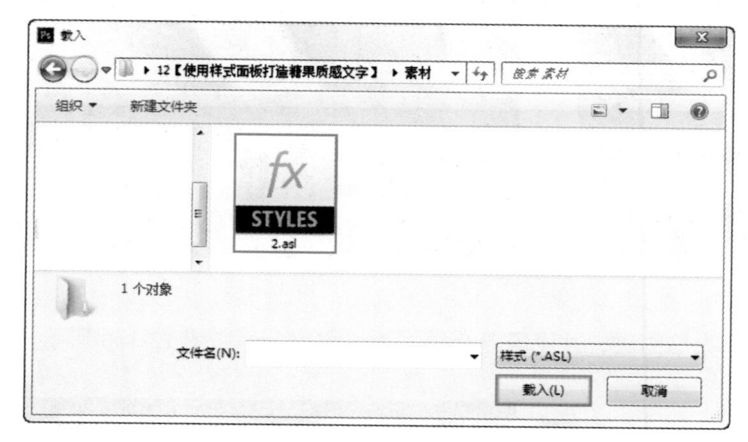


图 12-140

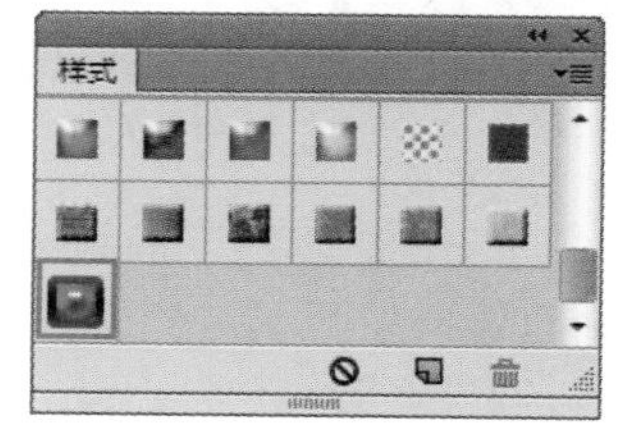


图 12-141

（3）选择工具箱中的“文字工具”T，设置“颜色”为“白色”，设置合适的字体和大小并在画面中输入文字，如图 12-142 所示。单击“样式”面板中新载入的样式，此时文字效果如图 12-143 所示。

图 12-142

图 12-143

## 12.4 应用实战——火焰黄金字

本案例主要是利用图层样式的综合运用和通道，制作炫酷、动感十足的黄金质感文字，具体步骤如下。

（1）打开背景文件素材“1.jpg”，如图 12-144 所示。导入前景火焰素材文件“2.jpg”，使其覆盖画面，如图 12-145 所示。

图 12-144

图 12-145

（2）在“图层”面板中选择火焰图层，并设置混合模式为“滤色”，如图 12-146 所示，此时画面效果如图 12-147 所示。

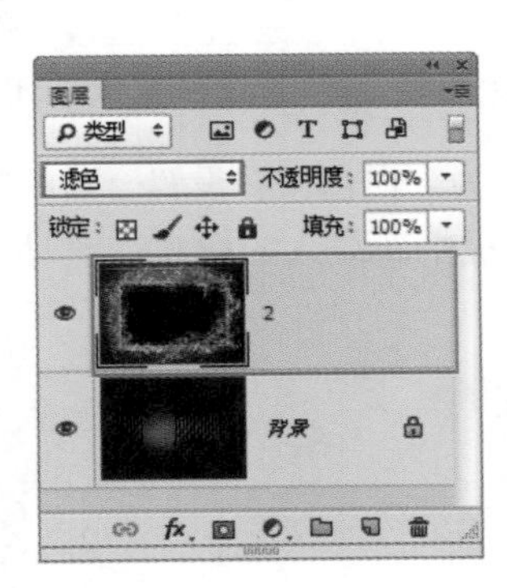


图 12-146

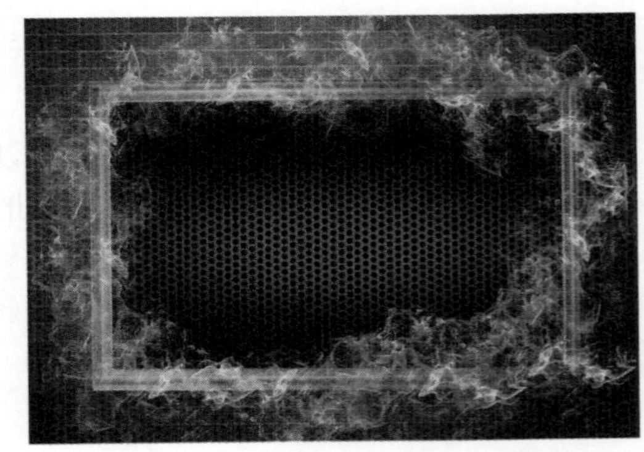

图 12-147

（3）在“图层”面板中双击背景图层的“小锁”，将其转化为普通图层，并为背景图层添加图层蒙版，如图 12-148 和图 12-149 所示。

图 12-148

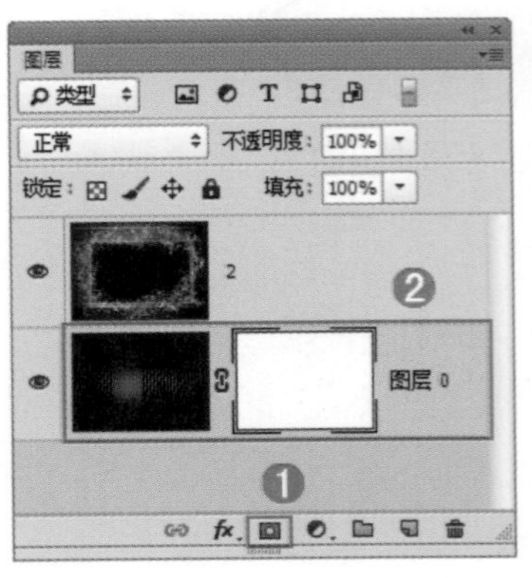


图 12-149

（4）选择“画笔工具”，在其选项栏中选中圆形柔角的画笔，设置合适的画笔大小并设置前景色为黑色，然后在背景图层的图层蒙版四周涂抹，以只显示中间部分的背景素材，如图 12-150 和图 12-151 所示。

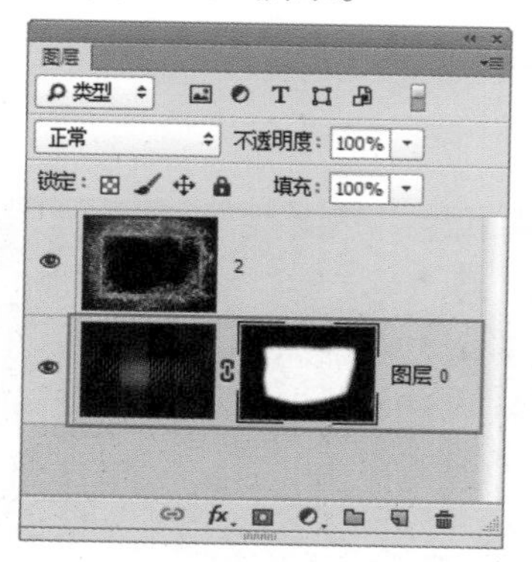

图 12-150

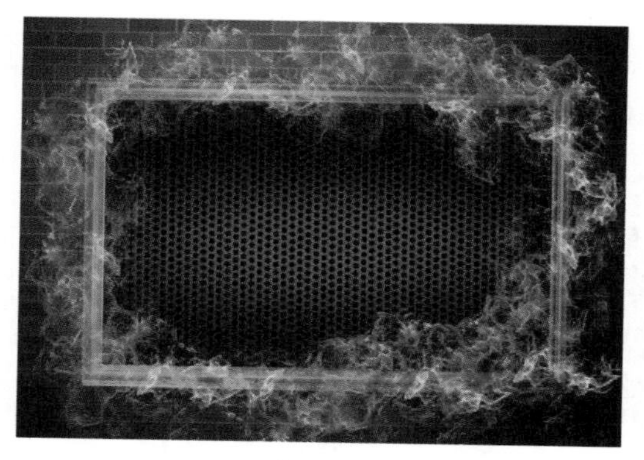
图 12-151

（5）制作金属文字部分。选中背景图层，使用“横排文字工具”在画面中间输入文字，这样文字图层就处于火焰图层的下方，效果如图 12-152 所示。

（6）为文字添加图层样式。执行“图层 > 图层样式 > 投影”菜单命令，设置“混合模式”为“正常”，“不透明度”为 100%，“角度”为 145，“距离”为 14 像素，“扩展”为 26%，“大小”为 29 像素，如图 12-153 所示。

图 12-152

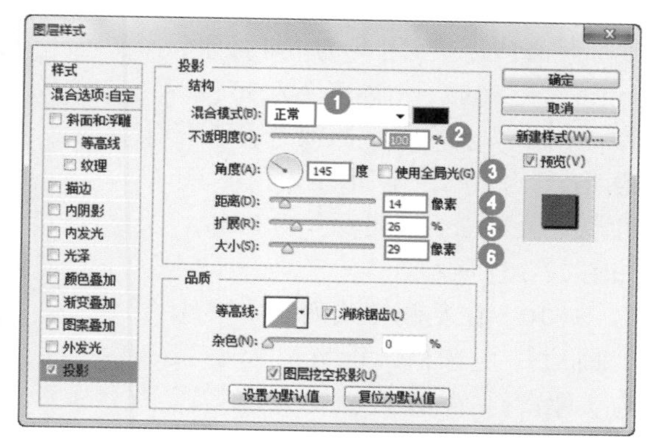

图 12-153

（7）在左侧样式列表中勾选“外发光”复选框，设置“混合模式”为“正常”，“不透明度”为 50%，编辑一个黑色到透明的渐变，设置“扩展”为 0%，“大小”为 18 像素，“范围”为 40%，如图 12-154 所示。

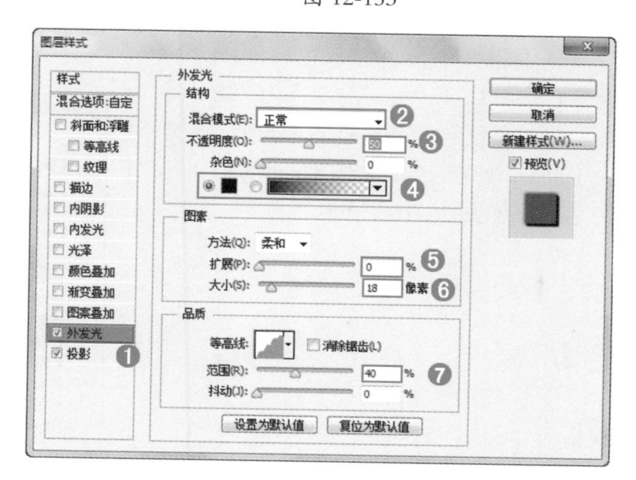

图 12-154

（8）在左侧样式列表中勾选“内发光”复选框，设置“混合模式”为“颜色减淡”，“不透明度”为 20%，编辑一个白色到透明的渐变，设置“大小”为 11 像素，“范围”为 50%，如图 12-155 所示。此时，画面效果如图 12-156 所示。

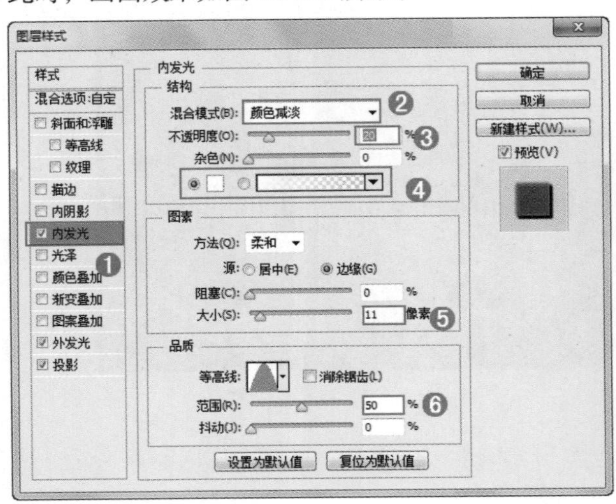


图 12-155

图 12-156

（9）在左侧样式列表中勾选“斜面和浮雕”复选框，设置“深度”为 351%，“大小”为 194 像素，“角度”为 90 度，“高度”为 30 度，“高光模式”为“颜色减淡”、“不透明度”为 50%，“阴影模式”为“颜色减淡”、“不透明度”为 80%，如图 12-157 所示。

（10）在左侧样式列表中勾选“描边”复选框，设置“大小”为 7 像素，“位置”为“外部”，“混合模式”为“正常”，“不透明度”为 100%，“填充类型”为“渐变”，编辑一个黄色至灰色的间隔渐变（见图 12-159），“样式”为“线性”，“角度”为 90 度，“缩放”为 100%，如图 12-158 所示。此时，文字效果如图 12-160 所示。

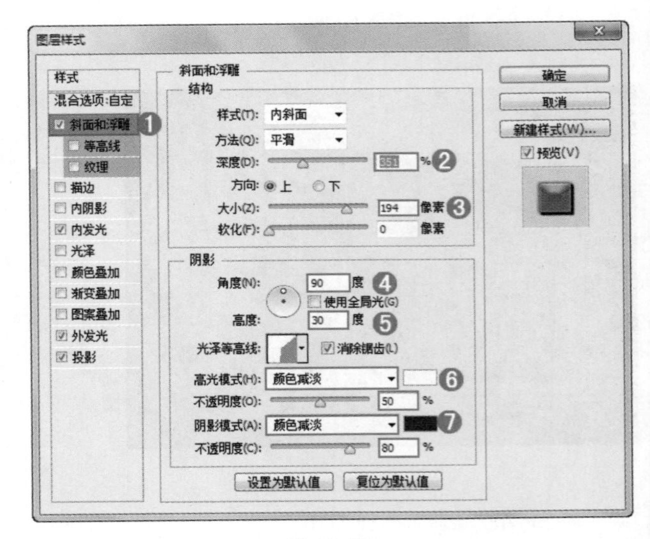


图 12-157

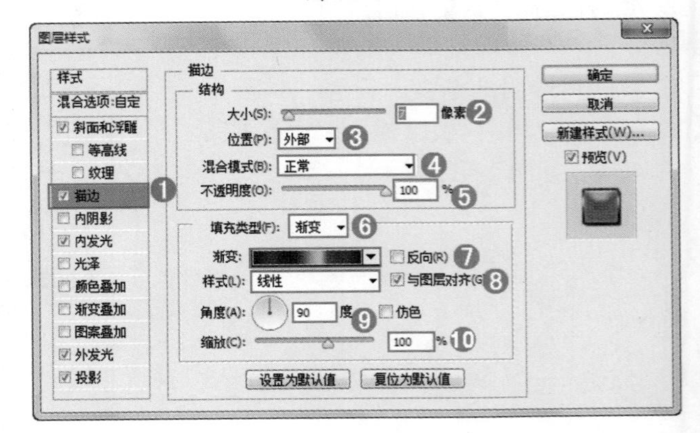


图 12-158

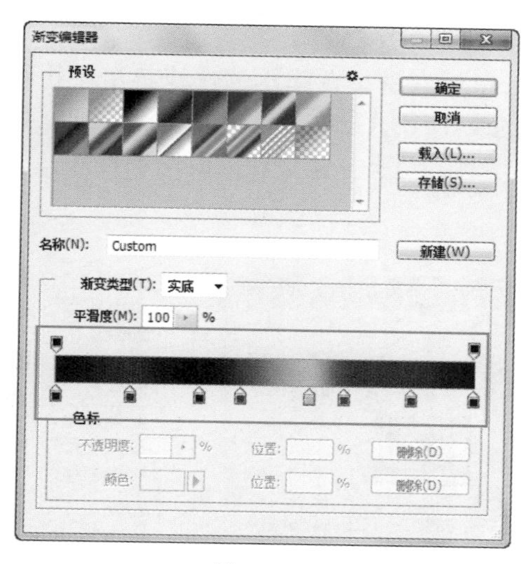


图 12-159

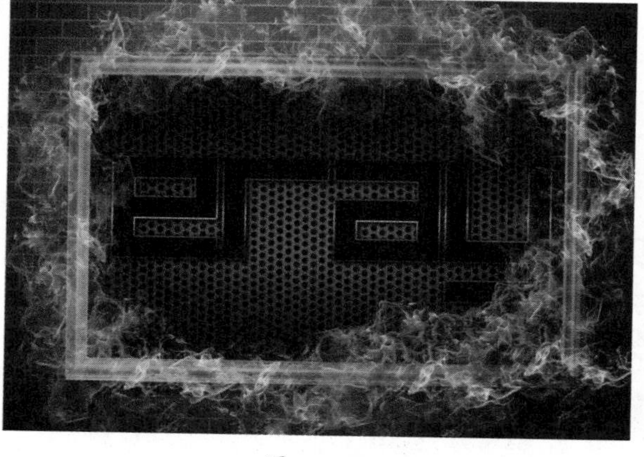

图 12-160

（11）在左侧样式列表中勾选“渐变叠加”复选框，设置“混合模式”为“正常”，“不透明度”为 100%，“样式”为“线性”，“角度”为 – 90 度，“缩放”为 100%，如图 12-161 所示。此时，画面效果如图 12-162 所示。

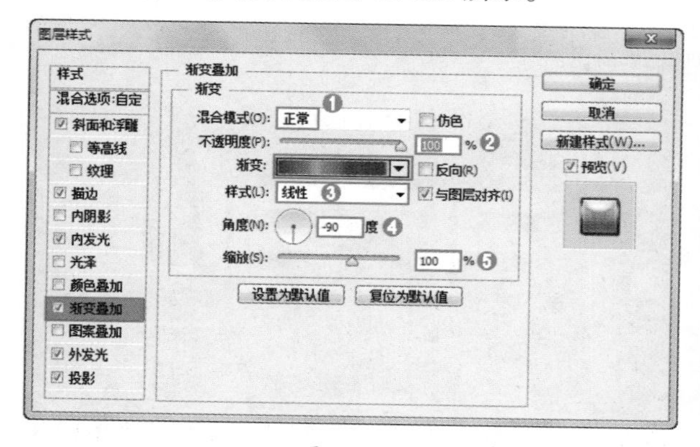


图 12-161

图 12-162

（12）在左侧样式列表中勾选“光泽”复选框，设置“混合模式”为“颜色减淡”，“不透明度”为 30%，“角度”为 90 度，“距离”为 58 像素，“大小”为 58 像素，如图 12-163 所示。此时，画面效果如图 12-164 所示。

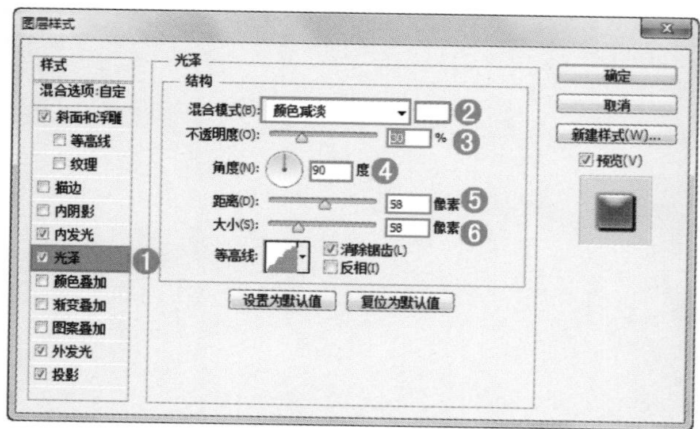


图 12-163

图 12-164

（13）继续在主体文字下方输入小一些的文字，效果如图 12-165 所示。

（14）在“图层”面板中选中主题文字图层，单击鼠标右键，在弹出的快捷菜单中执行“拷贝图层样式”命令，如图 12-166 所示。选中新建的文字图层，单击鼠标右键，在弹出的快捷菜单中执行“粘贴图层样式”命令，使新输入的文字具有与上一文字相同的图层样式，如图 12-167 所示。画面最终效果如图 12-168 所示。

图 12-165

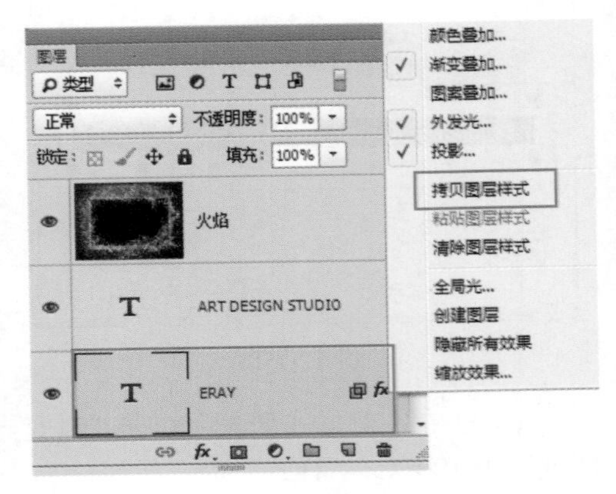


图 12-166

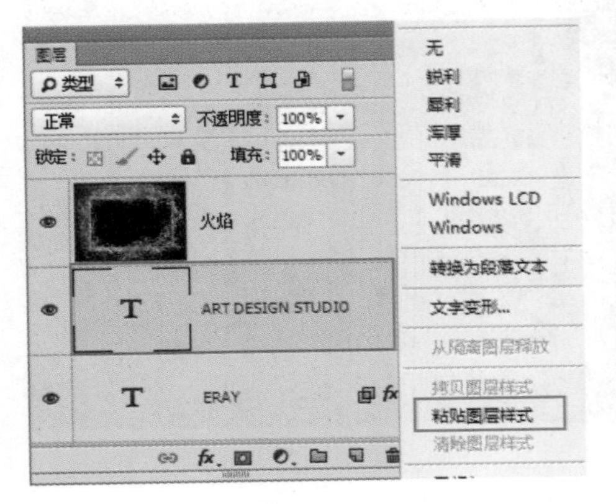


图 12-167

图 12-168

# 第 13 章 通道的高级操作

通道用于存储不同类型的灰度图像，它是在颜色模式的基础上衍生出的简化操作工具。在打开不同颜色模式的图像后，通道中的信息也会相应地发生变化，用户可以通过通道建立选区，也可以利用滤镜对通道进行变形和色彩调整，以制作特殊的图像。

学习要点：

在本章中主要讲解通道的高级操作，如合并和分离通道，以及专色通道和其他通道的高级操作。

佳作欣赏

## 13.1　合并通道

“合并通道”命令能够将多个灰度模式的图像合并为一个图像的通道，但要合并的图像必须是打开的且是已经拼合的灰度模式图像，而且图像的像素和尺寸要相同。在条件不满足的情况下，“合并通道”命令将不能继续执行。

（1）打开 3 张颜色模式、尺寸、像素均相同的图片文件，如图 13-1~ 图 13-3 所示。

图 13-1

图 13-2

图 13-3

**小技巧：**通道和颜色模式之间的关系

已经打开的灰度模式图像的数量决定了合并通道时可以用到的颜色模式。例如 4 张图像可以合并为一个 RGB 图像、CMYK 图像、Lab 图像或多通道图像，但如果是打开 3 张图像则不能合并出 CMYK 图像。

（2）对 3 张已经打开的图像分别执行“图像 > 模式 > 灰度”菜单命令，在弹出的提示窗口中单击“扔掉”按钮，此时图片已经全部转换为灰度模式图像，如图 13-4~ 图 13-6 所示。

图 13-4

图 13-5

图 13-6

（3）在第 1 张图像的“通道”面板的面板菜单中执行“合并通道”命令，如图 13-7 所示。打开“合并通道”对话框后，在“模式”的下拉列表框中选择“RGB 颜色”选项，并且在“通道”文本框中输入要合并通道的数量。最后单击“确定”按钮，如图 13-8 所示。

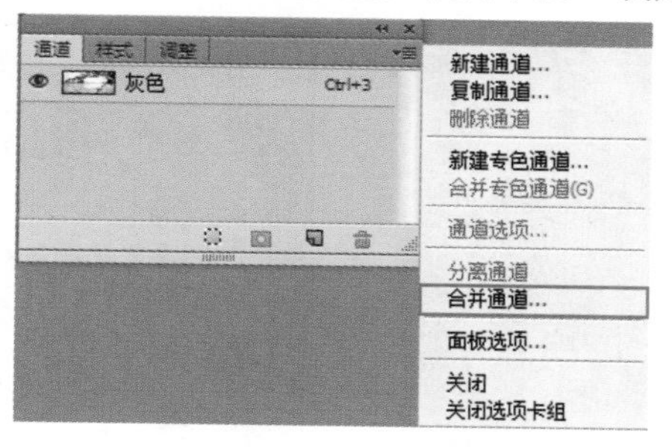


图 13-7

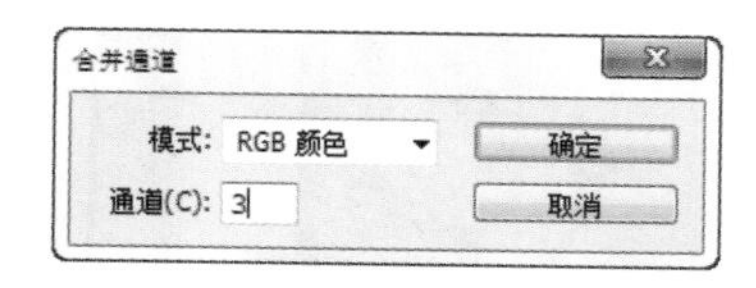


图 13-8

（4）在弹出的“合并 RGB 通道”对话框中，可以自由选择用哪个图像来作为红色、绿色及蓝色通道，如图 13-9 所示。选择好指定通道的图像后单击“确定”按钮，然后在“通道”面板中就会出现一个 RGB 颜色模式的图像，如图 13-10 所示。

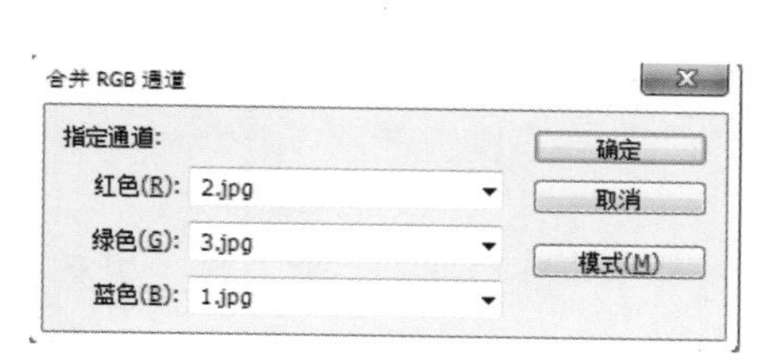


图 13-9

图 13-10

## 13.2　分离通道

所要编辑的图像文件只有在背景层时，使用“分离通道”命令才可将彩色的图像通道分离为单独的多张灰度图像，并且可以随意保留单个通道的信息。PSD 格式的文件不能进行分离通道的操作。

图 13-11

（1）打开一张颜色模式为“RGB”的图片，如图 13-11 所示。然后，在“通道”面板的面板菜单中“分离通道”命令，如图 13-12 和图 13-13 所示。

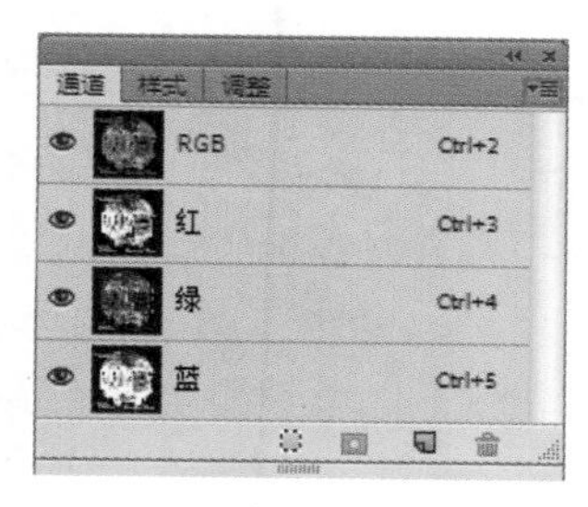


图 13-12

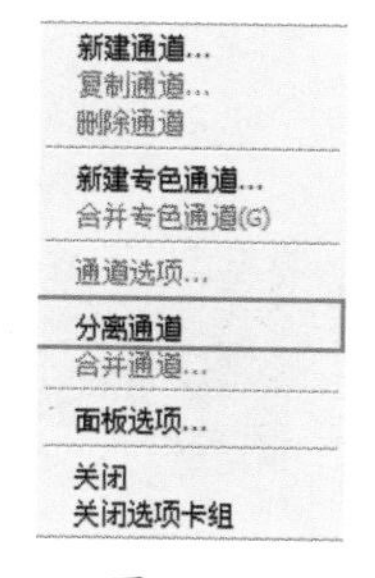


图 13-13

（2）执行“分离通道”命令后，可以将红、绿、蓝 3 个通道单独分离成 3 张灰度图像，同时关闭彩色图像，每个图像的灰度与之前的通道灰度都是相同的，且具有相同的属性，如图 13-14~ 图 13-16 所示。

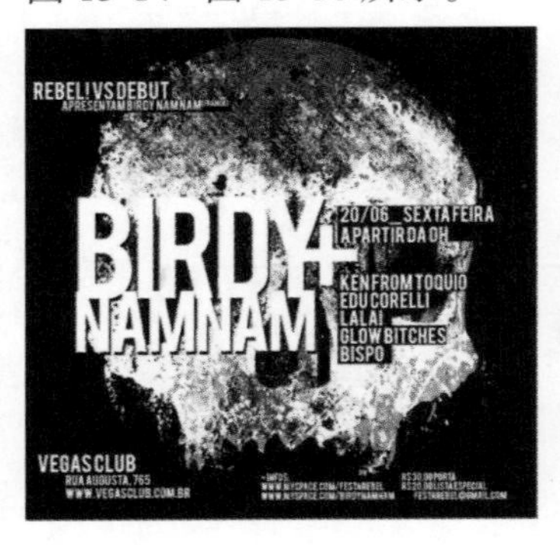


图 13-14

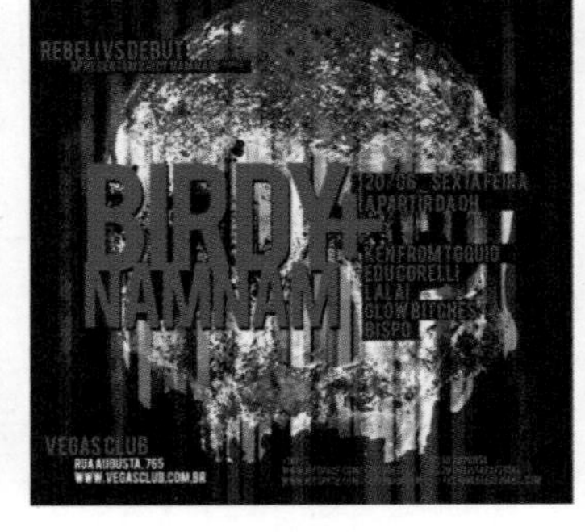


图 13-15

图 13-16

**你问我答：** 通道的作用是什么？

通道记录了灰度图像的颜色信息和选取信息等，其主要作用有：

（1）用于表示选择的区域，也就是白色区域所代表的部分。而利用通道，就可以建立如毛发之类的精确选区。

（2）不同的通道都可以用 256 级灰度来表示不同的亮度，在红色通道里可以看到一个纯红色的点，在黑色的通道上就会显示出纯黑色，即亮度为 0。

（3）用于表示不透明度。利用这个功能，完全可以创建一个图像渐隐融入到另一个图像中的效果。

（4）用来表示颜色信息。可以先预览红色通道，无论鼠标如何移动，该面板上都只有 R 值，其余的选项都为 0。

## 13.3 专色通道

在印刷中常常需要使用某些特殊的颜色，如金色和银色等，这类颜色往往需要进行专色印刷。这时用户可以在“通道”面板中创建专色通道。专色通道可以保存专色信息，它具有 Alpha 通道的特点，也可以具有保存选区等功能。每个专色通道只可以存储一种专色信息，而且是以灰度形式来存储的。专色的准确性非常高且色域很宽，可以用于替代或补充印刷色，如烫金色和荧光色等。专色中的大部分颜色是 CMYK 无法呈现出来的。图 13-17~ 图 13-19 所示为使用专色通道制作的平面设计作品。

图 13-17

图 13-18

图 13-19

## 13.3.1　什么是专色通道

专色通道是指用于专色油墨印刷的附加印版，使用比较特殊的预混油墨来补充 CMYK 的印刷色。专色通道也较多地应用于印刷中的烫金和烫银等工艺。专色通道可以保存图片的专色信息，也具备 Alpha 通道的特点。每一个专色通道都只能存储一种专色信息，且都是以灰度的形式来存储的。除了位图模式外，其他所有的色彩模式图像都能够建立专色通道。

## 13.3.2　新建和编辑专色通道

下面通过一个案例来新建和编辑专色通道。

（1）打开图片文件，如图 13-20 所示。在下面所要演示的案例中，需要将图片中大面积的白色背景部分采用专色印刷的形式，首先进入“通道”面板，选择“红”通道并载入选区，如图 13-21 所示。单击鼠标右键，在弹出的快捷菜单中执行“选择反向”命令，即可得到黑色部分的选区，如图 13-22 所示。

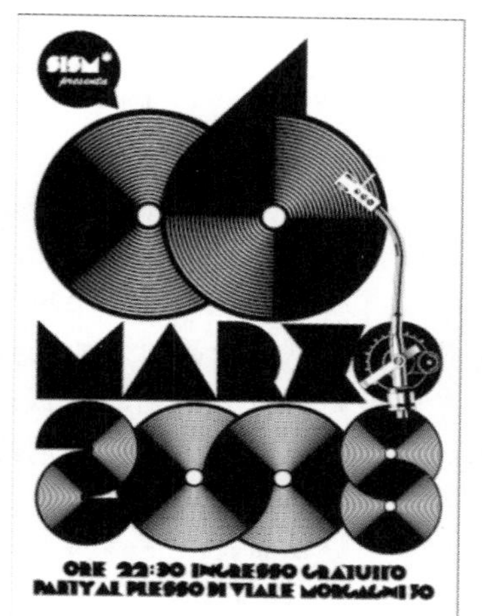

图 13-20

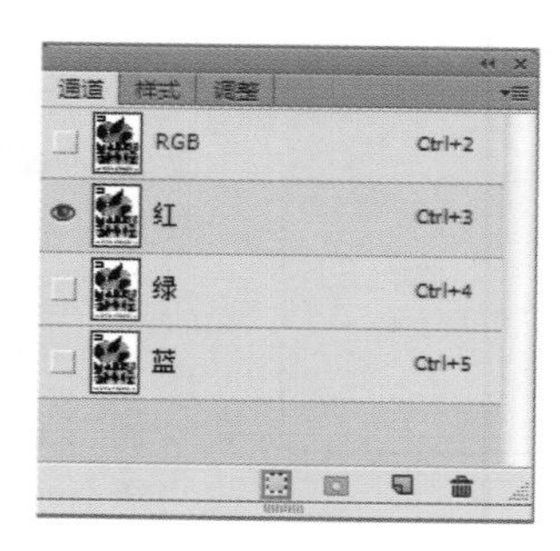


图 13-21

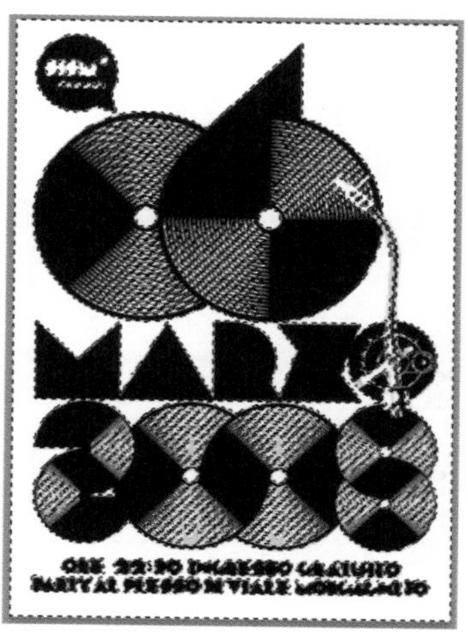

图 13-22

（2）单击“通道”面板的面板菜单按钮，执行“新建专色通道”命令，如图 13-23 所示。

（3）在弹出的“新建专色通道”对话框中，单击“颜色”按钮，在弹出的“颜色库”对话框中选择合适的颜色，然后单击“确定”按钮，这样颜色就设置完成了，如图 13-24 所示。

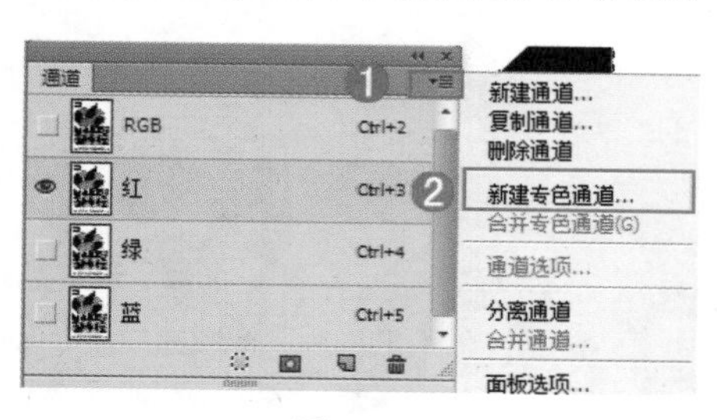


图 13-23

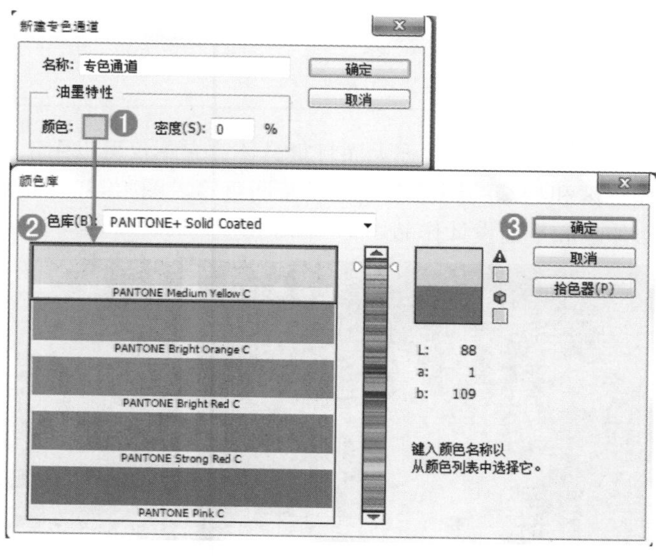


图 13-24

（4）设置“密度”为 100%，单击“确定”按钮，如图 13-25 所示。此时，画面效果如图 13-26 所示。可以看到，当前图像中的白色部分被刚才所选的黄色专色所填充。

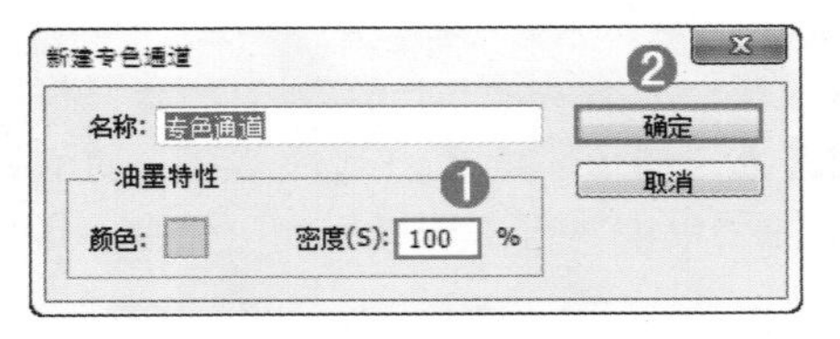


图 13-25

图 13-26

（5）此时，在通道最底层出现了一个新建的专色通道。如果要修改专色设置，则可以双击专色通道的缩览图，重新打开“专色通道选项”对话框进行操作，如图 13-27 所示。

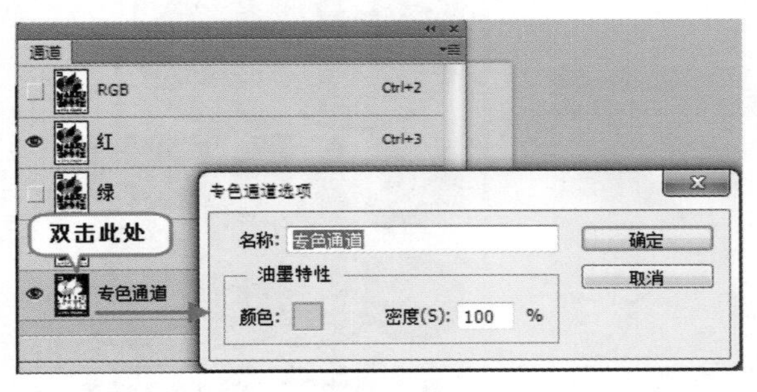


图 13-27

> **小技巧：专色通道的技巧**
>
> 创建专色通道后，也可以通过使用绘画或编辑工具在图像中以绘画的方式编辑专色。使用黑色绘制的为有专色的区域；用白色涂抹的区域则无专色；而用灰色绘画的区域可以添加不透明度较低的专色。绘制时该工具的“不透明度”选项决定了用于打印输出的实际油墨浓度。

## 13.4 通道的高级操作

通道的功能非常强大而且很具体，它不仅可以用于存储选区，而且还可以用于混合图像，制作选区和特殊的图像效果，以及调色等。图 13-28~ 图 13-30 所示为可以使用通道进行调色的摄影作品和平面设计作品。

图 13-28

图 13-29

图 13-30

## 13.4.1　使用“应用图像”命令混合通道

“应用图像”命令可以将作为“源”的图像的图层或通道与作为“目标”的图像的图层或通道进行混合。打开包含人像和光效图层的文件，以下面的图片文件为例，示范如何使用“应用图像”命令来混合通道，如图 13-31~ 图 13-33 所示。

图 13-31

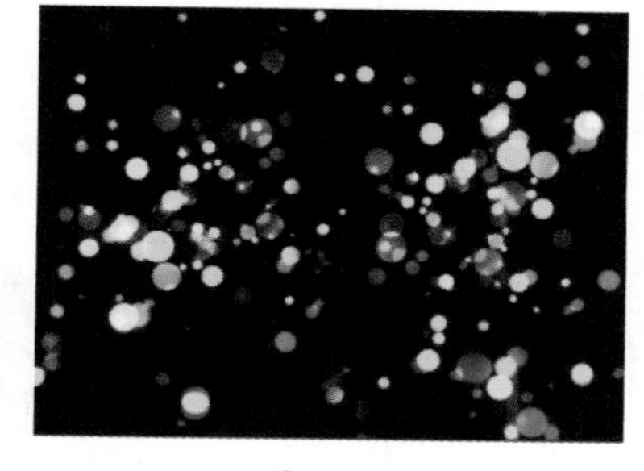

图 13-32

图 13-33

首先选择“光效”效果所在图层，然后执行“图像 > 应用图像”菜单命令，打开“应用图像”对话框，如图 13-34 所示。

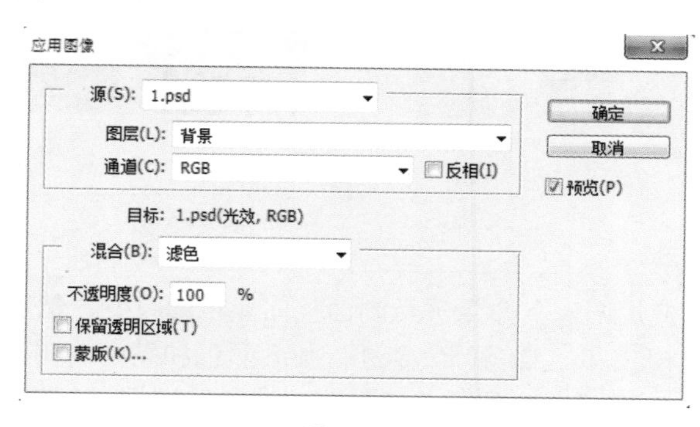


图 13-34

### “应用图像”对话框参数详解

- 源：该选项组主要用于设置参与混合的源对象。“源”选项用于选择混合通道的文件（必须是打开的文档才能进行选择）；“图层”选项用于选择参与混合的图层；“通道”选项用于选择参与混合的通道；勾选“反相”复选框可以使通道先反相，然后再进行混合，效果如图 13-35 所示。
- 目标：显示被混合的对象。
- 混合：该选项组用于控制“源”对象与“目标”对象的混合方式。“混合”选项用于设置混合模式；“不透明度”选项用于控制混合的程度；勾选“保留透明区域”复选框，可以将混合效果限定在图层的不透明区域范围内；勾选“蒙版”复选框，可以显示出“蒙版”的相关选项，可以选择任何颜色通道和 Alpha 通道作为蒙版。

图 13-35

**你问我答：**什么是“相加模式”与“减去模式”？

在“混合”下拉列表框中有两种“图层”面板中不具备的混合模式，即“相加”与“减去”模式，它们是通道独有的混合模式。

相加：这种混合方式可以增加两个通道中的像素值，如图 13-36 所示。“相加”模式是在两个通道中组合非重叠图像的好方法，因为较高的像素值代表较亮的颜色，所以向通道添加重叠像素可以使图像变亮。

减去：这种混合方式可以从目标通道中相应的像素上减去源通道中的像素值，效果如图 13-37 所示。

图 13-36

图 13-37

## 13.4.2 玩转“应用图像”命令——打造金色肌肤

在本案例中，通过“应用图像”命令进行画面整体颜色的改变。然后，通过滤镜加强人物皮肤质感。最后，通过混合模式和“曲线”命令进行画面颜色和亮度的调整，具体步骤如下。

（1）打开人物素材，如图 13-38 所示。然后将“背景”图层进行复制，得到“背景 拷贝”图层，如图 13-39 所示。

图 13-38

图 13-39

（2）通过应用图像让人物皮肤更加具有质感。选择“背景 拷贝”图层，执行“图像>应用图像”菜单命令，在打开的“应用图像”对话框中设置“源”为本文件，“图层”为“合并图层”，“通道”为“RGB”，设置“混合”为“正片叠底”，“不透明度”为 80%，勾选“蒙版”复选框，“图像”为本文件，“图层”为“合并图层”，“通道”为“灰色”，参数设置如图 13-40 所示。设置完成后，单击“确定”按钮，此时画面效果如图 13-41 所示。

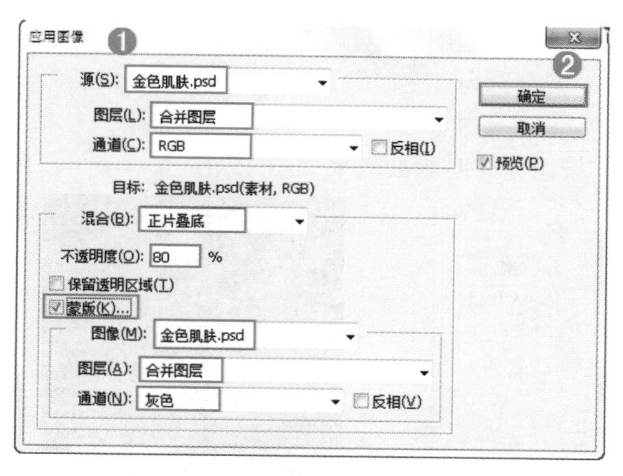


图 13-40

图 13-41

（3）执行“图像 > 应用图像”命令，在打开的“应用图像”对话框中设置“源”为本文件，“图层”为“合并图层”，“通道”为“红”，设置“混合”为“实色混合”，而“不透明度”为 6%，参数设置如图 13-42 所示。设置完成后，单击“确定”按钮，此时画面效果如图 13-43 所示。

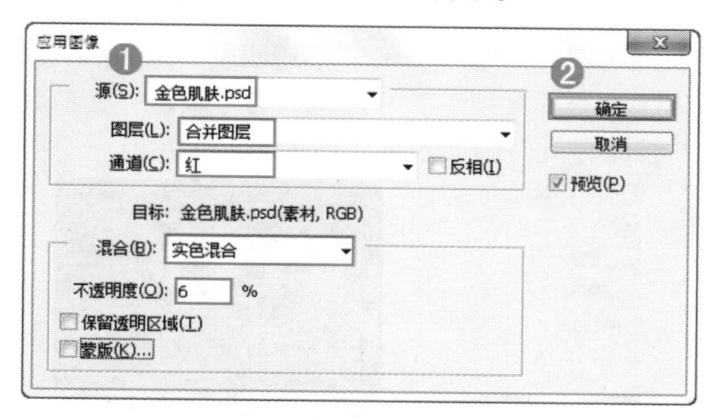


图 13-42

图 13-43

（4）执行“图像 > 应用图像”命令，在打开的“应用图像”对话框中设置“源”为本文件，“图层”为“合并图层”，“通道”为“绿”，设置“混合”为“叠加”，“不透明度”为 20%，勾选“蒙版”复选框，“图像”为本文件，“图层”为“合并图层”，“通道”为“绿”，参数设置如图 13-44 所示。设置完成后，单击“确定”按钮，此时画面效果如图 13-45 所示。

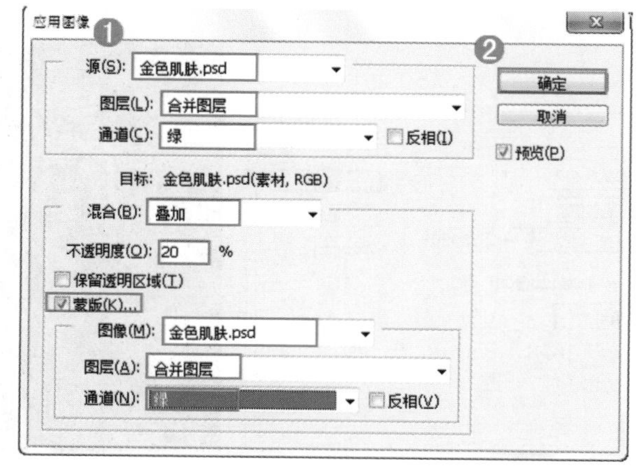


图 13-44

图 13-45

（5）执行“图像 > 应用图像”命令，在打开的“应用图像”对话框中设置“源”为本文件，“图层”为“合并图层”，“通道”为“绿”，设置“混合”为“变暗”，“不透明度”为 50%，勾选“蒙版”复选框，“图像”为本文件，“图层”为“合并图层”，“通道”为“绿”，参数设置如图 13-46 所示。设置完成后，单击“确定”按钮，此时画面效果如图 13-47 所示。

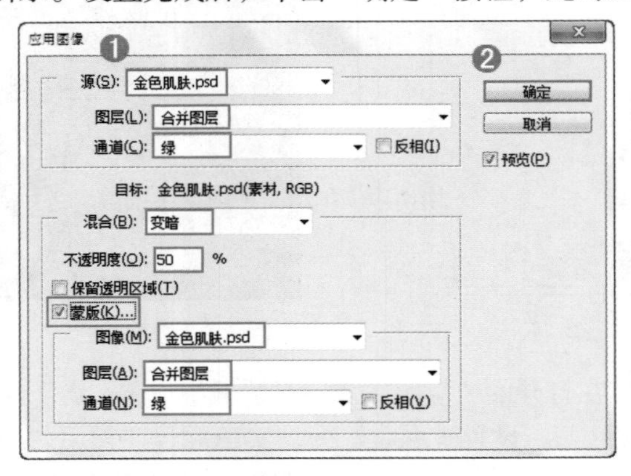


图 13-46

图 13-47

（6）执行“图像 > 应用图像”命令，在打开的“应用图像”对话框中设置“源”为本文件，“图层”为“合并图层”，“通道”为“蓝”，设置“混合”为“强光”，“不透明度”为 80%，勾选“蒙版”复选框，“图像”为本文件，“图层”为“合并图层”，“通道”为“灰色”，参数设置如图 13-48 所示。设置完成后，单击“确定”按钮，此时画面效果如图 13-49 所示。

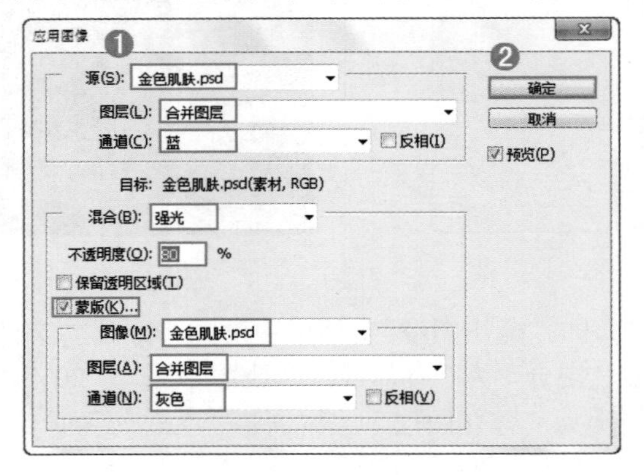


图 13-48

图 13-49

（7）执行“图像 > 应用图像”命令，在打开的“应用图像”对话框中设置“源”为本文件，“图层”为“合并图层”，“通道”为“绿”，设置“混合”为“叠加”，“不透明度”为 20%，参数设置如图 13-50 所示。设置完成后，单击“确定”按钮，此时画面效果如图 13-51 所示。

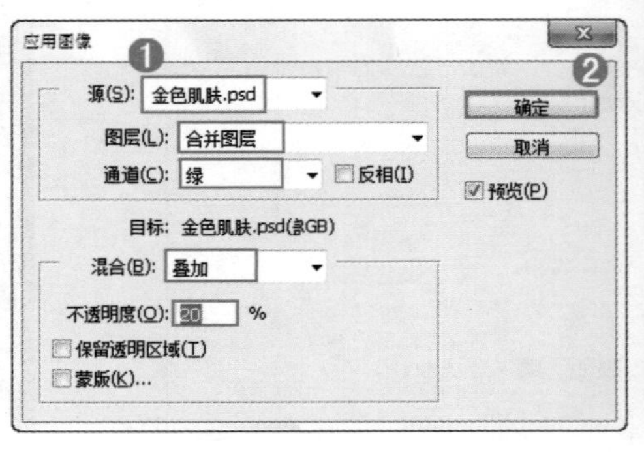


图 13-50

图 13-51

（8）为该图层添加图层蒙版，然后使用黑色的“柔角”画笔在人物的头发和皮肤高光处涂抹，如图 13-52 所示。此时，画面效果如图 13-53 所示。

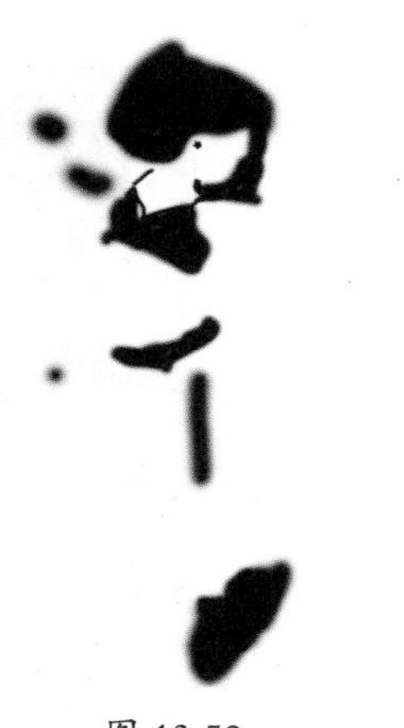

图 13-52

图 13-53

（9）继续提升人物皮肤的质感。使用“盖印”快捷键 <Ctrl+Shift+Alt+E> 将画面中的图层盖印，得到一个新的盖印图层，如图 13-54 所示。选择该图层，执行“滤镜 > 滤镜库”菜单命令，在打开的滤镜库窗口中选择“艺术效果”，然后选择“塑料包装”滤镜，设置“塑料包装”的“高光强度”为 2，“细节”为 5，“平滑度”为 15，如图 13-55 所示。设置完成后，单击“确定”按钮，此时画面效果如图 13-56 所示。

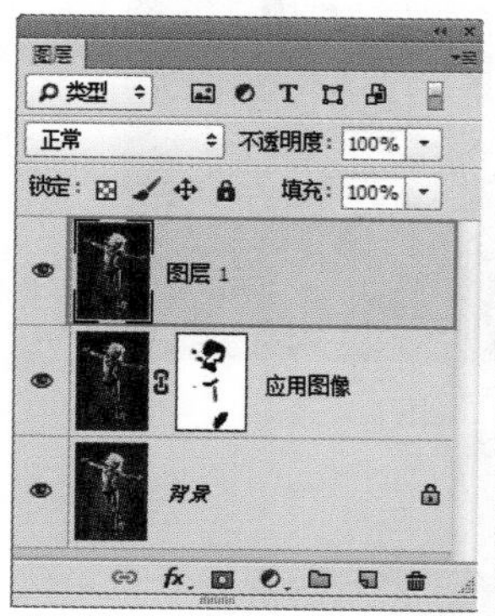


图 13-54

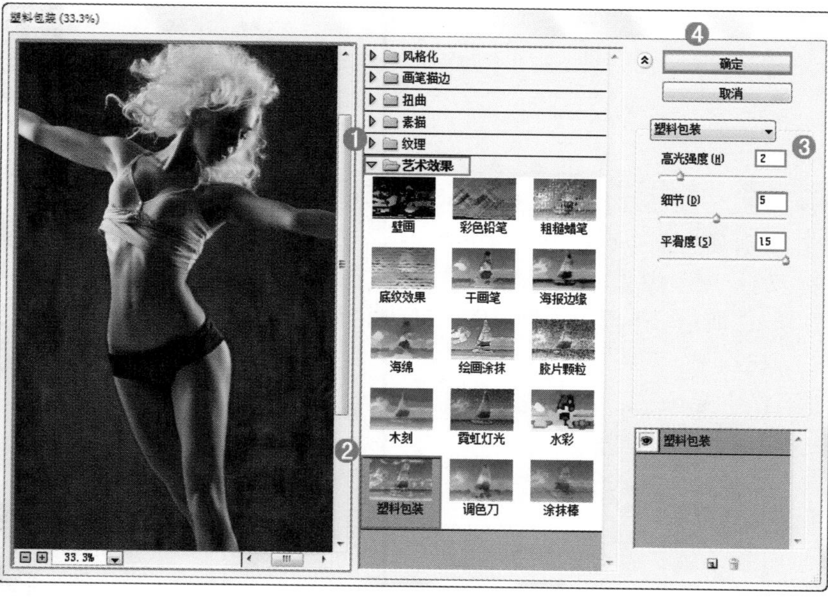


图 13-55

图 13-56

（10）皮肤的质感调整完成，接下来进行调色。新建图层，将前景色设置为黄色，然后使用“柔角”画笔在人物皮肤处进行涂抹，如图 13-57 所示。涂抹完成后设置该图层的混合模式为“线性加深”，“不透明度”为 30%，如图 13-58 所示。此时，人物皮肤颜色如图 13-59 所示。

图 13-57

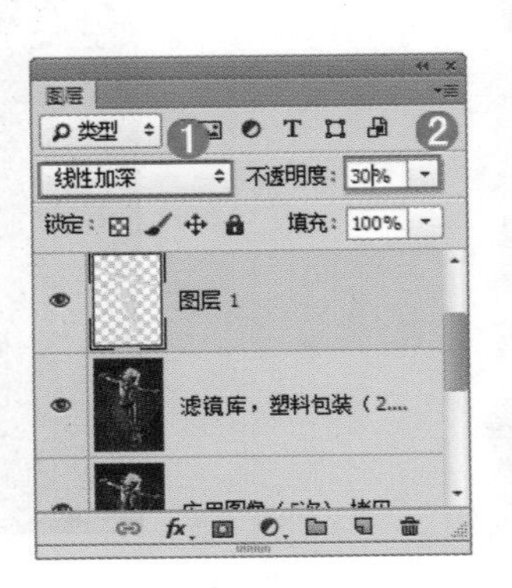


图 13-58

图 13-59

（11）此时画面颜色偏暗，因此最后使用“曲线”命令将画面的亮度提亮。执行“图层 > 新建调整图层 > 曲线”菜单命令，在“属性”面板中调整曲线形状，如图 13-60 所示。此时，画面效果如图 13-61 所示。至此，本案例制作完成。

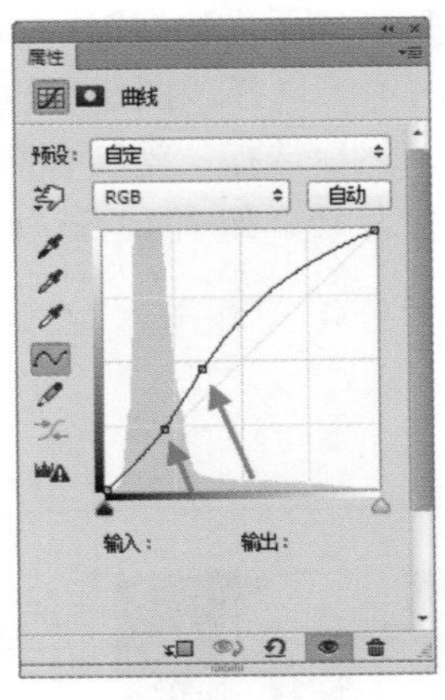


图 13-60

图 13-61

## 13.4.3 使用“计算”命令混合通道

“计算”命令可以混合两个来自一个源图像或多个源图像的单个通道，得到的混合结果可以是新的灰度图像、选区或通道。可以执行“图像 > 计算”菜单命令，打开“计算”对话框，如图 13-62 所示。下面以示例原图（见图 13-63）为例，介绍“计算”对话框中的参数设置。

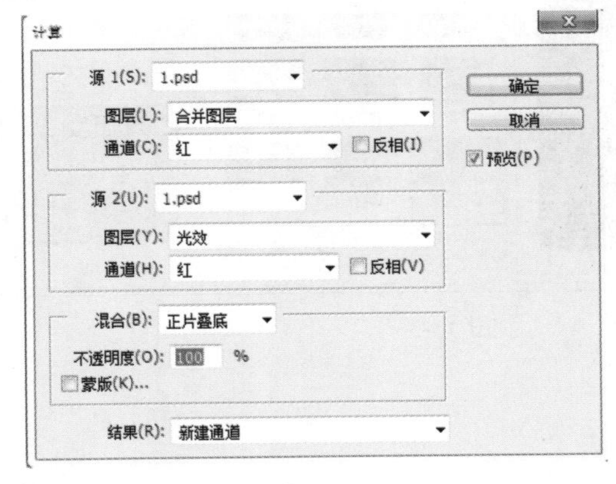


图 13-62

图 13-63

"计算"对话框参数详解

- 源 1：用于选择参与计算的第 1 个源图像、图层及通道。
- 源 2：用于选择参与计算的第 2 个源图像、图层及通道。
- 图层：如果源图像具有多个图层，则可以在这里进行图层的选择。
- 混合：与"应用图像"命令的"混合"选项相同。
- 结果：选择计算完成后生成的结果。选择"新建的文档"选项，可以得到一个灰度图像，效果如图 13-64 所示；选择"新建的通道"选项，可以将计算结果保存到一个新的通道中，如图 13-65 所示；选择"选区"选项，可以生成一个新的选区，如图 13-66 所示。

图 13-64

图 13-65

图 13-66

## 13.4.4 通道混合设置

在通道混合设置中可以排除某个颜色通道。这里取消某个通道的勾选状态，并不是将某一通道隐藏，而是从复合通道中排除此通道，在"通道"面板中体现出该通道为黑色。

"通道"选项中的"R、G、B"分别代表"红"（R）、"绿"（G）和"蓝"（B）3 个颜色通道，与"通道"面板中的通道相对应，如图 13-67 所示。如果当前图像模式为 CMYK，则显示 C、M、Y、K4 个通道。RGB 图像包含它们混合生成的 RGB 复合通道，复合通道中的图像就是在窗口中看到的彩色图像，如图 13-68 所示。

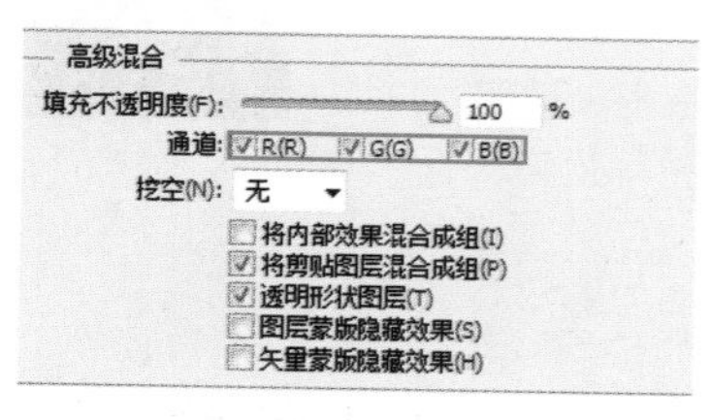


图 13-67

图 13-68

如果在通道混合设置中取消勾选"R"通道（红通道），那么在"通道"面板中，红通道将被填充为黑色，如图 13-69 所示。此时看到的图像则是另外两个通道"绿通道"与"蓝通道"混合生成的效果，如图 13-70 所示。

图 13-69

图 13-70

## 13.5 通道操作实战——打造炫彩效果

在本案例中，主要通过使用移动通道，使画面产生颜色错位的迷幻效果，具体步骤如下。

（1）打开素材文件，如图 13-71 所示。在该文件中有两个图层，如图 13-72 所示。

（2）将“背景”图层进行复制，然后选择复制得到的图层，进入“通道”面板，选择“红”通道，接着使用“直接选择工具”将通道进行轻移。使用同样的方法移动其他两个通道，如图 13-73 所示。返回复合通道中，此时画面效果如图 13-74 所示。

图 13-71

图 13-72

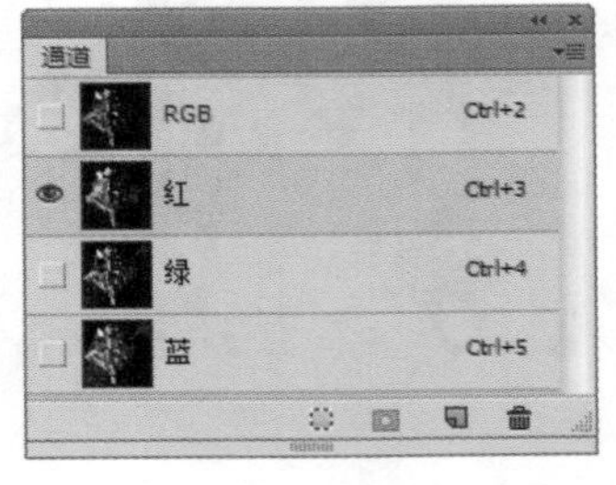


图 13-73

（3）选择“背景 副本”图层，使用“钢笔工具”，沿着人物边缘绘制路径，然后将路径转换为选区，如图 13-75 所示。得到选区后，单击“图层”面板下方的“添加图层蒙版”按钮，基于选区为该图层添加蒙版，如图 13-76 所示。

（4）最后显示出“艺术字”图层，本案例制作完成，最终效果如图 13-77 所示。

图 13-74

图 13-75

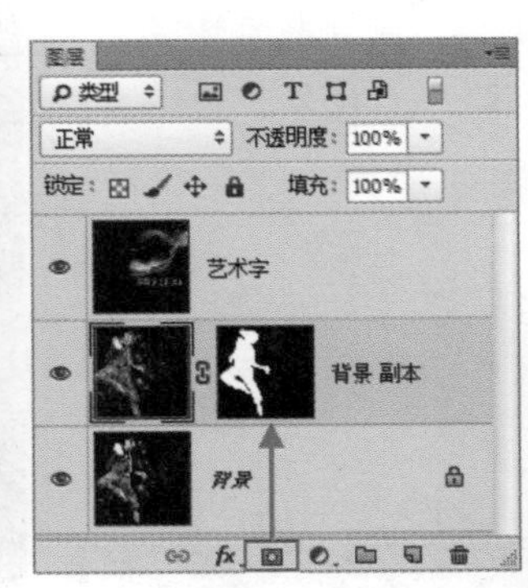


图 13-76

图 13-77

# 第 14 章 网页图形的编辑与输出

Photoshop 在网页设计中的应用范围相当广泛，不仅可以进行页面的设计、网页广告的制作，而且还能通过 Web 工具的使用优化 Web 图形或页面元素，以及制作交互式按钮图形和 Web 照片画廊。

学习要点：

在本章中，主要学习使用 Photoshop 进行网页图像的编辑与输出。首先认识 Web 的安全色，然后学习使用“切片工具”进行切片的创建和编辑，最后学习如何将 Web 图形进行合理的输出。

佳作欣赏

## 14.1 使用 Web 安全色

不同的平台、不同的浏览器都有不同的调色板，这就意味着对于同一幅图在不同的操作系统下或在不同的显示器中浏览，效果可能差别很大。所以，确保制作出的网页颜色能够在所有显示器中显示相同的效果是非常重要的，这就需要在制作网页时使用“Web 安全色”。Web 安全色是指能在不同操作系统和不同浏览器中都能同时正常显示的颜色，如图 14-1 所示。

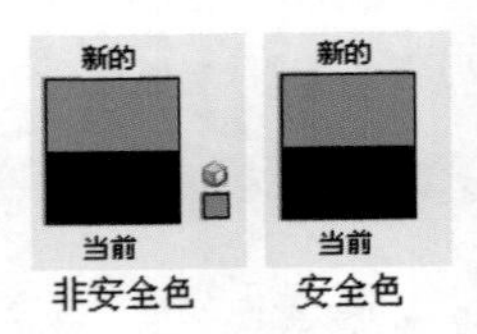


图 14-1

### 14.1.1 将非安全色转化为安全色

在“拾色器”中选择颜色时，在所选颜色右侧出现警告图标，就说明当前选择的颜色不是 Web 安全色，如图 14-2 所示。单击图标，即可将当前颜色替换为与其最接近的 Web 安全色，如图 14-3 所示。

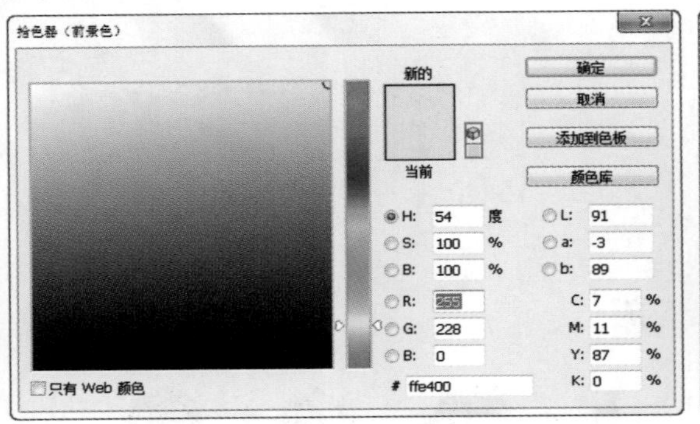

图 14-2

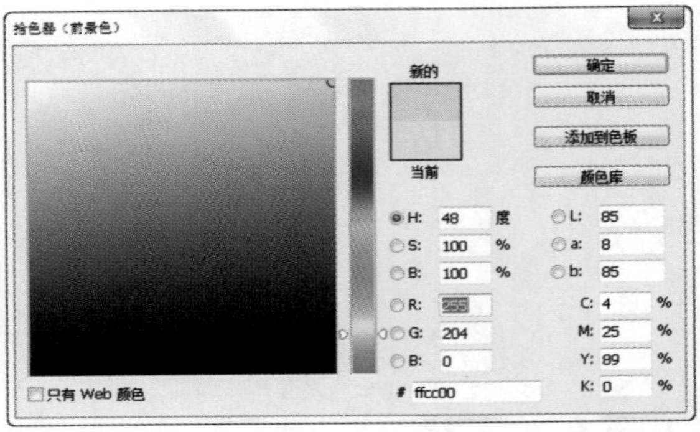

图 14-3

### 14.1.2 在安全色状态下工作

虽然我们可以将非安全色转化为安全色，但是为了保证在操作中不出现任何非安全色，可以在“拾色器”对话框中只显示安全色。

**1. 在“拾色器”对话框中设置安全色颜色**

打开“拾色器”对话框，在“拾色器”中选择颜色时，可以勾选底部的“只有 Web 颜色”复选框，勾选后可以始终在 Web 安全色下工作，如图 14-4 所示。

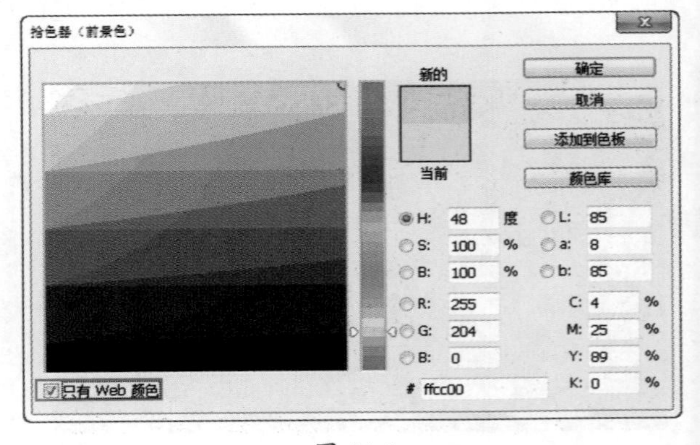

图 14-4

**2. 使用“颜色”面板设置安全色颜色**

使用“颜色”面板设置颜色时，如图 14-5 所示。可以在其面板菜单中执行“Web 颜色滑块”命令，如图 14-6 所示。颜色面板会自动切换为“Web 颜色滑块”模式，但可选颜色数量明显减少，如图 14-7 所示。

也可以在其面板菜单中执行“建立 Web 安全曲线”命令，如图 14-8 和图 14-9 所示。执行后可以发现底部的四色曲线图中出现明显的“阶梯”效果，且可选颜色数量同样减少了很多，如图 14-10 所示。

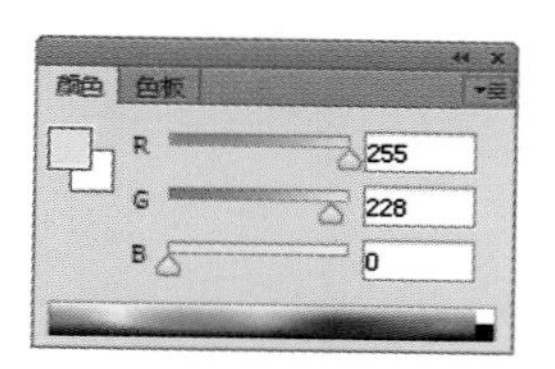


图 14-5

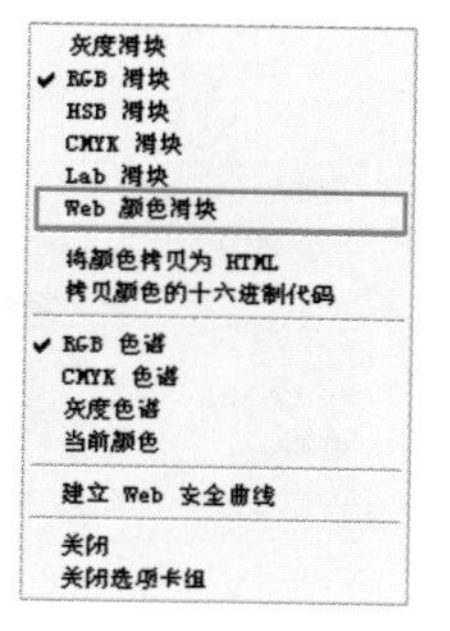


图 14-6

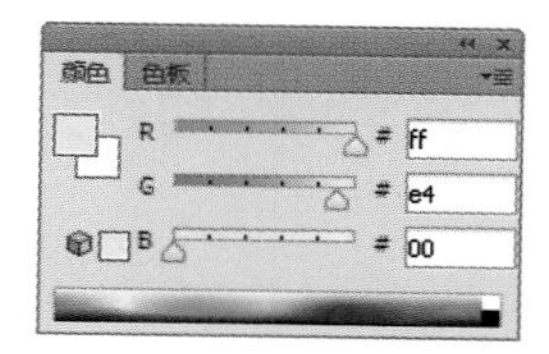


图 14-7

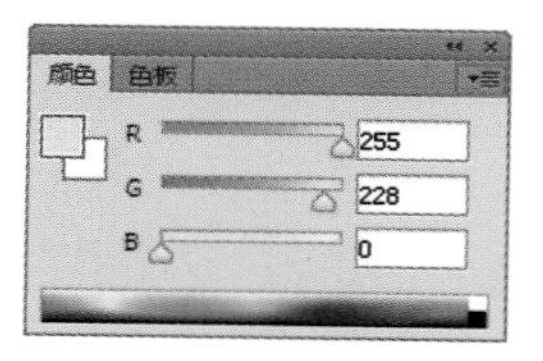


图 14-8

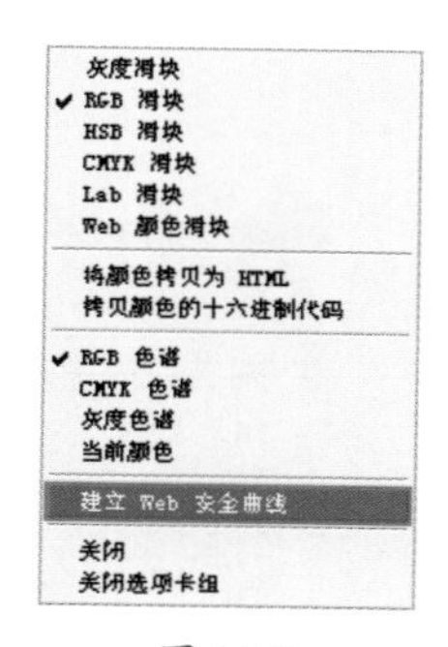


图 14-9

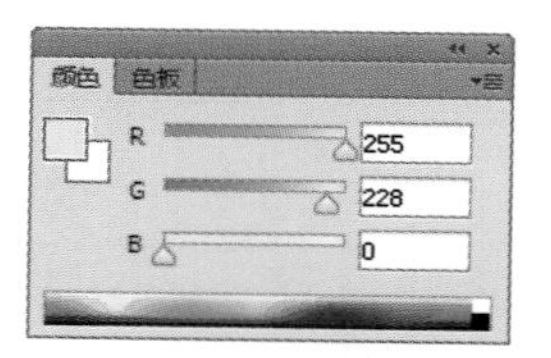


图 14-10

## 14.2　创建与编辑切片

网页设计完成后，通常得到的是一张 JPEG 的图像。但是网页设计师不会将一整张图像进行上传，因为整张图像的上传速度较慢，而且用户在网页打开时也不会很流畅。此时就需要将一整张图切割成若干小块，以便上传。本节将学习使用“切片工具”对图像进行切片。图 14-11 所示为一张网页设计的图片，图 14-12 所示为使用“切片工具”进行切片，图 14-13 所示为切片后的状态。

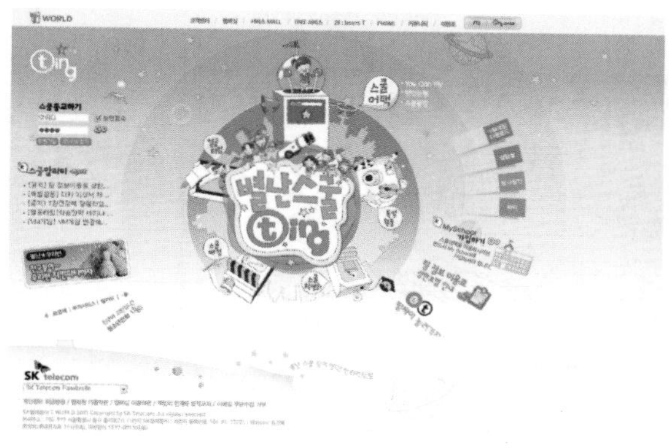

图 14-11

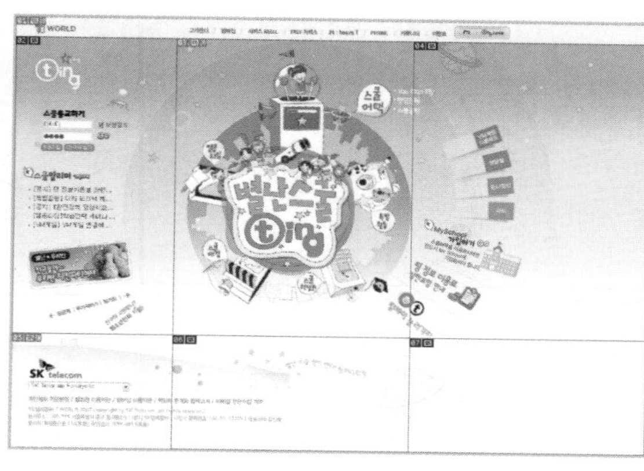

图 14-12

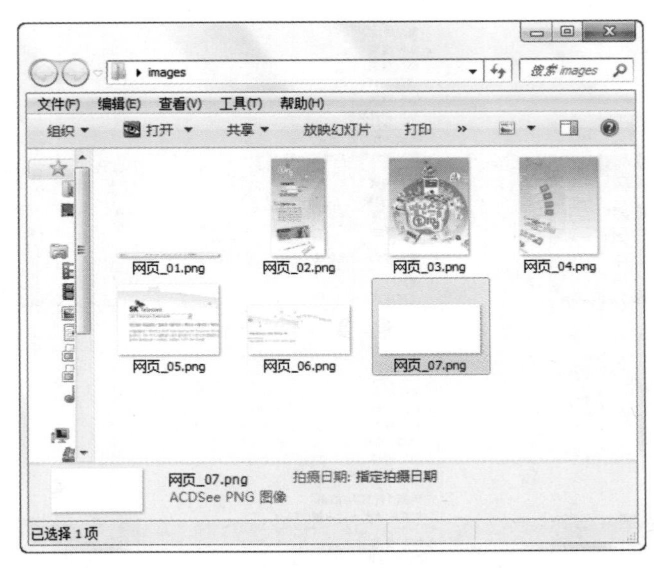


图 14-13

## 14.2.1 工具速查——切片工具及创建切片的方法

切片是将图片转化成可编辑网页的中间环节，通过切片才可以将普通图片变成 Dreamweaver（一款网页制作软件）可以编辑的网页格式。切片在制作网页的过程中占有很重要的地位，切片的成功与否直接决定日后网页制作的进度快慢和网站运行速度，只有通过大量的练习才能体会切片的含义。使用“切片工具”可以创建网页切片。

**1．创建任意大小的切片**

（1）打开素材图片，选择工具箱中的“切片工具”，然后在选项栏中设置“样式”为“正常”，然后在画面中按住鼠标左键并拖动进行绘制，如图 14-14 所示。松开鼠标即可绘制切片，如图 14-15 所示。

图 14-14

图 14-15

**小技巧：**“切片工具”的使用技巧

“切片工具”与“矩形选框工具”有很多相似之处，例如，使用“切片工具”创建切片时，按住 <Shift> 键可以创建正方形切片，如图 14-16 所示；按住 <Alt> 键可以从中心向外创建矩形切片，如图 14-17 所示；按住 <Shift+Alt> 快捷键，可以从中心向外创建正方形切片，如图 14-18 所示。

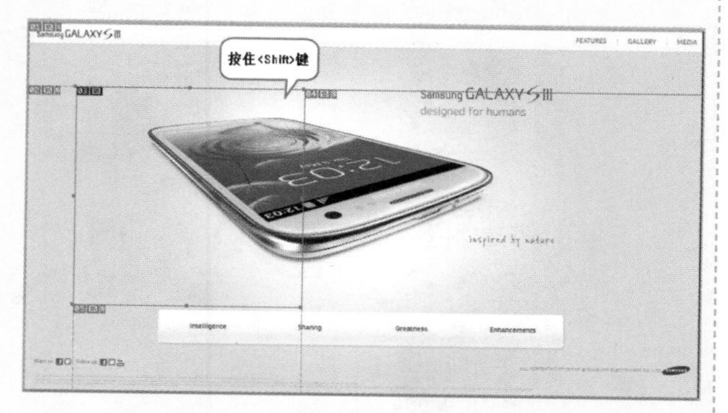


图 14-16

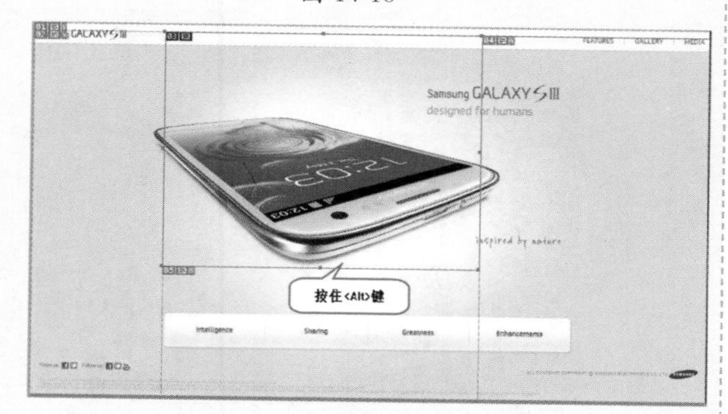


图 14-17

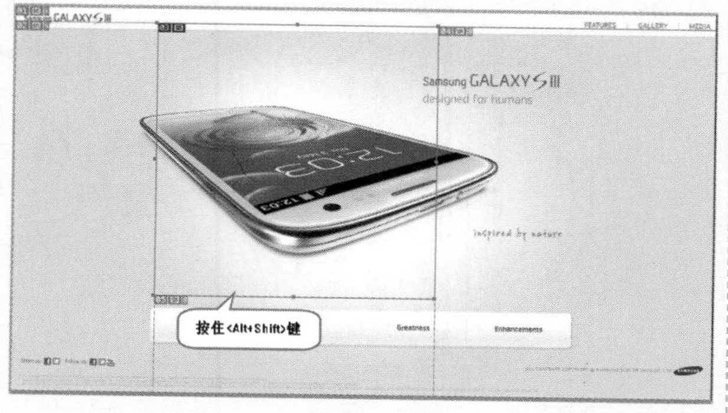


图 14-18

（2）此时画面中有两种切片，分别是“用户切片”和“自动切片”。刚刚绘制的切片为“用户切片”，其他以虚线定义的切片为“自动切片”，如图 14-19 所示。若要将“自动切片”转换为“用户切片”，可以选择工具箱中的“切片选择工具”，选择一个“自动切片”，单击选项栏中的“提升”按钮 提升 ，即可将其转换为“用户切片”，如图 14-20 所示。

图 14-19

图 14-20

### 2. 创建固定比例的切片

选择工具箱中的“切片工具”，在选项栏中设置“样式”为“固定长宽比”，在“宽度”和“高度”输入框中设置切片的宽高比。然后在画面中绘制切片，可以看到绘制的切片保持着固定的长宽比，如图 14-21 所示。

图 14-21

### 3. 创建固定比例的切片

创建固定大小的切片，选择工具箱中的“切片工具”，在选项栏中设置“样式”为“固定大小”，在“宽度”和“高度”输入框中设置切片的相应数值。然后，在画面中单击即可创建切片，如图 14-22 所示。

图 14-22

### 4．基于参考线创建切片

首先输入相应的参考线，如图 14-23 所示。然后单击选项栏中的“基于参考线的切片”按钮 基于参考线的切片 ，即可从参考线创建切片，如图 14-24 所示。

图 14-23

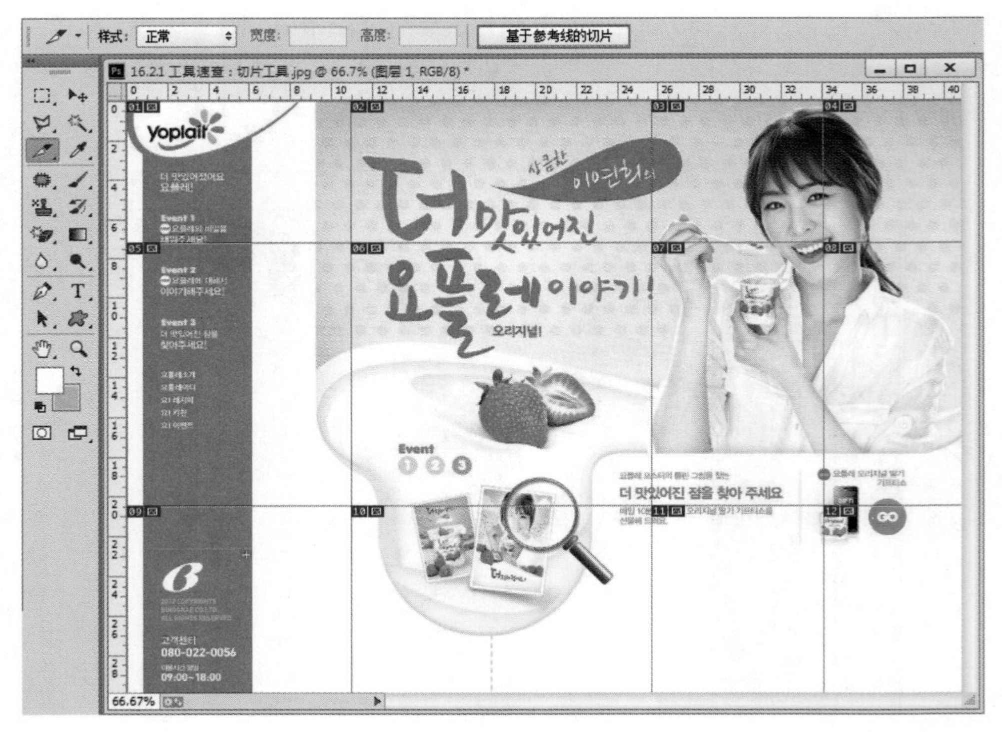


图 14-24

### 5. 基于图层创建的切片

文件中有图层，便可基于图层创建切片。选择要基于的图层，如图 14-25 所示。执行“图层>新建基于图层的切片”菜单命令，即可基于所选图层创建切片，如图 14-26 所示。

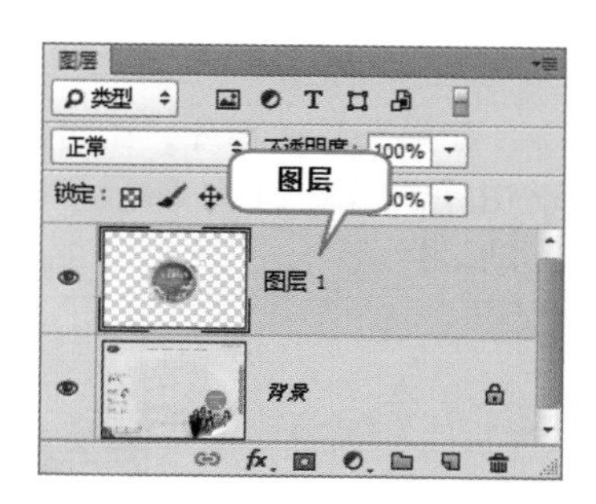


图 14-25

图 14-26

> **你问我答：** 切片的方法有哪些？
>
> （1）原则是先横向切割成几行，每一行再细分切割成几块。
>
> （2）切片首先保证切出网页中需要多少修改的区域，如文字区域。
>
> （3）切片的图片大小尽量保证小的数据量（便于网络传输）。

## 14.2.2 工具速查——切片选择工具

使用“切片选择工具”可以对切片进行选择，调整堆叠顺序，以及对齐与分布等操作，在工具箱中单击“切片选择工具”按钮，其选项栏如图 14-27 所示。

图 14-27

### 1. 选择切片

选择工具箱中的“切片选择工具”，在图像中单击选中一个切片，如图 14-28 所示。按住 <Shift> 键的同时单击其他切片可以进行加选，如图 14-29 所示。

图 14-28

图 14-29

2．移动切片

如果要移动切片，则可以先选择切片，然后拖动鼠标，如图 14-30 所示，松开鼠标后即可移动切片，如图 14-31 所示。如果在移动切片时按住 <Shift> 键，则可以在水平、垂直或 45° 方向移动切片。

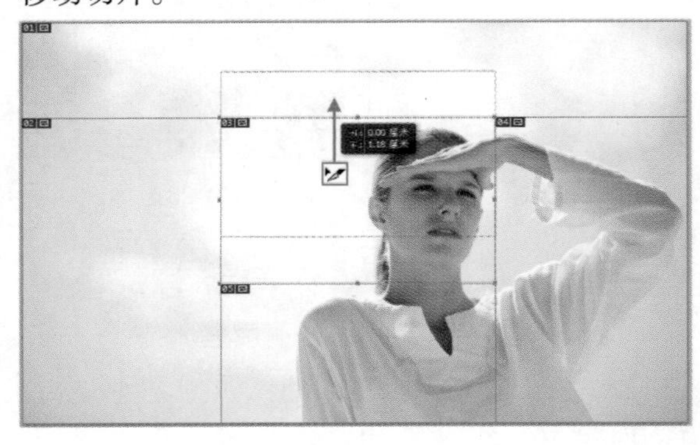

图 14-30

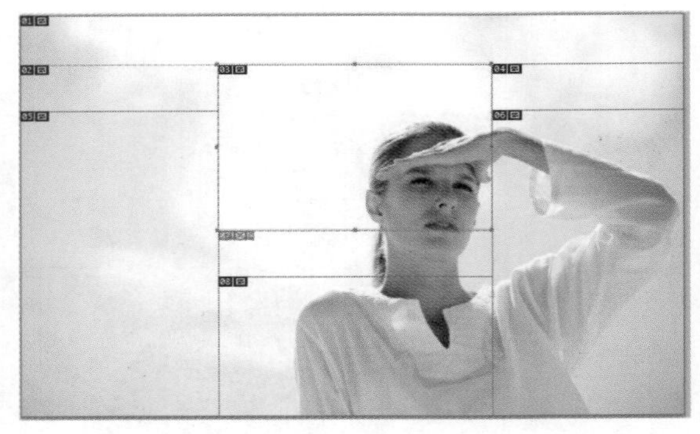

图 14-31

3．更改切片大小

如果要调整切片的大小，则可以拖动切片定界点进行调整，如图 14-32 所示。

图 14-32

4．复制切片

如果要复制切片，则选择需要复制的切片，按住 <Alt> 键，当光标变为状时进行拖动，如图 14-33 所示。松开鼠标后即可将切片进行复制，如图 14-34 所示。

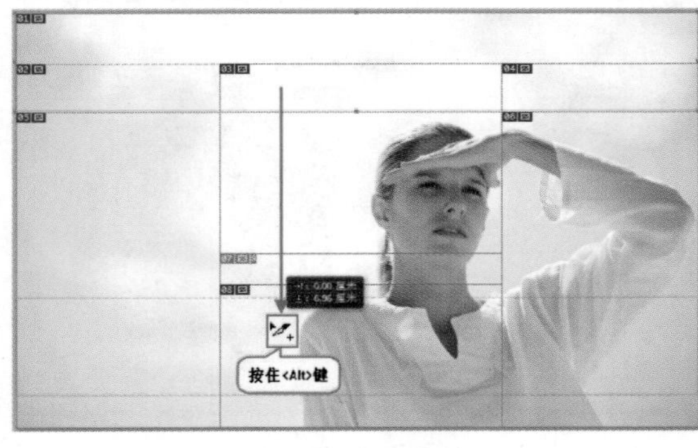


图 14-33

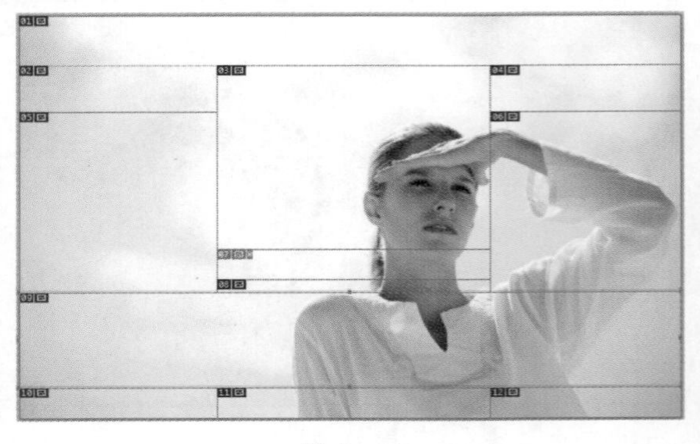

图 14-34

"切片选择工具"选项栏参数详解

- 调整切片堆叠顺序：创建切片后，最后创建的切片处于堆叠顺序中的最顶层。如果要调整切片的堆叠顺序，可以利用"置为顶层"按钮、"前移一层"按钮、"后移一层"按钮和"置为底层"按钮来完成。
- "提升"按钮 提升 ：单击该按钮，可以将所选的自动切片或图层切片提升为用户切片。
- "划分"按钮 划分... ：单击该按钮，可以打开"划分切片"对话框，在该对话框中可以对所选切片进行划分。
- 对齐与分布切片：选择多个切片后，可以单击相应的按钮来对齐或分布切片。
- "隐藏自动切片"按钮 隐藏自动切片 ：单击该按钮，可以隐藏自动切片。
- "为当前切片设置选项"按钮：单击该按钮，可以在弹出的"切片选项"对话框中设置切片的名称和类型以及指定 URL 地址等，如图 14-35 所示。

## 14.2.3 切片的编辑操作

在本节中将学习一些切片的其他编辑操作，例如，显示与隐藏切片、组合切片、锁定切片、清除切片等。

### 1. 组合切片

使用"组合切片"命令，Photoshop 会通过连接组合切片的外边缘创建的矩形来确定所生成切片的尺寸和位置，将多个切片组合成一个单独的切片。使用"切片选择工具"选择多个切片，单击鼠标右键，然后在弹出的快捷菜单中执行"组合切片"命令即可，如图 14-36 所示。所选的切片即可组合为一个切片，如图 14-37 所示。

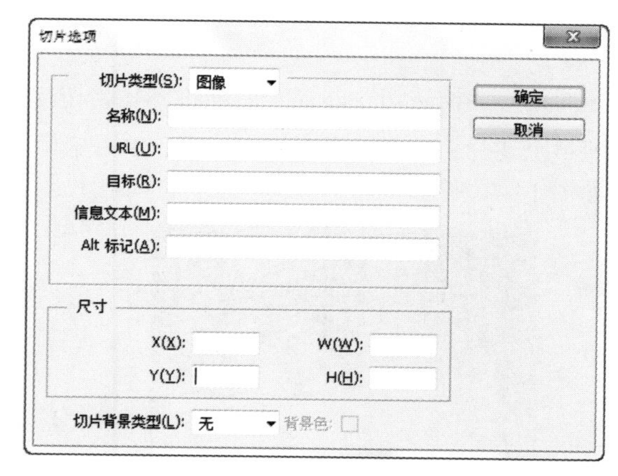


图 14-35

图 14-36

图 14-37

> **小技巧：组合切片的技巧**
>
> 组合切片时，如果组合切片不相邻，或比例和对齐方式不同，则新组合的切片可能会与其他切片重叠。组合切片将采用选定的切片系列中的第 1 个切片的优化设置，并且始终为用户切片，而与原始切片是否包含自动切片无关。

### 2. 锁定切片

图 14-38

选择需要锁定的切片。然后执行“视图 > 锁定切片”菜单命令，即可将所选切片锁定。然后将光标移动到锁定的切片上方，光标变为 ⊘ 状，如图 14-38 所示。单击即可弹出对话框，如图 14-39 所示。锁定切片后，将无法对切片进行移动、缩放或其他更改。再次执行“视图 > 锁定切片”菜单命令即可取消锁定。

图 14-39

### 3. 清除切片

执行“视图 > 清除切片”菜单命令可以删除所有的用户切片和基于图层的切片。如果想要删除单个切片，则可以在选择切片后，单击鼠标右键，在弹出的快捷菜单中执行“删除切片”命令，如图 14-40 所示。

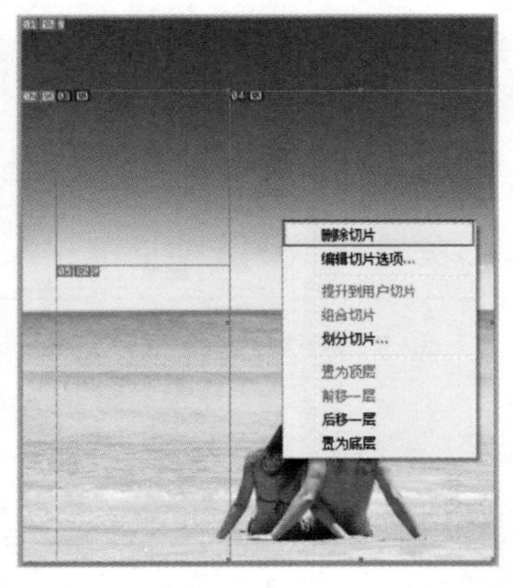


图 14-40

**小技巧：** 删除切片的小知识

删除了用户切片或基于图层的切片后，将会重新生成自动切片以填充文档区域。

删除基于图层的切片并不会删除相关图层，但是删除与基于图层的切片，则相关的图层会删除该基于图层的切片（无法删除自动切片）。

如果删除一个图像中的所有用户切片和基于图层的切片，则将会保留一个包含整个图像的自动切片。

### 4. 显示与隐藏切片

执行“视图 > 显示 > 切片”菜单命令可以显示与隐藏切片。

# 14.3　网页翻转按钮

在网页中按钮的使用非常常见，并且按钮“按下”“弹起”或将光标放在按钮上都会出现不同的效果，这就是“翻转”。要创建翻转至少需要两个图像，一个用于表示处于正常状态的图像，另一个为按钮被按下的状态图像。图 14-41~ 图 14-43 所示为优秀的按钮设计作品。

图 14-41

图 14-42

图 14-43

## 14.3.1　什么是翻转按钮

在网页设计中，可以看到一种会随着鼠标的接触而变色的按钮，这种按钮被称为鼠标翻转按钮，其原理是利用两张图片，平时显示一幅，当鼠标接触后换成另外一幅图片。图 14-44 和图 14-45 所示为按钮的两种状态。

图 14-44

图 14-45

## 14.3.2　玩转翻转按钮——制作按钮的翻转效果

在本案例中将制作一款常见的翻转按钮，具体步骤如下。

（1）常见的按钮翻转效果有很多种，如改变按钮颜色、改变按钮方向、改变按钮内容等。打开素材文件“1.psd”，如图 14-46 所示，此时“图层”面板如图 14-47 所示。

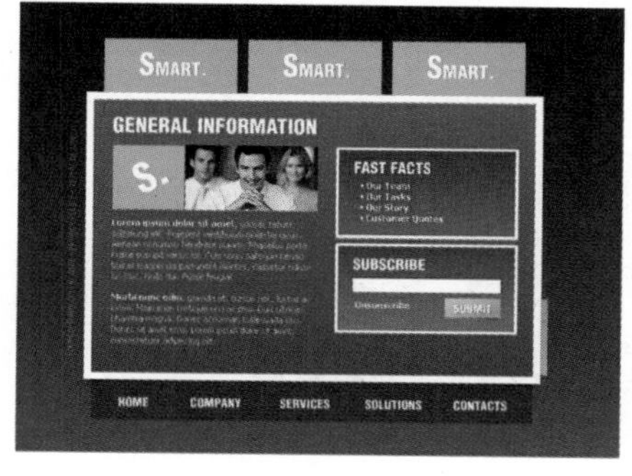


图 14-46

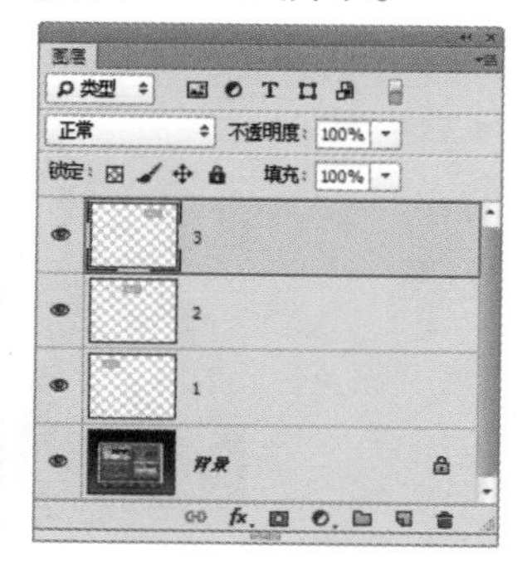


图 14-47

（2）选择“3”图层，执行“图层 > 新建调整图层 > 色相 / 饱和度”菜单命令，在“属性”面板中，设置“色相”为 – 100，单击“剪贴蒙版”按钮，如图 14-48 所示。按钮颜色发生改变，如图 14-49 所示。这样就得到了一个按钮的两种不同翻转效果。至此，本案例制作完成。

图 14-48

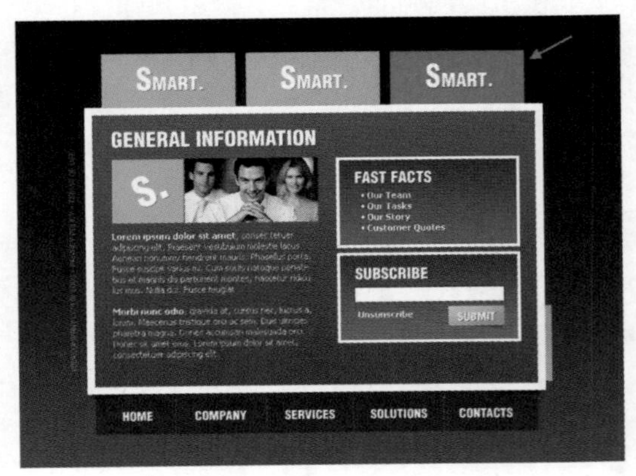


图 14-49

## 14.4 Web 图形输出

创建 Web 和多媒体图像后，当针对 Web 和其他联机介质准备图像时，用户需要设置图像的显示质量和图像的文件大小，以优化图像质量。用户可以通过在“存储为”对话框中将图像存储为 GIF、JPE 或 PNG 文件，以对其进行基本优化，同时也可以在“存储为 Web 所用格式”对话框中以不同的文件格式和属性预览优化图像，得到精确的优化效果。图 14-50~ 图 14-52 所示为优秀的网页设计作品。

图 14-50

图 14-51

图 14-52

## 14.4.1 存储为 Web 所用格式

创建切片后，对图像进行优化可以减小图像的大小，而较小的图像可以使 Web 服务器更加高效地储存、传输和下载图像。执行“文件 > 存储为 Web 所用格式”菜单命令，打开“存储为 Web 所用格式”对话框，在该对话框中可以对图像进行优化和输出，如图 14-53 所示。

图 14-53

（1）打开一个划分了切片的网页文件，如图 14-54 所示。如果想要将网页以切片的形式输出，则可以执行“文件 > 存储为 Web 所用格式”菜单命令，接着在弹出的对话框中设置“预设”为“JPEG 高”，单击底部的“存储”按钮，如图 14-55 所示。

图 14-54

图 14-55

（2）在弹出的“将优化结果存储为”对话框中选择一个合适的存储位置，并设置存储的文件名称及格式，这里设置格式为“HTML 和图像”，设置完成后单击“保存”按钮，如图 14-56 所示。

图 14-56

（3）存储完毕后可以看到相应的文档，其中包括一个图片文件夹和一个 HTML 格式的网页文件，如图 14-57 所示。在图片文件夹中显示着网页的切片，如图 14-58 所示。

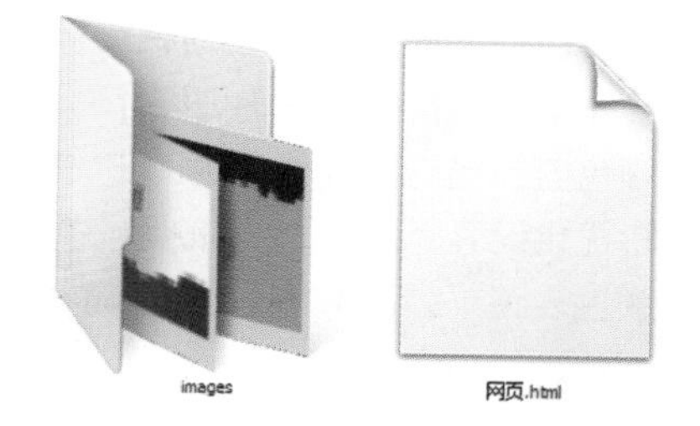


图 14-57

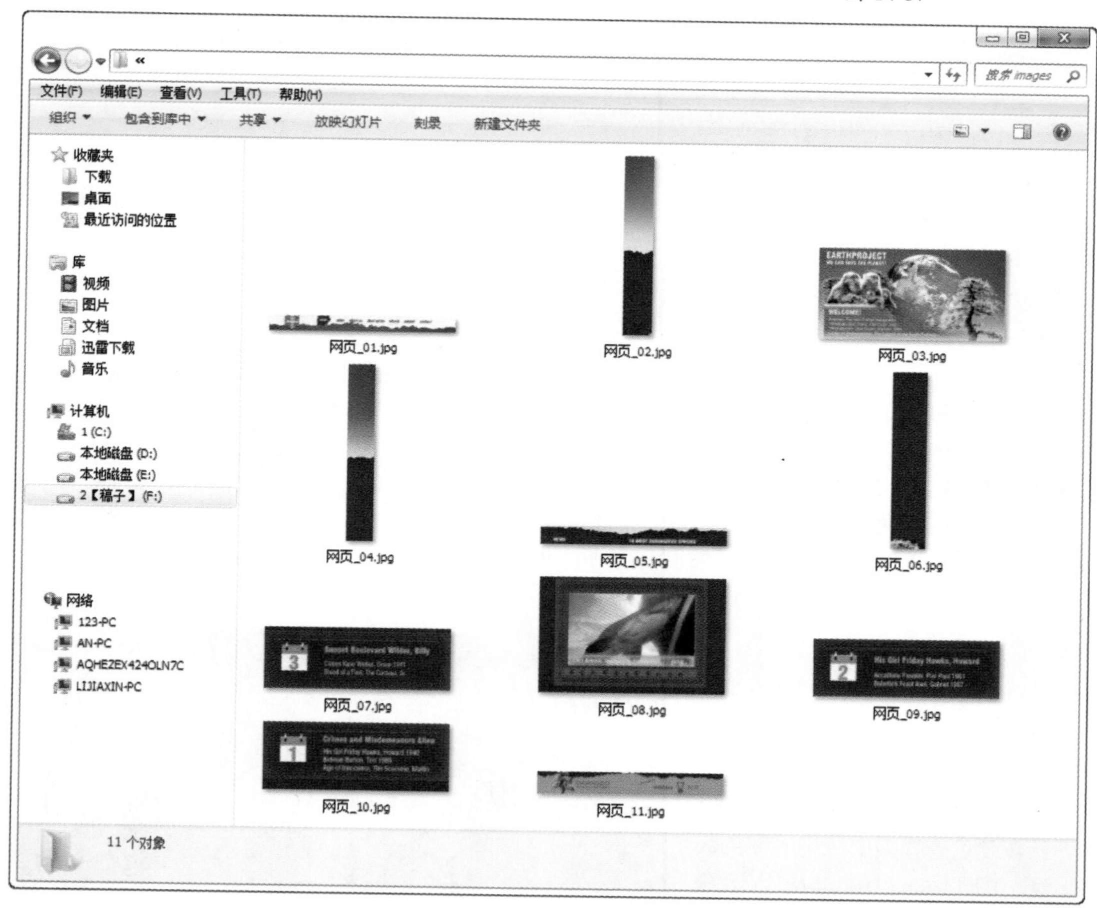


图 14-58

## “储存为 Web 所用格式”对话框参数详解

- 显示方式：单击“原稿”选项卡，窗口内只显示没有优化的图像；单击“优化”选项卡，窗口内只显示优化的图像；单击“双联”选项卡，窗口内会显示优化前和优化后的图像；单击“四联”选项卡，窗口内会显示图像的 4 个版本，除了原稿以外的 3 个图像可以进行不同的优化。
- 抓手工具 / 缩放工具 ：使用“抓手工具”可以移动查看图像；使用“缩放工具”可以放大图像窗口，按住 <Alt> 键并单击窗口可以缩小显示比例。
- 切片选择工具：当一张图像上包含多个切片时，可以使用该工具选择相应的切片，以进行优化。
- 吸管工具 / 吸管颜色：使用“吸管工具”在图像上单击，可以拾取单击处的颜色，并显示在“显示颜色”图标中。

- 切换切片可见性：激活该按钮，在窗口中才能显示切片。
- 优化菜单：在该菜单中可以存储优化设置、设置优化文件大小等。
- 颜色表：当将图像优化为 GIF、PNG-8 和 WBMP 格式时，可以在“颜色表”中对图像的颜色进行优化设置。
- 颜色表菜单：该菜单下包含与颜色表相关的一些命令，可以删除颜色、新建颜色、锁定颜色或对颜色进行排序等。
- 图像大小：将图像大小设置为指定的像素尺寸或原稿大小的百分比。
- 状态栏：这里显示光标所在位置的图像的颜色值等信息。
- 在浏览器中预览优化图像：单击按钮，可以在 Web 浏览器中预览优化后的图像。

## 14.4.2 常见的 Web 图形输出格式

不同的格式的图像文件其质量与大小也不同，合理选择优化格式，可以有效地控制图形的质量。可供选择的 Web 图形的优化格式包括 GIF 格式、JPEG 格式、PNG-8 格式、PNG-24 和 WBMP 格式。

### 1.GIF 格式

GIF 文件是由 CompuServe 公司开发的图形文件格式。GIF 图像是基于颜色列表的（储存的数据是该点的颜色对应于颜色列表的索引值），最多只支持 8 位（256 色），如图 14-59 所示。GIF 文件内部分成许多储存块，用于储存多幅图像或决定图像表现行为的控制块，用以实现动画和交互式应用。GIF 文件还通过 LZW 压缩算法压缩图像数据，以减少图像尺寸。

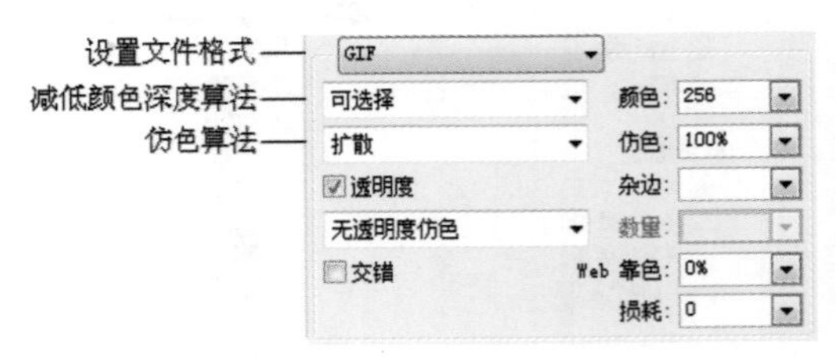


图 14-59

GIF 格式参数详解

- 设置文件格式：设置优化图像的格式。
- 减低颜色深度算法 / 颜色：设置用于生成颜色查找表的方法，以及在颜色查找表中使用的颜色数量。图 14-60 和图 14-61 所示分别是设置“颜色”为 8 和 128 时的优化效果。
- 仿色算法 / 仿色：“仿色”是指通过模拟计算机的颜色来显示提供的颜色的方法。较高的仿色百分比可以使图像生成更多的颜色和细节，但是会增加文件的大小。

图 14-60

图 14-61

- 透明度 / 杂边：用于设置图像中的透明像素的优化方式。
- 交错：当正在下载图像文件时，在浏览器中显示图像的低分辨率版本。
- Web 靠色：设置将颜色转换为最接近 Web 面板等效颜色的容差级别，数值越高，转换的颜色越多。图 14-62 和图 14-63 所示是设置“Web 靠色”为 80% 和 20% 时的图像效果。
- 损耗：扔掉一些数据来减小文件的大小，通常可以将文件减小 5%~40%。设置 5~10 的“损耗”

值不会对图像产生太大的影响。如果设置的“损耗”值大于 10，则文件虽然会变小，但是图像的质量会下降。图 14-64 和图 14-65 所示是设置“损耗”值为 10 与 60 时的图像效果。

图 14-62

图 14-63

图 14-64

图 14-65

**2.JPEG 格式**

JPEG 格式是用于压缩连续色调图像的标准格式。在将图像优化为 JPEG 格式的过程中，会丢失图像的一些数据。图 14-66 所示是 JPEG 格式的参数选项。

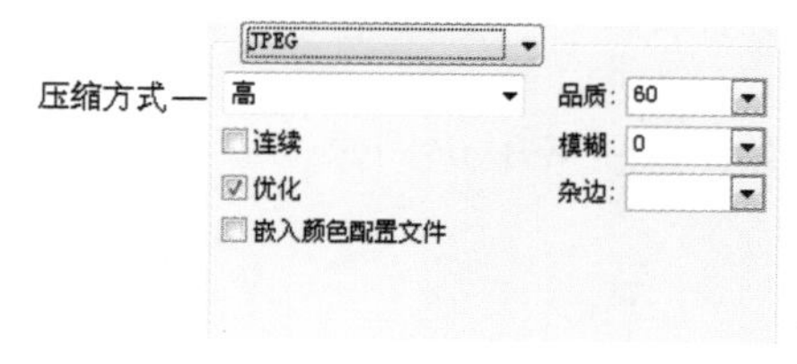


图 14-66

JPEG 格式参数详解

- 压缩方式 / 品质：选择压缩图像的方式，其后的“品质”数值越高，图像的细节越丰富，但文件也越大。图 14-67 和图 14-68 所示是分别设置“品质”为 0 和 100 时的图像效果。
- 连续：在 Web 浏览器中以渐进的方式显示图像。
- 优化：创建更小但兼容性更低的文件。
- 嵌入颜色配置文件：在优化文件中储存颜色配置文件。
- 模糊：创建类似于“高斯模糊”滤镜的图像效果。数值越大，模糊效果越明显，但会减小图像的大小。在实际工作中，“模糊”的值最好不要超过 0.5。图 14-69 和图 14-70 所示是设置“模糊”为 1 和 2 时的图像效果。
- 杂边：为原始图像的透明像素设置一个填充颜色。

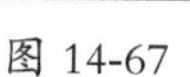

图 14-67

图 14-68

图 14-69

图 14-70

### 3.PNG 格式

在 Photoshop 中，PNG 包含两种输出预设。PNG-8 格式与 GIF 格式一样，可以有效地压缩纯色区域，同时保留清晰的细节。PNG-8 格式也支持 8 位颜色，因此它可以显示多达 256 种颜色，图 14-71 所示是PNG-8 格式的参数选项。而 PNG-24 格式可以在图像中保留多达256个透明度级别，适用于压缩连续色调图像，但它所生成的文件比 JPEG 格式生成的文件要大得多，如图 14-72 所示。

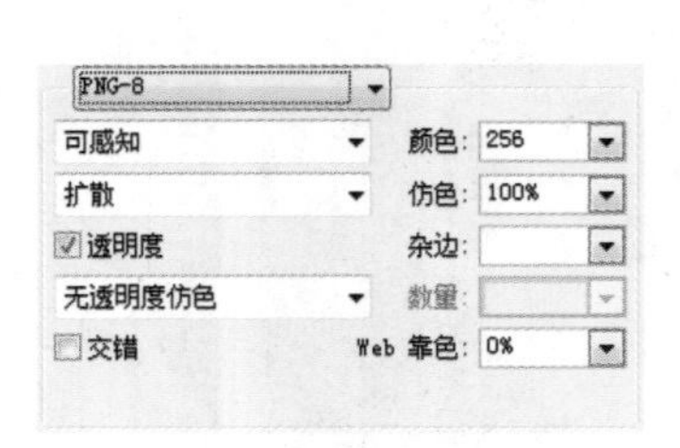


图 14-71

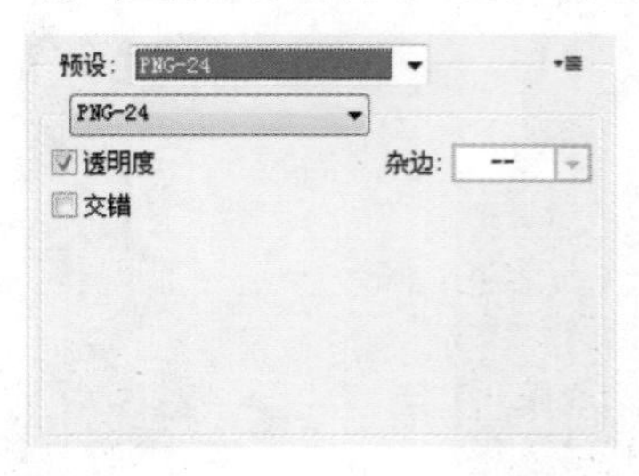


图 14-72

### 4.WBMP 格式

WBMP 格式是用于优化移动设备图像的标准格式，其参数选项如图 17-73 所示。WBMP 格式只支持 1 位颜色，即 WBMP 图像只包含黑色和白色像素。图 14-74 和图 14-75 所示分别是原始图像和 WBMP 图像。

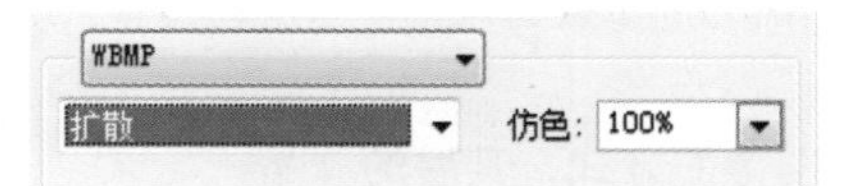


图 14-73

图 14-74

图 14-75

# 第 15 章 自动处理文件

自动处理文件功能可以帮助用户批量、快速地处理图像文件，简化重复操作。使用“动作”面板进行自动化处理不仅能确保操作结果的一致性，而且还可以加快文件处理的速度，提高工作效率。动作可以包含停止，可以执行无法记录的任务，也可以在播放动作时在对话框中输入数值等。

学习要点：

本章将学习“动作”面板以及“批处理”功能的使用方法，了解了这些功能的操作方法后就可以对大批量的文件进行快速处理了。

# 15.1 “动作”面板

“动作”面板是进行文件自动化处理的核心工具之一，“动作”面板可以将不同的操作、命令以及命令参数记录下来，并以一个可执行文件的形式进行保存。说的通俗些，“动作”面板就相当于一个录像机，使用这台“录像机”按一下“开始”键进行录制，按一下“暂停”键可以暂停录制。

## 15.1.1 认识“动作”面板

在“动作”面板中可以进行“动作”的记录、播放、编辑、删除和管理等操作。

（1）执行“窗口 > 动作”菜单命令或按快捷键 <Alt+F9>，即可打开“动作”面板。单击“动作”面板右上角的面板菜单按钮，可以打开“动作”面板的面板菜单。在“动作”面板的面板菜单中，可以切换动作的显示状态、记录 / 插入动作、加载预设动作等，如图 15-1 所示。

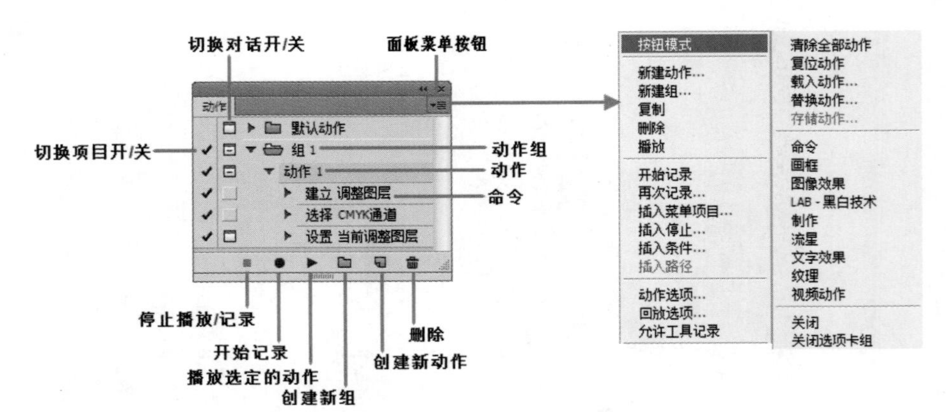


图 15-1

（2）“动作”面板也可以更改为其他状态。执行菜单中的“按钮模式”命令，执行该命令后，面板中的动作会变为按钮状，如图 15-2 所示。再次执行该命令，即可切换回正常模式。

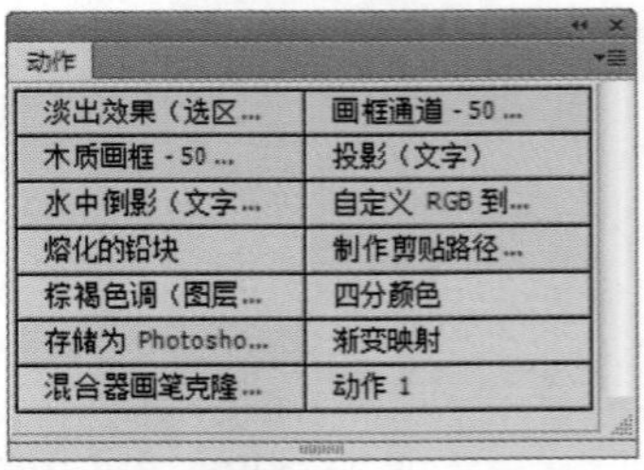

图 15-2

“动作”面板参数讲解

- 切换项目开 / 关：如果动作组、动作和命令前显示有该图标，则代表该动作组、动作和命令可以执行；如果没有该图标，则代表不可以被执行。
- 切换对话开 / 关：如果命令前显示该图标，则表示动作执行到该命令时会暂停，并打开相应命令的对话框，此时可以修改命令的参数，单击“确定”按钮可以继续执行后面的动作；如果动作组和动作前前出现该图标，并显示为红色，则表示该动作中有部分命令设置了暂停。
- 动作组 / 动作 / 命令：动作组是一系列动作的集合，而动作是一系列操作命令的集合。
- “停止播放 / 记录”按钮：用于停止播放动作和停止记录动作。
- “开始记录”按钮：单击该按钮，可以开始录制动作。
- “播放选定的动作”按钮：选择一个动作后，单击该按钮可以播放该动作。
- “创建新组”按钮：单击该按钮，可以创建一个新的动作组，以保存新建的动作。

- “创建新动作”按钮：单击该按钮，可以创建一个新的动作。
- “删除”按钮：选择动作组、动作和命令后单击该按钮，可以将其删除。
- “动作基本操作”菜单命令：执行这些命令，可以新建动作或动作组、复制 / 删除动作或动作组以及播放动作。
- “记录”和“插入操作”菜单命令：执行这些命令，可以记录动作、插入菜单项目、插入停止以及插入路径。
- “选项设置”菜单命令：设置动作和回放的相关选项。
- “清除动作”“复位动作”“载入动作”“替换动作”和“存储动作”菜单命令：执行这些命令，可以清除全部动作、复位动作、载入动作、替换和存储动作。
- “预设动作组”菜单命令：执行这些命令，可以将预设的动作组添加到“动作”面板中。

## 15.1.2 存储动作

可以将编辑完的动作进行存储，储存后的动作，可以再次进行载入，也可以再在另一台计算机中使用。在“动作”面板中将动作编辑完成后，在面板菜单中执行“存储动作”命令，如图 15-3 所示。然后将动作存储为 ATN 格式的文件即可，如图 15-4 所示。

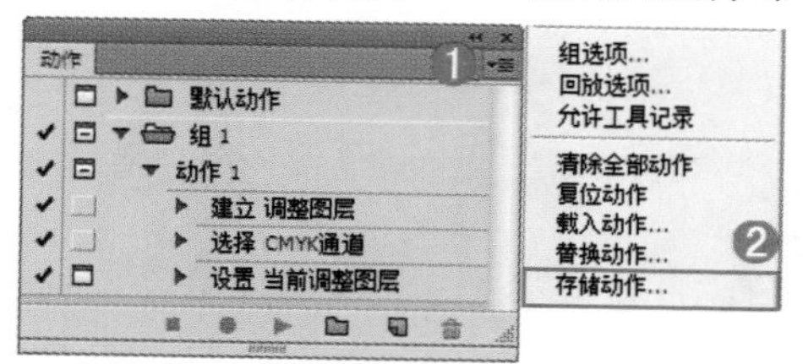


图 15-3

ACTIONS

动作.atn

图 15-4

> **小技巧：** 将动作存储为 TXT 文本
>
> 按住 <Ctrl+Alt> 快捷键的同时执行“存储动作”命令，可以将动作存储为 TXT 文本，在该文本中可以查看动作的相关内容，但是不能载入到 Photoshop 中。

## 15.1.3 载入动作

网络是一个大资源库，在网络上不仅可以下载到样式和笔刷，还可以下载到某些特殊效果的动作。在面板菜单中执行“载入动作”命令，然后选择硬盘中的动作组文件即可载入动作，如图 15-5 所示。

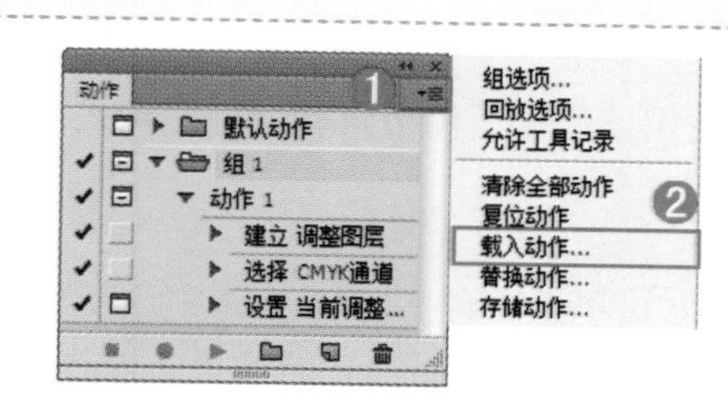


图 15-5

## 15.1.4 复位动作

在“动作”面板中，太多的动作组会让“动作”面板变得凌乱，执行面板菜单中“复位动作”命令可以将“动作”面板中的动作恢复到默认状态，如图 15-6 和图 15-7 所示。

图 15-6

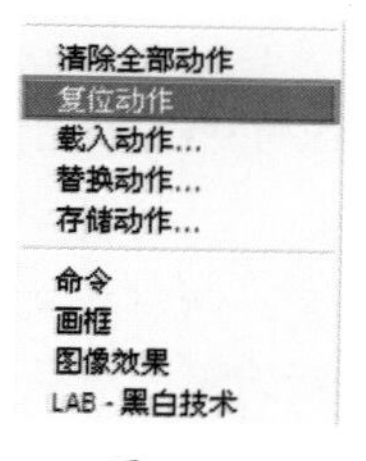


图 15-7

## 15.2 使用“动作”自动处理图像

记录动作是在创建的动作中，将对文件所进行的操作步骤进行记录，直到停止记录为止。用户可以通过“动作”面板对动作进行创建，并在动作中记录操作步骤。图 15-8 和图 15-9 所示为使用“动作”功能批量对图片进行处理的效果对比。

图 15-8

图 15-9

### 15.2.1 记录动作

在使用“动作”面板自动处理图像之前，需要记录动作，然后才能将编辑好的动作应用到其他图像中。

**你问我答：** 哪些工具或命令能够使用“动作”面板记录下来？

在 Photoshop 中并不是所有工具和命令操作都能被直接记录下来，使用选框工具、套索工具、魔棒工具、裁剪、切片、魔术橡皮擦、渐变、油漆桶、文字、形状、注释、吸管和颜色取样器等进行操作时，可以将这些操作记录下来。“历史记录”面板、“色板”面板、“颜色”面板、“路径”面板、“通道”面板、“图层”面板和“样式”面板中的操作也可以记录为动作。

（1）打开一张素材图片，如图 15-10 所示。执行“窗口 > 动作”菜单命令或按快捷键 <Alt+F9>，打开“动作”面板，如图 15-11 所示。

（2）单击“动作”面板底部的“创建新组”按钮；也可以打开面板菜单，执行“新建组”命令，创建新组，如图 15-12 所示。单击“创建新组”按钮或执行“新建组”命令后，在弹出的“新建组”对话框中设置合适的名称，然后单击“确定”按钮，如图 15-13 所示。

图 15-10

图 15-11

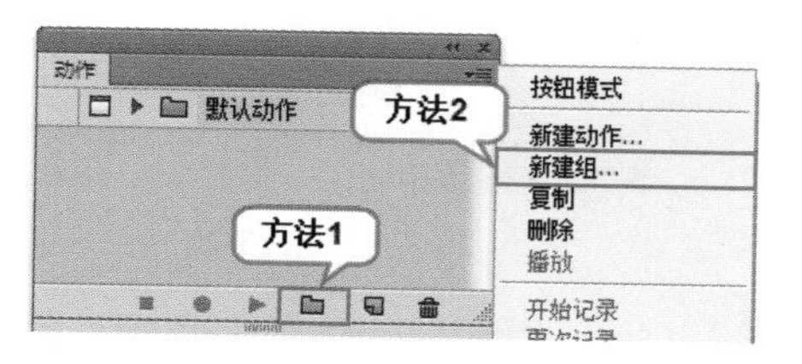


图 15-12

图 15-13

（3）动作组新建完成后，下面创建新动作。单击“动作”面板底部的“创建新动作”按钮；或在面板菜单中执行“新建动作”命令，如图 15-14 所示。然后在弹出的“新建动作”对话框中设置合适的名称，单击“记录”按钮 记录 ，开始记录动作，如图 15-15 所示。此时“开始记录”按钮变为红色，如图 15-16 所示。

图 15-14

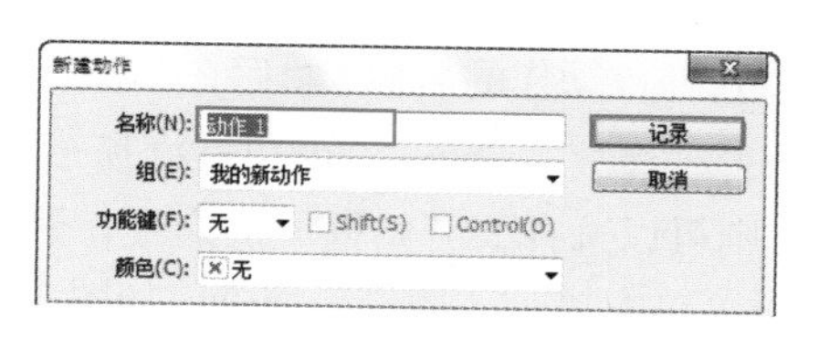


图 15-15

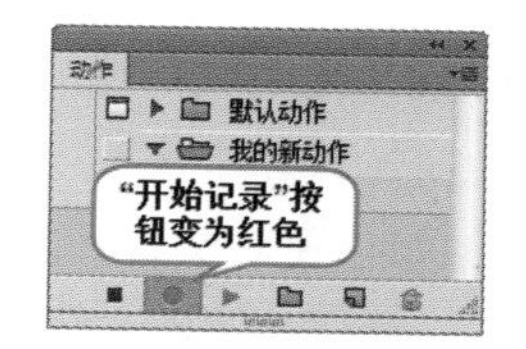


图 15-16

（4）执行“图像 > 调整 > 颜色查找”菜单命令，在“颜色查找”对话框中设置“3DLUT 文件”为“2Strip.look”，设置完成后单击“确定”按钮，如图 15-17 所示。此时，画面效果如图 15-18 所示。

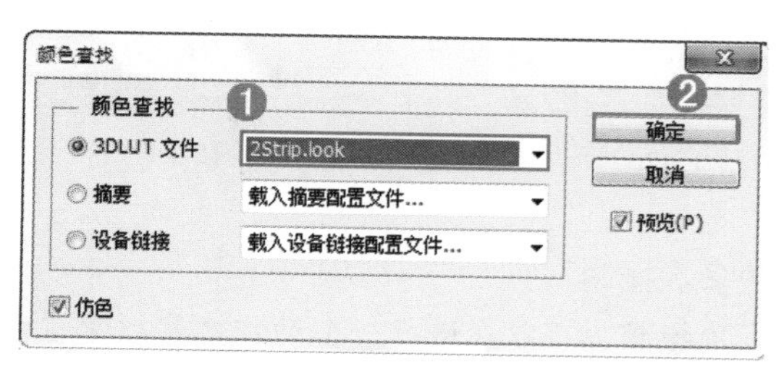


图 15-17

图 15-18

（5）执行“图像 > 调整 > 曲线”菜单命令，在“曲线”对话框中设置“蓝”通道的曲线形状，如图 15-19 所示。此时，画面效果如图 15-20 所示。

（6）完成需要记录的动作操作后，可以在“动作”面板中单击“停止播放 / 记录”按钮 ■，停止记录，如图 15-21 所示。

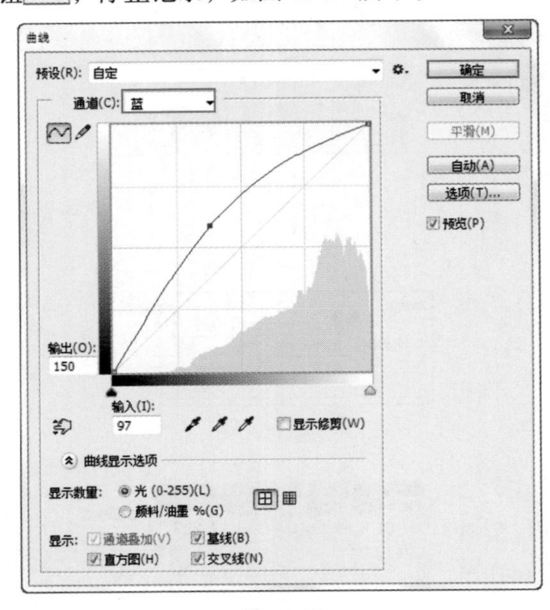


图 15-19

图 15-20

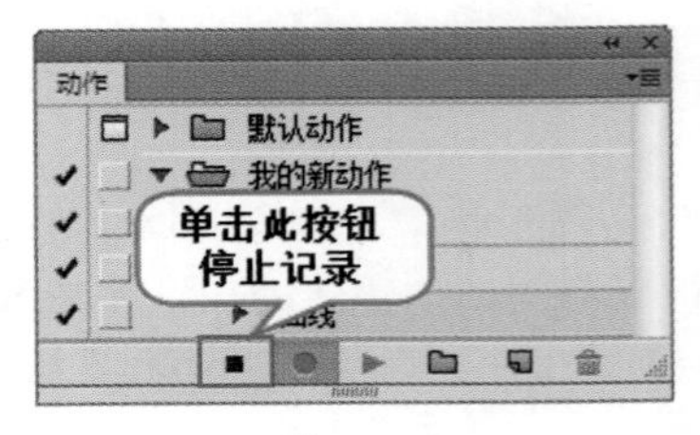


图 15-21

## 15.2.2 播放动作整个动作或某部分动作

动作创建完成后需要进行应用，这就需要使用“动作”面板中的播放功能。

（1）如果要对文件播放整个动作，则可以选择该动作的名称，然后在“动作”面板中单击“播放选定的动作”按钮 ▶；或在面板菜单中执行“播放”命令，如图 15-22 所示。

（2）如果要对文件播放动作的一部分，则可以选择要开始播放的命令，然后在“动作”面板中单击“播放选定的动作”按钮；或在面板菜单中执行“播放”命令，如图 15-23 所示。

（3）如果要对文件播放单个命令，则可以选择该命令，然后按住 <Ctrl> 键的同时在“动作”面板中单击“播放选定的动作”按钮；或按住 <Ctrl> 键双击该命令，如图 15-24 所示。

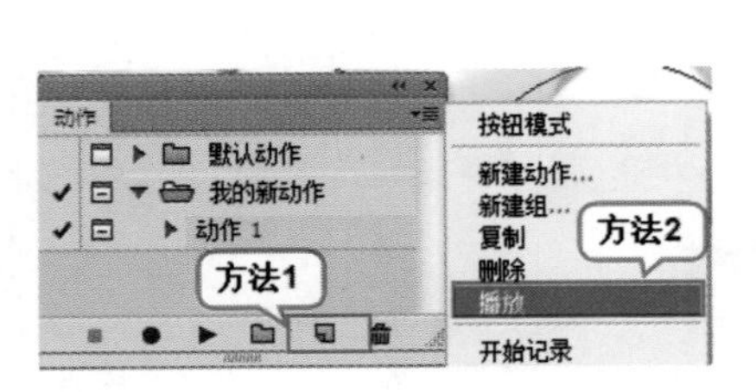


图 15-22

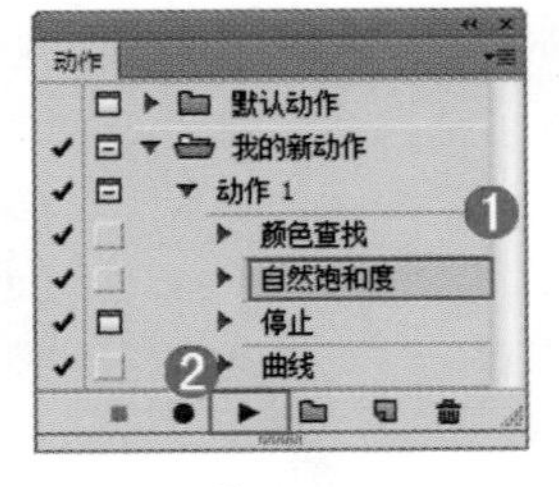


图 15-23

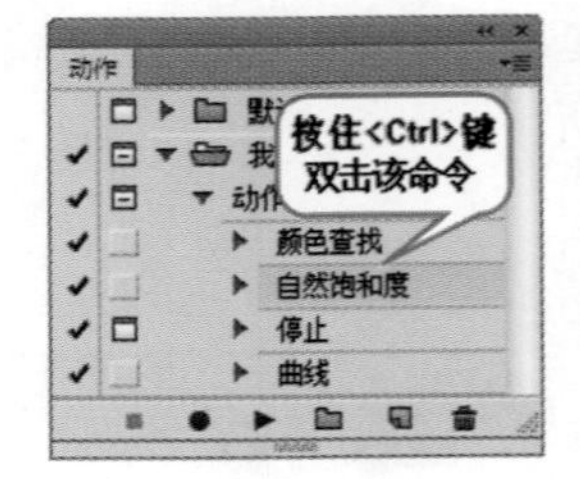


图 15-24

**你问我答：** 如何使用“历史记录”面板避免多次撤销?

为了避免使用动作后得到了不满意的结果而多次撤销，可以在运行一个动作之前打开“历史记录”面板，创建一个当前效果的快照。如果需要撤销操作，则只需要单击之前创建的快照即可快速还原使用动作之前的效果。

**小技巧：**指定回放速度

在“回放选项”对话框中可以设置动作的播放速度，也可以将其暂停，以便对动作进行调试。在“动作”面板的面板菜单中执行“回放选项”命令，可以打开“回放选项”对话框，如图 15-25 和图 15-26 所示。

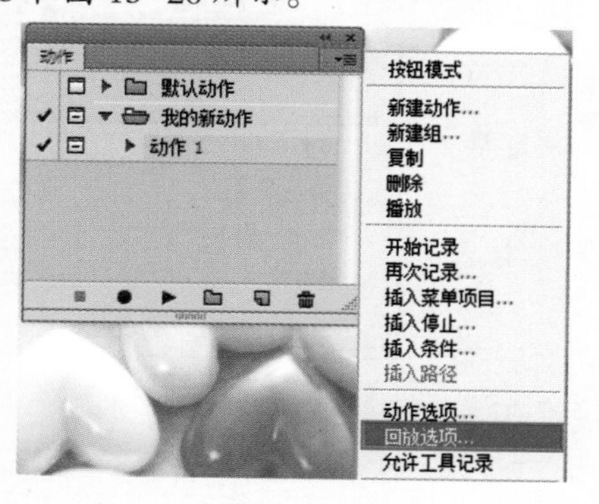


图 15-25

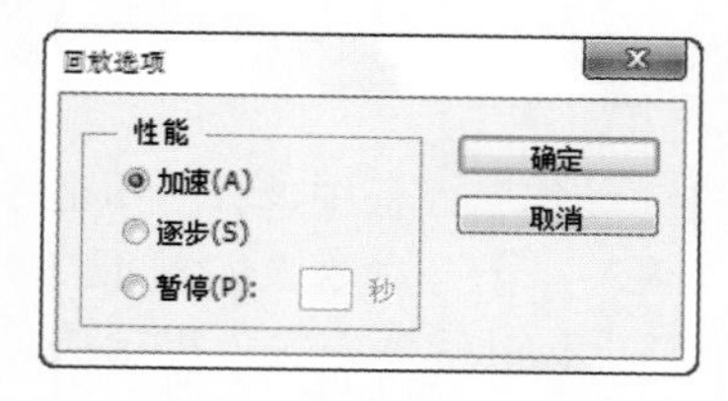


图 15-26

加速：以正常的速度播放动作。在加速播放动作时，计算机屏幕可能不会在动作执行的过程中更新（即不出现应用动作的过程，而直接显示结果）。

逐步：显示每个命令的处理结果，然后再执行动作中的下一个命令。

暂停：选中该单选按钮，并在其后设置时间后，可以指定播放动作时各个命令的间隔时间。

## 15.2.3　在动作中插入菜单项目

停止记录动作后，还可以在已经记录的动作中插入其他动作，这样就可以将许多不能录制的命令插入到动作中。

（1）例如，在“颜色查找”命令后插入“自然饱和度”命令，可以在“动作”面板中选择“颜色查找”命令，然后执行“插入菜单项目”命令，在弹出的“插入菜单项目”对话框中单击“确定”按钮，然后单击“动作”面板中的“开始记录”按钮●即可，操作步骤如图 15-27 所示。

（2）执行相应的命令。执行“图像 > 调整 > 自然饱和度”菜单命令，在弹出的“自然饱和度”对话框中设置“自然饱和度”为 60，单击“确定”按钮，如图 15-28 所示。此时，画面效果如图 15-29 所示，“动作”面板如图 15-30 所示。

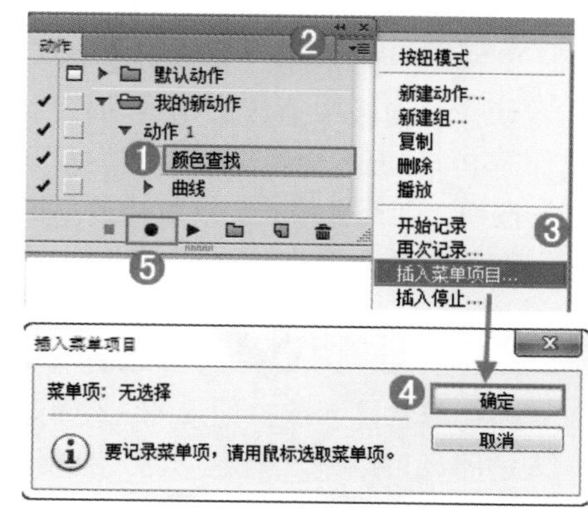


图 15-27

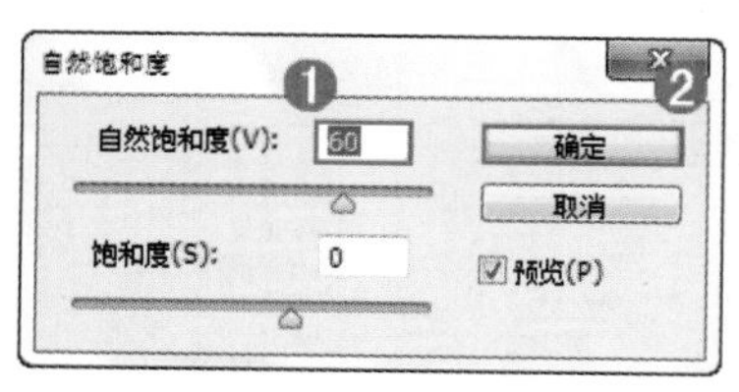


图 15-28

图 15-29

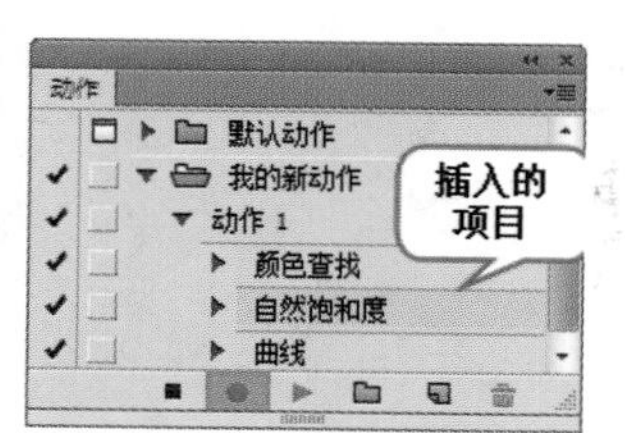


图 15-30

## 15.2.4 在“动作”面板中更改已经录制的参数

若对调整的参数不满意，则可以双击“动作”面板中的命令名称，即可弹出相应的对话框进行调整，如图 15-31 所示。

图 15-31

## 15.2.5 在动作中插入停止

在动作中插入停止是指在播放动作的过程中，当播放到某一步时会自动停止，这样就可以手动添加无法录制的任务。例如，使用“画笔工具”绘制或使用加深 / 减淡、锐化模糊等工具。

（1）在“动作”面板中选择一个命令，然后在面板菜单中执行“插入停止”命令，如图 15-32 所示。接着在弹出的“记录停止”对话框中输入提示信息，并勾选“允许继续”复选框，最后单击“确定”按钮，如图 15-33 所示。

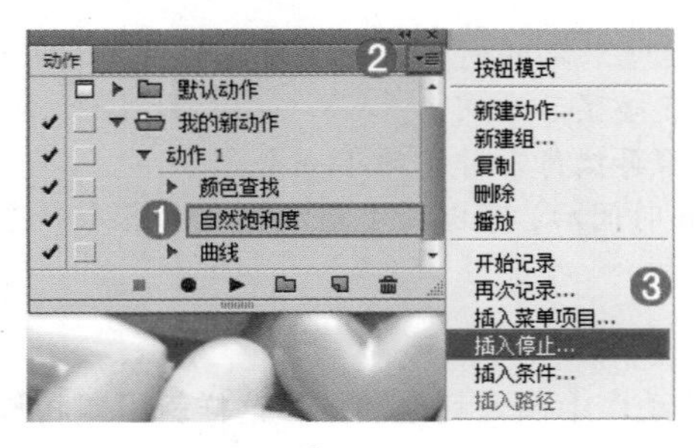


图 15-32

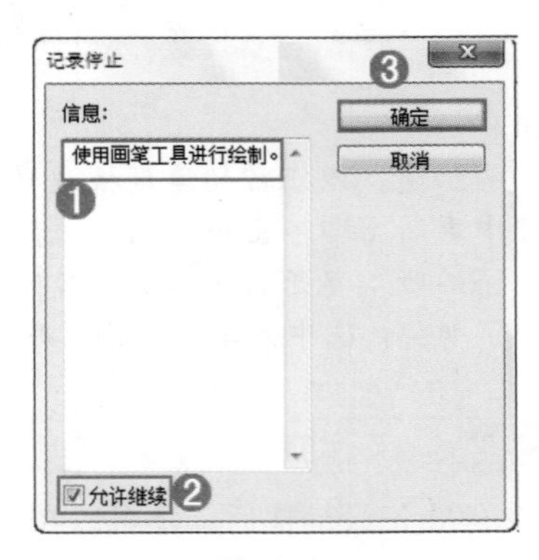


图 15-33

（2）此时“停止”动作就会插入到“动作”面板中。在“动作”面板中播放选定的动作后，当播放到“停止”动作时 Photoshop 会弹出一个“信息”对话框，如果单击“继续”按钮，则不会停止，继续播放后面的动作；若单击“停止”按钮，则会停止播放当前动作，如图 15-34 所示。

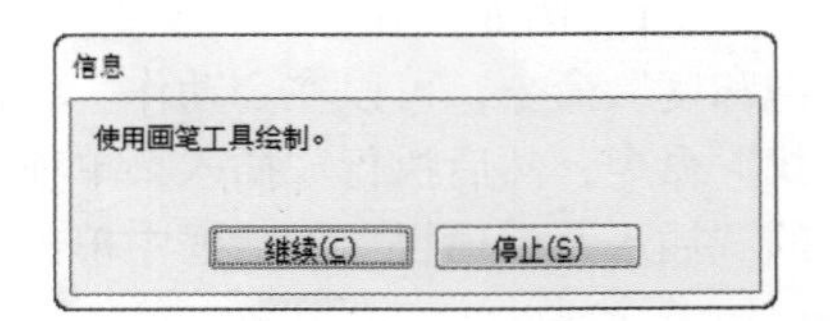


图 15-34

## 15.2.6 在动作中插入路径

路径形状是不能被记录的，使用“插入路径”可以将路径作为动作的一部分包含在动作中。插入的路径可以是“钢笔工具”绘制的路径，也可以是“形状工具”绘制的路径。

（1）首先在文件中绘制需要使用的路径，如图 15-35 所示。然后在“动作”面板中选择一个命令，执行面板菜单中的“插入路径”命令，如图 15-36 所示。

图 15-35

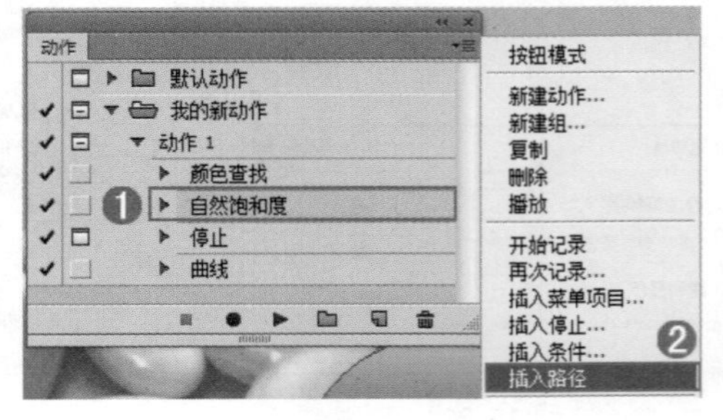


图 15-36

（2）在“动作”面板中出现“设置工作路径”命令，在对文件执行动作时会自动添加该路径，如图 15-37 所示。

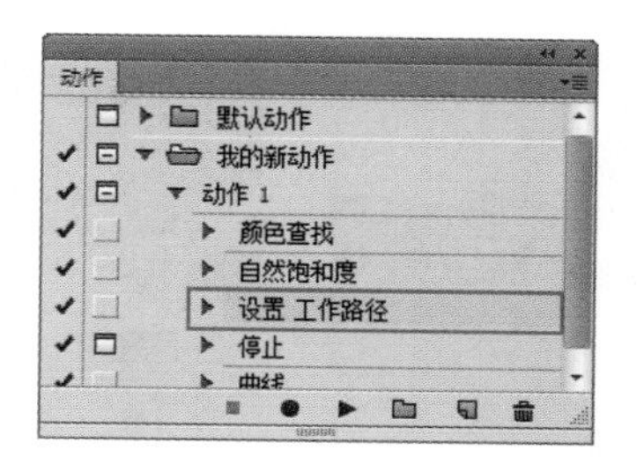


图 15-37

**小技巧：**保证动作中的命令和画笔描边保持原有比例

如果记录下的一个动作会被用于不同的画布大小，则为了确保所有的命令和画笔描边能够按相关的画布大小比例而不是基于特定的像素坐标记录，可以在标尺上单击鼠标右键，在弹出的快捷菜单中执行“百分比”命令，将标尺单位转变为百分比，如图 15-38 所示。

图 15-38

## 15.3　批量文件的自动处理

批处理是指将动作应用于所有的目标文件，通过批处理来完成大量相同的、重复性的操作，以节省时间，提高工作效率，并实现图像处理的自动化。

### 15.3.1　使用“批处理”命令，处理一批图像文件

利用“批处理”命令对一个文件夹中的所有图像文件运行软件中选择的动作，同时对多个文件进行快速处理。例如，调整多张数码照片的尺寸、统一调整色调、制作大量的证件照等，这时就可以使用 Photoshop 中的批处理功能来完成大量重复的操作，以提高工作效率并实现图像处理的自动化。例如，可以使用“批处理”命令为一个文件夹下的所有照片进行相同的调色方案，使之成为同一色系，如图 15-39 所示。执行“文件 > 自动 > 批处理”菜单命令，打开“批处理”对话框，如图 15-40 所示。

图 15-39



图 15-40

下面通过一个简单的案例来学习使用“批处理”命令为图像进行调色。

（1）将动作载入到 Photoshop 中，执行“窗口 > 动作”菜单命令，打开“动作”面板，然后在面板菜单中执行“载入动作”命令，如图 15-41 所示。在打开的“载入”对话框中选择“1.atn”，然后单击“载入”按钮，如图 15-42 所示。将动作载入“动作”面板，如图 15-43 所示。

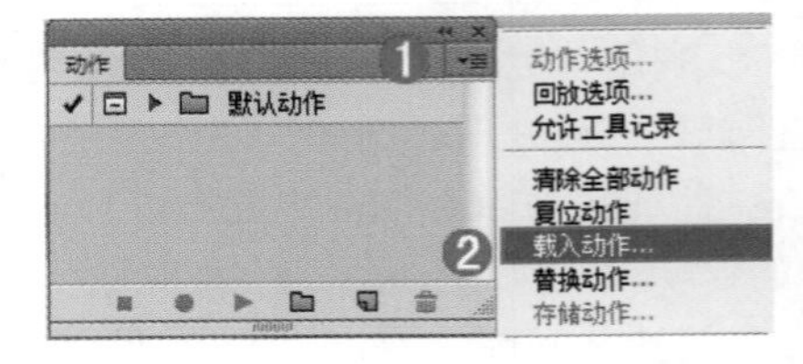


图 15-41

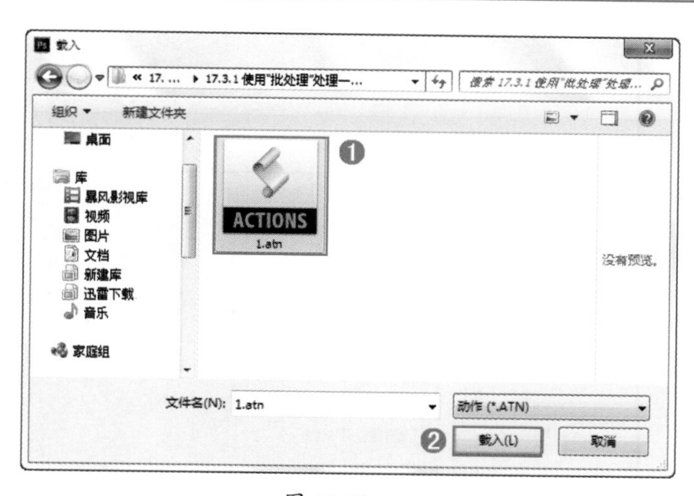


图 15-42

图 15-43

（2）执行“文件 > 自动 > 批处理”菜单命令，打开“批处理”对话框，在“播放”选项组中选择需要播放的动作。选择“组”为“1”，“动作”为“梦幻色调”，如图 15-44 所示。

（3）选择需要处理的图片所在的文件夹。这里设置“源”为“文件夹”，然后单击“选择”按钮 选择(C)... ，在弹出的窗口中选择本书提供的文件夹，如图 15-45 所示。

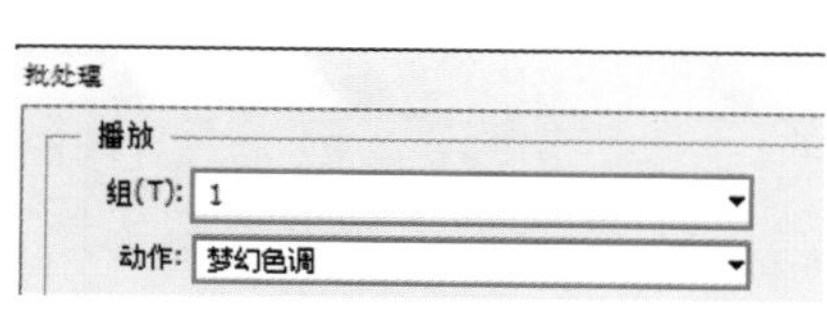


图 15-44

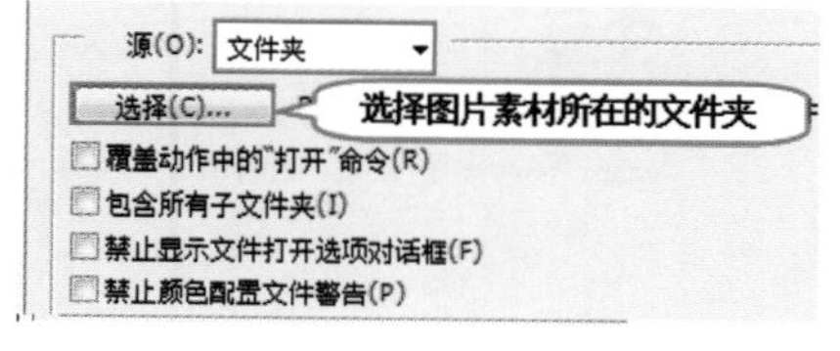


图 15-45

（4）选择将处理完的图片导出的文件夹。设置“目标”为“文件夹”，然后单击“选择”按钮 选择(C)... ，设置文件的保存路径，如图 15-46 所示。

（5）在“批处理”对话框中单击“确定”按钮 确定 ，Photoshop 会自动处理文件夹中的图像，并将其保存到设置好的文件夹中，如图 15-47 所示。

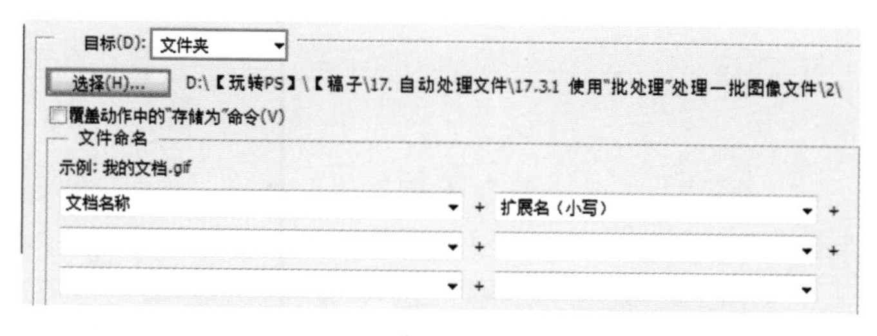


图 15-46

图 15-47

**你问我答：**如何改进批处理的性能？

要改进批处理的性能，可以执行“编辑 > 首选项 > 性能”菜单命令，减少历史记录状态的数目，如图 15-48 所示。

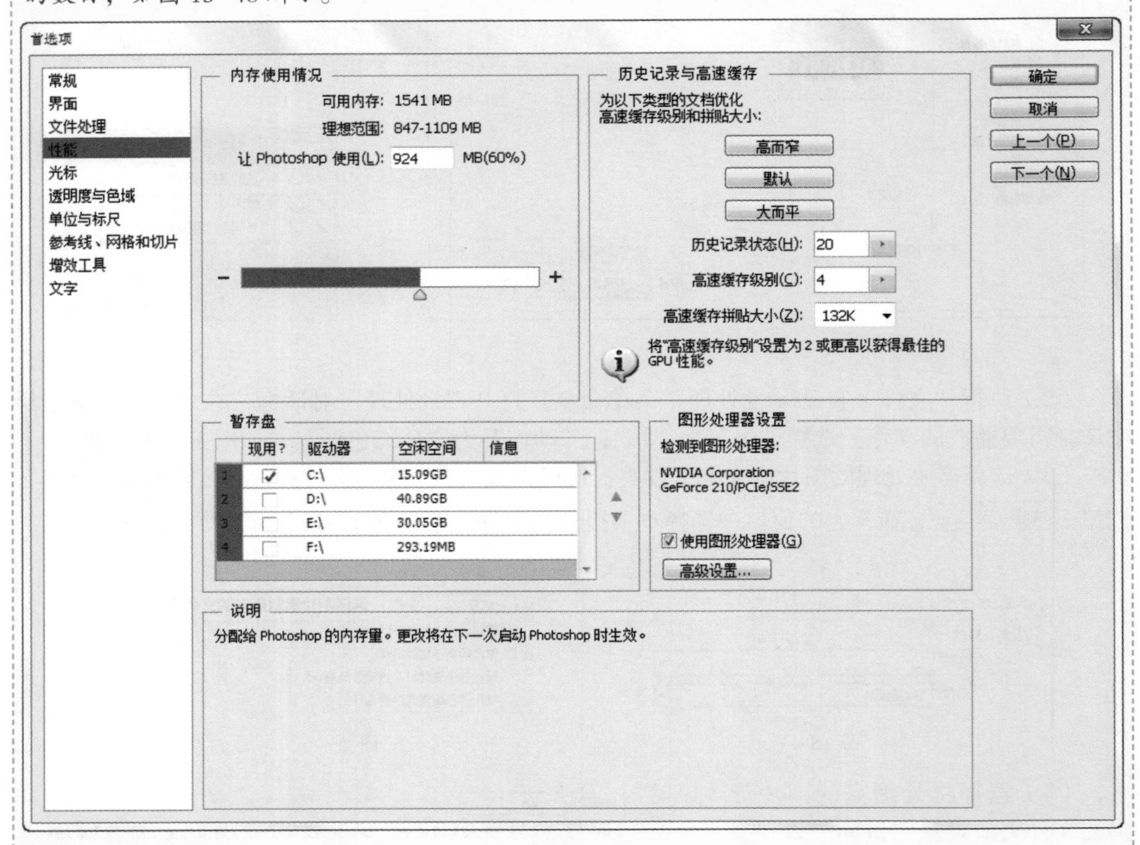


图 15-48

接着在“历史记录”面板菜单中执行“历史记录选项”命令，在弹出的“历史记录选项”对话框中取消勾选“自动创建第一幅快照”复选框，如图 15-49 和图 15-50 所示。

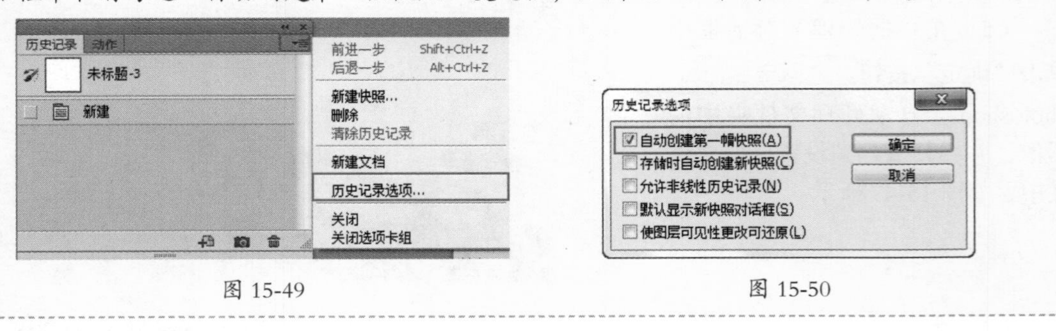


图 15-49　　图 15-50

## 15.3.2 限制图像

“限制图像”命令是对图像的高度与宽度进行设置，并且在自动化操作时自动把图像限制到这个尺寸以下。

（1）打开一张图像，如图 15-51 所示。

（2）执行“文件 > 自动 > 限制图像”菜单命令，在弹出的对话框中设置所需的“高度”与“宽度”，单击“确定”按钮后，画面效果如图 15-52 所示。

图 15-51

图 15-52

## 15.3.3 条件模式更改

“条件模式更改”命令用于设置原图像的颜色模式。执行“文件 > 自动 > 条件模式更改”菜单命令，即可打开“条件模式更改”对话框，如图 15-53 所示。

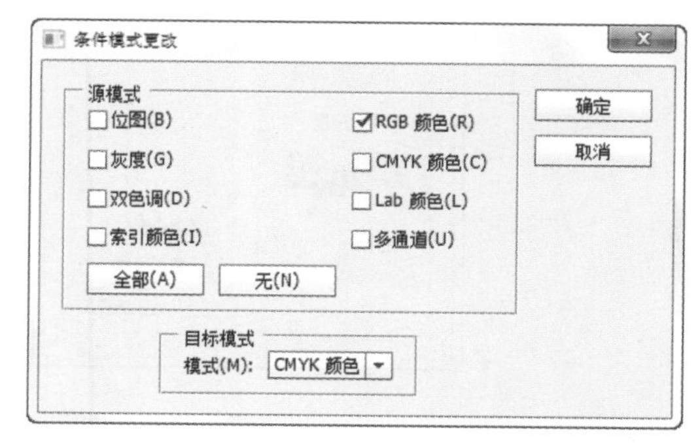


图 15-53

## 15.3.4 使用 Potomerge 制作全景图

Photomerge 命令用于拼接全景图效果，为了表现出画面广阔的全景图像，可以在拍摄时将同一景物以不同的角度拍摄多张照片，传送至计算机中，再利用 Photomerge 命令进行自动化处理，将多张照片完美地合成为一张全景图。对于拼接后出现的不整齐的效果，可以利用“裁剪工具”进行裁剪。

下面学习使用“Photomerge”命令拼合全景图的方法。

（1）图 15-54~ 图 15-56 所示分别为在同一场景中拍摄的 3 张图片。

图 15-54

图 15-55

图 15-56

（2）执行“文件 > 自动 >Photomerge”菜单命令，打开“Photomerge”对话框。在“使用”下拉列表框中包括“文件”和“文件夹”两个选项。当选择“文件”选项时，将使用个别文件创建合成图像；当选择“文件夹”选项时，可以使用多个文件创建全景图像。这里选择“文件夹”选项，如图 15-57 所示。

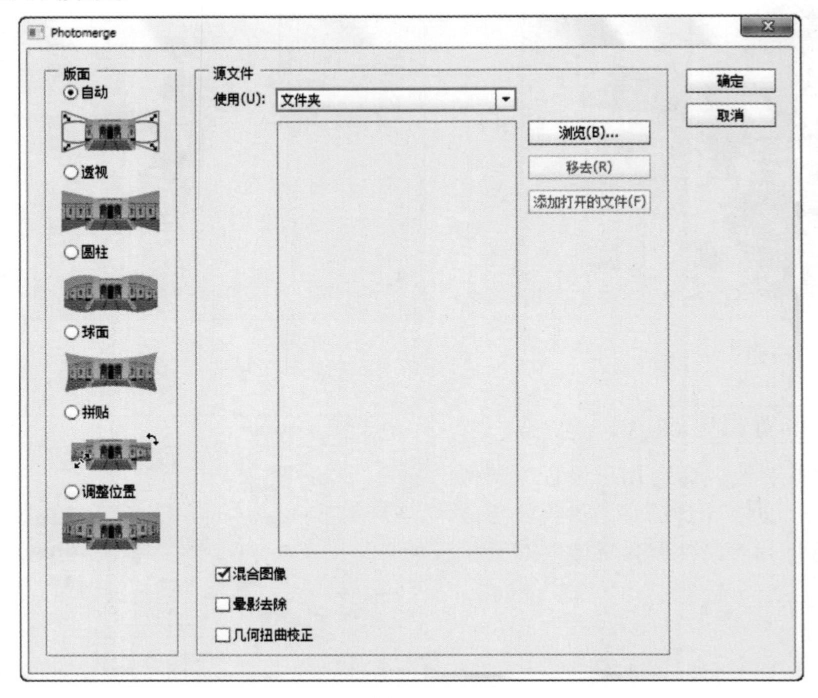


图 15-57

（3）选择需要合并的图像文件。单击“浏览”按钮，在弹出的“选择文件夹”对话框中选择提供的素材文件夹“1”，然后单击“确定”按钮，如图 15-58 所示。可以看到文件夹中的图片名称在“Photomerge”对话框中显示出来，如图 15-59 所示。

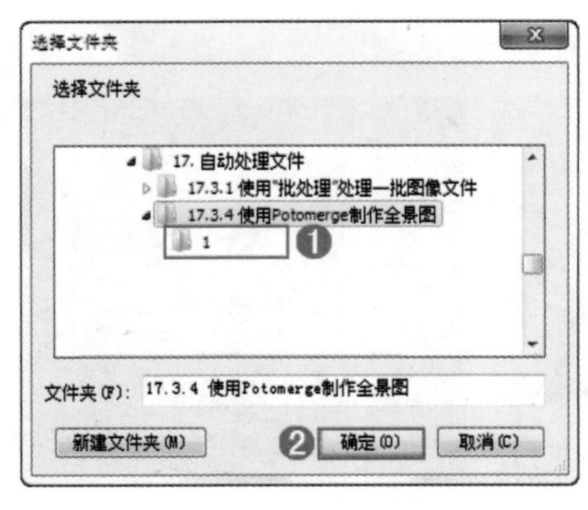


图 15-58

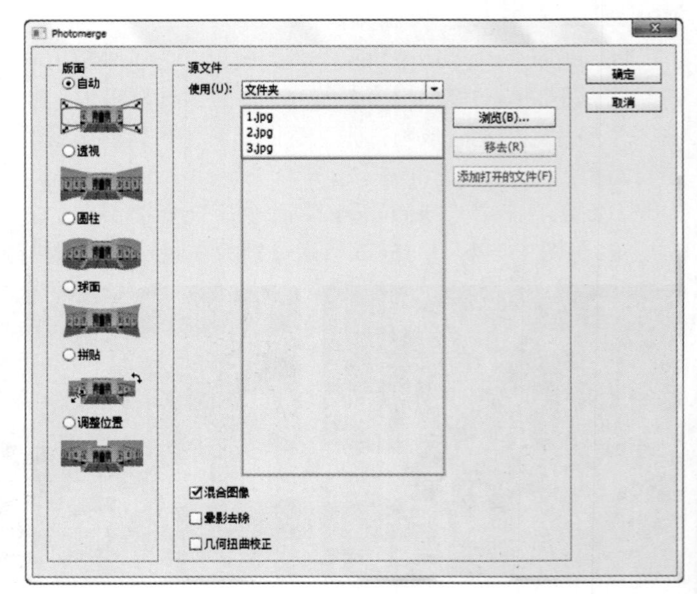


图 15-59

（4）若要将不需要的图像移除，则可以选择相应的图片名称，继续单击“移去”按钮，如图 15-60 所示，即可将选中的图像删除，如图 15-61 所示。

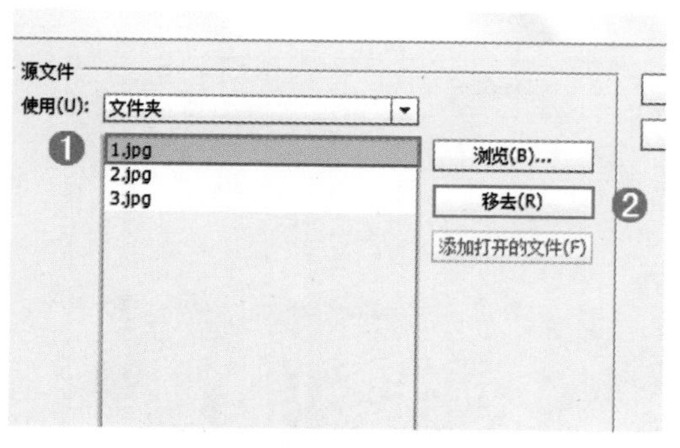


图 15-60

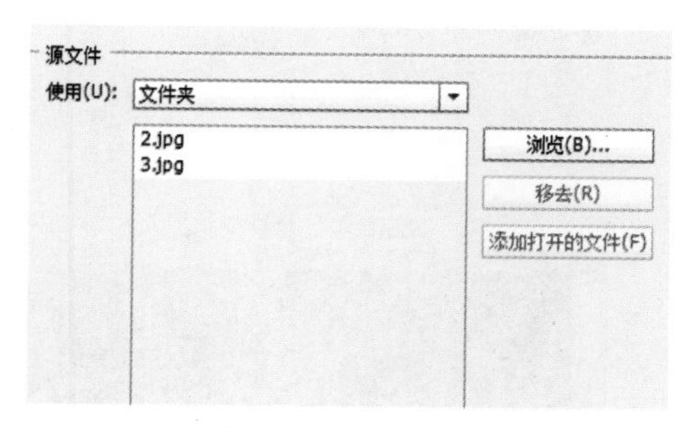


图 15-61

（5）选择图像合并方式。在“版面”选项组中，提供了 6 种图像合并的方式，分别是“自动”“透视”“圆柱”“球面”“拼贴”和“调整位置”。这里选择“自动”，如图 15-62 所示。

（6）勾选“混合图像”复选框。勾选该复选框会找出图像间的最佳边界并根据边界创建接缝，使图像的颜色更加匹配。若取消勾选，则将执行简单的形状混合，如图 15-63 所示。

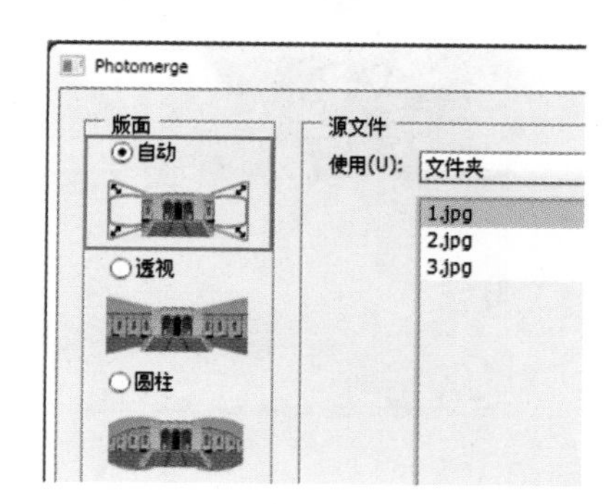


图 15-62

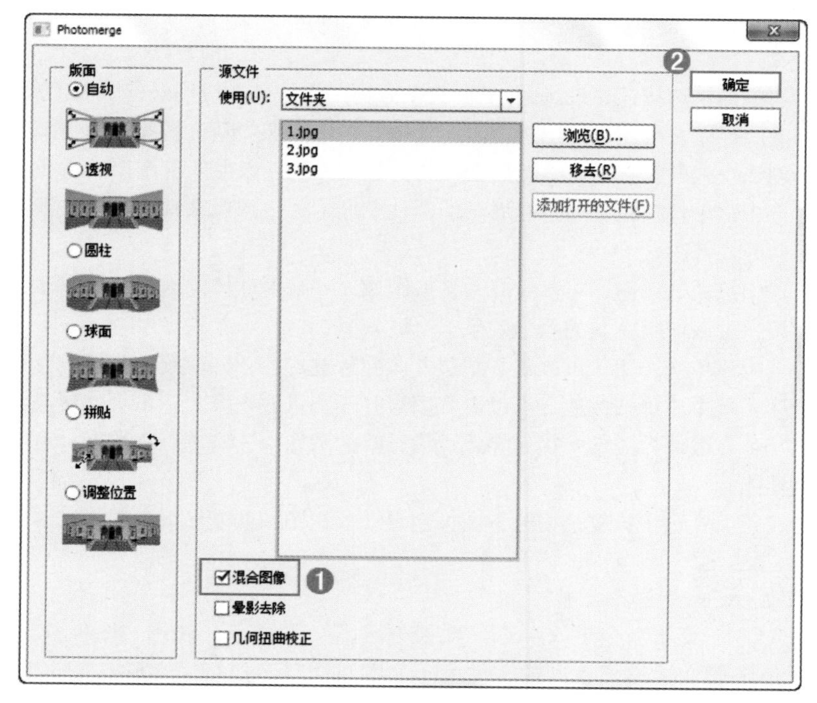


图 15-63

（7）设置完成后，单击“确定”按钮。Photoshop 会自动运算结果，进行无缝拼接，最终效果如图 15-64 所示。在拼合完成后可能会留下空白像素，此时可以使用“裁剪工具”进行裁剪，让画面更加完美。

图 15-64

“Photomerge”对话框参数讲解

- “添加打开的文件”按钮：单击此按钮可以将目前在 Photoshop 中打开的文件添加到即将参与合成的文件中。
- “自动”：选中该单选按钮，Photoshop 会自动分析源图像，并应用最佳版面生成图像。
- “透视”：选中该单选按钮，可通过将源图像中的一个图像（默认情况下为中间的图像）指定为参考图像，创建一致的复合图像，然后变换为其他的图像，以便匹配图层的重叠内容。
- “圆柱”：选中该单选按钮，通过在展开的圆柱上显示各个图像来减少在“透视”版面中出现的扭曲。
- “球面”：选中该单选按钮，可以对齐并转换图像，并映射球体的内部。“球面”版面与其他文件集搭配使用，可以产生完美的全景效果。
- “拼贴”：选中该单选按钮，可以对齐图层并匹配重叠内容，同时旋转或缩放任意源图层。
- “调整位置”：选中该单选按钮，可以对齐图层并匹配重叠内容，但不会伸展或裁切源图层。
- “晕影去除”：在因外界因素干扰而导致边缘昏暗的图像中，勾选该复选框，可以去除晕影并执行曝光补偿功能。
- “几何扭曲校正”：选中该复选框时，图像会自动校正图像的变形或鱼眼失真。

## 15.3.5 图像处理器

在“文件 > 脚本”菜单命令下有一个“图像处理器”子命令，使用“图像处理器”命令可以方便且批量地转换图像文件格式、调整文件大小、调整质量。执行“文件 > 脚本 > 图像处理器”菜单命令，即可打开“图像处理器”对话框，如图 15-65 所示。使用“图像处理器”命令可以将一组文件转换为 JPEG、PSD 或 TIFF 文件中的一种，或将文件同时转换为这 3 种格式。

### “图像处理器”对话框参数讲解

- 选择要处理的图像：选择需要处理的文件，也可以选择一个文件夹中的文件。如果勾选“打开第一个要应用设置的图像”复选框，则将对所有图像应用相同的设置。
- 选择位置以存储处理的图像：选择处理后的文件的存储路径。
- 文件类型：设置将文件处理成何种类型，包含 JPEG、PSD 和 TIFF 格式。可以将文件处理成其中一种类型，可以将处理成两种或 3 种类型。
- 首选项：在该选项组下可以选择动作来运行处理程序。

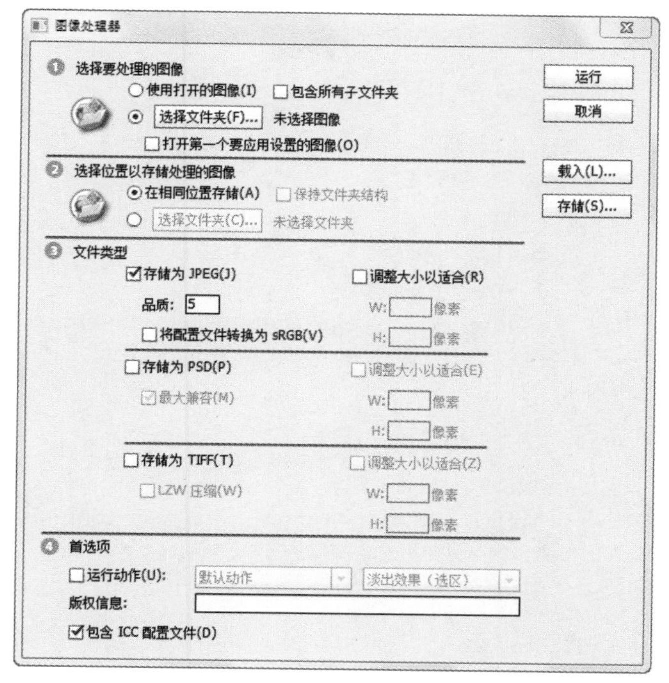


图 15-65

**小技巧：**将调整好的参数进行存储

设置好参数配置后，可以单击“存储”按钮，将当前配置存储起来。在下次需要使用这个配置时，可以单击“载入”按钮直接载入保存的参数配置。